导弹制导与控制原理
（第2版）

Theory of Guidance and Control for Missile

编著　雷虎民　李　炯　胡小江
叶继坤　赵　岩　张大元
邵　雷　张　旭　卜祥伟

国防工业出版社
·北京·

内 容 简 介

本书较为全面系统地阐述了导弹制导与控制的基本原理、导弹飞行的力学环境和导弹运动数学模型、导引飞行与弹道、遥控制导、无线电寻的制导、红外寻的制导、复合制导、常用导航系统及其组合导航原理，以及导弹控制系统和控制方法等内容。

本书可作为高等院校导航、制导与控制专业本科生的专业基础与专业方向课程教材或教学参考书，也可供相关专业科学工作者、工程技术人员以及导弹部队指战员等参考。

图书在版编目(CIP)数据

导弹制导与控制原理／雷虎民等编著. —2版. —北京：国防工业出版社，2024.1重印
ISBN 978-7-118-11464-5

Ⅰ.①导… Ⅱ.①雷… Ⅲ.①导弹制导②导弹控制 Ⅳ.①TJ765

中国版本图书馆CIP数据核字(2018)第038464号

※

国防工業出版社出版发行
(北京市海淀区紫竹院南路23号 邮政编码100048)
北京凌奇印刷有限责任公司印刷
新华书店经售

*

开本 787×1092 1/16 **印张** 25 **字数** 608千字
2024年1月第2版第2次印刷 **印数** 5001—6000册 **定价** 62.50元

国防书店：(010)88540777 发行邮购：(010)88540776
发行传真：(010)88540755 发行业务：(010)88540717

前　　言

20 世纪 60 年代以来，几乎每一场战争都程度不同地使用了导弹武器，从陆地到海洋，从天空到太空，从进攻到防御，到处都有导弹的身影。现代战争，从某种意义上可以说是科技水平的较量，先进的武器装备虽然不能最终决定战争的胜负，但在某场局部战争中确实能起到关键性的作用，任何国家和个人决不能忽视科技手段在现代化战争中发挥的越来越重要的作用。与以往的战争形态相比，现代战争是陆、海、空、天、电领域的五维一体化作战，其突出特点是进攻武器具有快速、长距离和高空作战能力。对于机动能力很强的空中目标或远在几百、几千千米以外的非机动目标，一般的武器是无能为力的，即使能够勉强予以攻击，其杀伤效果也十分差。要对付这类目标，需要提高攻击武器的射程、杀伤效率及攻击准确度，导弹就是一种能够满足这种要求的精确制导武器系统。

编者依托多年教学和科研成果，紧密结合新一代精确制导武器系统的研制现状和发展趋势，系统深入地论述和研究了导弹制导控制系统的工作原理和分析方法，各种制导规律的形成和优缺点，不同类型制导体制的工作原理、结构组成、分析方法及其在战术导弹上的应用，是目前国内第一部较为全面、系统、深入地阐述导弹制导控制系统理论与方法的书籍，有一定的创新，对学习和研究导弹制导和控制问题提供专业技术基础理论参考。

本书第 1 版在军队“2110 工程”资助下于 2006 年出版，获评国防工业出版社优秀图书二等奖，出版十年来，深受广大读者喜爱。为了更好地适应读者学习兴趣，满足课程教学需求，适应导弹制导控制技术发展形势的需要，我们对本书进行了全面修订。文字方面，纠正了第 1 版中的几处错误；内容方面，在保持第 1 版深入浅出、理论严谨、系统性强等特点的基础上，突出了制导控制技术在武器系统中的应用，去除了电视寻的制导、激光寻的制导两章课程教学相关性不大的内容，增加了地面坐标系与弹体坐标系中的导弹运动方程组、方案飞行与方案弹道等内容，重新梳理并调整了红外寻的制导相关内容，丰富并加强了常用导航系统与组合导航原理、导弹控制系统与控制方法等内容，每章均配有思考题。本书第 2 版共分 9 章，主要内容有导弹制导与控制的基本原理、导弹运动数学模型、导引飞行与弹道、遥控制导、无线电寻的制导、红外寻的制导、惯性导航系统与卫星导航系统、复合制导、导弹控制系统与控制方法。

本书是集体编著完成的，第 1 章由雷虎民教授编写；第 2 章由张大元博士、邵雷副教授合编；第 3 章由叶继坤讲师、张大元博士合编；第 4 章由叶继坤讲师、卜祥伟讲师合编；第 5 章由胡小江讲师、李炯副教授合编；第 6 章由李炯副教授、胡小江讲师合编；第 7 章由张旭讲师、李炯副教授合编；第 8 章由赵岩讲师、雷虎民教授合编；第 9 章由邵雷副教授、卜祥伟讲师合编；全书由雷虎民教授规划和统稿。

本书参阅了国内外专家学者的大量研究成果、著作教材和论文资料，除书中所列参考文献外，还有很多没有一一列出，在此一并表示感谢，作者对他们在导弹制导与控制理论研究和技术发展方面所做出的贡献表示崇高的敬意。本书从初版发行到第2版修订，得到了许多同行专家和教授们的热情鼓励和支持，他们对本书的贡献是不可磨灭的。本书第2版于2020年获陕西省优秀本科教材一等奖。在此，谨向曾参与本书编写和提出宝贵意见的专家教授们表示感谢。

由于编者水平有限，书中错误和不当之处在所难免，继续恳请广大读者批评指正。

编者

2023年12月于空军工程大学防空反导学院

目　　录

第一章　概　　述

导弹是现代化的高技术武器系统，其主要任务是对目标实施精确打击。导弹与普通武器的根本区别在于它具有制导系统。制导系统以导弹为控制对象，包括导引系统和控制系统两部分，其基本功能是保证导弹在飞行过程中，能够克服各种不确定性和干扰因素，使导弹按照预先规定的弹道，或根据目标的运动情况随时修正自己的弹道，最后准确命中目标。可以说，制导系统是整个导弹武器系统的“神经中枢”，在其中占有着极其重要的地位。

1.1　导弹制导与控制的基本原理

导弹之所以能够准确地命中目标，是由于我们能按照一定的导引规律对导弹实施控制。控制导弹的飞行，也就是要控制导弹的飞行速度和飞行方向。在速度达到一定程度时，重点是控制导弹的飞行方向，如果需要改变导弹的飞行方向，则需要产生与导弹飞行速度矢量垂直的控制力。

在大气层中飞行的导弹主要受发动机推力 P、空气动力 R 和导弹重力 G 作用。这三种力的合力就是导弹上受到的总作用力。导弹受到的作用力可分解为平行导弹飞行方向的切向力和垂直于导弹飞行方向的法向力，切向力只能改变导弹飞行速度的大小，法向力才能改变导弹飞行的方向，法向力为零时，导弹做直线运动。导弹的法向力由推力、空气动力和导弹重力决定，导弹的重力一般不能随意改变，因此要改变导弹的控制力，只有改变导弹的推力或空气动力。

在大气层内飞行的导弹，可由改变空气动力获得控制，有翼导弹一般用改变空气动力的方法来改变控制力。

在大气层中或大气层外飞行的导弹，都可以用改变推力的方法获得控制。无翼导弹主要是用改变推力的办法来改变控制力，因为无翼导弹在稀薄大气层内飞行时，弹体产生的空气动力很小。

下面我们以改变导弹空气动力的方法为例说明导弹的飞行控制原理。

导弹所受的空气动力可沿速度坐标系分解成升力、侧向力和阻力，其中升力和侧向力是垂直于飞行速度方向的，升力在导弹纵向对称平面内，侧向力在导弹侧向对称平面内。所以，利用空气动力来改变控制力，是通过改变升力和侧向力来实现的。由于导弹的气动外形不同，改变升力和侧向力的方法也略有不同，现以轴对称导弹为例来说明。

轴对称导弹具有两对弹翼和舵面，在纵向对称面和侧向对称面内都能产生较大的空气动力。如果要使导弹在纵对称平面内向上或向下改变飞行方向，就需改变导弹的攻角 α，攻角改变以后，导弹的升力就随之改变。

作用在导弹纵向对称平面内的控制力如图 1-1 所示。各力在弹道法线方向上的投影可表示为

$$F_y = Y + P\sin\alpha - G\cos\theta \tag{1-1}$$

式中:θ 为弹道倾角;Y 表示升力。

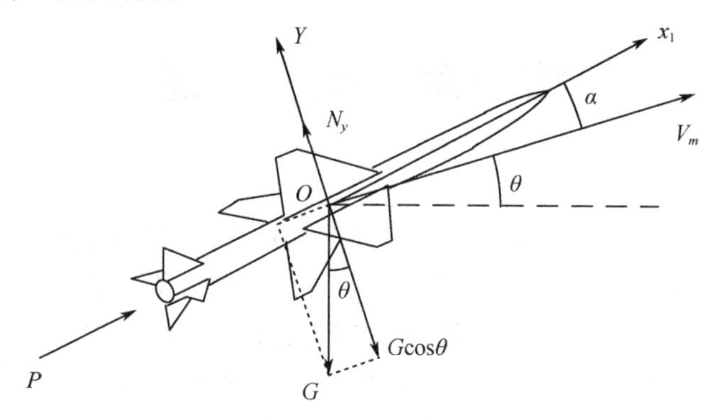

图 1-1　轴对称导弹在纵对称平面内的控制力

导弹所受的可改变的法向力为

$$N_y = Y + P\sin\alpha \tag{1-2}$$

由牛顿第二定律,有

$$F_y = m\frac{V_m^2}{\rho} \tag{1-3}$$

则

$$N_y - G\cos\theta = m\frac{V_m^2}{\rho} \tag{1-4}$$

式中:V_m 为导弹的飞行速度;m 为导弹的质量;ρ 为弹道的曲率半径。

而曲率半径又可表示成

$$\rho = \frac{dS}{d\theta} = \frac{dS/dt}{d\theta/dt} = \frac{V_m}{\dot{\theta}} \tag{1-5}$$

式中:S 为导弹运动轨迹,则有

$$N_y - G\cos\theta = mV_m\dot{\theta}$$

则

$$\dot{\theta} = \frac{N_y - G\cos\theta}{mV_m} \tag{1-6}$$

由此可以看出,要使导弹在纵向对称平面内向上或向下改变飞行方向,就需要利用操纵机构产生操纵力矩使导弹绕质心转动,来改变导弹的攻角 α。攻角 α 改变后,导弹的法向力 N_y 也随之改变。而且,当导弹的飞行速度一定时,法向力 N_y 越大,弹道倾角的变化率 $\dot{\theta}$ 就越大,也就是说,导弹在纵向对称平面内的飞行方向改变得就越快。

同理,导弹在侧向对称平面内可改变的法向力为

$$N_z = Z + P\sin\beta \tag{1-7}$$

由此可见,要使导弹在侧向对称平面内向左或向右改变飞行方向,就需要通过操作机构改变侧滑角 β,使侧力 Z 发生变化,从而改变侧向控制力 N_z。显然,要使导弹在任意平面内改变

飞行方向，就需要同时改变攻角和侧滑角，使升力和侧向力同时发生变化。此时，导弹的法向力 N_n 就是 N_y 和 N_z 的合力。

1.2 导弹制导系统的一般组成

导弹制导系统包括导引系统和控制系统两部分，如图 1-2 所示。

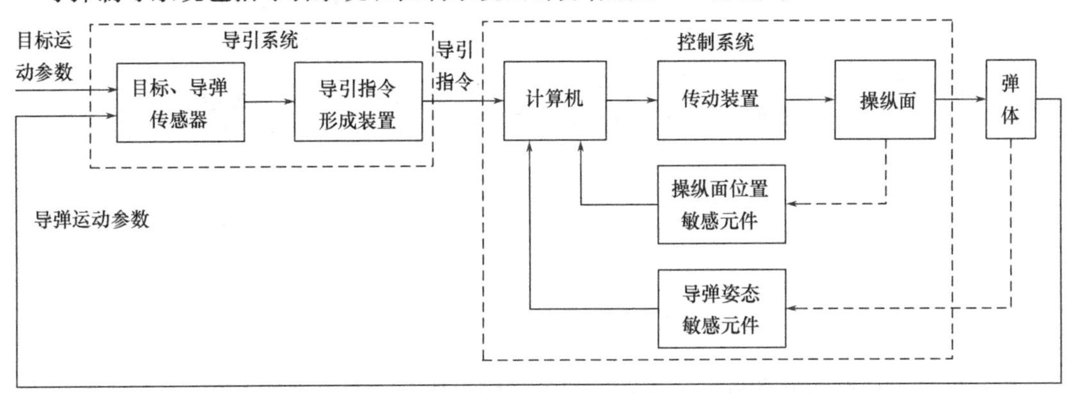

图 1-2 导弹制导系统的基本组成

导引系统通过探测装置确定导弹相对目标或发射点的位置形成导引指令。探测装置对目标和导弹运动信息进行的测量，因探测装置不同则形成不同的制导体制。例如，可以在选定的坐标系内，对目标或导弹的运动信息分别进行测量，也可以在选定的坐标系内，对目标与导弹的相对运动信息进行测量。探测装置可以是制导站上的红外或雷达测角仪，也可能是装在导弹上的导引头。导引系统根据探测装置测量的参数按照设定的导引方法形成导引指令，指令形成之后送给控制系统，当测量坐标系与控制系统执行坐标系不一致时要进行相应的坐标转换。

控制系统直接操纵导弹，迅速而准确地执行导引系统发出的导引指令，控制导弹飞向目标。控制系统的另一项重要任务是保证导弹在每一飞行段稳定地飞行，所以也常称为稳定回路或稳定控制系统。

一般情况下，制导系统是一个多回路系统，稳定回路作为制导系统大回路的一个环节，它本身也是闭环回路，而且可能是多回路（如包括阻尼回路和加速度计反馈回路等），而稳定回路中的执行机构通常也采用位置或速度反馈形成闭环回路。当然并不是所有的制导系统都要求具备上述各回路，例如，有些小型导弹就可能没有稳定回路，也有些导弹的执行机构采用开环控制，但所有导弹都必须具备制导系统大回路。

稳定回路是制导系统的重要环节，它的性质直接影响制导系统的制导准确度，弹上控制系统应既能保证导弹飞行的稳定性，又能保证导弹的机动性，即对导弹飞行具有控制和稳定的双重作用。

1.3 导弹的稳定控制系统

导弹的稳定控制系统，即稳定回路，主要是指自动驾驶仪与弹体构成的闭合回路。在稳定控制系统中，自动驾驶仪是控制器，导弹是控制对象。稳定控制系统设计实际上就是自动驾驶仪的设计。

自动驾驶仪的作用是稳定导弹绕质心的角运动,并根据制导指令正确而快速地操纵导弹的飞行。由于导弹的飞行动力学特性在飞行过程中会发生大范围、快速度和事先无法预知的变化,自动驾驶仪还必须把导弹改造成动态和静态特性变化不大,且具有良好操纵性的制导对象,使制导控制系统在导弹的各种飞行条件下,均具有必要的制导精度。

自动驾驶仪一般由惯性元件、控制电路和舵系统组成。它通常通过操纵导弹的空气动力控制面来控制导弹的空间运动。自动驾驶仪与导弹构成的稳定控制系统如图1-3所示。

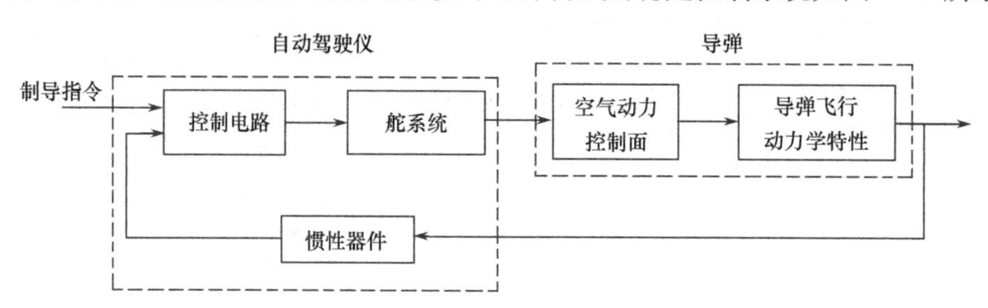

图1-3 稳定控制系统原理框图

对导弹进行控制的最终目标是使导弹命中目标时质心与目标足够接近,有时还要求有相当的弹着角。为完成这一任务,需要对导弹的质心与姿态同时进行控制,由于目前大部分导弹都是通过姿态控制来间接实现对质心的控制,因此姿态控制是导弹稳定控制系统的主要研究对象。导弹姿态运动有三个自由度,即俯仰、偏航和滚转三个姿态,通常也称为三个通道。如果以控制通道的选择作为分类原则,稳定控制系统的控制方式可以分为三类,即单通道控制、双通道控制和三通道控制。

1. 单通道控制

一些小型导弹,弹体直径小,在导弹以较大的角速度绕纵轴旋转的情况下,可用一个控制通道控制导弹在空间的运动,这种控制方式称为单通道控制。采用单通道控制方式的导弹可采用“一”字舵面,继电式舵机,一般利用尾喷管斜置和尾翼斜置产生自旋,利用弹体自旋,使一对舵面在弹体旋转中不停地按一定规律从一个极限位置向另一个极限位置交替偏转,其综合效果产生的控制力,使导弹沿基准弹道飞行。

在单通道控制方式中,弹体的自旋转是必要的,如果导弹不绕其纵轴旋转,则一个通道只能控制导弹在某一平面内的运动,而不能控制其空间运动。

单通道控制方式的优点是,由于只有一套执行机构,弹上设备较少,结构简单,质量小,可靠性高。但由于仅用一对舵面控制导弹在空间的运动,所以对制导系统来说,有不少特殊问题要考虑。

2. 双通道控制

通常制导系统对导弹实施横向机动控制,故可将其分解为在互相垂直的俯仰和偏航两个通道内进行的控制,对于滚转通道仅由稳定系统对其进行稳定,而不需要进行控制,这种控制方式称为双通道控制方式,即直角坐标控制。

双通道控制方式制导系统组成原理如图1-4所示,其工作原理是:观测跟踪装置测量出导弹和目标在测量坐标系的运动参数,按导引规律分别形成俯仰和偏航两个通道的导引指令。这部分工作一般包括导引规律计算,动态误差和重力误差补偿计算,以及滤波校正等内容。导弹控制系统将两个通道的控制信号传送到执行坐标系的两对舵面上(“十”字形或“X”字形),

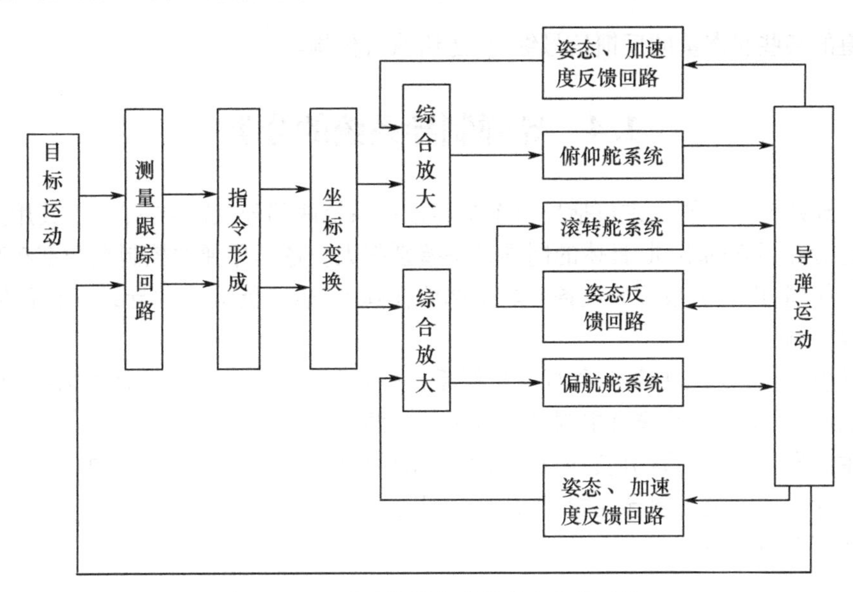

图 1-4 双通道控制方式制导系统原理图

控制导弹向减少误差信号的方向运动。

双通道控制方式中的滚转回路分为滚转角位置稳定和滚转角速度稳定两类。在遥控制导方式中，导引指令在制导站形成，为保证在测量坐标中形成的误差信号正确地转换到控制(执行)坐标系中并形成导引指令，一般采用滚转角位置稳定。若弹上有姿态测量装置，且导引指令在弹上形成，可以不采用滚转角位置稳定。在主动式寻的制导方式中，测量坐标系与控制坐标系的关系是确定的，导引指令的形成对滚转角位置没有要求。

3. 三通道控制

制导系统对导弹实施控制时，对俯仰、偏航和滚转三个通道都进行控制的方式称为三通道控制方式，如垂直发射导弹的发射段的控制及滚转转弯控制等。

三通道控制方式制导系统组成原理如图 1-5 所示，其工作原理是：观测跟踪装置测量出导弹和目标的运动参数，然后形成三个控制通道的导引指令，包括姿态控制的参量计算及相应的坐标转换、导引规律计算、误差补偿计算及导引指令形成等，所形成的三个通道的导引指令

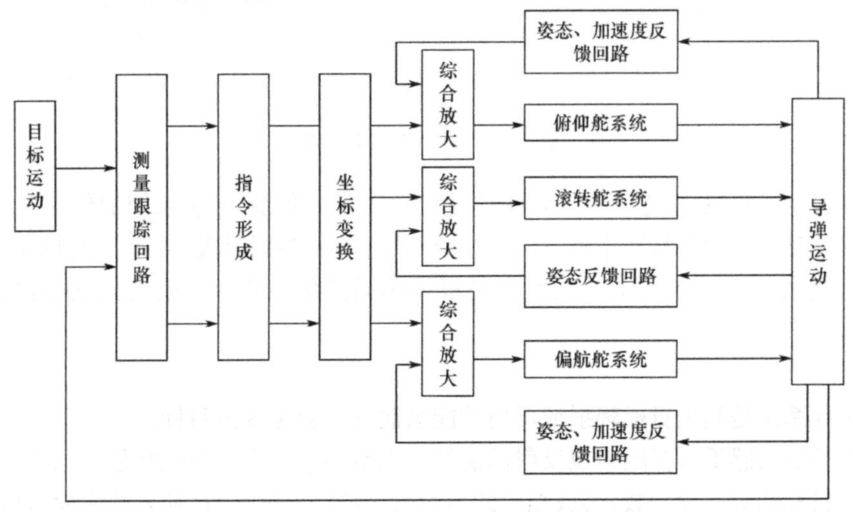

图 1-5 三通道控制方式制导系统组成原理图

与三个通道的某些状态量的反馈信号综合,送给执行机构。

1.4 导弹制导系统的分类

导弹制导系统从功能上讲包括导引系统和控制系统两部分,各类导弹由于其用途、目标性质和射程远近等因素的不同,具体的制导设备差别很大。各类导弹的控制系统都在弹上,工作原理也大体相同,而导引系统的设备可能全部放在弹上,也可能放在制导站,或者导引系统的主要设备放在制导站。

根据导引系统的工作是否与外界发生联系,或者说导引系统的工作是否需要导弹以外的任何信息,制导系统可分为非自主制导与自主制导两大类。

非自主制导包括自动导引、遥控制导、天文制导与地图匹配制导等。自主制导包括方案制导与惯性制导等。为提高制导性能,将几种制导方式组合起来作用,称为复合制导系统。制导系统分类如图1-6所示。

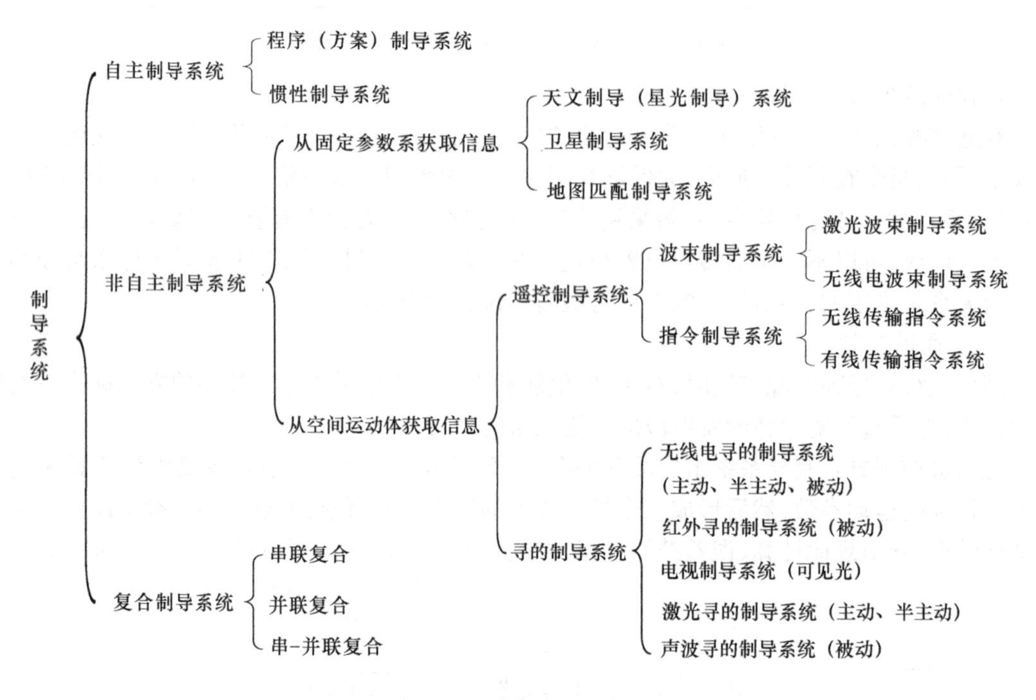

图1-6 制导系统分类图

从导弹、制导站和目标之间在导弹制导过程中的相互联系,导引系统的作用距离、结构和工作原理以及其他方面的特征来看,这几类制导系统间的差别很大,在每一类制导系统内,导引系统的形式也有所不同,因为导引系统是根据不同的物理原理构成的,实现的技术要求也不同。

1. 寻的制导系统

寻的制导系统是利用目标辐射或反射的能量制导导弹去攻击目标。

由弹上导引头感受目标辐射或反射的能量(如无线电波、红外线、激光、可见光、声音等),测量导弹-目标相对运动参数,形成相应的导引指令控制导弹飞行,使导弹飞向目标的制导系统,称为寻的制导系统。这个"的"是目的、目标的意思。

为了使寻的系统正常工作，首先必须能准确地从目标背景中发现目标，为此要求目标本身的物理特性与其背景或周围其他物体的特性必须有所不同，即要求它具有对背景足够的能量对比性。

具有红外辐射（热辐射）源的目标很多，如军舰、飞机（特别是喷气式的）、坦克、冶金工厂，在大气层中高速飞行的弹头也具有足够大的热辐射。用目标辐射的红外线使导弹飞向目标的寻的系统称为红外寻的系统。这种系统的作用距离取决于目标辐射（或反射）面的面积和温度、接收装置的灵敏度和气象条件。

有些目标与周围背景不同，它能辐射本身固有的光线，或是反射太阳、月亮的或人工照明的光线。利用可见光的寻的制导系统，其作用距离取决于目标与背景的对比特性、昼夜时间和气候条件。

有些目标是强大的声源，如从飞机喷气发动机或电动机以及军舰的工作机械等发出的声音，利用接收声波原理构成的寻的系统称为声学寻的系统。这种系统的缺点是，当其被用在攻击空中目标的导弹上时，因为声波的传播速度慢，所以导弹不会命中空中目标，而是导向目标后面的某一点。此外，高速飞行的导弹本身产生的噪声，会对系统的工作造成干扰。声学寻的制导系统多用于水中运动的鱼雷寻的制导系统之中。

雷达寻的系统是广泛应用的寻的系统，因为很多军事上的重要目标本身就是电磁能的辐射源，如雷达站、无线电干扰站、导航站等。

为了研究的方便，根据导弹所利用能量的能源位置的不同，自寻的制导系统可分为主动式、半主动式和被动式三种。

1）主动式

照射目标的能源在导弹上，对目标辐射能量，同时由导引头接收目标反射回来的能量的寻的制导方式。采用主动寻的制导的导弹，当弹上的主动导引头截获目标并转入正常跟踪后，就可以完全独立地工作，不需要导弹以外的任何信息，可以实现“发射后不管”。随着能量发射装置的功率增大，系统作用距离也增大，但同时弹上设备的体积和重量也增大。由于弹上不可能有功率很大的能量发射装置，因而主动式寻的制导系统作用的距离不是很大，已实际应用的典型主动式寻的制导系统是雷达寻的制导系统。

2）半主动式

照射目标的能源不在导弹上，弹上只有接收装置，能量发射装置设在导弹以外的制导站、载机或其他载体，因此它的功率可以很大，半主动式寻的制导系统的作用距离比主动式要大。

3）被动式

目标本身就是辐射能源，不需要能源发射装置，由弹上导引头直接感受目标辐射的能量，导引头以目标的特定物理特性作为跟踪的信息源。被动式寻的制导系统的作用距离与目标辐射的能量强度有关，典型的被动式寻的制导系统是红外寻的制导系统和反辐射导弹寻的制导系统。

寻的制导系统由弹目相对运动学、导引头跟踪测量装置、制导指令形成装置、导弹稳定控制装置和弹体环节等组成，如图 1 –7 所示。

导引头实际上是制导系统的探测装置，当它对目标能够稳定地跟踪后，即可输出导弹和目标的有关相对运动参数，弹上导引指令形成装置综合导引头及弹上其他敏感元件的测量信号，形成导引指令，把导弹导向目标。寻的制导系统的制导设备全部在弹上，具有发射后不管的特

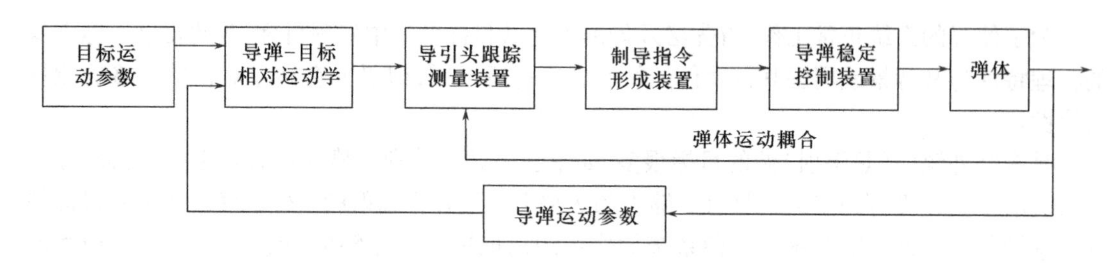

图1-7　寻的制导系统组成原理图

点,可攻击高速目标,制导精度较高。但由于它靠来自目标辐射或反射的能量来测定导弹的飞行偏差,作用距离有限,抗干扰能力差。一般用于空空、地空、空地导弹和某些弹道导弹,或用于巡航导弹的末制导飞行段,以提高末段制导精度。在复合制导系统中,寻的制导系统用于末制导飞行段。

2. 遥控制导系统

由导弹以外的制导站向导弹发出导引信息的制导系统,称为遥控制导系统。根据导引指令在制导系统中形成的部位不同,遥控制导又分为波束制导和遥控指令制导。

波束制导系统中,制导站发出波束(无线电波束、激光波束),导弹在波束内飞行,弹上的制导设备感受自身偏离波束中心的方向和距离,并产生相应的导引指令,操纵导弹飞向目标。在多数波束制导系统中,制导站发出的波束应始终跟踪目标。

遥控指令制导系统中,由制导站的导引设备同时测量目标、导弹的位置和其他运动参数,并在制导站形成导引指令,该指令通过无线电波或传输线传送至弹上,弹上控制系统操纵导弹飞向目标。早期的无线电指令制导系统往往使用两部雷达分别对目标和导弹进行跟踪测量,现在多用一部雷达同时跟踪测量目标和导弹的运动,这样不仅可以简化地面设备,而且由于采用了相对坐标体制,大大提高了测量精度,减小了制导误差。

波束制导和遥控指令制导虽然都由导弹以外的制导站导引导弹,但波束制导中,制导站的波束指向只给出导弹的方位信息,而导引指令则由在波束中飞行的导弹感受其在波束中的位置偏差来形成。弹上的敏感装置不断地测量导弹偏离波束中心的距离与方向,并据此形成导引指令,使导弹保持在波束中心飞行。而遥控指令制导系统中的导引指令,是由制导站根据导弹、目标的位置和运动参数来形成的。

与寻的制导系统相比,遥控制导系统在导弹发射后,制导站必须对目标(指令制导中还包括导弹)进行观测,并不断向导弹发出导引信息;而寻的制导系统中导弹发射后,只由弹上制导设备对目标进行观测、跟踪,并形成导引指令。因此,遥控制导设备分布在弹上和制导站上,而寻的制导系统的制导设备基本都装在导弹上。

遥控制导系统的制导精度较高,作用距离比寻的制导系统大得多,弹上制导设备简单。但其制导精度随导弹与制导站的距离增大而降低,且易受外界干扰。

遥控制导系统多用于地空导弹和一些空空、空地导弹,有些战术巡航导弹也用遥控指令制导来修正其航向。在复合制导系统中,遥控指令制导系统多用于中末制导飞行段。早期的反坦克导弹多采用有线遥控指令制导。

3. 天文制导

天文制导是根据导弹、地球、星体三者之间的运动关系,来确定导弹的运动参量,将导弹引向目标的一种制导技术。导弹天文制导系统一般有两种:一种是用光电六分仪或无线电六分仪，跟踪一种星体，导引导弹飞向目标；另一种是用两部光电六分仪或无线电六分仪，分别观测两个星体，根据两个星体等高圈的交点，确定导弹的位置，导引导弹飞向目标。

六分仪是天文制导的观测装置，它借助于观测天空中的星体来确定导弹的地理位置。

以星体与地球中心连线与地球表面相交的一点为圆心，任意距离为半径在地球表面画的圆圈上任一点的高度必然相等，这个圆称为等高圈。这里的高度是指星体高度，定义为从星体投射到观测点的光线与当地地平面的夹角。

4. 地图匹配制导

地图匹配制导是利用地图信息进行制导的一种制导方式。地图匹配制导一般有地形匹配制导与景象匹配区域相关制导两种。地形匹配制导利用的是地形信息，也称地形等高线匹配制导；景象匹配区域相关制导利用的是景象信息，简称为景象匹配制导。它们的基本原理相同，都是利用弹上计算机预存的地形图或景象图，与导弹飞行到预定位置时携带的传感器测出的地形图或景象图进行相关处理，确定出导弹当前位置离预定位置的偏差，形成制导指令，将导弹引向预定区域或目标。

5. 方案制导

所谓方案制导就是根据导弹飞向目标的既定航迹拟制的一种飞行计划。方案制导是导引导弹按这种预先拟制好的计划飞行，导弹在飞行中的导引指令就根据导弹的实际参量值与预定值的偏差来形成。方案制导系统实际上是一个程序控制系统，所以方案制导也称程序制导。

6. 惯性制导

惯性制导系统是一个自主式的空间基准保持系统。所谓惯性制导是指利用弹上惯性元件，测量导弹相对于惯性空间的运动参数，并在给定运动的初始条件下，由制导计算机计算出导弹的速度、位置及姿态等参数，形成控制信号，导引导弹完成预定飞行任务的一种自主制导系统。它由惯性测量装置、控制显示装置、状态选择装置、制导计算机和电源等组成。惯性测量装置包括三个加速度计和三个陀螺仪。前者用来测量运动体的三个质心移动的加速度，后者用来测量运动体的三个绕质心转动的角速度。对测出的加速度进行两次积分，可算出运动体在所选择的制导参考坐标系的位置，对角速度进行积分可算出运动体的姿态角。

7. 复合制导

当对制导系统要求较高时，如导弹必须击中很远的目标或者必须增加远距离的目标命中率，可把上述几种制导方式以不同的方式组合起来，以进一步提高制导系统的性能。例如，在导弹飞行初始段用自主制导，将导弹导引到要求的区域，中段采用遥控指令制导，比较精确地把导弹导引到目标附近，末段采用寻的制导，这不仅增大了制导系统的作用距离，而且提高了制导精度。

复合制导在转换制导方式过程中，各种制导设备的工作必须协调过渡，使导弹的弹道能够平滑地衔接起来。

根据导弹在整个飞行过程中，或在不同飞行段上制导方法的组合方式不同，复合制导可分为串联复合制导、并联复合制导和串并联复合制导三种。串联复合制导就是在导弹飞行弹道的不同段上，采用不同的制导方法。并联复合制导就是在导弹的整个飞行过程中，或者在弹道的某一段上，同时采用几种制导方式。串并联复合制导就是在导弹的飞行过程中，既有串联又有并联的复合制导方式。

1.5 制导系统的基本要求

为了完成导弹的制导任务,对导弹制导系统有很多要求,最基本的要求是制导系统的制导准确度、对目标的鉴别力、可靠性和抗干扰能力等方面。

1. 制导准确度

导弹与炮弹之间的差别在效果上看是导弹具有很高的命中概率,而其实质上的不同在于导弹是被控制的,所以制导准确度是对制导系统最基本的也是最重要的要求。

制导系统的准确度通常用导弹的脱靶量表示。所谓脱靶量,是指导弹在制导过程中与目标间的最短距离。从误差性质看,造成导弹脱靶量的误差分为两种:一种是系统误差;另一种是随机误差。系统误差在所有导弹攻击目标过程中是固定不变的,因此,系统误差为脱靶量的常值分量;随机误差分量是一个随机量,其平均值等于零。

导弹的脱靶量允许值取决于很多因素,主要取决于给出的命中概率、导弹战斗部的重量和性质、目标的类型及其防御能力。目前,战术导弹的脱靶量可以达到几米,有的甚至可与目标相碰,战略导弹由于其战斗部威力大,目前的脱靶量可达到几十米。

为了使脱靶量小于允许值,就要提高制导系统的制导准确度,也就是减小制导误差。

从误差来源看,导弹制导系统的制导误差分为动态误差、起伏误差和仪器误差,下面从误差来源角度分析制导误差。

1) 动态误差

动态误差主要是由于制导系统受到系统的惯性、导弹机动性能、导引方法的不完善以及目标的机动等因素的影响,不能保证导弹按理想弹道飞行而引起的误差。例如,当目标机动时,由于制导系统的惯性,导弹的飞行方向不能立即随之改变,中间有一定的延迟,因而使导弹离开基准弹道,产生一定的偏差。导引方法不完善所引起的误差,是指当所采用的导引方法完全正确地实现时所产生的误差,它是导引方法本身所固有的误差,这是一种系统误差。导弹的可用过载有限也会引起动态误差。在导弹飞行的被动段,飞行速度较低时或理想弹道弯曲度较大、导弹飞行高度较高时,可能会发生导弹的可用过载小于需用过载的情况,这时导弹只能沿可用过载决定的弹道飞行,使实际弹道与理想弹道间出现偏差。

2) 起伏误差

起伏误差是由于制导系统内部仪器或外部环境的随机干扰所引起的误差。随机干扰包括目标信号起伏、制导回路内部电子设备的噪声、敌方干扰、背景杂波、大气紊流等。当制导系统受到随机干扰时,制导回路中的控制信号便附加了干扰成分,导弹的运动便加上了干扰运动,使导弹偏离基准弹道,造成飞行偏差。

3) 仪器误差

由于制造工艺不完善造成制导设备固有精度和工作稳定的局限性及制导系统维护不良等原因造成的制导误差,称为仪器误差。

仪器误差具有随时间变化很小或保持某个常值的特点,可以建立模型来分析它的影响。要保证和提高制导系统的制导准确度,除了在设计、制造时应尽量减小各种误差外,还要对导弹的制导设备进行正确使用和精心维护,使制导系统保持最佳的工作性能。

2. 作战反应时间

作战反应时间,指从发现目标起到第一枚导弹起飞为止的一段时间,一般来说应由防御的指挥、控制、通信系统和制导系统的性能决定。但对攻击活动目标的战术导弹,则主要由制导系统决定。当导弹系统的搜索探测设备对目标识别和进行威胁判定后,立即计算目标诸元并选定应攻击的目标。制导系统便对被指定的目标进行跟踪,并转动发射设备、捕获目标、计算发射数据、执行发射操作等。制导系统执行上述操作所需要的时间称为作战反应时间。随着科学技术的发展,目标速度越来越快,由于难以实现在远距离上对低空目标的搜索、探测,因此制导系统的反应时间必须尽量短。

3. 制导系统对目标的鉴别力

如果要使导弹去攻击相邻几个目标中的某一个指定目标,则导弹制导系统必须具有较高的距离鉴别力和角度鉴别力。距离鉴别力是制导系统对同一方位上不同距离的两个目标的分辨能力,一般用能够分辨出的两个目标间的最短距离 Δr 表示;角度鉴别力是制导系统对同一距离上不同方位的两个目标的分辨能力,一般用能够分辨出的两个目标与控制点连线间的最小夹角 $\Delta\varphi$ 表示。

如果导弹的制导系统是基于接受目标本身辐射或者反射的信号进行控制的,那么鉴别力较高的制导系统就能从相邻的几个目标中分辨出指定的目标;如果制导系统对目标的鉴别力较低,则可能出现下面的情况:

(1) 当某一目标辐射或反射信号的强度远大于指定目标辐射或反射信号的强度时,制导系统便不能把导弹引向指定的目标,而是引向信号较强的目标。

(2) 当目标群中多个目标辐射或反射信号的强度相差不大时,制导系统便不能把导弹引向指定目标,因而导弹摧毁指定目标的概率将显著降低。

制导系统对目标的鉴别力,主要由探测目标的传感器的测量精度决定,要提高制导系统对目标的鉴别力,必须采用高分辨能力的目标传感器。

4. 制导系统的抗干扰能力

制导系统的抗干扰能力是指在遭到敌方袭击、电子对抗、反导对抗和受到内部、外部干扰时,制导系统保持其正常工作的能力。对多数战术导弹而言,要求具有很强的抗干扰能力。

不同的制导系统受干扰的情况各不相同,对雷达型遥控制导系统而言,它容易受到电子干扰,特别是敌方施放的各种干扰,对制导系统的正常工作影响很大。为提高制导系统的抗干扰能力,一是要不断地采用新技术,使制导系统对干扰不敏感;二是要在使用过程中加强制导系统工作的隐蔽性、突然性,使敌方不易察觉制导系统是否在工作;三是制导系统可以采用多种工作模式,一种模式被干扰,立即转换到另一种模式制导。

5. 制导系统的可靠性

可靠性是指产品在规定的条件下和规定的时间内,完成规定功能的能力。制导系统的可靠性,可以看作是在给定使用和维护条件下,制导系统各种设备能保持其参数不超过给定范围的性能,通常用制导系统在允许工作时间内不发生故障的概率来表示。这个概率越大,表明制导系统发生故障的可能性越小,也就是系统的可靠性越好。

制导系统的工作环境很复杂,影响制导系统工作的因素很多。例如,在运输、发射和飞行过程中,制导系统要受到振动、冲击和加速度等影响;在保管、储存和工作过程中,制导系统要受到温度、湿度和大气压力变化以及有害气体、灰尘等环境的影响。制导系统的每个元部件,由于受到材料、制造工艺的限制,在外界因素的影响下,都可能使元部件变质、失效,从而影响制导系统的可靠性。为了保证和提高制导系统的可靠性,在研制过程中必须对制导系统进行可靠性设计,采用优质耐用的元器件、合理的结构和精密的制造工艺。除此之外,还应正确地使用和科学地维护制导系统。

6. 体积小、质量小、成本低

在满足上述基本要求的前提下,尽可能地使制导系统的仪器设备结构简单、体积小、质量小、成本低,对弹上的仪器设备更应如此。

1.6 几种典型的制导系统

1. 弹道导弹制导系统

弹道导弹是一种进攻性武器系统,其主要任务是沿着规定的弹道攻击对方的地面目标。主要战术指标是射程、命中精度、战斗部的重量和威力、基地生存能力、使用环境及可靠性等。在上述指标中,导弹的射程和命中精度都与制导系统有直接的关系。

弹道式导弹的弹道是一个近似的椭圆弧段,分为主动段、自由段和再入段三部分。导弹的命中精度主要取决于主动段结束时导弹的位置、速度大小和速度方向等运动参数。一般弹道导弹只在主动段进行制导,常采用的制导方案是惯性制导系统。图1-8是美制“北极星”型潜对地弹道导弹的弹道示意图。垂直发射、攻击地面目标,射程为1000英里(约1600km)。导弹在空中飞行的时间约12min。火箭的正常燃料可工作约100s。这就要求导弹必须在100s内冲出大气层,达到导弹命中目标所需要的高度、位置和飞行速度,然后火箭熄火关机与导弹弹头分离,如图中B点。弹头分离后沿预定弹道自由地飞向目标。

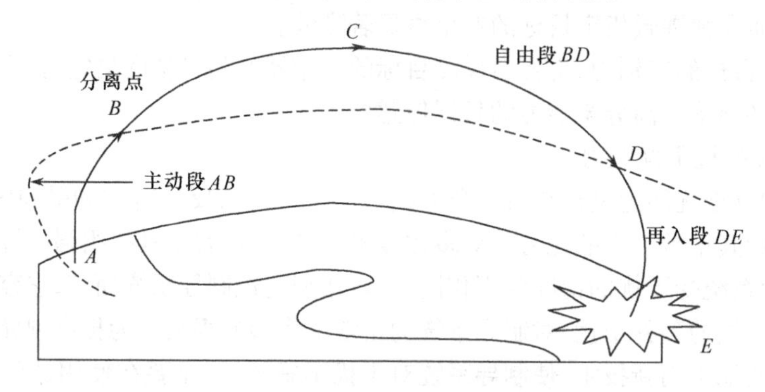

图1-8 “北极星”弹道导弹的飞行弹道示意图

“北极星”导弹的制导系统的原理方案如图1-9所示。导引系统由平台式惯性制导系统作为测量装置,通过导引计算机形成导引指令。制导系统仅在主动段工作(图1-8中AB区

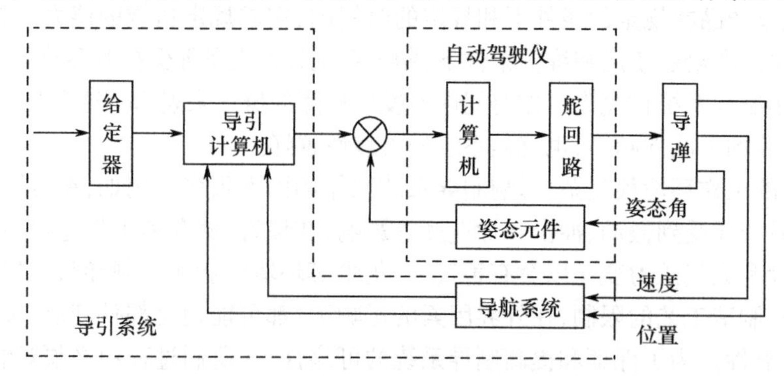

图1-9 弹道导弹制导系统原理图

间)，工作时间极短，大约70s。在制导系统的工作过程中，惯性平台系统随时测量导弹的姿态角和加速度，并将由给定装置给定的导弹参数一起送入导引计算机，然后进行比较处理形成导引指令，通过自动驾驶仪操纵火箭的喷管偏摆来控制导弹的姿态和速度。当达到预定的制导参数时，制导系统发出火箭发动机关机、弹头脱离指令。

制导系统的精度对保证火箭熄火点的导弹速度及位置精度影响极大，而熄火点的速度、位置误差又直接导致导弹命中目标的偏差。如一射程为5000英里(约8046.5km)的洲际弹道导弹，熄火点的速度要求为22000英尺/秒(约6.71km/s)，其速度偏差仅为1英尺/秒(约0.3048m/s)，结果弹头将会偏离目标6000英尺(约1.83km)。为了提高制导精度，除应采用高质量、高性能的制导系统外，一般在导弹发射前还必须对惯导系统进行严格的位置校准和水平修正。

“北极星”导弹采用垂直发射的方式，将导弹垂直发射到一定的高度后，再按被攻击目标的方向使导弹迅速转弯机动。该导弹控制系统采用推力矢量控制方法实现导弹的机动控制，其原理结构如图1-10所示。

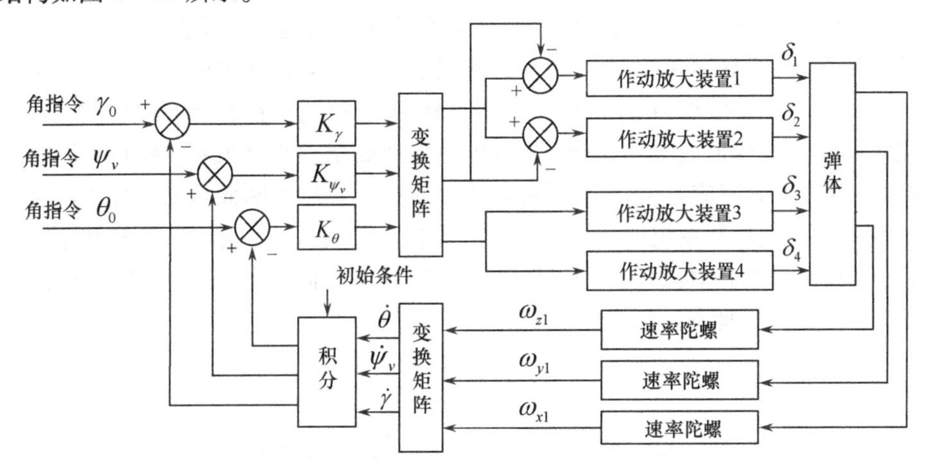

图1-10 弹道导弹控制系统原理结构图

该控制系统由姿态敏感元件、控制计算机、伺服传动装置组成。姿态敏感元件由捷联式速度陀螺平台构成，它包括速度陀螺仪、变换矩阵(计算机)和积分器等。速度陀螺仪测得绕弹体的角速度 ω_{x1}、ω_{y1}、ω_{z1}，由平台计算机(变换矩阵)转换成导弹对地面坐标系的角速度和角位置，即 γ、ψ_v、θ 和初始指令 γ_0、ψ_{v0}、θ_0 比较后，由控制计算机形成控制指令，驱动作动放大装置，控制导弹按要求的姿态角飞行。

垂直发射的导弹控制系统，除用在弹道式导弹的初始弹道外，近年来一些地空导弹也采用这种控制系统，如“SA-12”“海麻雀”“海狼”等导弹。

为了提高导弹的命中率，在有些弹道的再入段还采用末制导，如美国的“潘兴”Ⅱ型洲际导弹，就采用了地形匹配末制导系统，大大提高了导弹的命中精度。

2. 地空导弹制导系统

地空导弹是战术导弹之一，它具有飞行速度快、威力大、机动性强和命中精度高等特点，主要用来攻击快速活动目标，如飞机、导弹。因此，地空导弹的制导系统中必须具有能实时截获和跟踪这些快速活动目标的探测手段，以便不断地测定目标与导弹的相对位置和速度，然后按规定的导引规律形成导引指令。

地空导弹采用的无线电指令制导系统,其原理图一般如图1－11所示。

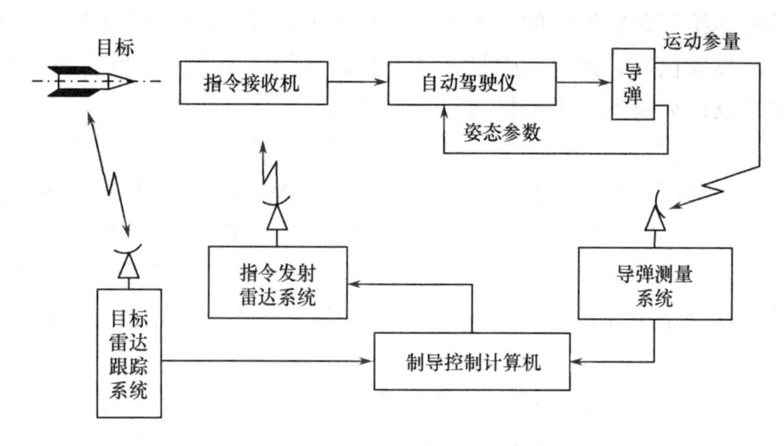

图1－11 地空导弹制导系统原理图

由图1－11可见,该制导系统分成地面导引系统和弹上控制系统两部分。地面导引系统一般由目标探测雷达、导弹探测雷达、制导计算机和指令发射雷达组成。目标探测雷达和导弹探测雷达要不断探测并跟踪目标和导弹,测得目标和导弹的位置及运动参数,然后送给制导计算机按规定的导引规律形成导引指令,导引指令由地面指引雷达发射,为了便于地面雷达跟踪,通常多在导弹上装有应答机,它在导弹的整个飞行过程中不断向地面指挥中心发射信息。

地空导弹的弹上控制系统即是导弹的姿态控制系统,它一般由俯仰、滚转和偏航三个通道组成。由于导弹是轴对称体,俯仰和偏航两个通道基本相同,图1－12为地空导弹控制系统(俯仰、滚转两通道)原理图。

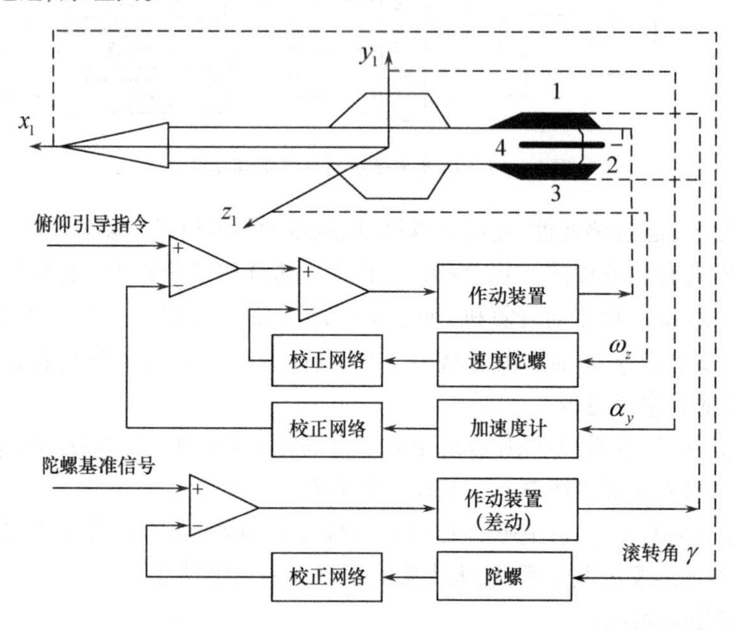

图1－12 地空导弹控制系统原理图

由图可见,每个通道都由姿态测量敏感元件、控制计算装置、伺服机构组成。通常在俯仰通道中都以加速度计做主反馈、以角速度陀螺仪的输出形成阻尼信号。上述信号与俯仰导引指令在控制计算机中形成控制指令,通过伺服装置推动舵面2、4同方向偏转,控制导弹的俯仰姿态运动。在滚转通道一般仅有倾斜角 γ 敏感元件，控制综合计算装置和滚转伺服机构。滚转角信号和陀螺姿态基准信号送入综合计算机，按控制要求形成控制指令，再由伺服机构推动1、3舵面差动偏转，从而控制导弹滚转运动。

对于地空导弹的控制系统（弹上控制回路），由于导弹用于攻击快速活动的目标，其动态品质要求更高，尤其要求具有反应迅速并能使导弹产生较大过载的机动能力。姿态稳定系统往往仅需要稳定滚动角，而偏航角和俯仰角则由制导指令控制，以完成飞行轨迹的调整。一般地说，地空导弹制导系统对惯性敏感元件（加速度计、角速度陀螺仪、角度陀螺仪等）的精度要求，较之弹道式导弹要低，但要求敏感元件的测量范围大、能快速启动、迅速投入工作。

美制“爱国者”是野战军在20世纪80年代和90年代用来对付来自空中威胁的一种地空导弹武器系统。1991年初的海湾战争中“爱国者”对“飞毛腿”的导弹拦截大战，充分显示了它的威力和技术先进性。“爱国者”地空导弹的突出特点如下：

（1）制导系统中采用先进的多功能相控阵雷达，一部雷达就能完成现有地空导弹武器系统需要的多种任务，如高、低空目标搜索、目标截获、目标跟踪、导弹探测、导弹跟踪、导弹制导控制等。

（2）采用了先进的雷达指令制导和TVM制导相结合的复合制导系统。

TVM制导也是一种雷达指令制导技术。由地面控制站的相控阵雷达向目标发射跟踪波束，控制站由目标的反射信号测得目标的数据，弹上跟踪器经TVM信道同时获得其对目标的状态信息，并经TVM下行线发回控制站，另外，控制站还由导弹的跟踪波束获得导弹的坐标数据。于是控制站的控制计算机将目标数据、导弹数据、导弹相对目标的数据进行实时处理，形成导引指令，经TVM指令上行线发送给导弹，通过导弹控制系统控制导弹飞向目标。

由于“爱国者”采用了TVM制导体制，当导弹与目标越来越近时，弹上的TVM跟踪器（导引头）便能更有效、更精确地跟踪目标。因为跟踪目标的数据都在地面控制站的计算机内处理，形成导引指令，所以弹上设备仍然比较简单。采用遥控指令+TVM制导时，其导引距离要比典型的指令制导要远得多，一般可达100km以上。

“爱国者’武器系统的这套作战软件可以对付三种空中目标，即飞机、巡航导弹和战术弹道导弹，不必临时更换系统的硬件和设备。同时该作战软件可允许相控阵雷达的上仰角增大到近90°，几乎可以探测头顶目标。这部雷达能同时探索、发现、跟踪和识别目标，作用距离达160km。在对付弹道导弹时，该软件不仅可以控制雷达在弹道的后半部将他截获，而且也可以在弹道的主动段将导弹截获。当控制导弹拦截一枚战术导弹时，它同时还能搜索、发现和跟踪其他的目标。该作战软件在拦截不同的目标过程中都可以得到最佳的轨迹。

该作战软件大大改善了反战术导弹火力单元的管理功能。例如，对空中目标的分类识别，决定飞来的目标是飞机或是导弹，并且可以很快求出导弹的预定命中地点。如果计算表明来袭的导弹将落在无关重要的地点，如海面或无人的地带，该软件可控制“爱国者”导弹不发射。在海湾战争中，伊拉克发射了10枚“飞毛腿”战术地地导弹，用来袭击沙特阿拉伯的首都利雅得，当即被“爱国者”击毁9枚，有一枚没有被拦截而落在无人的沙漠地带，就是上述原因。

3. 巡航导弹制导系统

巡航导弹是一种类似无人驾驶飞机的远程导弹武器。它的飞行弹道的特点是：在一段时间保持等高巡航飞行，在接近目标时，再俯冲飞向目标实施突防攻击。岸舰、空舰、舰地、地地等巡航导弹多采用这种飞行攻击方式。远程的地地巡航导弹多在低空隐蔽飞行，以提高突防攻击能力。它所攻击的目标一般为慢速活动目标和固定目标。鉴于上述情况，巡航导弹多采用自主式的制导系统和具有高度保持功能的飞行控制系统。

海湾战争名噪一时的美国“战斧”是当代巡航导弹的佼佼者。它是一种舰船或潜艇发射的巡航导弹,用火箭助推,以F107-400涡扇发动机为动力,一般在不到30m的高度以上亚声速飞行,其射程约为1300km。“战斧”巡航导弹采用了惯性制导+地图匹配制导的高精度复合制导系统,系统的原理图如图1-13所示。

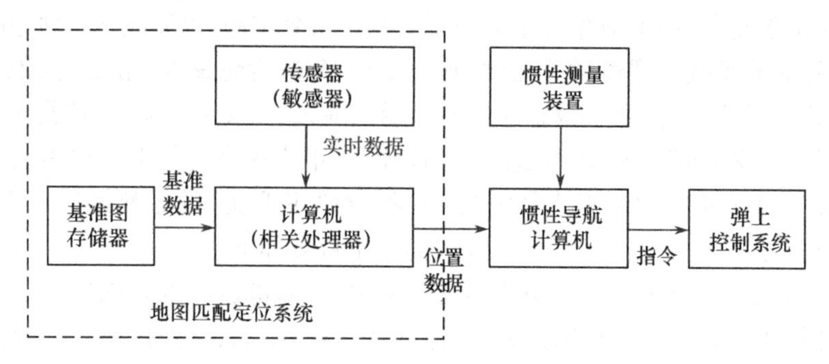

图1-13 “战斧”巡航导弹制导系统原理图

由图可见,该制导系统包括三大部分,即惯性制导系统、地图匹配定位系统和弹上控制系统。惯性制导系统在导弹飞行的全过程始终连续工作。但由于陀螺仪的漂移和加速度计精度不高,都给导弹的飞行航迹造成误差。地图匹配制导系统的主要功用就是修正惯性制导系统的误差,实现巡航导弹的精确制导。因此,地图匹配制导系统的工作是不连续的,而是在整个飞行路线中,选择若干合适的区域内采用地图匹配制导,以修正前一段惯性制导系统的误差,保证导弹准确地沿着预定航线飞向目标。

导弹由舰艇发射后,先靠惯性制导系统提供的数据飞抵海岸。该系统保证导弹的航迹误差每小时不超过1km。导弹飞抵海岸线后,利用地面上一系列预先安排好的区域匹配制导进行航线修正。海岸第一个地形匹配修正区长10km,宽5km。随着导弹向目标的逼近,修正区域的范围逐渐缩小。在飞近目标时,再用数字景象匹配制导系统(DSMAC)进行精密制导、不断更精确地修正弹道。这样,导弹经过近2h的飞行,航程约达1300km,最后命中目标的误差不到6m。

在海湾战争中,“战斧”巡航导弹多是夜间发射的,说明数字景象匹配制导系统已具有夜战的能力。但“战斧”制导系统采用了地形和景象匹配制导技术,导弹必须先飞越预先设置好的修正区,才能准确地攻击目标。因此“战斧”导弹不能直接从舰艇上攻击岸上目标。另外,编制战斗任务计划(战斗软件)时间太长,一般都要数小时以上。这些都使“战斧”导弹武器系统的灵活性太差。为此,美海军将对“战斧”的制导系统作如下改进:

(1) 在弹上安装全球定位制导系统(GPS)接收机,用以补充或代替地形匹配制导。因GPS有很高的制导精度,可使“战斧”从海上直接攻击沿海的目标。

(2) 安装数字景象匹配制导系统的改型DSMAC-2A。该系统对引起地表景观的昼夜和季节性变化不敏感,而且具有较多数量的景物进行精密制导。因此缩短了任务计划时间,增加了可供选择的攻击方案。

(3) 改进了导弹发射设备和弹上的软件,能更精确地预测导弹到达目标的时间,以便更好地协调导弹和载机的步调。

“战斧”导弹的弹上控制系统,除三轴姿态控制外,增加了高度控制系统,用以保证导弹的低空定高安全飞行。高度控制系统的原理和飞机高度控制系统一样，它是在纵向姿态角控制系统的基础上实现的，其原理结构如图1－14所示。

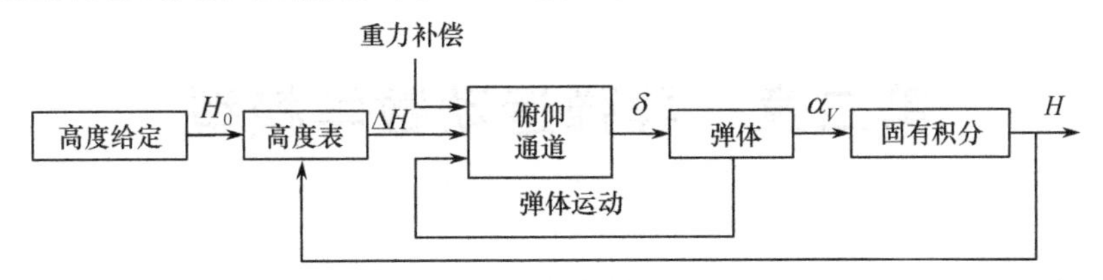

图1－14 导弹高度控制系统原理结构图

图中，高度表是导弹的高度敏感元件（如无线电高度表、气压高度表等），用来测量导弹飞行中高度的变化，形成高度控制回路。高度给定装置，可给定导弹应飞的高度，使导弹保持在这个高度上稳定飞行；也可以按预定程序方案给出高度控制信号，使导弹按预定程序机动飞行；重力补偿是引入系统的补偿信号，用以消除导弹长时间飞行中，导弹重量、重力变化引起的高度稳态误差。

思考题

1. 制导系统主要分为哪几种类型？各有什么特点？
2. 何谓导弹的稳定控制系统？如何对导弹进行稳定控制？
3. 为完成导弹的制导任务，对制导系统有哪些基本要求？
4. 自动驾驶仪在导弹制导控制系统中的作用是什么？
5. 寻的制导和遥控制导主要区别是什么？
6. 复合制导主要分为哪几种形式？复合制导的主要特点是什么？
7. 什么是惯性制导？惯性测量装置中的加速度计和陀螺仪的主要作用是什么？

第二章　导弹运动数学模型

导弹在飞行过程中由于燃料的不断燃烧并排出燃气而产生推力，所以导弹的运动是一个变质量物体的运动。若将此推力视为作用在导弹上的外力，此时可将导弹作为质量随时间变化的刚体来处理。本章我们把导弹看作一个可控制的刚体，通过运动学和动力学方程来描述它在空间运动时的运动规律。为此，本章主要介绍导弹飞行的力学环境、导弹运动方程组的建立和特殊情况下导弹运动方程组的简化等内容。

2.1　导弹飞行的力学环境

在飞行过程中，作用在导弹上的力主要有空气动力、发动机推力和重力。

空气动力（简称气动力）是空气对在其中运动的物体的作用力。当可压缩的黏性气流流过导弹各部件的表面时，由于整个表面上压强分布的不对称，所以出现了压强差；空气对导弹表面又有黏性摩擦，产生黏性摩擦力。这两部分力合在一起，就形成了作用在导弹上的空气动力。

推力是发动机工作时，发动机内燃气流高速喷出，从而在导弹上形成与喷流方向相反的作用力，它是导弹飞行的动力。

作用于导弹上的重力，严格地说，应是地心引力和因地球自转所产生的离心惯性力的合力。

空气动力的作用线一般不通过导弹的质心，因此，将形成对质心的空气动力矩。

推力矢量通常与弹体纵轴重合。若推力矢量的作用线不通过导弹的质心，还将形成对质心的推力矩。

本节将扼要介绍作用在导弹上的空气动力、气动力矩、推力和重力的有关特性。

2.1.1　空气动力

1. 两个坐标系

空气动力的大小与气流相对于弹体的方位有关。其相对方位可用速度坐标系和弹体坐标系之间的两个角度来确定。习惯上常把作用在导弹上的空气动力 $\boldsymbol{R}$ 沿速度坐标系的轴分解成三个分量来进行研究。而空气动力矩 $\boldsymbol{M}$ 则沿弹体坐标系的轴分解成三个分量。因此，下面先介绍两个与导弹速度矢量及弹体相联系的坐标系。

1）弹体坐标系 $Ox_1y_1z_1$

原点 O 取在导弹的质心上；Ox_1 轴与弹体纵轴重合，指向头部为正；Oy_1 轴在弹体纵向对称平面内，垂直于 Ox_1 轴，向上为正；Oz_1 轴垂直于 x_1Oy_1 平面，方向按右手定则确定，如图 2－1 所示。此坐标系与弹体固联，是动坐标系。

2）速度坐标系 $Ox_3y_3z_3$

原点 O 取在导弹的质心上；Ox_3 轴与速度矢量 $\boldsymbol{V}$ 重合；Oy_3 轴位于弹体纵向对称面内与

Ox_3 轴垂直,向上为正;Oz_3 轴垂直于 x_3Oy_3 平面,其方向按右手定则确定,如图 2 - 1 所示。此坐标系与导弹速度矢量固联,也是一个动坐标系。

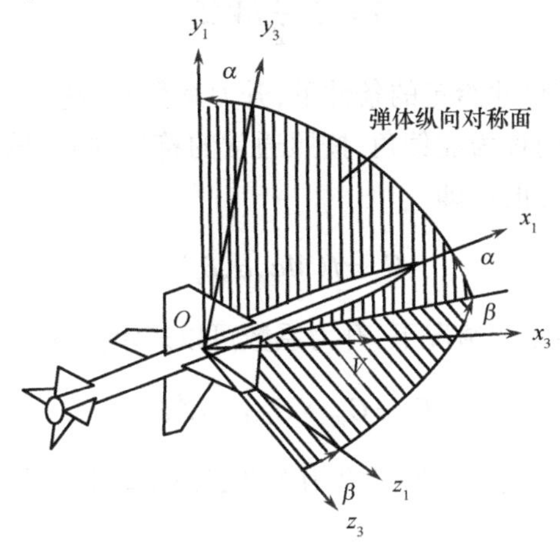

图 2 - 1　弹体坐标系和速度坐标系间的变换

3）速度坐标系与弹体坐标系之间的关系

由上述坐标系的定义可知,速度坐标系与弹体坐标系之间的相对关系可由两个角度确定,分别定义如下:

(1) 攻角 α:速度矢量 $\boldsymbol{V}$ 在纵向对称平面上的投影与纵轴 Ox_1 的夹角,当纵轴位于投影线的上方时,攻角 α 为正,反之为负。

(2) 侧滑角 β:速度矢量 $\boldsymbol{V}$ 与纵向对称平面之间的夹角,若来流从右侧(沿飞行方向观察)流向弹体,则所对应的侧滑角 β 为正,反之为负。

2. 空气动力的表达式

空气动力 $\boldsymbol{R}$ 沿速度坐标系分解为三个分量,分别称为阻力 X(沿 Ox_3 轴负向定义为正)、升力 Y(沿 Oy_3 轴正向定义为正)和侧向力 Z(沿 Oz_3 轴正向定义为正)。实验分析表明:空气动力的大小与来流的动压 q 和导弹的特征面积(又称参考面积)S 成正比,即

$$\begin{cases} X = C_x qS \\ Y = C_y qS \\ Z = C_z qS \\ q = \dfrac{1}{2}\rho V^2 \end{cases} \tag{2-1}$$

式中:C_x、C_y、C_z 为无量纲比例系数,分别称为阻力系数、升力系数和侧向力系数(总称为气动力系数);ρ 为空气密度;V 为导弹飞行速度;S 为参考面积,通常取弹翼面积或弹身最大横截面积。

由式(2 - 1)可以看出,当导弹外形尺寸、飞行速度和高度(影响空气密度)给定(即 qS 给定)的情况下,研究导弹飞行中所受的气动力,可简化成研究这些气动力的系数 C_x、C_y、C_z。

3. 升力

导弹的升力可以看成是弹翼、弹身、尾翼(或舵面)等各部件产生的升力之和,再加上各部件之间的相互干扰所引起的附加升力。弹翼是提供升力的最主要部件,而导弹的尾翼(或舵

面)和弹身产生的升力较小。全弹升力 Y 的计算公式如下:

$$Y=C_y\frac{1}{2}\rho V^2 S$$

在导弹气动布局和外形尺寸给定的条件下,升力系数 C_y 基本上取决于马赫数 Ma、攻角 α 和俯仰舵的舵面偏转角 δ_z(简称为舵偏角,按照通常的符号规则,俯仰舵的后缘相对于中立位置向下偏转时,舵偏角定义为正),即

$$C_y=f(Ma,\alpha,\delta_z) \tag{2-2}$$

在攻角和俯仰舵偏角不大的情况下,升力系数可以表示为 α 和 δ_z 的线性函数,即

$$C_y=C_{y0}+C_y^{\alpha}\alpha+C_y^{\delta_z}\delta_z \tag{2-3}$$

式中:C_{y0}为攻角和俯仰舵偏角均为零时的升力系数,简称零升力系数,主要是由导弹气动外形不对称产生的。

对于气动外形轴对称的导弹而言,$C_{y0}=0$,于是有

$$C_y=C_y^{\alpha}\alpha+C_y^{\delta_z}\delta_z \tag{2-4}$$

式中:$C_y^{\alpha}=\partial C_y/\partial\alpha$ 为升力系数对攻角的偏导数,又称升力线斜率,它表示当攻角变化单位角度时升力系数的变化量;$C_y^{\delta_z}=\partial C_y/\partial\delta_z$ 为升力系数对俯仰舵偏角的偏导数,它表示当俯仰舵偏角变化单位角度时升力系数的变化量。

当导弹外形尺寸给定时,C_y^{α}、$C_y^{\delta_z}$ 则是马赫数 Ma 的函数。C_y^{α} 与 Ma 的函数关系如图 2-2 所示,$C_y^{\delta_z}$ 与 Ma 的关系曲线与此相似。

当 Ma 固定时,升力系数 C_y 随着攻角 α 的增大而呈线性增大,但升力曲线的线性关系只能保持在攻角不大的范围内,而且,随着攻角的继续增大,升力线斜率可能还会下降。当攻角增至一定程度时,升力系数将达到其极值。与极值相对应的攻角,称为临界攻角。超过临界攻角以后,由于气流分离迅速加剧,升力急剧下降,这种现象称为失速(图 2-3)。

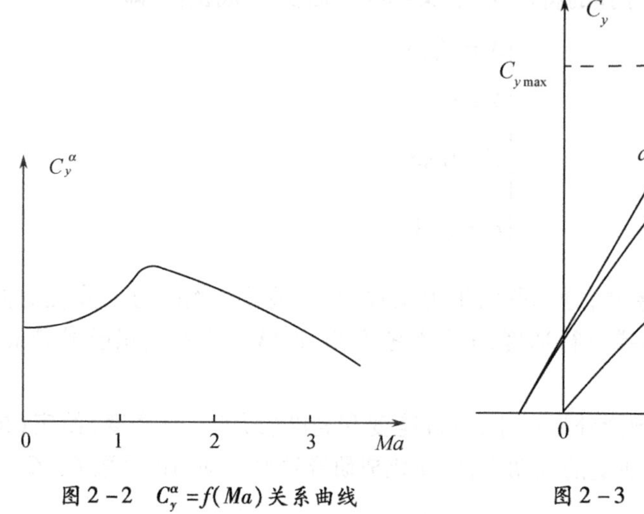

图 2-2 $C_y^{\alpha}=f(Ma)$ 关系曲线

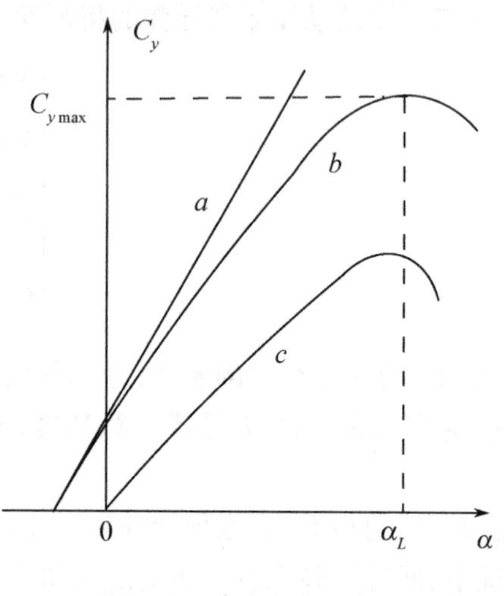

图 2-3 升力曲线示意图

必须指出,确定升力系数还应考虑导弹的气动布局和俯仰舵偏角的偏转方向等因素。系数 C_y^{α} 和 $C_y^{\delta_z}$ 的数值可以通过理论计算得到,也可由风洞实验或飞行试验确定。当已知系数 C_y^{α}

和 $C_y^{\delta_z}$，飞行高度 H（用于确定空气密度 ρ）和速度 V，以及导弹的飞行攻角 α 和俯仰舵偏角 δ_z 之后，就可以确定升力的大小，即

$$Y = Y_0 + (C_y^{\alpha}\alpha + C_y^{\delta_z}\delta_z)\frac{\rho V^2}{2}S$$

或写成

$$Y = Y_0 + Y^{\alpha}\alpha + Y^{\delta_z}\delta_z \tag{2-5}$$

式中：$Y^{\alpha} = C_y^{\alpha}\frac{\rho V^2}{2}S$，$Y^{\delta_z} = C_y^{\delta_z}\frac{\rho V^2}{2}S$。

因此，对于给定的导弹气动布局和外形尺寸，升力可以看作是导弹速度、飞行高度、飞行攻角和俯仰舵偏角四个参数的函数。

4. 侧向力

侧向力（简称侧力）Z 与升力 Y 类似，在导弹气动布局和外形尺寸给定的情况下，侧向力系数基本上取决于马赫数 Ma、侧滑角 β 和方向舵的偏转角 δ_y（后缘向右偏转为正）。当 β、δ_y 较小时，侧向力系数 C_z 可以表示为

$$C_z = C_z^{\beta}\beta + C_z^{\delta_y}\delta_y \tag{2-6}$$

根据所采用的符号规则，正的 β 值对应于负的 C_z 值，正的 δ_y 值也对应于负的 C_z 值，因此，系数 C_z^{β} 和 $C_z^{\delta_y}$ 永远是负值。

对于气动轴对称的导弹，侧向力的求法和升力是相同的。如果将导弹看作是绕 Ox_3 轴转过了 90°，这时侧滑角将起攻角的作用，偏航舵偏角 δ_y 起俯仰舵偏角 δ_z 的作用，而侧向力则起升力的作用，如图 2-4 所示。由于所采用的符号规则不同，所以在计算公式中应该用（$-\beta$）代替 α，而用（$-\delta_y$）代替 δ_z，于是对气动轴对称的导弹，有

$$C_z^{\beta} = -C_y^{\alpha}, \quad C_z^{\delta_y} = -C_y^{\delta_z}$$

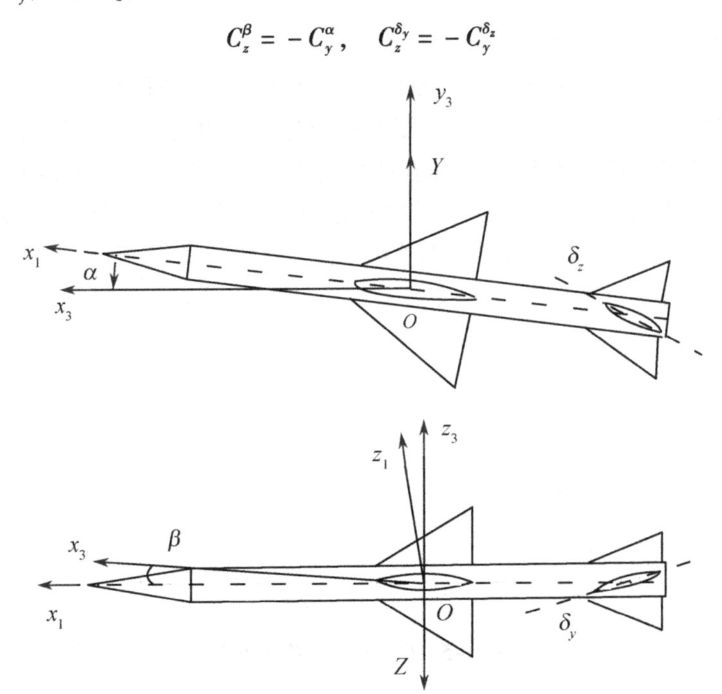

图 2-4　导弹的升力和侧向力

5. 阻力

作用在导弹上的空气动力在速度方向的分量称为阻力,它总是与速度方向相反,起阻碍导弹运动的作用。阻力受空气的黏性影响最为显著,用理论方法计算阻力必须考虑空气黏性的影响。但无论采用理论方法还是风洞实验方法,要想求得精确的阻力都比较困难。

导弹阻力的计算方法是:先分别计算出弹翼、弹身、尾翼(或舵面)等部件的阻力,再求和,然后加以适当的修正(一般是放大10%)。

导弹的空气阻力通常分成两部分来进行研究。一部分与升力无关,称为零升阻力(即升力为零时的阻力);另一部分取决于升力的大小,称为诱导阻力。即导弹的空气阻力为

$$X = X_0 + X_i$$

式中:X_0 为零升阻力;X_i 为诱导阻力。

零升阻力包括摩擦阻力和压差阻力,是由于气体的黏性引起的。在超声速情况下,空气还会产生另一种形式的压差阻力——波阻。大部分诱导阻力是由弹翼产生的,弹身和舵面产生的诱导阻力较小。

必须指出,当有侧向力时,与侧向力大小有关的那部分阻力也是诱导阻力。影响诱导阻力的因素与影响升力和侧力的因素相同。计算分析表明,导弹的诱导阻力近似地与攻角、侧滑角的平方成正比。

定义阻力系数:

$$C_x = \frac{X}{\frac{1}{2}\rho V^2 S}$$

相应地,阻力系数也可表示成两部分,即

$$C_x = C_{x0} + C_{xi} \tag{2-7}$$

式中:C_{x0}为零升阻力系数;C_{xi}为诱导阻力系数。

阻力系数 C_x 可通过理论计算或实验确定。在导弹气动布局和外形尺寸给定的条件下,C_x 主要取决于马赫数 Ma、雷诺数 Re(流体微团惯性力与黏性力之比,是区别流动状态的一个重要指标)、攻角 α 和侧滑角 β,在给定 α 和 β 的情况下,C_x 与 Ma 的关系曲线如图2-5所示。当 Ma 接近于1时,阻力系数急剧增大。这种现象可由在导弹的局部地方和头部形成的激波来解释,即这些激波产生了波阻。随着 Ma 的增加,阻力系数 C_x 逐渐减小。

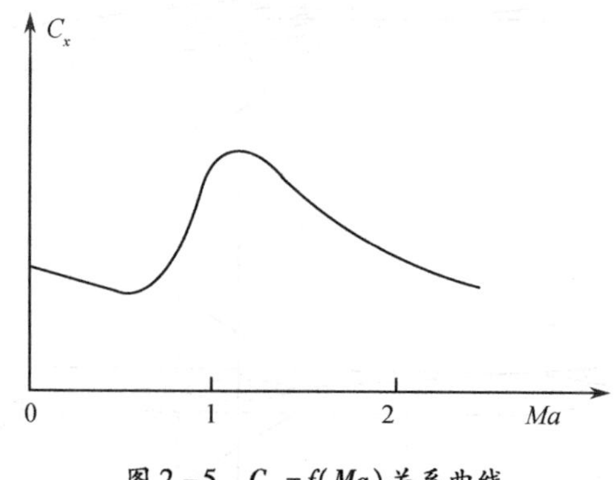

图2-5 $C_x=f(Ma)$关系曲线

因此,在导弹气动布局和外形尺寸给定的情况下,阻力随着导弹速度、攻角和侧滑角的增大而增大。但是,随着飞行高度的增加,阻力将减小。

2.1.2 气动力矩

1. 气动力矩的表达式

为了便于分析导弹的旋转运动，把总的气动力矩 $\boldsymbol{M}$ 沿弹体坐标系 $Ox_1y_1z_1$ 分解为三个分量，分别称为滚转力矩 M_{x1}（与 Ox_1 轴的正向一致时定义为正）、偏航力矩 M_{y1}（与 Oy_1 轴的正向一致时定义为正）和俯仰力矩 M_{z1}（与 Oz_1 轴的正向一致时定义为正）。与研究气动力时一样，用对气动力矩系数的研究来取代对气动力矩的研究。气动力矩表达式为

$$\begin{cases} M_{x1} = m_{x1}qSL \\ M_{y1} = m_{y1}qSL \\ M_{z1} = m_{z1}qSL \end{cases} \tag{2-8}$$

式中：m_{x1}、m_{y1}、m_{z1} 为无量纲的比例系数，分别称为滚转力矩系数、偏航力矩系数和俯仰力矩系数（统称为气动力矩系数）；L 为特征长度。

工程应用通常选用弹身长度为特征长度，也有将弹翼的翼展长度或平均气动力弦长作为特征长度的。

必须指出，当涉及气动力、气动力矩的具体数值时，应注意它们所对应的特征尺寸。另外，在不产生混淆的情况下，为了书写方便，通常将与弹体坐标系相关的下标“1”省略。

2. 压力中心和焦点

在确定气动力相对于重心（或质心，本书不严格区分）的气动力矩时，必须知道气动力的作用点。空气动力的作用线与导弹纵轴的交点称为全弹的压力中心（简称压心）。在攻角不大的情况下，常近似地把全弹升力作用线与纵轴的交点作为全弹的压力中心。

如前所述，升力可按下式计算：

$$Y = Y_0 + Y^{\alpha}\alpha + Y^{\delta_z}\delta_z$$

由攻角所引起的那部分升力 $Y^{\alpha}\alpha$ 的作用点，称为导弹的焦点。由俯仰舵偏转所引起的那部分升力 $Y^{\delta_z}\delta_z$ 作用在舵面的压力中心上。

对于有翼导弹，弹翼是产生升力的主要部件，因此，这类导弹的压心位置在很大程度上取决于弹翼相对于弹身的安装位置。此外，压心位置还与飞行马赫数 Ma、攻角 α、俯仰舵偏角 δ_z 等参数有关，这是因为这些参数变化时，改变了导弹上的压力分布的缘故。

压心位置常用压力中心至导弹头部顶点的距离 x_p 来表示。压心位置 x_p 与飞行马赫数 Ma 和攻角 α 的关系如图 2-6 所示。由图看出，当飞行速度接近于声速时，压心位置的变化幅度较大。

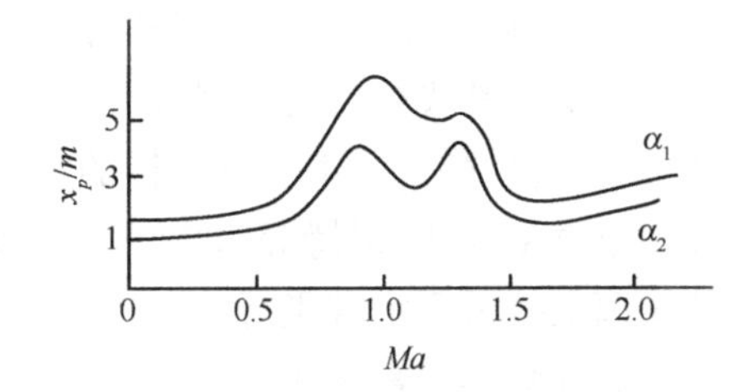

图 2-6 压力中心与 Ma、α 的变化

一般情况下，焦点一般并不与压力中心重合，仅当 $\delta_z = 0$ 且导弹相对于 x_1Oz_1 平面完全对称（即 $C_{y0} = 0$）时，焦点才与压力中心重合。

根据上述焦点的概念，还可以这样来定义焦点：该点位于纵向对称平面之内，升力对该点的力矩与攻角无关。

3. 俯仰力矩

俯仰力矩 M_z 又称纵向力矩，它的作用是使导弹绕横轴 Oz_1 作抬头或低头的转动。在气动布局和外形参数给定的情况下，俯仰力矩的大小不仅与飞行马赫数 Ma、飞行高度 H 有关，还

与飞行攻角 α、俯仰舵偏转角 δ_z、导弹绕 Oz_1 轴的旋转角速度 ω_z(下标“1”也省略,下同)、攻角的变化率$\dot{\alpha}$以及俯仰舵的偏转角速度$\dot{\delta}_z$ 等有关。因此,俯仰力矩可表示成如下的函数形式:

$$M_z = f(M_a, H, \alpha, \delta_z, \omega_z, \dot{\alpha}, \dot{\delta}_z)$$

当 α、δ_z、$\dot{\alpha}$、$\dot{\delta}_z$ 和 ω_z 较小时,俯仰力矩与这些量的关系是近似线性的,其一般表达式为

$$M_z = M_{z0} + M_z^{\alpha}\alpha + M_z^{\delta_z}\delta_z + M_z^{\omega_z}\omega_z + M_z^{\dot{\alpha}}\dot{\alpha} + M_z^{\dot{\delta}_z}\dot{\delta}_z \tag{2-9}$$

严格地说,俯仰力矩还取决于其他一些参数,如侧滑角 β、副翼偏转角 δ_x、导弹绕 Ox_1 轴的旋转角速度 ω_x 等,通常这些参数的影响不大,一般予以忽略。

为了讨论方便,俯仰力矩用无量纲力矩系数表示:

$$m_z = m_{z0} + m_z^{\alpha}\alpha + m_z^{\delta_z}\delta_z + m_z^{\bar{\omega}_z}\bar{\omega}_z + m_z^{\bar{\dot{\alpha}}}\bar{\dot{\alpha}} + m_z^{\bar{\dot{\delta}}_z}\bar{\dot{\delta}}_z \tag{2-10}$$

式中:$\bar{\omega}_z = \omega_z L/V$,$\bar{\dot{\alpha}} = \dot{\alpha}L/V$,$\bar{\dot{\delta}}_z = \dot{\delta}_z L/V$,是与旋转角速度 ω_z、攻角变化率$\dot{\alpha}$以及俯仰舵的偏转角速度$\dot{\delta}_z$ 对应的无量纲参数,m_{z0}是当 $\alpha = \delta_z = \bar{\omega}_z = \bar{\dot{\alpha}} = \bar{\dot{\delta}}_z = 0$ 时的俯仰力矩系数,是由导弹气动外形不对称引起的,主要取决于飞行马赫数、导弹的几何形状、弹翼(或安定面)的安装角等;m_z^{α}、$m_z^{\delta_z}$、$m_z^{\bar{\omega}_z}$、$m_z^{\bar{\dot{\alpha}}}$、$m_z^{\bar{\dot{\delta}}_z}$ 是 m_z 关于 α、δ_z、$\bar{\omega}_z$、$\bar{\dot{\alpha}}$、$\bar{\dot{\delta}}_z$ 的偏导数。

由攻角 α 引起的力矩 $M_z^{\alpha}\alpha$ 是俯仰力矩中最重要的一项,是作用在焦点的导弹升力 $Y_z^{\alpha}\alpha$ 对重心的力矩,即

$$M_z^{\alpha}\alpha = Y_z^{\alpha}\alpha(x_g - x_F) = C_y^{\alpha}qS\alpha(x_g - x_F)$$

式中:x_F、x_g 为导弹的焦点、重心至头部顶点的距离。

又因为

$$M_z^{\alpha}\alpha = m_z^{\alpha}qSL\alpha$$

于是有

$$m_z^{\alpha} = C_y^{\alpha}(x_g - x_F)/L = C_y^{\alpha}(\bar{x}_g - \bar{x}_F)$$

式中:$\bar{x}_F$、$\bar{x}_g$ 为导弹的焦点、重心位置对应的无量纲值。

为方便起见,先讨论定常飞行情况下(此时 $\omega_z = \dot{\alpha} = \dot{\delta}_z = 0$)的俯仰力矩,然后再研究由 ω_z、$\dot{\alpha}$、$\dot{\delta}_z$ 所引起的附加俯仰力矩。

1)定常直线飞行时的俯仰力矩

所谓定常飞行,是指导弹的飞行速度 V、攻角 α、俯仰舵偏角 δ_z 等不随时间变化的飞行状态。但是,导弹几乎不会有严格的定常飞行。即使导弹作等速直线飞行,由于燃料的消耗使导弹质量发生变化,保持等速直线飞行所需的攻角也要随之改变,因此只能说导弹在一段比较小的距离上接近于定常飞行。

若导弹作定常直线飞行,即 $\omega_z = \dot{\alpha} = \dot{\delta}_z = 0$,则俯仰力矩系数的表达式变为

$$m_z = m_{z0} + m_z^{\alpha}\alpha + m_z^{\delta_z}\delta_z \tag{2-11}$$

对于外形为轴对称的导弹,$m_{z0} = 0$,则有

$$m_z = m_z^{\alpha}\alpha + m_z^{\delta_z}\delta_z \tag{2-12}$$

实验表明,只有在小攻角和小舵偏角的情况下,上述线性关系才成立。随着 α、δ_z 增大,线性关系将被破坏(图2-7)。

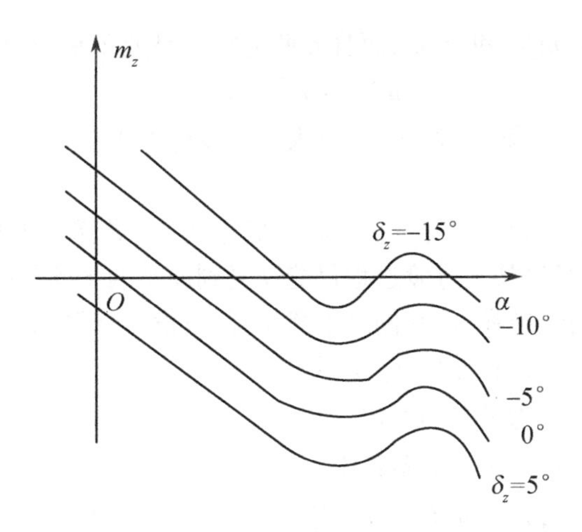

图 2-7 $m_z=f(\alpha)$曲线示意图

偏导数 m_z^α 和 $m_z^{\delta_z}$ 主要取决于马赫数、重心位置和导弹的几何外形。对应于一组 δ_z 值,可画出一组 m_z 随 α 的变化曲线,如图 2-7 所示。这些曲线与横坐标轴的交点满足 $m_z=0$;偏导数 m_z^α 表示这些曲线相对于横坐标轴的斜率;m_{z0}值代表 $\delta_z=0$ 时的 $m_z=f(\alpha)$ 曲线在纵轴上所截的线段长度。

2) 纵向平衡状态

$m_z=f(\alpha)$曲线与横坐标轴的交点称为静平衡点,对应于 $m_z=0$,即作用在导弹上的升力对重心的力矩为零,亦即导弹处于力矩平衡状态。这种俯仰力矩的平衡又称为导弹的纵向静平衡。

为使导弹在某一飞行攻角下处于平衡状态,必须使俯仰舵偏转一个相应的角度,这个角度称为俯仰舵的平衡舵偏角,以符号 δ_{zb}表示。换句话说,在某一舵偏角下,为保持导弹的纵向静平衡所需要的攻角就是平衡攻角,以 α_b 表示。平衡舵偏角与平衡攻角的关系可令式(2-12)的右端为零求得,即

$$\left(\frac{\delta_z}{\alpha}\right)_b=-\frac{m_z^\alpha}{m_z^{\delta_z}} \tag{2-13}$$

或

$$\delta_{zb}=-\frac{m_z^\alpha}{m_z^{\delta_z}}\alpha_b$$

式中的比值($-m_z^\alpha/m_z^{\delta_z}$)除了与飞行马赫数有关外,还随导弹气动布局的不同而不同(对于正常式布局 $m_z^\alpha/m_z^{\delta_z}>0$,鸭式布局 $m_z^\alpha/m_z^{\delta_z}<0$)。在弹道各段上,这个比值一般说是变化的,因为导弹飞行过程中马赫数和重心位置均要变化,m_z^α 和 $m_z^{\delta_z}$ 也要相应地改变。

平衡状态时的全弹升力,称为平衡升力。平衡升力系数的计算方法如下:

$$C_{yb}=C_y^\alpha\alpha_b+C_y^{\delta_z}\delta_{zb}=\left(C_y^\alpha-C_y^{\delta_z}\frac{m_z^\alpha}{m_z^{\delta_z}}\right)\alpha_b \tag{2-14}$$

在进行弹道计算时,若假设每一瞬时导弹都处于上述平衡状态,则可用式(2-14)来计算导弹在弹道各点上的平衡升力。这种假设,通常称为"瞬时平衡"假设,即认为导弹从某一平衡状态改变到另一平衡状态是瞬时完成的,也就是忽略了导弹绕质心的旋转运动。此时作用

在导弹上的俯仰力矩只有 $m_z^\alpha\alpha$ 和 $m_z^{\delta_z}\delta_z$,而且此两力矩总是处于平衡状态,即

$$m_z^\alpha\alpha_b + m_z^{\delta_z}\delta_{zb} = 0 \tag{2-15}$$

导弹初步设计阶段采用瞬时平衡假设,可大大减少计算工作量。

3) 纵向静稳定性

导弹的平衡有稳定平衡和不稳定平衡。在稳定平衡中,导弹由于某一小扰动的瞬时作用而破坏了它的平衡之后,经过某一过渡过程仍能恢复到原来的平衡状态。在不稳定平衡中,即便是很小的扰动瞬时作用于导弹,使其偏离平衡位置,也没有恢复到原来平衡位置的能力。判别导弹纵向静稳定性的方法是看导数 m_z^α 的性质,即

(1) 当 $m_z^\alpha|_{\alpha=\alpha_b}<0$ 时,为纵向静稳定。

(2) 当 $m_z^\alpha|_{\alpha=\alpha_b}>0$ 时,为纵向静不稳定。

(3) 当 $m_z^\alpha|_{\alpha=\alpha_b}=0$ 时,是纵向静中立稳定,因为当 α 稍离开 α_b 时,它不会产生附加力矩。

图2-8给出了 $m_z=f(\alpha)$ 的三种典型情况,它们分别对应于静稳定、静不稳定和静中立稳定的三种气动特性。

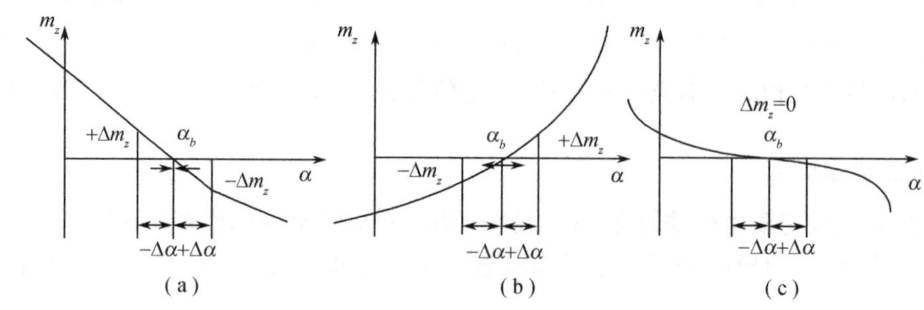

图2-8 $m_z=f(\alpha)$ 的三种典型情况

(a)静稳定的;(b)静不稳定的;(c)静中立稳定的。

图2-8(a)中力矩特性曲线 $m_z=f(\alpha)$ 显示 $m_z^\alpha|_{\alpha=\alpha_b}<0$。如果导弹在平衡状态下($\alpha=\alpha_b$)飞行,由于某一微小扰动的瞬时作用,使攻角 α 偏离平衡攻角 α_b,增加了一个小量 $\Delta\alpha>0$,那么,在焦点上将有一附加升力 ΔY 产生,它对重心形成附加俯仰力矩:

$$\Delta M_z = m_z^\alpha\Delta\alpha qSL$$

由于 $m_z^\alpha<0$,故 ΔM_z 是个负值,它使导弹低头,即力图减小攻角,由 $\alpha_b+\Delta\alpha$ 值恢复到原来的 α_b 值。导弹的这种物理属性称为纵向静稳定性。力图使导弹恢复到原来平衡状态的气动力矩 ΔM_z 称为静稳定力矩或恢复力矩。

图2-8(b)表示导弹静不稳定的情况($m_z^\alpha|_{\alpha=\alpha_b}>0$)。当导弹一旦偏离平衡状态后,所产生的附加力矩将使导弹更加偏离平衡状态。

图2-8(c)表示导弹静中立稳定的情况($m_z^\alpha|_{\alpha=\alpha_b}=0$)。当导弹偏离平衡状态后,不产生附加力矩,则干扰造成的攻角偏量 $\Delta\alpha$ 既不增大,也不能被消除。

综上所述,纵向静稳定性的定义可概述如下:导弹在平衡状态下飞行时,受到外界干扰作用而偏离原来平衡状态,在外界干扰消失的瞬间,若导弹不经操纵能产生附加气动力矩,使导弹具有恢复到原来平衡状态的趋势,则称导弹是静稳定的;若产生的附加气动力矩使导弹更加偏离原平衡状态,则称导弹是静不稳定的;若附加气动力矩为零,导弹既无恢复到原平衡状态的趋势,也不再继续偏离,则称导弹是静中立稳定的。必须指出,静稳定性只是说明导弹偏离平衡状态那一瞬间的力矩特性,并不能说明整个飞行过程导弹最终是否具有稳定性。

工程上常用 $m_z^{C_y}$ 评价导弹的静稳定性。与偏导数 m_z^α 一样,偏导数 $m_z^{C_y}$ 也能对导弹的静稳定性给出质和量的估计,其计算表达式为

$$m_z^{C_y}=\frac{\partial m_z}{\partial C_y}=\frac{\partial m_z}{\partial \alpha}\frac{\partial \alpha}{\partial C_y}=\frac{m_z^\alpha}{C_y^\alpha}=\bar{x}_g-\bar{x}_F \tag{2-16}$$

显然,对于具有纵向静稳定性的导弹,存在关系式:$m_z^{C_y}<0$,这时,重心位于焦点之前($\bar{x}_g<\bar{x}_F$)。当重心逐渐向焦点靠近时,静稳定度逐渐降低。当重心后移到与焦点重合($\bar{x}_g=\bar{x}_F$)时,导弹是静中立稳定的。当重心后移到焦点之后($\bar{x}_g>\bar{x}_F$)时,$m_z^{C_y}>0$,导弹则是静不稳定的。因此把焦点无量纲坐标与重心的无量纲坐标之间的差值($\bar{x}_F-\bar{x}_g$)称为静稳定度。

导弹的静稳定度与飞行性能有关。为了保证导弹具有适当的静稳定度,设计过程中常采用两种办法:一是改变导弹的气动布局,从而改变焦点的位置,如改变弹翼的外形、面积以及相对弹身的安装位置,改变尾翼面积,添置小前翼等;二是改变导弹内部器件的部位安排,以调整重心的位置。

4）俯仰操纵力矩

对于采用正常式气动布局(舵面安装在弹身尾部),且具有静稳定性的导弹来说,当舵面向上偏转一个角度 $\delta_z<0$ 时,舵面上会产生向下的操纵力,并形成相对于导弹重心的抬头力矩 $M_z(\delta_z)>0$,从而使攻角增大,则对应的升力对重心形成一低头力矩(图 2－9)。当达到力矩平衡时,α 与 δ_z 应满足平衡关系式(2－13)。舵面偏转形成的气动力对重心的力矩称为操纵力矩。其值为

$$M_z^{\delta_z}\delta_z=m_z^{\delta_z}\delta_z qSL=C_y^{\delta_z}\delta_z qS(x_g-x_r) \tag{2-17}$$

由此得

$$m_z^{\delta_z}=C_y^{\delta_z}(\bar{x}_g-\bar{x}_r) \tag{2-18}$$

式中:$\bar{x}_r=x_r/L$ 为舵面压力中心至弹身头部顶点距离的无量纲值;$m_z^{\delta_z}$ 为舵面偏转单位角度时所引起的操纵力矩系数,称为舵面效率;$C_y^{\delta_z}$ 为舵面偏转单位角度时所引起的升力系数,它随马赫数的变化规律如图 2－10 所示。

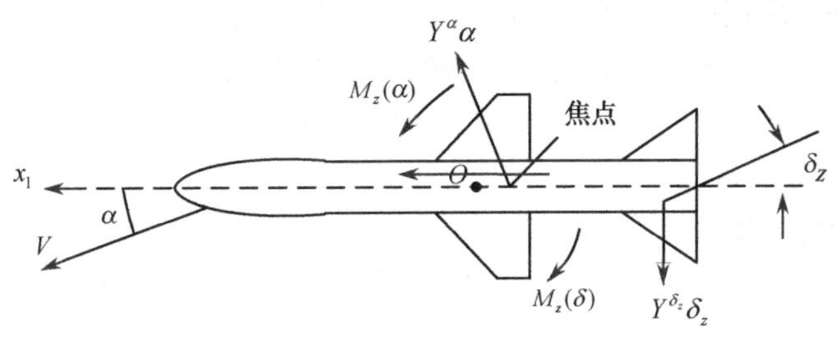

图 2－9　操纵力矩的示意图

对于正常式导弹,重心总是在舵面之前,故 $m_z^{\delta_z}<0$;而对于鸭式导弹,则 $m_z^{\delta_z}>0$。

5）俯仰阻尼力矩

俯仰阻尼力矩是由导弹绕 Oz_1 轴的旋转运动所引起的,其大小与旋转角速度 ω_z 成正比,而方向与 ω_z 相反。该力矩总是阻止导弹的旋转运动,故称为俯仰阻尼力矩(或纵向阻尼力矩)。

假定导弹质心速度为 $\boldsymbol{V}$,同时又以角速度 ω_z 绕 Oz_1 轴旋转。旋转使导弹表面上各点均获得一附加速度,其方向垂直于连接重心与该点的矢径 $\boldsymbol{r}$,大小等于 $\omega_z r$(如图 2－11 所示)。若

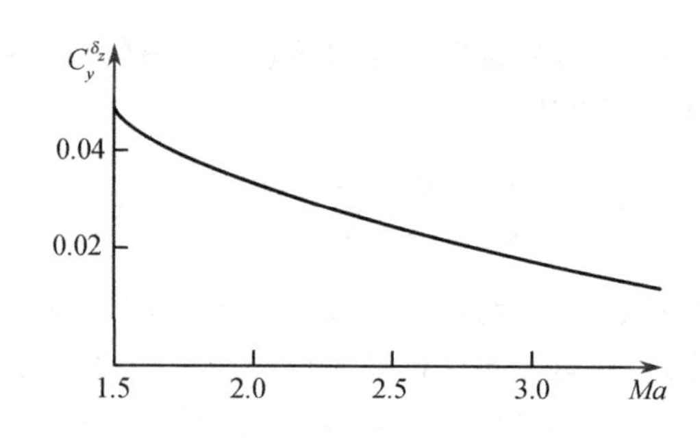

图2-10　$C_y^{\delta_z}$ 与 Ma 的关系曲线

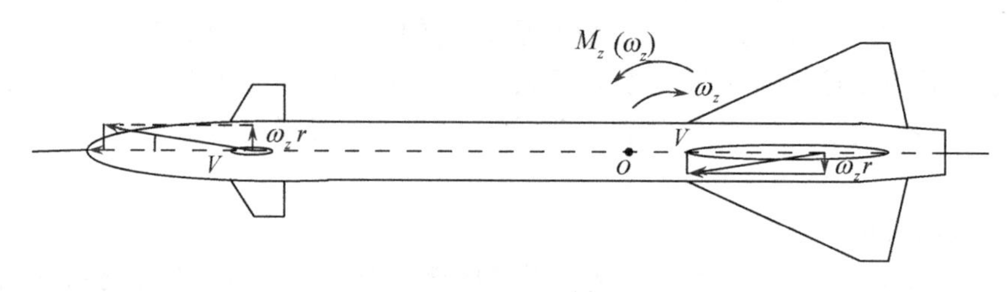

图2-11　俯仰阻尼力矩

$\omega_z>0$,则重心之前的导弹表面上各点的攻角将减小一个 $\Delta\alpha$,其值为

$$\Delta\alpha=\arctan\frac{r\omega_z}{V}$$

而处于重心之后的导弹表面上各点将增加一个 $\Delta\alpha$ 值。攻角的变化导致附加升力的出现,在重心之前附加升力向下,而在重心之后,附加升力向上,因此所产生的俯仰力矩与 ω_z 的方向相反,即力图阻止导弹绕 Oz_1 轴的旋转运动。

俯仰阻尼力矩常用无量纲俯仰阻尼力矩系数来表示,即有

$$M_z(\omega_z)=m_z^{\bar{\omega}_z}\bar{\omega}_z qSL \tag{2-19}$$

式中:$m_z^{\bar{\omega}_z}$ 总是一个负值,它的大小主要取决于飞行马赫数、导弹的几何外形和质心位置。通常为书写方便,将 $m_z^{\bar{\omega}_z}$ 简记作 $m_z^{\omega_z}$,但它的原意并不因此而改变。

一般情况下,阻尼力矩相对于稳定力矩和操纵力矩来说是比较小的。对某些旋转角速度 ω_z 较小的导弹来说,甚至可以忽略它对导弹运动的影响。但是,它对导弹运动的过渡过程品质的影响却不能忽略。

6）下洗延迟俯仰力矩

前面所述关于计算升力和俯仰力矩的方法,严格地说,仅适用于导弹定常飞行这一特殊情况。

在一般情况下,导弹的飞行是非定常飞行,其运动参数、空气动力和力矩都是时间的函数。这时的空气动力系数和力矩系数不仅取决于该瞬时的 α、δ_z、ω_z、Ma 等参数值,还取决于这些参数随时间变化的特性。但是,作为初步的近似计算,可以认为作用在导弹上的空气动力和力矩仅取决于该瞬时的运动参数,这个假设通常称为“定常假设”。采用此假设,不但可以大大减少计算工作量,而且由此所求得的空气动力和力矩也非常接近实际值。但在某些情况下,如在研究下洗对导弹飞行的影响时,按“定常假设”计算的结果是有偏差的。

对于正常式布局的导弹,流经弹翼和弹身的气流,受到弹翼、弹身的反作用力作用,导致气流速度方向发生偏斜,这种现象称为下洗。由于下洗,尾翼处的实际攻角将小于导弹的飞行攻

角。若导弹以速度 V 和随时间变化的攻角(如$\dot{\alpha}>0$)作非定常飞行,则弹翼后的气流也是随时间变化的,但是被弹翼下压了的气流不可能瞬间到达尾翼,而必须经过某一时间间隔 Δt(其大小取决于弹翼与尾翼间的距离和气流速度),此即所谓下洗延迟现象。因此,尾翼处的实际下洗角 $\varepsilon(t)$是与 Δt 间隔以前的攻角 $\alpha(t-\Delta t)$相对应的。例如,在$\dot{\alpha}>0$ 的情况下,实际下洗角 $\varepsilon(t)=\varepsilon^{\alpha}\cdot(\alpha(t)-\dot{\alpha}\Delta t)$将比定常飞行时的下洗角 $\varepsilon^{\alpha}\cdot\alpha(t)$要小些,也就是说,按定常假设计算得到的尾翼升力偏小,应在尾翼上增加一个向上的附加升力,由此形成的附加气动力矩将使导弹低头,其作用是使攻角减小(阻止 α 值的增大);当$\dot{\alpha}<0$ 时,下洗延迟引起的附加力矩将使导弹抬头以阻止 α 值的减小。总之,下洗延迟引起的附加气动力矩相当于一种阻尼力矩,力图阻止 α 值的变化。

同样,若导弹的气动布局为鸭式或旋转弹翼式,当舵面或旋转弹翼的偏转角速度$\dot{\delta}_z\neq0$时,也存在下洗延迟现象。同理,由$\dot{\delta}_z$ 引起的附加气动力矩也是一种阻尼力矩。

当$\dot{\alpha}\neq0$ 和$\dot{\delta}_z\neq0$ 时,由下洗延迟引起的两个附加俯仰力矩系数分别写成 $m_z^{\bar{\dot{\alpha}}}\bar{\dot{\alpha}}$和 $m_z^{\bar{\dot{\delta}}_z}\bar{\dot{\delta}}_z$,它们都是无量纲量。

在分析了俯仰力矩的各项组成以后,必须强调指出,尽管影响俯仰力矩的因素很多,但通常情况下,起主要作用的是由攻角引起的 $m_z^{\alpha}\alpha$ 和由俯仰舵偏角 δ_z 引起的 $m_z^{\delta_z}\delta_z$。

4. 偏航力矩

偏航力矩 M_y 是空气动力矩在弹体坐标系 Oy_1 轴上的分量,它将使导弹绕 Oy_1 轴转动。偏航力矩与俯仰力矩产生的物理成因是相同的。

对于轴对称导弹而言,偏航力矩特性与俯仰力矩类似。偏航力矩系数的表达式可仿照式(2-10)写成如下形式:

$$m_y=m_y^{\beta}\beta+m_y^{\delta_y}\delta_y+m_y^{\bar{\omega}_y}\bar{\omega}_y+m_y^{\bar{\dot{\beta}}}\bar{\dot{\beta}}+m_y^{\bar{\dot{\delta}}_y}\bar{\dot{\delta}}_y \tag{2-20}$$

式中:$\bar{\omega}_y=\omega_yL/V$,$\bar{\dot{\beta}}=\dot{\beta}L/V$,$\bar{\dot{\delta}}_y=\dot{\delta}_yL/V$ 为无量纲参数;m_y^{β}、$m_y^{\delta_y}$、$m_y^{\bar{\omega}_y}$、$m_y^{\bar{\dot{\beta}}}$、$m_y^{\bar{\dot{\delta}}_y}$ 为 m_y 关于 β、δ_y、ω_y、$\bar{\dot{\beta}}$、$\bar{\dot{\delta}}_y$ 的偏导数。

由于所有有翼导弹外形相对于 x_1Oy_1 平面都是对称的,故在偏航力矩系数中不存在 m_{y0}这一项。m_y^{β} 表征着导弹航向静稳定性,若 $m_y^{\beta}<0$,则是航向静稳定的。对于正常式导弹,$m_y^{\delta_y}<0$;而对于鸭式导弹,则 $m_y^{\delta_y}>0$。

对于面对称(飞机型)导弹,当存在绕 Ox_1 轴的滚动角速度 ω_x 时,安装在弹身上方的垂直尾翼的各个剖面上将产生附加的侧滑角 $\Delta\beta$(图 2-12),且

$$\Delta\beta=\frac{\omega_x}{V}y_t$$

式中:y_t 为由弹身纵轴到垂直尾翼所选剖面的距离。

由于附加侧滑角 $\Delta\beta$ 的存在,垂直尾翼将产生侧向力,从而产生相对于 Oy_1 轴的偏航力矩。这个力矩对于面对称的导弹是不可忽视的,因为它的力臂大。该力矩有使导弹做螺旋运动的趋势,故称为螺旋偏航力矩(又称交叉导数,其值总为负)。因此,对于面对称导弹,式(2-20)右端必须加上一项 $m_y^{\bar{\omega}_x}\bar{\omega}_x$。即

$$m_y=m_y^{\beta}\beta+m_y^{\delta_y}\delta_y+m_y^{\bar{\omega}_y}\bar{\omega}_y+m_y^{\bar{\omega}_x}\bar{\omega}_x+m_y^{\bar{\dot{\beta}}}\bar{\dot{\beta}}+m_y^{\bar{\dot{\delta}}_y}\bar{\dot{\delta}}_y \tag{2-21}$$

式中:$\bar{\omega}_x=\omega_xL/(2V)$;$m_y^{\bar{\omega}_x}=\partial m_y/\partial\bar{\omega}_x$,是无量纲的旋转导数。

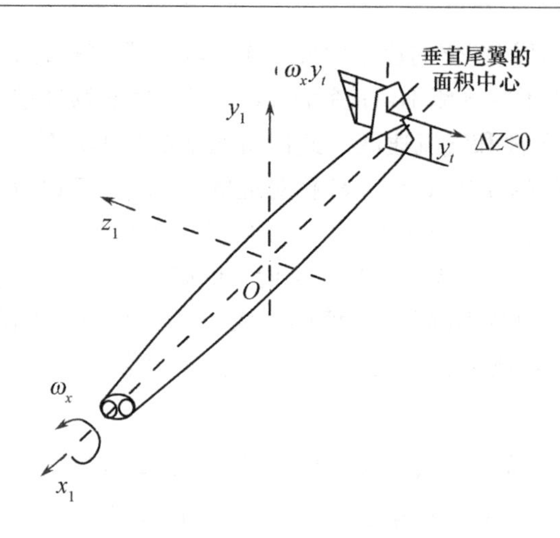

图2-12 垂直尾翼螺旋偏航力矩

5. 滚转力矩

滚转力矩(又称滚动力矩或倾斜力矩)M_x 是绕导弹纵轴 Ox_1 的气动力矩,它是由于迎面气流不对称地流过导弹所产生的。当存在侧滑角,操纵机构偏转,或导弹绕 Ox_1 及 Oy_1 轴旋转时,均会使气流流动的对称性受到破坏。此外,因生产工艺误差造成的弹翼(或安定面)不对称安装或尺寸大小的不一致,也会破坏气流流动的对称性。因此,滚动力矩的大小取决于导弹的形状和尺寸、飞行速度和高度、攻角、侧滑角、舵面偏转角、角速度及制造误差等多种因素。

与分析其他气动力矩一样,只讨论滚动力矩的无量纲力矩系数:

$$m_x = \frac{M_x}{qSL} \tag{2-22}$$

若影响滚动力矩的上述参数都比较小时,可略去一些次要因素,则滚动力矩系数可用如下线性关系近似地表示:

$$m_x = m_{x0} + m_x^{\beta}\beta + m_x^{\delta_x}\delta_x + m_x^{\delta_y}\delta_y + m_x^{\bar{\omega}_x}\bar{\omega}_x + m_x^{\bar{\omega}_y}\bar{\omega}_y \tag{2-23}$$

式中:m_{x0}为由制造误差引起的外形不对称产生的;m_x^{β}、$m_x^{\delta_x}$、$m_x^{\delta_y}$、$m_x^{\bar{\omega}_x}$、$m_x^{\bar{\omega}_y}$ 是滚转力矩系数 m_x 关于 β、δ_x、δ_y、$\bar{\omega}_x$、$\bar{\omega}_y$ 的偏导数,主要与导弹的几何参数和马赫数有关。

1) 横向静稳定性

偏导数 m_x^{β} 表征导弹的横向静稳定性,它对面对称导弹来说具有重要意义。为了说明这一概念,以导弹作水平直线飞行为例,假定由于某种原因导弹突然向右倾斜了某一角度 γ(图2-13),因升力 Y 总在纵向对称平面内,故当导弹倾斜时,会产生水平分量 $Y\sin\gamma$,它使飞机作侧滑飞行,产生正的侧滑角。若 $m_x^{\beta}<0$,则 $m_x^{\beta}\beta<0$,于是该力矩使导弹具有消除由于某种原因所产生的向右倾斜运动的趋势,因此,若 $m_x^{\beta}<0$,则导弹具有横向静稳定性;若 $m_x^{\beta}>0$,则导弹是横向静不稳定的。

影响飞航式导弹横向静稳定性的因素比较复杂,但静稳定性主要是由弹翼和垂直尾翼产生的。而弹翼的 m_x^{β} 又主要与弹翼的后掠角和上反角有关。

《空气动力学》中曾指出,弹翼的升力与弹翼的后掠角和展弦比有关。设气流以某侧滑角流经具有后掠角的平置弹翼,左、右两侧弹翼的实际后掠角和展弦比将不同,如图2-14所示。当 $\beta>0$ 时,左翼的实际后掠角为$(\chi+\beta)$,而右翼的实际后掠角则为$(\chi-\beta)$,所以,来流速度 V

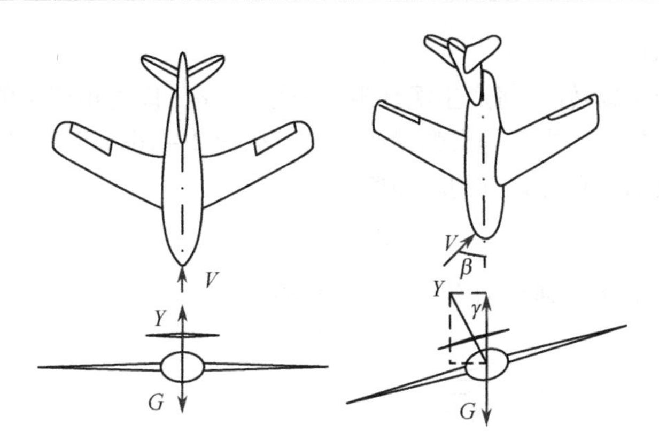

图 2-13　倾斜时产生的侧滑

在右翼前沿的垂直速度分量(称有效速度) $V\cos(\chi-\beta)$ 大于左翼前缘的垂直速度分量 $V\cos(\chi+\beta)$,此外,右翼的有效展弦比也比左翼的大,而且右翼的侧缘一部分变成了前缘,左翼侧缘的一部分却变成了后缘。综合这些因素,右翼产生的升力大于左翼,这就导致弹翼产生负的滚动力矩,即 $m_x^\beta<0$,由此增加了横向静稳定性。

弹翼上反角 ψ_w 是翼弦平面与 x_1Oz_1 平面之间的夹角(图 2-15)。翼弦平面在 x_1Oz_1 平面之上时,ψ_w 角为正。设导弹以 $\beta>0$ 作侧滑飞行,由于上反角 ψ_w 的存在,垂直于右翼面的速度分量 $V\sin\beta\sin\psi_w$ 将使该翼面的攻角有一个增量,其值为

$$\tan\Delta\alpha=\frac{V\sin\beta\sin\psi_w}{V}=\sin\beta\sin\psi_w \tag{2-24}$$

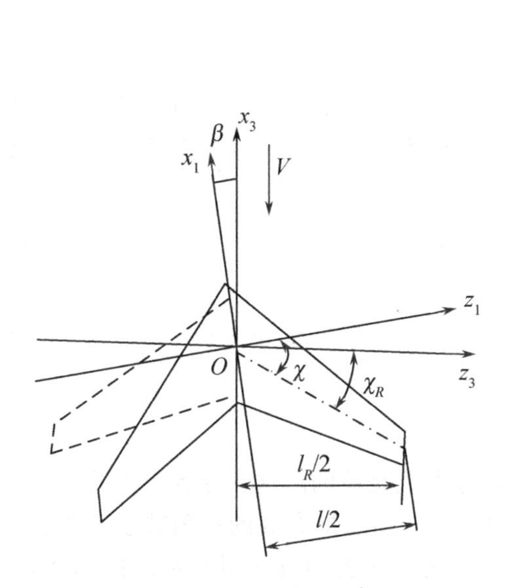

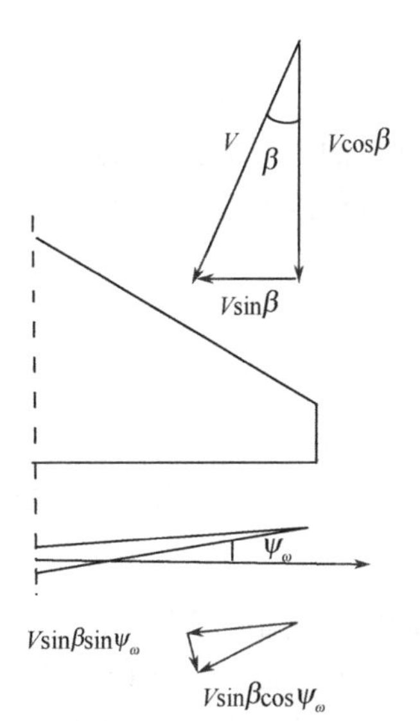

图 2-14　侧滑时弹翼几何参数变化

图 2-15　侧滑时上反角导致有效攻角变化

当 β 和 ψ_w 都较小时,式(2-24)可写成

$$\Delta\alpha=\beta\psi_w$$

左翼则有与其大小相等、方向相反的攻角变化量。

不难看出,在 $\beta>0$ 和 $\psi_w>0$ 的情况下,右翼 $\Delta\alpha>0$,$\Delta Y>0$;左翼 $\Delta\alpha<0$,$\Delta Y<0$,于是产生负的滚转力矩,即 $m_x^\beta<0$,因此,正上反角将增强横向静稳定性。

2）滚动阻尼力矩

当导弹绕纵轴 Ox_1 旋转时，将产生滚动阻尼力矩 $M_x^{\omega_x}\omega_x$，该力矩产生的物理成因与俯仰阻尼力矩类似。滚动阻尼力矩主要是由弹翼产生的。从图 2－16 可以看出，导弹绕 Ox_1 轴的旋转使得弹翼的每个剖面均获得相应的附加速度：

$$V_y = -\omega_x z \tag{2-25}$$

式中：z 为弹翼所选剖面至导弹纵轴 Ox_1 的垂直距离。

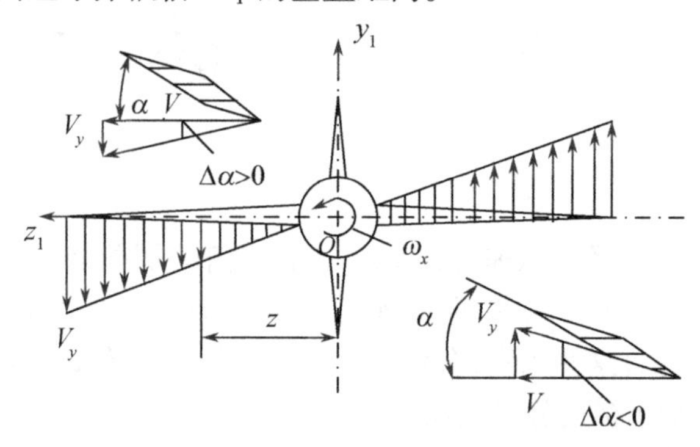

图 2－16　绕 Ox_1 轴旋转时，弹翼上的附加速度与附加攻角

当 $\omega_x>0$ 时，左翼（前视）每个剖面的附加速度方向是向下的，而右翼与之相反。所以，左翼任一剖面上的攻角增量为

$$\Delta\alpha = \frac{\omega_x z}{V} \tag{2-26}$$

而右翼对称剖面上的攻角则减小了同样的数值。

左、右翼攻角的差别将引起两侧升力的不同，从而产生滚转力矩，该力矩总是阻止导弹绕纵轴 Ox_1 转动，故称该力矩为滚动阻尼力矩。不难证明，滚动阻尼力矩系数与无量纲角速度 $\overline{\omega}_x$ 成正比，即

$$m_x(\omega_x) = m_x^{\overline{\omega}_x}\,\overline{\omega}_x \tag{2-27}$$

3）交叉导数 $m_x^{\overline{\omega}_y}$

我们以无后掠弹翼为例，解释 $m_x^{\overline{\omega}_y}$ 产生的物理成因。当导弹绕 Oy_1 轴转动时，弹翼的每一个剖面将获得沿 Ox_1 轴方向的附加速度（图 2－17）：

$$\Delta V = \omega_y z \tag{2-28}$$

如果 $\omega_y>0$，则附加速度在右翼上是正的，而在左翼上是负的。这就导致右翼的绕流速度大于左翼的绕流速度，使左、右弹翼对称剖面的攻角发生变化，即右翼的攻角减小了 $\Delta\alpha$，而左翼则增加了一个 $\Delta\alpha$ 角。但更主要的还是由于左、右翼动压头的改变引起左、右翼面的升力差，综合效应是：右翼面升力大于左翼面升力，形成了负的滚动力矩；当 $\omega_y<0$ 时，将产生正的滚动力矩。因此，$m_x^{\overline{\omega}_y}<0$。滚动力矩系数与无量纲角速度 $\overline{\omega}_y$ 成正比，即

$$m_x(\omega_y) = m_x^{\overline{\omega}_y}\,\overline{\omega}_y \tag{2-29}$$

4）滚动操纵力矩

面对称导弹绕纵轴 Ox_1 转动或保持倾斜稳定，主要是由一对副翼产生滚动操纵力矩实现的。副翼一般安装在弹翼后缘的翼梢处，两边副翼的偏转角方向相反。

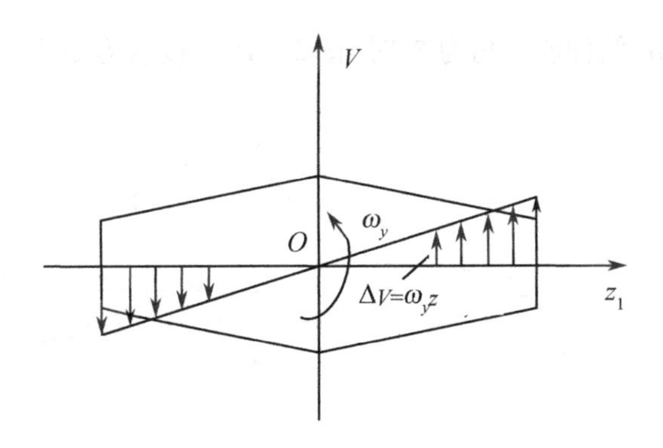

图 2-17　绕 Oy_1 轴转动时，弹翼上的附加速度

轴对称导弹则利用俯仰舵和方向舵的差动实现副翼的功能。如果俯仰舵的一对舵面上下对称偏转(同时向上或向下)，那么，它将产生俯仰力矩；如果方向舵的一对舵面左右对称偏转(同时向左或向右)，那么，它将产生偏航力矩；如果俯仰舵或方向舵不对称偏转(方向相反或大小不同)，那么，它们将产生滚转力矩。

现以副翼偏转一个 δ_x 角后产生的滚动操纵力矩为例，由图 2-18 看出，后缘向下偏转的右副翼产生正的升力增量 ΔY，而后缘向上偏转的左副翼则使升力减小了 ΔY，由此产生了负的滚动操纵力矩 $m_x<0$。该力矩一般与副翼的偏转角 δ_x 成正比，即

$$m_x(\delta_x)=m_x^{\delta_x}\delta_x \tag{2-30}$$

式中：$m_x^{\delta_x}$ 为副翼的操纵效率。通常定义右副翼下偏、左副翼上偏时 δ_x 为正，因此 $m_x^{\delta_x}<0$。

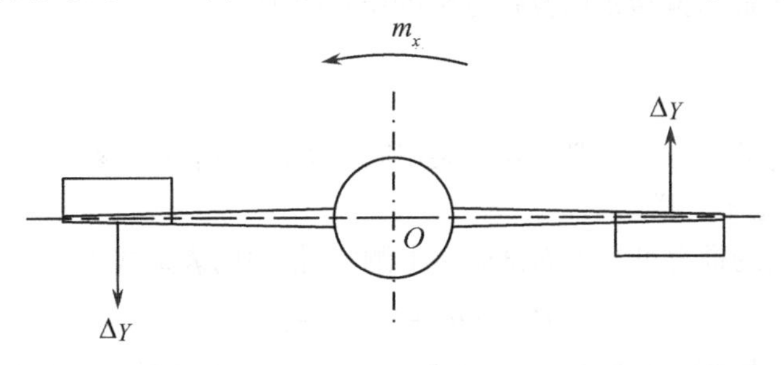

图 2-18　副翼工作原理示意图(后视图)

对于面对称导弹，垂直尾翼相对于 x_1Oz_1 平面是非对称的。如果在垂直尾翼后缘安装有方向舵，那么，当舵面偏转 δ_y 角时，作用于舵面上的侧向力不仅使导弹绕 Oy_1 轴转动，还将产生一个与偏航舵偏角 δ_y 成比例的滚动力矩，即

$$m_x(\delta_y)=m_x^{\delta_y}\delta_y \tag{2-31}$$

式中：$m_x^{\delta_y}$ 为滚转力矩 m_x 对 δ_y 的偏导数，$m_x^{\delta_y}<0$。

6. 铰链力矩

当操纵面偏转某一个角度时，除了产生相对于导弹质心的力矩之外，还会产生相对于操纵面铰链轴(即转轴)的力矩，称为铰链力矩，其表达式为

$$M_h=m_h q_r S_r b_r \tag{2-32}$$

式中：m_h 为铰链力矩系数；q_r 为流经舵面气流的动压头；S_r 为舵面面积；b_r 为舵面弦长。

对于导弹而言，驱动操纵面偏转的舵机所需的功率取决于铰链力矩的大小。以俯仰舵为

例,当舵面处的攻角为 α,俯仰舵偏角为 δ_z 时(图2-19),铰链力矩主要是由舵面上的升力 $\boldsymbol{Y}_r$ 产生的。

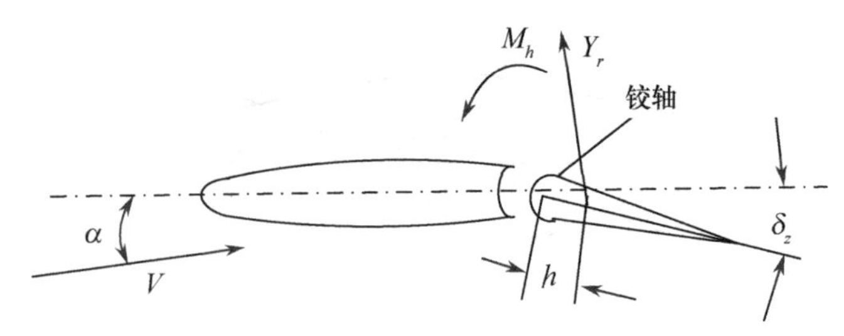

图2-19 铰链力矩

若忽略舵面阻力对铰链力矩的影响,则铰链力矩的表达式为

$$M_h = -Y_r h\cos(\alpha+\delta_z) \tag{2-33}$$

式中:h 为舵面压心至铰链轴的距离。

当攻角 α 和俯仰舵偏角 δ_z 较小时,式(2-33)中的升力 Y_r 可视为与 α 和 δ_z 呈线性关系,且 $\cos(\alpha+\delta_z)\approx 1$,则式(2-33)可改写成

$$M_h = -(Y_r^{\alpha}\alpha + Y_r^{\delta_z}\delta_z)h = M_h^{\alpha}\alpha + M_h^{\delta_z}\delta_z \tag{2-34}$$

相应的铰链力矩系数也可写成

$$m_h = m_h^{\alpha}\alpha + m_h^{\delta_z}\delta_z \tag{2-35}$$

铰链力矩系数 m_h 主要取决于操纵面的类型及形状、马赫数、攻角(对于垂直安装的操纵面则取决于侧滑角)、操纵面的偏转角以及铰链轴的位置等因素。

2.1.3 推力

推力是导弹飞行的动力。有翼导弹常采用固体火箭发动机或空气喷气发动机。发动机的类型不同,推力特性也不一样。

固体火箭发动机的推力可在地面试验台上测定,推力的表达式为

$$P = m_s\mu_e + S_a(p_a - p_H) \tag{2-36}$$

式中:m_s 为单位时间内的燃料消耗量;μ_e 为燃气介质相对弹体的喷出速度;S_a 为发动机喷管出口处的横截面积;p_a 为发功机喷管出口处燃气流的压强;p_H 为导弹所处高度的大气压强。

由式(2-36)看出,火箭发动机推力的大小主要取决于发动机性能参数,也与导弹的飞行高度有关,而与导弹的飞行速度无关。式(2-36)中的第一项是由于燃气介质高速喷出而产生的推力,称为动力学推力或动推力;第二项是由于发动机喷管截面处的燃气流压强 p_a 与大气压强 p_H 的压差引起的推力,一般称为静力学推力或静推力,它与导弹的飞行高度有关。

空气喷气发动机的推力,不仅与导弹飞行高度有关,还与导弹的飞行速度 $\boldsymbol{V}$、攻角 α、侧滑角 β 等运动参数有关。

发动机推力 $\boldsymbol{P}$ 的作用方向,一般情况下是沿弹体纵轴 Ox_1 并通过导弹的质心,因此不存在推力矩,即 $\boldsymbol{M}_p=0$。推力矢量 $\boldsymbol{P}$ 在弹体坐标系 $Ox_1y_1z_1$ 各轴上的投影分量可写成

$$\begin{pmatrix} P_{x_1} \\ P_{y_1} \\ P_{z_1} \end{pmatrix} = \begin{pmatrix} P \\ 0 \\ 0 \end{pmatrix} \tag{2-37}$$

如果推力矢量 $\boldsymbol{P}$ 不通过导弹质心，且与弹体纵轴构成某夹角，设推力作用线至质心的偏心矢径为 $\boldsymbol{R}_p$，它在弹体坐标系中的投影分量分别为 $(x_{1p}\quad y_{1p}\quad z_{1p})^{\mathrm{T}}$，那么，推力产生的力矩 $\boldsymbol{M}_p$ 可表示成

$$\boldsymbol{M}_p = \boldsymbol{R}_p \times \boldsymbol{P} = \hat{\boldsymbol{R}}_p \boldsymbol{P} \tag{2-38}$$

式中

$$\hat{\boldsymbol{R}}_p \triangleq \begin{bmatrix} 0 & -z_{1p} & y_{1p} \\ z_{1p} & 0 & -x_{1p} \\ -y_{1p} & x_{1p} & 0 \end{bmatrix}$$

是矢量 $\boldsymbol{R}_p$ 的反对称阵。所以

$$\begin{pmatrix} M_{x_1} \\ M_{y_1} \\ M_{z_1} \end{pmatrix} = \begin{bmatrix} 0 & -z_{1p} & y_{1p} \\ z_{1p} & 0 & -x_{1p} \\ -y_{1p} & x_{1p} & 0 \end{bmatrix} \begin{pmatrix} P_{x_1} \\ P_{y_1} \\ P_{z_1} \end{pmatrix} = \begin{pmatrix} P_{z_1} y_{1p} - P_{y_1} z_{1p} \\ P_{x_1} z_{1p} - P_{z_1} x_{1p} \\ P_{y_1} x_{1p} - P_{x_1} y_{1p} \end{pmatrix} \tag{2-39}$$

2.1.4 重力

导弹在空间飞行将会受到地球、太阳、月球等星球的引力。对于有翼导弹而言，由于它是在近地球的大气层内飞行，所以只需考虑地球对导弹的引力。在考虑地球自转的情况下，导弹除受地心的引力 $\boldsymbol{G}_1$ 外，还要受到因地球自转所产生的离心惯性力 $\boldsymbol{F}_e$。因而作用于导弹上的重力就是地心引力和离心惯性力的矢量和：

$$\boldsymbol{G} = \boldsymbol{G}_1 + \boldsymbol{F}_e \tag{2-40}$$

重力 $\boldsymbol{G}$ 的大小和方向与导弹所处的地理位置有关。根据牛顿万有引力定律，引力 $\boldsymbol{G}_1$ 与地心至导弹的距离的平方成反比。而离心惯性力 $\boldsymbol{F}_e$ 则与导弹至地球极轴的距离有关。

实际上，地球的外形是个凸凹不平的不规则几何体，其质量分布也不均匀。为了研究方便，通常把它看作是均质的椭球体，如图 2-20 表示的那样。若物体在椭球形地球表面上的质量为 m，地心至该物体的矢径为 $\boldsymbol{R}_e$，地理纬度为 φ_e，地球绕极轴的旋转角速度为 Ω_e，则地球对物体的引力 $\boldsymbol{G}_1$ 与 $\boldsymbol{R}_e$ 共线，方向相反；而离心惯性力的大小则为

$$F_e = m R_e \Omega_e^2 \cos\varphi_e \tag{2-41}$$

式中：$\Omega_e = 7.2921 \times 10^{-5}\,1/\mathrm{s}$。

重力的作用方向与悬锤线的方向一致，即与物体所在处的地面法线 $\boldsymbol{n}$ 共线，方向相反。如图 2-20 所示。

计算表明，离心惯性力 $\boldsymbol{F}_e$ 比地心引力 $\boldsymbol{G}_1$ 的量值小得多，因此，通常把引力 $\boldsymbol{G}_1$ 就视为重力，即

$$\boldsymbol{G} = \boldsymbol{G}_1 = m\boldsymbol{g} \tag{2-42}$$

这时，作用在物体上的重力总是指向地心，事实上也就是把地球看作是圆球形状（圆球模型），如图 2-21 所示。

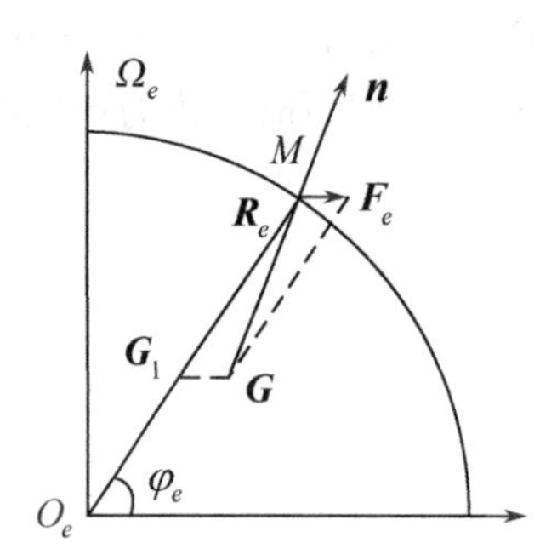

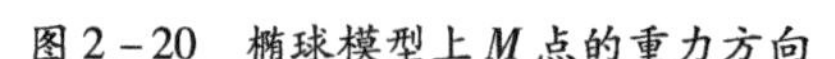
图2-20 椭球模型上 M 点的重力方向

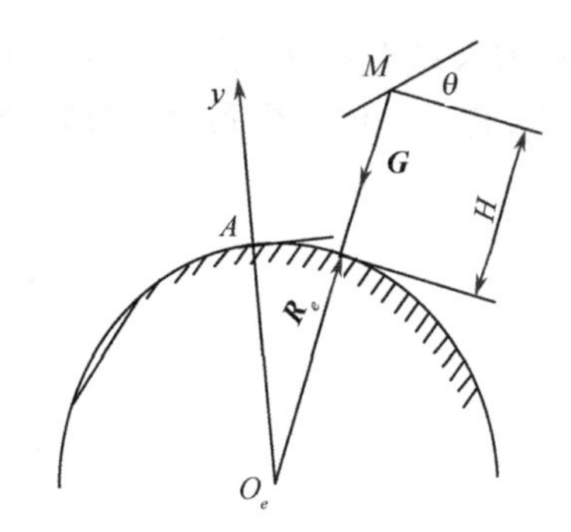

图2-21 圆球模型上 M 点的重力方向

重力加速度 $\boldsymbol{g}$ 的大小与导弹的飞行高度有关,即

$$g = g_0 \frac{R_e^2}{(R_e + H)^2} \tag{2-43}$$

式中:g_0 为地球表面处的重力加速度,一般取值为 $9.81\mathrm{m/s^2}$;R_e 为地球半径,一般取值为 6371km;H 为导弹离地球表面的高度。

由式(2-43)可知,重力加速度 g 是高度 H 的函数。当 $H=32\mathrm{km}$ 时,$g=0.99g_0$,重力加速度仅减小1%。因此,对于近程有翼导弹,在整个飞行过程中,重力加速度可认为是常量,且可视航程内的地面为平面,即重力场是平行力场。

2.2 导弹运动方程组的建立

在科学技术的研究中,经常需要对某些实际系统中的物理现象或过程进行定性或定量的分析研究,为此,一般应首先建立描述实际系统的数学模型。如果其变量中不含时间因素,则为静态模型;如与时间有关,则为动态模型。根据所建立的数学模型可在数字计算机上进行仿真实验,以获得真实系统的行为特性。研究导弹在空间的运动也不例外,分析、计算或模拟它的运动轨迹及其动态特性的基础,仍是建立描述导弹运动的数学模型。

导弹运动方程组是表征导弹运动规律的数学模型,也是分析、计算或模拟导弹运动的基础。建立导弹运动方程组的理论以牛顿定理为主,同时涉及变质量力学、空气动力学、推进和自动控制理论等学科。

本节重点介绍的内容包括导弹运动方程组的建模方法、常用坐标系及其变换关系、完整的导弹运动方程组、简化的导弹运动方程(平面运动和质心运动)、过载、四元数在飞行力学中的应用等。

2.2.1 导弹运动的建模基础

1. 基本定理

由理论力学可知,任何自由刚体在空间的任意运动,都可以把它视为刚体质心的平移运动和绕质心旋转运动的合成,即决定刚体质心瞬时位置的三个自由度和决定刚体瞬时姿态的三个自由度。对于刚体,可以应用牛顿定律来研究质心的移动,用动量矩定理研究刚体绕质心的转动。

若 m 表示刚体的质量,$\boldsymbol{V}$ 表示刚体质心的速度,$\boldsymbol{H}$ 表示刚体相对于质心的动量矩,则描述

刚体质心移动和绕质心转动的动力学基本方程为

$$m\frac{\mathrm{d}\boldsymbol{V}}{\mathrm{d}t}=\boldsymbol{F}$$

$$\frac{\mathrm{d}\boldsymbol{H}}{\mathrm{d}t}=\boldsymbol{M}$$

式中：$\boldsymbol{F}$ 为作用于刚体上的合外力；$\boldsymbol{M}$ 为外力对刚体质心的合力矩。

值得注意的是，上述定理的应用是有条件的：第一，运动物体是常质量的刚体；第二，运动是在惯性坐标系中考察的，即描述刚体运动应采用绝对运动参数，而不是相对运动参数。

2. 导弹运动建模的简化处理

导弹飞行过程中，操纵机构、控制系统的电气和机械部件都可能有相对于弹体的运动。况且，产生推力的火箭发动机也不断喷出推进剂的燃烧介质，使导弹质量随时间不断变化。因此，研究导弹的运动不能直接应用经典的动力学定理，而应采用变质量力学定理，这比研究刚体运动要复杂得多。

由于实际物理系统的物理现象或过程往往是比较复杂的。建立描绘系统的数学模型时，应抓住反映物理系统最本质和最主要的因素，舍去那些非本质、非主要因素，当然，在不同的研究阶段，描述系统的数学模型也不相同。例如，在导弹设计的方案论证或初步设计阶段，可把导弹视为一个质点，建立一组简单的数学模型，用以估算其运动轨迹。随着设计工作的进行，以及研究导弹运动和分析动态特性的需要，就必须将描述导弹运动的数学模型建立得更加复杂、更加完善。

在现代导弹的设计中，总是力图减小弹体的结构重量，致使柔性成为不可避免的导弹结构特性。许多导弹在接近其最大飞行速度时，总会出现所谓的“气动弹性”现象。这种现象是由空气动力所造成的弹体外形变化与空气动力的耦合效应所致。它对飞行器的稳定性和操纵性有较大影响。从设计的观点来看，弹性现象会影响导弹的运动特性和结构的整体性，但是，这种弹性变形及其对导弹运动的影响均可视为小量，大都采用线性化理论进行处理。

一般在研究导弹运动规律时，为使问题简化，可以把导弹质量与喷射出的燃气质量合在一起考虑，转换为一个常质量系，即采用所谓的“固化原理”（或刚化原理）：在任意研究瞬时，将变质量系的导弹视为虚拟刚体，把该瞬时导弹所包含的所有物质固化在虚拟的刚体上。同时，忽略一些影响导弹运动的次要因素，如弹体结构的弹性变形、哥氏惯性力（液体发动机内流动液体因导弹的转动而产生的惯性力）、变分力（由液体发动机内流体的非定常运动引起的力）。

采用“固化原理”后，某一研究瞬时的变质量导弹运动方程可简化成常质量刚体的方程形式，用该瞬时的导弹质量 $m(t)$ 取代原来的常质量 m。关于导弹绕质心转动的研究也可以用类似的方法处理。这样，导弹运动方程的矢量表达式可写成

$$m(t)\frac{\mathrm{d}\boldsymbol{V}}{\mathrm{d}t}=\boldsymbol{F}$$

$$\frac{\mathrm{d}\boldsymbol{H}}{\mathrm{d}t}=\boldsymbol{M}$$

大量实践表明，采用上述简化方法，具有较高的精度，能满足大多数情况下研究问题的需要。

另外，对于近程有翼导弹而言，在建立导弹运动方程时，通常将大地当作静止的平面，也就是不考虑地球的曲率和旋转。这样的处理大大简化了导弹的运动方程形式。

2.2.2 常用坐标系及其变换

建立描述导弹运动的标量方程,常常需要定义一些坐标系。由于选取不同的坐标系,所建立的导弹运动方程组的形式和复杂程度也会有所不同。因此,选取合适的坐标系是十分重要的。选取坐标系的原则是:既能正确地描述导弹的运动,又要使描述导弹运动的方程形式简单、清晰明了。

1. 坐标系定义

导弹飞行力学中经常用到的坐标系有弹体坐标系 $Ox_1y_1z_1$、速度坐标系 $Ox_3y_3z_3$、地面坐标系 $Axyz$ 和弹道坐标系 $Ox_2y_2z_2$,它们都是右手直角坐标系。前两个坐标系的定义已在本章2.1节中介绍过,这里只介绍其余两个坐标系。

1)地面坐标系

地面坐标系 $Axyz$ 与地球固联,原点 A 通常取导弹质心在地面(水平面)上的投影点,Ax 轴在水平面内,指向目标(或目标在地面的投影)为正;Ay 轴与地面垂直,向上为正;Az 轴按右手定则确定,如图2-22所示。为了便于进行坐标变换,通常将地面坐标系平移,即原点 A 移至导弹质心 O 处,各坐标轴平行移动。

对于近程战术导弹而言,地面坐标系就是惯性坐标系,主要用作确定导弹质心位置和空间姿态的基准。

2)弹道坐标系

弹道坐标系 $Ox_2y_2z_2$ 原点 O 取在导弹的质心上;Ox_2 轴与通过导弹质心的速度矢量 $\boldsymbol{V}$ 重合(即与速度坐标系 $Ox_3y_3z_3$ 的 Ox_3 轴完全一致);Oy_2 轴位于包含速度矢量 $\boldsymbol{V}$ 的铅垂平面内,且垂直 Ox_2 轴,向上为正;Oz_2 轴按照右手定则确定,如图2-23所示。显然,弹道坐标系与导弹的速度矢量 $\boldsymbol{V}$ 固联,是一个动坐标系。该坐标系主要用于研究导弹质心的运动特性,在以后的研究中将会发现,利用该坐标系建立的导弹质心运动的动力学方程,在分析、研究弹道特性时比较简单清晰。

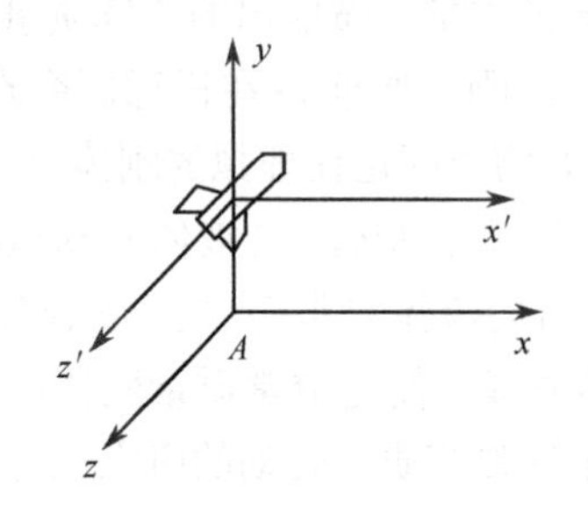

图2-22 地面坐标系

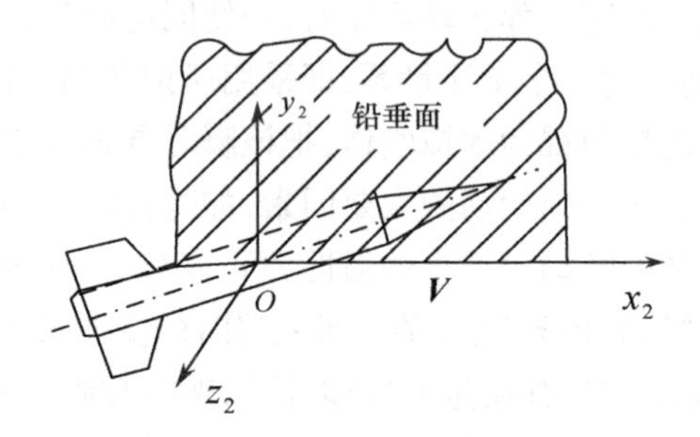

图2-23 弹道坐标系 $Ox_2y_2z_2$

除了上面定义的两个坐标系之外,在2.1.1节中所定义的弹体坐标系 $Ox_1y_1z_1$ 和速度坐标系 $Ox_3y_3z_3$ 也是导弹飞行力学中经常用到的坐标系。

弹体坐标系 $Ox_1y_1z_1$ 与弹体固连,随导弹在空间运动。它与地面坐标系配合,可以确定弹体的姿态。另外,研究作用在导弹上的推力、推力偏心形成的力矩以及气动力矩时,利用该坐标系也比较方便。

速度坐标系 $Ox_3y_3z_3$ 也是动坐标系,常用来研究作用于导弹上的空气动力 $\boldsymbol{R}$。该力在速度坐标系各轴上的投影分量就是所谓的阻力 X、升力 Y 和侧向力 Z。

2. 坐标系变换

导弹在飞行过程中,作用其上的力包括空气动力、推力和重力。一般情况下,各个力分别定义在上述不同的坐标系中。要建立描绘导弹质心运动的动力学方程,必须将分别定义在各坐标系中的力变换(投影)到某个选定的、能够表征导弹运动特征的动坐标系中。为此,就要首先建立各坐标系之间的变换关系。

实际上,只要知道任意两个坐标系各对应轴的相互方位,就可以用一个确定的变换矩阵给出它们之间的变换关系。我们先以地面坐标系与弹体坐标系为例,分析一下坐标变换的过程以及相应的坐标变换矩阵。

1) 地面坐标系与弹体坐标系之间的变换矩阵

将地面坐标系 $Axyz$ 平移,使原点 A 与弹体坐标系的原点 O 重合。弹体坐标系 $Ox_1y_1z_1$ 相对地面坐标系 $Axyz$ 的方位,可用三个姿态角来确定,它们分别为偏航角 ψ、俯仰角 ϑ、滚转角(又称倾斜角)γ,如图 2-24(a)所示。其定义如下:

(1) 偏航角 ψ:导弹的纵轴 Ox_1 在水平面上的投影与地面坐标系 Ax 轴之间的夹角,由 Ax 轴逆时针方向转至导弹纵轴的投影线时,偏航角 ψ 为正(转动角速度方向与 Ay 轴的正向一致),反之为负。

(2) 俯仰角 ϑ:导弹的纵轴 Ox_1 与水平面之间的夹角,若导弹纵轴在水平面之上,则俯仰角 ϑ 为正(转动角速度方向与 Az' 轴的正向一致),反之为负。

(3) 滚转角 γ:导弹的 Oy_1 轴与包含弹体纵轴 Ox_1 的铅垂平面之间的夹角,从弹体尾部顺 Ox_1 轴往前看,若 Oy_1 轴位于铅垂平面的右侧,形成的夹角 γ 为正(转动角速度方向与 Ox_1 轴的正向一致),反之为负。

以上定义的三个角度,通常称为欧拉角,又称为弹体的姿态角。借助于它们可以推导出地面坐标系 $Axyz$ 到弹体坐标系 $Ox_1y_1z_1$ 的变换矩阵 $\boldsymbol{L}(\psi,\vartheta,\gamma)$。按照姿态角的定义,绕相应坐标轴依次旋转 ψ、ϑ 和 γ,每一次旋转称为基元旋转[29],相应地,得到三个基元变换矩阵(又称初等变换矩阵),这三个基元变换矩阵的乘积,就是坐标变换矩阵 $\boldsymbol{L}(\psi,\vartheta,\gamma)$。具体过程如下:

先将地面坐标系 $Axyz$ 绕 Ay 轴旋转 ψ 角,形成过渡坐标系 $Ax'yz'$(图 2-24(b))。

若某矢量在地面坐标系 $Axyz$ 中的分量为 x、y、z,分量列阵为 $(x \quad y \quad z)^{\mathrm{T}}$,则转换到坐标系 $Ax'yz'$ 后的分量列阵为

$$\begin{pmatrix} x' \\ y \\ z' \end{pmatrix} = \boldsymbol{L}_y(\psi)\begin{pmatrix} x \\ y \\ z \end{pmatrix} \tag{2-44}$$

式中

$$\boldsymbol{L}_y(\psi) = \begin{pmatrix} \cos\psi & 0 & -\sin\psi \\ 0 & 1 & 0 \\ \sin\psi & 0 & \cos\psi \end{pmatrix} \tag{2-45}$$

称为绕 Ay 轴转过 ψ 角的基元变换矩阵。

再将坐标系 $Ax'yz'$ 绕 Az' 轴旋转 ϑ 角,组成新的坐标系 $Ax_1y'z'$(图 2-24(c))。同样,

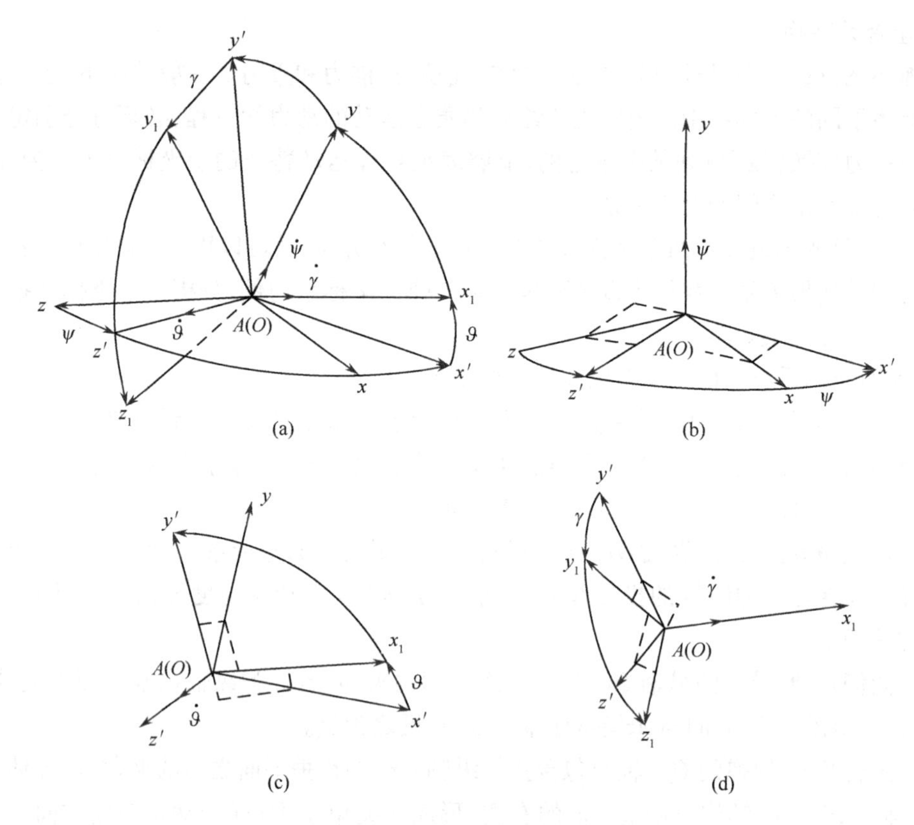

图 2-24　坐标系 $Axyz$ 与 $Ox_1y_1z_1$ 相对关系

得到

$$\begin{pmatrix} x_1 \\ y' \\ z' \end{pmatrix} = \boldsymbol{L}_z(\vartheta) \begin{pmatrix} x' \\ y \\ z' \end{pmatrix} \tag{2-46}$$

其中,基元变换矩阵为

$$\boldsymbol{L}_z(\vartheta) = \begin{pmatrix} \cos\vartheta & \sin\vartheta & 0 \\ -\sin\vartheta & \cos\vartheta & 0 \\ 0 & 0 & 1 \end{pmatrix} \tag{2-47}$$

最后将坐标系 $Ax_1y'z'$ 绕 Ax_1 轴转过 γ 角,即得到弹体坐标系 $Ox_1y_1z_1$(图 2-24(d))。相应的分量列阵存在如下关系:

$$\begin{pmatrix} x_1 \\ y_1 \\ z_1 \end{pmatrix} = \boldsymbol{L}_x(\gamma) \begin{pmatrix} x_1 \\ y' \\ z' \end{pmatrix} \tag{2-48}$$

其中,基元变换矩阵为

$$\boldsymbol{L}_x(\gamma) = \begin{pmatrix} 1 & 0 & 0 \\ 0 & \cos\gamma & \sin\gamma \\ 0 & -\sin\gamma & \cos\gamma \end{pmatrix} \tag{2-49}$$

由以上推导可知，要将某矢量在地面坐标系 $Axyz$ 中的分量 x、y、z 转换到弹体坐标系 $Ox_1y_1z_1$ 中，只需将式(2－44)和式(2－46)代入式(2－48)即可得到：

$$\begin{pmatrix} x_1 \\ y_1 \\ z_1 \end{pmatrix} = \boldsymbol{L}_x(\gamma)\boldsymbol{L}_z(\vartheta)\boldsymbol{L}_y(\psi)\begin{pmatrix} x \\ y \\ z \end{pmatrix} \tag{2-50}$$

令

$$\boldsymbol{L}(\psi,\vartheta,\gamma) = \boldsymbol{L}_x(\gamma)\boldsymbol{L}_z(\vartheta)\boldsymbol{L}_y(\psi) \tag{2-51}$$

则式(2－50)又可写成

$$\begin{pmatrix} x_1 \\ y_1 \\ z_1 \end{pmatrix} = \boldsymbol{L}(\psi,\vartheta,\gamma)\begin{pmatrix} x \\ y \\ z \end{pmatrix} \tag{2-52}$$

式中：$\boldsymbol{L}(\psi,\vartheta,\gamma)$ 为地面坐标系到弹体坐标系的坐标变换矩阵。

将式(2－45)、式(2－47)、式(2－49)代入式(2－51)中，则有

$$\boldsymbol{L}(\psi,\vartheta,\gamma) = \begin{pmatrix} \cos\vartheta\cos\psi & \sin\vartheta & -\cos\vartheta\sin\psi \\ -\sin\vartheta\cos\psi\cos\gamma+\sin\psi\sin\gamma & \cos\vartheta\cos\gamma & \sin\vartheta\sin\psi\cos\gamma+\cos\psi\sin\gamma \\ \sin\vartheta\cos\psi\sin\gamma+\sin\psi\cos\gamma & -\cos\vartheta\sin\gamma & -\sin\vartheta\sin\psi\sin\gamma+\cos\psi\cos\gamma \end{pmatrix} \tag{2-53}$$

地面坐标系与弹体坐标系之间的变换关系见表 2－1。

表 2－1　地面坐标系与弹体坐标系之间的坐标变换方向余弦表

坐标变换方向	Ax	Ay	Az
Ox_1	$\cos\vartheta\cos\psi$	$\sin\vartheta$	$-\cos\vartheta\sin\psi$
Oy_1	$-\sin\vartheta\cos\psi\cos\gamma+\sin\psi\sin\gamma$	$\cos\vartheta\cos\gamma$	$\sin\vartheta\sin\psi\cos\gamma+\cos\psi\sin\gamma$
Oz_1	$\sin\vartheta\cos\psi\sin\gamma+\sin\psi\cos\gamma$	$-\cos\vartheta\sin\gamma$	$-\sin\vartheta\sin\psi\sin\gamma+\cos\psi\cos\gamma$

由上述过程可以看出，两个坐标系之间的坐标变换矩阵就是各基元变换矩阵的乘积，且基元变换矩阵相乘的顺序与坐标系旋转的顺序相反（左乘）。根据这一规律，我们可以直接写出任何两个坐标系之间的变换矩阵。关于基元变换矩阵的写法也是有规律可循的，请读者自行总结。注意：坐标系旋转的顺序并不是唯一的，有关说明可参见文献[29]。

如果已知某矢量在弹体坐标系中的分量为 x_1、y_1、z_1，那么，在地面坐标系中的分量可按下式计算：

$$\begin{pmatrix} x \\ y \\ z \end{pmatrix} = \boldsymbol{L}^{-1}(\psi,\vartheta,\gamma)\begin{pmatrix} x_1 \\ y_1 \\ z_1 \end{pmatrix} \tag{2-54}$$

而且，$\boldsymbol{L}^{-1}(\psi,\vartheta,\gamma) = \boldsymbol{L}^{\mathrm{T}}(\psi,\vartheta,\gamma)$，因此，坐标变换矩阵是规范化正交矩阵，它的元素满足如下条件：

$$\begin{cases} \sum_{k=1}^{3} l_{ik} l_{jk} = \delta_{ij} \\ \sum_{k=1}^{3} l_{ki} l_{kj} = \delta_{ij} \\ \delta_{ij} = 1, i = j \\ \delta_{ij} = 0, i \neq j \end{cases} \tag{2-55}$$

另外,坐标变换矩阵还具有传递性:设想有三个坐标系 A、B、C,若 A 到 B、B 到 C 的转换矩阵分别为 $\boldsymbol{L}_{AB}$、$\boldsymbol{L}_{BC}$,则 A 到 C 的变换矩阵为

$$\boldsymbol{L}_{AC} = \boldsymbol{L}_{AB} \boldsymbol{L}_{BC} \tag{2-56}$$

2) 地面坐标系与弹道坐标系之间的变换矩阵

地面坐标系 $Axyz$ 与弹道坐标系 $Ox_2y_2z_2$ 的变换,可通过两次旋转得到,如图 2-25 所示。它们之间的相互方位可由两个角度确定,分别定义如下:

(1) 弹道倾角 θ:导弹的速度矢量 $\boldsymbol{V}$(即 Ox_2 轴)与水平面 xAz 之间的夹角,若速度矢量 $\boldsymbol{V}$ 在水平面之上,则 θ 为正,反之为负。

(2) 弹道偏角 ψ_v:导弹的速度矢量 $\boldsymbol{V}$ 在水平面 xAz 上的投影 Ox' 与 Ax 轴之间的夹角,沿 Ay 轴向下看,当 Ax 轴逆时针方向转到投影线 Ox' 上时,弹道偏角 ψ_v 为正,反之为负。

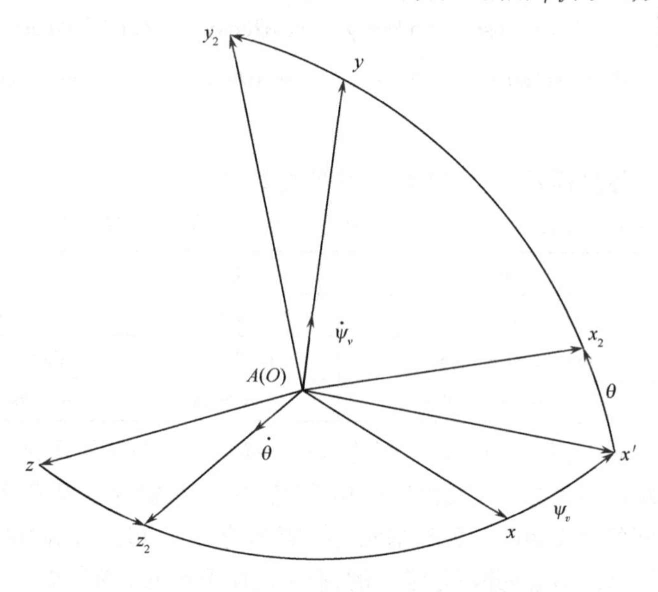

图 2-25 坐标系 $Axyz$ 与 $Ox_2y_2z_2$ 的相对关系

显然地面坐标系到弹道坐标系的变换矩阵可通过两次旋转求得。首先将地面坐标系绕 Ay 轴旋转一个 ψ_v 角,组成过渡坐标系 $Ax'yz_2$,得到基元旋转矩阵:

$$\boldsymbol{L}_y(\psi_v) = \begin{pmatrix} \cos\psi_v & 0 & -\sin\psi_v \\ 0 & 1 & 0 \\ \sin\psi_v & 0 & \cos\psi_v \end{pmatrix} \tag{2-57}$$

然后,使过渡坐标系 $Ax'yz_2$ 绕 Az_2 轴旋转一个 θ 角,基元旋转矩阵为

$$L_z(\theta)=\begin{pmatrix}\cos\theta & \sin\theta & 0\\ -\sin\theta & \cos\theta & 0\\ 0 & 0 & 1\end{pmatrix} \tag{2-58}$$

因此，地面坐标系与弹道坐标系之间的变换矩阵为

$$L(\psi_v,\theta)=L_z(\theta)L_y(\psi_v)=\begin{pmatrix}\cos\theta\cos\psi_v & \sin\theta & -\cos\theta\sin\psi_v\\ -\sin\theta\cos\psi_v & \cos\theta & \sin\theta\sin\psi_v\\ \sin\psi_v & 0 & \cos\psi_v\end{pmatrix}$$

若已知地面坐标系 $Axyz$ 中的列矢量 $\boldsymbol{x}$、$\boldsymbol{y}$、$\boldsymbol{z}$，求在弹道坐标系 $Ox_2y_2z_2$ 各轴上的分量 x_2、y_2、z_2，则利用上式可得

$$\begin{pmatrix}x_2\\ y_2\\ z_2\end{pmatrix}=L(\psi_v,\theta)\begin{pmatrix}x\\ y\\ z\end{pmatrix} \tag{2-59}$$

地面坐标系与弹道坐标系之间的变换关系见表2-2。

表2-2　地面坐标系与弹道坐标系之间的坐标变换方向余弦表

坐标变换方向	Ax	Ay	Az
Ox_2	$\cos\theta\cos\psi_v$	$\sin\theta$	$-\cos\theta\sin\psi_v$
Oy_2	$-\sin\theta\cos\psi_v$	$\cos\theta$	$\sin\theta\sin\psi_v$
Oz_2	$\sin\psi_v$	0	$\cos\psi_v$

3）速度坐标系与弹体坐标系之间的变换矩阵

根据这两个坐标系的定义（见2.1.1节），弹体坐标系 $Ox_1y_1z_1$ 相对于速度坐标系 $Ox_3y_3z_3$ 的方位，完全由攻角 α 和侧滑角 β 来确定。攻角 α 和侧滑角 β 的定义已在2.1.1节作了叙述。

根据攻角 α 和侧滑角 β 的定义，首先将速度坐标系 $Ox_3y_3z_3$ 绕 Oy_3 轴旋转一个 β 角，得到过渡坐标系 $Ox'y_3z_1$（图2-26），其基元旋转矩阵为

$$L_y(\beta)=\begin{pmatrix}\cos\beta & 0 & -\sin\beta\\ 0 & 1 & 0\\ \sin\beta & 0 & \cos\beta\end{pmatrix}$$

然后，再将坐标系 $Ox'y_3z_1$ 绕 Oz_1 轴旋转一个 α 角，即得到弹体坐标系 $Ox_1y_1z_1$，对应的基元旋转矩阵为

$$L_z(\alpha)=\begin{pmatrix}\cos\alpha & \sin\alpha & 0\\ -\sin\alpha & \cos\alpha & 0\\ 0 & 0 & 1\end{pmatrix}$$

因此，速度坐标系 $Ox_3y_3z_3$ 到弹体坐标系 $Ox_1y_1z_1$ 的变换矩阵可写成

$$L(\beta,\alpha)=L_z(\alpha)L_y(\beta)=\begin{pmatrix}\cos\alpha\cos\beta & \sin\alpha & -\cos\alpha\sin\beta\\ -\sin\alpha\cos\beta & \cos\alpha & \sin\alpha\sin\beta\\ \sin\beta & 0 & \cos\beta\end{pmatrix}$$

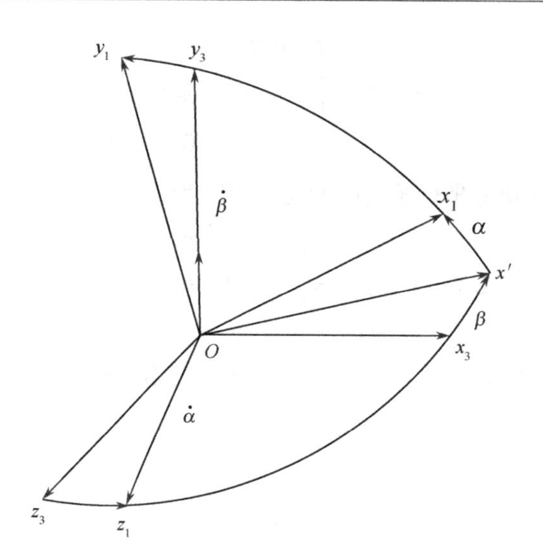

图2-26 弹体坐标系 $Ox_1y_1z_1$ 与速度坐标系 $Ox_3y_3z_3$ 的相对关系

利用上式,可将速度坐标系中的分量 x_3、y_3、z_3 转换到弹体坐标系中,即

$$\begin{pmatrix} x_1 \\ y_1 \\ z_1 \end{pmatrix} = \boldsymbol{L}(\beta,\alpha) \begin{pmatrix} x_3 \\ y_3 \\ z_3 \end{pmatrix} \tag{2-60}$$

速度坐标系与弹体坐标系的坐标变换关系见表2-3。

表2-3 速度坐标系与弹体坐标系的坐标变换方向余弦表

坐标变换方向	Ox_3	Oy_3	Oz_3
Ox_1	$\cos\alpha\cos\beta$	$\sin\alpha$	$-\cos\alpha\sin\beta$
Oy_1	$-\sin\alpha\cos\beta$	$\cos\alpha$	$\sin\alpha\sin\beta$
Oz_1	$\sin\beta$	0	$\cos\beta$

4)弹道坐标系与速度坐标系之间的变换矩阵

由这两个坐标系的定义可知,Ox_2 轴和 Ox_3 轴都与速度矢量 $\boldsymbol{V}$ 重合,因此,它们之间的相互方位只用一个角参数 γ_v 即可确定。

速度滚转角 γ_v 定义成位于导弹纵向对称平面 x_1Oy_1 内的 Oy_3 轴与包含速度矢量 $\boldsymbol{V}$ 的铅垂面之间的夹角(Oy_2 轴与 Oy_3 轴的夹角),沿着速度方向(从导弹尾部)看,Oy_2 轴顺时针方向转到 Oy_3 轴时,γ_v 为正,反之为负,如图2-27所示。

这两个坐标系之间的变换矩阵就是绕 Ox_2 轴旋转 γ_v 角所得的基元旋转矩阵:

$$\boldsymbol{L}(\gamma_v) = \boldsymbol{L}_x(\gamma_v) = \begin{pmatrix} 1 & 0 & 0 \\ 0 & \cos\gamma_v & \sin\gamma_v \\ 0 & -\sin\gamma_v & \cos\gamma_v \end{pmatrix}$$

应用上式,可将弹道坐标系中的坐标分量变换到速度坐标系中去,即

$$\begin{pmatrix} x_3 \\ y_3 \\ z_3 \end{pmatrix} = \boldsymbol{L}(\gamma_v) \begin{pmatrix} x_2 \\ y_2 \\ z_2 \end{pmatrix} \tag{2-61}$$

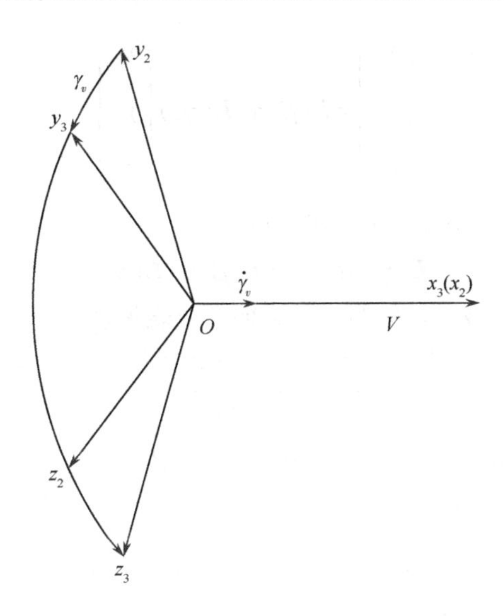

图 2-27　坐标系 $Ox_2y_2z_2$ 与 $Ox_3y_3z_3$ 的相对关系

两坐标系之间的方向余弦表见表 2-4。

表 2-4　弹道坐标系与速度坐标系之间的坐标变换方向余弦表

坐标变换方向	Ox_2	Oy_2	Oz_2
Ox_3	1	0	0
Oy_3	0	$\cos\gamma_v$	$\sin\gamma_v$
Oz_3	0	$-\sin\gamma_v$	$\cos\gamma_v$

5）地面坐标系与速度坐标系之间的变换矩阵

以弹道坐标系作为过渡坐标系，将式(2-59)代入式(2-61)，即可得到地面坐标系与速度坐标系之间的变换关系：

$$\begin{pmatrix} x_3 \\ y_3 \\ z_3 \end{pmatrix} = \boldsymbol{L}(\gamma_v)\boldsymbol{L}(\psi_v,\theta)\begin{pmatrix} x \\ y \\ z \end{pmatrix} \tag{2-62}$$

因此，地面坐标系到速度坐标系的变换矩阵为

$$\boldsymbol{L}(\psi_v,\theta,\gamma_v) = \boldsymbol{L}(\gamma_v)\boldsymbol{L}(\psi_v,\theta)$$

为便于查阅，将 $L(\psi_v,\theta,\gamma_v)$ 展开，写成的方向余弦表见表 2-5。

表 2-5　地面坐标系与速度坐标系之间的坐标变换方向余弦表

坐标变换方向	Ax	Ay	Az
Ox_3	$\cos\theta\cos\psi_v$	$\sin\theta$	$-\cos\theta\sin\psi_v$
Oy_3	$-\sin\theta\cos\psi_v\cos\gamma_v + \sin\psi_v\sin\gamma_v$	$\cos\theta\cos\gamma_v$	$\sin\theta\sin\psi_v\cos\gamma_v + \cos\psi_v\sin\gamma_v$
Oz_3	$\sin\theta\cos\psi_v\sin\gamma_v + \sin\psi_v\cos\gamma_v$	$-\cos\theta\sin\gamma_v$	$-\sin\theta\sin\psi_v\sin\gamma_v + \cos\psi_v\cos\gamma_v$

6）弹道坐标系与弹体坐标系之间的变换矩阵

以速度坐标系作为过渡坐标系，将式(2-61)代入式(2-60)，即可得到弹道坐标系与弹体坐标系之间的变换关系：

$$\begin{pmatrix} x_1 \\ y_1 \\ z_1 \end{pmatrix} = \boldsymbol{L}(\beta,\alpha)\boldsymbol{L}(\gamma_v)\begin{pmatrix} x_2 \\ y_2 \\ z_2 \end{pmatrix} \tag{2-63}$$

因此,弹道坐标系到弹体坐标系的变换矩阵为

$$\boldsymbol{L}(\gamma_v,\beta,\alpha) = \boldsymbol{L}(\beta,\alpha)\boldsymbol{L}(\gamma_v)$$

为便于查阅,将 $L(\gamma_v,\beta,\alpha)$ 展开,写成的方向余弦表见表2-6。

表2-6　弹道坐标系与弹体坐标系之间的坐标变换方向余弦表

坐标变换方向	Ox_2	Oy_2	Oz_2
Ox_1	$\cos\alpha\cos\beta$	$\sin\alpha\cos\gamma_v + \cos\alpha\sin\beta\sin\gamma_v$	$\sin\alpha\sin\gamma_v - \cos\alpha\sin\beta\cos\gamma_v$
Oy_1	$-\sin\alpha\cos\beta$	$\cos\alpha\cos\gamma_v - \sin\alpha\sin\beta\sin\gamma_v$	$\cos\alpha\sin\gamma_v + \sin\alpha\sin\beta\cos\gamma_v$
Oz_1	$\sin\beta$	$-\cos\beta\sin\gamma_v$	$\cos\beta\cos\gamma_v$

2.2.3　导弹运动方程组

导弹运动方程组是描述作用在导弹上的力、力矩与导弹运动参数之间关系的一组方程。它由描述导弹质心运动和弹体姿态变化的动力学方程、运动学方程、导弹质量变化方程、角度几何关系方程和描述控制系统工作的方程所组成。

1. 动力学方程

前面已经提到,导弹的空间运动可看成变质量物体的六自由度运动,由两个矢量方程描述。为研究方便起见,通常将矢量方程投影到坐标系上,写成三个描述导弹质心运动的动力学标量方程和三个导弹绕质心转动的动力学标量方程。

1) 导弹质心运动的动力学方程

坐标系的选取方法,将直接影响到所建立的导弹质心运动方程的繁简程度。工程实践表明:研究近程战术导弹质心运动的动力学问题时,将矢量方程投影到弹道坐标系 $Ox_2y_2z_2$ 是最方便的。

对于近程战术导弹而言,将地面坐标系视为惯性坐标系,能保证所需要的计算准确度。弹道坐标系 $Ox_2y_2z_2$ 是动坐标系,它相对地面坐标系既有位移运动(其速度为 $\boldsymbol{V}$),也有转动运动(其角速度为 $\boldsymbol{\Omega}$)。

在动坐标系中建立动力学方程,需要引用矢量的绝对导数和相对导数之间的关系,即

$$\frac{\mathrm{d}\boldsymbol{V}}{\mathrm{d}t} = \frac{\delta\boldsymbol{V}}{\delta t} + \boldsymbol{\Omega}\times\boldsymbol{V}$$

式中:$\mathrm{d}\boldsymbol{V}/\mathrm{d}t$ 为在惯性坐标系(地面坐标系)中矢量 $\boldsymbol{V}$ 的绝对导数;$\delta\boldsymbol{V}/\delta t$ 为在动坐标系(弹道坐标系)中矢量 $\boldsymbol{V}$ 的相对导数。

导弹质心运动方程可写成

$$m\left(\frac{\delta\boldsymbol{V}}{\delta t} + \boldsymbol{\Omega}\times\boldsymbol{V}\right) = \boldsymbol{F} \tag{2-64}$$

式中各矢量在弹道坐标系 $Ox_2y_2z_2$ 各轴上的投影定义为

$$\left(\frac{\mathrm{d}V_{x2}}{\mathrm{d}t} \quad \frac{\mathrm{d}V_{y2}}{\mathrm{d}t} \quad \frac{\mathrm{d}V_{z2}}{\mathrm{d}t}\right)^{\mathrm{T}}$$

$$(\Omega_{x2}\quad \Omega_{y2}\quad \Omega_{z2})^{\mathrm{T}}$$

$$(V_{x2}\quad V_{y2}\quad V_{z2})^{\mathrm{T}}$$

$$(F_{x2}\quad F_{y2}\quad F_{z2}\quad)^{\mathrm{T}}$$

将式(2－64)展开,可得

$$m\begin{pmatrix}\dfrac{\mathrm{d}V_{x2}}{\mathrm{d}t}+\Omega_{y2}V_{z2}-\Omega_{z2}V_{y2}\\ \dfrac{\mathrm{d}V_{y2}}{\mathrm{d}t}+\Omega_{z2}V_{x2}-\Omega_{x2}V_{z2}\\ \dfrac{\mathrm{d}V_{z2}}{\mathrm{d}t}+\Omega_{x2}V_{y2}-\Omega_{y2}V_{x2}\end{pmatrix}=\begin{pmatrix}F_{x2}\\ F_{y2}\\ F_{z2}\end{pmatrix}\tag{2-65}$$

根据弹道坐标系 $Ox_2y_2z_2$ 的定义,速度矢量 $\boldsymbol{V}$ 与 Ox_2 轴重合,故 $\boldsymbol{V}$ 在弹道坐标系各轴上的投影分量为

$$\begin{pmatrix}V_{x2}\\ V_{y2}\\ V_{z2}\end{pmatrix}=\begin{pmatrix}V\\ 0\\ 0\end{pmatrix}\tag{2-66}$$

由 2.2.2 节可知,地面坐标系经过两次旋转后与弹道坐标系重合,两次旋转的角速度大小分别为$\dot{\psi}_v$ 和$\dot{\theta}$,则弹道坐标系相对地面坐标系的旋转角速度为两次旋转的角速度合成。它在 $Ox_2y_2z_2$ 各轴上的投影可利用变换矩阵得到:

$$\begin{pmatrix}\Omega_{x2}\\ \Omega_{y2}\\ \Omega_{z2}\end{pmatrix}=\boldsymbol{L}(\psi_v,\theta)\begin{pmatrix}0\\ \dot{\psi}_v\\ 0\end{pmatrix}+\begin{pmatrix}0\\ 0\\ \dot{\theta}\end{pmatrix}=\begin{pmatrix}\dot{\psi}_v\sin\theta\\ \dot{\psi}_v\cos\theta\\ \dot{\theta}\end{pmatrix}\tag{2-67}$$

将式(2－66)和式(2－67)代入式(2－65)中,得

$$\begin{pmatrix}m\dfrac{\mathrm{d}V}{\mathrm{d}t}\\ mV\dfrac{\mathrm{d}\theta}{\mathrm{d}t}\\ -mV\cos\theta\dfrac{\mathrm{d}\psi_v}{\mathrm{d}t}\end{pmatrix}=\begin{pmatrix}F_{x2}\\ F_{y2}\\ F_{z2}\end{pmatrix}\tag{2-68}$$

式中:$\mathrm{d}V/\mathrm{d}t$ 为加速度矢量在弹道切线(Ox_2)上的投影,又称为切向加速度;$V\mathrm{d}\theta/\mathrm{d}t$ 为加速度矢量在弹道法线(Oy_2)上的投影,又称法向加速度;$-V\cos\theta(\mathrm{d}\psi_v/\mathrm{d}t)$为加速度矢量在 Oz_2 轴上的投影分量,也称为法向加速度。

如图 2－28 所示,法向加速度 $V\mathrm{d}\theta/\mathrm{d}t$ 使导弹质心在铅垂平面内作曲线运动。若在 t 瞬时,导弹位于 A 点,经 $\mathrm{d}t$ 时间间隔,导弹飞过弧长 $\mathrm{d}s$ 到达 B 点,弹道倾角的变化量为 $\mathrm{d}\theta$,那么,这时的法向加速度为 $a_{y_2}=V^2/\rho$,其中,曲率半径又可写成

$$\rho=\frac{\mathrm{d}s}{\mathrm{d}\theta}=\frac{\mathrm{d}s}{\mathrm{d}t}\frac{\mathrm{d}t}{\mathrm{d}\theta}=\frac{V}{\dfrac{\mathrm{d}\theta}{\mathrm{d}t}}=\frac{V}{\dot{\theta}}$$

故

$$a_{y_2}=\frac{V^2}{\rho}=V\frac{d\theta}{dt}=V\dot{\theta}$$

法向加速度 $a_{z2}=-V\cos\theta(d\psi_v/dt)$ 的"负"号表明,根据弹道偏角 ψ_v 所采用的正负号定义,当 $-\pi/2<\theta<\pi/2$ 时,正的侧向力将产生负的角速度 $d\psi_v/dt$。

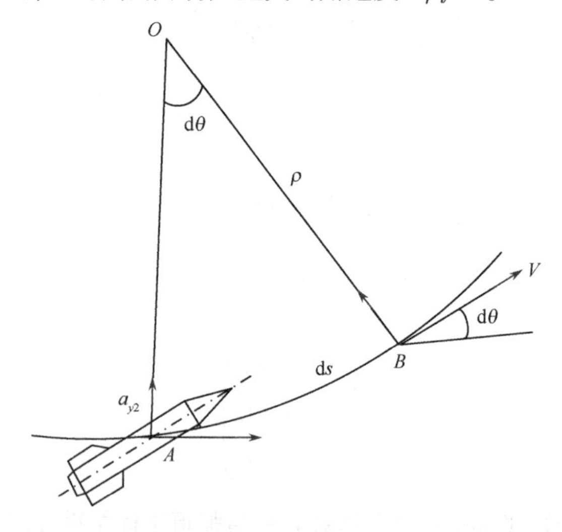

图2-28 导弹在铅锤平面内做曲线运动

下面将讨论(2-68)式右端项,即合外力在弹道坐标系各轴上的投影分量。第一章中已经指出,作用于导弹上的力一般包括空气动力、推力和重力等。它们在弹道坐标系各轴上的投影分量可利用有关变换矩阵得到。

(1) 空气动力在弹道坐标系上的投影。由2.1节的介绍可知,作用在导弹上的空气动力 $\boldsymbol{R}$ 在速度坐标系 $Ox_3y_3z_3$ 的分量形式最为简单,分别与阻力 X、升力 Y 和侧向力 Z 相对应。根据弹道坐标系和速度坐标系之间的坐标变换矩阵(2-63)或方向余弦表2-4,空气动力在弹道坐标系 $Ox_2y_2z_2$ 各轴上的投影分量为

$$\begin{pmatrix}R_{x2}\\R_{y2}\\R_{z2}\end{pmatrix}=\boldsymbol{L}^{-1}(\gamma_v)\begin{pmatrix}-X\\Y\\Z\end{pmatrix}=\boldsymbol{L}^{\mathrm{T}}(\gamma_v)\begin{pmatrix}-X\\Y\\Z\end{pmatrix}=\begin{pmatrix}-X\\Y\cos\gamma_v-Z\sin\gamma_v\\Y\sin\gamma_v+Z\cos\gamma_v\end{pmatrix} \tag{2-69}$$

(2) 推力在弹道坐标系上的投影。假设发动机的推力 $\boldsymbol{P}$ 与弹体纵轴 Ox_1 重合,那么,推力 $\boldsymbol{P}$ 在弹道坐标系 $Ox_2y_2z_2$ 各轴上的投影表达式只要作两次坐标变换即可得到。首先,利用速度坐标系与弹体坐标系之间的变换矩阵(2-60),将推力 $\boldsymbol{P}$ 投影到速度坐标系 $Ox_3y_3z_3$ 各轴上;然后利用弹道坐标系与速度坐标系之间的变换关系(2-61),即可得到推力 $\boldsymbol{P}$ 在弹道坐标系各轴上的投影。若推力 $\boldsymbol{P}$ 在 $Ox_1y_1z_1$ 系中的分量用 P_{x1}、P_{y1}、P_{z1} 表示,则有

$$\begin{pmatrix}P_{x1}\\P_{y1}\\P_{z1}\end{pmatrix}=\begin{pmatrix}P\\0\\0\end{pmatrix} \tag{2-70}$$

利用 $L^{\mathrm{T}}(\beta,\alpha)$,得到推力 $\boldsymbol{P}$ 在速度坐标系各轴上的投影分量:

$$\begin{pmatrix} P_{x_3} \\ P_{y_3} \\ P_{z_3} \end{pmatrix} = \boldsymbol{L}^{\mathrm{T}}(\beta,\alpha)\begin{pmatrix} P_{x_1} \\ P_{y_1} \\ P_{z_1} \end{pmatrix}$$

再利用弹道坐标系与速度坐标系之间的变换关系，得到推力在弹道坐标系上的投影分量：

$$\begin{pmatrix} P_{x2} \\ P_{y2} \\ P_{z2} \end{pmatrix} = \boldsymbol{L}^{\mathrm{T}}(\gamma_v)\begin{pmatrix} P_{x3} \\ P_{y3} \\ P_{z3} \end{pmatrix} = \boldsymbol{L}^{\mathrm{T}}(\gamma_v)\boldsymbol{L}^{\mathrm{T}}(\beta,\alpha)\begin{pmatrix} P_{x1} \\ P_{y1} \\ P_{z1} \end{pmatrix} \tag{2-71}$$

将相应坐标变换矩阵的转置代入式(2－71)，并考虑到式(2－70)，则有

$$\begin{pmatrix} P_{x_2} \\ P_{y_2} \\ P_{z_2} \end{pmatrix} = \begin{pmatrix} P\cos\alpha\cos\beta \\ P(\sin\alpha\cos\gamma_v + \cos\alpha\sin\beta\sin\gamma_v) \\ P(\sin\alpha\sin\gamma_v - \cos\alpha\sin\beta\cos\gamma_v) \end{pmatrix} \tag{2-72}$$

(3) 重力在弹道坐标系上的投影。对于近程战术导弹，常把重力矢量 $\boldsymbol{G}$ 视为平行力场，即重力与地面坐标系的 Ay 轴平行，且其大小为 mg，故有

$$\begin{pmatrix} G_{Ax} \\ G_{Ay} \\ G_{Az} \end{pmatrix} = \begin{pmatrix} 0 \\ -G \\ 0 \end{pmatrix} = \begin{pmatrix} 0 \\ -mg \\ 0 \end{pmatrix}$$

显然，重力 $\boldsymbol{G}$ 在弹道坐标系各轴的投影只要利用变换矩阵(2－59)或方向余弦表 2－2 即可得到：

$$\begin{pmatrix} G_{x_2} \\ G_{y_2} \\ G_{z_2} \end{pmatrix} = \boldsymbol{L}(\psi_v,\theta)\begin{pmatrix} G_{Ax} \\ G_{Ay} \\ G_{Az} \end{pmatrix} = \begin{pmatrix} -mg\sin\theta \\ -mg\cos\theta \\ 0 \end{pmatrix} \tag{2-73}$$

将式(2－69)、式(2－72)和式(2－73)代入式(2－68)，即可得到描述导弹质心运动的动力学方程：

$$\begin{pmatrix} m\dfrac{\mathrm{d}V}{\mathrm{d}t} \\ mV\dfrac{\mathrm{d}\theta}{\mathrm{d}t} \\ -mV\cos\theta\dfrac{\mathrm{d}\psi_v}{\mathrm{d}t} \end{pmatrix} = \begin{pmatrix} P\cos\alpha\cos\beta - X - mg\sin\theta \\ P(\sin\alpha\cos\gamma_v + \cos\alpha\sin\beta\sin\gamma_v) + Y\cos\gamma_v - Z\sin\gamma_v - mg\cos\theta \\ P(\sin\alpha\sin\gamma_v - \cos\alpha\sin\beta\cos\gamma_v) + Y\sin\gamma_v + Z\cos\gamma_v \end{pmatrix} \tag{2-74}$$

2）导弹绕质心转动的动力学方程

导弹绕质心转动的动力学矢量方程投影到弹体坐标系上的标量形式最为简单。

弹体坐标系 $Ox_1y_1z_1$ 是动坐标系，假设弹体坐标系相对地面坐标系的转动角速度为 $\boldsymbol{\omega}$，在弹体坐标系中，导弹绕质心转动的动力学方程为

$$\frac{\mathrm{d}\boldsymbol{H}}{\mathrm{d}t}=\frac{\partial\boldsymbol{H}}{\partial t}+\boldsymbol{\omega}\times\boldsymbol{H}=\boldsymbol{M} \tag{2-75}$$

式中:$\mathrm{d}\boldsymbol{H}/\mathrm{d}t$、$\partial\boldsymbol{H}/\partial t$ 分别为动量矩的绝对导数和相对导数。

设 $\boldsymbol{i}_1$、$\boldsymbol{j}_1$、$\boldsymbol{k}_1$ 分别为沿弹体坐标系各轴的单位矢量;ω_{x1}、ω_{y1}、ω_{z1} 为弹体坐标系转动角速度 $\boldsymbol{\omega}$ 沿弹体坐标系各轴的分量。动量矩可表示成

$$\boldsymbol{H}=\boldsymbol{J}\boldsymbol{\omega}$$

式中:$\boldsymbol{J}$ 为惯性张量,其矩阵表示形式为

$$\boldsymbol{J}=\begin{bmatrix} J_{x1} & -J_{x1y1} & -J_{z1x1} \\ -J_{x1y1} & J_{y1} & -J_{y1z1} \\ -J_{z1x1} & -J_{y1z1} & J_{z1} \end{bmatrix}$$

式中:J_{x1}、J_{y1}、J_{z1} 为导弹对弹体坐标系各轴的转动惯量;J_{x1y1}、J_{y1z1}、J_{z1x1} 为导弹对弹体坐标系各轴的惯性积。

若导弹为轴对称型,则弹体坐标系的轴 Ox_1、Oy_1 与 Oz_1 就是导弹的惯性主轴。此时,导弹对弹体坐标系各轴的惯性积为零。于是,动量矩 $\boldsymbol{H}$ 沿弹体坐标系各轴的分量为

$$\begin{pmatrix} H_{x1} \\ H_{y1} \\ H_{z1} \end{pmatrix}=\begin{bmatrix} J_{x1} & 0 & 0 \\ 0 & J_{y1} & 0 \\ 0 & 0 & J_{z1} \end{bmatrix}\begin{pmatrix} \omega_{x1} \\ \omega_{y1} \\ \omega_{z1} \end{pmatrix}=\begin{pmatrix} J_{x1}\omega_{x1} \\ J_{y1}\omega_{y1} \\ J_{z1}\omega_{z1} \end{pmatrix}$$

而

$$\frac{\partial H}{\partial t}=\frac{\mathrm{d}H_{x1}}{\mathrm{d}t}i_1+\frac{\mathrm{d}H_{y1}}{\mathrm{d}t}j_1+\frac{\mathrm{d}H_{z1}}{\mathrm{d}t}k_1=J_{x1}\frac{\mathrm{d}\omega_{x1}}{\mathrm{d}t}i_1+J_{y1}\frac{\mathrm{d}\omega_{y1}}{\mathrm{d}t}j_1+J_{z1}\frac{\mathrm{d}\omega_{z1}}{\mathrm{d}t}k_1 \tag{2-76}$$

$$\boldsymbol{\omega}\times\boldsymbol{H}=\begin{vmatrix} \boldsymbol{i}_1 & \boldsymbol{j}_1 & \boldsymbol{k}_1 \\ \omega_{x1} & \omega_{y1} & \omega_{z1} \\ H_{x1} & H_{y1} & H_{z1} \end{vmatrix}=\begin{vmatrix} \boldsymbol{i}_1 & \boldsymbol{j}_1 & \boldsymbol{k}_1 \\ \omega_{x1} & \omega_{y1} & \omega_{z1} \\ J_{x1}\omega_{x1} & J_{y1}\omega_{y1} & J_{z1}\omega_{z1} \end{vmatrix}$$

$$=(J_{z1}-J_{y1})\omega_{z1}\omega_{y1}\boldsymbol{i}_1+(J_{x1}-J_{z1})\omega_{x1}\omega_{z1}\boldsymbol{j}_1+(J_{y_1}-J_{x1})\omega_{y1}\omega_{x1}\boldsymbol{k}_1 \tag{2-77}$$

将式(2-76)、式(2-77)代入式(2-75),则导弹绕质心转动的动力学方程就可化成(为了书写方便,将注脚“1”省略)

$$\begin{pmatrix} J_x\dfrac{\mathrm{d}\omega_x}{\mathrm{d}t}+(J_z-J_y)\omega_z\omega_y \\ J_y\dfrac{\mathrm{d}\omega_y}{\mathrm{d}t}+(J_x-J_z)\omega_x\omega_z \\ J_z\dfrac{\mathrm{d}\omega_z}{\mathrm{d}t}+(J_y-J_x)\omega_y\omega_x \end{pmatrix}=\begin{pmatrix} M_x \\ M_y \\ M_z \end{pmatrix} \tag{2-78}$$

式中:M_x、M_y、M_z 分别为作用于弹上的所有外力对质心之力矩在弹体坐标系 $Ox_1y_1z_1$ 各轴上的分量。若推力矢量 $\boldsymbol{P}$ 与 Ox_1 轴完全重合,则只须考虑气动力矩即可。

如果导弹是面对称型的（关于导弹纵向平面 x_1Oy_1 对称），即 $J_{yz}=J_{zx}=0$，那么，导弹绕质心转动的动力学方程可写成

$$\begin{pmatrix} J_x\dfrac{d\omega_x}{dt}-J_{xy}\dfrac{d\omega_y}{dt}+(J_z-J_y)\omega_z\omega_y+J_{xy}\omega_x\omega_z \\ J_y\dfrac{d\omega_y}{dt}-J_{xy}\dfrac{d\omega_x}{dt}+(J_x-J_z)\omega_x\omega_z-J_{xy}\omega_z\omega_y \\ J_z\dfrac{d\omega_z}{dt}+(J_y-J_x)\omega_y\omega_x+J_{xy}(\omega_y^2-\omega_x^2) \end{pmatrix}=\begin{pmatrix} M_x \\ M_y \\ M_z \end{pmatrix}$$

2. 运动学方程

研究导弹质心运动的运动学方程和绕质心转动的运动学方程，其目的是确定质心每一瞬时的坐标位置以及导弹相对地面坐标系的瞬时姿态。

1）导弹质心运动的运动学方程

在地面坐标系中，导弹速度分量为

$$\begin{pmatrix} V_x \\ V_y \\ V_z \end{pmatrix}=\begin{pmatrix} \dfrac{dx}{dt} \\ \dfrac{dy}{dt} \\ \dfrac{dz}{dt} \end{pmatrix}$$

根据弹道坐标系 $Ox_2y_2z_2$ 的定义可知，速度矢量 $\boldsymbol{V}$ 与 Ox_2 轴重合，利用弹道坐标系和地面坐标系之间的变换矩阵又可得到

$$\begin{pmatrix} V_x \\ V_y \\ V_z \end{pmatrix}=\boldsymbol{L}^{\mathrm{T}}(\psi_v,\theta)\begin{pmatrix} V_{x_2} \\ V_{y_2} \\ V_{z_2} \end{pmatrix}=\boldsymbol{L}^{\mathrm{T}}(\psi_v,\theta)\begin{pmatrix} V \\ 0 \\ 0 \end{pmatrix}=\begin{pmatrix} V\cos\theta\cos\psi_v \\ V\sin\theta \\ -V\cos\theta\sin\psi_v \end{pmatrix}$$

比较上述两式，得到导弹质心的运动学方程为

$$\begin{bmatrix} \dfrac{dx}{dt} \\ \dfrac{dy}{dt} \\ \dfrac{dz}{dt} \end{bmatrix}=\begin{bmatrix} V\cos\theta\cos\psi_v \\ V\sin\theta \\ -V\cos\theta\sin\psi_v \end{bmatrix} \tag{2-79}$$

通过积分，可以求得导弹质心相对于地面坐标系 $Axyz$ 的位置坐标 x、y、z。

2）导弹绕质心转动的运动学方程

要确定导弹在空间的姿态，就需要建立描述导弹相对地面坐标系姿态变化的运动学方程，即建立导弹姿态角 ψ、ϑ、γ 对时间的导数与转动角速度分量 ω_{x1}、ω_{y1}、ω_{z1}之间的关系式。

根据弹体坐标系与地面坐标系之间的变换关系，我们知道，导弹相对地面坐标系的旋转角速度 $\boldsymbol{\omega}$ 实际上是三次旋转的转动角速度的矢量合成（图2-24）。这三次转动的角速度在弹体坐标系中的分量分别为 $\boldsymbol{L}_x(\gamma)\boldsymbol{L}_z(\vartheta)(0\quad\dot{\psi}\quad 0)^{\mathrm{T}}$、$\boldsymbol{L}_x(\gamma)(0\quad 0\quad\dot{\vartheta})^{\mathrm{T}}$、$(\dot{\gamma}\quad 0\quad 0)^{\mathrm{T}}$，因此，导弹转动角速度在弹体坐标系中的分量为

$$\begin{pmatrix}\omega_{x_1}\\ \omega_{y_1}\\ \omega_{z_1}\end{pmatrix}=\boldsymbol{L}_x(\gamma)\boldsymbol{L}_z(\vartheta)\begin{pmatrix}0\\ \dot{\psi}\\ 0\end{pmatrix}+\boldsymbol{L}_x(\gamma)\begin{pmatrix}0\\ 0\\ \dot{\vartheta}\end{pmatrix}+\begin{pmatrix}\dot{\gamma}\\ 0\\ 0\end{pmatrix}$$

$$=\begin{pmatrix}\dot{\psi}\sin\vartheta+\dot{\gamma}\\ \dot{\psi}\cos\vartheta\cos\gamma+\dot{\vartheta}\sin\gamma\\ -\dot{\psi}\cos\vartheta\sin\gamma+\dot{\vartheta}\cos\gamma\end{pmatrix}=\begin{bmatrix}1 & \sin\vartheta & 0\\ 0 & \cos\vartheta\cos\gamma & \sin\gamma\\ 0 & -\cos\vartheta\sin\gamma & \cos\gamma\end{bmatrix}\begin{pmatrix}\dot{\gamma}\\ \dot{\psi}\\ \dot{\vartheta}\end{pmatrix}$$

经变换后得

$$\begin{pmatrix}\dot{\gamma}\\ \dot{\psi}\\ \dot{\vartheta}\end{pmatrix}=\begin{bmatrix}1 & -\tan\vartheta\cos\gamma & \tan\vartheta\sin\gamma\\ 0 & \dfrac{\cos\gamma}{\cos\vartheta} & -\dfrac{\sin\gamma}{\cos\vartheta}\\ 0 & \sin\gamma & \cos\gamma\end{bmatrix}\begin{pmatrix}\omega_{x_1}\\ \omega_{y_1}\\ \omega_{z_1}\end{pmatrix}$$

将上式展开,就得到了导弹绕质心转动的运动学方程(同样将注脚“1”省略):

$$\begin{pmatrix}\dfrac{d\vartheta}{dt}\\ \dfrac{d\psi}{dt}\\ \dfrac{d\gamma}{dt}\end{pmatrix}=\begin{pmatrix}\omega_y\sin\gamma+\omega_z\cos\gamma\\ \dfrac{1}{\cos\vartheta}(\omega_y\cos\gamma-\omega_z\sin\gamma)\\ \omega_x-\tan\vartheta(\omega_y\cos\gamma-\omega_z\sin\gamma)\end{pmatrix} \tag{2-80}$$

要注意,上述方程在某些情况下是不能应用的。例如,当俯仰角 $\vartheta=90°$ 时,方程是奇异的,偏航角 ψ 是不确定的。此时,可采用四元数来表示导弹的姿态,并用四元数建立导弹绕质心转动的运动学方程;也可用双欧法克服运动学方程的奇异性,但较复杂。四元数法被经常用来研究导弹或航天器的大角度姿态运动[29],以及导航计算等。

3. 导弹质量变化方程

导弹在飞行过程中,由于发动机不断地消耗燃料,导弹的质量不断减小。所以,在描述导弹运动的方程组中,还需有描述导弹质量变化的微分方程,即

$$\frac{dm}{dt}=-m_s(t) \tag{2-81}$$

式中:dm/dt 为导弹质量变化率,其值总为负;$m_s(t)$ 为导弹在单位时间内的质量消耗量(燃料秒流量)。

$m_s(t)$ 的大小主要取决于发动机的性能,通常认为 m_s 是已知的时间函数,可能是常量,也可能是变量。这样,式(2-81)可独立于导弹运动方程组之外单独求解,即

$$m=m_0-\int_{t_0}^{t_f}m_s(t)\,dt$$

式中:m_0 为导弹的初始质量;t_0 为发动机开始工作时间;t_f 为发动机工作结束时间。

4. 角度几何关系方程

在 2.1.1 节和 2.2.2 节中,定义了四个常用的坐标系。从研究它们之间的变换矩阵可知,这四个坐标系之间的关系是由八个角度参数 θ、ψ_v、γ_v、ϑ、ψ、γ、α、β 联系起来的(图 2-29)。但是,这八个角度并不是完全独立的。例如,速度坐标系相对于地面坐标系 $Axyz$ 的方位,既可

以通过 θ、ψ_v 和 γ_v 确定（弹道坐标系作为过渡坐标系），也可以通过 ϑ、ψ、γ、α、β 来确定（弹体坐标系作为过渡坐标系）。这就说明，八个角参数中，只有五个是独立的，其余三个角参数则可以由这五个独立的角参数来表示，相应的三个表达式称为角度几何关系方程。这三个几何关系可以根据需要表示成不同的形式，也就是说，角度几何关系方程并不是唯一的。

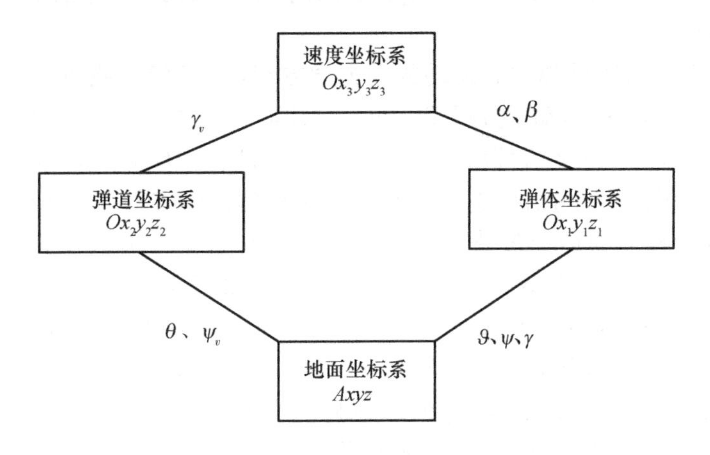

图 2－29　四个坐标系之间的关系

由于在式（2－74）和式（2－80）中，对 θ、ψ_v 和 ϑ、ψ、γ 角已有相应的方程来描述，因此，就可用这五个角参量分别求 α、β、γ_v，从而建立三个相应的几何关系方程。

建立角度几何关系方程，可采用球面三角、四元数和方向余弦等方法。下面介绍利用方向余弦和有关矢量运算的知识来建立三个角度几何关系方程。

我们知道，过参考坐标系原点的任意两个单位矢量夹角 φ 的余弦，等于它们各自与坐标系对应轴的方向余弦乘积之和（图 2－30）。即

$$\cos\varphi = \cos\alpha_1\cos\alpha_2 + \cos\beta_1\cos\beta_2 + \cos\gamma_1\cos\gamma_2 \tag{2-82}$$

设 $\boldsymbol{i}$、$\boldsymbol{j}$、$\boldsymbol{k}$ 分别为参考坐标系 $Axyz$ 各对应轴的单位矢量，过原点 A 的两个单位矢量夹角的余弦记作 $\langle \boldsymbol{l}_1, \boldsymbol{l}_2 \rangle$，则式（2－82）又可写成

$$\langle \boldsymbol{l}_1,\boldsymbol{l}_2\rangle = \langle \boldsymbol{l}_1,\boldsymbol{i}\rangle\langle \boldsymbol{l}_2,\boldsymbol{i}\rangle + \langle \boldsymbol{l}_1,\boldsymbol{j}\rangle\langle \boldsymbol{l}_2,\boldsymbol{j}\rangle + \langle \boldsymbol{l}_1,\boldsymbol{k}\rangle\langle \boldsymbol{l}_2,\boldsymbol{k}\rangle \tag{2-83}$$

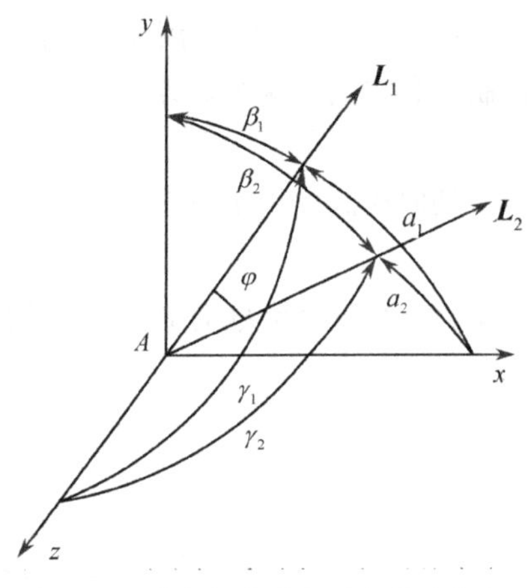

图 2－30　过坐标系原点两矢量的夹角

若把弹体坐标系的 Oz_1 轴和弹道坐标系的 Ox_2 轴的单位矢量分别视为 $\boldsymbol{l}_1$ 和 $\boldsymbol{l}_2$，以地面坐标系 $Axyz$ 为参考坐标系，将 $Ox_2y_2z_2$ 和 $Ox_1y_1z_1$ 两坐标系平移至参考系，使其原点 O 与原点 A 重合，查方向余弦表 2－1、表 2－2 和表 2－6，可得式（2－83）的各单位矢量夹角的余弦项，经整理得

$$\sin\beta = \cos\theta[\cos\gamma\sin(\psi-\psi_v) + \sin\vartheta\sin\gamma\cos(\psi-\psi_v)] - \sin\theta\cos\vartheta\sin\gamma \tag{2-84}$$

若把弹体坐标系的 Ox_1 轴和弹道坐标系的 Ox_2 轴的单位矢量分别视为 $\boldsymbol{l}_1$ 和 $\boldsymbol{l}_2$，则可得

$$\cos\alpha = [\cos\vartheta\cos\theta\cos(\psi-\psi_v) + \sin\vartheta\sin\theta]/\cos\beta \tag{2-85}$$

若把弹体坐标系的 Oz_1 轴和弹道坐标系的 Oz_2 轴的单位矢量分别视为 $\boldsymbol{l}_1$ 和 $\boldsymbol{l}_2$，同样可得

$$\cos\gamma_v = [\cos\gamma\cos(\psi - \psi_v) - \sin\vartheta\sin\gamma\sin(\psi - \psi_v)]/\cos\beta \tag{2-86}$$

式(2-84)~式(2-86)即为三个角度几何关系方程。

有时几何关系方程显得很简单,例如,当导弹作无侧滑、无滚转飞行时,存在 $\alpha = \vartheta - \theta$;当导弹作无侧滑、零攻角飞行时,存在 $\gamma = \gamma_v$;当导弹在水平面内作无滚转、小攻角($\alpha \approx 0$)飞行时,则有 $\beta = \psi - \psi_v$。

至此,已建立了描述导弹质心运动的动力学方程(2-74)、绕质心转动的动力学方程(2-78)、导弹质心运动的运动学方程(2-79)、绕质心转动的运动学方程(2-80)、质量变化方程(2-81)和角度几何关系方程(2-84)~(2-86),以上 16 个方程,构成了无控弹的运动方程组。如果不考虑外界干扰,只要给出初始条件,求解这组方程,就可唯一地确定一条无控弹道,并得到 16 个相应的运动参数:$V(t)$、$\theta(t)$、$\psi_v(t)$、$\vartheta(t)$、$\psi(t)$、$\gamma(t)$、$\omega_x(t)$、$\omega_y(t)$、$\omega_z(t)$、$x(t)$、$y(t)$、$z(t)$、$m(t)$、$\alpha(t)$、$\beta(t)$、$\gamma_v(t)$随时间的变化规律,故方程组是封闭的。但是,对于可控导弹来说,仅有上述 16 个方程还不能求解,因为方程组中的力和力矩不仅与上述一些运动参数有关,还与操纵机构的偏转角 $\delta_x(t)$、$\delta_y(t)$、$\delta_z(t)$和发动机的调节参数 $\delta_p(t)$有关。也就是说,仅给出起始参数,还不能唯一地确定可控导弹的飞行弹道。要想唯一确定导弹的飞行弹道,还必须增加约束导弹运动的操纵关系方程。

5. 操纵关系方程

1) 操纵飞行原理

按照导弹命中目标的要求,改变导弹速度方向和大小的飞行,称为控制飞行。导弹是在控制系统作用下,遵循一定的操纵关系来飞行。要想改变飞行速度的大小和方向,就必须改变作用于导弹上的外力大小和方向。作用于导弹上的力主要有空气动力 $\boldsymbol{R}$、推力 $\boldsymbol{P}$ 和重力 $\boldsymbol{G}$。由于重力 $\boldsymbol{G}$ 始终指向地心,其大小和方向也不能随意改变,因此,控制导弹的飞行只能依靠改变空气动力 $\boldsymbol{R}$ 和推力 $\boldsymbol{P}$,其合力称为控制力 $\boldsymbol{N}$。即

$$\boldsymbol{N} = \boldsymbol{P} + \boldsymbol{R} \tag{2-87}$$

控制力 $\boldsymbol{N}$ 可分解为沿速度方向和垂直于速度方向的两个分量(图 2-31),分别称为切向控制力和法向控制力。即

$$\boldsymbol{N} = \boldsymbol{N}_\tau + \boldsymbol{N}_n$$

切向控制力用来改变速度大小,其计算关系式为

$$\boldsymbol{N}_\tau = \boldsymbol{P}_\tau - \boldsymbol{X}$$

式中:$\boldsymbol{P}_\tau$、$\boldsymbol{X}$ 分别为推力 $\boldsymbol{P}$ 在弹道切向的投影和空气阻力。

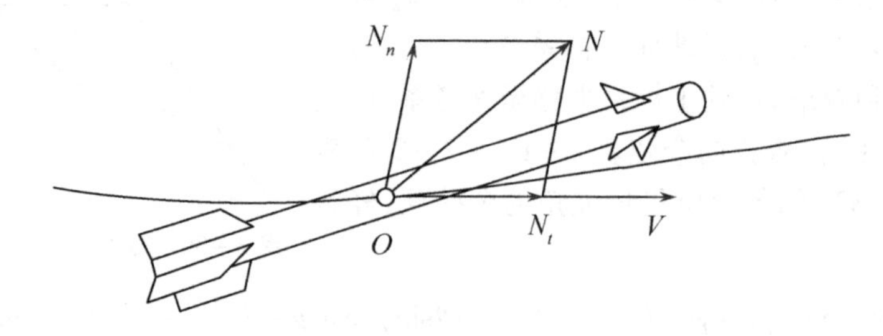

图 2-31 作用在飞行器上的切向力和法向力

速度大小的改变,通常采用推力控制来实现,即控制发动机节气阀偏角 δ_p 达到调节发动机推力大小的目的。

法向控制力 $\boldsymbol{N}_n$ 用来改变速度的方向，即导弹的飞行方向，其计算关系式为

$$\boldsymbol{N}_n = \boldsymbol{P}_n + \boldsymbol{Y} + \boldsymbol{Z}$$

式中：$\boldsymbol{N}_n$、$\boldsymbol{Y}$、$\boldsymbol{Z}$ 分别为推力 $\boldsymbol{P}$ 的法向分量、升力和侧向力。

法向控制力的改变主要是依靠改变空气动力的法向力（升力和侧向力）来实现。当导弹上的操纵机构（如空气舵、气动扰流片等）偏转时，操纵面上会产生相应的操纵力，它对导弹质心形成操纵力矩，使得弹体绕质心转动，从而导致导弹在空中的姿态发生变化。而导弹姿态的改变，将会引起气流与弹体的相对流动状态的改变，攻角、侧滑角亦将随之变化，从而改变了作用在导弹上的空气动力。

另外，还可以通过偏转燃气舵或摆动发动机等改变法向力。偏转燃气舵、直接摆动小发动机或发动机喷管都会改变发动机推力的方向，形成对导弹质心的操纵力矩，由此改变导弹的飞行姿态，从而改变作用在导弹上的法向力。

对于轴对称型导弹，它装有两对弹翼，并沿纵轴对称分布，所以，气动效应也是对称的。通过改变俯仰舵的偏转角 δ_z 来改变攻角 α 的大小，从而改变升力 $\boldsymbol{Y}$ 的大小和方向；而改变方向舵的偏转角 δ_y，则可改变侧滑角 β，使侧向力 $\boldsymbol{Z}$ 的大小和方向发生变化：若同时使 δ_z、δ_y 各自获得任意角度，那么 α、β 都将改变，这时将得到任意方向和大小的空气动力。另外，当 α、β 改变时，推力的法向分量也随之变化。

对于面对称型导弹，外形与飞机相似，有一对较大的水平弹翼，其升力要比侧向力大得多。俯仰运动的操纵仍是通过改变俯仰舵的偏转角 δ_z 的大小来实现；偏航运动的操纵则是通过差动副翼，使弹体倾斜来实现。当升力转到某一方向（不在铅垂面内）时，升力的水平分量使导弹进行偏航运动，如图 2-32 所示。

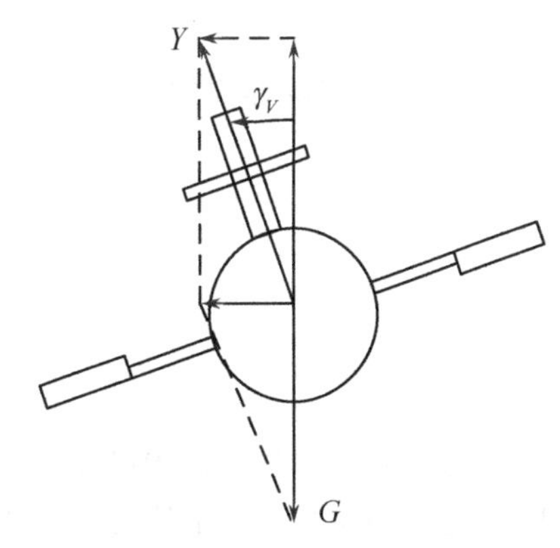

图 2-32 面对称型导弹的倾斜运动

2）操纵关系方程

导弹制导系统和其他自动控制系统一样也是误差控制系统。当导弹的实际运动参数与导引关系所要求的运动参数不一致时，就会产生控制信号。例如，导弹飞行中的俯仰角 ϑ 与要求的俯仰角 ϑ^* 不相等，即存在偏差角 $\Delta\vartheta = \vartheta - \vartheta^*$ 时，控制系统将根据 $\Delta\vartheta$ 的大小使俯仰舵偏转相应的角度 δ_z，即

$$\delta_z = K_\vartheta(\vartheta^* - \vartheta) = K_\vartheta \Delta\vartheta$$

式中：K_ϑ 为由控制系统决定的比例系数，或称增益系数。

导弹在飞行过程中，控制系统总是作出消除误差信号 $\Delta\vartheta$ 的反应。制导系统越准确，运动参数的误差就越小。假设制导系统的误差用 ε_i 表示，x_i^* 为导引关系要求的运动参数值，x_i 为实际运动参数值，则有

$$\varepsilon_i = x_i - x_i^*, \quad i = 1,2,3,4$$

在一般情况下，ε_i 不可能为零。此时控制系统将偏转相应的舵面和发动机调节机构，以求消除误差。舵面偏转角的大小和方向取决于误差 ε_i 的数值和正负号，通常情况下，操纵关系方程可写成

$$\begin{cases} \delta_x = f(\varepsilon_1) \\ \delta_y = f(\varepsilon_2) \\ \delta_z = f(\varepsilon_3) \\ \delta_p = f(\varepsilon_4) \end{cases} \tag{2-88}$$

在设计导弹弹道时,需要综合考虑导弹的运动方程与控制系统加在导弹上的约束方程,问题比较复杂。在导弹初步设计时,可作近似处理:假设控制系统是按“无误差工作”的理想控制系统,运动参数始终能保持导引关系所要求的变化规律,则有

$$\varepsilon_i = x_i - x_i^* = 0, \quad i = 1,2,3,4 \tag{2-89}$$

式(2-89)称为理想操纵关系方程。在某些特殊情况下,理想操纵关系方程的形式非常简单,例如,当轴对称导弹作直线等速飞行时,理想操纵关系方程为

$$\begin{cases} \varepsilon_1 = \theta - \theta^* = 0 \\ \varepsilon_2 = \psi - \psi^* = 0 \\ \varepsilon_3 = \gamma = 0 \\ \varepsilon_4 = V - V^* = 0 \end{cases} \tag{2-90}$$

再如,面对称导弹作正常盘旋时,理想操纵关系方程为

$$\begin{cases} \varepsilon_1 = \theta = 0 \\ \varepsilon_2 = \gamma - \gamma^* = 0 \\ \varepsilon_3 = \beta = 0 \\ \varepsilon_4 = V - V^* = 0 \end{cases} \tag{2-91}$$

式(2-90)和式(2-91)中的θ^*、ψ_v^*、γ^*、V^*、β^*为导引关系要求的运动参数值,θ、ψ_v、γ、V、β为导弹飞行过程中的实际运动参数值。

6. 导弹运动方程组

综上所述,前面所得到的式(2-74)、式(2-78)~式(2-81)、式(2-84)~式(2-86)和式(2-89),即构成了描述导弹飞行的运动方程组:

$$\begin{cases} m\dfrac{\mathrm{d}V}{\mathrm{d}t} = P\cos\alpha\cos\beta - X - mg\sin\theta \\ mV\dfrac{\mathrm{d}\theta}{\mathrm{d}t} = P(\sin\alpha\cos\gamma_v + \cos\alpha\sin\beta\sin\gamma_v) + Y\cos\gamma_v - Z\sin\gamma_v - mg\cos\theta \\ -mV\cos\theta\dfrac{\mathrm{d}\psi_v}{\mathrm{d}t} = P(\sin\alpha\sin\gamma_v - \cos\alpha\sin\beta\cos\gamma_v) + Y\sin\gamma_v + Z\cos\gamma_v \\ J_x\dfrac{\mathrm{d}\omega_x}{\mathrm{d}t} + (J_z - J_y)\omega_y\omega_z = M_x \\ J_y\dfrac{\mathrm{d}\omega_y}{\mathrm{d}t} + (J_x - J_z)\omega_z\omega_x = M_y \\ J_z\dfrac{\mathrm{d}\omega_z}{\mathrm{d}t} + (J_y - J_x)\omega_x\omega_y = M_z \\ \dfrac{\mathrm{d}x}{\mathrm{d}t} = V\cos\theta\cos\psi_v \\ \dfrac{\mathrm{d}y}{\mathrm{d}t} = V\sin\theta \\ \dfrac{\mathrm{d}z}{\mathrm{d}t} = -V\cos\theta\sin\psi_v \end{cases}$$

$$
\begin{cases}
\dfrac{\mathrm{d}\vartheta}{\mathrm{d}t} = \omega_y \sin\gamma + \omega_z \cos\gamma \\
\dfrac{\mathrm{d}\psi}{\mathrm{d}t} = \dfrac{1}{\cos\vartheta}(\omega_y \cos\gamma - \omega_z \sin\gamma) \\
\dfrac{\mathrm{d}\gamma}{\mathrm{d}t} = \omega_x - \tan\vartheta(\omega_y \cos\gamma - \omega_z \sin\gamma) \\
\dfrac{\mathrm{d}m}{\mathrm{d}t} = -m_s \\
\sin\beta = \cos\theta[\cos\gamma\sin(\psi - \psi_v) + \sin\vartheta\sin\gamma\cos(\psi - \psi_v)] - \sin\theta\cos\vartheta\sin\gamma \\
\cos\alpha = [\cos\vartheta\cos\theta\cos(\psi - \psi_v) + \sin\vartheta\sin\theta]/\cos\beta \\
\cos\gamma_v = [\cos\gamma\cos(\psi - \psi_v) - \sin\vartheta\sin\gamma\sin(\psi - \psi_v)]/\cos\beta \\
\varepsilon_1 = 0 \\
\varepsilon_2 = 0 \\
\varepsilon_3 = 0 \\
\varepsilon_4 = 0
\end{cases}
\tag{2-92}
$$

式(2－92)以标量的形式给出了导弹的空间运动方程组，它是一组非线性常微分方程。在这20个方程中，除了根据2.1节介绍的方法计算出推力P、气动力X、Y、Z和力矩M_x、M_y、M_z以外，还包含有20个未知参数：$V(t)$、$\theta(t)$、$\psi_v(t)$、$\omega_x(t)$、$\omega_y(t)$、$\omega_z(t)$、$\vartheta(t)$、$\psi(t)$、$\gamma(t)$、$x(t)$、$y(t)$、$z(t)$、$\alpha(t)$、$\beta(t)$、$\gamma_v(t)$、$m(t)$、$\delta_x(t)$、$\delta_y(t)$、$\delta_z(t)$、$\delta_p(t)$。因此，方程组(2－92)是可以封闭求解的。在给定各参数的初始条件之后，即可用数值积分法求解方程组(2－92)，从而获得可控弹道及其相应参数的变化规律。

2.2.4　导弹运动方程组的简化与分解

在2.2.3节里，用了20个方程来描述导弹的空间运动。在工程上，实际用于弹道计算的导弹运动方程个数远不止这些。一般而言，运动方程组的方程数目越多，导弹运动就描述得越完整、越准确，但研究和解算也就越麻烦。在导弹设计的某些阶段，特别是在导弹和制导系统的初步设计阶段，通常在求解精度允许范围内，应用一些近似方法对导弹运动方程组进行简化求解。实践证明，在一定的假设条件下，把导弹运动方程组(2－92)分解为纵向运动和侧向运动方程组，或简化为在铅垂平面和水平面内的运动方程组，都具有一定的实用价值。

1. 导弹的纵向运动和侧向运动

所谓纵向运动，是指导弹运动参数β、γ、γ_v、ψ、ψ_v、ω_x、ω_y、z恒为零的运动。

导弹的纵向运动，是由导弹质心在飞行平面或对称平面x_1Oy_1内的平移运动和绕Oz_1轴的旋转运动所组成。在纵向运动中，参数V、θ、ϑ、ω_z、α、x、y是随时间变化的，通常称为纵向运动参数。

在纵向运动中等于零的参数β、γ、γ_v、ψ、ψ_v、ω_x、ω_y、z称为侧向运动参数。所谓侧向运动，是指侧向运动参数β、γ、γ_v、ω_x、ω_y、ψ、ψ_v、z随时间变化的运动。它由导弹质心沿Oz_1轴的平移运动和绕弹体Ox_1轴与Oy_1轴的旋转运动所组成。

由方程组(2－92)不难看出，导弹的飞行过程是由纵向运动和侧向运动所组成，它们之间相互关联、相互影响。但当导弹在给定的铅垂面内运动时，只要不破坏运动的对称性(不进行偏航、滚转操纵，且无干扰)，纵向运动是可以独立存在的。这时，描述侧向运动参数的方程可以去掉,只剩下10个描述纵向运动参数的方程,其中包含V、θ、ϑ、ω_z、α、x、y、m、δ_z、δ_p等10个参数。然而,描述侧向运动参数的方程则不能离开纵向运动而单独存在。

1)纵向运动方程

若将导弹的一般运动方程组(2-92)分解成两个独立的方程组:一是描述纵向运动参数变化的方程组;二是描述侧向运动参数变化的方程组。当研究导弹运动规律时,就会使联立求解的方程数目减少。为了能独立求解描述纵向运动参数变化的方程组,必须去掉该方程组中的侧向运动参数β、γ、γ_v、ψ、ψ_v、ω_x、ω_y、z。也就是说,要把纵向运动和侧向运动分开,应满足下述假设条件:

(1)侧向运动参数β、γ、γ_v、ψ、ψ_v、ω_x、ω_y、z及舵偏角δ_x、δ_y都是小量,这样可以令$\cos\beta=\cos\gamma=\cos\gamma_v\approx1$,并略去各小量的乘积如$\sin\beta\sin\gamma$、$\omega_y\sin\gamma$、$\omega_y\omega_x$、$z\sin\gamma_v$等,以及$\beta$、$\delta_x$、$\delta_y$对空气阻力的影响。

(2)导弹基本上在某个铅垂面内飞行,即其飞行弹道与铅垂面内的弹道差别不大。

(3)俯仰操纵机构的偏转仅取决于纵向运动参数;而偏航、滚转操纵机构的偏转仅取决于侧向运动参数。

利用上述假设,就能将导弹运动方程组分为描述纵向运动的方程组和描述侧向运动的方程组。

描述导弹纵向运动的方程组为

$$\begin{cases}m\dfrac{\mathrm{d}V}{\mathrm{d}t}=P\cos\alpha-X-mg\sin\theta\\ mV\dfrac{\mathrm{d}\theta}{\mathrm{d}t}=P\sin\alpha+Y-mg\cos\theta\\ J_z\dfrac{\mathrm{d}\omega_z}{\mathrm{d}t}=M_z\\ \dfrac{\mathrm{d}x}{\mathrm{d}t}=V\cos\theta\\ \dfrac{\mathrm{d}y}{\mathrm{d}t}=V\sin\theta\\ \dfrac{\mathrm{d}\vartheta}{\mathrm{d}t}=\omega_z\\ \dfrac{\mathrm{d}m}{\mathrm{d}t}=-m_s\\ \alpha=\vartheta-\theta\\ \varepsilon_1=0\\ \varepsilon_4=0\end{cases}\tag{2-93}$$

纵向运动方程组(2-93)就是描述导弹在铅垂平面内运动的方程组。它共有10个方程,包含10个未知参数,即V、θ、ϑ、ω_z、α、x、y、m、δ_z、δ_p。因此,方程组(2-93)是封闭的,可以独立求解。

2)侧向运动方程

描述导弹侧向运动的方程组为

$$
\begin{cases}
-mV\cos\theta\dfrac{\mathrm{d}\psi_v}{\mathrm{d}t}=P(\sin\alpha+Y)\sin\gamma_v-(P\cos\alpha\sin\beta-Z)\cos\gamma_v \\
J_x\dfrac{\mathrm{d}\omega_x}{\mathrm{d}t}=M_x-(J_z-J_y)\omega_z\omega_y \\
J_y\dfrac{\mathrm{d}\omega_y}{\mathrm{d}t}=M_y-(J_x-J_z)\omega_z\omega_x \\
\dfrac{\mathrm{d}z}{\mathrm{d}t}=-V\cos\theta\sin\psi_v \\
\dfrac{\mathrm{d}\psi}{\mathrm{d}t}=\dfrac{1}{\cos\vartheta}(\omega_y\cos\gamma-\omega_z\sin\gamma) \\
\dfrac{\mathrm{d}\gamma}{\mathrm{d}t}=\omega_x-\tan\vartheta(\omega_y\cos\gamma-\omega_z\sin\gamma) \\
\sin\beta=\cos\theta[\cos\gamma\sin(\psi-\psi_v)+\sin\vartheta\sin\gamma\cos(\psi-\psi_v)]-\sin\theta\cos\vartheta\sin\gamma \\
\cos\gamma_v=[\cos\gamma\cos(\psi-\psi_v)-\sin\vartheta\sin\gamma\sin(\psi-\psi_v)]/\cos\beta \\
\varepsilon_2=0 \\
\varepsilon_3=0
\end{cases}
\tag{2-94}
$$

侧向运动方程组(2-94)共有10个方程,除了含有ψ_v、ψ、γ、γ_v、β、ω_x、ω_y、z、δ_x、δ_y等10个侧向运动参数之外,还包括除坐标x以外的纵向运动参数V、θ、ϑ、ω_z、α、y等。无论怎样简化式(2-94),也不能从中消去这些纵向参数。因此,若要由方程组(2-94)求得侧向运动参数,就必须首先求解纵向运动方程组(2-93),然后,将解出的纵向运动参数代入侧向运动方程组(2-94)中,才可解出侧向运动参数的变化规律。

将导弹运动分解为纵向运动和侧向运动,能使联立求解的方程组的数目降低一半,同时,也能获得比较准确的计算结果。但是,当侧向运动参数不满足上述假设条件时,即侧向运动参数变化较大时,就不能再将导弹的运动分为纵向运动和侧向运动来研究。而应该直接研究完整的运动方程组(2-92)。

2. 导弹的平面运动

通常情况下,导弹是在三维空间内运动的,平面运动只是导弹运动的一种特殊情况。在某些情况下,导弹的运动可近似地视为在一个平面内,例如,地空导弹在许多场合是在铅垂面或倾斜平面内飞行;飞航式导弹在爬升段和末制导段也可近似地认为是在铅垂平面内运动;空空导弹的运动,在许多场合也可看作是在水平面内。所以,在导弹的初步设计阶段,研究、解算导弹的平面弹道,是具有一定应用价值的。

1）导弹在铅垂平面内的运动

导弹在铅垂平面内运动时,导弹的速度矢量$\boldsymbol{V}$始终处于该平面内,弹道偏角ψ_v为常值(若选地面坐标系的Ax轴位于该铅垂平面内,则$\psi_v=0$)。设弹体纵向对称平面x_1Oy_1与飞行平面重合,推力矢量$\boldsymbol{P}$与弹体纵轴重合。若要保证导弹在铅垂平面内飞行,那么在水平方向的侧向力应恒等于零。此时,导弹只有在铅垂面内的质心平移运动和绕Oz_1轴的转动。导弹在铅垂平面内的运动方程组与式(2-93)完全相同,这里不再赘述。

2）导弹在水平面内的运动

导弹在水平面内运动时,它的速度矢量$\boldsymbol{V}$始终处于该平面之内,即弹道倾角θ恒等于零。此时,作用于导弹上在铅垂方向的法向控制力应与导弹的重力相平衡。因此,要保持导弹在水平面内飞行,导弹应具有一定的攻角,以产生所需的法向控制力。导弹在主动段飞行过程中,质量不断减小,要想保持法向力平衡,就必须不断改变攻角的大小。也就是说,导弹要偏转俯仰舵 δ_z,使弹体绕 Oz_1 轴转动。

若要使导弹在水平面内作机动飞行,则要求在水平方向上产生一定的侧向力,该力通常是借助于侧滑(轴对称型)或倾斜(面对称型)运动形成的。若导弹飞行既有侧滑又有倾斜,则将使控制复杂化。因此,轴对称导弹通常采用有侧滑、无倾斜的控制飞行,而面对称导弹则采用有倾斜、无侧滑的控制飞行。

由于导弹在水平面内作机动飞行时,在水平方向上产生侧向控制力的方式不同,因此,描述导弹在水平面内运动的方程组也不同。

3)有侧滑无倾斜的导弹水平运动方程组

导弹在水平面内作有侧滑、无倾斜的机动飞行时,$\theta\equiv0$,y 为常值,且 $\gamma=\gamma_v\equiv0$、$\omega_x\equiv0$,因此,根据式(2-92)的第二个方程,可得法向平衡关系式

$$mg=P\sin\alpha+Y \tag{2-95}$$

由导弹运动方程组(2-92)得到导弹在水平面内作有侧滑无倾斜飞行的运动方程组:

$$\begin{cases}m\dfrac{\mathrm{d}V}{\mathrm{d}t}=P\cos\alpha\cos\beta-X\\ mg=P\sin\alpha+Y\\ -mV\dfrac{\mathrm{d}\psi_v}{\mathrm{d}t}=-P\cos\alpha\sin\beta+Z\\ J_y\dfrac{\mathrm{d}\omega_y}{\mathrm{d}t}=M_y\\ J_z\dfrac{\mathrm{d}\omega_z}{\mathrm{d}t}=M_z\\ \dfrac{\mathrm{d}x}{\mathrm{d}t}=V\cos\psi_v\\ \dfrac{\mathrm{d}z}{\mathrm{d}t}=-V\sin\psi_v\\ \dfrac{\mathrm{d}\vartheta}{\mathrm{d}t}=\omega_z\\ \dfrac{\mathrm{d}\psi}{\mathrm{d}t}=\dfrac{\omega_y}{\cos\vartheta}\\ \dfrac{\mathrm{d}m}{\mathrm{d}t}=-m_s\\ \beta=\psi-\psi_v\\ \alpha=\vartheta\\ \varepsilon_2=0\\ \varepsilon_4=0\end{cases} \tag{2-96}$$

方程组(2-96)共14个方程,其中包含14个未知参数,即 V、ψ_v、ω_y、ω_z、x、z、ϑ、ψ、m、α、β、δ_z、

δ_y、δ_p，方程组是封闭的。

4）有倾斜无侧滑的导弹水平运动方程组

导弹在水平面内作有倾斜、无侧滑的机动飞行时，$\theta\equiv0$，γ 为常值，且 $\beta\equiv0$、$\omega_y\equiv0$，假设攻角 α（或俯仰角 ϑ）、角速度 ω_z 比较小，由导弹运动方程组（2－92）简化得到导弹在水平面内作有倾斜、无侧滑飞行的运动方程组：

$$\begin{cases} m\dfrac{\mathrm{d}V}{\mathrm{d}t}=P-X \\ mg=(P\alpha+Y)\cos\gamma_v \\ -mV\dfrac{\mathrm{d}\psi_v}{\mathrm{d}t}=(P\alpha+Y)\sin\gamma_v \\ J_x\dfrac{\mathrm{d}\omega_x}{\mathrm{d}t}=M_x \\ J_z\dfrac{\mathrm{d}\omega_z}{\mathrm{d}t}=M_z \\ \dfrac{\mathrm{d}x}{\mathrm{d}t}=V\cos\psi_v \\ \dfrac{\mathrm{d}z}{\mathrm{d}t}=-V\sin\psi_v \\ \dfrac{\mathrm{d}\vartheta}{\mathrm{d}t}=\omega_z\cos\gamma \\ \dfrac{\mathrm{d}\gamma}{\mathrm{d}t}=\omega_x \\ \dfrac{\mathrm{d}m}{\mathrm{d}t}=-m_s \\ \alpha=\vartheta/\cos\gamma \\ \gamma=\gamma_v \\ \varepsilon_3=0 \\ \varepsilon_4=0 \end{cases} \tag{2-97}$$

该方程组共有 14 个方程，含有 14 个未知参数，即 V、ψ_v、ω_x、ω_z、x、z、ϑ、γ、m、α、γ_v、δ_z、δ_x、δ_p，方程组（2－97）是封闭的。

2.2.5　导弹的质心运动

1. "瞬时平衡"假设

我们已经知道，导弹的运动由其质心运动和绕其质心的转动所组成。在导弹初步设计阶段，为了能够简捷地获得导弹的飞行弹道及其主要的飞行特性，研究过程通常分两步进行：首先，暂不考虑导弹绕质心的转动，而将导弹当作一个可操纵质点来研究；其次，在此基础上再研究导弹绕其质心的转动运动。这种简化的处理方法，通常基于以下假设：

（1）导弹绕弹体轴的转动是无惯性的，即

$$J_x=J_y=J_z=0 \tag{2-98}$$

(2) 导弹控制系统理想地工作,即无误差,也无时间延迟。

(3) 不考虑各种干扰因素对导弹的影响。

前两点假设的实质,就是认为导弹在整个飞行期间的任一瞬时都处于平衡状态,即导弹操纵机构偏转时,作用在导弹上的力矩在每一瞬时都处于平衡状态,这就是所谓的"瞬时平衡"假设。

对于轴对称导弹,根据2.1.3节纵向静平衡关系式(2-13)和对偏航运动的类似处理,可得俯仰和偏航力矩的平衡关系式:

$$\begin{cases} m_z^{\alpha}\alpha_b + m_z^{\delta_z}\delta_{zb} = 0 \\ m_y^{\beta}\beta_b + m_y^{\delta_y}\delta_{yb} = 0 \end{cases} \tag{2-99}$$

式中:α_b、β_b、δ_{zb}、δ_{yb}分别为相应参数的平衡值。

式(2-99)也可写成

$$\begin{cases} \delta_{zb} = -\dfrac{m_z^{\alpha}}{m_z^{\delta_z}}\alpha_b \\ \delta_{yb} = -\dfrac{m_y^{\beta}}{m_y^{\delta_y}}\beta_b \end{cases} \tag{2-100}$$

或

$$\begin{cases} \alpha_b = -\dfrac{m_z^{\delta_z}}{m_z^{\alpha}}\delta_{zb} \\ \beta_b = -\dfrac{m_y^{\delta_y}}{m_y^{\beta}}\delta_{yb} \end{cases} \tag{2-101}$$

由此可见,关于导弹转动无惯性的假设意味着:当操纵机构偏转时,参数α、β都瞬时达到其平衡值。

利用"瞬时平衡"假设,即控制系统无误差地工作,操纵关系方程可写成

$$\begin{cases} \varepsilon_1 = 0 \\ \varepsilon_2 = 0 \\ \varepsilon_3 = 0 \\ \varepsilon_4 = 0 \end{cases} \tag{2-102}$$

实际上,导弹的运动是一个可控过程,由于导弹控制系统及其控制对象(弹体)都存在惯性,导弹从操纵机构偏转到运动参数发生变化,并不是在瞬间完成的,而是要经过一段时间。例如,当俯仰舵偏转一个δ_z角之后,将引起弹体绕Oz_1轴产生振荡运动,攻角的变化过程也是振荡的(图2-33),直到过渡过程结束时,攻角α才能达到它的稳态值。而利用"瞬时平衡"假设之后,认为在舵面偏转的同时,运动参数就立即达到它的稳态值,即过渡过程的时间为零。

另外,导弹的振荡运动会引起升力Y和侧向力Z的附加增量以及阻力X的增大。而阻力的增大,会使飞行速度减小,因此,在采用"瞬时平衡"假设研究导弹的质心运动时,为尽可能接近真实弹道,应适当加大阻力。

2. 导弹质心运动方程组

基于"瞬时平衡"假设,将导弹的质心运动和绕质心的转动运动分别加以研究,利用导弹

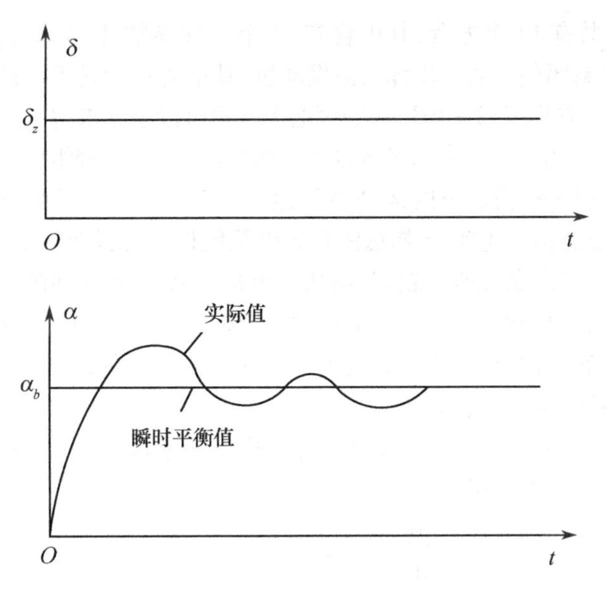

图 2－33　过渡过程示意图

运动方程组(2－92),可以得到如下描述导弹质心运动的方程组:

$$
\begin{cases}
m\dfrac{\mathrm{d}V}{\mathrm{d}t}=P\cos\alpha_b\cos\beta_b-X_b-mg\sin\theta \\
mV\dfrac{\mathrm{d}\theta}{\mathrm{d}t}=P(\sin\alpha_b\cos\gamma_v+\cos\alpha_b\sin\beta_b\sin\gamma_v)+Y_b\cos\gamma_v-Z_b\sin\gamma_v-mg\cos\theta \\
-mV\cos\theta\dfrac{\mathrm{d}\psi_v}{\mathrm{d}t}=P(\sin\alpha_b\sin\gamma_v-\cos\alpha_b\sin\beta_b\cos\gamma_v)+Y_b\sin\gamma_v+Z_b\cos\gamma_v \\
\dfrac{\mathrm{d}x}{\mathrm{d}t}=V\cos\theta\cos\psi_v \\
\dfrac{\mathrm{d}y}{\mathrm{d}t}=V\sin\theta \\
\dfrac{\mathrm{d}z}{\mathrm{d}t}=-V\cos\theta\sin\psi_v \\
\dfrac{\mathrm{d}m}{\mathrm{d}t}=-m_s \\
\alpha_b=-\dfrac{m_z^{\delta_z}}{m_z^{\alpha}}\delta_{zb} \\
\beta_b=-\dfrac{m_y^{\delta_y}}{m_y^{\beta}}\delta_{yb} \\
\varepsilon_1=0 \\
\varepsilon_2=0 \\
\varepsilon_3=0 \\
\varepsilon_4=0
\end{cases}
\tag{2-103}
$$

式中:α_b、β_b 分别为平衡攻角、平衡侧滑角;X_b、Y_b、Z_b 分别为与 α_b、β_b 对应的平衡阻力、平衡升力、平衡侧向力。

方程组(2-103)共有13个方程,其中含有13个未知参数,即 V、θ、ψ_v、x、y、z、m、α_b、β_b、γ_v、δ_{zb}、δ_{yb}、δ_p,故方程组是封闭的。对于固体火箭发动机,其推力一般是不可调节的,m_s 可以认为是时间的已知函数,那么,方程组(2-103)中的第七个方程可以独立求解,且 $\varepsilon_4=0$ 也就不存在了。这样,方程的个数就减少为11个,未知参数也去掉两个(m、δ_p),方程组仍是可封闭求解的。

利用控制系统理想工作情况下的运动方程组(2-103),计算导弹飞行弹道,所得结果就是导弹运动参数的"稳态值",它对导弹总体和导引系统设计都具有重要意义。

值得指出的是,对于操纵性能比较好,绕质心旋转运动不太剧烈的导弹,利用质心运动方程(2-103)进行弹道计算,可以得到令人满意的结果。但当导弹的操纵性能较差,并且绕质心的旋转运动比较剧烈时,必须考虑导弹旋转运动对质心运动的影响。

1)导弹在铅垂平面内的质心运动

基于"瞬时平衡"假设,忽略随机干扰影响,简化方程组(2-93),可以得到描述导弹在铅垂平面内运动的质心运动方程组:

$$\begin{cases} m\dfrac{\mathrm{d}V}{\mathrm{d}t}=P\cos\alpha_b-X_b-mg\sin\theta \\ mV\dfrac{\mathrm{d}\theta}{\mathrm{d}t}=P\sin\alpha_b+Y_b-mg\cos\theta \\ \dfrac{\mathrm{d}x}{\mathrm{d}t}=V\cos\theta \\ \dfrac{\mathrm{d}y}{\mathrm{d}t}=V\sin\theta \\ \dfrac{\mathrm{d}m}{\mathrm{d}t}=-m_s \\ \delta_{zb}=-\dfrac{m_z^{\alpha}}{m_z^{\delta_z}}\alpha_b \\ \varepsilon_1=0 \\ \varepsilon_4=0 \end{cases} \tag{2-104}$$

方程组(2-104)共有8个方程,包含8个未知参数,即 V、θ、x、y、m、α_b、δ_{zb}、δ_p,故方程组是封闭的。

2)导弹在水平面内的质心运动方程组

基于"瞬时平衡"假设,忽略随机干扰影响,根据运动方程组(2-96)和(2-97)可以简化得到导弹在水平面内运动的质心运动方程组。以导弹利用侧滑产生侧向控制力为例,在攻角和侧滑角较小的情况下,导弹在水平面内的质心运动方程组为

$$\begin{cases} m\dfrac{\mathrm{d}V}{\mathrm{d}t}=P-X_b \\ mg=P\alpha_b+Y_b \\ -mV\dfrac{\mathrm{d}\psi_v}{\mathrm{d}t}=-P\beta_b+Z_b \\ \dfrac{\mathrm{d}x}{\mathrm{d}t}=V\cos\psi_v \\ \dfrac{\mathrm{d}z}{\mathrm{d}t}=-V\sin\psi_v \end{cases}$$

$$
\begin{cases}
\dfrac{\mathrm{d}m}{\mathrm{d}t} = -m_s \\
\psi = \psi_v + \beta_b \\
\vartheta = \alpha_b \\
\delta_{zb} = -\dfrac{m_z^{\alpha}}{m_z^{\delta_z}}\alpha_b \\
\delta_{yb} = -\dfrac{m_y^{\beta}}{m_y^{\delta_y}}\beta_b \\
\varepsilon_2 = 0 \\
\varepsilon_4 = 0
\end{cases}
\tag{2-105}
$$

方程组(2－105)共有 12 个方程,其中含有 12 个未知参数,即 V、ψ_v、x、z、m、α_b、β_b、δ_{zb}、δ_{yb}、ϑ、ψ、δ_p,故方程组是封闭的。

3. 理想弹道、理论弹道和实际弹道

所谓“理想弹道”,就是将导弹视为一个可操纵的质点,认为控制系统理想地工作,且不考虑弹体绕质心的转动以及外界的各种干扰,求解质心运动方程组得到的飞行弹道。

所谓“理论弹道”,是指将导弹视为某一力学模型(可操纵质点、刚体、弹性体),作为控制系统的一个环节(控制对象),将动力学方程、运动学方程、控制系统方程以及其他方程(质量变化方程、角度几何关系方程等)综合在一起,通过数值积分而求得的弹道,而且方程中所用的弹体结构参数、外形几何参数、发动机的特性参数均取设计值;大气参数取标准大气值;控制系统的参数取额定值;方程组的初值符合规定条件。

由此可知,理想弹道是理论弹道的一种简化情况。

导弹在真实情况下的飞行弹道称为“实际弹道”,它与理想弹道和理论弹道的最大区别在于,导弹在飞行过程中会受到各种随机干扰和误差的影响,因此,每发导弹的实际弹道是不可能完全相同的。

2.2.6　过载

导弹在飞行过程中受到的作用力和产生的加速度可以用过载来衡量。导弹的机动性能是评价导弹飞行性能的重要指标之一。导弹的机动性也可以用过载进行评定。过载与弹体结构、制导系统的设计存在密切的关系。本节将介绍过载和机动性的有关概念,过载的投影,过载与导弹运动的关系等内容。

1. 机动性与过载的概念

所谓机动性,是指导弹在单位时间内改变飞行速度大小和方向的能力。如果要攻击活动目标,特别是攻击空中的机动目标,导弹必须具有良好的机动性。导弹的机动性可以用切向和法向加速度来表征。但人们通常用过载矢量的概念来评定导弹的机动性。

所谓过载 $\boldsymbol{n}$,是指作用在导弹上除重力之外的所有外力的合力 $\boldsymbol{N}$(即控制力)与导弹重量 G 的比值:

$$
\boldsymbol{n} = \frac{\boldsymbol{N}}{G} \tag{2-106}
$$

由过载定义可知,过载是一个矢量,它的方向与控制力 $\boldsymbol{N}$ 的方向一致,其模值表示控制力大小为重量的多少倍。这就是说,过载矢量表征了控制力 $\boldsymbol{N}$ 的大小和方向。

过载的概念,除用于研究导弹的运动之外,在弹体结构强度和控制系统设计中,也常用到。因为过载矢量决定了弹上各个部件或仪表所承受的作用力。例如,导弹以加速度 $\boldsymbol{a}$ 作平移运动时,相对弹体固定的某个质量为 m_i 的部件,除受到随导弹作加速度运动引起的惯性力 $-m_i\boldsymbol{a}$ 之外,还要受到重力 $\boldsymbol{G}_i=m_i\boldsymbol{g}$ 和连接力 $\boldsymbol{F}_i$ 的作用,部件在这三个力的作用下处于相对平衡状态,即

$$-m_i\boldsymbol{a}+\boldsymbol{G}_i+\boldsymbol{F}_i=0$$

导弹的运动加速度 $\boldsymbol{a}$ 为

$$\boldsymbol{a}=\frac{\boldsymbol{N}+\boldsymbol{G}}{m}$$

所以

$$\boldsymbol{F}_i=m_i\frac{\boldsymbol{N}+G}{m}-m_i\boldsymbol{g}=\boldsymbol{G}_i\frac{\boldsymbol{N}}{G}=\boldsymbol{n}G_i$$

可以看出,弹上任何部件所承受的连接力等于本身重量 G_i 乘以导弹的过载矢量。因此,如果已知导弹在飞行时的过载,就能确定其上任何部件所承受的作用力。

过载这一概念,还有另外的定义,即把过载定义为作用在导弹上的所有外力的合力(包括重力)与导弹重量的比值。显然,在同样的情况下,过载的定义不同,其值也不同。

2. 过载的投影

过载矢量的大小和方向,通常是由它在某坐标系上的投影来确定的。研究导弹运动的机动性时,需要给出过载矢量在弹道坐标系 $Ox_2y_2z_2$ 中的标量表达式;而在研究弹体或部件受力情况和进行强度分析时,又需要知道过载矢量在弹体坐标系 $Ox_1y_1z_1$ 中的投影。

根据过载的定义,将推力投影到速度坐标系 $Ox_3y_3z_3$,得到过载矢量 $\boldsymbol{n}$ 在速度坐标系 $Ox_3y_3z_3$ 各轴上的投影为

$$\begin{bmatrix} n_{x_3} \\ n_{y_3} \\ n_{z_3} \end{bmatrix}=\frac{1}{G}\begin{bmatrix} P\cos\alpha\cos\beta-X \\ P\sin\alpha+Y \\ -P\cos\alpha\sin\beta+Z \end{bmatrix} \tag{2-107}$$

过载矢量 $\boldsymbol{n}$ 在弹道坐标系 $Ox_2y_2z_2$ 各轴上的投影为

$$\begin{bmatrix} n_{x_2} \\ n_{y_2} \\ n_{z_2} \end{bmatrix}=\boldsymbol{L}^{\mathrm{T}}(\gamma_v)\begin{bmatrix} n_{x_3} \\ n_{y_3} \\ n_{z_3} \end{bmatrix}=\frac{1}{G}\begin{bmatrix} P\cos\alpha\cos\beta-X \\ P(\sin\alpha\cos\gamma_v+\cos\alpha\sin\beta\sin\gamma_v)+Y\cos\gamma_v-Z\sin\gamma_v \\ P(\sin\alpha\sin\gamma_v-\cos\alpha\sin\beta\cos\gamma_v)+Y\sin\gamma_v+Z\cos\gamma_v \end{bmatrix} \tag{2-108}$$

过载矢量在速度方向上的投影 n_{x_2}、n_{x_3} 称为切向过载;过载矢量在垂直于速度方向上的投影 n_{y_2}、n_{z_2} 和 n_{y_3}、n_{z_3} 称为法向过载。

导弹的机动性能可以用导弹的切向和法向过载来评定。切向过载越大,导弹产生的切向加速度就越大,说明导弹改变速度大小的能力越强;法向过载越大,导弹产生的法向加速度就越大,在同一速度下,导弹改变飞行方向的能力就越大,即导弹越能沿较弯曲的弹道飞行。因此,导弹过载越大,机动性能就越好。

对弹体强度进行分析计算时,需要知道过载 $\boldsymbol{n}$ 在弹体坐标系 $Ox_1y_1z_1$ 各轴上的投影分量。利用变换矩阵式(2-60)和式(2-107)即可求得过载 $\boldsymbol{n}$ 在弹体坐标系 $Ox_1y_1z_1$ 各轴上的投影:

$$\begin{bmatrix} n_{x_1} \\ n_{y_1} \\ n_{z_1} \end{bmatrix} = \boldsymbol{L}(\beta,\alpha) \begin{bmatrix} n_{x_3} \\ n_{y_3} \\ n_{z_3} \end{bmatrix} = \begin{bmatrix} n_{x_3}\cos\alpha\cos\beta + n_{y_3}\sin\alpha - n_{z_3}\cos\alpha\sin\beta \\ -n_{x_3}\sin\alpha\cos\beta + n_{y_3}\cos\alpha + n_{z_3}\sin\alpha\sin\beta \\ n_{x_3}\sin\beta + n_{z_3}\cos\beta \end{bmatrix} \tag{2-109}$$

式中：过载 $\boldsymbol{n}$ 在弹体纵轴 Ox_1 上的投影分量 n_{x_1} 称为纵向过载；在垂直于弹体纵轴方向上的投影分量 n_{y_1}、n_{z_1} 称为横向过载。

3. 运动与过载

过载不仅是评定导弹机动性能的指标，而且和导弹的运动之间存在密切的联系。

根据过载的定义，描述导弹质心运动的动力学方程可以写成

$$\begin{cases} m\dfrac{\mathrm{d}V}{\mathrm{d}t} = N_{x2} + G_{x2} \\ mV\dfrac{\mathrm{d}\theta}{\mathrm{d}t} = N_{y2} + G_{y2} \\ -mV\cos\theta\dfrac{\mathrm{d}\psi_v}{\mathrm{d}t} = N_{z2} + G_{z2} \end{cases}$$

将式(2－73)代入上式，方程两端同除以 mg，得到

$$\begin{cases} \dfrac{1}{g}\dfrac{\mathrm{d}V}{\mathrm{d}t} = n_{x_2} - \sin\theta \\ \dfrac{V}{g}\dfrac{\mathrm{d}\theta}{\mathrm{d}t} = n_{y_2} - \cos\theta \\ -\dfrac{V}{g}\cos\theta\dfrac{\mathrm{d}\psi_v}{\mathrm{d}t} = n_{z_2} \end{cases} \tag{2-110}$$

式(2－110)左端表示导弹质心的无量纲加速度在弹道坐标系上的三个分量，式(2－110)描述了导弹质心运动与过载之间的关系。由此可见，用过载表示导弹质心运动的动力学方程，形式很简单。

同样，过载也可以用运动参数 V、θ、ψ_v 来表示：

$$\begin{aligned} n_{x_2} &= \frac{1}{g}\frac{\mathrm{d}V}{\mathrm{d}t} + \sin\theta \\ n_{y_2} &= \frac{V}{g}\frac{\mathrm{d}\theta}{\mathrm{d}t} + \cos\theta \\ n_{z_2} &= -\frac{V}{g}\cos\theta\frac{\mathrm{d}\psi_v}{\mathrm{d}t} \end{aligned} \tag{2-111}$$

式中：参数 V、θ、ψ_v 表示飞行速度的大小和方向，方程的右边含有这些参数对时间的导数。由此看出，过载矢量在弹道坐标系上的投影表征着导弹改变飞行速度大小和方向的能力。

由式(2－111)可以得到导弹在某些特殊飞行情况下所对应的过载，例如：

(1) 导弹在铅垂平面内飞行时：$n_{z_2}=0$。

(2) 导弹在水平面内飞行时：$n_{y_2}=1$。

(3) 导弹作直线飞行时：$n_{y_2}=\cos\theta=$ 常数，$n_{z_2}=0$。

(4) 导弹作等速直线飞行时：$n_{x_2}=\sin\theta=$ 常数，$n_{y_2}=\cos\theta=$ 常数，$n_{z_2}=0$。

(5) 导弹作水平直线飞行时：$n_{y_2}=1, n_{z_2}=0$。

(6) 导弹作水平等速直线飞行时：$n_{x_2}=0, n_{y_2}=1, n_{z_2}=0$。

利用过载矢量在弹道坐标系上的投影还能定性地表示弹道上各点的切向加速度和弹道的形状。由式(2-110)可得

$$\begin{cases}\dfrac{\mathrm{d}V}{\mathrm{d}t}=g(n_{x_2}-\sin\theta)\\[2mm]\dfrac{\mathrm{d}\theta}{\mathrm{d}t}=\dfrac{g}{V}(n_{y_2}-\cos\theta)\\[2mm]\dfrac{\mathrm{d}\psi_v}{\mathrm{d}t}=-\dfrac{g}{V\cos\theta}n_{z_2}\end{cases} \tag{2-112}$$

根据式(2-112)，可以建立过载在弹道坐标系中的投影与导弹切向加速度之间的关系：

$$当\ n_{x_2}\begin{cases}=\sin\theta\ 时，导弹作等速飞行；\\>\sin\theta\ 时，导弹作加速飞行；\\<\sin\theta\ 时，导弹作减速飞行。\end{cases}$$

在铅垂平面 x_2Oy_2 内(图2-34)，若

$$n_{y_2}\begin{cases}>\cos\theta，则\dfrac{\mathrm{d}\theta}{\mathrm{d}t}>0，此时弹道向上弯曲；\\[2mm]=\cos\theta，则\dfrac{\mathrm{d}\theta}{\mathrm{d}t}=0，弹道在该点处曲率为零；\\[2mm]<\cos\theta，则\dfrac{\mathrm{d}\theta}{\mathrm{d}t}<0，此时弹道向下弯曲。\end{cases}$$

同样，在水平面 x_2Oz_2 内(图2-35)，当

$$n_{z_2}\begin{cases}>0\ 时，\dfrac{\mathrm{d}\psi_v}{\mathrm{d}t}<0，弹道向右弯曲；\\[2mm]=0\ 时，\dfrac{\mathrm{d}\psi_v}{\mathrm{d}t}=0，弹道在该点处曲率为零；\\[2mm]<0\ 时，\dfrac{\mathrm{d}\psi_v}{\mathrm{d}t}>0，弹道向左弯曲。\end{cases}$$

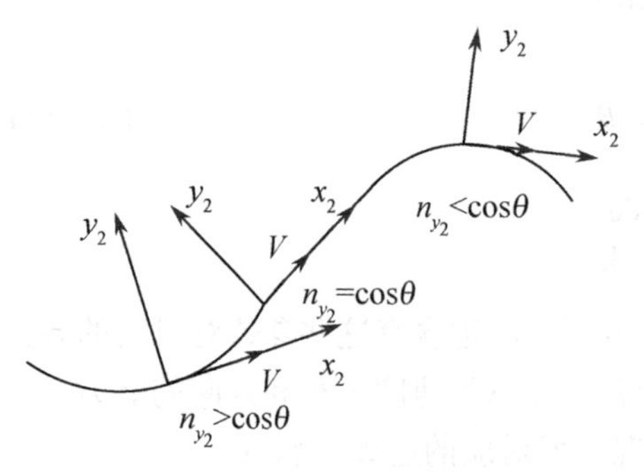

图2-34 过载 n_{y_2} 与弹道特性之间的关系

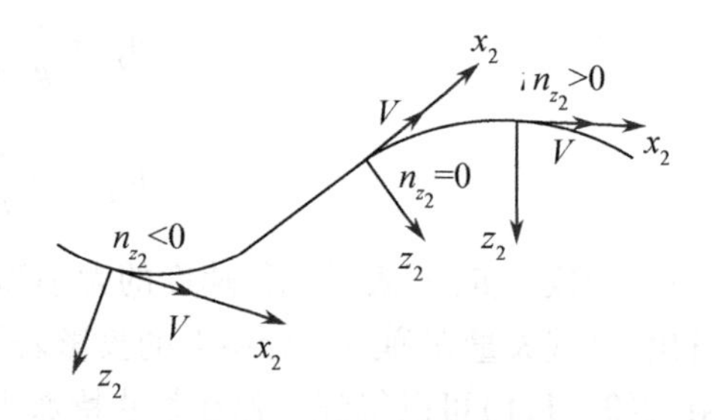

图2-35 过载 n_{z_2} 与弹道特性之间的关系

4. 弹道曲率半径与法向过载的关系

建立弹道曲率半径与法向过载之间的关系，对研究弹道特性也是必要的。如果导弹是在铅垂平面 x_2Oy_2 内运动，那么，弹道上某点的曲率就是该点处的弹道倾角 θ 对弧长 S 的导

数，即

$$K=\frac{\mathrm{d}\theta}{\mathrm{d}S}$$

而该点的曲率半径ρ_{y_2}则为曲率的倒数，所以有

$$\rho_{y_2}=\frac{\mathrm{d}S}{\mathrm{d}\theta}=\frac{\mathrm{d}S}{\mathrm{d}t}\frac{\mathrm{d}t}{\mathrm{d}\theta}=\frac{V}{\mathrm{d}\theta/\mathrm{d}t}$$

将式(2－112)的第二个方程代入上式，可得

$$\rho_{y_2}=\frac{V^2}{g(n_{y_2}-\cos\theta)} \tag{2-113}$$

式(2－113)表明，在给定速度V的情况下，法向过载越大，曲率半径越小，导弹转弯速率

$$\mathrm{d}\theta/\mathrm{d}t=\frac{V}{\rho_{y_2}}$$

就越大；若n_{y_2}值不变，随着飞行速度V的增加，弹道曲率半径就增加，这说明速度越大，导弹越不容易转弯。

同理，如果导弹在水平面x_2Oz_2内飞行，那么曲率半径ρ_{z_2}可写成

$$\rho_{z_2}=-\frac{\mathrm{d}S}{\mathrm{d}\psi_v}=-\frac{V}{\mathrm{d}\psi_v/\mathrm{d}t}$$

将式(2－112)的第三个方程代入上式，则有

$$\rho_{z_2}=\frac{V^2\cos\theta}{gn_{z_2}} \tag{2-114}$$

5. 需用过载、极限过载和可用过载

在弹体结构和控制系统设计中，常需要考虑导弹在飞行过程中可能承受的过载。根据战术技术要求的规定，飞行过程中过载不得超过某一数值。这个数值决定了弹体结构和弹上各部件可能承受的最大载荷。为保证导弹能正常飞行，飞行中的过载也必须小于这个数值。在导弹设计过程中，经常用到需用过载、极限过载和可用过载的概念，下面分别加以叙述。

1）需用过载

需用过载是指导弹按给定的弹道飞行时所需要的法向过载，用n_R表示。导弹的需用过载是飞行弹道的一个重要特性。

需用过载必须满足导弹的战术技术要求，例如，导弹要攻击机动性强的空中目标，则导弹按一定的导引规律飞行时必须具有较大的法向过载（即需用过载）；另外，从设计和制造的观点来看，希望需用过载在满足导弹战术技术要求的前提下越小越好。因为需用过载越小，导弹在飞行过程中所承受的载荷越小，这对防止弹体结构破坏、保证弹上仪器和设备的正常工作以及减小导引误差都是有利的。

2）极限过载

在给定飞行速度和高度的情况下，导弹在飞行中所能产生的过载取决于攻角α、侧滑角β及操纵机构的偏转角。正如2.1.1导弹气动力分析指出的那样，导弹在飞行中，当攻角达到临界值α_L时，对应的升力系数达到最大值$C_{y\max}$，这是一种极限情况。若使攻角继续增大，则会出现所谓的"失速"现象。攻角或侧滑角达到临界值时的法向过载称为极限过载n_L。以纵向运动的n_{y2}为例，相应的极限过载可写成

$$n_L=\frac{1}{G}(P\sin\alpha_L+qsC_{y\max})$$

3)可用过载

当操纵面的偏转角为最大时,导弹所能产生的法向过载称为可用过载 n_P。它表征着导弹产生法向控制力的实际能力。若要使导弹沿着导引规律所确定的弹道飞行,那么,在这条弹道的任一点上,导弹所能产生的可用过载都应大于需用过载。

在实际飞行过程中,各种干扰因素总是存在的,导弹不可能完全沿着理论弹道飞行,因此,在导弹设计时,必须留有一定的过载余量,用以克服各种扰动因素导致的附加过载。

然而,考虑到弹体结构、弹上仪器设备的承载能力,可用过载也不是越大越好。实际上,导弹的舵面偏转总是会受到一定的限制,如操纵机构的输出限幅和舵面的机械限制等。

通过分析,不难发现:极限过载 n_L > 可用过载 n_P > 需用过载 n_R。

2.3 其他坐标系中的导弹运动方程

根据导弹气动吹风坐标系的选择,在某些情况下将导弹质心运动的动力学方程建立在弹体坐标系 $Ox_1y_1z_1$ 或地面坐标系 $Axyz$ 上会更有利于弹道的分析和计算。因此,为了熟练掌握建立导弹运动方程的技巧,同时为了对导弹运动方程有更为深刻的理解,下面分别在弹体坐标系和地面坐标系中建立导弹运动方程。

2.3.1 弹体坐标系中的导弹运动方程

1. 导弹质心运动的动力学方程

设导弹质心运动速度在弹体坐标系 $Ox_1y_1z_1$ 各轴上的投影分别为 V_{x_1}、V_{y_1}、V_{z_1},弹体坐标系各轴的旋转角速度分别为 ω_x、ω_y、ω_z,作用力 $\boldsymbol{F}$ 在弹体坐标系各轴上的投影为 F_{x_1}、F_{y_1}、F_{z_1}。

则作用力 $\boldsymbol{F}$ 在弹体坐标系中的分量为

$$\begin{bmatrix} F_{x_1} \\ F_{y_1} \\ F_{z_1} \end{bmatrix} = \begin{bmatrix} P_{x_1} \\ P_{y_1} \\ P_{z_1} \end{bmatrix} + L(\beta,\alpha)\begin{bmatrix} -X \\ Y \\ Z \end{bmatrix} + L(\psi,\vartheta,\gamma)\begin{bmatrix} 0 \\ -G \\ 0 \end{bmatrix} \tag{2-115}$$

式中:P_{x_1}、P_{y_1}、P_{z_1} 为导弹发动机推力在弹体坐标系三个轴上的分量。

根据式(2-65)所表示的动坐标系中导弹的动力学方程组的一般形式,将式(2-115)带入式(2-65),则弹体坐标系中导弹质心运动动力学方程为

$$\begin{bmatrix} m\left(\dfrac{dV_{x_1}}{dt} + \omega_y V_{z_1} - \omega_z V_{y_1}\right) \\ m\left(\dfrac{dV_{y_1}}{dt} + \omega_z V_{x_1} - \omega_x V_{z_1}\right) \\ m\left(\dfrac{dV_{z_1}}{dt} + \omega_x V_{y_1} - \omega_y V_{x_1}\right) \end{bmatrix} = \begin{bmatrix} P_{x_1} \\ P_{y_1} \\ P_{z_1} \end{bmatrix} + L(\beta,\alpha)\begin{bmatrix} -X \\ Y \\ Z \end{bmatrix} + L(\psi,\vartheta,\gamma)\begin{bmatrix} 0 \\ -G \\ 0 \end{bmatrix} \tag{2-116}$$

注意,式(2-116)默认空气动力的求解是在速度坐标系进行的,所以将升力、阻力和侧向力分解到了弹体坐标系。但是,如果弹体的气动吹风和计算是在弹体坐标系中进行的,以轴向力系数、法向力系数和侧向力系数的形式给出,那么可直接计算出沿弹体坐标系三个轴的力,

无须分解转化，使弹道计算更为方便。而且一般战术导弹是轴对称的，发动机推力沿弹体方向$P_{x_1}=P$，其他方向分量为零，这也可简化推力的分解计算。

式(2-116)可写为

$$\begin{cases} m\left(\dfrac{\mathrm{d}V_{x_1}}{\mathrm{d}t}+\omega_y V_{z_1}-\omega_z V_{y_1}\right)=P_{x_1}-X\cos\alpha\cos\beta+Y\sin\alpha-Z\cos\alpha\sin\beta-mg\sin\vartheta \\ m\left(\dfrac{\mathrm{d}V_{y_1}}{\mathrm{d}t}+\omega_z V_{x_1}-\omega_x V_{z_1}\right)=P_{y_1}+X\sin\alpha\cos\beta+Y\cos\alpha+Z\sin\alpha\sin\beta-mg\cos\vartheta\cos\gamma \\ m\left(\dfrac{\mathrm{d}V_{z_1}}{\mathrm{d}t}+\omega_x V_{y_1}-\omega_y V_{x_1}\right)=P_{z_1}-X\sin\beta+Z\cos\beta+mg\cos\vartheta\sin\gamma \end{cases} \tag{2-117}$$

或

$$\begin{cases} m\left(\dfrac{\mathrm{d}V_{x_1}}{\mathrm{d}t}+\omega_y V_{z_1}-\omega_z V_{y_1}\right)=P_{x_1}-X_1-mg\sin\vartheta \\ m\left(\dfrac{\mathrm{d}V_{y_1}}{\mathrm{d}t}+\omega_z V_{x_1}-\omega_x V_{z_1}\right)=P_{y_1}+Y_1-mg\cos\vartheta\cos\gamma \\ m\left(\dfrac{\mathrm{d}V_{z_1}}{\mathrm{d}t}+\omega_x V_{y_1}-\omega_y V_{x_1}\right)=P_{z_1}+Z_1+mg\cos\vartheta\sin\gamma \end{cases} \tag{2-118}$$

其中，式(2-118)中的X_1、Y_1、Z_1是空气动力在弹体坐标系三个轴上的分量，分别表示弹体轴向力、法向力和侧向力。

2. 导弹质心运动的运动学方程

在这种情况下，建立导弹质心运动学方程时，需要将弹体坐标系速度转换到地面坐标系，即利用弹体坐标系到地面坐标系转换矩阵$\boldsymbol{L}^{-1}(\psi,\vartheta,\gamma)=\boldsymbol{L}(\psi,\vartheta,\gamma)^{\mathrm{T}}$，将动力学方程中的速度转换到地面坐标系，即

$$\begin{bmatrix} \dfrac{\mathrm{d}x}{\mathrm{d}t} \\ \dfrac{\mathrm{d}y}{\mathrm{d}t} \\ \dfrac{\mathrm{d}z}{\mathrm{d}t} \end{bmatrix}=\boldsymbol{L}^{-1}(\psi,\vartheta,\gamma)\begin{bmatrix} V_{x_1} \\ V_{y_1} \\ V_{z_1} \end{bmatrix} \tag{2-119}$$

其具体分量形式为

$$\begin{cases} \dfrac{\mathrm{d}x}{\mathrm{d}t}=V_{x_1}\cos\vartheta\cos\psi+V_{y_1}(-\sin\vartheta\cos\psi\cos\gamma+\sin\psi\sin\gamma) \\ \qquad +V_{z_1}(\sin\vartheta\cos\psi\sin\gamma+\sin\psi\cos\gamma) \\ \dfrac{\mathrm{d}y}{\mathrm{d}t}=V_{x_1}\sin\vartheta+V_{y_1}\cos\vartheta\cos\gamma-V_{z_1}\cos\vartheta\sin\gamma \\ \dfrac{\mathrm{d}z}{\mathrm{d}t}=-V_{x_1}\cos\vartheta\sin\psi+V_{y_1}(\sin\vartheta\sin\psi\cos\gamma+\cos\psi\sin\gamma) \\ \qquad +V_{z_1}(-\sin\vartheta\sin\psi\sin\gamma+\cos\psi\cos\gamma) \end{cases} \tag{2-120}$$

3. 其他方程

在2.2节中,已经在弹体坐标系中建立了导弹绕质心转动的动力学方程,并利用弹体坐标系和地面坐标系建立了绕质心转动的运动学方程,所以,在弹体坐标系中,导弹绕质心运动的动力学和运动学方程与式(2-78)和式(2-80)一致。

弹道倾角和弹道偏角也可利用三个速度分量求解得到,方法如下:

$$\begin{cases} \theta = \arctan \dfrac{V_y}{\sqrt{V_x^2 + V_z^2}} \\ \psi_v = \begin{cases} \arctan\left(-\dfrac{V_z}{V_x}\right), V_x > 0 \\ -\pi - \arctan\left(\dfrac{V_z}{V_x}\right), V_x < 0, V_z > 0 \\ \pi - \arctan\left(\dfrac{V_z}{V_x}\right), V_x < 0, V_z < 0 \end{cases} \end{cases} \tag{2-121}$$

若空气动力是在速度坐标系给出的,为了确定气流相对于弹体的方位,也即确定 α 和 β,需要利用速度坐标系与弹体坐标系之间的转换关系,即

$$\begin{bmatrix} V_{x_1} \\ V_{y_1} \\ V_{z_1} \end{bmatrix} = L(\beta,\alpha) \begin{bmatrix} V \\ 0 \\ 0 \end{bmatrix} = V \begin{bmatrix} \cos\alpha\cos\beta \\ -\sin\alpha\cos\beta \\ \sin\beta \end{bmatrix}$$

求解得

$$\begin{cases} \tan\alpha = -\dfrac{V_{y_1}}{V_{x_1}} \\ \sin\beta = \dfrac{V_{z_1}}{V} \end{cases} \tag{2-122}$$

$$V = \sqrt{V_{x_1}^2 + V_{y_1}^2 + V_{z_1}^2} \tag{2-123}$$

这样,以上这些方程(2-117)、(2-120)~(2-123),连同转动动力学方程(2-78)、转动运动学方程(2-80)、质量变化方程(2-81)和理想操纵关系方程(2-88)就构成了完整的导弹运动方程组。

实践证明,这种导弹运动方程在进行控制弹道计算和导弹六自由弹道仿真中有着独特的优势。另外,与弹体坐标系类似,还可以在执行坐标系上建立导弹运动方程,尤其是对×-×型布局的导弹,使用总攻角坐标系进行气动计算时,这种建模方式具有明显优势。

2.3.2 地面坐标系中的导弹运动方程

与弹道坐标系和弹体坐标系这类动坐标系不同,下面在静坐标系,地面坐标系中建立导弹运动方程。

设导弹飞行速度 $\boldsymbol{V}$ 在地面坐标系中的分量为 V_x、V_y、V_z,地面坐标系的旋转角速度 $\omega=0$。作用于导弹上的力在地面坐标系中的投影为

$$\begin{bmatrix} F_x \\ F_y \\ F_z \end{bmatrix} = \boldsymbol{L}^{-1}(\psi,\vartheta,\gamma)\begin{bmatrix} P_{x_1} \\ P_{y_1} \\ P_{z_1} \end{bmatrix} + \boldsymbol{L}^{-1}(\psi_v,\theta)\cdot\boldsymbol{L}^{-1}(\gamma_v)\begin{bmatrix} -X \\ Y \\ Z \end{bmatrix} + \begin{bmatrix} 0 \\ -G \\ 0 \end{bmatrix} \tag{2-124}$$

所以,在地面坐标系中列写的导弹质心运动动力学方程组为

$$m\begin{bmatrix} \dfrac{\mathrm{d}V_x}{\mathrm{d}t} \\ \dfrac{\mathrm{d}V_y}{\mathrm{d}t} \\ \dfrac{\mathrm{d}V_z}{\mathrm{d}t} \end{bmatrix} = \boldsymbol{L}^{-1}(\psi,\vartheta,\gamma)\begin{bmatrix} P_{x_1} \\ P_{y_1} \\ P_{z_1} \end{bmatrix} + \boldsymbol{L}^{-1}(\psi_v,\theta)\boldsymbol{L}^{-1}(\gamma_v)\begin{bmatrix} -X \\ Y \\ Z \end{bmatrix} + \begin{bmatrix} 0 \\ -G \\ 0 \end{bmatrix} \tag{2-125}$$

写成分量形式为

$$\begin{cases} m\dfrac{\mathrm{d}V_x}{\mathrm{d}t} = P_{x_1}\cos\vartheta\cos\psi + P_{y_1}(-\sin\vartheta\cos\psi\cos\gamma + \sin\psi\sin\gamma) \\ \qquad + P_{z_1}(\sin\vartheta\cos\psi\sin\gamma + \sin\psi\cos\gamma) \\ \qquad - X\cos\psi_v\cos\theta + Y(\sin\psi_v\sin\gamma_v - \cos\psi_v\sin\theta\cos\gamma_v) \\ \qquad + Z(\sin\psi_v\cos\gamma_v + \cos\psi_v\sin\theta\sin\gamma_v) \\ m\dfrac{\mathrm{d}V_y}{\mathrm{d}t} = P_{x_1}\sin\vartheta + P_{y_1}\cos\vartheta\cos\gamma - P_{z_1}\cos\vartheta\sin\gamma \\ \qquad - X\sin\theta + Y\cos\theta\cos\gamma_v - Z\cos\theta\sin\gamma_v - G \\ m\dfrac{\mathrm{d}V_z}{\mathrm{d}t} = -P_{x_1}(\cos\vartheta\sin\psi) + P_{y_1}(\sin\vartheta\sin\psi\cos\gamma + \cos\psi\sin\gamma) \\ \qquad + P_{z_1}(-\sin\vartheta\sin\psi\sin\gamma + \cos\psi\cos\gamma) \\ \qquad + X\sin\psi_v\cos\theta + Y(\cos\psi_v\sin\gamma_v + \sin\psi_v\sin\theta\cos\gamma_v) \\ \qquad + Z(\cos\psi_v\cos\gamma_v - \sin\psi_v\sin\theta\sin\gamma_v) \end{cases} \tag{2-126}$$

此时,导弹质心运动的运动学方程为

$$\begin{bmatrix} \dfrac{\mathrm{d}x}{\mathrm{d}t} \\ \dfrac{\mathrm{d}y}{\mathrm{d}t} \\ \dfrac{\mathrm{d}z}{\mathrm{d}t} \end{bmatrix} = \begin{bmatrix} V_x \\ V_y \\ V_z \end{bmatrix} \tag{2-127}$$

导弹的速度 V 的大小为

$$V = \sqrt{V_x^2 + V_y^2 + V_z^2} \tag{2-128}$$

又因为

$$\begin{bmatrix} V_x \\ V_y \\ V_z \end{bmatrix} = \begin{bmatrix} V\cos\theta\cos\psi_v \\ V\sin\theta \\ -V\cos\theta\sin\psi_v \end{bmatrix}$$

所以

$$\begin{cases} \tan\psi_v = \dfrac{-V_z}{V_x} \\ \sin\theta = \dfrac{V_y}{V} \end{cases} \tag{2-129}$$

方程(2-126)~(2-129),连同转动动力学方程(2-78)、转动运动学方程(2-80)、质量变化方程(2-81)和理想操纵关系方程(2-88)就构成了完整的导弹运动方程组。

2.4 方案飞行与方案弹道

导弹的弹道可以分为方案弹道和导引弹道两大类。本节介绍导弹的方案飞行弹道。

所谓飞行方案,是指设计弹道时所选定的某些运动参数随时间的变化规律。运动参数是指弹道倾角 $\theta^*(t)$、俯仰角 $\vartheta^*(t)$、攻角 $\alpha^*(t)$ 或高度 $H^*(t)$ 等。在这类导弹上,一般装有一套程序自动控制装置,导弹飞行时的舵面偏转规律,就是由这套装置实现的。这种控制方式称为自主控制。当飞行方案选定以后,导弹的飞行弹道也就随之确定。也就是说,导弹发射出去后,它的飞行轨迹就不能随意变更。导弹按预定的飞行方案所作的飞行称为方案飞行,它所对应的飞行弹道称为方案弹道。

方案飞行的情况是经常遇到的。许多导弹的弹道除了引向目标的导引段之外,也具有方案飞行段。例如,攻击静止或缓慢运动目标的飞航式导弹,其弹道的爬升段(或称起飞段)、平飞段(或称巡航段),甚至在俯冲攻击的初段都是方案飞行段(图2-36)。反坦克导弹的某些飞行段也有按方案飞行的。某些垂直发射的地空导弹的初始段、空地导弹的下滑段以及弹道式导弹的主动段通常也采用方案飞行。此外,方案飞行在一些无人驾驶靶机、侦察机上也被广泛采用。

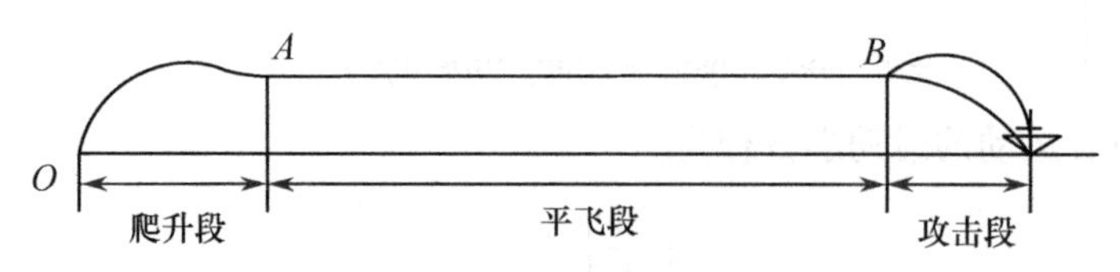

图2-36 飞航式导弹的典型弹道

飞行方案设计也就是导弹飞行轨迹设计。飞行方案设计的主要依据是使用部门提出的技战术指标和使用要求,包括发射载体、射程、巡航速度和高度、制导体制、动力装置、导弹几何尺寸和重量、目标类型等。在进行飞行方案设计时,除了要掌握导弹本身的总体特性外,还要了解发射载体和目标特性。只有充分发挥各系统的优点,扬长避短,才能设计出理想的飞行方案。

需要说明一下,方案弹道的设计都是基于理想弹道(质点弹道),也就是说,采用了"瞬时平衡"假设。

2.4.1 铅垂平面内的方案飞行

飞航式导弹、空地导弹和弹道式导弹的方案飞行段，基本上是在铅垂平面内。本节讨论导弹在铅垂平面内的方案飞行。

1. 导弹运动基本方程

设地面坐标系的 Ax 轴选取在飞行平面(铅垂平面)内，则导弹质心的坐标 z 和弹道偏角 ψ_V 恒等于零。假定导弹的纵向对称面 Ox_1y_1 始终与飞行平面重合，则速度倾斜角 γ_V 和侧滑角 β 也等于零，这样，导弹在铅垂平面内的质心运动方程组为

$$\begin{cases} m\dfrac{dV}{dt}=P\cos\alpha-X-mg\sin\theta \\ mV\dfrac{d\theta}{dt}=P\sin\alpha+Y-mg\cos\theta \\ \dfrac{dx}{dt}=V\cos\theta \\ \dfrac{dy}{dt}=V\sin\theta \\ \dfrac{dm}{dt}=-m_s \\ \varepsilon_1=0 \\ \varepsilon_4=0 \end{cases} \tag{2-130}$$

在导弹气动外形给定的情况下，平衡状态的阻力 X、升力 Y 取决于 V、α、y，因此，上述这方程组中共含有 7 个未知数，即 V、θ、α、x、y、m、P。

导弹在铅垂平面内的方案飞行取决于：①飞行速度的方向，其理想控制关系式为 $\varepsilon_1=0$；②发动机的工作状态，其理想控制关系式为 $\varepsilon_4=0$。

飞行速度的方向或者直接用弹道倾角 $\theta^*(t)$ 来给出，或者间接地用俯仰角 $\vartheta^*(t)$、攻角 $\alpha^*(t)$、法向过载 $n_{y_2}^*(t)$、高度变化率 $\dot{H}^*(t)$ 给出。

因为方程组(2-130)的所有右端项均与坐标 x 无关，所以在积分此方程组时，可以将第三个方程从中独立出来，在其余方程求解之后再进行积分。

如果导弹采用固体火箭发动机，则燃料的质量秒流量 m_s 为已知(在许多情况下 m_s 可视为常值)；发动机的推力 P 仅与飞行高度有关，在计算弹道时，它们之间的关系通常也是给定的。因此，在采用固体火箭发动机的情况下，方程组中的第五式和第七式可以用已知的关系式 $m(t)$ 和 $P(t,y)$ 代替。

对于涡轮风扇发动机或冲压发动机，m_s 和 P 不仅与飞行速度和高度有关，而且还与发动机的工作状态有关。因此，方程组(2-130)中必须给出约束方程 $\varepsilon_4=0$。

但在计算弹道时，常会遇到发动机产生额定推力的情况，而燃料的质量秒流量可以取常值，即等于秒流量的平均值。这时，方程组中的第五式和第七式也可以去掉(无须积分)。

2. 几种典型飞行方案

理论上，可采取的飞行方案有弹道倾角 $\theta^*(t)$、俯仰角 $\vartheta^*(t)$、攻角 $\alpha^*(t)$、法向过载 $n_{y_2}^*(t)$、高度 $H^*(t)$。下面分别给出各种飞行方案的理想操纵关系式。

1) 给定弹道倾角

如果给出弹道倾角的飞行方案 $\theta^*(t)$,则理想控制关系式为

$$\varepsilon_1=\theta-\theta^*(t)=0(\text{即 }\theta=\theta^*(t))$$

或

$$\varepsilon_1=\dot{\theta}-\dot{\theta}^*(t)=0(\text{即 }\dot{\theta}=\dot{\theta}^*(t))$$

式中:$\theta^*(t)$为导弹飞行的弹道倾角。

选择飞行方案的目的是为了使导弹按所要求的弹道飞行。例如飞航式导弹以 θ_0 发射并逐渐爬升,然后转入平飞,这时飞行方案 $\theta^*(t)$可以设计成各种变化规律,可以是直线,也可以是曲线,如图 2-37 所示。

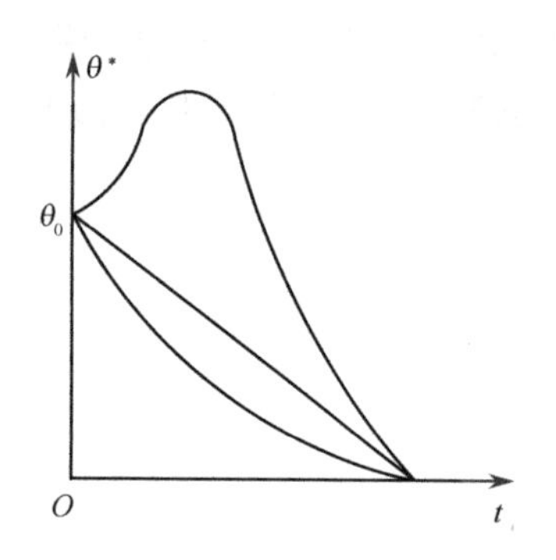

图 2-37 爬升段 $\theta^*(t)$的示意图

利用函数 $\theta^*(t)$对时间求导,得到$\dot{\theta}^*(t)$的表达式,改写方程组(2-130)中的第二式,得

$$\frac{\mathrm{d}\theta}{\mathrm{d}t}=\frac{g}{V}(n_{y_2}-\cos\theta)$$

无倾斜飞行时,$\gamma_v=0$,故 $n_{y_2}=n_{y_3}$。

平衡状态下的法向过载为

$$n_{y_3}=n_{y_3b}^{\alpha}\alpha+(n_{y_3b})_{\alpha=0} \tag{2-131}$$

式中

$$n_{y_3b}^{\alpha}=\frac{1}{mg}\left(P+Y^{\alpha}-\frac{m_z^{\alpha}}{m_z^{\delta_z}}Y^{\delta_z}\right) \tag{2-132}$$

$$(n_{y_3b})_{\alpha=0}=\frac{1}{mg}\left(Y_0-\frac{m_{z0}}{m_z^{\delta_z}}Y^{\delta_z}\right) \tag{2-133}$$

由式(2-131)求出

$$\alpha=\frac{1}{n_{y_3b}^{\alpha}}\left[\frac{V}{g}\frac{\mathrm{d}\theta}{\mathrm{d}t}+\cos\theta-(n_{y_3b})_{\alpha=0}\right]$$

对于轴对称导弹,$(n_{y_3b})_{\alpha=0}=0$。

于是,描述按给定弹道倾角的方案飞行的运动方程组为

$$\begin{cases}\dfrac{\mathrm{d}V}{\mathrm{d}t}=\dfrac{P\cos\alpha-X}{m}-g\sin\theta\\ \alpha=\dfrac{1}{n_{y_3b}^{\alpha}}\left[\dfrac{V}{g}\dfrac{\mathrm{d}\theta}{\mathrm{d}t}+\cos\theta-(n_{y_3b})_{\alpha=0}\right]\\ \dfrac{\mathrm{d}x}{\mathrm{d}t}=V\cos\theta\\ \dfrac{\mathrm{d}y}{\mathrm{d}t}=V\sin\theta\\ \theta=\theta^*(t)\end{cases} \tag{2-134}$$

联立上述方程组的第一、二、四、五方程,进行数值积分,就可以解得其中的未知数 V、α、y、θ。然后再积分第三式,就可以解出 $x(t)$,从而得到按给定弹道倾角飞行的方案弹道。

如果 $\theta^*(t)=C$(常数),则方案飞行弹道为直线。如果 $\theta^*(t)=0$,则方案飞行弹道为水平直线(等高飞行)。如果 $\theta^*(t)=\pi/2$,则导弹作垂直上升飞行。

2）给定俯仰角

如果给出俯仰角的飞行方案 $\vartheta^*(t)$，则理想控制关系式为

$$\varepsilon_1=\vartheta-\vartheta^*(t)=0(\text{即 }\vartheta=\vartheta^*(t))$$

式中：ϑ 为导弹飞行过程中的实际俯仰角。

在进行弹道计算时，还需引入角度关系式：

$$\alpha=\vartheta-\theta$$

于是，描述按给定俯仰角的方案飞行的运动方程组为

$$\begin{cases}\dfrac{\mathrm{d}V}{\mathrm{d}t}=\dfrac{P\cos\alpha-X}{m}-g\sin\theta\\ \dfrac{\mathrm{d}\theta}{\mathrm{d}t}=\dfrac{1}{mV}(P\sin\alpha+Y-G\cos\theta)\\ \dfrac{\mathrm{d}x}{\mathrm{d}t}=V\cos\theta\\ \dfrac{\mathrm{d}y}{\mathrm{d}t}=V\sin\theta\\ \alpha=\vartheta-\theta\\ \vartheta=\vartheta^*(t)\end{cases}\tag{2-135}$$

此方程组包含6个未知参量，即 V、θ、α、x、y 和 ϑ。解算这组方程就能得到这些参量随时间的变化规律，同时也就得到了按给定俯仰角的方案弹道。

这种飞行方案控制系统最容易实现。利用三自由度陀螺测量，或者通过捷联惯导系统测量、解算得到导弹实际飞行时的俯仰角，与飞行方案 $\vartheta^*(t)$ 比较，形成角偏差信号，经放大送至舵机。俯仰舵的偏转规律为

$$\delta_z=K_\vartheta(\vartheta-\vartheta^*)$$

式中：K_ϑ 为放大系数。

3）给定攻角

给定攻角的飞行方案，是为了使导弹爬升得最快，即希望飞行所需的攻角始终等于允许的最大值；或者是为了防止需用过载超过可用过载而对攻角加以限制；若导弹采用冲压发动机，为了保证发动机能正常工作，也必须将攻角限制在一定范围内。

如果给出了攻角的飞行方案 $\alpha^*(t)$，则理想控制关系式为

$$\varepsilon_1=\alpha-\alpha^*(t)=0(\text{即 }\alpha=\alpha^*(t))$$

式中：α 为导弹飞行过程中的实际攻角。

由于目前测量导弹实际攻角的传感器的精度比较低，所以一般不直接采用控制导弹攻角参量，而是将 $\alpha^*(t)$ 折算成俯仰角 $\vartheta^*(t)$，通过对俯仰角的控制来实现对攻角的控制。

4）给定法向过载

给定法向过载的飞行方案，往往是为了保证导弹不会出现结构破坏。此时，理想控制关系式为

$$\varepsilon_1=n_{y_2^*}-n_{y_2}(t)=0(\text{即 }n_{y_2}=n_{y_2^*}(t))$$

式中：n_{y2} 为导弹飞行过程中的实际法向过载。

在平衡状态下，由式(2-131)得

$$\alpha=\frac{n_{y_2}-(n_{y_2b})_{\alpha=0}}{n_{y_2b}^{\alpha}}$$

按给定法向过载的方案飞行可以用下列方程组来描述:

$$
\begin{cases}
\dfrac{dV}{dt}=\dfrac{P\cos\alpha - X}{m}-g\sin\theta \\
\dfrac{d\theta}{dt}=\dfrac{g}{V}(n_{y_2}-\cos\theta) \\
\dfrac{dx}{dt}=V\cos\theta \\
\dfrac{dy}{dt}=V\sin\theta \\
\alpha=\dfrac{n_{y_2}-(n_{y_2b})_{\alpha=0}}{n_{y_2b}^{\alpha}} \\
n_{y_2}=n_{y_2^*}(t)
\end{cases}
\tag{2-136}
$$

这组方程包含未知参量 V、θ、α、x、y 及 n_{y_2}。解算这组方程,就能得到这些参量随时间的变化量,并可得到按给定法向过载飞行的方案弹道。

由式(2-136)可见,按给定法向过载的方案飞行实际上是通过相应的 α 来实现的。

5) 给定高度

如果给出导弹高度的飞行方案 $H^*(t)$,则理想控制关系式为

$$\varepsilon_1=H-H^*(t)=0(\text{即 } H=H^*(t))$$

式中:H 为导弹飞行过程中的实际高度。

上式对时间求导,可得

$$\frac{dH}{dt}=\frac{dH^*(t)}{dt} \tag{2-137}$$

式中:$dH^*(t)/dt$ 为给定的导弹飞行高度变化率。

对于近程战术导弹,在不考虑地球曲率时,有

$$\frac{dH}{dt}=\frac{dy}{dt}=V\sin\theta \tag{2-138}$$

由式(2-137)和式(2-138)解得

$$\theta=\arcsin\left(\frac{1}{V}\frac{dH^*(t)}{dt}\right) \tag{2-139}$$

参照给定弹道倾角方案飞行的运动方程组,可知描述给定高度的方案飞行的运动方程组为

$$
\begin{cases}
\dfrac{dV}{dt}=\dfrac{P\cos\alpha - X}{m}-g\sin\theta \\
\alpha=\dfrac{1}{n_{y_3b}^{\alpha}}\left[\dfrac{V}{g}\dfrac{d\theta}{dt}+\cos\theta-(n_{y_3b})_{\alpha=0}\right] \\
\dfrac{dx}{dt}=V\cos\theta \\
\dfrac{dy}{dt}=\dfrac{dH^*(t)}{dt} \\
\theta=\sin^{-1}\left(\dfrac{1}{V}\dfrac{dH^*(t)}{dt}\right)
\end{cases}
\tag{2-140}
$$

联立上述方程组，就可以求出其中的未知数 V、α、x、y、θ，从而得到按给定高度飞行的方案弹道。

3. 直线弹道问题

直线飞行的情况是常见的，例如：飞航式导弹在平飞段（巡航段）的飞行；空地导弹、巡航导弹在巡航段的飞行；地空导弹在初始弹道段的飞行等。前面已经介绍，如果给定飞行方案 $\theta^*(t)=C$（常数），则方案飞行弹道为直线。如果 $\theta^*(t)=0(\pi/2)$，则方案飞行弹道为水平（垂直）直线；另外，如果给定高度飞行方案且 $\mathrm{d}H^*(t)/\mathrm{d}t=0$，则方案飞行弹道为水平直线（等高飞行）。下面以飞航式导弹在爬升段的飞行为例，讨论两种其他形式的直线弹道问题。

1）直线爬升时的飞行方案 $\vartheta^*(t)$

导弹作直线爬升飞行时，弹道倾角应为常值，即 $\mathrm{d}\theta^*(t)/\mathrm{d}t=0$，将其代入方程组（2-130）的第二式可得

$$P\sin\alpha+Y=G\cos\theta \tag{2-141}$$

式（2-141）表明，直线爬升时，作用在导弹上的法向力必须和重力的法向分量平衡。在飞行攻角不大的情况下，攻角可表示成

$$\alpha=\frac{G\cos\theta}{P+Y^\alpha} \tag{2-142}$$

这样直线爬升时的俯仰角飞行方案为

$$\vartheta^*(t)=\theta+\frac{G\cos\theta}{P+Y^\alpha} \tag{2-143}$$

显然，如果能按式（2-143）给定俯仰角的飞行方案，导弹就会直线爬升。

2）等速直线爬升

若要求导弹作等速直线爬升飞行，必须使 $\dot V=0$，$\dot\theta=0$，代入方程组（2-130）的第一、二式，可得

$$\begin{cases}P\cos\alpha-X=G\sin\theta\\ P\sin\alpha+Y=G\cos\theta\end{cases} \tag{2-144}$$

式（2-144）表明：导弹要实现等速直线飞行，发动机推力在弹道切线方向上的分量与阻力之差必须等于重力在弹道切线方向上的分量；同时，作用在导弹上的法向力应等于重力在法线方向上的分量。下面就来讨论同时满足这两个条件的可能性。

等速爬升的条件：根据（2-144）第一式，导弹等速爬升时的需用攻角为

$$\alpha_1=\arccos\left(\frac{X+G\sin\theta}{P}\right) \tag{2-145}$$

直线爬升的条件：根据（2-144）第二式，在飞行攻角不大的情况下，导弹直线爬升时的需用攻角为

$$\alpha_2=\frac{G\cos\theta}{P+Y^\alpha} \tag{2-146}$$

为使导弹等速直线爬升，必须同时满足方程组（2-145）和（2-146），因此，导弹等速直线爬升的条件应是 $\alpha_1=\alpha_2$，即

$$\arccos\left(\frac{X+G\sin\theta}{P}\right)=\frac{G\cos\theta}{P+Y^{\alpha}} \tag{2-147}$$

且 $\theta=C$(常数)。

实际上,上述条件是很难满足的,因为通过精心设计或许能找到一组参数(V、θ、P、G、C_x、C_y^{α} 等)满足式(2-147),可是在飞行过程中,导弹不可避免地受到各种干扰,一旦某一参数偏离了它的设计值,导弹就不可能真正实现等速直线爬升飞行。特别是在发动机不能自动调节的情况下,要使导弹时刻都严格地按等速直线爬升飞行是不可能的。即使发动机推力可以自动调节,要实现等速直线爬升飞行也只能是近似的。

4. 等高飞行的实现问题

飞航式导弹的平飞段(巡航段),空地导弹、巡航导弹的巡航段都要求等高飞行。从理论上讲,实现等高飞行有两种飞行方案:$\theta^*\equiv 0$ 或 $H^*=$ 常值。等高飞行应满足

$$P\sin\alpha+Y=mg$$

据此求出

$$\alpha=\frac{mg}{P+Y^{\alpha}}$$

再由平衡条件,可求得保持等高飞行所需要的俯仰舵偏转角为

$$\delta_z=-\frac{m_{z0}+\dfrac{mg\cdot m_z^{\alpha}}{P+Y^{\alpha}}}{m_z^{\delta_z}} \tag{2-148}$$

由于在等高飞行过程中,导弹的重量和速度(影响 Y^{α})都在变化,因此,俯仰舵的偏转角 δ_z 也是变化的。

若发动机推力基本上与空气阻力相平衡,则等高飞行段内的速度变化较为缓慢,且导弹在等高飞行中所需的攻角变化不大,那么,俯仰舵偏转角的变化也就不大,在它的变化范围内选定一个常值偏转角 δ_{z0}。如果导弹始终以这个俯仰舵偏转角飞行,显然不可能实现等高飞行。为了实现等高飞行,就必须在常值偏转角 δ_{z0} 的基础上进行调节。调节的方式是多种多样的,例如,利用高度差进行调节是常采用的一种方式。这时俯仰舵偏转角的变化规律可以写成

$$\delta_z=\delta_{z0}+K_H(H-H_0) \tag{2-149}$$

式中:H 为导弹的实际飞行高度;H_0 为给定的常值飞行高度;K_H 为放大系数,表示为了消除单位高度偏差,俯仰舵应该偏转的角度。

式(2-149)表明,如果导弹就在预定的高度上飞行(即 $\Delta H=H-H_0=0$),则维持常值偏转角 δ_{z0} 就可以了。若导弹偏离了预定的飞行高度,要想回到原来的预定高度上飞行,则舵面的偏转角应为

$$\delta_z=\delta_{z0}+\Delta\delta_z$$

其中附加舵偏角:

$$\Delta\delta_z=K_H(H-H_0)=K_H\Delta H \tag{2-150}$$

式中:高度差 ΔH 可以采用微动气压计或无线电高度表等弹上设备来测量。

现在来讨论 K_H 值的符号。对于正常式导弹来说,当飞行的实际高度小于预定高度 H_0 时(即高度差 $\Delta H<0$),为使导弹恢复到预定的飞行高度,则要使导弹产生一个附加的向上升力,即附加攻角 $\Delta\alpha$ 应为正,亦即要有一个使导弹抬头的附加力矩,为此,俯仰舵的附加偏转角应

是一个负值，即 $\Delta\delta_z<0$；反之，当 $\Delta H>0$ 时，则要求 $\Delta\delta_z>0$。因此，对于正常式导弹来说，放大系数 K_H 为正值，同理，对于鸭式导弹，放大系数 K_H 则为负值。

式(2-150)中的 $\Delta\delta_z$ 角是使导弹保持等高飞行所必需的。由于控制系统和弹体具有惯性，在导弹恢复到预定飞行高度的过程中，会不可避免地出现超高和掉高的现象，使导弹在预定高度的某一范围内处于振荡状态（如图 2-38 中虚线所示），而不能很快地进入预定高度稳定飞行。

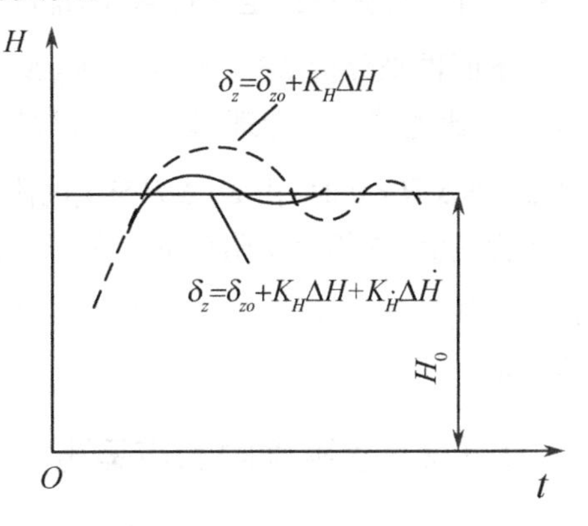

图 2-38　等高飞行的过渡过程

因此，为了使导弹能尽快地稳定在预定的高度上，必须在(2-149)式中再引入一项与高度变化率 $\Delta\dot{H}=\mathrm{d}\Delta H/\mathrm{d}t$ 有关的量，即

$$\delta_z=\delta_{z0}+K_H\Delta H+K_{\dot{H}}\Delta\dot{H} \qquad (2-151)$$

式中：$K_{\dot{H}}$ 为放大系数，它表示为了消除单位高度变化率俯仰舵所应偏转的角度。此时，附加舵偏转角则为

$$\Delta\delta_z=K_H\Delta H+K_{\dot{H}}\Delta\dot{H}$$

与式(2-150)相比，上式增加了一项 $K_{\dot{H}}\Delta\dot{H}$，它将产生阻尼力矩，以减小导弹在进入预定高度飞行过程中产生超高和掉高现象，使导弹较平稳地恢复到预定的高度飞行（如图 2-38 中实线所示），从而改善了过渡过程的品质。

下面以正常式导弹为例，来具体说明引入 $K_{\dot{H}}\Delta\dot{H}$ 的作用。为了对比说明简单起见，均不考虑常值俯仰舵偏角 δ_{z0}，而只研究附加俯仰舵偏角的规律分别为 $\Delta\delta_z=K_H\Delta H$ 和 $\Delta\delta_z=K_H\Delta H+K_{\dot{H}}\Delta\dot{H}$ 时，对等高飞行带来的差异。

首先分析 $\Delta\delta_z=K_H\Delta H$ 时导弹飞行高度的变化情况。如果导弹的实际飞行高度低于预定高度（$\Delta H<0$），则 $\Delta\delta_z$ 应为负值，这时 ΔH 和 $\Delta\delta_z$ 的对应关系如图 2-39 中虚线所示。

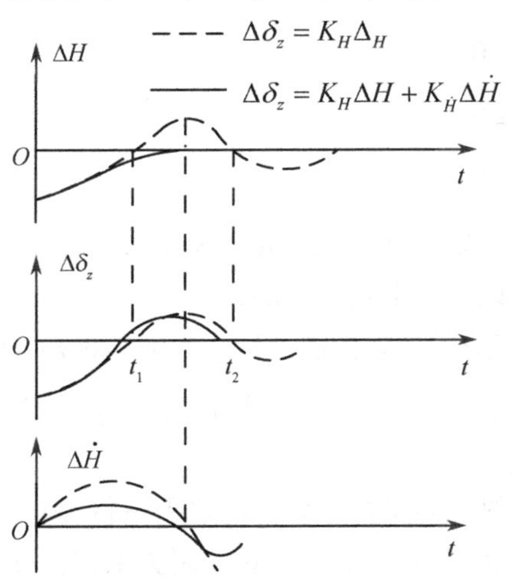

图 2-39　ΔH 的变化曲线

在 $t=t_1$ 时，虽然飞行高度已经达到了预定高度 H_0，但此时 $\Delta\dot{H}>0$，导弹的惯性使其飞行高度继续上升，超过了预定飞行高度 H_0，从而使得 $\Delta H>0$。这时，舵面附加偏角 $\Delta\delta_z$ 也应变

号,即 $\Delta\delta_z>0$,而当 $t=t_2$ 时,再次出现 $H=H_0$,但此时 $\Delta\dot{H}<0$,导弹的惯性又会使其飞行高度继续下降。导弹在预定飞行高度 H_0 附近经过几次振荡之后才能稳定在预定的飞行高度上。

下面再来分析 $\Delta\delta_z=K_H\Delta H+K_{\dot{H}}\Delta\dot{H}$时的导弹飞行高度的变化值况。只要放大系数 $K_{\dot{H}}$ 和 K_H 之间比值选择得合理,就可以很快地稳定在预定的飞行高度上,得到比较满意的过渡过程。例如,当 $\Delta\dot{H}<0$ 时,由 $K_{\dot{H}}\Delta\dot{H}$产生的附加舵偏角为负值,相应地 $\Delta\dot{H}>0$,由 $K_{\dot{H}}\Delta\dot{H}$产生的附加偏角为正值,它相对于附加舵偏角调节规律 $\Delta\delta_z=K_H\Delta H$ 来说,可以提前改变舵面偏转方向,于是就降低了导弹的爬升率 $\Delta\dot{H}$,使导弹能较平稳地恢复到预定的高度上飞行(如图 2-39 中实线所示)。

2.4.2 水平面内的方案飞行

1. 水平面内飞行的方程组

当攻角和侧滑角较小时,导弹在水平面内的质心运动方程组为

$$\begin{cases} m\dfrac{\mathrm{d}V}{\mathrm{d}t}=P-X \\ (P\alpha+Y)\cos\gamma_v-(-P\beta+Z)\sin\gamma_v-G=0 \\ -mV\dfrac{\mathrm{d}\psi_v}{\mathrm{d}t}=(P\alpha+Y)\sin\gamma_v+(-P\beta+Z)\cos\gamma_v \\ \dfrac{\mathrm{d}x}{\mathrm{d}t}=V\cos\psi_v \\ \dfrac{\mathrm{d}z}{\mathrm{d}t}=-V\sin\psi_v \\ \dfrac{\mathrm{d}m}{\mathrm{d}t}=-m_s \\ \varepsilon_2=0 \\ \varepsilon_3=0 \\ \varepsilon_4=0 \end{cases} \tag{2-152}$$

在这方程组中含有 9 个未知数,即 V、ψ_v、α、β、γ_v、x、z、m、P。

在水平面内的方案飞行取决于下列给定的条件:

(1) 给定飞行方向,其相应的理想控制关系式为 $\varepsilon_2=0,\varepsilon_3=0$。

飞行速度的方向可以由 $\psi_v^*(t)$(或$\dot{\psi}_v^*(t)$或 $n_{z_2}^*(t)$)、$\beta^*(t)$(或 $\psi^*(t)$)、$\gamma_v^*(t)$三组约束关系中的任意两个参量的组合给出。

但是导弹通常不作既操纵倾斜又操纵侧滑的水平飞行,因为这样将使控制系统复杂化。

(2) 给定发动机的工作状态,其相应的理想控制关系式为 $\varepsilon_4=0$。

如果飞行方案是由偏航角的变化规律 $\psi^*(t)$ 给出,或者需要确定偏航角,则方程组(2-152)中还需要补充一个方程,即

$$\psi=\psi_v+\beta$$

因为方程组(2-152)右端与坐标 x、z 无关,所以积分此方程组时,第四个和第五个方程可

以独立出来，在其余方程积分之后，单独进行积分。

当导弹采用固体火箭发动机时，方程组中的第六式和第九式可以用 $m(t)$ 和 $P(t)$ 的已知关系式来代替。

下面讨论水平面内飞行的攻角。由方程组(2－152)中的第二式可以看出：水平飞行时，导弹的重量被空气动力和推力在沿铅垂方向上的分量所平衡。该式可改写为

$$n_{y_3}\cos\gamma_v + n_{z_3}\sin\gamma_v = 1$$

攻角可以用平衡状态下的法向过载来表示，即

$$\alpha = \frac{n_{y_3} - (n_{y_3b})_{\alpha=0}}{n_{y_3b}^{\alpha}}$$

在无倾斜飞行时，$\gamma_v = 0$，则 $n_{y_2} = n_{y_3} = 1$，于是

$$\alpha = \frac{1 - (n_{y_3b})_{\alpha=0}}{n_{y_3b}^{\alpha}} \tag{2-153}$$

在无侧滑飞行时，$\beta = 0$，则 $n_{z_3} = 0$，于是

$$n_{y_3} = 1/\cos\gamma_v$$

$$\alpha = \frac{1/\cos\gamma_v - (n_{y_3b})_{\alpha=0}}{n_{y_3b}^{\alpha}} \tag{2-154}$$

比较式(2－153)和式(2－154)可知，在具有相同动压头时，作倾斜的水平曲线飞行所需攻角比侧滑飞行时要大些。这是因为倾斜飞行时，需使升力和推力的铅垂分量$(P\alpha + Y)\cos\gamma_v$ 与重力相平衡。同时还可看出，在作倾斜的水平机动飞行时，因受导弹临界攻角和可用法向过载的限制，速度倾斜角 γ_v 不能太大。

2. 无倾斜的机动飞行

假设导弹在水平面内作侧滑而无倾斜的曲线飞行，导弹质心运动方程组由方程组(2－152)改写得

$$\begin{cases}\dfrac{\mathrm{d}V}{\mathrm{d}t} = \dfrac{P - X}{m} \\ \alpha = \dfrac{1 - (n_{y_3b})_{\alpha=0}}{n_{y_3b}^{\alpha}} \\ \dfrac{\mathrm{d}\psi_v}{\mathrm{d}t} = \dfrac{1}{mV}(P\beta - Z) \\ \dfrac{\mathrm{d}x}{\mathrm{d}t} = V\cos\psi_v \\ \dfrac{\mathrm{d}z}{\mathrm{d}t} = -V\sin\psi_v \\ \psi = \psi_v + \beta \\ \varepsilon_2 = 0\end{cases} \tag{2-155}$$

此方程组含有 7 个未知参量，即 V、ψ_v、α、β、x、z 和 ψ。

上述方程组中描述飞行速度方向的理想控制关系方程 $\varepsilon_2 = 0$ 可以用下列不同的参量表示，即弹道偏角 ψ_v 或弹道偏角的变化率$\dot{\psi}_v$、侧滑角 β 或偏航角 ψ、法向过载 n_{z_2}，现在分别讨论以上三种方案飞行。

1）给定弹道偏角的方案飞行

如果给出弹道偏角的变化规律 $\psi_v^*(t)$，则理想控制关系式为

$$\varepsilon_2=\psi_v-\psi_v^*(t)=0$$

或

$$\varepsilon_2=\dot{\psi}_v-\dot{\psi}_v^*(t)=0$$

描述按给定弹道偏角的方案飞行的运动方程组为

$$\begin{cases}\dfrac{\mathrm{d}V}{\mathrm{d}t}=\dfrac{P-X}{m}\\ \alpha=\dfrac{1-(n_{y_3b})_{\alpha=0}}{n_{y_3b}^{\alpha}}\\ \beta=-\dfrac{V}{g}\dfrac{\dfrac{\mathrm{d}\psi_v}{\mathrm{d}t}}{n_{z_3b}^{\beta}}\\ \dfrac{\mathrm{d}x}{\mathrm{d}t}=V\cos\psi_v\\ \dfrac{\mathrm{d}z}{\mathrm{d}t}=-V\sin\psi_v\\ \psi_v=\psi_v^*(t)\end{cases}\tag{2-156}$$

式中：$n_{z_3b}^{\beta}=\dfrac{1}{mg}(-P+Z^{\beta}-(m_y^{\beta}/m_y^{\delta_y})Z^{\delta_y})$，可参照式(2-132)进行推导得到。

方程组(2-156)含有6个未知参量，即 V、α、β、ψ_v、x 和 z。解算这组方程，就能得到这些参量随时间的变化，并由 $x(t)$、$z(t)$ 画出按给定弹道偏角飞行的方案弹道。

2）给定侧滑角或偏航角的方案飞行

如果给出侧滑角的变化规律 $\beta^*(t)$，则控制系统的理想控制关系式为

$$\varepsilon_2=\beta-\beta^*(t)=0$$

描述按给定侧滑角的方案飞行的运动方程组可写成

$$\begin{cases}\dfrac{\mathrm{d}V}{\mathrm{d}t}=\dfrac{P-X}{m}\\ \alpha=\dfrac{1-(n_{y_3b})_{\alpha=0}}{n_{y_3b}^{\alpha}}\\ \dfrac{\mathrm{d}\psi_v}{\mathrm{d}t}=\dfrac{1}{mV}(P\beta-Z)\\ \dfrac{\mathrm{d}x}{\mathrm{d}t}=V\cos\psi_v\\ \dfrac{\mathrm{d}z}{\mathrm{d}t}=-V\sin\psi_v\\ \beta=\beta^*(t)\end{cases}\tag{2-157}$$

如果给出偏航角的变化规律 $\psi^*(t)$，则控制系统的理想控制关系式为

$$\varepsilon_2=\psi-\psi^*(t)=0$$

描述按给定偏航角的方案飞行的运动方程组为

$$\begin{cases}\dfrac{dV}{dt}=\dfrac{P-X}{m}\\ \alpha=\dfrac{1-(n_{y_3b})_{\alpha=0}}{n_{y_3b}^{\alpha}}\\ \dfrac{d\psi_v}{dt}=\dfrac{1}{mV}(P\beta-Z)\\ \dfrac{dx}{dt}=V\cos\psi_v\\ \dfrac{dz}{dt}=-V\sin\psi_v\\ \beta=\psi-\psi_v\end{cases} \tag{2-158}$$

3）给定法向过载的方案飞行

如果给出法向过载的变化规律 $n_{z_2}^*(t)$，则控制系统的理想控制关系式为

$$\varepsilon_2=n_{z_2}-n_{z_2}^*(t)=0$$

描述按给定法向过载的方案飞行的运动方程组为

$$\begin{cases}\dfrac{dV}{dt}=\dfrac{P-X}{m}\\ \alpha=\dfrac{1-(n_{y_3b})_{\alpha=0}}{n_{y_3b}^{\alpha}}\\ \dfrac{d\psi_v}{dt}=-\dfrac{g}{V}n_{z_2}\\ \beta=\dfrac{n_{z_2}}{n_{z_3b}^{\beta}}\\ \dfrac{dx}{dt}=V\cos\psi_v\\ \dfrac{dz}{dt}=-V\sin\psi_v\\ n_{z_2}=n_{z_2}^*(t)\end{cases} \tag{2-159}$$

3. 无侧滑的机动飞行

导弹在水平面内作倾斜而无侧滑的机动飞行时，导弹质心的运动方程组为

$$\begin{cases}\dfrac{dV}{dt}=\dfrac{P-X}{m}\\ (P\alpha+Y)\cos\gamma_v-G=0\\ \dfrac{d\psi_v}{dt}=-\dfrac{1}{mV}(P\alpha+Y)\sin\gamma_v\\ \dfrac{dx}{dt}=V\cos\psi_v\\ \dfrac{dz}{dt}=-V\sin\psi_v\\ \varepsilon_2=0\end{cases} \tag{2-160}$$

在该方程组中含有6个未知参量,即 V、α、γ_v、ψ_v、x 和 z。

上述方程组中描述飞行速度方向的理想控制关系方程 $\varepsilon_2=0$ 可以由下列两组参量表示:速度倾斜角 γ_v,或法向过载 n_{y3},或者攻角 α;弹道偏角 ψ_v,或者弹道偏角的变化率$\dot{\psi}_v$,或者弹道曲率半径 ρ。

1) 给定速度倾斜角的方案飞行

如果给出速度倾斜角的变化规律 $\gamma_v^*(t)$,则控制系统的理想控制关系方程为

$$\varepsilon_2=\gamma_v-\gamma_v^*(t)=0$$

由方程组(2-157)改写得到描述按给定速度倾斜角的方案飞行的运动方程组:

$$\begin{cases}\dfrac{dV}{dt}=\dfrac{P-X}{m}\\[2ex] \alpha=\dfrac{\dfrac{1}{\cos\gamma_v}-(n_{y_3b})_{\alpha=0}}{n_{y_3b}^{\alpha}}\\[2ex] \dfrac{d\psi_v}{dt}=-\dfrac{g}{V}\sin\gamma_v[n_{y_3b}^{\alpha}\alpha+(n_{y_3b})_{\alpha=0}]\\[2ex] \dfrac{dx}{dt}=V\cos\psi_v\\[2ex] \dfrac{dz}{dt}=-V\sin\psi_v\\[2ex] \gamma_v=\gamma_v^*(t)\end{cases}\tag{2-161}$$

2) 给定法向过载 n_{y_3} 的方案飞行

如果给定法向过载的变化规律 $n_{y_3}^*(t)$,则控制系统的理想控制关系方程为

$$\varepsilon_2=n_{y_3}-n_{y_3}^*(t)=0$$

在水平面内作无侧滑飞行时,法向过载 n_{y_3} 与速度倾斜角 γ_v 之间的关系为

$$n_{y_3}=\frac{1}{\cos\gamma_v}$$

那么,改写方程组(2-160)就可得到按给定法向过载的方案飞行的运动方程组:

$$\begin{cases}\dfrac{dV}{dt}=\dfrac{P-X}{m}\\[2ex] \alpha=\dfrac{n_{y_3}-(n_{y_3b})_{\alpha=0}}{n_{y_3b}^{\alpha}}\\[2ex] \dfrac{d\psi_v}{dt}=-\dfrac{g}{V}n_{y_3}\sin\gamma_v\\[2ex] \dfrac{dx}{dt}=V\cos\psi_v\\[2ex] \dfrac{dz}{dt}=-V\sin\psi_v\\[2ex] n_{y_3}=n_{y_3^*}(t)\end{cases}\tag{2-162}$$

3）给定弹道偏角的方案飞行

如果给定弹道偏角的变化规律 $\psi_v^*(t)$，求一次导数得到 $\dot{\psi}_v^*(t)$，则相应的控制系统的理想控制关系方程为

$$\varepsilon_2 = \psi_v - \psi_v^*(t) = 0$$

改写方程组(2－161)，得到描述按给定弹道偏角的方案飞行的运动方程组：

$$\begin{cases} \dfrac{\mathrm{d}V}{\mathrm{d}t} = \dfrac{P-X}{m} \\ \alpha = \dfrac{\dfrac{1}{\cos\gamma_v} - (n_{y_3b})_{\alpha=0}}{n_{y_3b}^{\alpha}} \\ \tan\gamma_v = -\dfrac{V}{g} \cdot \dfrac{\mathrm{d}\psi_v}{\mathrm{d}t} \\ \dfrac{\mathrm{d}x}{\mathrm{d}t} = V\cos\psi_v \\ \dfrac{\mathrm{d}z}{\mathrm{d}t} = -V\sin\psi_v \\ \psi_v = \psi_v^*(t) \end{cases} \tag{2-163}$$

4）按给定弹道曲率半径的方案飞行

若给定水平面内转弯飞行的曲率半径 $\rho^*(t)$，则控制系统的理想控制关系方程为

$$\varepsilon_2 = \rho - \rho^*(t) = 0$$

水平面内曲线飞行时，曲率半径与弹道切线的转动角速度 $\dot{\psi}_v$ 之间的关系为

$$\rho = -\frac{V}{\dfrac{\mathrm{d}\psi_v}{\mathrm{d}t}}$$

改写方程组(2－163)，得到描述按给定弹道曲率半径的方案飞行的运动方程组：

$$\begin{cases} \dfrac{\mathrm{d}V}{\mathrm{d}t} = \dfrac{P-X}{m} \\ \alpha = \dfrac{\dfrac{1}{\cos\gamma_v} - (n_{y_3b})_{\alpha=0}}{n_{y_3b}^{\alpha}} \\ \tan\gamma_v = -\dfrac{V}{g} \dfrac{\mathrm{d}\psi_v}{\mathrm{d}t} \\ \dfrac{\mathrm{d}\psi_v}{\mathrm{d}t} = -\dfrac{V}{\rho} \\ \dfrac{\mathrm{d}x}{\mathrm{d}t} = V\cos\psi_v \\ \dfrac{\mathrm{d}z}{\mathrm{d}t} = -V\sin\psi_v \\ \rho = \rho^*(t) \end{cases} \tag{2-164}$$

2.4.3 方案飞行应用实例

1. 地空导弹的垂直上升段

某些地空导弹和远程弹道式导弹均采用垂直发射方式,其初始段弹道是一条直线,且弹道倾角 $\theta=\pi/2$。

将 $\theta=\pi/2$,$\mathrm{d}\theta/\mathrm{d}t=0$ 代入式(2-134),得到描述垂直上升方案飞行的运动方程组

$$\begin{cases}\dfrac{\mathrm{d}V}{\mathrm{d}t}=\dfrac{P\cos\alpha-X}{m}-g\\[2ex]\alpha=-\dfrac{(n_{y_3b})_{\alpha=0}}{n_{y_3b}^{\alpha}}\\[2ex]\dfrac{\mathrm{d}y}{\mathrm{d}t}=V\end{cases}\tag{2-165}$$

由上述方程组的第二式,可得

$$n_{y_2b}=n_{y_3b}=n_{y_3b}^{\alpha}\alpha+(n_{y_3b})_{\alpha=0}=0$$

上式表明:平衡时的法向过载为零。这就是说,在垂直上升飞行时应该没有法向力。

对于气动轴对称导弹,因 $(n_{y_3b})_{\alpha=0}=0$,故它在作垂直上升飞行时,攻角应为零。

由于利用弹上设备直接测量弹道倾角比较困难,所以方案飞行通常也不直接采用控制导弹的弹道倾角,而是采用给定俯仰角的飞行方案,即利用关系 $\vartheta=\theta+\alpha$(α 一般为0),将飞行方案 $\theta^*(t)$ 转化成方案 $\vartheta^*(t)$。

2. 中远程空地导弹的下滑段

空地导弹是由轰炸机、战斗攻击机、攻击机和武装直升机携载,从空中发射,用于攻击地面目标的一种导弹。它分为战略型和战术型两种。

空地导弹由下滑段转入平飞段时,为了使导弹稳定的转入平飞,消除高度超调量,在下滑段加入方案控制,使导弹的飞行高度按某一规律变化。下滑段可以采用抛物线变化规律,如

$$H^*=\begin{cases}a(t-t_H-t_\tau)^2+H_p, t_H\leqslant t<t_H+t_\tau\\H_p, t\geqslant t_H+t_\tau\end{cases}\tag{2-166}$$

式中:H^* 为方案飞行高度;H_p 为导弹的平飞高度;t_H 为高度指令发出时间;t_τ 为下滑段至转平段的时间;a 根据 $t=0$ 时刻的状态解算,计算公式为

$$a=(H_{t=t_H}-H_p)/t_\tau^2$$

式中:$H_{t=t_H}$ 为 $t=t_H$ 时刻导弹的飞行高度。

另外,也可以采用指数形式的高度程序,其具体表达式为

$$H^*(t)=\begin{cases}H_1, t<t_1\\(H_1-H_p)\mathrm{e}^{-k(t-t_1)}+H_p, t_1\leqslant t<t_2\\H_p, t\geqslant t_2\end{cases}\tag{2-167}$$

式中:H_1 为下滑段起始点高度;H_p 为导弹的平飞高度;t_1、t_2 为给定的指令时间;k 为给定的控制常数。

H_1、H_p 根据导弹技术战术指标要求确定,t_1、t_2、k 的确定应综合考虑以下因素:满足最小射

程的要求;下滑过程中高度超调量要小;转入平飞的时间最短;飞行过载小于导弹结构允许值;导弹姿态运动不影响发动机的正常工作等。

3. 巡航导弹的爬升段

某型巡航导弹从地面发射,按给定的俯仰角方案爬升,然后转入平飞,方案为

$$\vartheta^*(t)=\begin{cases}\vartheta_0, 0\leqslant t<t_1\\ \vartheta_0-\dot{\vartheta}\times(t-t_1), t_1\leqslant t<t_2\\ \vartheta_1, t_2\leqslant t<t_3\\ \vartheta_1-k_t(H-H_p)\mathrm{e}^{-\frac{|H-H_p|}{\Delta H_m}}, t\geqslant t_3\end{cases} \tag{2-168}$$

式中:ϑ_0 为助推段俯仰角,如取 $\vartheta_0=30^\circ$;t_1 为助推器分离时间;$\dot{\vartheta}$为过渡段俯仰角变化率;t_2 为过渡段结束时间;ϑ_1 为转平前俯仰角;t_3 为转平段开始时间,从$(H-H_p)\leqslant\Delta H_m$ 起计;k_t 为转平段系数;H 为导弹飞行高度;H_p 为平飞高度;ΔH_m 为最大高度差。

4. 飞航导弹的平飞段

对于从地面或舰上发射的飞航式导弹,在加速爬升段(助推段),速度变化大,纵向运动参数变化剧烈,侧向运动则一般不实行控制。只在主发动机工作飞行段,才对侧向运动实施控制。由于助推段侧向运动无控制,各种干扰因素的作用势必会造成导弹飞行的姿态和位置偏差。如果主发动机一开始工作就把较大的偏差作为控制量加入,很可能会造成侧向运动的振荡,严重时甚至会发散。为避免这种情况的发生,可采用下述偏航角程序信号

$$\psi^*(t)=\begin{cases}\psi_1, t<t_1\\ \psi_1\mathrm{e}^{-k(t-t_1)}, t_1\leqslant t<t_2\\ 0, t\geqslant t_2\end{cases} \tag{2-169}$$

式中:ψ_1 为助推器分离时刻的偏航角;t_1 为助推器分离时刻;t_2 为给定的指令时间;k 为给定的控制常数。

式(2-169)表明:助推段终点的偏航角偏差不是陡然直接加入,而是按指数形式引入的,从而避免了因起控不当造成失控的现象发生。相应的方向舵偏转控制规律为

$$\delta_y=K_{\Delta\psi}(\psi-\psi^*)+K_{\Delta\dot{\psi}}\Delta\dot{\psi} \tag{2-170}$$

式中:$\Delta\psi=\psi-\psi^*$,$\Delta\dot{\psi}=\mathrm{d}\Delta\psi/\mathrm{d}t$。

思考题

1. 结合速度坐标系和弹体坐标系,描述导弹所受的空气动力(升力、阻力、侧向力)及其系数,给出计算公式。

2. 结合速度坐标系和弹体坐标系,描述导弹所受的气动力矩(俯仰力矩、偏航力矩、滚转力矩)及其系数,给出计算公式。

3. 导弹的压力中心和焦点是如何定义的?试述导弹纵向静稳定性的含义以及改变静稳定性的方法。

4. 描述战术导弹运动的常用坐标系(地面坐标系、弹道坐标系、弹体坐标系、速度坐标系)

是如何定义的？常用坐标系之间通过哪些角度关系进行转化？这些角度是如何定义的？

5. 利用基元矩阵方法推导弹体坐标系和地面坐标系之间的转换矩阵。

6. 描述导弹运动的六个自由度是什么？导弹质心运动和绕质心转动的运动方程分别建立在哪个坐标系中？为什么？

7. 描述导弹纵向和侧向运动分别需要哪些方程和参数？

8. 什么是“瞬时平衡”假设？

9. 理想弹道、理论弹道和实际弹道是怎样定义的？

10. 过载和机动性的定义是什么？它们之间有什么联系？

11. 弹道曲率半径、导弹转弯速率与导弹法向过载有何关系？

12. 需用过载、可用过载和极限过载的定义是什么？它们定义在哪个坐标系中？

13. 何谓“方案飞行”,有何研究意义？

14. 导弹在铅垂面内运动时,典型的飞行方案有哪些？

15. 写出按给定弹道倾角的方案飞行的导弹运动方程组。

第三章　导引飞行与弹道

导弹的制导系统有自主控制、自动瞄准(又称自动寻的)和遥远控制(简称遥控)三种基本类型。按制导系统的不同,导弹的弹道分为方案弹道和导引弹道。导引弹道是根据目标运动特性,以某种导引方法将导弹导向目标的导弹质心运动轨迹。空空导弹、地空导弹、空地导弹的弹道以及飞航导弹、巡航导弹的末段弹道都是导引弹道。

导引弹道的制导系统有自动瞄准和遥控两种类型,也有两种兼用的(称为复合制导)。本章主要介绍导引飞行的分类、研究方法与发展、各种经典的制导规律等内容。

3.1　导引飞行综述

3.1.1　导引方法的分类

根据导弹和目标的相对运动关系,导引方法可分为以下几种:

(1) 按导弹速度矢量与视线(即导弹 - 目标连线)的相对位置分为追踪法(导弹速度矢量与视线重合,即导弹速度方向始终指向目标)和常值前置角法(导弹速度矢量超前视线一个常值角度)。

(2) 按视线在空间的变化规律分为平行接近法(视线在空间平行移动)和比例导引法(导弹速度矢量的转动角速度与视线的转动角速度成比例)。

(3) 按导弹纵轴与视线的相对位置分为直接法(两者重合)和常值方位角法(纵轴超前一个常值角度)。

(4) 按制导站 - 导弹连线和制导站 - 目标连线的相对位置分为三点法(两连线重合)和前置量法(又称角度法或矫直法,制导站 - 导弹连线超前一个角度)。

3.1.2　导引弹道的研究方法

导引弹道的特性主要取决于导引方法和目标运动特性。对应某种确定的导引方法,导引弹道的研究内容包括弹道过载、导弹飞行速度、飞行时间、射程和脱靶量等,这些参数将直接影响导弹的命中精度。

在导弹和制导系统初步设计阶段,为简化起见,通常采用运动学分析方法研究导引弹道。导引弹道的运动学分析基于以下假设:①导弹、目标和制导站视为质点;②制导系统理想工作;③导弹速度是已知函数;④目标和制导站的运动规律是已知的;⑤导弹、目标和制导站始终在同一个平面内运动。该平面称为攻击平面,它可能是水平面、铅垂平面或倾斜平面。

3.1.3　自动瞄准的相对运动方程

研究相对运动方程,常采用极坐标(r、q)系统来表示导弹和目标的相对位置,如图 3 - 1 所示。

r 表示导弹与目标之间的相对距离,当导弹命中目标时 $r=0$。导弹和目标的连线$\overline{MT}$称为视线。

q 表示视线与攻击平面内某一基准线$\overline{Mx}$之间的夹角,称为视线角,从基准线逆时针转向视线为正。

σ_m、σ_t 分别表示导弹速度矢量、目标速度矢量与基准线之间的夹角,从基准线逆时针转向速度矢量为正。当攻击平面为铅垂平面时,σ_m 就是弹道倾角 θ;当攻击平面是水平面时,σ_m 就是弹道偏角 ψ_v。η_m、η_t 分别表示导弹速度矢量、目标速度矢量与视线之间的夹角,称为导弹前置角和目标前置角。速度矢量逆时针转到视线时,前置角为正。

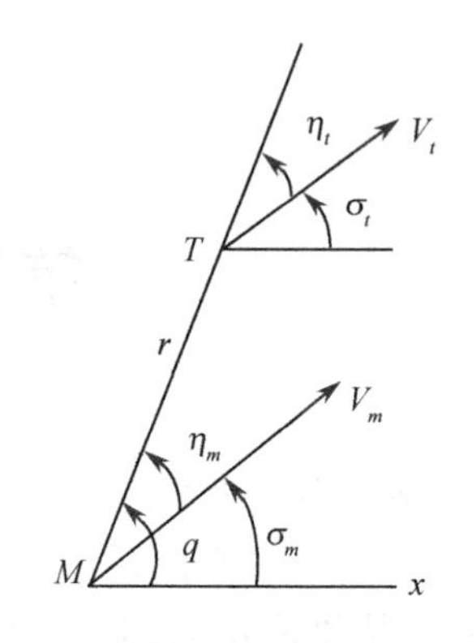

图 3-1 导弹与目标的相对位置

由图 3-1 可见,导弹速度矢量 V_m 在视线上的分量 $V_m\cos\eta_m$ 是指向目标的,它使相对距离 r 缩短,而目标速度矢量 V_t 在视线上的分量 $V_t\cos\eta_t$ 则背离导弹,它使 r 增大。$\mathrm{d}r/\mathrm{d}t$ 为导弹到目标的距离变化率。显然,相对距离 r 的变化率 $\mathrm{d}r/\mathrm{d}t$ 等于目标速度矢量和导弹速度矢量在视线方向分量的代数和。即

$$\frac{\mathrm{d}r}{\mathrm{d}t}=V_t\cos\eta_t-V_m\cos\eta_m$$

$\mathrm{d}q/\mathrm{d}t$ 表示视线的旋转角速度。显然,导弹速度矢量 V_m 在垂直于视线方向上的分量 $V_m\sin\eta_m$ 使视线逆时针旋转,q 角增大;而目标速度矢量 V_t 在垂直于视线方向上的分量 $V_t\sin\eta_t$ 使目标顺时针旋转,q 角减小。由理论力学可知,视线的旋转角速度 $\mathrm{d}q/\mathrm{d}t$ 等于导弹速度矢量和目标速度矢量在垂直于视线方向上分量的代数和除以相对距离 r。即

$$\frac{\mathrm{d}q}{\mathrm{d}t}=\frac{1}{r}(V_m\sin\eta_m-V_t\sin\eta_t)$$

再考虑图 3-1 中的几何关系,可以列出自动瞄准的相对运动方程组为

$$\begin{cases}\dfrac{\mathrm{d}r}{\mathrm{d}t}=V_t\cos\eta_t-V_m\cos\eta_m\\ r\dfrac{\mathrm{d}q}{\mathrm{d}t}=V_m\sin\eta_m-V_t\sin\eta_t\\ q=\sigma_m+\eta_m\\ q=\sigma_t+\eta_t\\ \varepsilon_1=0\end{cases}\tag{3-1}$$

方程组(3-1)中包含 8 个参数,即 r、q、V_m、η_m、σ_m、V_t、η_t、σ_t。$\varepsilon_1=0$ 是导引关系式,它反映出各种不同导引弹道的特点。

分析相对运动方程组(3-1)可以看出,导弹相对目标的运动特性由以下三个因素来决定:

(1) 目标的运动特性,如飞行高度、速度及机动性能。

(2) 导弹飞行速度的变化规律。

(3) 导弹所采用的导引方法。

在导弹研制过程中,不能预先确定目标的运动特性,一般只能根据所要攻击的目标,在其性能范围内选择若干条典型航迹。例如,等速直线飞行或等速盘旋等。只要典型航迹选得合适,导弹的导引特性大致可以估算出来。这样,在研究导弹的导引特性时,认为目标运动的特性是已知的。

导弹的飞行速度取决于发动机特性、结构参数和气动外形，由求解第二章包括动力学方程在内的导弹运动方程组得到。当需要简便地确定航迹特性，以便选择导引方法时，一般采用比较简单的运动学方程。可以用近似计算方法，预先求出导弹速度的变化规律。因此，在研究导弹的相对运动特性时，速度可以作为时间的已知函数。这样，相对运动方程组中就可以不考虑动力学方程，而仅需单独求解相对运动方程组(3－1)。显然，该方程组与作用在导弹上的力无关，称为运动学方程组。单独求解该方程组所得的轨迹，称为运动学弹道。

3.1.4　导引弹道的求解

可以采用数值积分法、解析法或图解法求解相对运动方程组(3－1)。

数值积分法的优点是可以获得运动参数随时间逐渐变化的函数，求得任何飞行情况下的轨迹。给定一组初始条件得到相应的一组特解，而得不到包含任意待定常数的一般解。高速计算机的出现，使数值解可以得到较高的计算精度，而且大大提高了计算效率。

解析法即用解析式表达的方法。满足一定初始条件的解析解，只有在特定条件下才能得到，其中最基本的假设是，导弹和目标在同一平面内运动，目标作等速直线飞行，导弹的速度是常数。这种解法可以提供导引方法的某些一般性能。

采用图解法可以得到任意飞行情况下的轨迹，图解法比较简单直观，但是精确度不高。作图时，比例尺选得大些，细心些，就能得到较为满意的结果。图解法也是在目标运动特性和导弹速度已知的条件下进行的，它所得到的轨迹为给定初始条件(r_0,q_0)下的运动学弹道。例如，三点法导引弹道(图3－2)的作图步骤如下：首先取适当的时间间隔，把各瞬时目标的位置0′、1′、2′、3′……标注出来，然后作目标各瞬时位置与制导站的连线。按三点法的导引关系，制导系统应使导弹时刻处于制导站与目标的连线上。在初始时刻，导弹处于0点。经过Δt时间后，导弹飞经的距离为$\overline{01}=V_m(t_0)\Delta t$，点1又必须在$\overline{01'}$线段上，按照这两个条件确定1的位置。类似地确定对应时刻导弹的位置2、3……，最后用光滑曲线连接1、2、3……各点，就得到三点法导引时的运动学弹道。导弹飞行速度的方向就是沿着轨迹各点的切线方向。

图3－2中的弹道，是导弹相对地面坐标系的运动轨迹，称为绝对弹道。而导弹相对于目标的运动轨迹，则称为相对弹道。或者说，相对弹道就是观察者在活动目标上所能看到的导弹运动轨迹。

相对弹道也可以用图解法做出。图3－3为目标作等速直线飞行，按追踪法导引时的相对弹道。作图时，假设目标固定不动，按追踪法的导引关系，导弹速度矢量V_m应始终指向目标。

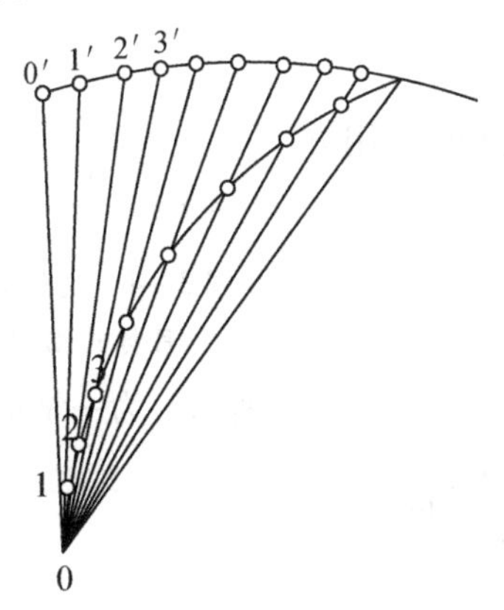

图3－2　三点法导引弹道

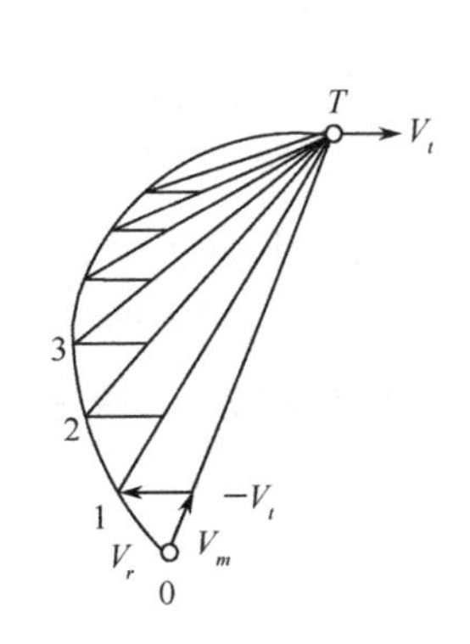

图3－3　追踪法相对弹道

首先求出起始点(r_0,q_0)导弹的相对速度$V_r=V_m-V_t$,这样可以得到第一秒时导弹相对目标的位置1。然后,依次确定瞬时导弹相对目标的位置2、3……。最后,光滑连接0、1、2、3……各点,就得到追踪法导引时的相对弹道。显然,导弹相对速度的方向就是相对弹道的切线方向。

由图3-3看出,按追踪法导引时,导弹的相对速度总是落后于视线,而且总要绕到目标正后方去攻击,因而它的轨迹比较弯曲,要求导弹具有较高的机动性,不能实现全向攻击。

3.2 追 踪 法

所谓追踪法是指导弹在攻击目标的导引过程中,导弹的速度矢量始终指向目标的一种导引方法。这种方法要求导弹速度矢量的前置角η_m始终等于零。因此,追踪法导引关系方程为

$$\varepsilon_1=\eta_m=0$$

3.2.1 弹道方程

追踪法导引时,导弹与目标之间的相对运动由式(3-1)可得

$$\begin{cases}\dfrac{\mathrm{d}r}{\mathrm{d}t}=V_t\cos\eta_t-V_m\\ r\dfrac{\mathrm{d}q}{\mathrm{d}t}=-V_t\sin\eta_t\\ q=\sigma_t+\eta_t\end{cases}\tag{3-2}$$

若V_m、V_t和σ_t为已知的时间函数,则方程组(3-2)还包含3个未知参数,即r、q和η_t。给出初始值r_0、q_0和η_{t0},用数值积分法可以得到相应的特解。

为了得到解析解,以便了解追踪法的一般特性,必须作以下假定:目标作等速直线运动,导弹作等速运动。

取基准线$\overline{Ax}$平行于目标的运动轨迹,这时,$\sigma_t=0$,$q=\eta_t$(图3-4),则方程组(3-2)可改写为

$$\begin{cases}\dfrac{\mathrm{d}r}{\mathrm{d}t}=V_t\cos q-V_m\\ r\dfrac{\mathrm{d}q}{\mathrm{d}t}=-V_t\sin q\end{cases}\tag{3-3}$$

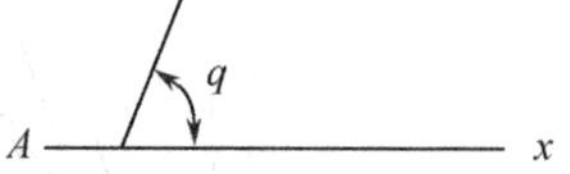

图3-4 追踪法导引弹道与目标的相对运动关系

由方程组(3-3)可以导出相对弹道方程$r=f(q)$。用方程组(3-3)的第一式除以第二式得

$$\frac{\mathrm{d}r}{r}=\frac{V_t\cos q-V_m}{-V_t\sin q}\mathrm{d}q\tag{3-4}$$

令$p=V_m/V_t$,称为速度比。因假设导弹和目标作等速运动,所以p为一常值。于是

$$\frac{\mathrm{d}r}{r}=\frac{-\cos q+p}{\sin q}\mathrm{d}q\tag{3-5}$$

积分得

$$r=r_0\frac{\tan^p\dfrac{q}{2}\sin q_0}{\tan^p\dfrac{q_0}{2}\sin q} \tag{3-6}$$

令

$$c=r_0\frac{\sin q_0}{\tan^p\dfrac{q_0}{2}} \tag{3-7}$$

式中：(r_0,q_0)为开始导引瞬时导弹相对目标的位置。

最后得到以目标为原点的极坐标形式的导弹相对弹道方程为

$$r=c\frac{\tan^p\dfrac{q}{2}}{\sin q}=c\frac{\sin^{(p-1)}\dfrac{q}{2}}{2\cos^{(p+1)}\dfrac{q}{2}} \tag{3-8}$$

由式(3-8)即可画出追踪法导引的相对弹道（又称追踪曲线）。步骤如下：

(1) 求命中目标时的 q_f 值。命中目标时 $r_f=0$，当 $p>1$，由式(3-8)得到 $q_f=0$。

(2) 在 q_0 到 q_f 之间取一系列 q 值，由目标所在位置（T 点）相应引出射线。

(3) 将一系列 q 值分别带入式(3-8)中，可以求得相对应的 r 值，并在射线上截取相应线段长度，则可求得导弹的对应位置。

(4) 逐点描绘即可得到导弹的相对弹道。

3.2.2 直接命中目标的条件

从方程组(3-3)的第二式可以看出，$\dot{q}$ 总和 q 的符号相反。这表明不管导弹开始追踪时的 q_0 为何值，导弹在整个导引过程中 $|q|$ 是不断减小的，即导弹总是绕到目标的正后方去命中目标（如图 3-4 所示）。因此，$q\to 0$。

由式(3-8)可得：

若 $p>1$，且 $q\to 0$，则 $r\to 0$；

若 $p=1$，且 $q\to 0$，则 $r\to r_0\dfrac{\sin q_0}{2\tan^p\dfrac{q_0}{2}}$；

若 $p<1$，且 $q\to 0$，则 $r\to\infty$。

显然，只有导弹的速度大于目标的速度才有可能直接命中目标；若导弹的速度等于或小于目标的速度，则导弹与目标最终将保持一定的距离或距离越来越远而不能直接命中目标。由此可见，导弹直接命中目标的必要条件是导弹的速度大于目标的速度（即 $p>1$）。

3.2.3 导弹命中目标需要的飞行时间

导弹命中目标所需的飞行时间直接关系到控制系统及弹体参数的选择，它是导弹武器系统设计的必要数据。

方程组(3-3)中的第一式和第二式分别乘以 $\cos q$ 和 $\sin q$，然后相减，经整理得

$$\cos q \frac{dr}{dt} - r\sin q \frac{dq}{dt} = V_t - V_m \cos q \tag{3-9}$$

方程组(3-3)的第一式可改写为

$$\cos q = \frac{\frac{dr}{dt} + V_m}{V_t}$$

将上式代入式(3-9)中,整理后得

$$(p + \cos q)\frac{dr}{dt} - r\sin q \frac{dq}{dt} = V_t - pV_m$$

$$d[r(p + \cos q)] = (V_t - pV_m)dt$$

积分得

$$t = \frac{r_0(p + \cos q_0) - r(p + \cos q)}{pV_m - V_t} \tag{3-10}$$

将命中目标的条件(即 $r \to 0, q \to 0$)代入式(3-10)中,可得导弹从开始追踪至命中目标所需的飞行时间为

$$t_f = \frac{r_0(p + \cos q_0)}{pV_m - V_t} = \frac{r_0(p + \cos q_0)}{(V_m - V_t)(1 + p)} \tag{3-11}$$

由式(3-11)可以看出

迎面攻击($q_0 = \pi$)时,$t_f = \dfrac{r_0}{V_m + V_t}$;

尾追攻击($q_0 = 0$)时,$t_f = \dfrac{r_0}{V_m - V_t}$;

侧面攻击$\left(q_0 = \dfrac{\pi}{2}\right)$时,$t_f = \dfrac{r_0 p}{(V_m - V_t)(1 + p)}$。

因此,在 r_0、V_m 和 V_t 相同的条件下,q_0 在0至 π 范围内,随着 q_0 的增加,命中目标所需的飞行时间将缩短。当迎面攻击($q_0 = \pi$)时,所需飞行时间为最短。

3.2.4 导弹的法向过载

导弹的过载特性是评定导引方法优劣的重要标志之一。过载的大小直接影响制导系统的工作条件和导引误差,也是计算导弹弹体结构强度的重要条件。沿导引弹道飞行的需用法向过载必须小于可用法向过载。否则,导弹的飞行将脱离追踪曲线并按着可用法向过载所决定的弹道曲线飞行,在这种情况下,直接命中目标是不可能的。

本章的法向过载定义为法向加速度与重力加速度之比,即

$$n = \frac{a_n}{g} \tag{3-12}$$

式中:a_n 为作用在导弹上所有外力(包括重力)的合力所产生的法向加速度。

追踪法导引导弹的法向加速度为

$$a_n = V_m \frac{d\sigma_m}{dt} = V_m \frac{dq}{dt} = -\frac{V_m V_t \sin q}{r} \tag{3-13}$$

将式(3－6)带入式(3－13)得

$$a_n = -\frac{V_m V_t \sin q}{r_0 \dfrac{\tan^p \dfrac{q}{2}\sin q_0}{\tan^p \dfrac{q_0}{2}\sin q}} = -\frac{V_m V_t \tan^p \dfrac{q_0}{2}}{r_0 \sin q_0}\frac{4\cos^p \dfrac{q}{2}\sin^2 \dfrac{q}{2}\cos^2 \dfrac{q}{2}}{\sin^p \dfrac{q}{2}}$$

$$= -\frac{4V_m V_t}{r_0}\frac{\tan^p \dfrac{q_0}{2}}{\sin q_0}\cos^{(p+2)}\frac{q}{2}\sin^{(2-p)}\frac{q}{2} \tag{3-14}$$

将式(3－14)代入(3－12)中，且法向过载只考虑其绝对值，则过载可表示为

$$n = \frac{4V_m V_t}{g r_0}\left|\frac{\tan^p \dfrac{q_0}{2}}{\sin q_0}\cos^{(p+2)}\frac{q}{2}\sin^{(2-p)}\frac{q}{2}\right| \tag{3-15}$$

导弹命中目标时，$q \to 0$，由式(3－15)看出：

当 $p>2$ 时，$\lim\limits_{q\to 0} n = \infty$；

当 $p=2$ 时，$\lim\limits_{q\to 0} n = \dfrac{4V_m V_t}{g r_0}\left|\dfrac{\tan^p \dfrac{q_0}{2}}{\sin q_0}\right|$；

当 $p<2$ 时，$\lim\limits_{q\to 0} n = 0$。

由此可见，对于追踪法导引，考虑到命中点的法向过载，只有当速度比满足 $1<p\leqslant 2$ 时，导弹才有可能命中目标。

3.2.5　允许攻击区

所谓允许攻击区是指导弹在此区域内按追踪法导引飞行，其飞行弹道上的需用法向过载均不超过可用法向过载值。

由式(3－13)得

$$r = -\frac{V_m V_t \sin q}{a_n}$$

将式(3－12)代入上式，如果只考虑其绝对值，则上式可改写为

$$r = \frac{V_m V_t}{gn}|\sin q| \tag{3-16}$$

在 V_m、V_t 和 n 给定的条件下，在由 r、q 所组成的极坐标系中，式(3－16)是一个圆的方程，即追踪曲线上过载相同点的连线(简称等过载曲线)是个圆。圆心在($V_m V_t/2gn$，$\pm\pi/2$)上，圆的半径等于 $V_m V_t/2gn$。在 V_m、V_t 一定时，给出不同的 n 值，就可以绘出圆心在 $q=\pm\pi/2$ 上，半径大小不同的圆族，且 n 越大，等过载圆半径越小。这族圆正通过目标，与目标的速度相切，如图3－5所示。

假设可用法向过载为 n_p，相应地有一个等过载圆。现在要确定追踪导引起始时刻导弹－目标相对距离 r_0 为某一给定值的允许攻击区。

设导弹的初始位置分别为在M_{01}、M_{02}^*、M_{03}点。各自对应的追踪曲线为1、2、3,如图3-6所示。

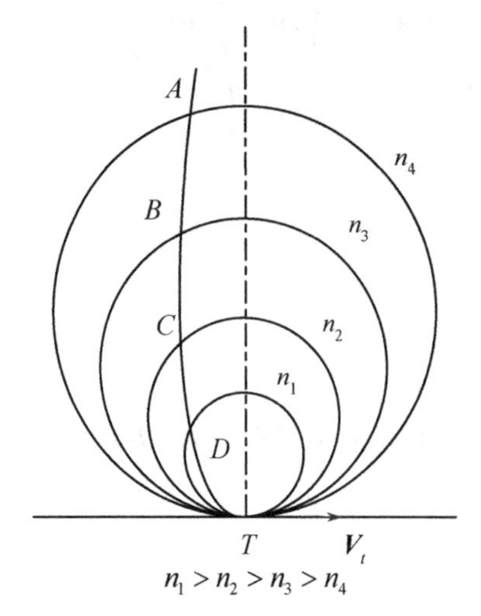

图3-5 等过载圆族

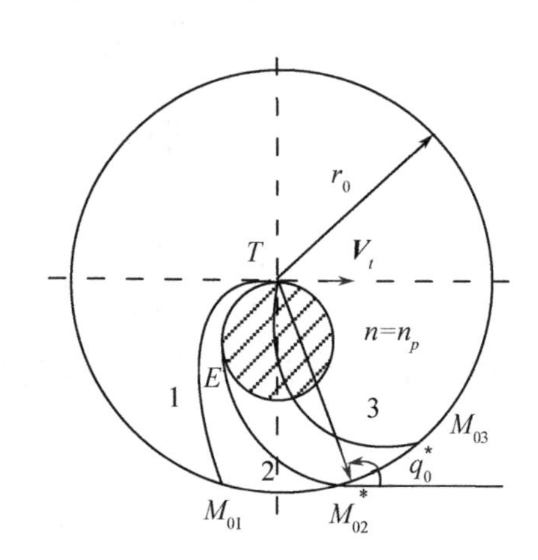

图3-6 确定极限起始位置

追踪曲线1不与n_p决定的圆相交,因而追踪曲线1上的任意一点的法向过载$n<n_p$;追踪曲线3与n_p决定的圆相交,因而追踪曲线3上有一段的法向过载$n>n_p$,显然,导弹从M_{03}点开始追踪导引是不允许的,因为它不能直接命中目标;追踪曲线2与n_p决定的圆正好相切,切点E的过载最大,且$n=n_p$,追踪曲线2上任意一点均满足$n\leqslant n_p$。因此,M_{02}^*点是追踪法导引的极限初始位置,它由r_0、q_0^*确定。于是r_0值给定时,允许攻击区必须满足

$$|q_0|\leqslant|q_0^*|$$

(r_0,q_0^*)对应的追踪曲线2把攻击平面分成两个区域,$|q_0|<|q_0^*|$的那个区域就是由导弹可用法向过载所决定的允许攻击区,如图3-7中阴影线所示的区域。因此,要确定允许攻击区,在r_0值给定时,首先必须确定q_0^*值。

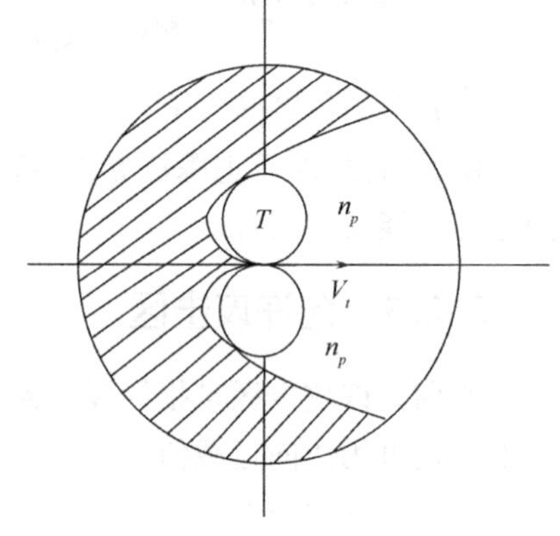

图3-7 追踪法导引的允许攻击区

追踪曲线2上,E点过载最大,此点所对应的坐标为(r^*,q^*)。q^*值可以由$\mathrm{d}n/\mathrm{d}q=0$求得。由式(3-15)可得

$$\frac{\mathrm{d}n}{\mathrm{d}q}=\frac{2V_mV_t}{r_0g\dfrac{\sin q_0}{\tan^p\dfrac{q_0}{2}}}\left[(2-p)\sin^{(1-p)}\frac{q}{2}\cos^{(p+3)}\frac{q}{2}-(2+p)\sin^{(3-p)}\frac{q}{2}\cos^{(p+1)}\frac{q}{2}\right]=0$$

即

$$(2-p)\sin^{1-p}\frac{q^*}{2}\cos^{(p+3)}\frac{q^*}{2}=(2+p)\sin^{(3-p)}\frac{q^*}{2}\cos^{(p+1)}\frac{q^*}{2}$$

整理后得

$$(2-p)\cos^2\frac{q^*}{2}=(2+p)\sin^2\frac{q^*}{2}$$

又可以写成

$$2\left(\cos^2\frac{q^*}{2}-\sin^2\frac{q^*}{2}\right)=p\left(\sin^2\frac{q^*}{2}+\cos^2\frac{q^*}{2}\right)$$

于是

$$\cos q^*=\frac{p}{2}$$

由上式可知,追踪曲线上法向过载最大值处的视线角 q^* 仅取决于速度比 p 的大小。

因 E 点在 n_p 的等过载圆上,且所对应的 r^* 值满足式(3－16),于是

$$r^*=\frac{V_mV_t}{gn_p}\left|\sin q^*\right|$$

因为

$$\sin q^*=\sqrt{1-\frac{p^2}{4}}$$

所以

$$r^*=\frac{V_mV_t}{gn_p}\left(1-\frac{p^2}{4}\right)^{\frac{1}{2}} \tag{3-17}$$

E 点在最终曲线 2 上,r^* 也同时满足弹道方程式(3－6),即

$$r^*=r_0\frac{\tan^p\dfrac{q^*}{2}\sin q_0^*}{\tan^p\dfrac{q_0^*}{2}\sin q^*}=\frac{r_0\sin q_0^*2(2-p)^{\frac{p-1}{2}}}{\tan^p\dfrac{q_0^*}{2}(2+p)^{\left(\frac{p+1}{2}\right)}} \tag{3-18}$$

r^* 同时满足式(3－17)和式(3－18),于是有

$$\frac{V_mV_t}{gn_p}\left(1-\frac{p}{2}\right)^{\frac{1}{2}}\left(1+\frac{p}{2}\right)^{\frac{1}{2}}=\frac{r_0\sin q_0^*}{\tan^p\dfrac{q_0^*}{2}}\frac{2(2-p)^{\frac{p-1}{2}}}{(2+p)^{\frac{p+1}{2}}} \tag{3-19}$$

显然,当 V_m、V_t、n_p 和 r_0 给定时,由式(3－19)解出 q_0^* 值,那么,允许攻击区也就相应确定了。

如果导弹发射时刻就开始实现追踪法导引,那么 $|q_0|\leqslant|q_0^*|$ 所确定的范围也就是允许发射区。

追踪法是最早提出的一种导引方法,技术上实现追踪法导引是比较简单的。例如,只要在弹内装一个“风标”装置,再将目标位标器安装在风标上,使其轴线与风标指向平行,由于风标的指向始终沿着导弹速度矢量的方向,只要目标影像偏离了位标器轴线,这时,导弹速度矢量没有指向目标,制导系统就会形成控制指令,以消除偏差,实现追踪法导引。由于追踪法导引在技术实施方面比较简单,部分空地导弹、激光制导炸弹采用了这种导引方法。但这种导引方法的弹道特性存在着严重的缺点。因为导弹的绝对速度始终指向目标,相对速度总是落后于视线,不管从哪个方向发射,导弹总是要绕到目标的后面去命中目标,这样导致导弹的弹道较弯曲(特别在命中点附近),需用法向过载较大,要求导弹要有很高的机动性。由于可用法向过载的限制,导弹不能实现全向攻击。同时,考虑到追踪法导引命中点的法向过载,速度比受到严格的限制,$1<p\leqslant2$。因此,追踪法目前应用很少。

3.3 平行接近法

前文所讲的追踪法的根本缺点,在于它的相对速度落后于视线,总要绕到目标正后方去攻击。为了克服追踪法的这一缺点,人们又研究出了新的导引方法——平行接近法。

平行接近法是指在整个导引过程中,视线在空间保持平行移动的一种导引方法。其导引关系式(即理想操纵关系式)为

$$\varepsilon_1 = \frac{\mathrm{d}q}{\mathrm{d}t} = 0 \tag{3-20}$$

或

$$\varepsilon_1 = q - q_0 = 0$$

代入方程组(3-1)的第二式,可得

$$r\frac{\mathrm{d}q}{\mathrm{d}t} = V_m \sin\eta_m - V_t \sin\eta_t = 0 \tag{3-21}$$

即

$$\sin\eta_m = \frac{V_t}{V_m}\sin\eta_t = \frac{1}{p}\sin\eta_t \tag{3-22}$$

式(3-21)表示,不管目标作何种机动飞行,导弹速度矢量 V_m 和目标速度矢量 V_t 在垂直于视线方向上的分量相等。因此,导弹的相对速度 V_r 正好在视线上,它的方向始终指向目标,如图 3-8 所示。

综上所述,按平行接近法导引时,导弹与目标的相对运动方程组为

$$\begin{cases} \dfrac{\mathrm{d}r}{\mathrm{d}t} = V_t \cos\eta_t - V_m \cos\eta_m \\ r\dfrac{\mathrm{d}q}{\mathrm{d}t} = V_m \sin\eta_m - V_t \sin\eta_t \\ q = \eta_m + \theta_m \\ q = \eta_t + \theta_t \\ \varepsilon_1 = \dfrac{\mathrm{d}q}{\mathrm{d}t} = 0 \end{cases} \tag{3-23}$$

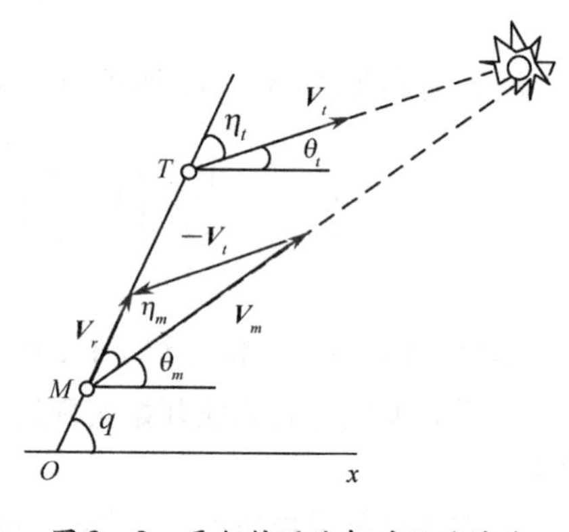

图 3-8 平行接近法相对运动关系

3.3.1 直线弹道问题

按平行接近法导引时,在整个导引过程中视线角 q 为常值,因此,如果导弹速度的前置角 η_m 保持不变,则导弹弹道倾角(或弹道偏角)为常值,导弹的飞行轨迹(绝对弹道)就是一条直线弹道。由式(3-22)可以看出,只要满足 p 和 η_t 为常值,则 η_m 为常值,此时导弹就沿着直线弹道飞行。因此,对于平行接近法导引,在目标直线飞行情况下,只要速度比保持为常数(且 $p>1$),那么导弹无论从什么方向攻击目标,它的飞行弹道都是直线弹道。

3.3.2　导弹的法向过载

当目标作机动飞行，且导弹速度也不断变化时，如果速度比 $p = V_m/V_t =$ 常数（且 $p>1$），则导弹按平行接近法导引的需用法向过载总是比目标的过载小。证明如下：对式（3－22）求导，在 p 为常数时，有

$$\dot{\eta}_m \cos\eta_m = \frac{1}{p}\dot{\eta}_t \cos\eta_t$$

或

$$V_m\,\dot{\eta}_m \cos\eta_m = V_t\,\dot{\eta}_t \cos\eta_t \tag{3-24}$$

设攻击平面为铅垂平面，则

$$q = \eta_m + \theta_m = \eta_t + \theta_t = 常数$$

因此

$$\dot{\eta}_t = -\dot{\theta}_t, \dot{\eta}_m = -\dot{\theta}_m$$

用$\dot{\theta}_m$、$\dot{\theta}_t$ 置换$\dot{\eta}_m$、$\dot{\eta}_t$，改写式（3－24），得

$$\frac{V_m\,\dot{\theta}_m}{V_t\,\dot{\theta}_t} = \frac{\cos\eta_t}{\cos\eta_m} \tag{3-25}$$

因恒有 $p>1$，即 $V_m > V_t$，由式（3－22）可得 $\eta_t > \eta_m$，于是有

$$\cos\eta_t < \cos\eta_m$$

从式（3－25）显然可得

$$V_m\,\dot{\theta}_m < V_t\,\dot{\theta}_t \tag{3-26}$$

为了保持 q 值为某一常数，在 $\eta_t > \eta_m$ 时，必须有 $\theta_m > \theta_t$，因此有不等式

$$\cos\theta_m < \cos\theta_t \tag{3-27}$$

导弹和目标的需用法向过载可表示为

$$\begin{cases} n_{y_m} = \dfrac{V_m\,\dot{\theta}_m}{g} + \cos\theta_m \\ n_{y_t} = \dfrac{V_t\,\dot{\theta}_t}{g} + \cos\theta_t \end{cases} \tag{3-28}$$

由式（3－26）和式（3－27），比较式（3－28）右端，有

$$n_{y_m} < n_{y_t} \tag{3-29}$$

由此可以得到以下结论：无论目标作何种机动飞行，采用平行接近法导引时，导弹的需用法向过载总是小于目标的法向过载，即导弹弹道的弯曲程度比目标航迹弯曲的程度小。因此，导弹的机动性就可以小于目标的机动性。

3.3.3　平行接近法的图解法弹道

首先确定目标的位置 0′、1′、2′、3′……，导弹初始位置在 0 点。连接$\overline{00'}$，就确定了视线方向。通过 1′、2′、3′……引平行于$\overline{00'}$的直线。导弹在第一个 Δt 内飞过的路程$\overline{01} = V_m(t_0)\Delta t$。

同时,点1必须处在对应的平行线上,按照这两个条件确定1点的位置。同样可以确定2、3……,这样就得到导弹的飞行弹道,如图3-9所示。

由以上讨论可以看出,当目标机动时,按平行接近法导引的弹道需用过载将小于目标的机动过载。进一步的分析表明,与其他导引方法相比,用平行接近法导引的弹道最为平直,还可实行全向攻击。因此,从这个意义上说,平行接近法是最好的导引方法。

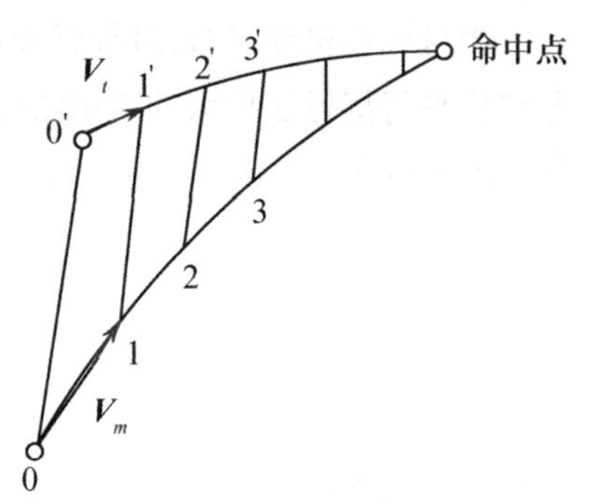

图3-9　平行接近法图解弹道

但是,到目前为止,平行接近法并未得到广泛应用。其主要原因是,这种方法对制导系统提出了严格的要求,使制导系统复杂化。它要求制导系统在每一瞬时都要精确地测量目标及导弹的速度和前置角,并严格保持平行接近法的导引关系。而实际上,由于发射偏差或干扰的存在,不可能绝对保证弹目相对速度 V_r 始终指向目标,因此,平行接近法很难实现。

3.4　比例导引法

比例导引法是指导弹飞行过程中速度矢量 V_m 的转动角速度与视线的转动角速度成比例的一种导引方法。其导引关系式为

$$\varepsilon_1 = \frac{\mathrm{d}\sigma_m}{\mathrm{d}t} - K\frac{\mathrm{d}q}{\mathrm{d}t} = 0 \tag{3-30}$$

式中:K 为比例系数,又称导航比。

即

$$\frac{\mathrm{d}\sigma_m}{\mathrm{d}t} = K\frac{\mathrm{d}q}{\mathrm{d}t} \tag{3-31}$$

假定比例系数 K 为一常数,对式(3-30)进行积分,就得到比例导引关系式的另一种形式:

$$\varepsilon_1 = (\sigma_m - \sigma_{m0}) - K(q - q_0) = 0 \tag{3-32}$$

由式(3-32)不难看出,如果比例系数 $K=1$,且 $q_0=\sigma_{m0}$,即导弹前置角 $\eta_m=0$,这就是追踪法;如果比例系数 $K=1$,且 $q_0=\sigma_{m0}+\eta_{m0}$,则 $q=\sigma_m+\eta_{m0}$,即导弹前置角 $\eta_m=\eta_{m0}=$ 常值,这就是常值前置导引法(显然,追踪法是常值前置角导引法的一个特例)。

当比例系数 $K\to\infty$,由式(3-30)知 $\mathrm{d}q/\mathrm{d}t\to 0$,$q=q_0=$ 常值,说明视线只是平行移动,这就是平行接近法。

由此不难得出结论:追踪法、常值前置角法和平行接近法都可看作是比例导引法的特殊情况。由于比例导引法的比例系数 K 在 $(1,\infty)$ 范围内,它是介于常值前置角法和平行接近法之间的一种导引方法。它的弹道性质,也介于常值前置角法和平行接近法的弹道性质之间。

3.4.1　比例导引法的相对运动方程组

按比例导引法时,导弹-目标的相对运动方程组如下:

$$\begin{cases} \dfrac{\mathrm{d}r}{\mathrm{d}t} = V_t \cos\eta_t - V_m \cos\eta_m \\ r\dfrac{\mathrm{d}q}{\mathrm{d}t} = V_m \sin\eta_m - V_t \sin\eta_t \\ q = \eta_m + \sigma_m \\ q = \eta_t + \sigma_t \\ \dfrac{\mathrm{d}\sigma_m}{\mathrm{d}t} = K\dfrac{\mathrm{d}q}{\mathrm{d}t} \end{cases} \tag{3-33}$$

如果知道了 V_m、V_t、σ_t 的变化规律以及 r_0、q_0、σ_{m0}（或 η_{m0}）三个初始条件，就可以用数值积分法或图解法算这组方程，采用解析法解此方程组则比较困难。只有当比例系数 $K=2$，且目标等速直线飞行、导弹等速飞行时，才能得到解析解。

3.4.2　弹道特性的讨论

解算运动方程组(3-33)，可以获得导弹的运动特性。下面我们着重讨论采用比例导引法时，导弹的直线弹道和需用法向过载。

1. 直线弹道

对导弹-目标的相对运动方程组的第三式求导：

$$\dot{q} = \dot{\eta}_m + \dot{\sigma}_m$$

将导引关系式 $\dot{\sigma}_m = K\dot{q}$ 代入上式，得到

$$\dot{\eta}_m = (1-K)\dot{q} \tag{3-34}$$

直线弹道的条件为 $\dot{\sigma}_m = 0$，即

$$\dot{q} = \dot{\eta}_m \tag{3-35}$$

在 $K \neq 0, 1$ 的条件下，式(3-34)和式(3-35)若要同时成立，必须满足

$$\begin{cases} \dot{q} = 0 \\ \dot{\eta}_m = 0 \end{cases} \tag{3-36}$$

亦即

$$\begin{cases} q = q_0 = 常数 \\ \eta_m = \eta_{m0} = 常数 \end{cases} \tag{3-37}$$

考虑到相对运动方程组(3-33)式中的第二式，导弹直线飞行的条件亦可写为

$$\begin{cases} V_m \sin\eta_m - V_t \sin\eta_t = 0 \\ \eta_{m0} = \arcsin\left(\dfrac{V_t}{V_m}\sin\eta_t\right)\Bigg|_{t=t_0} \end{cases} \tag{3-38}$$

式(3-38)表明，导弹和目标的速度矢量在垂直于视线方向上的分量相等，即导弹的相对速度要始终指向目标。

直线弹道要求导弹速度矢量的前置角始终保持其初始值 η_{m0}，而前置角的起始值 η_{m0} 有两

种情况:一种是导弹发射装置不能调整的情况,此时 η_{m0} 为确定值;另一种是 η_{m0} 可以调整的,发射装置可根据需要改变 η_{m0} 的数值。

(1) 在第一种情况下(η_{m0} 为定值),由直线弹道条件式(3-38)解得

$$\eta_t = \arcsin\frac{V_m\sin\eta_{m0}}{V_t} \text{或} \ \eta_t = \pi - \arcsin\frac{V_m\sin\eta_{m0}}{V_t} \tag{3-39}$$

将 $q_0 = \sigma_t + \eta_t$ 代入,可得发射时视线的方位角为

$$\begin{cases} q_{01} = \sigma_t + \arcsin\dfrac{V_m\sin\eta_{m0}}{V_t} \\ q_{02} = \sigma_t + \pi - \arcsin\dfrac{V_m\sin\eta_{m0}}{V_t} \end{cases}$$

上式说明,只有在两个方向发射导弹才能得到直线弹道,即直线弹道只有两条。

(2) 在第二种情况下,η_{m0} 可以根据 q_0 的大小加以调整,此时,只要满足条件

$$\eta_{m0} = \arcsin\left(\frac{V_t\sin(q_0 - \sigma_t)}{V_m}\right)$$

导弹沿任何方向发射都可以得到直线弹道。

当 $\eta_{m0} = \pi - \arcsin\left(\dfrac{V_t\sin(q_0 - \sigma_t)}{V_m}\right)$ 时,也可满足式(3-38),但此时 $|\eta_{m0}| > 90°$,表示导弹背向目标,因而没有实际意义。

2. 需用法向过载

比例导引法要求导弹的转弯角速度 $\dot{\sigma}_m$ 与视线旋转角速度 $\dot{q}$ 成比例,因而导弹的需用法向过载也与 $\dot{q}$ 成比例。即

$$n_y = \frac{V_m}{g}\frac{\mathrm{d}\theta_m}{\mathrm{d}t} = \frac{V_m K}{g}\frac{\mathrm{d}q}{\mathrm{d}t} \tag{3-40}$$

因此,要了解弹道上各点需用法向过载的变化规律,只需讨论 $\dot{q}$ 的变化规律。

对相对运动方程组(3-33)的第二式两边求导,得

$$\dot{r}\dot{q} + r\ddot{q} = \dot{V}_m\sin\eta_m + V_m\dot{\eta}_m\cos\eta_m - \dot{V}_t\sin\eta_t - V_t\dot{\eta}_t\cos\eta_t$$

将

$$\begin{cases} \dot{\eta}_m = \dot{q}_m - \dot{\sigma}_m = (1-K)\dot{q} \\ \dot{\eta}_t = \dot{q} - \dot{\sigma}_t \\ \dot{r} = V_t\cos\eta_t - V_m\cos\eta_m \end{cases}$$

代入,经整理后得

$$r\ddot{q} = -(KV_m\cos\eta_m + 2\dot{r})(\dot{q} - \dot{q}^*) \tag{3-41}$$

式中

$$\dot{q}^* = \frac{\dot{V}_m\sin\eta_m - \dot{V}_t\sin\eta_t + V_t\dot{\sigma}_t\cos\eta_t}{KV_m\cos\eta_m + 2\dot{r}} \tag{3-42}$$

以下分两种情况讨论:

(1) 假设目标等速直线飞行,导弹等速飞行。此时,由式(3-42)可知

$$\dot{q}^* = 0$$

于是,式(3-41)可改写成

$$\ddot{q} = -\frac{1}{r}(KV_m\cos\eta_m + 2\dot{r})\dot{q} \tag{3-43}$$

由式(3-43)可知,如果$(KV_m\cos\eta_m + 2\dot{r}) > 0$,那么$\ddot{q}$的符号与$\dot{q}$相反。当$\dot{q} > 0$时,$\ddot{q} < 0$,即$\dot{q}$值将减小;当$\dot{q} < 0$时,$\ddot{q} > 0$,即$\dot{q}$值将增大。总之,$|\dot{q}|$总是减小的(图3-10)。$\dot{q}$随时间的变化规律是向横坐标接近,弹道的需用法向过载随$|\dot{q}|$的不断减小而减小,弹道变得平直,这种情况称为$\dot{q}$"收敛"。

若$(KV_m\cos\eta_m + 2\dot{r}) < 0$时,$\ddot{q}$与$\dot{q}$同号,$|\dot{q}|$将不断增大,弹道的需用法向过载随$|\dot{q}|$的不断增大而增大,弹道变得弯曲,这种情况称为$\dot{q}$"发散"(图3-11)。

图3-10　$(KV_m\cos\eta_m + 2\dot{r}) > 0$时的$\dot{q}$变化趋势　　图3-11　$(KV_m\cos\eta_m + 2\dot{r}) < 0$时的$\dot{q}$变化趋势

显然,要使导弹转弯较为平缓,就必须使$\dot{q}$收敛,这时应满足条件

$$K > \frac{2|\dot{r}|}{V_m\cos\eta_m} \tag{3-44}$$

由此得出结论:只要比例系数K选得足够大,使其满足式(3-44),$|\dot{q}|$就可逐渐减小而趋向于零;相反,如不能满足式(3-44),则$|\dot{q}|$将逐渐增大,在接近目标时,导弹要以无穷大的速率转弯,这实际上是无法实现的,最终将导致脱靶。

(2)目标机动飞行、导弹变速飞行。由式(3-42)可知:$\dot{q}^*$与目标的切向加速度$\dot{V}_t$、法向加速度$V_t\dot{\sigma}_t$和导弹的切向加速度$\dot{V}_m$有关,$\dot{q}^*$不再为零。当$(KV_m\cos\eta_m + 2\dot{r}) \neq 0$时,$\dot{q}^*$是有限值。

由式(3-41)可见:当$(KV_m\cos\eta_m + 2\dot{r}) > 0$时,若$\dot{q} < \dot{q}^*$,则$\ddot{q} > 0$,这时$\dot{q}$将不断增大;若$\dot{q} > \dot{q}^*$时,则$\ddot{q} < 0$,此时$\dot{q}$将不断减小。总之,$\dot{q}$有接近$\dot{q}^*$的趋势。

当$(KV_m\cos\eta_m + 2\dot{r}) < 0$时,$\dot{q}$有逐渐离开$\dot{q}^*$的趋势,弹道变得弯曲。在接近目标时,导弹要以极大的速率转弯。

3. 命中点的需用法向过载

前面已经提到,如果$(KV_m\cos\eta_m + 2\dot{r}) > 0$,那么,$\dot{q}^*$是有限值。由式(3-41)可以看出,在命中点,$r=0$,因此

$$\dot{q}_f = \dot{q}_f^* = \left.\frac{\dot{V}_m\sin\eta_m - \dot{V}_t\sin\eta_t + V_t\dot{\sigma}_t\cos\eta_t}{KV_m\cos\eta_m + 2\dot{r}}\right|_{t=t_f} \tag{3-45}$$

导弹的需用法向过载为

$$n_f = \frac{V_{mf}\dot{\sigma}_f}{g} = \frac{KV_{mf}\dot{q}_f}{g} = \frac{1}{g}\left[\frac{\dot{V}_m\sin\eta_m - \dot{V}_t\sin\eta_t + V_t\dot{\sigma}_t\cos\eta_t}{\cos\eta_m - \frac{2|\dot{r}|}{KV_m}}\right]_{t=t_f} \tag{3-46}$$

从式(3-46)可知,导弹命中目标时的需用法向过载与命中点的导弹速度 V_{mf} 和导弹接近速度 $|\dot{r}|_f$ 有直接关系。如果命中点导弹的速度较小,则需用法向过载将增大。由于空空导弹通常在被动段攻击目标,因此,很有可能出现上述情况。值得注意的是,导弹从不同方向攻击目标,$|\dot{r}|$ 的值是不同的。例如,迎面攻击时,$|\dot{r}| = V_m + V_t$;尾追攻击时,$|\dot{r}| = V_m - V_t$。

另外,从式(3-46)还可看出,目标机动($\dot{V}_t$,$\dot{\sigma}_t$)对命中点导弹的需用法向过载也是有影响的。

当($KV_m\cos\eta_m + 2\dot{r}$)<0 时,$\dot{q}$ 是发散的,$|\dot{q}|$ 不断增大,因此

$$\dot{q}_f \to \infty$$

这意味着 K 较小时,在接近目标的瞬间,导弹要以无穷大的速率转弯,命中点的需用法向过载也趋于无穷大,这实际上是不可能的。所以,当 $K < 2|\dot{r}|/V_m\cos\eta_m$ 时,导弹就不能直接命中目标。

3.4.3 比例系数 K 的选择

由上述讨论可知,比例系数 K 的大小,直接影响弹道特性,影响导弹能否命中目标。因此,如何选择合适的 K 值,是需要研究的一个重要问题。K 值的选择不仅要考虑弹道特性,还要考虑导弹结构强度所允许承受的过载,以及制导系统能否稳定工作等因素。

1. $\dot{q}$ 收敛的限制

$\dot{q}$ 收敛使导弹在接近目标的过程中视线的旋转角速度 $|\dot{q}|$ 不断减小,弹道各点的需用法向过载也不断减小,$\dot{q}$ 收敛的条件为

$$K > \frac{2|\dot{r}|}{V_m\cos\eta_m} \tag{3-47}$$

式(3-47)给出了 K 的下限。由于导弹从不同的方向攻击目标时,$|\dot{r}|$ 是不同的,因此,K 的下限也是变化的。这就要求根据具体情况选择适当的 K 值,使导弹从各个方向攻击的性能都能兼顾,不至于优劣悬殊;或者重点考虑导弹在主攻方向上的性能。

2. 可用过载的限制

式(3-47)限制了比例系数 K 的下限。但是,这并不是意味着 K 值可以取任意大。如果 K 取得过大,则由 $n_y = V_m K\dot{q}/g$ 可知,即使 $\dot{q}$ 值不大,也可能使需用法向过载值很大。导弹在飞行中的可用过载受到最大舵偏角的限制,若需用过载超过可用过载,则导弹便不能沿比例导引弹道飞行。因此,可用过载限制了 K 的最大值(上限)。

3. 制导系统的要求

如果比例系数 K 选得过大,那么外界干扰信号的作用会被放大,这将影响导弹的正常飞行。由于 $\dot{q}$ 的微小变化将会引起 $\dot{\sigma}_m$ 的很大变化,因此,从制导系统稳定工作的角度出发,K 值的上限值也不能选得太大。

综合考虑上述因素,才能选择出一个合适的 K 值。它可以是一个常数,也可以是一个变数。一般认为,K 值通常在 3~6 范围内。

3.4.4 比例导引法的优缺点

比例导引法的优点是:可以得到较为平直的弹道;在满足 $K>(2|\dot{r}|/V_m\cos\eta_m)$ 的条件下,$|\dot{q}|$逐渐减小,弹道前段较弯曲,能充分利用导弹的机动能力;弹道后段较为平直,导弹具有较充裕的机动能力;只要 K、η_{m0}、q_0、p 等参数组合适当,就可以使全弹道上的需用过载均小于可用过载,从而实现全向攻击。另外,与平行接近法相比,它对发射瞄准时的初始条件要求不严,在技术实施上是可行的,因为只需测量$\dot{q}$、$\dot{\sigma}_m$。因此,比例导引法得到了广泛的应用。

但是,比例导引法还存在明显的缺点,即命中点导弹需用法向过载受导弹速度和攻击方向的影响。这一点由式(3-46)不难发现。

为了消除比例导引法的缺点,多年来人们一直致力于比例导引法的改进,研究出了很多修正形式的比例导引方法,下面分别介绍。

3.4.5 修正比例导引法

1. 广义比例导引法

广义比例导引法指需用法向过载与视线旋转角速度成比例的导引法,其导引关系式为

$$n=K\dot{q} \tag{3-48}$$

或

$$a_c=KV_c\dot{q} \tag{3-49}$$

式中:a_c 为指令加速度;K 为比例系数;$V_c=|\dot{r}|$为弹目接近速度。

2. 目标机动加速度修正法

这种方法是在比例导引的基础上,引入与目标机动加速度成正比的控制信号,以消除由于目标机动引起的制导误差。这种方法通常被称为扩展比例导引,形式如下:

$$a_c=KV_c\dot{q}+K_1a_t \tag{3-50}$$

式中:K_1 为可调系数;a_t 为垂直于视线方向的目标机动加速度。

3. 偏置比例导引法

偏置比例导引是在比例导引的基础上引入一偏置项,它综合考虑了目标机动、初始视线角速度等因素的影响,减少了飞行过程的制导误差,避免了指令的频繁切换,使得控制力大为减小,同时也节省了能量,减小了有效载荷,这对运动在高空或大气层外的飞行器尤为重要。导引关系式为

$$a_c=\begin{cases}0 & ,|\dot{q}|\leqslant|\dot{q}_B|\\ KV_c(\dot{q}-\dot{q}_B) & ,|\dot{q}|\geqslant|\dot{q}_B|\end{cases} \tag{3-51}$$

式中:$\dot{q}_B$ 为偏置量。

4. 扩展 PID 型比例导引法

为了减小导弹需用过载,提高制导精度,必须限制视线旋转速率,保证$\dot{q}$最小。PID 型比例导引是一种准平行接近法,它是根据广义视线角误差 Δq 在整个飞行段取最小,经推导得

$$n=K_1\dot{q}+K_2\frac{1}{2}\dot{q}t_{go}+K_3\frac{1}{2}(q-q_0)/t_f \tag{3-52}$$

或

$$a_c = KV_c\left\{\dot{q} + \frac{K_1}{2}[\dot{q}t_{go} + (q - q_0)/t_f]\right\} \tag{3-53}$$

式中:K_1、K_2、K_3 为比例系数;t_{go}为剩余飞行时间;t_f 为导弹飞行时间。

3.5 三点法导引

遥控制导与自动瞄准导引的不同点在于:导弹和目标的运动参数都由制导站来测量。在研究遥控弹道时,既要考虑导弹相对于目标的运动,还要考虑制导站运动对导弹运动的影响。制导站可以是活动的,如发射空空导弹的载机;也可以是固定不动的,如设在地面的地空导弹的遥控制导站。

在讨论遥控弹道特性时,把导弹、目标、制导站都看成质点,并设目标、制导站的运动特性是已知的,导弹的速度 $V_m(t)$ 的变化规律也是已知的。

3.5.1 雷达坐标系 $Ox_ry_rz_r$

在讨论遥控导弹运动特性前,先介绍一下遥控制导所采用的坐标系。遥控制导习惯上采用雷达坐标系 $Ox_ry_rz_r$,如图 3-12 所示。

取地面制导站为坐标原点;Ox_r 轴指向目标方向;Oy_r 轴位于铅垂平面内并与 Ox_r 轴相垂直;Oz_r 轴与 Ox_r 轴、Oy_r 轴组成右手直角坐标系。雷达坐标系与地面坐标系之间的关系由两个角度确定:高低角 ε,Ox_r 轴与地平面 Oxz 的夹角;方位角 β,Ox_r 轴在地平面上的投影 Ox_r'与地面坐标系 Ox 轴的夹角。以 Ox 逆时针转到 Ox_r'为正。空间任一点的位置可以用(x_r, y_r,z_r)表示,也可用(r,ε,β)表示,其中 r 表示该点到坐标原点的距离,称为矢径。

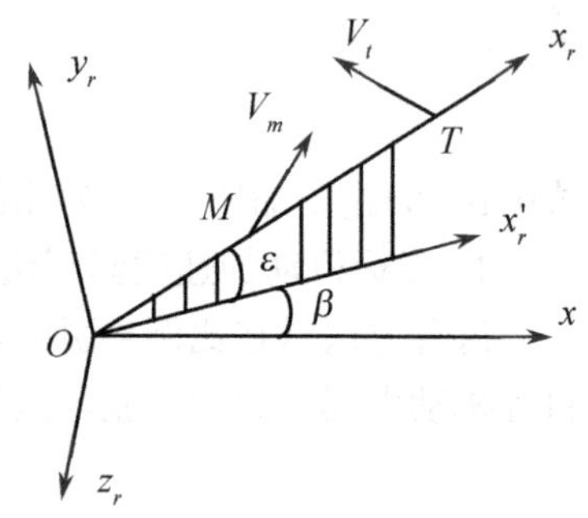

图 3-12　雷达坐标系

3.5.2 三点法导引关系式

三点法导引是指导弹在攻击目标过程中始终位于目标和制导站的连线上。如果观察者从制导站上看,则目标和导弹的影像彼此重合。故三点法又称为目标覆盖法或重合法(图 3-13)。

由于导弹始终处于目标和制导站的连线上,故导弹与制导站连线的高低角 ε_m 和目标与制导站连线的高低角 ε_t 必须相等。因此,三点法的导引关系为

$$\varepsilon_m = \varepsilon_t \tag{3-54}$$

在技术上实施三点法比较容易。例如,可以用一根雷达波束跟踪目标,同时又控制导弹,使导弹在波束中心线上运动(图 3-14)。如果导弹偏离了波束中心线,则制导系统将发出指令控制导弹回到波束中心线上来。

3.5.3 运动学方程组

在讨论三点法弹道特性前,首先要建立三点法导引的相对运动方程组。以地空导弹为例,

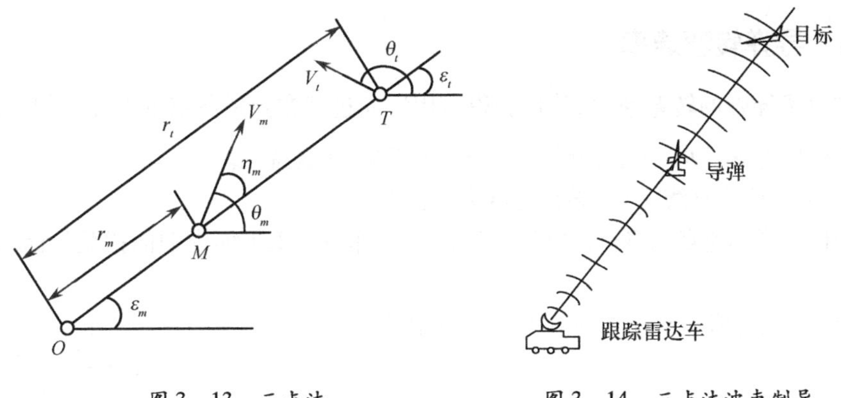

图 3-13　三点法　　　　图 3-14　三点法波束制导

设导弹在铅垂平面内飞行,制导站固定不动(图 3-13)。三点法导引的相对运动方程组为

$$\begin{cases}\dfrac{\mathrm{d}r_m}{\mathrm{d}t}=V_m\cos\eta_m\\ r_m\dfrac{\mathrm{d}\varepsilon_m}{\mathrm{d}t}=-V_m\sin\eta_m\\ \varepsilon_m=\theta_m+\eta_m\\ \dfrac{\mathrm{d}r_t}{\mathrm{d}t}=V_t\cos\eta_t\\ r_t\dfrac{\mathrm{d}\varepsilon_t}{\mathrm{d}t}=-V_t\sin\eta_t\\ \varepsilon_t=\theta_t+\eta_t\\ \varepsilon_m=\varepsilon_t\end{cases}\tag{3-55}$$

方程组(3-55)中,目标运动参数 V_t、θ_t 以及导弹速度 V_m 的变化规律是已知的。方程组的求解可用数值积分法、图解法和解析法。在应用数值积分法解算方程组时,可先积分方程组中的第四至六式,求出目标运动参数 r_t、ε_t。然后积分其余方程,解出导弹运动参数 r_m、ε_m、η_m、θ_m 等;三点法弹道的图解法已做过介绍(图 3-2);在特定情况(目标水平等速直线飞行,导弹速度大小不变)下,可用解析法求出方程组(3-55)的解为(推导过程从略)

$$\begin{cases}y=\sqrt{\sin\theta_m}\left\{\dfrac{y_{m0}}{\sqrt{\sin\theta_{m0}}}+\dfrac{pH_t}{2}[F(\theta_{m0})-F(\theta_m)]\right\}\\ \cot\varepsilon_m=\cot\theta_m+\dfrac{y_m}{pH_t\sin\theta_m}\\ r_m=\dfrac{y_m}{\sin\varepsilon_m}\end{cases}\tag{3-56}$$

式中:y_{m0}、θ_{m0}分别为导引开始的导弹飞行高度和弹道倾角;H_t 为目标飞行高度;$F(\theta_{m0})$、$F(\theta_m)$为椭圆函数,可查表,计算公式为 $F(\theta_m)=\int_{\theta_m}^{\frac{\pi}{2}}\dfrac{\mathrm{d}\theta_m}{\sin^{3/2}\theta_m}$。

3.5.4 导弹转弯速率

如果知道了导弹的转弯速率,就可获得需用法向过载在弹道各点的变化规律。因此,我们从研究导弹的转弯速率$\dot{\theta}_m$入手,分析三点法导引时的弹道特性。

1. 目标水平等速直线飞行,导弹速度为常值的情况

设目标作水平等速直线飞行,飞行高度为H_t,导弹在铅垂平面内迎面拦截目标,如图3-15所示。

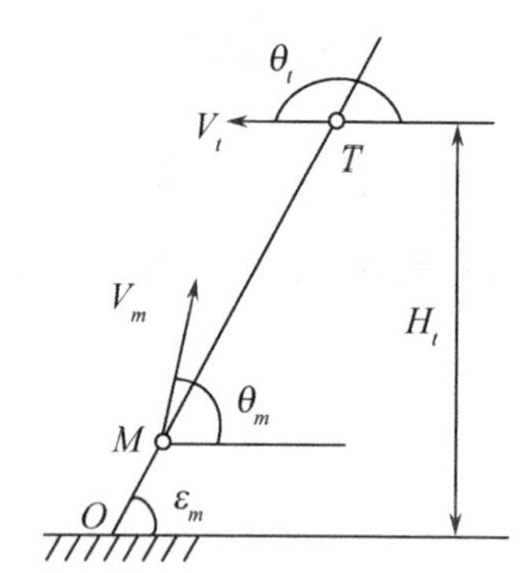

图3-15 目标水平等速直线飞行

在这种情况下,将运动学方程组(3-55)中的第三式代入第二式,得到

$$r_m\frac{\mathrm{d}\varepsilon_m}{\mathrm{d}t}=V_m\sin(\theta_m-\varepsilon_m) \tag{3-57}$$

求导得

$$\dot{r}_m\dot{\varepsilon}_m+r_m\ddot{\varepsilon}_m=V_m(\dot{\theta}_m-\dot{\varepsilon}_m)\cos(\theta_m-\varepsilon_m) \tag{3-58}$$

将方程组(3-55)中的第一式代入式(3-58),整理后得

$$\dot{\theta}_m=2\dot{\varepsilon}_m+\frac{r_m}{\dot{r}_m}\ddot{\varepsilon}_m \tag{3-59}$$

式(3-59)中的$\dot{\varepsilon}_m$、$\ddot{\varepsilon}_m$可用已知量V_t、H_t来表示。根据导引关系$\varepsilon_m=\varepsilon_t$,易知

$$\dot{\varepsilon}_m=\dot{\varepsilon}_t$$

考虑到$H_t=r_t\sin\varepsilon_t$,有

$$\dot{\varepsilon}_m=\dot{\varepsilon}_t=\frac{V_t}{r_t}\sin\varepsilon_t=\frac{V_t}{H_t}\sin^2\varepsilon_t \tag{3-60}$$

对时间求导,得

$$\ddot{\varepsilon}_t=\frac{V_t\dot{\varepsilon}_t}{H_t}\sin2\varepsilon_t \tag{3-61}$$

而

$$\dot{r}_m=V_m\cos\eta_m=V_m\sqrt{1-\sin^2\eta_m}=V_m\sqrt{1-\left(\frac{r_m\dot{\varepsilon}_m}{V_m}\right)^2} \tag{3-62}$$

将式(3-60)~式(3-62)代入式(3-59),整理后得

$$\dot{\theta}_m=\frac{V_t}{H_t}\sin^2\varepsilon_t\left(2+\frac{r_m\sin2\varepsilon_t}{\sqrt{p^2H_t^2-r_m^2\sin^4\varepsilon_t}}\right) \tag{3-63}$$

式(3-63)表明,在已知V_t、V_m、H_t的情况下,导弹按三点法飞行所需要的$\dot{\theta}_m$完全取决于导弹所处的位置r_m及ε_m。在已知目标航迹和速度比P的情况下,$\dot{\theta}_m$是导弹矢径r_m与高低角ε_m的函数。

假如给定$\dot{\theta}_m$为某一常值,则由式(3-63)得到一个只包含ε_t(或ε_m)与r_m的关系式:

$$f(\varepsilon_m, r_m)=0 \tag{3-64}$$

式(3-64)在极坐标系(ε_m, r_m)中表示一条曲线。在这条曲线上,弹道的$\dot{\theta}_m=\dot{\theta}_{m1}=$常数。而在速度$V_m$为常值的情况下,该曲线上各点的法向加速度$a_n$也是常值。所以称这条曲线为等法向加速度曲线或等$\dot{\theta}_m$曲线。如果给出一系列的$\dot{\theta}_m$值,就可以在极坐标系中画出相应的等加速度曲线族,如图3-16中实线所示。

图中序号1、2、3……表示曲线具有不同的$\dot{\theta}_m$值,且$\dot{\theta}_{m1}<\dot{\theta}_{m2}<\dot{\theta}_{m3}\cdots$或$a_{n1}<a_{n2}<a_{n3}<\cdots$。图中虚线是等加速度曲线最低点的连线,它表示法向加速度的变化趋势。沿这条虚线越往上,法向加速度值越大。我们称这条虚线为主梯度线。

等法向加速度曲线是在已知V_t、H_t、p值下画出来的。当另给一组V_t、H_t、p值时,得到的将是与之对应的另一族等法向加速度曲线,而曲线的形状将是类似的。

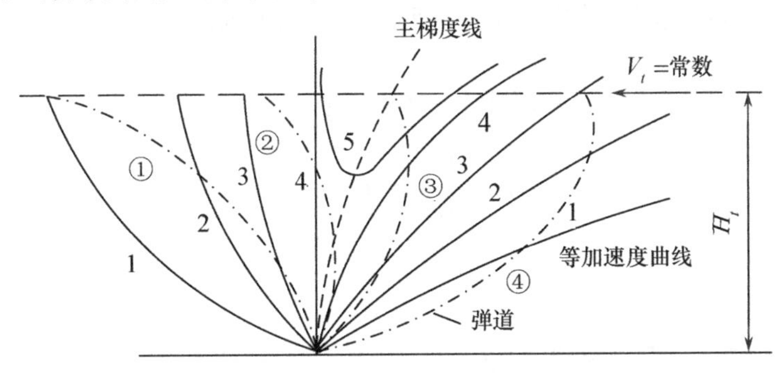

图3-16　三点法弹道与等法向加速度曲线

把各种不同初始条件(ε_{m0}, r_{m0})下的弹道,画在相应的等法向加速度曲线图上,如图3-16中的点划线所示。可以发现,所有的弹道按其相对于主梯度线的位置可以分成三组:一组在其右,一组在其左,另一组则与主梯度线相交。在主梯度线左边的弹道(图3-16中的弹道①),首先与$\dot{\theta}_m$较大的等法向加速度曲线相交,然后与$\dot{\theta}_m$较小的相交,此时弹道的法向加速度随矢径r_m增大而递减,在发射点的法向加速度最大,命中点的法向加速度最小。初始发射的高低角$\varepsilon_{m0}\geqslant\pi/2$。从式(3-63)可以求出弹道上的最大法向加速度(发生在导引弹道的始端):

$$a_{n\max}=\frac{2V_mV_t\sin^2\varepsilon_{m0}}{H}=2V_m\dot{\varepsilon}_{m0}$$

式中:$\dot{\varepsilon}_{m0}$为按三点法导引初始高低角的角速度,其绝对值与目标速度成正比,与目标飞行高度成反比。当目标速度与高度为定值时,$\dot{\varepsilon}_{m0}$取决于矢径的高低角。越接近正顶上空时,其值越大。因此,这一组弹道中,最大的法向加速度发生在初始高低角$\varepsilon_{m0}=\pi/2$时,即

$$(a_{n\max})_{\max}=\frac{2V_mV_t}{H_t}$$

这种情况相当于目标飞临正顶上空时才发射导弹。

上面讨论的这组弹道对应于尾追攻击的情况。

在主梯度线右边的弹道(图3-16中的弹道③、④),首先与$\dot{\theta}_m$较小的等法向加速度曲线相交,然后与$\dot{\theta}_m$较大的相交。此时弹道的法向加速度随矢径r_m的增大而增大,在命中点法向加速度最大。弹道各点的高低角$\varepsilon_m<\pi/2$,$\sin2\varepsilon_m>0$。由式(3-63)得到命中点的法向加速度为

$$a_{n\max}=\frac{V_mV_t}{H_t}\sin^2\varepsilon_{mf}\left(2+\frac{r_{mf}\sin2\varepsilon_{mf}}{\sqrt{p^2H_t^2-r_{mf}^2\sin^4\varepsilon_{mf}}}\right) \tag{3-65}$$

式中:ε_{mf}、r_{mf}为命中点的高低角和矢径。这组弹道相当于迎击的情况,即目标尚未飞到制导站顶空时,便将其击落。在这组弹道中,末段都比较弯曲。其中,以弹道③的法向加速度为最大,它与主梯度线正好在命中点相会。与主梯度线相交的弹道(图3-16弹道②),介于以上两组弹道之间,最大法向加速度出现在弹道中段的某一点上。这组弹道的法向加速度沿弹道非单调地变化。

2. 目标机动飞行对$\dot{\theta}_m$的影响

实战中,目标为了逃脱对它的攻击,要不断作机动飞行,而且,导弹飞行速度在整个导引过程中往往变化也比较大。因此,下面我们研究目标在铅垂平面内作机动飞行,导弹速度不是常值的情况下导弹的转弯速率。将方程组(3-55)的第二、五式改写为

$$\sin(\theta_m-\varepsilon_m)=\frac{r_m}{V_m}\dot{\varepsilon}_m \tag{3-66}$$

$$\dot{\varepsilon}_t=\frac{V_t}{r_t}\sin(\theta_t-\varepsilon_m) \tag{3-67}$$

考虑到

$$\dot{\varepsilon}_m=\dot{\varepsilon}_t$$

于是由式(3-66)、式(3-67)得到

$$\sin(\theta_m-\varepsilon_m)=\frac{V_t}{V_m}\frac{r_m}{r_t}\sin(\theta_t-\varepsilon_m) \tag{3-68}$$

改写成

$$V_mr_t\sin(\theta_m-\varepsilon_m)=V_tr_m\sin(\theta_t-\varepsilon_m)$$

将上式两边对时间求导,有

$$\begin{aligned}&(\dot{\theta}_m-\dot{\varepsilon}_m)V_mr_t\cos(\theta_m-\varepsilon_m)+\dot{V}_mr_t\sin(\theta_m-\varepsilon_n)+V_m\dot{r}_t\sin(\theta_m-\varepsilon_m)\\&=(\dot{\theta}_t-\dot{\varepsilon}_m)V_tr_m\cos(\theta_t-\varepsilon_m)+\dot{V}_tr_m\sin(\theta_t-\varepsilon_m)+V_t\dot{r}_m\sin(\theta_t-\varepsilon_m)\end{aligned}$$

再将运动学关系式

$$\cos(\theta_m-\varepsilon_m)=\frac{\dot{r}_m}{V_m}$$

$$\cos(\theta_t-\varepsilon_m)=\frac{\dot{r}_t}{V_t}$$

$$\sin(\theta_m-\varepsilon_m)=\frac{r_m\dot{\varepsilon}_m}{V_m}$$

$$\sin(\theta_t-\varepsilon_m)=\frac{r_t\dot{\varepsilon}_t}{V_t}$$

代入,整理后得

$$\dot{\theta}_m=\frac{r_m\dot{r}_t}{r_tr_m}\dot{\theta}_t+\left(2-\frac{2r_m\dot{r}_t}{r_t\dot{r}_m}-\frac{r_m\dot{V}_m}{\dot{r}_mV_m}\right)\dot{\varepsilon}_m+\frac{\dot{V}_t}{V_t}\tan(\theta_m-\varepsilon_m)$$

或者

$$\dot{\theta}_m=\frac{r_m\dot{r}_t}{r_t\dot{r}_m}\dot{\theta}_t+\left(2-\frac{2r_m\dot{r}_t}{r_t\dot{r}_m}-\frac{r_m\dot{V}_m}{\dot{r}_mV_m}\right)\dot{\varepsilon}_t+\frac{\dot{V}_t}{V_t}\tan(\theta_m-\varepsilon_t) \tag{3-69}$$

当命中目标时,有 $r_m=r_t$,此时导弹的转弯速率 $\dot{\theta}_{mf}$ 为

$$\dot{\theta}_{mf}=\left[\frac{\dot{r}_t}{\dot{r}_m}\dot{\theta}_t+\left(2-\frac{2\dot{r}_t}{\dot{r}_m}-\frac{r_m\dot{V}_m}{\dot{r}_mV_m}\right)\dot{\varepsilon}_t+\frac{\dot{V}_t}{V_t}\tan(\theta_m-\varepsilon_t)\right]_{t=t_f} \tag{3-70}$$

由此可以看出,导弹按三点法导引时,弹道受目标机动($\dot{V}_t$、$\dot{\theta}_t$)的影响很大,尤其在命中点附近将造成相当大的导引误差。

3.5.5 攻击禁区

攻击禁区是指在此区域内导弹的需用法向过载将超过可用法向过载,导弹无法沿要求的导引弹道飞行,因而不能命中目标。

影响导弹攻击目标的因素很多,其中导弹的法向过载是基本因素之一。如果导弹的需用过载超过了可用过载,导弹就不能沿理想弹道飞行,从而大大减小其击毁目标的可能性,甚至不能击毁目标。下面以地空导弹为例,讨论按三点法导引时的攻击禁区。

知道了导弹的可用法向过载以后,就可以算出相应的法向加速度 a_{nP} 或转弯速率 $\dot{\theta}_m$。然后按式(3-63),在已知 $\dot{\theta}_m$ 下求出各组对应的 ε_m 和 R 值,做出等法向加速度曲线,如图3-17所示。如果由导弹可用过载决定的等法向加速度曲线为曲线2,设目标航迹与该曲线在 D、F 两点相交,则存在由法向加速度决定的攻击禁区,即图3-17中的阴影部分。

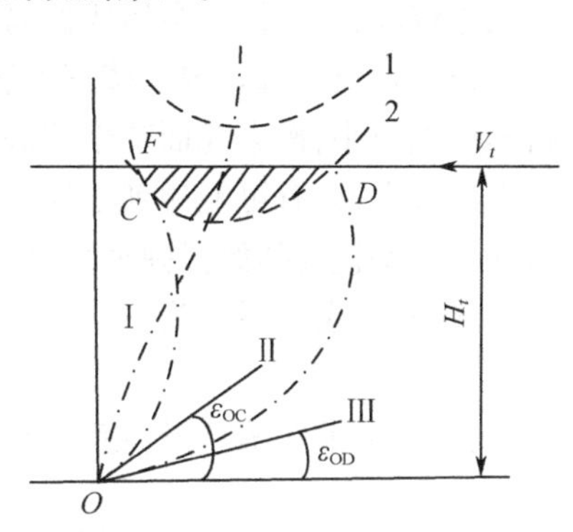

图3-17　由可用法向过载决定的攻击禁区

现在来考察阴影区边界外的两条弹道:一条为 OD,与阴影区交于 D 点;另一条为 OC,与阴影区相切于 C 点。于是,攻击平面被这两条弹道分割成Ⅰ、Ⅱ、Ⅲ三个部分。可以看出,位于Ⅰ、Ⅲ区域内的任一条弹道,都不会与曲线2相交,即理想弹道所要求的法向加速度值,都小于导弹可用法向加速度值。此区域称为有效发射区。位于Ⅱ区域内的任一条弹道,在命中目标之前,必然要与等法向加速度曲线相交,这表示需用法向过载将超过可用法向过载。因此,应禁止导弹进入阴影区。我们把通过 C、D 两点的弹道称为极限弹道。显然,应当这样来选择初始发射角 ε_{m0},使它比 OC 弹道所要求的大或者比 OD 弹道所要求的还小。如果用 ε_{OC}、ε_{OD} 分别表示 OC、OD 两条弹道的初始高低角,则应有

$$\varepsilon_{m0}\leqslant\varepsilon_{OD}$$

或

$$\varepsilon_{m0}\geqslant\varepsilon_{OC}$$

但是,对于地-空导弹来说,为了阻止目标进入阴影区,总是尽可能迎击目标,所以这时就要选择小于 ε_{OD} 的初始发射高低角,即

$$\varepsilon_{m0}\leqslant\varepsilon_{OD}$$

以上讨论的是等法向加速度曲线与目标航迹相交的情况。如果 a_{np} 值相当大,它与目标航迹不相交(图3-17曲线1),这说明以任何一个初始高低角发射,弹道各点的需用法向过载都

将小于可用法向过载。从过载角度上说,这种情况下就不存在攻击禁区。

3.5.6 三点法的优缺点

三点法最显著的优点就是技术实施简单,抗干扰性能好。但它也存在明显的缺点:

(1) 弹道比较弯曲。当迎击目标时,越是接近目标,弹道越弯曲,且命中点的需用法向过载较大。这对攻击高空目标非常不利,因为随着高度增加,空气密度迅速减小,由空气动力所提供的法向力也大大下降,使导弹的可用过载减小。这样,在接近目标时,可能出现导弹的可用法向过载小于需用法向过载的情况,从而导致脱靶。

(2) 动态误差难以补偿。所谓动态误差是指制导系统在过渡响应过程中复现输入时的误差。由于目标机动、外界干扰以及制导系统的惯性等影响,制导回路很难达到稳定状态,因此,导弹实际上不可能严格地沿理想弹道飞行,即存在动态误差。而且,理想弹道越弯曲,相应的动态误差就越大。为了消除误差,必须在指令信号中加入补偿信号,这需要测量目标机动时的位置坐标及其一阶和二阶导数。由于来自目标的反射信号有起伏误差,以及接收机存在干扰等原因,使得制导站测量的坐标不准确;如果再引入坐标的一阶、二阶导数,就会出现更大的误差,致使形成的补偿信号不准确,甚至很难形成。因此,对于三点法导引,由目标机动引起的动态误差难以补偿,往往会形成偏离波束中心线有十几米的动态误差。

(3) 弹道下沉现象。按三点法导引迎击低空目标时,导弹的发射角很小,导弹离轨时的飞行速度也很小,操纵舵面产生的法向力也较小,因此,导弹离轨后可能会出现下沉现象。若导弹下沉太大,则有可能碰到地面。为了克服这一缺点,某些地空导弹采用了小高度三点法,其目的主要是提高初始段弹道高度。所谓小高度三点法是指在三点法的基础上,加入一项前置偏差量,其导引关系式为

$$\varepsilon_m = \varepsilon_t + \Delta\varepsilon_m$$

式中:$\Delta\varepsilon_m$ 为前置偏差量,随时间衰减,当导弹接近目标时,趋于零。具体表示形式为

$$\Delta\varepsilon_m = \frac{h_\varepsilon}{r_m}\mathrm{e}^{-\frac{t-t_0}{\tau}} \quad \text{或} \quad \Delta\varepsilon_m = \Delta\varepsilon_{m0}\mathrm{e}^{-k\left(1-\frac{r_m}{r_t}\right)}$$

式中:h_ε、τ、k 在给定弹道上取为常值($k>0$);t_0 为导弹进入波束时间;t 为导弹飞行时间。

3.6 前 置 量 法

我们已经分析过,三点法的弹道比较弯曲,需用法向过载较大。为了改善遥控制导导弹的弹道特性,必须研究能使弹道(特别是弹道末段)变得比较平直的导引方法。前置量法就是根据这个要求提出来的。

前置量法也称角度法或矫直法,采用这种导引方法导引导弹时,在整个飞行过程中,导弹-制导站的连线始终提前于目标-制导站连线,而两条连线之间的夹角 $\Delta\varepsilon = \varepsilon_m - \varepsilon_t$ 则按某种规律变化。

实现角度法导引一般采用双波束制导,一根用于跟踪目标,测量目标位置;另一根波束用于跟踪和控制导弹,测量导弹的位置。

3.6.1 前置量法

按前置量法导引时,导弹的高低角 ε_m 和方位角 β_m 应分别超前目标的高低角 ε_t 和方位角

β_t 一个角度。下面研究攻击平面为铅垂面的情况。根据前置量法的定义有

$$\varepsilon_m = \varepsilon_t + \Delta\varepsilon \tag{3-71}$$

式中：$\Delta\varepsilon$ 为前置角。必须注意，遥控中的前置角是指导弹的位置矢径与目标矢径的夹角，而自动瞄准中的前置角是指导弹速度矢量与视线的夹角。

根据命中点的条件，当 r_t 与 r_m 之差 $r = r_t - r_m = 0$ 时，$\Delta\varepsilon$ 也应等于零。因此，如果令 $\Delta\varepsilon$ 与 r 成比例关系变化，则可以达到这一目的，即

$$\Delta\varepsilon = F(\varepsilon_m, t)r \tag{3-72}$$

式中：$F(\varepsilon_m, t)$ 为与 ε_m、t 有关的函数。

将式(3-72)代入式(3-71)，得

$$\varepsilon_m = \varepsilon_t + F(\varepsilon_m, t)r \tag{3-73}$$

显然，当式(3-73)中的函数 $F(\varepsilon_m, t) = 0$ 时，它就是三点法的导引关系式。

前置量法中，对 $F(\varepsilon_m, t)$ 的选择，应尽量使得弹道平直。若导弹高低角的变化率 $\dot{\varepsilon}_m$ 为零，则弹道是一条直线弹道。当然，要求整条弹道上 $\dot{\varepsilon}_m \equiv 0$ 是不现实的，只能要求导弹在接近目标时 $\dot{\varepsilon}_m \to 0$，使得弹道末段平直一些。下面根据这一要求确定 $F(\varepsilon_m, t)$ 的表达式。

式(3-73)对时间求一阶导数，得

$$\dot{\varepsilon}_m = \dot{\varepsilon}_t + \dot{F}(\varepsilon_m, t)r + F(\varepsilon_m, t)\dot{r}$$

在命中点，$r = 0$，要求使 $\dot{\varepsilon}_m = 0$，代入上式后得到

$$F(\varepsilon_m, t) = -\frac{\dot{\varepsilon}_t}{\dot{r}} \tag{3-74}$$

将式(3-74)代入式(3-73)，就得到前置量法的导引关系式：

$$\varepsilon_m = \varepsilon_t - \frac{\dot{\varepsilon}_t}{\dot{r}} r \tag{3-75}$$

由于前置量法能使飞行弹道的末段变得较为平直，所以它又称为矫直法。

前面已指出，按三点法导引时，导弹在命中点的过载受目标机动的影响。那么，按前置量法导引时，导弹命中点过载是否受目标机动的影响呢？

式(3-66)对时间求一阶导数，得

$$\dot{r}_m \dot{\varepsilon}_m + r_m \ddot{\varepsilon}_m = \dot{V}_m \sin(\theta_m - \varepsilon_m) + V_m(\dot{\theta}_m - \dot{\varepsilon}_m)\cos(\theta_m - \varepsilon_m) \tag{3-76}$$

将 $\sin(\theta_m - \varepsilon_m) = \dfrac{r_m \dot{\varepsilon}_m}{V_m}$，$V_m \cos(\theta_m - \varepsilon_m) = \dot{r}_m$ 代入式(3-76)，解得

$$\dot{\theta}_m = \left(2 - \frac{\dot{V}_m r_m}{V_m \dot{r}_m}\right)\dot{\varepsilon}_m + \frac{r_m}{\dot{r}_m}\ddot{\varepsilon}_m \tag{3-77}$$

可见 $\dot{\theta}_m$ 不仅与 $\dot{\varepsilon}_m$ 有关，还与 $\ddot{\varepsilon}_m$ 有关。当 $t = t_f$ 时，令 $\dot{\varepsilon}_m = 0$，可得导弹按前置量法导引时在命中点的转弯速率：

$$\dot{\theta}_{mf} = \left(\frac{r_m}{\dot{r}_m}\ddot{\varepsilon}_m\right)_{t=t_f} \tag{3-78}$$

为了比较前置量法与三点法在命中点的法向过载,对式(3-75)所表示的导引关系求二阶导数,再把式(3-55)中的第五式求一阶导数,然后一并代入式(3-78),同时考虑到在命中点 $\Delta r=0, \varepsilon_m=\varepsilon_t, \dot{\varepsilon}_m=0$,整理后可得

$$\ddot{\varepsilon}_{mf}=\left(-\ddot{\varepsilon}_t+\frac{\dot{\varepsilon}_t\ddot{r}}{\dot{r}}\right)_{t=t_f} \tag{3-79}$$

$$\ddot{\varepsilon}_{tf}=\frac{1}{r_t}\left(-2\dot{r}_t\dot{\varepsilon}_t+\frac{\dot{V}_t r_t}{V_t}\dot{\varepsilon}_t+\dot{r}_t\dot{\theta}_t\right)_{t=t_f} \tag{3-80}$$

将式(3-79)与式(3-80)代入式(3-78),得

$$\dot{\theta}_{mf}=\left[\left(2\frac{\dot{r}_t}{\dot{r}_m}+\frac{r_m\ddot{r}}{\dot{r}_m\dot{r}}\right)\dot{\varepsilon}_t-\frac{\dot{V}_t}{\dot{r}_m}\sin(\theta_t-\varepsilon_t)-\frac{\dot{r}_t}{\dot{r}_m}\dot{\theta}_t\right]_{t=t_f} \tag{3-81}$$

由式(3-81)可见,按前置量法导引时,导弹在命中点的法向过载仍受目标机动的影响,这是不利的。因为目标机动参数$\dot{V}_t$、$\dot{\theta}_t$不易测量,难以形成补偿信号来修正弹道,从而引起动态误差,特别是$\dot{\theta}_t$的影响较大。它与三点法比较,所不同的是,同样的目标机动动作,即同样的$\dot{\theta}_t$,在三点法中造成的影响与前置量法中造成的影响却刚好相反。

通过比较式(3-70)和式(3-81),不难发现,同样的机动动作,即同样的$\dot{\theta}_t$、$\dot{V}_t$值,对导弹命中点的转弯速率的影响在三点法和前置量法中刚好相反,若在三点法中为正,则在前置量法中为负。这就说明,在三点法和前置量法之间,还存在着另一种导引方法,按此导引方法,目标机动对导弹命中点的转弯速率的影响正好是零。这就是半前置量法。

3.6.2 半前置量法

三点法和半前置量法的导引关系式可以写成通式:

$$\varepsilon_m=\varepsilon_t+\Delta\varepsilon=\varepsilon_t-C_\varepsilon\frac{\dot{\varepsilon}_t}{\dot{r}}r \tag{3-82}$$

显然,当 $C_\varepsilon=0$ 时,式(3-82)就是三点法;而 $C_\varepsilon=1$ 时,它就是前置量法。半前置量法介于三点法与前置量法之间,其系数 C_ε 也应介于0与1之间。

为求出 C_ε,将式(3-82)对时间 t 求二阶导数,并代入式(3-77),得

$$\dot{\theta}_{mf}=\left(2-\frac{\dot{V}_m r_m}{V_m\dot{r}_m}\right)(1-C_\varepsilon)\dot{\varepsilon}_t+\frac{r_m}{\dot{r}_m}\left[(1-2C_\varepsilon)\ddot{\varepsilon}_t+C_\varepsilon\frac{\ddot{r}}{\dot{r}}\dot{\varepsilon}_t\right]\Bigg|_{t=t_f} \tag{3-83}$$

由式(3-80)知,目标机动参数$\dot{\theta}_t$、$\dot{V}_t$影响着$\ddot{\varepsilon}_{tf}$,为使$\dot{\theta}_t$、$\dot{V}_t$不影响命中点过载,可令式(3-83)中与$\dot{\theta}_t$、$\dot{V}_t$有关的系数$(1-2C_\varepsilon)$等于零,即

$$C_\varepsilon=\frac{1}{2}$$

于是,半前置量法的导引关系式为

$$\varepsilon_m=\varepsilon_t-\frac{1}{2}\frac{\dot{\varepsilon}_t}{\dot{r}}r \tag{3-84}$$

其命中点的转弯速率为

$$\dot{\theta}_{mf}=\left(1-\frac{r_m\dot{V}_m}{2\dot{r}_mV_m}+\frac{r_m\ddot{r}}{2\dot{r}_m\dot{r}}\right)\dot{\varepsilon}_t\Big|_{t=t_f} \tag{3-85}$$

将式(3 - 85) 与前置量法的式(3 - 81) 相比较,可以看到,在半前置量法中,不包含影响导弹命中点法向过载的目标机动参数$\dot{\theta}_t$、$\dot{V}_t$,这就减小了动态误差,提高了导引准确度。所以从理论上来说,半前置量法是一种比较好的导引方法。

综上所述,半前置量法的主要优点是,命中点过载不受目标机动的影响。但是要实现这种导引方法,就必须不断地测量导弹和目标的位置矢径 r_m、r_t,高低角 ε_m、ε_t,及其导数$\dot{r}_m$、$\dot{r}_t$、$\dot{\varepsilon}_t$ 等参数,以便不断形成制导指令信号。这就使得制导系统的结构比较复杂,技术实施比较困难。在目标发出积极干扰,造成假象的情况下,导弹的抗干扰性能较差,甚至可能造成很大的起伏误差。

3.7 导引飞行的发展

本章讨论了包括自动瞄准和遥控制导在内的几种常见的导引方法及其弹道特性。显然,导弹的弹道特性与选用的导引方法密切相关。如果导引方法选择得合适,就能改善导弹的飞行特性,充分发挥导弹武器系统的作战性能。因此,选择合适的导引方法、改进完善现有导引方法或研究新的导引方法是导弹设计的重要课题之一。

3.7.1 选择导引方法的基本原则

正如我们看到的那样,每种导引方法都有它产生和发展的过程,都具有一定的优点和缺点。那么,在实践中应该怎样来选用它们呢?一般而言,在选择导引方法时,需要从导弹的飞行性能、作战空域、技术实施、制导精度、制导设备、战术使用等方面的要求进行综合考虑。

(1) 弹道需用法向过载要小,变化要均匀,特别是在与目标相遇区,需用法向过载应趋近于零。需用法向过载小,一方面可以提高制导精度、缩短导弹攻击目标的航程和飞行时间,进而扩大导弹的作战空域;另一方面,可用法向过载可以相应减小,从而降低对导弹结构强度、控制系统的设计要求。

(2) 作战空域尽可能大。空中活动目标的飞行高度和速度可在相当大的范围内变化,因此,在选择导引方法时,应考虑目标运动参数的可能变化范围,尽量使能在较大的作战空域内攻击目标。对于空空导弹来说,所选导引方法应使导弹具有全向攻击能力;对于地空导弹来说,不仅能迎击目标,而且还能尾追或侧击目标。

(3) 目标机动对导弹弹道(特别是末段) 的影响要小。例如,半前置量法的命中点法向过载就不受目标机动的影响,这将有利于提高导弹的命中精度。

(4) 抗干扰能力要强。空中目标为了逃避导弹的攻击,常常施放干扰来破坏导弹对目标的跟踪,因此,所选导引方法应能保证在目标施放干扰的情况下,使导弹能顺利攻击目标。例如,(半) 前置量抗干扰性能就不如三点法好,当目标发出积极干扰时应转而选用三点法来制导。

(5) 技术实施要简单可行。导引方法即使再理想,但一时不能实施,还是无用。从这个意义上说,比例导引法就比平行接近法好。遥控中的三点法,技术实施比较容易,而且可靠。

总之,各种导引方法都有它自己的优缺点,只有根据武器系统的主要矛盾,综合考虑各种因素,灵活机动地予以取舍,才能克敌制胜。例如,现在采用较多的方法就是根据导弹特点实行复合制导。

3.7.2 现代制导律

前面讨论的导引方法都是经典制导律。一般而言,经典制导律需要的信息量少,结构简单,易于实现,因此,现役的战术导弹大多数使用经典的导引律或其改进形式。但是对于高性能的大机动目标,尤其在目标采用各种干扰措施的情况下,经典的导引律就不太适用了。随着计算机技术的迅速发展,基于现代控制理论的现代制导律(如最优制导律、变结构制导律、微分对策制导律、自适应制导律、微分几何制导律、反馈线性化制导律、神经网络制导律、H_∞ 制导律、奇异摄动制导律、弹道形成制导律、最优预测制导律等)得到迅速发展。与经典导引律相比,现代制导律有许多优点,例如:脱靶量小,导弹命中目标时姿态角满足要求,对抗目标机动和干扰能力强;弹道平直,弹道需用法向过载分布合理,作战空域增大等等。因此,用现代制导律制导的导弹截击未来战场上出现的高速度、大机动、有施放干扰能力的目标是非常有效的。但是,现代导引律结构复杂,需要测量的参数较多,给导引律的实现带来了困难。随着微型计算机的不断发展,现代导引律的应用是可以实现的。下面简要介绍几种现代制导律。

1. 鲁棒制导律

鲁棒制导律是基于鲁棒控制理论发展起来的一种制导律,在一些复杂环境中,目标加速度是无法准确估计或者未知的,为了对付这种情况下制导参数的不确定性和外部干扰,人们开始想到利用滑模控制、H_∞ 控制等理论工具设计鲁棒制导律。应该说鲁棒制导律在对付目标机动和初始条件偏差方面有很大的优势,即使它有时会存在 Hamilton - Jacobi 偏微分不等式的解析解求解的困难,但是经过人们不断的努力,这个问题肯定会得到很好的解决,鲁棒制导律也必将受到越来越多的重视。

2. 滑模制导律

滑模制导律是基于滑模变结构控制理论发展起来的一种制导规律。滑模变结构控制理论对干扰和摄动具有某种完全自适应性的优点,并可以用来设计复杂对象的控制规律。由于滑动模态对摄动的不变性十分有益于控制系统设计,所以三十几年来,变结构理论得到了迅速发展。变结构控制设计比较简单,便于理解和应用,且具有很强的鲁棒性,使得变结构控制理论为导弹制导和控制提供了一条比较有效的解决途径。但变结构控制系统存在抖振的缺陷,阻碍了变结构控制的应用。因而,消除抖振而不影响鲁棒性是变结构系统设计的一项重要课题。近十几年来,国内外对变结构控制在导弹寻的制导和目标拦截的应用方面做了大量研究工作,设计出许多基于滑模变结构控制的各种制导律,部分已应用到了工程实际中。

3. 微分对策制导律

传统的导引律用于目前的战争环境有许多不足之处,如过载过大、抗干扰能力差等,并且其采取的最优策略也仅仅是单方面的,而作为现代导引律的微分对策制导律有效结合了对策论、最优控制、最佳估计等理论的基本思想和原理,在一定程度上实现了双方或多方动态最优控制。它允许对局各方均采取最优策略,不需知道对方的精确信息,仅知道对方的基本性能即可。同其他导引律如比例导引、最优制导律等相比,微分对策制导律的综合性能最优,更加符合实战,为新型导弹武器系统制导规律的设计提供了新的思路。

4. 微分几何制导律

微分几何制导律是基于古典微分几何理论的一种制导规律。考虑到在弹目拦截问题中,导弹和目标的弹道属于三维空间曲线,拦截过程中,不仅导弹和目标的瞬时密切平面不同,而且随着拦截的进行,导弹和目标的角速度矢量的大小和方向也不断变化。因此,导弹和目标的弹道分别由其曲率和挠率指令所决定,曲率和挠率指令分别作用在各自的单位法线方向和单位副法线方向,而微分几何曲线理论就是研究空间曲线的特性,并在曲率和挠率参数的基础上对其特性进行阐述的一种数学理论,所以,它提供了一种研究导弹在空间运动的新思想。微分几何制导律通过曲率指令和挠率指令控制导弹弹道在空间的趋势变化,同时曲率指令和挠率指令可通过坐标系变换转化到可执行坐标系,为微分几何制导律的实际应用奠定了基础。

3.7.3 制导控制一体化

高超声速飞行器技术的蓬勃发展对防空反导体系形成了巨大挑战,传统的导弹在应对高超声速飞行器作战过程中将会显得力不从心。主要原因在于:传统的导弹制导与控制系统设计是基于频谱分离假设,即认为制导回路的时间常数远远大于控制回路的时间常数,因此将制导回路作为外回路或慢回路,将控制回路作为内回路或快回路,从而将制导律的设计与控制律的设计分开进行。在导弹和目标相对运动阶段,制导回路根据相应的制导律形成制导指令传递给控制回路,控制回路(自动驾驶仪)根据相应的控制律形成控制舵偏,以跟踪制导回路传递过来的制导指令,从而保证制导回路与控制回路的有序衔接,达到对目标的有效杀伤。这种设计思想在以往被证明是有效的,而且几乎所有现役导弹都是根据这种思路进行制导与控制系统设计,并在交战过程中也取得了很好的效果。但是面对高超声速飞行器,尤其是临近空间高超声速目标,这种设计所暴露出的弊端是显而易见的,甚至可以说是致命的,最终可能导致脱靶。其主要缺点表现为:一是前面所提到的这种设计思路的假设是制导回路的时间常数远远大于控制回路的时间常数,然而当拦截弹和目标都具有很大的速度时,二者的相对速度将会更大,虽然在拦截弹和目标相距较远时这种假设可以勉强维持,但是随着拦截弹和目标的逐渐交会,尤其是进入末制导阶段以后,巨大的相对速度以及逐渐减小的相对距离最终造成拦截弹与目标的相对运动信息更新变化非常迅速,制导回路的时间常数远远大于控制回路的时间常数这一假设不再具有有效性以及合理性,按照传统制导与控制分开设计思路得到的控制量将会产生很大抖动,造成弹体失稳而最终脱靶。二是传统的制导回路与控制回路分开设计过程中,往往忽略两者之间的耦合作用,设计制导回路时只是简单将控制回路当作一个惯性环节或者阻尼环节,并不具体考虑内部执行机构的特性;而当设计控制回路时,将制导回路指令考虑为特定的正弦指令,方波指令等特定信号,对实际飞行过程中可能接收到的信号考虑较少,这样就会造成制导回路产生的制导指令传递到控制回路有较大的延迟或衰减,控制回路在设计好后跟踪特定信号性能良好而跟踪制导回路传递过来的指令信号效果并不十分理想,导致工程人员在将制导回路与控制回路进行整合时需要重新调整校对各自参数。这样重复的调整设计工作不仅造成了设计的反复性,而且不一定能够保证系统整体最优,不能确保系统之间的协调性,从而不利于系统整体性能的发挥与提高。

为了有效提高拦截弹的整体性能,积极应对日益发展的高速高机动目标对防空反导体系构成的巨大挑战,早在 1984 年,就有学者提出了制导控制一体化的概念,与传统的制导回路与控制回路分开设计不同的是,制导控制一体化设计将制导回路与控制回路进行了整合,在最初设计阶段就将二者考虑为一个整体回路,根据拦截弹和目标的相对运动信息直接解算出控制指令。与传统的制导回路与控制回路分开设计相比,制导控制一体化设计的优点主要体现在以下几个方面:一是将制导回路与控制回路整合为一个整体,省去了中间由制导指令到自动驾驶仪的指令传递环节,在一定程度上避免了过程误差的产生以及传递,提高了拦截弹制导控制精度。二是在进行制导控制一体化设计时,充分考虑了制导回路中弹目相对运动关系以及控制回路中弹体执行机构的动态特性,综合考虑拦截弹各个通道、各个状态以及制导回路与控制回路之间的耦合作用,在此基础上进行整体寻优设计,从而能够提高拦截弹整体稳定性,实现了制导指令与控制指令之间的无缝连接。三是制导控制一体化设计可以有效避免设计过程中的重复性以及反复性,在一个回路中调整参数达到整体最优,最大限度发挥出拦截弹的性能,降低了拦截弹制导控制系统设计的研制成本,缩短了研制周期。

制导控制一体化设计自首次提出之日起发展到现在已经历了将近40年的时间,其本身优越特性越来越受到相关专家学者的青睐与重视,但是与此同时,制导控制一体化设计也同样存在一定的困难性:与传统的制导回路与控制回路分开设计不同,制导控制一体化设计将两个分回路整合到一个回路以后,自然增加了系统的复杂程度,如果只考虑弹目相对运动以及拦截弹自身动态特性,所建立的制导控制一体化模型可以达到三阶、四阶;而如果考虑导航方程等具体制导控制方法中间变量的话,其系统状态可以达到12 ~ 18个甚至更多。这无疑将给控制算法的设计调整带来巨大困难。因此,到目前为止,与最终期望达到的目标相比,制导控制一体化算法只是处于发展的初期阶段,还有许多问题需要开展进一步深入研究:

(1) 制导控制一体化模型的完善。目前相关文献中建立的制导控制一体化模型,或者只是考虑纵向平面拦截弹和目标的相对运动,对于纵向平面与偏航平面之间的耦合考虑较少,或者考虑了三维空间中的弹目相对运动情况,但是对于三维空间中拦截弹自身各个通道之间的耦合作用考虑较少,所以对于三维空间中,推导得到俯仰、偏航和滚转通道耦合的制导控制一体化模型,对该模型进行一定的合理化简,然后开展相关的研究,是需要进一步考虑的问题。

(2) 目标机动带来的不确定性对制导控制一体化模型的影响。目前往往将目标机动对制导控制一体化模型产生的影响作为系统的外界不确定性处理,采取的方法一般是先设定其上界,然后应用滑模控制方法进行控制器设计。但是对于临近空间高超声速目标其上界并不容易界定,不同的临近空间飞行器的机动能力可能相差很大,所以有必要根据测量得到的视线信息开展对目标加速度进行在线估计与补偿,并考虑测量信息在受到噪声干扰的情况下制导控制一体化算法的有效性等相关研究工作。

(3) 拦截弹本身参数摄动等非匹配不确定性对制导控制一体化模型的影响。在大气内飞行的拦截弹不可避免地会受到外部环境变化的影响,从而对于本身的气动参数,弹体动态特性等产生摄动影响,目前的研究方法大部分是将其看作有界的不确定性进行补偿,缺乏针对性,如何开展实时的在线参数估计与补偿同样是需要解决的问题。

3.8 最优制导律

现代制导律有多种形式,其中研究最多的就是最优导引律。最优导引律的优点是它可以考虑导弹 - 目标的动力学问题,并可考虑起点或终点的约束条件或其他约束条件,根据给出的性能指标(泛函)寻求最优导引律。根据具体要求性能指标可以有不同的形式,战术导弹考虑的性能指标主要是导弹在飞行中付出的总的法向过载最小,终端脱靶量最小、控制能量最小、拦截时间最短、导弹 - 目标的交会角满足要求等。但是,因为导弹的导引律是一个变参数并受到随机干扰的非线性问题,其求解非常困难。所以,通常只好把导弹拦截目标的过程作线性化处理,这样可以获得系统的近似最优解,在工程上也易于实现,并且在性能上接近于最优导引律。下面介绍二次型线性最优制导律。

3.8.1　导弹运动状态方程

视导弹、目标为质点，它们在同一个固定平面内运动，如图3－18所示。在此平面内任选固定坐标系 Oxy，导弹速度矢量 V_m 与 Oy 轴的夹角为 σ_m，目标速度矢量 V_t 与 Oy 轴的夹角为 σ_t，导弹与目标的连线$\overline{MT}$ 与 Oy 轴的夹角为 q。设 σ_m、σ_t 和 q 都比较小，并且假定导弹和目标都作等速飞行，即 V_m、V_t 是常值。

设导弹与目标分别在 Ox 轴方向和 Oy 轴方向上的距离偏差为

$$\begin{cases}x = x_t - x_m \\ y = y_t - y_m\end{cases} \tag{3-86}$$

式(3－86)对时间 t 求导，并根据导弹相对目标运动关系得

$$\begin{cases}\dot{x} = \dot{x}_t - \dot{x}_m = V_t\sin\sigma_t - V_m\sin\sigma_m \\ \dot{y} = \dot{y}_t - \dot{y}_m = V_t\cos\sigma_t - V_m\cos\sigma_m\end{cases} \tag{3-87}$$

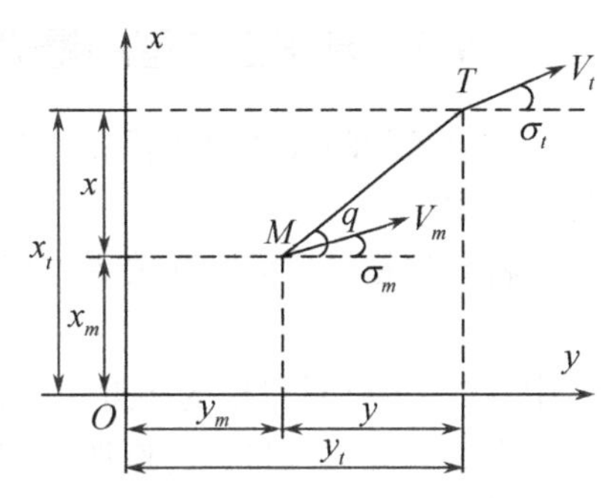

图3－18　导弹与目标关系图

由于 σ_m、σ_t 很小，因此 $\sin\sigma_m \approx \sigma_m$，$\sin\sigma_t \approx \sigma_t$，$\cos\sigma_m \approx 1$，$\cos\sigma_t \approx 1$，于是

$$\begin{cases}\dot{x} = V_t\sigma_t - V_m\sigma_m \\ \dot{y} = V_t - V_m\end{cases} \tag{3-88}$$

以 x_1 表示 x，x_2 表示$\dot{x}$(即$\dot{x}_1$)，则

$$\begin{cases}\dot{x}_1 = x_2 \\ \dot{x}_2 = \ddot{x} = V_t\dot{\sigma}_t - V_m\dot{\sigma}_m\end{cases} \tag{3-89}$$

式中：$V_t\dot{\sigma}_t$、$V_m\dot{\sigma}_m$ 分别为目标、导弹的法向加速度，以 a_t、a_m 表示，则

$$\dot{x}_2 = a_t - a_m \tag{3-90}$$

导弹的法向加速度 a_m 为一控制量，一般作为控制信号加给舵机，舵面偏转后产生攻角 α，而后产生法向过载。如果忽略舵机的惯性及弹体的惯性，设控制量的量纲与加速度的量纲相同，则可用控制量 u 来表示 $-a_m$，即令 $u = -a_m$，于是式(3－90)变成

$$\dot{x}_2 = u + a_t \tag{3-91}$$

这样可得导弹运动的状态方程：

$$\begin{cases}\dot{x}_1 = x_2 \\ \dot{x}_2 = u + a_t\end{cases} \tag{3-92}$$

设目标不机动，则 $\boldsymbol{a}_t = 0$，导弹运动状态方程可简化为

$$\begin{cases}\dot{x}_1 = x_2 \\ \dot{x}_2 = u\end{cases} \tag{3-93}$$

用矩阵简明地表示为

$$\begin{bmatrix}\dot{x}_1 \\ \dot{x}_2\end{bmatrix} = \begin{bmatrix}0 & 1 \\ 0 & 0\end{bmatrix}\begin{bmatrix}x_1 \\ x_2\end{bmatrix} + \begin{bmatrix}0 \\ 1\end{bmatrix}u \tag{3-94}$$

令

$$\boldsymbol{x}=(x_1,x_2)^{\mathrm{T}},\quad \boldsymbol{A}=\begin{bmatrix}0&1\\0&0\end{bmatrix},\quad \boldsymbol{B}=(0,1)^{\mathrm{T}}$$

则以 x_1、x_2 为状态变量,$\boldsymbol{u}$ 为控制变量的导弹运动状态方程为

$$\dot{\boldsymbol{x}}=\boldsymbol{A}\boldsymbol{x}+\boldsymbol{B}u \tag{3-95}$$

3.8.2 基于二次型的最优导引律

对于自动瞄准制导系统,通常选用二次型性能指标。下面讨论基于二次型性能指标的最优导引律。

将导弹相对目标运动关系式(3-87)的第二式改写为

$$\dot{y}=-(V_m-V_t)=-V_c$$

式中:V_c 为导弹对目标的接近速度,$V_c=V_m-V_t$。

设 t_f 为导弹与目标的遭遇时刻(在此时刻导弹与目标相碰撞或两者间距离为最小),则在某一瞬时 t,导弹与目标在 Oy 轴方向上的距离偏差为

$$y=V_c(t_f-t)=(V_m-V_t)(t_f-t)$$

如果性能指标选为二次型,它应首先含有制导误差的平方项,还要含有控制所需的能量项。对任何制导系统,最重要的是希望导弹与目标遭遇时刻 t_f 的脱靶量(即制导误差的终值)极小。对于二次型性能指标,应以脱靶量的平方表示,即

$$[x_t(t_f)-x_m(t_f)]^2+[y_t(t_f)-y_m(t_f)]^2$$

为简化分析,通常选用 $y=0$ 时的 x 值作为脱靶量。于是,要求 t_f 时 x 值越小越好。由于舵偏角受限制,导弹的可用过载有限,导弹结构能承受的最大载荷也受到限制,所以控制量 $\boldsymbol{u}$ 也应受到约束。因此,选择下列形式的二次型性能指标函数:

$$J=\frac{1}{2}\boldsymbol{x}^{\mathrm{T}}(t_f)\boldsymbol{C}\boldsymbol{x}(t_f)+\frac{1}{2}\int_{t_0}^{t_f}(\boldsymbol{x}^{\mathrm{T}}\boldsymbol{Q}\boldsymbol{x}+u^{\mathrm{T}}\boldsymbol{R}u)\mathrm{d}t \tag{3-96}$$

式中:$\boldsymbol{C}$、$\boldsymbol{Q}$、$\boldsymbol{R}$ 为正数对角线矩阵,它保证了指标为正数,在多维情况还保证了性能指标为二次型。比如,对于讨论的二维情况,则有

$$\boldsymbol{C}=\begin{bmatrix}c_1&0\\0&c_2\end{bmatrix}$$

此时,性能指标函数中含有 $c_1x_1^2(t_f)$ 和 $c_2x_2^2(t_f)$。如果不考虑导弹相对运动速度项 $x_2(t_f)$,则令 $c_2=0$,$c_1x_1^2(t_f)$ 便表示了脱靶量。积分项中 $u^{\mathrm{T}}\boldsymbol{R}u$ 为控制能量项,对控制矢量为一维的情况,则可表示为 $\boldsymbol{R}u^2$。$\boldsymbol{R}$ 由对过载限制的大小来选择。$\boldsymbol{R}$ 小时,对导弹过载的限制小,过载就可能较大,但是计算出来的最大过载不能超过导弹的可用过载;$\boldsymbol{R}$ 大时,对导弹过载的限制大,过载就可能较小,但为了充分发挥导弹的机动性,过载也不能太小。因此,应按导弹的最大过载恰好与可用过载相等这个条件来选择 $\boldsymbol{R}$。积分项中的 $\boldsymbol{x}^{\mathrm{T}}\boldsymbol{Q}\boldsymbol{x}$ 为误差项。由于主要是考虑脱靶量 $\boldsymbol{x}(t_f)$ 和控制量 u,因此,该误差项不予考虑,即 $\boldsymbol{Q}=0$。这样,用于制导系统的二次型性能指标函数可简化为

$$J=\frac{1}{2}\boldsymbol{x}^{\mathrm{T}}(t_f)c\boldsymbol{x}(t_f)+\frac{1}{2}\int_{t_0}^{t_f}\boldsymbol{R}u^2\mathrm{d}t \tag{3-97}$$

当给定导弹运动的状态方程为

$$\dot{\boldsymbol{x}} = \boldsymbol{A}\boldsymbol{x} + \boldsymbol{B}u$$

时,应用最优控制理论,可得最优导引律为

$$u = -\boldsymbol{R}^{-1}\boldsymbol{B}^{\mathrm{T}}\boldsymbol{P}\boldsymbol{x} \tag{3-98}$$

其中,$\boldsymbol{P}$ 由黎卡提(Riccati)微分方程

$$\boldsymbol{A}^{\mathrm{T}}\boldsymbol{P} + \boldsymbol{P}\boldsymbol{A} - \boldsymbol{P}\boldsymbol{B}\boldsymbol{R}^{-1}\boldsymbol{B}^{\mathrm{T}}\boldsymbol{P} + \boldsymbol{Q} = \dot{\boldsymbol{P}}$$

解得。终端条件为

$$\boldsymbol{P}(t_f) = \boldsymbol{C}$$

在不考虑速度项 $x_2(t_f)$,即 $c_2=0$,且控制矢量为一维的情况下,最优导引律为

$$u = -\frac{(t_f - t)x_1 + (t_f - t)^2 x_2}{\dfrac{R}{c_1} + \dfrac{(t_f - t)^3}{3}} \tag{3-99}$$

为了使脱靶量最小,应选取 $c_1 \to \infty$,则

$$u = -3\left[\frac{x_1}{(t_f - t)^2} + \frac{x_2}{t_f - t}\right] \tag{3-100}$$

由图 3-18 可得

$$\tan q = \frac{x}{y} = \frac{x_1}{V_c(t_f - t)}$$

当 q 比较小时,$\tan q \approx q$,则

$$q = \frac{x_1}{V_c(t_f - t)} \tag{3-101}$$

$$\dot{q} = \frac{x_1 + (t_f - t)\dot{x}_1}{V_c(t_f - t)^2} = \frac{1}{V_c}\left[\frac{x_1}{(t_f - t)^2} + \frac{x_2}{t_f - t}\right] \tag{3-102}$$

将式(3-102)代入式(3-100)中,可得

$$u = -3V_c\,\dot{q} \tag{3-103}$$

考虑到

$$u = -a_m = -V_m\,\dot{\sigma}_m$$

故

$$\dot{\sigma}_m = \frac{3V_c}{V_m}\dot{q} \tag{3-104}$$

由此看出,当不考虑弹体惯性时,自动瞄准制导的最优导引规律是比例导引,其比例系数为 $3V_c/V_m$,这也证明,比例导引法是一种很好的导引方法。

随着计算机技术和现代控制理论的发展,最优导引律的研究也越来越受到重视,国内外研究成果很多,这里给出三种最优导引律。

(1) 考虑目标机动过载的最优导引律:

$$n = K\frac{(r + V_c t_{go})}{t_{go}^2} + \frac{K}{2}n_t \tag{3-105}$$

式中:n 为导弹过载;K 为比例系数;t_{go} 为导弹剩余飞行时间;n_t 为目标机动过载。

(2) 考虑目标加速度的最优导引律:

$$n = KV_c(\dot{q} + t_{go}\,\ddot{q}/2) + K\,\dot{V}_t(q - \sigma_t)/2 \tag{3-106}$$

式中:$\dot{q}$、$\ddot{q}$分别为视线角速度对时间的一阶、二阶导数;$\dot{V}_t$为目标加速度;σ_t为目标方位角。

(3) 考虑目标机动角速度的最优导引律:

$$u=\frac{3r}{3r_2V_m^3+r^3-r_1^3}\left\{r^2V_m\dot{q}+\frac{V_m}{\omega_t}\left[r-\sin\left(\frac{r-r_1}{V_m}\omega_t\right)-r_1\cos\left(\frac{r-r_1}{V_m}\omega_t\right)\right]a_{tx}\right.$$
$$\left.-\frac{V_m^2}{\omega_t^2}\left[1-\cos\left(\frac{r-r_1}{V_m}\omega_t\right)-\frac{r_1\omega_t}{V_m}\sin\left(\frac{r-r_1}{V_m}\omega_t\right)\right]a_{ty}\right\} \tag{3-107}$$

式中:u为导弹加速度;r_1为目标机动半径;r_2为导弹剩余飞行距离,$r_2=r-r_1$;ω_t为目标角速度;a_{tx}、a_{ty}为目标加速度分量。

思考题

1. 试推导自动瞄准的弹目相对运动方程组。

2. 设目标作等速直线飞行,已知导弹的相对弹道,能否做出其绝对弹道?

3. 导弹和目标的相对运动关系如图所示。设某瞬时目标水平直线飞行,$V_t=300\text{m/s}$,$V_m=600\text{m/s}$,$\eta_m=15°$,$q=30°$,$r=30\text{km}$。试求弹目接近速度$\dot{r}$及视线角速度$\dot{q}$。

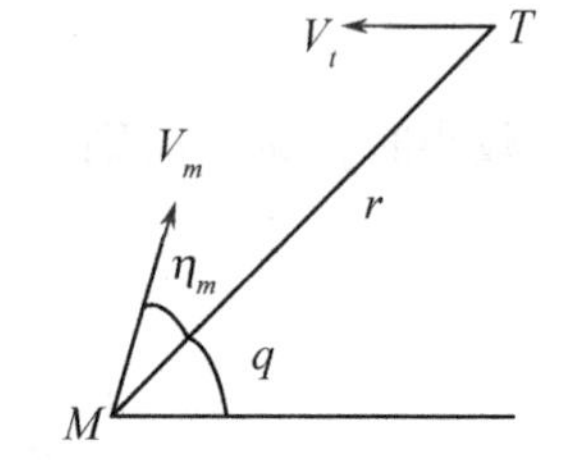

习题3图 弹目相对运动关系

4. 平行接近法在什么条件下可以保证直线弹道?

5. 为什么导弹按平行接近法导引的需用法向过载总是比目标的过载小?

6. 采用比例导引法时,视线角速率$\dot{q}$的变化对过载有什么影响?

7. 比例导引法中,比例系数与制导系统有什么关系?选取比例系数需要考虑哪些因素?

8. 比例导引法的优缺点是什么?有哪些改进形式?

9. 如何利用雷达坐标系确定导弹在空间的位置?

10. 什么是三点法的等加速度曲线?如何用等加速度曲线分析导弹的弹道特性?

11. 什么是攻击禁区?三点法的攻击禁区与哪些因素相关?

12. 设敌方飞机朝着我方制导站水平飞来,且保持匀速直线运动,$V_t=400\text{m/s}$,高度$H_t=20000\text{m}$,我方地空导弹发射导弹的初始高低角为$\varepsilon_{m0}=30°$,导弹按三点法导引,试求发射后10s时导弹的高低角。

13. 导引方法选取的主要原则有哪些?

14. 导弹发射瞬时目标航迹角$\theta_{t0}=0°$,以后目标以$\dot{\theta}_t=0.05\text{s}^{-1}$作机动飞行,导弹按比例导引法进行飞行,比例系数为4,在$t_f=10\text{s}$时导弹命中目标。命中目标时$V_t=250\text{m/s}$,$\dot{V}_t=0\text{m/s}^2$,$V_m=500\text{m/s}$,$\dot{V}_m=0\text{m/s}^2$,$q_f=25°$,$\eta_m=5°$,求命中点时刻导弹的需用法向过载。

15. 目标在20km高度作等速平飞,速度$V_t=300\text{m/s}$,航迹角$\theta_{t0}=180°$,导弹先按三点法导引飞行,在下列条件下转为比例导引:$V_m=800\text{m/s}$,$\varepsilon_t=45°$,$R=25\text{km}$,$\dot{\theta}=3\dot{q}$,求按比例导引法飞行的起始需用过载。

16. 最优制导律有哪些优缺点?

第四章 遥 控 制 导

遥控制导主要分为无线电指令制导与波束制导两大类,有线指令制导也属于遥控制导之列。无线电指令制导常用于地空导弹制导系统中,与其他制导方法相比,它是最早开始应用也是最直接的一种制导方法。其制导设备包括地面制导站和弹上制导设备两大部分。地面制导站含目标、导弹观测跟踪设备,制导参数计算设备及指令发射设备等;弹上制导设备有指令接收设备和控制系统等。目标、导弹观测跟踪设备同时测量目标、导弹的位置及运动参数;制导参数计算设备根据目标、导弹的运动信息计算出导弹位置与给定理想弹道的偏差,形成引导指令,经指令发射设备以无线电方式送给导弹。弹上指令接收设备接收引导指令,送给控制系统,使导弹按理想弹道飞向目标或预定区域。

遥控制导的特点是作用距离较远,受天气的影响较小,弹上设备简单,制导精度较高,但随导弹与制导站的距离增加而降低,而且易受外界无线电的干扰。这种制导方法除广泛应用于地空导弹外,在一些空地、空空及战术巡航导弹中也得到应用。在现代导弹的复合制导系统中,指令制导常被用于弹道的中段,以提高导弹截击目标的作用距离。

本章主要介绍遥控制导系统的基本组成、有线指令制导、无线电指令制导和波束制导。

4.1 遥控制导系统概述

遥控制导是指由制导站(或载机等其他载体)向导弹发出引导信息,将导弹引向目标的一种制导技术。遥控制导分两类:一类是遥控指令制导,另一类是波束制导。遥控制导系统主要由目标(导弹)观测跟踪装置、引导指令形成装置、指令传输系统和弹上控制系统等组成,如图4-1所示。

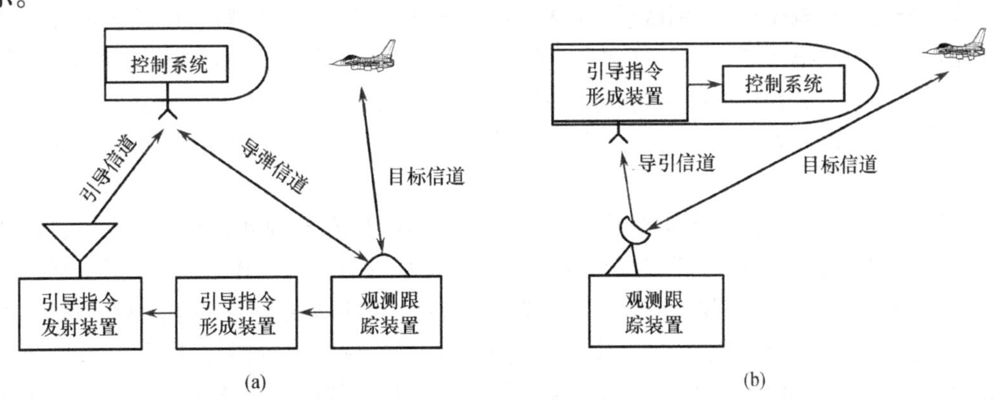

图4-1 遥控制导系统
(a)遥控指令制导;(b)波束制导。

目标(导弹)观测跟踪装置的作用是搜索与发现目标,捕捉导弹信号,连续测量目标及导弹的空间位置及运动参数,以获得形成指令所需的数据(目标和导弹的高低角、方位角以及它们与制导站间的相对距离和相对速度等)。

引导指令形成装置的作用是根据目标与导弹的空间坐标以及它们的运动参数,参照引导方法,形成控制导弹的指令。

指令传输系统包括指令发射装置与指令接收装置两部分,波束制导系统中没有此设备。指令发射装置将控制指令编码、调制后,传递到导弹上,再由导弹上的指令接收装置解调、解码还原成指令信号后,送至弹上控制系统。

弹上控制系统的作用是根据指令信号操纵导弹飞行,同时稳定导弹飞行,其主要设备是自动驾驶仪。

遥控指令制导是指从制导站向导弹发出引导指令信号,送给弹上控制系统,把导弹引向目标的一种制导方式。根据指令传输形式的不同,遥控指令制导可分为有线指令制导和无线电指令制导两类。

波束制导是指由制导站发出引导波束,导弹在引导波束中飞行,由弹上制导系统感受其在波束中的位置并形成引导指令,最终将导弹引向目标的一种制导方式。

4.2 有线指令制导

最典型的有线指令制导是光学跟踪有线指令制导,多用于反坦克导弹。有线指令制导系统中制导指令是通过连接制导站和导弹的指令线传送的。下面以某光学跟踪有线指令制导导弹为例,来说明光学跟踪指令制导系统的工作原理。

光学跟踪有线指令制导系统由制导站引导设备和弹上控制设备两部分组成。制导站上设备包括光学观测跟踪装置,指令形成装置和指令发射装置等;弹上设备有指令接收装置和控制系统等。光学观测跟踪装置跟踪目标和导弹,根据导弹相对目标的偏差形成指令,控制导弹飞行。

在手动跟踪情况下,光学观测装置是一个瞄准仪,导弹发射后,射手可以在瞄准仪中看到导弹的影像,如果导弹影像偏离十字线的中心,就意味着导弹偏离目标和制导站的连线,射手将根据导弹偏离目标视线的大小和方向移动操纵杆,操纵杆与两个电位计相连,一个是俯仰电位计,另一个是偏航电位计,分别敏感操纵杆的上下偏摆量和左右偏摆量,形成俯仰和偏航两个方向的引导指令,指令通过制导站和导弹间的传输线传向导弹,弹上控制系统根据引导指令操纵导弹,使导弹沿着目标视线飞行,导弹的影像重新与目标视线重合。手动跟踪的缺点是飞行速度必须很低,以便射手在发觉导弹偏离时有足够的反应时间来操纵制导设备,发出控制指令。

在半自动跟踪的情况下,光学跟踪装置包括目标跟踪仪和导弹测角仪(红外),它们装在同一个操纵台上,同步转动,射手根据目标的方位角向左或向右转动操纵台,根据目标的高低角向上或向下转动目标跟踪仪,使目标跟踪仪对准目标。当目标跟踪仪的轴线对准目标时,目标的影像便位于目标跟踪仪的十字线中心。由于导弹测角仪和目标跟踪仪同步转动,所以当目标跟踪仪的轴线对准目标时,目标的影像也落在导弹测角仪的十字线中心。红外测角仪光轴平行于目标跟踪仪的瞄准线,它能够自动地连续测量导弹偏离目标瞄准线的偏差角,并把这个偏差角送给计算装置,形成控制指令,通过传输线传给导弹,控制导弹飞行。由于导弹瞄准仪和目标跟踪仪在同一个操纵台上,同步转动,这种制导系统只能采用三点导引法。半自动跟踪有线指令制导与手动跟踪有线指令制导相比,有了很大的改进,射手工作量减少,导弹速度可提高一倍左右,实际上导弹速度仅受传输线释放速度等因素的限制。

传输线的线圈可以装在地面,也可以装在导弹上,导弹飞行时线圈自动放线。

有线指令制导系统抗干扰能力强,弹上控制设备简单,导弹成本较低。但由于连接导弹和制导站间传输线的存在,导弹飞行速度和射程的进一步增大受到一定的限制,导弹速度一般不高于200m/s,最大射程一般不超过4km。

4.3 无线电指令制导

无线电指令制导是指利用无线电信道,把控制导弹飞行的指令从导弹以外的控制站发送到导弹上,按一定的制导规律引导导弹攻击目标的制导方法。下面分别介绍无线电指令制导系统的基本任务、组成、分类和回路结构、导弹与目标运动参数测量、无线电指令制导的观测与跟踪设备、指令形成原理及指令传输等内容。

4.3.1 无线电指令制导系统

1. 无线电指令制导系统的基本任务

(1) 搜索与选择目标:根据上级敌情通报或远程警戒雷达的情报进行空间搜索,并及时发现目标。若发现是群目标,则应从中选择对我方威胁最大、最易攻击的某一目标。

(2) 观测和跟踪目标:连续观测目标坐标(高低角 ε_t、方位角 β_t 及斜距 r_t),并控制雷达天线电轴对准目标。

(3) 控制发射和观测导弹:掌握时机实时控制和发射导弹,并连续测量导弹坐标(高低角 ε、方位角 β 及斜距 r),并控制雷达天线电轴对准目标。

(4) 引导导弹飞向目标:根据目标、导弹的坐标及引导方法,形成引导指令传递给导弹,弹上控制设备根据指令的要求,操纵导弹飞向目标。

(5) 发射一次指令:当导弹飞向目标到一定距离时,制导站发出无线电信号,弹上无线电引信解除保险,使引信装置工作以便及时引爆战斗部。

2. 无线电指令制导系统的组成和分类

无线电指令制导系统通常由目标、导弹观测跟踪设备、计算机及指令形成设备、指令传递设备(指令发射机、接收机)、弹上控制系统(自动驾驶仪)等组成。根据目标坐标测量方法和目标与导弹相对位置测量方法的不同,无线电指令制导系统分为雷达跟踪指令制导系统、TVM指令制导系统和电视跟踪指令制导系统三种形式。

在雷达跟踪指令制导系统中,目标瞬时坐标是由弹外制导站直接测得的;在TVM指令制导系统中,目标瞬时坐标是由弹上目标坐标方位仪测出后,传递给制导站的;在电视跟踪指令制导系统中,弹上电视摄像管摄下目标及其周围环境的景物图像,通过电视发射机发送给制导站。虽然上述各种指令制导系统测量目标参数的位置和方法不同,但导弹控制指令均由弹外制导站形成的。

1) 雷达跟踪指令制导系统

雷达跟踪指令制导系统可分为双雷达和单雷达跟踪指令制导系统。在双雷达跟踪指令制导系统中,目标跟踪雷达不断跟踪目标,通过目标的反射信号获得目标瞬时坐标信息,送入计算机;导弹跟踪雷达用来跟踪导弹并测量导弹的坐标数据,也送入计算机。计算机根据送来的目标与导弹瞬时坐标数据及引导规律形成引导指令,编成密码后用无线电发射机传送给导弹,控制导弹飞向目标,如图4-2所示。

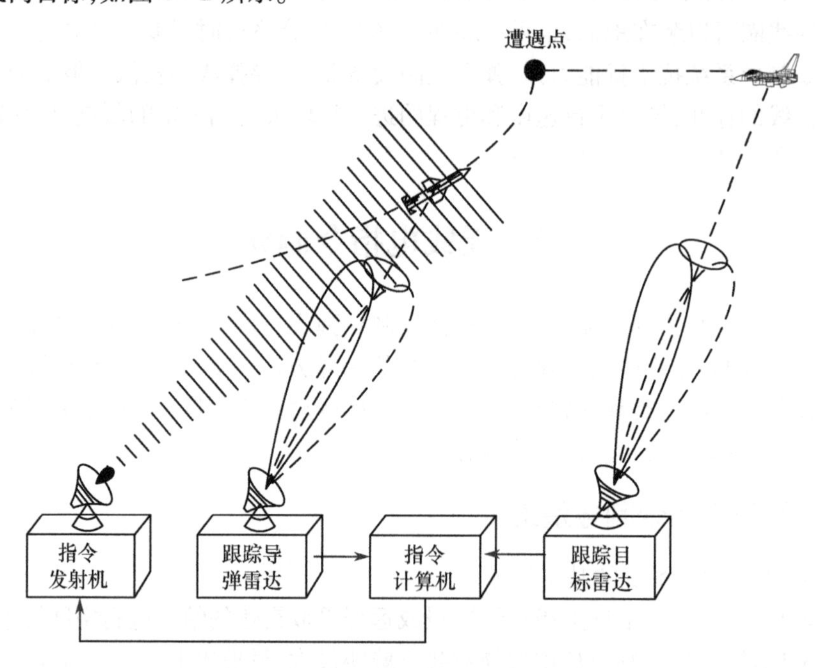

图4-2　双雷达跟踪指令制导系统

在单雷达跟踪指令制导系统中,目标的跟踪与双雷达跟踪系统一样,不同的是导弹上装有应答机。导弹进入制导雷达波束的扫描区域以后,制导站不断向导弹发射询问信号,弹上接收机将询问信号送入应答机,应答机不断地向制导雷达发射应答信号,制导雷达根据应答信号跟踪导弹,测量其坐标数据,并将这些数据送入计算机。若要求制导站同时引导 N 枚导弹攻击同一目标,则制导站就应有 N 路互相独立的导弹信号接收通道。这种制导系统的优点是弹上设备少、重量轻、容量大。而缺点是制导误差随射程的增加而增大,并且传输制导信息的通道易受电子干扰。这种制导系统大多用于中、近程地空导弹的武器系统中。"爱国者"地空导弹的中段制导、SA-2地空导弹全程制导、"响尾蛇"地空导弹全程制导过程中均采用雷达跟踪指令制导。

2）TVM指令制导系统

TVM指令制导系统如图4-3所示。目标坐标的测量设备配置在导弹上,制导站向目标发射照射跟踪波束,经目标反射给导弹,设在弹上的目标测量设备测出目标在弹体坐标系中的瞬时坐标数据,由信息传输系统(下行线)发送给制导站。制导站同时向导弹发射照射跟踪波束,获得导弹在测量坐标系中的瞬时坐标数据。制导站的计算机将目标、导弹的坐标数据通过坐标变换并进行实时处理,得到引导指令,经指令传输系统(上行线)送给导弹,控制导弹飞向目标。这种制导过程称为TVM(Track Via Missile)制导。这种制导系统的优点是当导弹远离制导站时,由于导弹接近目标,仍可获得准确的观测结果,产生合理的引导指令;主要缺点是导弹成本较高。这种导引方法既可看成是指令制导的发展,也可以看成是主动制导的发展。在末端采用TVM制导体制的地空导弹有C-300系列和"爱国者"PAC-1、PAC-2等。

3）电视跟踪指令制导系统

电视跟踪指令制导是利用目标反射的可见光信息对目标进行捕获、定位、追踪和导引的制导系统,它是光电制导的一种。

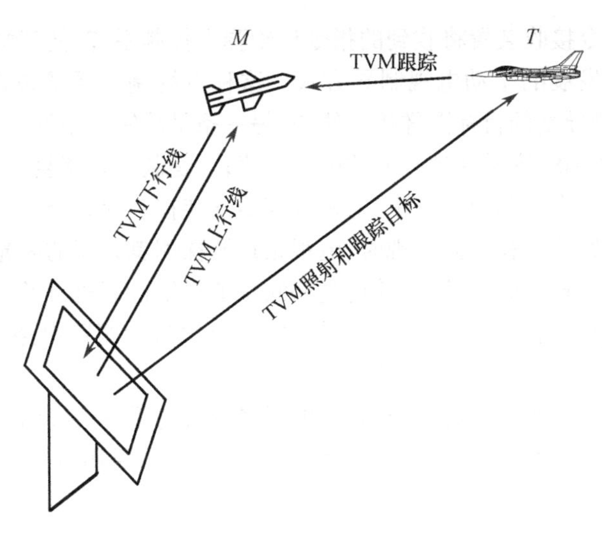

图 4-3 TVM 指令制导系统

电视跟踪指令制导的优点是：

(1) 分辨率高，可提供清晰的目标景象，便于鉴别真假目标，工作可靠；

(2) 制导精度高；

(3) 采用被动方式工作，制导系统本身不发射电波，攻击隐蔽性好；

(4) 工作于可见光波段。

电视跟踪指令制导的缺点是：

(1) 只能在白天作战，受气象条件影响较大；

(2) 在有烟、尘、雾等能见度较低的情况下，作战效能降低；

(3) 不能测距；

(4) 弹上设备比较复杂，制导系统成本较高。

电视指令制导系统由导弹上的电视设备观察目标，主要用来制导射程较近的导弹，制导系统由弹上设备和制导站两部分组成，如图 4-4 所示。弹上设备包括摄像管、电视发射机、指令接收机和弹上控制系统等；制导站上有电视接收机、指令形成装置和指令发射机等。

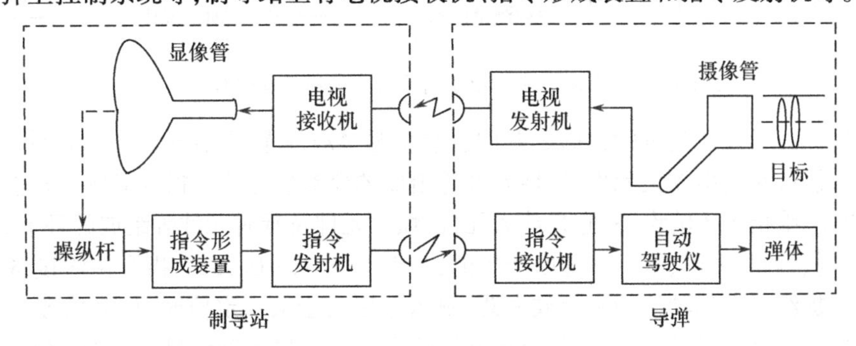

图 4-4 电视指令制导系统

导弹发射以后，电视摄像管不断地摄下目标及其周围的景物图像，通过电视发射机发送给制导站。操纵员从电视接收机的荧光屏上可以看到目标及其周围的景象。当导弹对准目标飞行时，目标的影像正好在荧光屏的中心，如果导弹飞行方向发生偏差，荧光屏上的目标影像就偏向一边。操纵员根据目标影像偏离情况移动操纵杆，形成指令，由指令发射装置将指令发送给导弹。导弹上的指令接收装置将收到的指令传给弹上控制系统,使其操纵导弹,纠正导弹的飞行方向。这是早期发展的手动电视制导方式。这种电视制导系统包含两条无线电传输线路:一条是从导弹到制导站的目标图像传输线路;另一条是从制导站到导弹的遥控线路。这样就有两个缺点:一是传输线容易受到敌方的电子干扰;二是制导系统复杂,成本高。

在电视跟踪无线电指令制导系统中,电视跟踪器安装在制导站,导弹尾部装有曳光管。当目标和导弹均在电视跟踪器视场内出现时,电视跟踪器探测曳光管的闪光,自动测量导弹飞行方向与电视跟踪器瞄准轴的偏离情况,并把这些测量值送给计算机,计算机经计算形成制导指令,由无线电指令发射机向导弹发出控制信号。同时电视自动跟踪电路根据目标与背景的对比度对目标信号进行处理,实现自动跟踪。

电视跟踪通常与雷达跟踪系统复合运用,电视摄像机与雷达天线瞄准轴保持一致,在制导中相互补充,夜间和能见度差时用雷达跟踪系统,雷达受干扰时用电视跟踪系统,从而提高制导系统总的作战性能。

3. 无线电指令制导回路结构

由前面的讨论可知,无线电指令制导系统是以导弹为控制对象的闭环回路(又称"大回路""外回路")。典型的制导回路是由导弹、目标测量设备、指令形成设备、指令传输设备、自动驾驶仪(含限幅放大器、综合放大器及舵机执行机构等部分,其控制回路又称"小回路""内回路")、弹体环节、弹体反馈设备及导弹运动学环节等组成。

对气动控制的轴对称导弹,其俯仰、航向两个通道,回路结构相同,因此只讨论俯仰通道回路结构。这是一个负反馈自动调节系统,如图4-5所示。

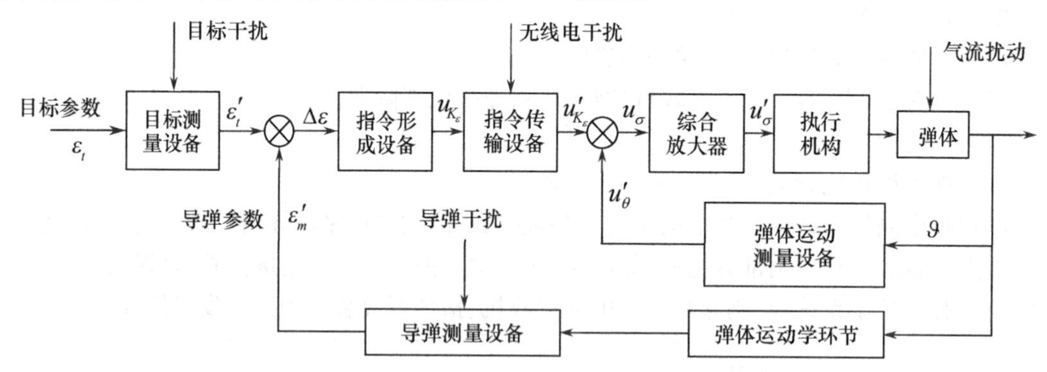

图4-5 三点法引导的指令制导系统俯仰通道回路结构图

导弹、目标测量设备测得的数据之差即误差信号$\Delta\varepsilon$(前置法引导时还包括前置信号)输入指令形成设备,它是由放大元件、惯性元件等组成的变参量环节。指令形成设备输出俯仰指令信号电压u_{K_ε}给指令传输设备,它是放大元件、惯性元件及延时元件等组成的环节,其延迟时间主要是调制、编码、译码、解调过程中产生的,一般为0.02~0.05s。指令传输设备输出俯仰指令电压u_{K_ε}'加给自动驾驶仪的限幅放大器(输入电压大于某一定值时,放大倍数反而减少),它的输出电压与弹体反馈设备输出的弹体反馈信号u_θ'综合成控制信号u_σ,经综合放大器放大后,输出的控制信号u_σ'加给执行机构。执行机构根据控制信号操纵弹体的舵面转动,改变弹体的俯仰角。弹体反馈设备用来测量导弹姿态角ϑ的变化,通常由速率陀螺仪(或积分陀螺仪)及微分网络组成。它的反馈作用增大了对导弹控制的阻尼,稳定导弹受气流扰动等引起的扰动运动,因此导弹的稳定性提高,但操纵性降低。导弹运动学环节是指弹体环节输出参数(如弹体轴上测量的角速度θ^*)与导弹测量设备的输入参数(如在测量坐标系中测得的导弹

高低角 ε_m)两者之间的数学关系式,通常用变系数非线性微分方程描述。

由此可见,制导回路中存在变参量环节及非线性环节,分析制导系统全过程的工作特性时,就需要知道参数的变化规律。分析制导系统在某一阶段内的动态特性,并假设导弹飞行偏差不大,输入信号未超出系统的线性范围,可将制导系统简化为常系数的线性系统。必须指出,目标干扰、导弹干扰、无线电干扰等也会影响制导回路的稳定。因此在目标测量设备、导弹测量设备及无线电传输设备中必须采取相应的抗干扰措施。

4.3.2 导弹和目标的运动参数测量

要实现指令制导,就必须准确地测得导弹和目标的有关运动参数,这一任务一般是由制导站的观测与跟踪设备——雷达来完成的。导弹和目标的运动参数测量通常分为斜距测量、角度测量和相对速度测量。

1. 斜距测量

雷达测距的方法很多,有脉冲法测距、调频连续波测距和相位法测距等。其中以脉冲法使用最广,实现最容易。

雷达工作时,发射机经天线向空中发射一连串高频脉冲,如目标在电磁波传播的路径上,雷达就可以收到由目标反射回来的回波。由于回波信号往返于雷达和目标之间,它将滞后于发射脉冲一个时间 t。电磁波的能量是以光束传播的,则目标与雷达之间的距离 r_t 为

$$2r_t = \mathrm{c}t$$

则

$$r_t = \mathrm{c}t/2 \tag{4-1}$$

式中:r_t 为斜距;t 为电磁波往返于目标与雷达之间的时间间隔;c 为光速。

由于电磁波以光速 $\mathrm{c} = 3\times10^8\mathrm{m/s}$ 传播,雷达技术常用的时间单位为微秒,回波脉冲滞后于发射脉冲 $1\mu\mathrm{s}$ 时,所对应的目标斜距为

$$r_t = \mathrm{c}t/2 = 150\mathrm{m} = 0.15\mathrm{km}$$

2. 角度测量

角度测量包括高低角和方位角的测量。测角方法分为振幅法和相位法两大类。下面讨论振幅法测角原理。

若跟踪雷达有方位角和高低角两个探测天线,方位角天线由左向右作周期扫描,高低角天线由下向上作周期扫描。以方位角为例,如图 4-6 所示,波瓣自 OA 向 OB 作匀速扫描,然后再从 OA 重复扫描。若空中有一目标,在波瓣没扫着目标时,没有回波信号,当波瓣扫着目标

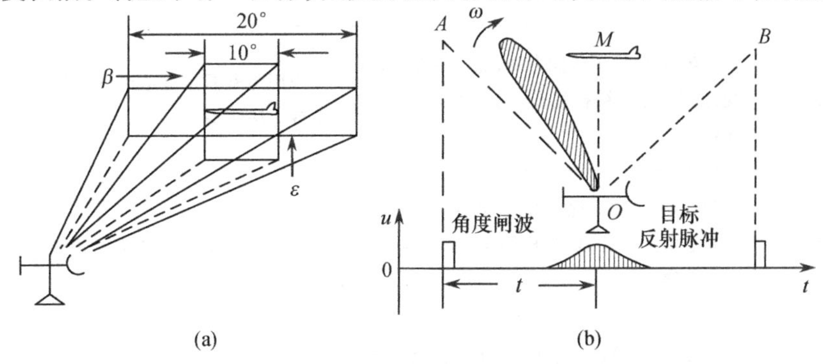

图 4-6 测角原理示意图

(a)探测天线的高低角、方位角扫描;(b)振幅法测角原理。

时,就有回波信号,天线波瓣中心对准目标时,回波信号最强。于是,天线波瓣每扫过目标一次,雷达就收到一群回波脉冲,它们的包络变成钟形,称作受到天线波瓣的调制。

在扫描起始时刻同时给出一个角度基准脉冲(角度闸波),则回波脉冲包络最大值与角度闸波之间的时间间隔就表示了目标的相对角度,设此时间间隔为 t,扫描角速度为 ω,则

$$\beta = \omega t \tag{4-2}$$

导弹的空间坐标是利用应答脉冲来测量的。

3. 相对速度测量

在测量导弹与目标之间的相对速度,或者制导站与导弹(或目标)的相对速度时,可以依据多普勒频移来测量。多普勒频移公式为

$$f_d = \frac{2V_r}{\lambda} \tag{4-3}$$

式中:f_d 为多普勒频移;V_r 为目标与雷达间的相对速度;λ 为载波波长。当目标向制导站运动时,$V_r > 0$,回波载频提高,反之,$V_r < 0$,回波载频降低。

4.3.3 无线电指令制导的观测跟踪设备

1. 观测跟踪设备的任务和分类

观测跟踪设备的基本任务是搜索、选择目标,准确地测量目标和导弹的坐标信息(距离信息、角信息),并连续对目标和导弹实施跟踪(距离跟踪、角跟踪)。对观测跟踪设备的一般要求如下:

(1) 对目标和导弹的观测距离应满足战术要求;对距离、角坐标的测量精度高,分辨力强,速率快;对目标和导弹的距离跟踪及角跟踪惯性小、误差小;设备具有良好的抗干扰能力,轻便而灵活。

(2) 能实施对多目标的搜索及跟踪,能引导多发导弹攻击同一目标。

不同类型的观测跟踪器由于系统对它的要求和工作模式不同,应用范围和性能特点也有所不同。表4-1列出了不同观测跟踪器的性能比较。

表4-1 不同观测跟踪器的性能比较

类别	优点	缺点
雷达跟踪器	有三维信息(距离、高低角和方位角),作用距离远,全天候,衰减小,使用灵活	精度低于光电跟踪器,易暴露自己,易受干扰,地(海)面及环境杂波大,低空性能差,体积较大
光学、电视跟踪器	隐蔽性好,抗干扰能力强;低空性能好,直观,精确度高,结构简单,易和其他跟踪器兼容	作用距离不如雷达远;夜间或天气差时性能降低或无法使用
红外跟踪器	隐蔽性好,抗干扰能力强;低空性能好,精度高于雷达跟踪器,结构简单,易和其他跟踪器兼容	衰减大,作用距离不如雷达跟踪器
激光跟踪器	精度很高,分辨力很好,抗干扰性能极强,结构简单,质量小,易和其他跟踪器兼容	只有晴天能使用,传播衰减大,作用距离受限

观测跟踪设备按获取能量的形式不同,可分为雷达观测跟踪设备、光电观测跟踪设备(即光学、电视、红外及激光跟踪器)两大类。本节只讨论雷达观测跟踪设备。

雷达观测跟踪设备的类型很多:按用途分有搜索雷达、跟踪雷达等;按雷达信号形式分有脉冲波雷达(如简单脉冲、线性调频脉冲压缩、相位编码脉冲压缩、频率捷变、脉冲多普勒雷达等)、连续波雷达、噪声雷达等;按天线工作特性分有圆锥扫描雷达、隐蔽锥扫描雷达、线扫描雷达、单脉冲雷达、相控阵雷达等;按信号处理方式分有分集雷达(频率分集、极化分集)、相参积累雷达、动目标显示雷达、合成孔径雷达等;按高频工作波段分有 S 波段(中心波长为10cm)、C 波段(中心波长为 5cm)、X 波段(中心波长为 3cm)、Ku 波段(中心波长为 2.2cm)、Ka 波段(中心波长为 8mm)等波段雷达。

2. 雷达观测跟踪设备

雷达观测跟踪设备是雷达技术的综合应用,结构形式多种多样,本节仅介绍几种常用的制导雷达。

1) 线扫描跟踪雷达

图 4-7 表示一种典型的线扫描雷达设备简化方框图。从雷达信号形式上看,这是一部简单脉冲波雷达,分高低角(ε)、方位角(β)两个支路。

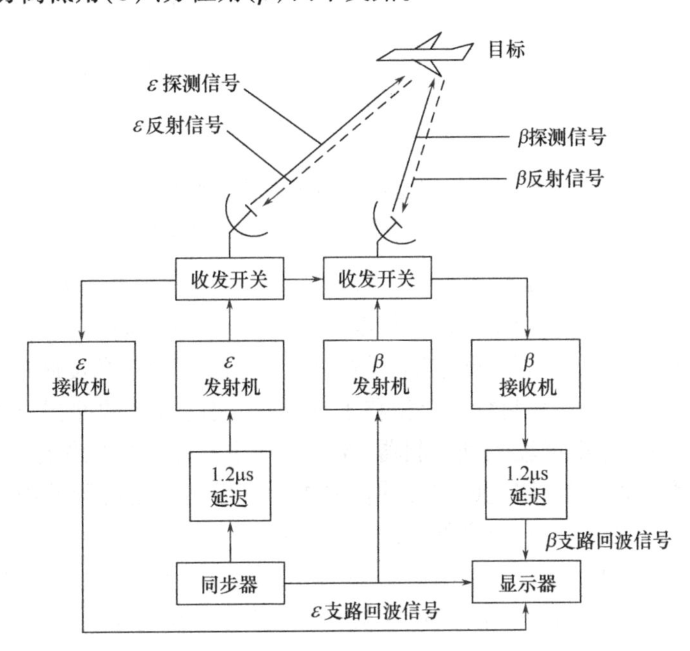

图 4-7 线扫描雷达简化方框图

以 ε 支路为例,同步器产生的同步脉冲延迟 1.2μs 后触发发射机工作,发射高频脉冲经收发开关至 ε 探测天线(垂直抛物柱面)形成扇形波束,波束宽度垂直方向窄(如 2°)、水平方向宽(如 10°)。该波束遇目标(或导弹)产生反射信号,被 ε 探测天线接收;经收发开关至 ε 接收机,输出 ε 支路回波信号加给显示器。利用回波脉冲与发射脉冲(重复频率一般为几千赫兹)的时间间隔来测量目标的距离(如时间间隔为 100μs,目标距离雷达为 15km)。

ε 扇形波束如图 4-8(a)所示,以一定频率(一般为几十赫兹)由下而上等速扫描(即线扫描),则可得目标回波脉冲群,回波脉冲群幅度的包络与 ε 探测天线的纵向方向特性成比例。如图 4-8(b)所示,高低角的相对角坐标值可用回波脉冲群中心与高低角扫描起点脉冲的时

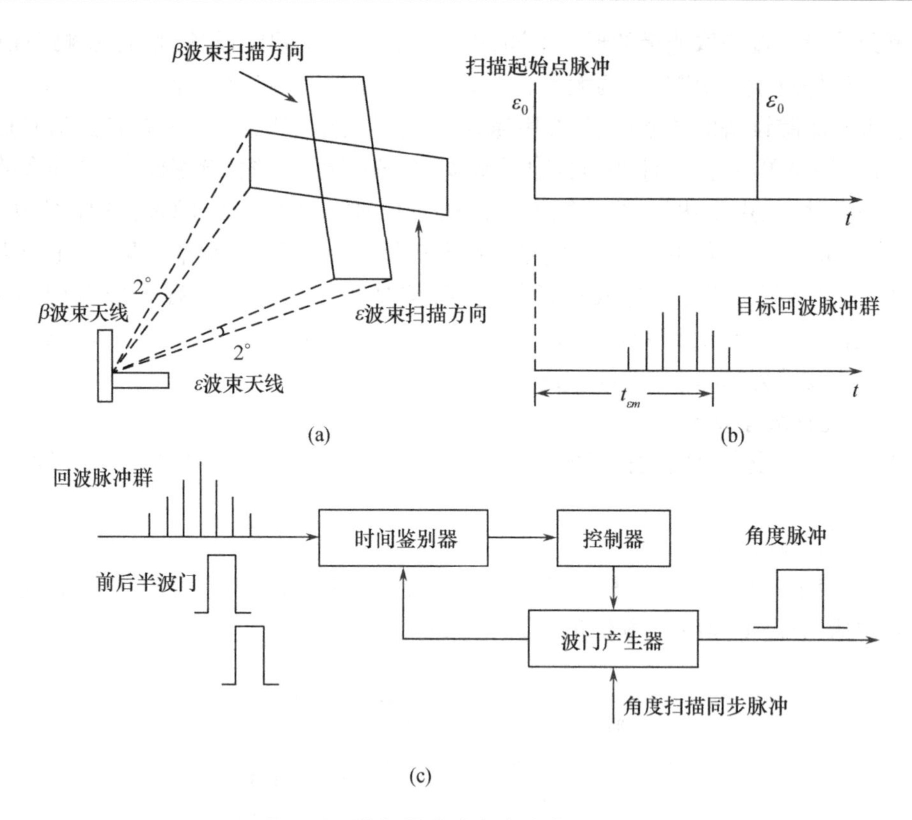

图4-8　线扫描雷达角度跟踪原理图
(a)波束扫描；(b)角坐标测量；(c)角度自动跟踪回路。

间间隔 $t_{\varepsilon m}$ 来表示。对目标的高低角跟踪采用双波门平分回波脉冲群的方法，如图4-8(c)所示，角度脉冲分成前后相连的两个半波门与回波脉冲群同时输入到时间鉴别器，如果前后两半波门恰好平分回波脉冲群面积，则时间鉴别器输出的误差电压为零，角度脉冲中心的时间位置正表示目标所在的角度位置。如目标向上偏移了，则前半波门重合的面积小于后半波门所重合的面积，鉴别器产生误差电压输入到控制器，控制器产生的控制电压作用于波门产生器，使前后两半波门及角度脉冲后延，跟上回波脉冲群的中心。后延的角度脉冲中心就表示了目标所在的新角度位置，从而完成对目标高低角的自动跟踪。

β 支路的结构及工作原理与 ε 支路基本一样，但其天线(水平抛物柱面)波束水平方向窄，垂直方向宽，线扫描是从左到右，发射脉冲(射频频率也不同)相对 ε 支路超前1.2μs，接收回波经延迟1.2μs后输入到显示器。对目标的距离跟踪采用的是距离波门分成前后相连的两半波门与目标回波脉冲相重合的方法，跟踪回路框图与角度跟踪回路的框图相似。

2）相控阵雷达

所谓"相控阵"，即"相位控制阵列"的简称。顾名思义，相控阵天线是由许多辐射单元排列而成的，而各个单元的馈电相位是由计算机灵活控制的阵列，从而实现波束的电扫描。因此，相控阵雷达具有波束捷变(包括波束空间位置捷变和波束方向图捷变)的独特优点，可以满足多目标跟踪、远距离探测、高数据率、自适应抗干扰以及同时完成目标搜索、识别、捕获和跟踪等多种功能。

通常，相控阵天线的辐射元少的有几百，多的则可达几千甚至上万。每个阵元(或一组阵元)后面接有一个可控移相器，利用控制这些移相器相移量的方法来改变各阵元间的相对馈电相位,从而改变天线阵面上电磁波的相位分布,使得波束在空间按一定规律扫描。阵列天线有两种基本形式:一种称为线阵列,所有单元都排列在一条直线上;另一种称为面阵列,辐射单元排列在一个面上,通常是一个平面。为了说明相位扫描原理,我们讨论图 4-9 所示的扫描情况,它由 N 个相距为 d 的阵元组成。假设各辐射元为无方向性的点辐射源,而且同相等幅馈电(以零号阵元为相位基准)。在相对于阵轴法线的 θ 方向上,两个阵元之间波程差引起的相位差为

$$\psi = \frac{2\pi}{\lambda} d\sin\theta \tag{4-4}$$

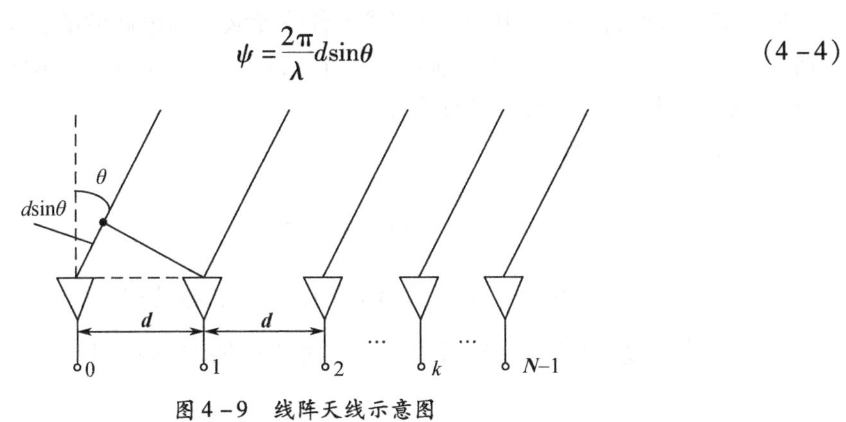

图 4-9 线阵天线示意图

则 N 个单元在 θ 方向远区某一点辐射场的矢量和为

$$E(\theta) = \sum_{k=0}^{N-1} E_k e^{jk\psi} = E\sum_{k=0}^{N-1} e^{jk\psi} \tag{4-5}$$

式中:E_k 为各阵元在远区的辐射场,当 E_k 都相等时等式(4-5)才成立。因为各阵元的馈电一般要加权,实际上远区 E_k 不一定都相等。为方便起见,假设等幅馈电,且忽略因波程差引起的场强差别,所以认为远区各阵元的辐射场强近似相等,E_k 可用 E 表示。显然,当 $\theta=0$ 时,电场同相叠加而获得最大值。

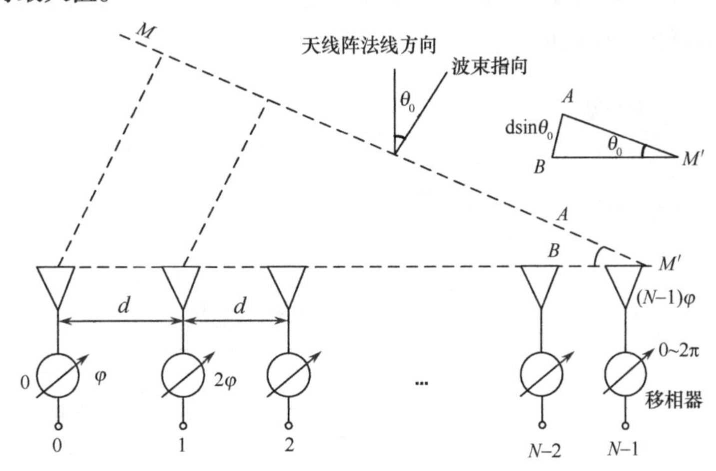

图 4-10 相位扫描原理

根据等比级数求和公式及欧拉公式,可得阵列归一化方向函数

$$F_a(\theta) = \frac{|E(\theta)|}{|E_{\max}(\theta)|} = \frac{\sin\left(\dfrac{N\varphi}{2}\right)}{N\sin\dfrac{\varphi}{2}} = \frac{\sin\left(\dfrac{\pi N d}{\lambda}\sin\theta\right)}{N\sin\left(\dfrac{\pi d}{\lambda}\sin\theta\right)} \tag{4-6}$$

为了使波束在空间迅速扫描,可在每个辐射元之后接一个可变移相器,如图4-10所示。设各单元移相器的相移量分别为$0,\varphi,2\varphi,\cdots,(N-1)\varphi$,由于单元之间相对的相位差不为0,所以在天线阵的法线方向上各单元的辐射场不能同相相加,因而不是最大辐射方向。当移相器引入的相移φ抵消了由于单元间波程差引起的相位差$\varphi=\frac{2\pi d}{\lambda}\sin\theta_0$时,则在偏离法线的$\theta_0$角度方向上,由于电场同相叠加而获得最大值。这时,波束指向由阵列法线方向($\theta=0$)变到θ_0方向。简单地说,在图4-10中,MM'线上各阵元激发的电磁波的相位是相同的,称作同相波前,波束最大值方向与其同相波前垂直。可见,控制各种移相器的相移可改变同相波前的位置,从而改变波束指向,达到扫描的目的。

此时,式(4-5)变成

$$E(\theta)=E\sum_{k=0}^{N-1}\mathrm{e}^{\mathrm{j}k(\psi-\varphi)} \tag{4-7}$$

式中:ψ为相邻单元间的波程差引入的相位差;φ为移相器的相移量。

令$\varphi=\frac{2\pi d}{\lambda}\sin\theta_0$,则式(4-6)可以得到扫描时的方向性函数为

$$F_a(\theta)=\frac{\sin\left(\frac{\pi Nd}{\lambda}(\sin\theta-\sin\theta_0)\right)}{N\sin\left(\frac{\pi d}{\lambda}(\sin\theta-\sin\theta_0)\right)} \tag{4-8}$$

因此,只要控制移相器的相移量φ就可控制雷达最大辐射方向,从而形成波束扫描。

图4-11表示一种典型的相控阵制导雷达方框图。从远程搜索雷达来的目标指示数据,经过外部接口输入到通用计算机,计算机将这些数据转换成跟踪雷达所需搜索或定位的测量坐标数据,再变换成相控阵天线所需的波束坐标。这些信息再输入到波束控制计算机,产生出为形成所需波束的移相器控制信号。

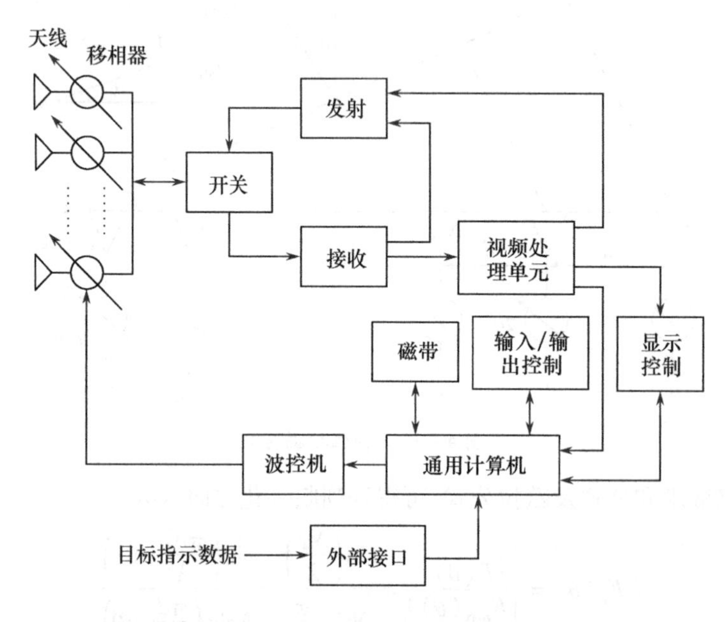

图4-11　相控阵制导雷达方框图

视频处理单元所产生的触发脉冲，触发发射机，通过天线阵把能量辐射到指定方向上。

从接收机输出端到目标回波信号，当目标信号满足一定条件时，便建立捕捉状态。被捕捉的目标信号的数据不断输入到计算机中，计算机将这些数据平滑、外推以产生关于目标的现在位置、将来位置及目标运动速度的最佳估值，以实现距离、方位角、高低角三个坐标上的跟踪。

波束控制计算机还包括能及时发现系统计算机故障的自检设备。显示控制台用来显示空间情况并控制整个系统的工作状态。

3）边扫描边跟踪雷达

利用通用的雷达与计算机相结合采用边扫描边跟踪（Track While Scan，TWS）方法可实现对多目标的跟踪。边扫描边跟踪雷达包括地面监视雷达、多功能机载雷达，而且常要求边扫描边跟踪雷达能够同时跟踪多个目标。根据结构方式的不同，雷达能够覆盖整个前半球或只能覆盖有限角度的扇形区。

边跟踪边扫描是搜索与跟踪的一个完美结合。为了搜索目标，雷达重复扫描一条或多条光带，如图4－12所示，这样不会丢失目标，图中条带间隔小于3dB波束宽度。因此，同一目标常常被多个条带检测到，这是TWS所解决的几个冲突之一。每次扫描与其他各次扫描无关，无论目标何时被检测到，雷达一般向操作员和TWS功能都提供目标距离、距离变化率（多普勒）、方位（角）和高度（仰角）的估计。对任何一次检测，这些估计都是指一个观测值。

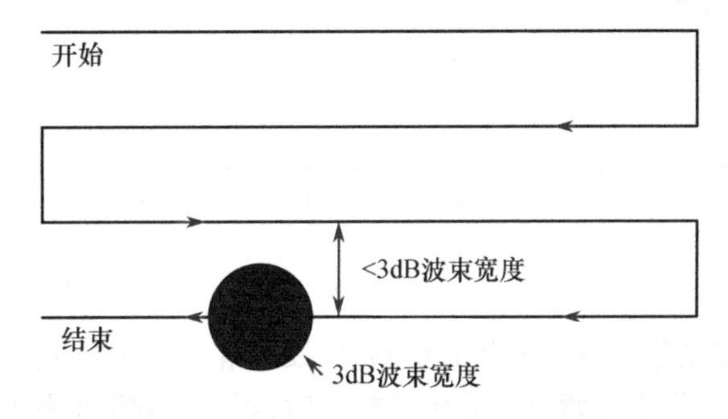

图4－12 一个典型的4条带的光栅扫描

在单纯的搜索中，操作员必须判定当前扫描所检测的目标与前一次或前几次扫描所得的是否相同。但是，使用TWS，这个判定是自动完成的。在相继扫描的过程中，TWS保持对每一个有效目标的相对飞行路径的精确跟踪，这个处理由迭代的5个基本步骤组成，即预处理、与轨迹有关、初始化或删除轨迹、滤波器以及波门形成，如图4－13所示。

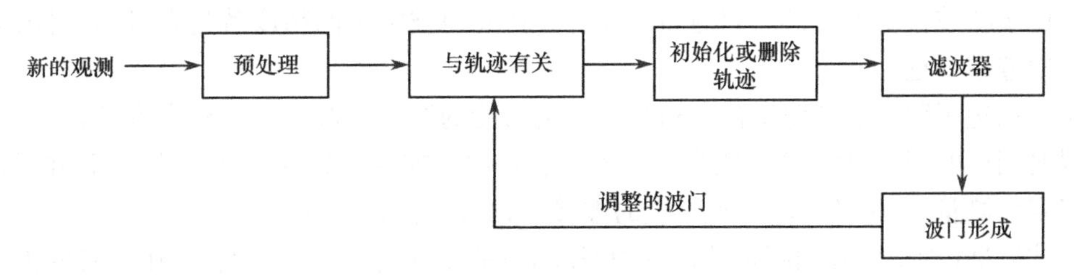

图4－13 边扫描边跟踪处理的5个步骤

（1）预处理。在这一步，对每次新的观察，可能执行两个重要的操作。首先，如果在前一次处理中，已检测到一个有相同的距离、距离变化率和角度位置的目标，那么就可组合扫描的重叠条带线及观测结果;其次,倘若还不能定位,就把每个观测值转化到一个固定的坐标系统,比如N、E、D(北、东、下)。角度估计可表示为方向余弦(即目标方位与N轴、E轴、D轴之间所夹角度的余弦)。通过计算,即可将距离、距离变化率和角度位置投影到N轴、E轴、D轴。

(2)相关。这一步的目的是确定一次新的观测值是否应当被指派给一个现存的轨迹。根据先前指派给轨迹的观察,跟踪滤波器精确地将跟踪的各参数的N、E、D分量值扩充到当前的观察时间。然后,滤波器在下次观测时预测这些分量将为何值。根据滤波器导出的准确的统计,一个衡量测量和预测中最大误差的波门被置于轨迹预测的各个分量周围,如图4-14所示。对于这个轨迹,如果下次观测值落入所有门内,则这次观测值就被赋予这个轨迹。

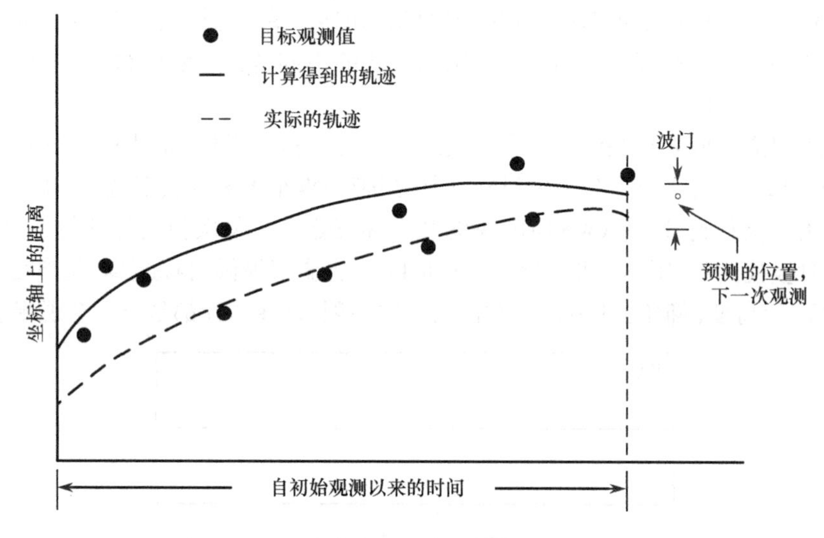

图4-14 目标参数之一的一个分量(N、E和D)

(3)轨迹的产生和剔除。若一个新的观测值,没有落入现有的轨迹波门中,则需建立一个新的轨迹。新轨迹建立后,则在紧接着来到的扫描时,第二次观测值就与这次轨迹相关。若不建立新轨迹,则该观测值就被认为是一个虚警,并被丢弃。类似地,对给定数目的扫描,若没有一个新的观测值可与已存在的某个轨迹相关,则该轨迹被删除。

(4)滤波。这与单目标跟踪时的滤波功能相似。根据每个轨迹的预测值和新的测量值之间的偏差,调整对应的轨迹,新的预测得以形成,随之得到对观测和预测的精确估计值。

(5)波门的形成。由滤波器导出的预测值以及精确的统计值,形成新的波门,并送给相关函数。由于滤波器所致,目标的观测时间越长,新波门被定位的精度就越高,计算得出的轨迹与真实轨迹越逼近。

边扫描边跟踪是兼备搜索雷达和跟踪雷达功能的系统。对飞机目标来说,监视雷达的额定扫描时间(再次访问时间)一般为4~12s。若每次扫描的检测概率(P_d)都较高,并对目标进行精确定位测量,目标的密度低且产生的虚警少,那么,相关逻辑(即把检测与跟踪联系起来)和跟踪滤波器(即平滑和预测跟踪位置的滤波器)的设计就简单了。然而,在现实的雷达环境中,这些假设极少能得到满足,所以自动跟踪系统的设计是复杂的。因为在实际情况中,会遇到目标信号衰减(出于多路传播、盲速和大气环境引起的目标强度的变化)、虚警(由噪声、杂波和干扰引起)和对雷达参数的估值不准(由于噪声、天线不稳定,目标不能分辨,目标分裂,多路传播及传播效应的影响),跟踪系统必须处理所有这些问题。

4.3.4 指令形成原理

无线电指令制导系统中,引导指令是根据导弹和目标的运动参数,按所选定的引导方法进行变换、运算、综合形成的。形成引导指令时,导弹与目标视线(目标与制导站之间的连线)间的偏差信号是最基本、最重要的因素。为改善系统的控制性能,可采取一些校正和补偿措施,在必要时还要进行相应的坐标转换。引导指令形成后送给弹上控制系统,操纵导弹飞向目标,所以引导指令的产生和发射是十分重要的问题。

以直角坐标控制的导弹为例。导弹、目标观测跟踪装置可以测量导弹偏离目标视线的偏差。导弹的偏差一般在观测跟踪装置的测量坐标系中表示,如图 4-15 所示。某时刻当导弹位于 M 点(两条虚线的交点)时,过 M 点作垂直测量坐标系 Ox_R 轴的平面,该平面称为偏差平面,偏差平面交 Ox_R 轴于 M'点,则 MM'就是导弹偏离目标视线的线偏差,将测量坐标系的 Oy_R、Oz_R 轴移到偏差平面内,MM'在 Oy_R、Oz_R 轴上的投影,就是线偏差在俯仰(高低角 ε 方向)和偏航(方位角 β 方向)两个方向的线偏差分量。这样,如果知道了线偏差在 ε、β 方向的分量,就知道了线偏差 MM',而偏差在 ε、β 方向的分量,可以根据观测跟踪装置在其测量坐标系中测得的目标、导弹运动参数经计算得到。

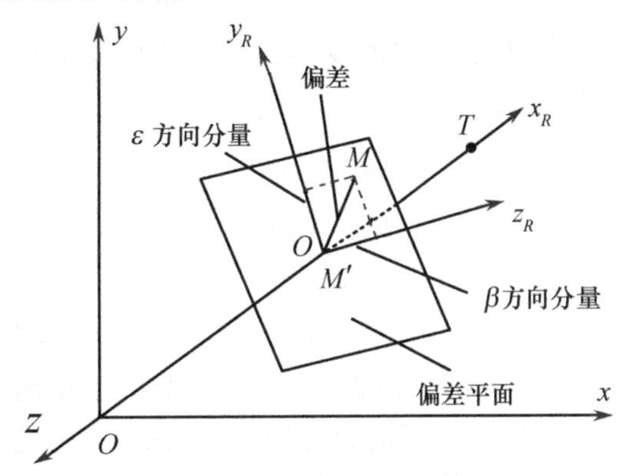

图 4-15 导弹的偏差

无线电指令制导中引导指令由误差信号、校正信号和补偿信号等组成。

1. 误差信号

误差信号由线偏差信号、距离角误差信号、前置信号等组成。误差信号的组成随制导系统采用的引导方法和雷达工作体制的不同,以及有无外界干扰因素的存在而变化。

1) 线偏差信号

线偏差信号的物理意义是某时刻导弹的位置与目标视线的垂直距离,该偏差在 ε 方向和 β 方向的分量分别表示为 $h_{\Delta\varepsilon}$、$h_{\Delta\beta}$,$h_{\Delta\varepsilon}$的含义如图 4-16 所示。

导弹在飞行过程中,经常受到各种干扰(如外部环境和内部仪器误差的扰动),加上制导设备的工作惯性以及目标机动等原因,常常会偏离理想弹道而产生飞行偏差。

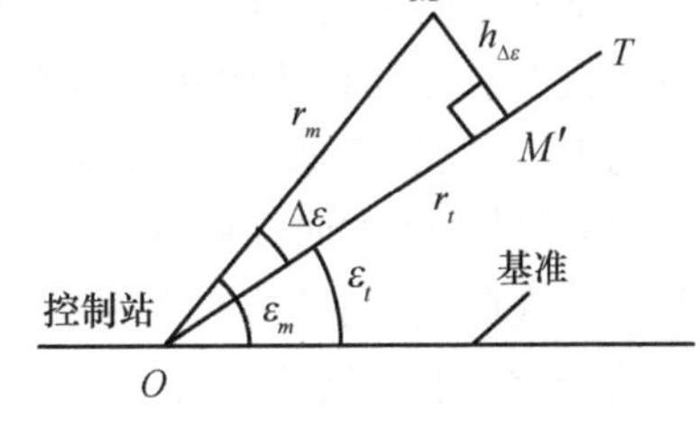

图 4-16 导弹线偏差信号的含义(ε 平面)

观测装置测出的是目标的高低角 ε_t、方位角 β_t,导弹高低角 ε_m、方位角 β_m,由此可计算出角偏差信号。在形成引导指令时一般不采用角偏差信号,而采用导弹偏离目标视线的线偏差信号。因为在角偏差信号相同的情况下,如果导弹的斜距

(导弹与制导站间的距离)不同,导弹偏离目标视线的距离就不同。为提高制导精度,在形成引导指令时应当采用线偏差信号。如果采用角偏差信号作为误差信号,控制系统产生与角偏差相对应的法向控制力。当导弹的斜距比较小时,这个控制力能够产生足够的法向加速度,纠正飞行偏差;随着导弹斜距的增大,同样的角偏差对应的线偏差也不断增大,上述控制力就不能提供足够大的法向加速度。因此,为保证导弹准确命中目标,需要不断地根据线偏差来纠正飞行偏差。

导弹的角偏差可分解为在高低角方向和方位角方向的两个分量,在这两个方向上导弹相对于目标视线的角偏差分别为

$$\Delta\varepsilon = \varepsilon_t - \varepsilon_m \tag{4-9}$$

$$\Delta\beta = \beta_t - \beta_m \tag{4-10}$$

同样,导弹的线偏差也可分解为在高低角方向和方位角方向的两个分量,在这两个方向上导弹相对于目标视线的线偏差为

$$h_{\Delta\varepsilon} = r_m \sin\Delta\varepsilon \tag{4-11}$$

$$h_{\Delta\beta} = r_m \cdot \cos\Delta\varepsilon \cdot \sin\Delta\beta \tag{4-12}$$

导弹的角偏差一般是小量,小角度的弧度值接近其正弦函数值,即 $\sin\Delta\varepsilon \approx \Delta\varepsilon$,$\sin\Delta\beta \approx \Delta\beta$,所以线偏差信号可以近似写成

$$h_{\Delta\varepsilon} \approx r_m \Delta\varepsilon \tag{4-13}$$

$$h_{\Delta\beta} \approx r_m \Delta\beta \tag{4-14}$$

式中:r_m 为导弹的斜距。

一般情况下假定导弹的速度变化规律是已知的,因此导弹的斜距随时间的变化规律也是已知的。由上述两式可看出线偏差信号是否精确,主要取决于角偏差的测量准确度。$\Delta\varepsilon = \varepsilon_t - \varepsilon_m$,即取决于目标和导弹的角坐标测量的准确性,而偏差信号是误差信号中一个主要分量,所以 ε_m 和 ε_t 的测量精度将直接影响制导精度。

如果制导站的制导雷达工作在扫描体制下,由于目标回波和导弹应答信号受天线波瓣方向性调制的次数不同,制导雷达存在着测角误差,因而指令计算装置计算出的角偏差信号与实际的偏差值是有区别的。因为在扫描体制下,制导雷达对目标回波信号进行发射和接收两次调制,而对导弹应答信号只进行一次接收调制,这样就会产生测角误差,其误差角随着距离的增大而增大,故称距离角误差。

下面说明距离角误差产生的原因。假定导弹和目标重合在一起,并且固定不动。导弹的应答机发射的高频脉冲是等幅的,此等幅的应答信号传到雷达天线,天线接收到的应答信号能量的大小,取决于每一个接收瞬时波束对准导弹的程度,因此天线接收到的应答信号不是等幅的,是经过天线方向性调制过一次的调幅信号。但是,导弹应答信号只受天线波瓣方向性接收时的一次调制,制导站的观测系统所测定的导弹角度,是以天线波瓣扫描的起始位置和导弹应答信号脉冲群包络的最大值之间的间隔来表示的,$t_{\beta m}$ 为波瓣从扫描起始位置到波瓣最大值对准导弹所需的扫描时间,如图 4-17 所示。观测系统用这种方法测定的导弹角度不存在测角误差,即 $t_{\beta m}$ 就代表了导弹在空中的实际相对角位置。

由于假定目标和导弹重合,制导站测出的目标角位置应该与导弹的角位置相同,但实际的测量结果并不是这样。

在扫描体制下，测量目标角位置所需的高频探测脉冲，是由扫描天线向空中辐射的，由于扫描天线具有一定的方向性，如图 4－18(b)所示，因此向目标方向发射的高频脉冲，是被发射天线波瓣的方向性调制了一次的，成为不等幅脉冲序列，如图 4－18(c)所示，此调幅脉冲序列被目标反射后，再由天线接收，与相应的发射脉冲相比滞后了一个时间段 Δt_0，此时间段就是电磁波从制导站到目标的来回时间。

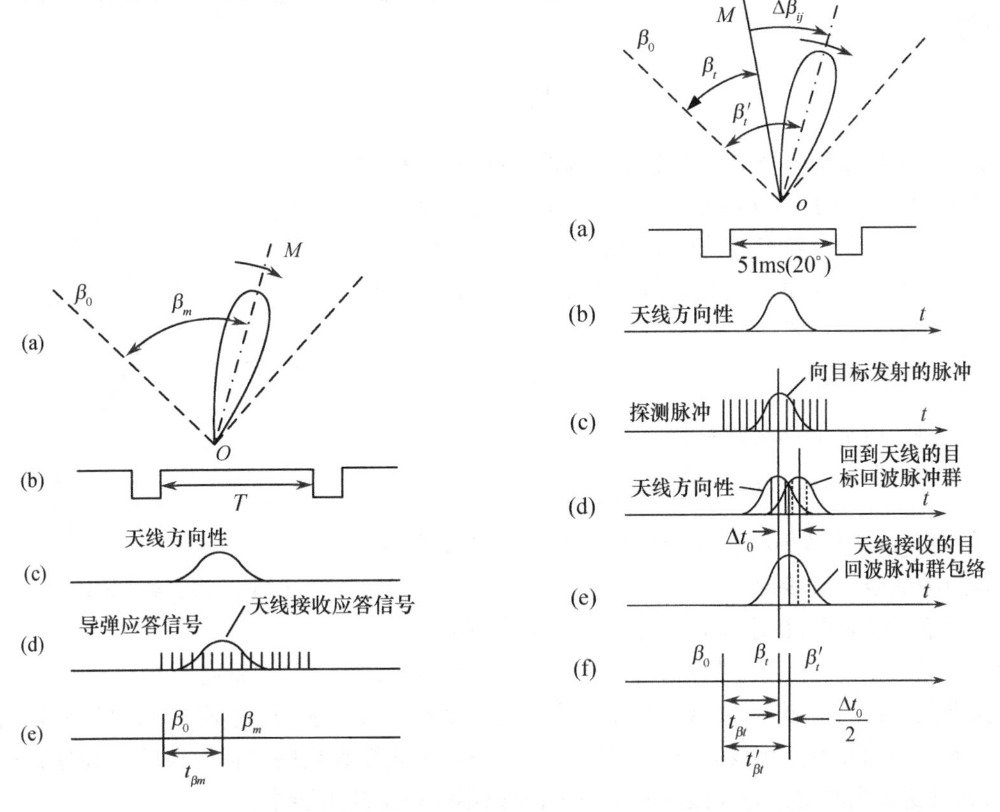

图 4－17　导弹应答信号受天线波瓣方向性一次调制　　　图 4－18　目标信号受天线波瓣方向性二次调制

目标反射回来的信号，在接收的过程中，又被天线波瓣的方向性调制了一次，所以，目标回波信号受到发射和接收两次调制，调制的结果使目标回波脉冲群包络的最大值，与代表空中目标实际角位置的天线方向性最大值之间的时间差为 $\Delta t_0/2$，如图 4－18(f)所示。观测系统测定的目标角位置，是用波瓣扫描起始位置和被天线接收的目标回波脉冲群的包络最大值之间的时间间隔 $t'_{\beta t}$ 来表示。$t'_{\beta t}$ 落后于代表空间目标实际角位置的时间间隔为 $\Delta t_0/2$，由于已假定目标和导弹是重合的(如果都是一次调制，则 $t_{\beta m}=t_{\beta t}$)，实际测出的代表目标角位置的时间间隔 $t'_{\beta t}$，比代表导弹角位置的 $t_{\beta m}$ 落后 $\Delta t_0/2$，这个量就是测量误差，$\Delta t_0/2$ 所对应的空间误差角度为 $\Delta\beta_{ij}$，则

$$\Delta\beta_{ij}=\omega\,\frac{\Delta t_0}{2}=\omega\,\frac{r_t}{\mathrm{c}} \tag{4-15}$$

式中：ω 为波瓣扫描的角速度；c 为电磁波传播速度；r_t 为制导站到目标的距离。

再把距离角误差 $\Delta\beta_{ij}$ 换算成线偏差，即把角误差乘以导弹斜距，可得

$$h'_{ij}=\omega\,\frac{r_t}{\mathrm{c}}r_m \tag{4-16}$$

这时形成的偏差信号,应当是两项之和,一项是真正的偏差信号,另一项是由于距离角误差引起的偏差信号,即

$$h_{\Delta\beta} = \Delta\beta r_m + \Delta\beta_{ij} r_m \tag{4-17}$$

为了消除距离角误差对制导精度的影响,可以利用补偿的方法。为此引入补偿信号 h_{ij},它与 h'_{ij}应当是大小相等,符号相反的。在遭遇点上 $r_t = r_m$,如果 r_m 用斜距函数信号 $r_m(t)$代替,可得

$$h_{ij} = -h'_{ij} = -\frac{\omega}{c} r_m^2(t) \tag{4-18}$$

实质上是从偏差信号中减去距离角偏差,就得到了相对于目标视线的真实的偏差信号。因为 ω、c 都是常数,所以 h_{ij} 只与 $r_m(t)$有关,在不影响制导精度的情况下,为了简化补偿机构,将 h_{ij}的变化规律用三段折线来代替,如图 4-19 所示。折线的数学表示式为

$$h_{ij} = \begin{cases} b_1\omega & ,0 < t \leqslant t_1 \\ b_1\omega - b_2\omega(t - t_1) & ,t_1 < t \leqslant t_2 \\ -b_3\omega - b_4(t - t_2) & ,t_2 < t \leqslant t_3 \end{cases} \tag{4-19}$$

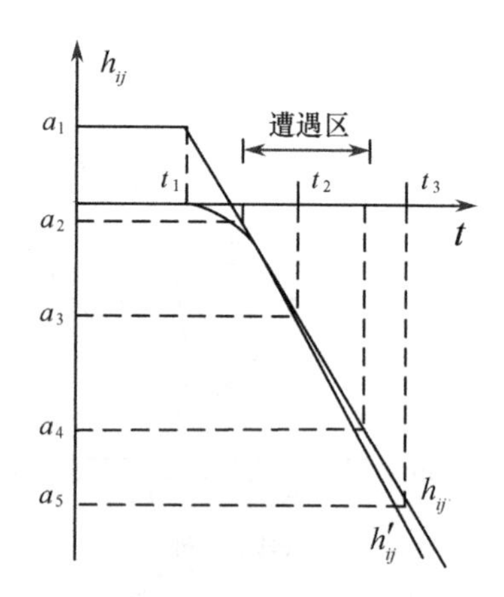

图 4-19 距离角误差补偿信号

图中,斜率 b_2m/s 和 b_4m/s 的选取依据是保证在遭遇区内折线和理想的曲线尽量接近。

h_{ij}开始一段为正,在这段时间内,它不但不能消除误差,反而增大了误差,但开始一段在遭遇区外,所以虽然误差大些,对命中精度影响不大。

如果制导雷达是照射工作体制,探测脉冲是由照射天线发射的,它不进行扫描,故辐射到目标上的高频脉冲不受天线波瓣方向性的发射调制,因此接收到的目标回波信号和导弹应答信号,都只受天线波瓣方向性接收调制一次,所以不存在距离角误差。

2) 不同引导方法的误差信号

(1) 三点法导引时的误差信号。三点法是在控制导弹飞向目标的过程中,使导弹保持在目标视线上飞行的导引方法,因此采用三点法导引时,导弹与目标视线之间的线偏差,就是导弹偏离理想弹道的线偏差,所以采用三点法导引时误差信号为

$$h_{\Delta\varepsilon} \approx r_m \Delta\varepsilon \tag{4-20}$$

$$h_{\Delta\beta} \approx r_m \Delta\beta \tag{4-21}$$

(2) 前置角法引导时的误差信号。采用前置角法引导时,在导弹飞向目标的过程中,导弹视线超前目标视线一个角度(前置角)。前置信号的物理意义为前置角对应的线距离,如图 4-20 所示。

采用前置角法引导时,前置角为

$$\varepsilon_q = \frac{\dot{\varepsilon}_t}{\dot{r}} r \tag{4-22}$$

$$\beta_q = \frac{\dot{\beta}_t}{\dot{r}} r \tag{4-23}$$

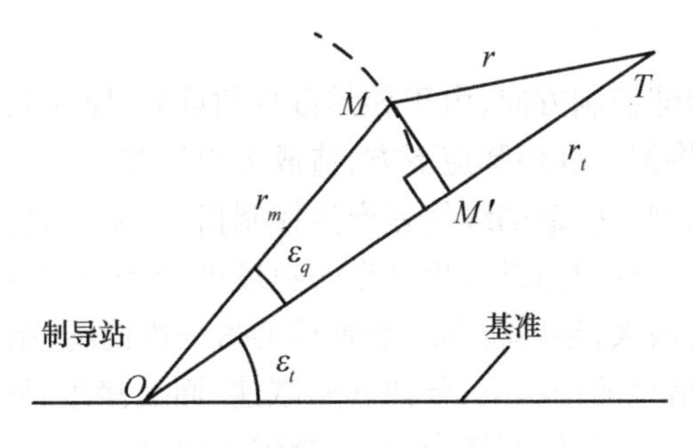

图4-20 前置信号的含义(ε平面)

由于制导站指令天线的波瓣宽度有限,用前置法引导时,前置角太大容易使导弹超出波瓣而失去控制,所以有的制导系统不采用全前置角法,而采用半前置角法引导,半前置角法的前置角为

$$\varepsilon_q = \frac{\dot{\varepsilon}_t}{2\dot{r}} r \tag{4-24}$$

$$\beta_q = \frac{\dot{\beta}_t}{2\dot{r}} r \tag{4-25}$$

则前置信号为

$$h_{q\varepsilon} = \frac{\dot{\varepsilon}_t}{2\dot{r}} r r_m \tag{4-26}$$

$$h_{q\beta} = \frac{\dot{\beta}_t}{2\dot{r}} r r_m \tag{4-27}$$

式中:r为目标与导弹之间的距离。前置信号的极性由目标的角速度信号$\dot{\varepsilon}_t$、$\dot{\beta}_t$的极性决定,遭遇时$r \to 0$,$h_{q\varepsilon} = h_{q\beta} = 0$,保证了导弹与目标相遇。

半前置角法引导时的误差信号为

$$h_\varepsilon = h_{\Delta\varepsilon} + h_{q\varepsilon} \tag{4-28}$$

$$h_\beta = h_{\Delta\beta} + h_{q\beta} \tag{4-29}$$

2. 校正与补偿信号

导弹的实际飞行情况,比理想的情况要复杂得多,如果仅仅把误差信号送到弹上去直接控制导弹,并不能使导弹准确地沿理想弹道飞行。因为导弹的飞行要受到很多因素的影响,下面介绍其中主要的几种影响因素。

(1) 运动惯性。由于导弹存在一定的运动惯性,再加上制导回路中的很多环节会出现滞后等原因,当导弹接收到误差信号后,不能立即使其改变飞行方向,从收到误差信号到导弹获得足够大的控制力以产生所要求的法向加速度需要经过一个过渡过程。

(2) 目标机动。攻击机动目标的导弹的理想弹道曲率较大,当导弹沿曲线弹道飞行时,由控制系统产生的法向控制力不能满足所需法向加速度的要求,从而使导弹离开理想弹道,造成动态误差。

(3) 误差信号过大。如果误差信号过大,控制系统将产生很大的控制力,引起弹体剧烈振动,弹体恢复稳定飞行状态所需时间较长,这样就增加了导弹的过渡过程时间,情况严重时可能造成导弹失控。

(4) 重力因素。在俯仰控制方向,由于导弹自身的重力,导弹在飞行过程中会产生下沉现象,导弹的实际飞行弹道将偏在理想弹道下方,造成重力误差。

如果只根据导弹偏离理想弹道的线偏差产生控制指令,那么随着线偏差的减小,控制力也将减小,但只要存在控制力,导弹逼近理想弹道的速度就会增加,当导弹处于理想弹道上的瞬间,控制力消失,速度达到最大,导弹将向理想弹道的另一边偏离,制导站将发送相反方向的控制指令信号,在这个指令信号的作用下,导弹开始减速,而后接近理想弹道。由于导弹具有惯性,在进入理想弹道的瞬间,尽管控制指令为零,导弹仍出现某一攻角,控制力的影响将延续,因而法向速度也将增大,最大法向速度将出现在偏离理想弹道的某段距离上,因此导弹必须进行减速使其接近理想弹道。由此可见,导弹的质心绕理想弹道振荡,如果这个振荡得不到适当的阻尼,制导系统将是不稳定的。

为了使导弹在制导过程的运动是平稳的,必须预知导弹的可能运动,也就是在形成控制指令时要考虑到导弹偏离理想弹道线偏差的速度和加速度。

导弹线偏差信号对时间的一次微分可以得到其速度,两次微分可得到其加速度。在线偏差信号中,由于存在来自目标信号的起伏干扰和随机误差分量,不宜直接用偏差信号的两次微分量求得加速度信号来形成控制指令。

在形成控制指令时,只采用导弹的线偏差信号 h_ε、h_β 及线偏差信号的变化率$\dot{h}_\varepsilon$、$\dot{h}_\beta$,而加到回路中的加速度,是利用弹上控制系统中的加速度计来取得,弹上加速度计的安装应使其敏感轴与相应的导弹横轴重合。

在无线电指令制导系统中,形成控制指令时,除考虑目标和导弹运动参数以及引导方法外,为了得到导弹飞向目标所要求的制导精度,还要考虑各种补偿。最典型的补偿有动态误差补偿、重力误差补偿和仪器误差补偿等。下面介绍几种常用的校正和补偿方法。

1) 微分校正

在指令制导回路中一般串联如下微分校正环节:

$$1+\frac{T_1 s}{1+T_2 s} \tag{4-30}$$

式中:T_1 为微分校正环节的放大系数;T_2 为时间常数。则误差信号 h_ε、h_β 经校正环节后,输出信号近似为

$$h_\varepsilon+T_1\dot{h}_\varepsilon, h_\beta+T_1\dot{h}_\beta$$

这样引导指令中不仅有误差信息,而且含有误差的变化速度信息,它起到超前控制的作用,可以改善导弹的动态特性。

2) 动态误差补偿信号

导弹实际飞行的弹道称为动态弹道,动态弹道与理想弹道之间的线偏差称为动态误差。动态误差是由于理想弹道的曲率、导弹本身及制导系统的惯性等原因造成的,其中最主要的因素是理想弹道的曲率。下面简要说明动态误差产生的原因。

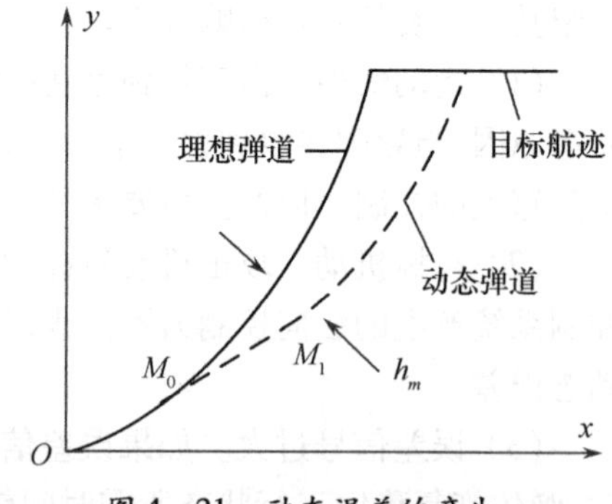

图 4-21 动态误差的产生

设目标、导弹在铅垂平面内运动,导弹飞行的理想弹道如图 4-21 所示。假设某时刻导弹位于理想弹道上的 M_0 点,则此时的误差信号为零,如果不考虑来自

外部环境和制导回路内部的各种干扰，那么形成的指令信号为零，弹上控制系统不产生控制力，导弹速度方向不变，导弹继续沿速度矢量方向飞行。但由于理想弹道是弯曲的，此时导弹实际速度方向与理想弹道相切，所以，导弹会立即飞出理想弹道，出现弹道偏差。理想弹道曲率越大，造成的偏差也越大。由于制导系统的惯性，对偏差的响应有一定的延迟，直到导弹飞到 M_1 点，才形成引导指令，产生足够的控制力，但此时的偏差与形成引导指令时的偏差不同，所以导弹不能在每时每刻都产生相应的控制力，导弹飞行的实际弹道与理想弹道时刻都有偏差。

前面提到由于制导回路放大系数有限等原因，会造成系统的动态误差。那么，在没有引入动态误差补偿信号的情况下，如果制导系统的工作是理想的，导弹的飞行还有没有动态误差呢？当理想弹道是直线弹道时，制导系统如果没有误差，导弹的飞行就不会产生动态误差；当理想弹道是曲线弹道时，必须不断改变导弹的飞行方向，也就是必须不断改变导弹飞行速度方向，这就要求不断产生法向加速度，而为了产生法向加速度，必须有引导指令信号，只有导弹飞行偏离理想弹道，才能产生引导指令所需的偏差信号，所以要使导弹沿曲线弹道飞行，导弹必然偏离理想弹道，利用偏差形成引导指令信号，产生法向加速度，改变导弹飞行方向，使导弹沿着曲线弹道飞行。所以如果理想弹道是曲线弹道时，即使制导系统工作没有误差，导弹也只能沿与理想弹道曲率相近的弹道飞行，存在偏差。

动态误差与理想弹道的曲率有关，理想弹道的曲率越大，动态误差也越大，理想弹道是直线时，不会出现动态误差。理想弹道的曲率与下列因素有关：

(1) 目标的机动性。目标相对导弹的横向加速度越大，理想弹道的曲率越大。

(2) 导引方法。三点法导引时理想弹道的曲率较大，前置角法导引时理想弹道的曲率较小。

(3) 导弹的速度。导弹的速度越大，理想弹道的曲率越小。

为消除动态误差，可以采用动态误差补偿的方法，产生所要求的法向加速度，使导弹沿理想弹道飞行。通常采用的补偿方法有两种，即制导回路中引入局部补偿回路的方法及由制导回路外加入给定规律的补偿信号的方法，目前广泛应用的是后一种方法。

如果掌握了动态误差的变化规律，则可以在引导指令中加入一个与动态误差相等的补偿信号，由制导回路外的动态误差补偿信号形成电路产生补偿信号，加到制导回路的某点上，由控制系统产生使导弹沿理想弹道飞行所需要的法向加速度，如图 4-22 所示。

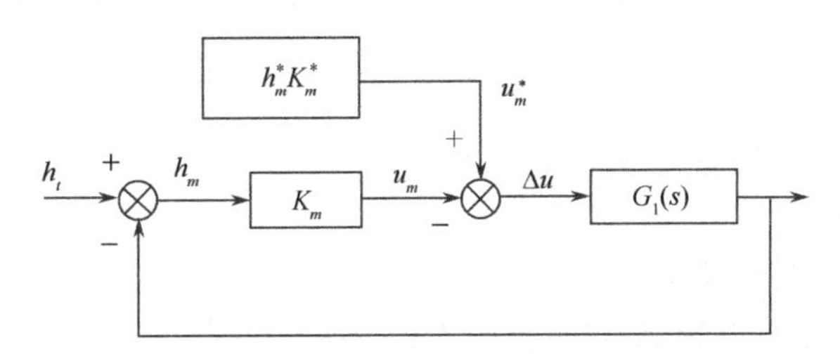

图 4-22 引入动态误差补偿信号的原理

通常 h_m 变化缓慢，略去信号 u_m^* 引入点前环节的惯性，用放大环节 K_m 表示，$G_1(s)$ 为制导回路其余部分的开环传递函数。当 $K_m^* h_m^* - K_m h_m = 0$ 时，动态误差补偿信号 h_m^* 正好等于导弹沿着理想弹道飞行时所需的动态误差信号，动态误差便被消除。满足这一条件是有困难的，一般只能近似补偿，不能完全补偿，总会有剩余动态误差。

动态误差补偿信号是根据动态误差的变化规律引入的,一般采用三点法时动态误差补偿信号为

$$h_{m\varepsilon}=x(t)\dot{\varepsilon} \tag{4-31}$$

$$h_{m\beta}=x(t)\dot{\beta}\cos\varepsilon \tag{4-32}$$

式中:$x(t)$为引入的函数$x(t)=x_0+xt$,由时间机构产生。

采用前置角法时动态误差补偿信号为

$$h_{m\varepsilon}=x_0\ \dot{\varepsilon} \tag{4-33}$$

$$h_{m\beta}=x_0\ \dot{\beta}\cos\varepsilon \tag{4-34}$$

3)重力误差补偿信号

导弹的重力会给制导回路造成扰动,使导弹偏离理想弹道而下沉,从而产生重力误差。为消除这种误差,可在指令信号中引入重力误差补偿信号。

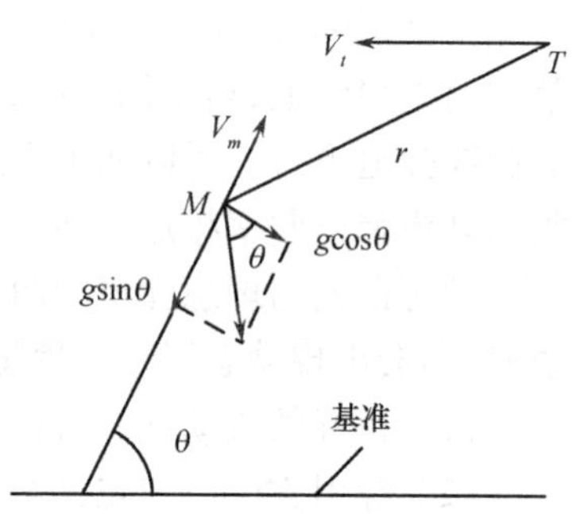

图4-23 重力误差的补偿

弹体本身的重力mg,可分解成两个分量,$mg\sin\theta$分量与导弹速度V_m的方向相反,它仅影响到V_m的大小,消耗发动机的一部分推力,不会改变导弹的飞行方向;$mg\cos\theta$分量与导弹速度V_m垂直,它产生的重力(法向)加速度分量$g\cos\theta$,使导弹偏离理想弹道,如图4-23所示,此偏差称为重力误差,用线偏差h_G表示,h_G与$g\cos\theta$成比例:

$$h_G=\frac{g\cos\theta}{K_0} \tag{4-35}$$

式中:K_0为制导回路的开环放大系数。

要使导弹沿理想弹道飞行,必须产生与$g\cos\theta$方向相反的法向加速度$-g\cos\theta$,以便抵消重力加速度分量。为此,可引入与重力误差相等的补偿信号h_G^*,如果h_G^*与$(g\cos\theta)/K_0$相等,则重力误差完全被补偿,导弹将沿理想弹道飞行。

因为在导弹飞行过程中弹体的质量与飞行轨迹是变化的,所以完全补偿重力误差是有困难的。为了简化补偿装置,可以把重力误差补偿信号取为常数,在形成指令时取θ为常数,并把导弹的质量当作常数,这时h_G也就成为常数。考虑重力误差比较小,一般只要求保证在遭遇区有较准确的补偿,而在遭遇区,θ大约为45°左右,重力误差补偿信号可取为

$$h_G^*=\frac{g\cos45°}{K_0} \tag{4-36}$$

重力误差补偿信号只在俯仰方向指令中引入。

3. 引导指令的形成

在制导回路中串联微分校正环节之后,制导系统的频带加宽,将使引导起伏误差增大,为使导弹稳定飞行,消除干扰的影响,可以再引入积分校正环节。

综合上述几种信号,最后得到的俯仰和偏航两个方向的引导指令信号为

$$h_\varepsilon=\left[h_\varepsilon+\frac{T_1s}{1+T_2s}h_\varepsilon+h_{D\varepsilon}+h_G\right]\frac{1+T_3s}{1+T_4s} \tag{4-37}$$

$$h_\beta=\left[h_\beta+\frac{T_1s}{1+T_2s}h_\beta+h_{D\beta}\right]\frac{1+T_3s}{1+T_4s} \tag{4-38}$$

应该指出,上述引导指令信号是在测量坐标系形成的,如果导弹采用“十”字舵面布局,那

么导弹的控制坐标系和观测跟踪装置的测量坐标系是一致的，则不需要进行坐标转换，引导指令信号直接作为控制信号，控制导弹在俯仰和偏航两个方向的运动。如果导弹是按“X”字舵面布局，这时，导弹的控制坐标系和观测跟踪装置的测量坐标系成45°，如图4－24与图4－25所示，必须进行坐标转换。图中 $Ox_ry_rz_r$ 为地面测量坐标系，$Ox_1y_1z_1$ 为弹上控制坐标系。坐标转换的作用就是把测量坐标系的引导指令信号，变换成导弹控制坐标系的控制信号。

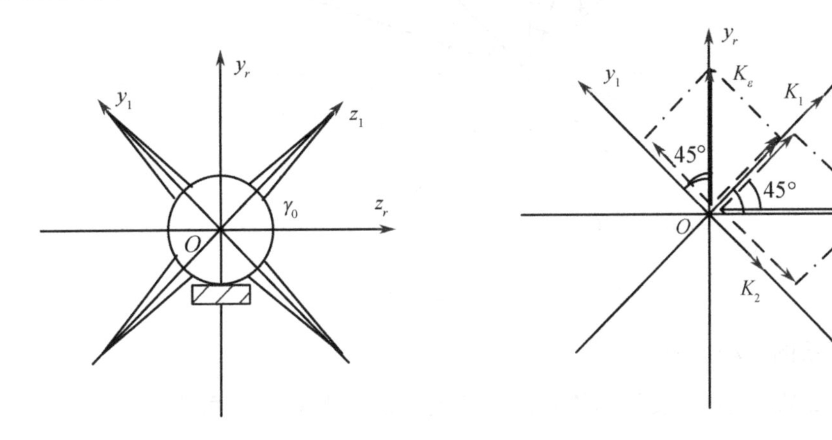

图4－24 导弹按“X”字舵面布局

图4－25 引导指令的坐标转换

图中，K_1 是沿 z_1 轴方向的控制信号，是引导指令 K_ε、K_β 在 z_1 轴上的投影；K_2 是沿 y_1 轴方向的控制信号，是引导指令 K_ε、K_β 在 y_1 轴上的投影，由图4－25可得

$$\begin{cases} K_1 = K_\varepsilon \sin 45^\circ + K_\beta \cos 45^\circ \\ K_2 = K_\varepsilon \cos 45^\circ - K_\beta \sin 45^\circ \\ \begin{bmatrix} K_1 \\ K_2 \end{bmatrix} = \begin{bmatrix} \cos 45^\circ & -\sin 45^\circ \\ \sin 45^\circ & \cos 45^\circ \end{bmatrix} \cdot \begin{bmatrix} K_\varepsilon \\ K_\beta \end{bmatrix} \end{cases} \tag{4-39}$$

无线电指令制导的导弹控制系统，一般有滚动位置控制回路，使弹体不绕纵轴转动，所以控制坐标系方位不变。当观测跟踪装置的电轴跟踪目标时，其测量坐标系的 Ox_r 轴可能随目标绕地面坐标系的 Oy 轴转动，高低角和方位角平面也绕 Oy 转动，所以，导弹在飞行过程中，测量坐标系和控制坐标系不是始终保持原定的角度（0°或45°）关系，而是随时在变化的，如图4－26所示。两坐标系之间在原定角度基础上增加或减少了一个扭转角 γ（图4－27），γ 的正

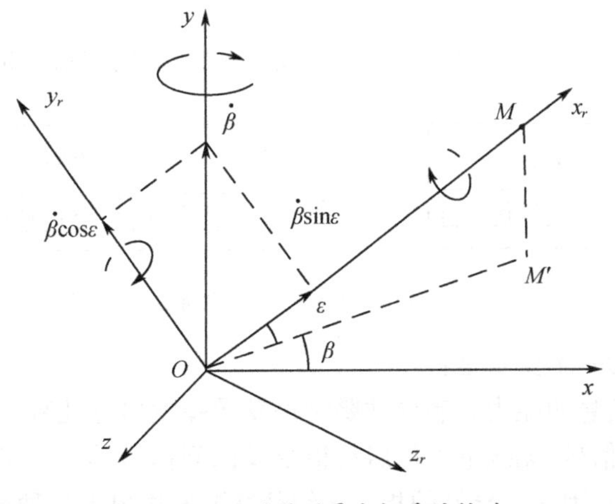

图4－26 观测器测量坐标系的转动

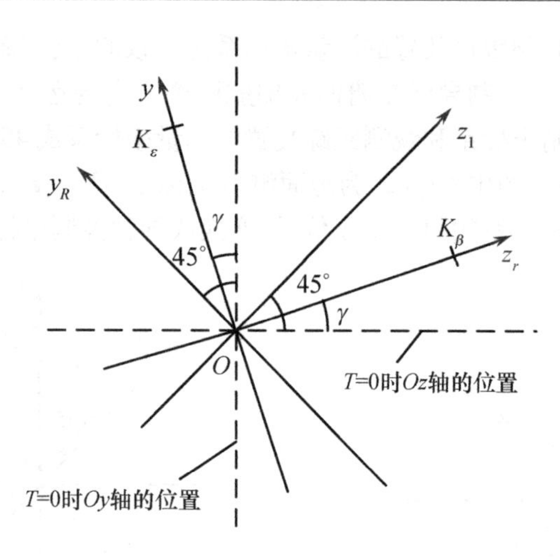

图 4-27　指令的坐标转换

负取决于测量坐标系的转动方向。

观测跟踪装置跟踪目标时,设目标的方位角速度为$\dot{\beta}$,则测量坐标系绕 Oy 轴转动的角速度也为$\dot{\beta}$(略去跟踪误差),则$\dot{\beta}$在测量坐标系 Ox_r 轴上的投影为$\dot{\beta}\sin\varepsilon$($\varepsilon$ 为俯仰方向角偏差)就是 Oy_r、Oz_r 轴绕 Ox_r 轴扭转的角速度,则

$$\dot{\gamma} = \dot{\beta}\sin\varepsilon$$

$$\gamma = \int_0^t \dot{\beta}\sin\varepsilon \mathrm{d}t \tag{4-40}$$

这时,弹上控制坐标系中的控制信号为

$$\begin{bmatrix} K_1 \\ K_2 \end{bmatrix} = \begin{bmatrix} \cos(45° - \gamma) & -\sin(45° - \gamma) \\ \sin(45° - \gamma) & \cos(45° - \gamma) \end{bmatrix} \cdot \begin{bmatrix} K_\varepsilon \\ K_\beta \end{bmatrix} \tag{4-41}$$

4.3.5 指令传输

1. 指令传输的要求

在无线电遥控指令制导中,引导指令发射、接收系统简化方块图如图 4-28 所示。

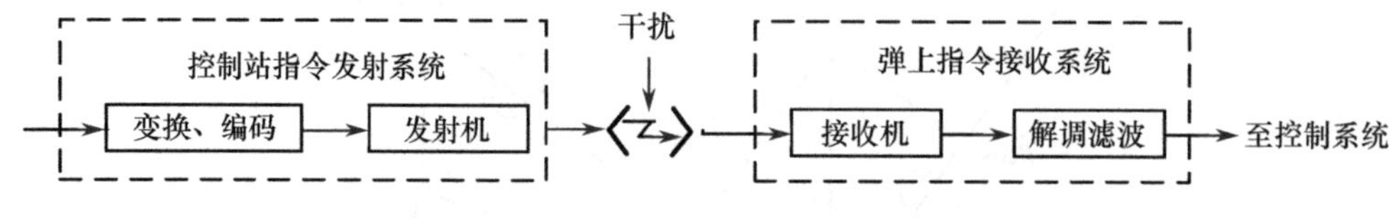

图 4-28　引导指令发射、接收系统方框图

对指令传输系统的基本要求是:

(1) 有多路传输信息的能力。制导站要对每发导弹发出好几种指令信号,如俯仰通道指令信号,偏航通道指令信号,无线电引信启动指令及询问信号等。为了提高命中目标的概率,有时要发射好几发导弹,因而制导站的指令天线往往要发送出十几种至几十种的指令信号,所

有这些信号要清楚准确地为导弹接收。

(2) 传输失真小。要在某个时间间隔内传输多路信息,必须采用信息压缩的方法,对连续信号采样,发送不连续的信号,所以,有一个量化过程。可以采用按时间量化和按级量化两种方法。如图 4-29 所示,不管采用哪种方法进行量化都会出现失真,但要求失真度应小于给定值。

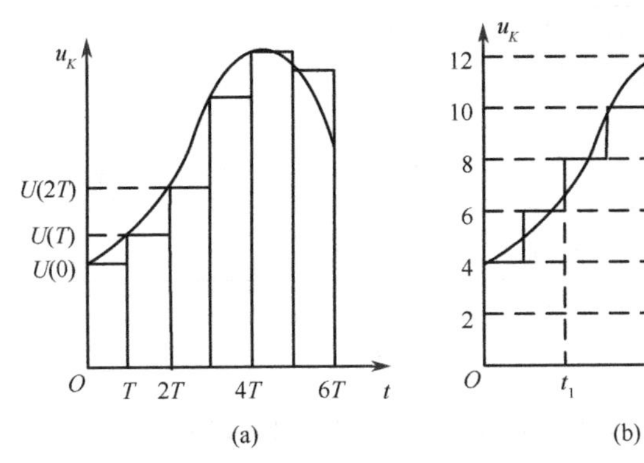

图 4-29 按时间或级量化
(a)按时间量化;(b)按级量化。

(3) 每个信号特征明显。一般给出每个信号的频率、相位等特征,或加密(密码化),以利于导弹辨认。

(4) 抗干扰性。在信号传输过程中,经常有干扰存在,这些干扰将迭加在有用信号之上,因此,收信端所得到的信号往往同发信端发出的信号不尽相同。当干扰不大时,只影响信号传送的质量,但是如果干扰很大,则可能破坏整个通信系统,使它不能正常工作。

(5) 传输性能稳定,设备质量小。计算表明,厘米波通过导弹发动机火焰时的衰减比米波大得多,但米波天线体积太大。中程以上的无线电指令制导导弹,多用分米波传送指令。近程无线电指令制导导弹,为减小天线体积,用厘米波。

2. 指令的多路传输与加密

1) 指令的多路传输

如果同时有多枚导弹向一个目标攻击,地面制导站就要同时能向多枚导弹发射指令信号,可见,遥控通道实质上是一个多路数据传输系统。多路传输有时分多路传输、频分多路传输及复合划分多路传输等。下面主要介绍按时间分割的多路传输原理。

时分制只能用脉冲调制的工作方式,脉冲调制有脉冲调幅、调频、调相等。理论和实验研究证明,脉冲调相(或者称为脉冲时间调制)和脉冲的编码调制抗干扰性能最好,最适合于作多路传输。

图 4-30(a)表示脉冲的时间调制,基准脉冲、工作脉冲的重复周期均为 T_0,工作脉冲距前、后基准脉冲的时间间隔分别为 T_1、T_2,工作脉冲所表示的指令大小 K 为

$$K=\frac{T_1-T_2}{T_0} \tag{4-42}$$

式中:$-1<K<1$。

若在两相邻基准脉冲间插入更多的工作脉冲,即将各路指令纳入一条信道,则可用时间调制的方法实现多路传输。

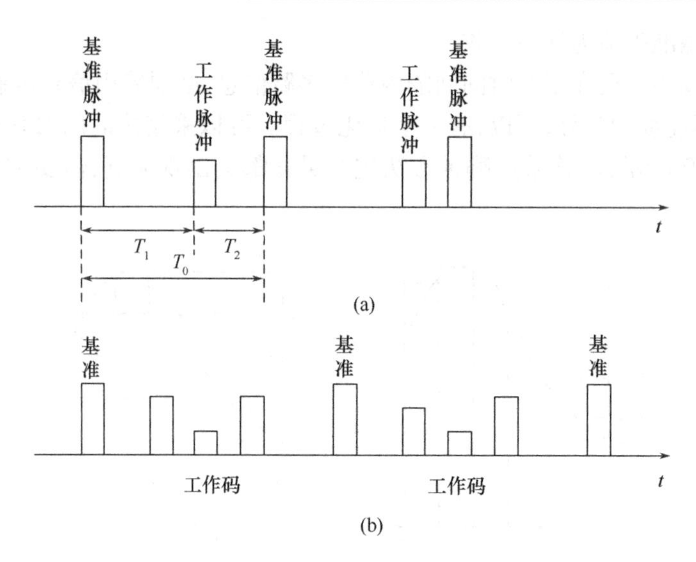

图4-30 时分制时指令脉冲的调制

图4-30(b)表示脉冲的编码调制(简称脉码调制),基准脉冲间的工作码由三位二进制码组成,能代表2^3(即8)种不同大小的指令值。若码长为7位,其中一位为符号位,其余6位为数字数,则可代表2^6(即64)种不同大小的指令值。

若在两相邻基准脉冲(又称帧同步信号)间依次插入第2路、第3路、……、第n路的信息编码,则可实现脉码调制多路传输。

将连续变化的控制指令信号,变成离散的脉码调制信号,必须经过取样、量化及编码等过程。对取样过程,由于控制指令的频率只有几赫兹,则取样频率只需十几赫兹到几十赫兹。对量化过程,当量化分层越多,则量化误差越小,但技术设备也越复杂。对编码过程,为防止数码传输产生错误,可以从两方面努力:一是"硬"的方面,如加大发射机功率、减小接收机带宽等;二是"软"的方面,如对信息加以抗干扰的编码,即除了传输信息所必需的数码(称为信息位)外,还增加了为抗干扰而设立的数码(称为校验位),相应地,弹上接收时必须把抗干扰数码分离出来。

2)指令的加密与解密

为防止战斗过程中,敌人截获编码信号进行破译,对抗干扰编码的指令,经加密器加密再送到指令发射机,导弹收到经过加密的信号后,经解密再送到译码器,译码后的信号送到自动驾驶仪。

对信号的加密有许多方法,最简单的方法是将信号中的每一个脉冲再进行编码,编码的规则可以是任意的。加密与解密可以通过开关、临时更换插件或电子控制的更换来实现,以适应战时多变的需要。经过加密的信号,还带来一个优点,即在导弹上可根据每一个信号的加密方法不同,采用不同的解密器而区别出信号的路别。它和帧同步信号的共同作用加强了每一路的抗干扰性能。

3. 指令的发射与接收技术

下面分别讨论模拟式、数字式引导指令的发射与接收技术。

1)模拟式引导指令的发射与接收

为了把指令信号从地面传到导弹上去,必须进行调制后再发射上去。同时,为了分割通道和防止对无线电指令传送系统的自然干扰和人为干扰,所有用在导弹上的指令信息都应加以不同方式的前置调制。最简单的是首先把指令用一个低频进行调制,这个低频称为副载频。然后,再把携带指令信息的副载频调于主载频上发射出去。信号对副载频的调制是一次调制,即前置调制;副载频对主载频的调制称为二次调制。不论一次调制还是二次调制都可以用调幅、调频、调相、脉冲调制及脉冲编码调制等。

如果用调幅或脉冲调幅,则弹上接收机检波后输出的低频信号的振幅,取决于发射机功率、无线电波传播的条件、接收机灵敏度等。但这些因素都是随时间改变的,这就会造成较大的控制误差,因此振幅调制只能用于控制精度要求不高的场合。

应用调频、调相或脉冲调频、脉冲调相等方法时,低频信号的振幅只与高频信号的频率、相位等有关,与高频信号的幅度无关。因而不受高频信号幅度的随机起伏影响。

如果用脉冲调制,比之连续波有较好的抗干扰性,准确度高;但脉冲占有频带较宽,因而减少了通道数目,这是它的不足之处。

目前,传输模拟式引导指令的方法分为频分制传输和时分制传输两大类。

频分制传输时,每个指令信号对应一个副载波频率,导弹根据频率值取出需要的副载波。为使副载波载有引导指令信息,可将副载波进行调幅(AM)、调频(FM)、调相(PM)及单边带调制(SSB),如图4-31所示。

时分制传输时,一个引导指令电压对应一个脉冲序列(副载波),在一定的时间间隔内,各路指令对应的脉冲分时出现,导弹则可按时间选出需要的副载波脉冲。为使脉冲副载波载有引导指令信息,可将副载波脉冲进行脉幅调制(PAM)、脉宽调制(PDM)、脉时调制(PTM),如图4-32所示。

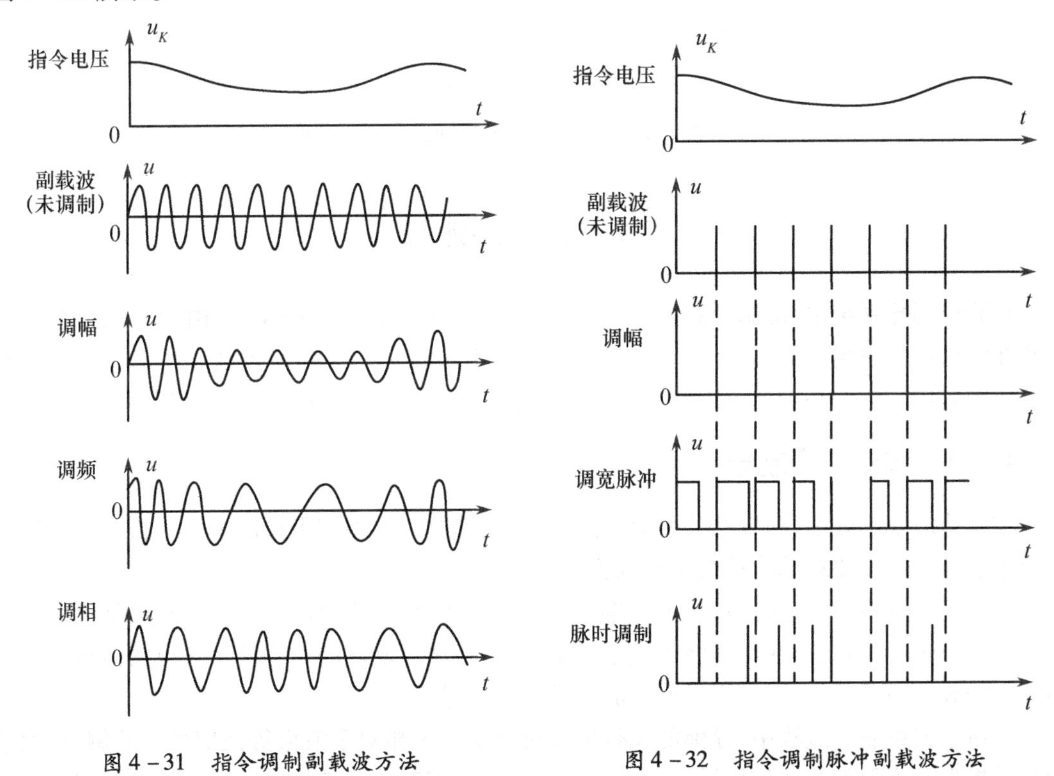

图4-31　指令调制副载波方法

图4-32　指令调制脉冲副载波方法

2)数字式引导指令的发射与接收

数字式引导指令通常是编码脉冲,包括导弹地址码、指令地址信号和指令值三部分,如图

4－33(a)所示。

导弹地址码如图4－33(b)所示,第一个脉冲开启,中间4个为8、4、2、1加权码,第6个脉冲关闭。当弹上编码与上述2～5脉冲码一致时,关闭脉冲触发应答机发出应答信号给控制站。

指令地址信号共5位,中间3个为地址位,两端为开启、关闭位。图4－33(c)画出了偏航、俯仰、引信开锁指令的可能形式。

指令地址后是报文开门脉冲,接着依次是指令的符号和数值。指令数值传完后,是报文关门信号。最后,用一个奇偶校验位来检验。偏航、俯仰引导指令,一般以几十赫的频率(即采样频率)向弹上发送。

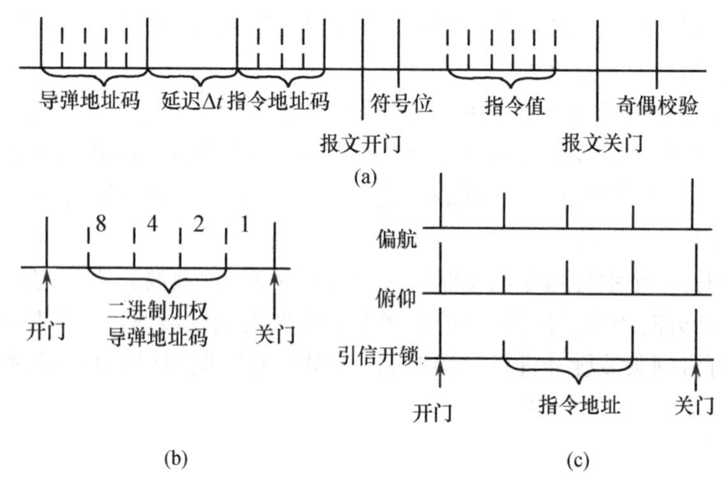

图4－33 数字式引导指令

(a)引导指令的时间安排;(b)导弹地址;(c)指令地址。

4.4 波束制导

在波束制导系统中,由制导站发出引导波束,导弹在引导波束中飞行,由弹上制导系统感受其在波束中的位置并形成引导指令,最终将导弹引向目标。这种遥控制导技术也叫驾束制导。目前应用较广的是雷达波束制导和激光波束制导,本节主要介绍雷达波束制导。

4.4.1 雷达波束制导

在雷达波束制导中,制导站的引导雷达发出引导波束,导弹在引导波束中飞行。雷达波束制导中引导雷达主要有单脉冲雷达和圆锥扫描雷达。

当采用圆锥扫描雷达时,雷达天线辐射器辐射“笔状”波束,使波束的最强方向偏离天线轴线一个小角度,当波束在空间绕天线电轴旋转时,在波束旋转的中心线上各点的信号强度不随波束的旋转而改变,这个中心线称为波束的等强信号线。

在雷达波束制导过程中,导弹的飞行偏差也就是导弹相对于波束等强信号线的偏差,偏差信号是根据导弹偏离等强信号线的角度形成的。导弹偏离等强信号线的方向是参照基准信号来确定的。将导弹的偏差信号与基准信号进行比较,即可形成控制指令信号,并将该信号送给控制回路,通过执行装置操纵导弹,使其沿等强信号线飞向目标。

雷达波束制导分为单雷达波束制导和双雷达波束制导两类。

1. 单雷达波束制导

单雷达波束制导，由一部雷达同时完成跟踪目标和引导导弹的任务，如图 4－34 所示。在制导过程中，雷达向目标发射无线电波，目标回波被雷达天线接收，通过天线收发开关，送入接收机，接收机输出信号，直接送给目标角跟踪装置，目标跟踪装置驱动天线转动，使波束的等强信号线跟踪目标转动。

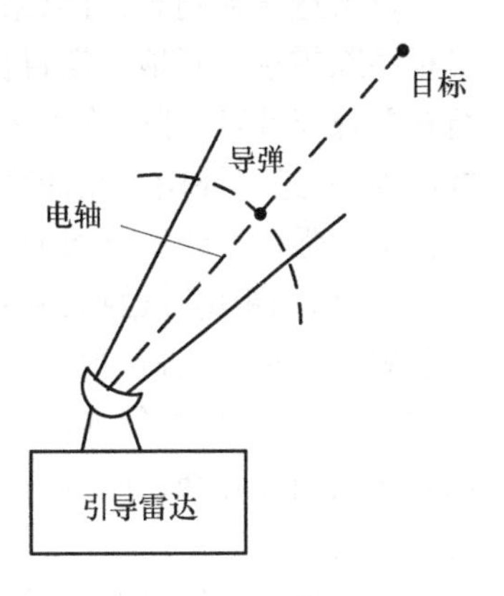

图 4－34 单雷达波束制导

如果导弹沿波束中的等强信号线飞行，在波束旋转一个周期内，导弹接收到的信号幅值不变，如果导弹飞行偏离等强信号线时，导弹接收到的信号幅值随波束的旋转而发生周期性变化，这种幅值变化的信号就是调幅信号。导弹接收到调幅信号后，经解调装置解调，并与基准信号进行比较，在指令形成装置中形成控制指令信号，控制回路根据指令信号的要求，操纵导弹，纠正导弹的飞行偏差，使其沿波束的等强信号线飞行。

为了能比较准确地将导弹引向目标，对发射天线及其特性以及发射机的稳定性有较高的要求。在发射天线的一个旋转周期内，为了使发射机发射出的信号的强度在等强信号线上保持不变，则要求天线必须形成精确形状的波束，而且，发射机的功率必须保持固定不变。

在雷达波束制导系统中，制导准确度随导弹离开雷达的距离增加而减小。在导弹飞离雷达站较远时，为了保证较高的导引准确度，就必须使波束尽可能窄，所以在这种导引系统中，应采用窄波束。但采用窄波束的同时会产生另外一些问题，如导弹发射装置很难把导弹射入窄波束中，并且由于目标的剧烈机动，波束做快速变化时，导弹飞出波束的可能性随之增大。

为保证将导弹射入波束中，可以让引导雷达采用高低不同的两个频率工作，使一部天线产生波束中心线相同的一个窄波束和一个宽波束，宽波束用来引导导弹进入波束，窄波束用来做波束制导。

单雷达波束制导，由于采用一部雷达制导导弹并跟踪目标，设备比较简单，但由于这种波束制导系统只能用三点法引导导弹，不能采用前置点法，因而导弹的弹道比较弯曲，制导误差较大。

2. 双雷达波束制导

双雷达波束制导系统，也是由制导站和弹上设备两部分组成。制导站通常包括目标跟踪雷达、引导雷达和计算机，如图 4－35 所示。弹上设备包括接收机、信号处理装置、基准信号形成装置、控制指令信号形成装置和控制回路等。

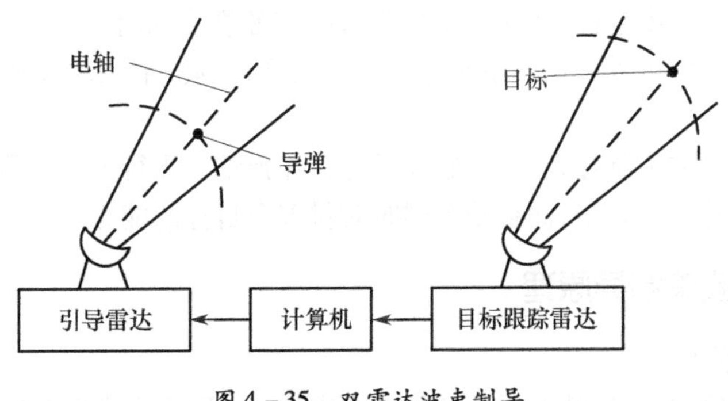

图 4－35 双雷达波束制导

双雷达波束制导,可以采用三点法导引导弹,也可以采用前置角法。采用三点法引导时,目标跟踪雷达不断地测定目标的高低角、方位角等数据,并将这些数据输入计算机,计算机进行视差补偿计算,即计算由于引导雷达和目标跟踪雷达不在同一位置而引起的测定目标角坐标的误差,进行补偿。在计算机输出信号的作用下,引导雷达的动力传动装置带动天线转动,使波束等强信号线始终指向目标;采用前置角法引导时,目标跟踪雷达不断地测定目标的高低角、方位角和距离等数据,并将这些数据输入计算机。计算机根据目标和导弹的运动数据,算出前置点坐标,并进行视差补偿。在计算机输出信号的作用下,制导雷达的动力传动装置带动天线转动,使波束的等强信号始终指向导弹与目标相遇的前置点。不论采用三点法还是采用前置角法引导导弹,弹上设备都是控制导弹沿波束的等强信号线飞行,弹上设备的工作情况都是一样的。

双雷达波束制导系统虽然能用三点法和前置点法引导导弹,但这种系统必须有测距装置,设备较单雷达制导复杂。

在双雷达波束制导系统中,一部雷达跟踪目标,另一部雷达引导导弹,这时雷达波束不需要加宽,如果引导雷达的波束较窄,必须采用专门的计算装置,该装置根据自动跟踪目标雷达提供的数据,不仅计算出导弹与目标相碰时的弹着点,而且产生相应于引导雷达波束运动的程序,这种程序用来消除窄波束在空间过分快的变化。

不论单雷达波束制导,还是双雷达波束制导,把导弹引向目标的导引准确度在很大程度上取决于跟踪目标的准确度,而跟踪目标的准确度不仅与波束宽度和发射机稳定性有关,而且也与反射信号的起伏有关。雷达在跟踪运动目标时,跟踪雷达接收装置的输出端产生反射信号的起伏,反射信号的起伏与目标的类型、大小及其运动特性有关。为了减小起伏干扰的影响,最好将波束在不同位置时所接收到的信号做迅速比较,也就是让波束快速旋转。

跟踪目标的准确度主要受到在频率上接近波束旋转频率的起伏分量及其谐波分量的限制。而这些分量的大小与跟踪回路的通频带成正比,因此要求把通频带减小到目标运动特性允许的最低程度。跟踪地面和海面上运动速度较慢目标的雷达应采用较窄的通频带,而跟踪空中运动速度较快目标的雷达采用的通频带必须宽。

由于雷达波束制导系统相对来说比较简单,有较高的导引可靠性,因此它广泛应用于地空、空空和空地导弹,它也可以用来导引地地弹道式导弹在弹道初始段上的飞行。

雷达波束制导系统作用距离的大小,主要取决于跟踪目标雷达和导弹引导雷达的作用距离的大小,而受气象条件影响很小。其优点是:沿同一波束同时可以制导多枚导弹。但由于在导弹飞行的全部时间中,跟踪目标的雷达波束必须连续不断地指向目标,在结束对某一个目标攻击之前,不可能把导弹引向其他目标。其缺点是:导弹离开引导雷达的距离越大,即导弹越接近目标时,导引的准确度越低,而此时正是要求提高准确度的时候。为了解决这一问题,在导弹攻击远距离目标时,可以采用波束制导与指令制导、主动、半主动或被动寻的制导组合的复合制导系统。

此外,由于在雷达波束制导系统中,制导雷达在导弹整个飞行过程中需要不间断地跟踪目标,容易受到反辐射导弹的攻击,而且缺乏同时对付多个目标的能力。

4.4.2 雷达波束制导原理

1. 导弹的偏差信号

雷达按工作波形可分为连续波雷达和脉冲波雷达,这里仅以脉冲体制的圆锥扫描雷达为例，来说明导弹偏差信号的形成。

在雷达波束制导系统中，偏差信号表示导弹偏离引导雷达等强信号线的情况。偏差信号是在导弹上形成的，导弹在波束中飞行，波束做圆锥扫描时，弹上接收机的输出信号受到幅度调制，调幅信号反映偏差情况。

当导弹沿旋转波束在等强信号线上飞行时，无论波束旋转到哪一个位置，弹上接收机输出信号的强度总是相等的，信号的幅度与波束转过的角度（此角度以 Oy_r 轴为起点）无关，也就是弹上收到的信号是等幅脉冲序列。波束做圆锥扫描时，弹上接收机输出信号的情况，如图 4－36所示。

当导弹偏在 y_r 轴上方 M_1 点时，如果波束处于 y_r 轴上方（此时的相角 φ 为 $0,2\pi,\cdots$）时弹上接收机的输出信号最强，其值与导弹偏离等强信号线的偏差角 Δ 成正比，当波束沿顺时针方向转到 y_r 轴下方（此时的相角 φ 为 $\pi,3\pi,\cdots$）时，弹上接收机的输出信号最弱，其值与导弹偏离等强信号线的偏差角 Δ 成反比。在波束旋转一周的过程中，弹上接收机输出信号的强度变化情况，如图 4－36(b) 中的 U_{m1} 所示。

如果导弹偏在 y_r 轴右方 M_2 点，当波束沿顺时针方向从 y_r 轴上转过 90°时（此时的相角 φ 为 $\pi/2,5\pi/2,\cdots$），弹上接收机输出信号最强，当波束转过 270°时（此时的相角 φ 为 $3\pi/2,7\pi/2,\cdots$），弹上接收机输出信号最弱，在波束旋转一周过程中，弹上接收机输出信号强度变化情况，如图 4－36(b) 中的 U_{m2} 所示。

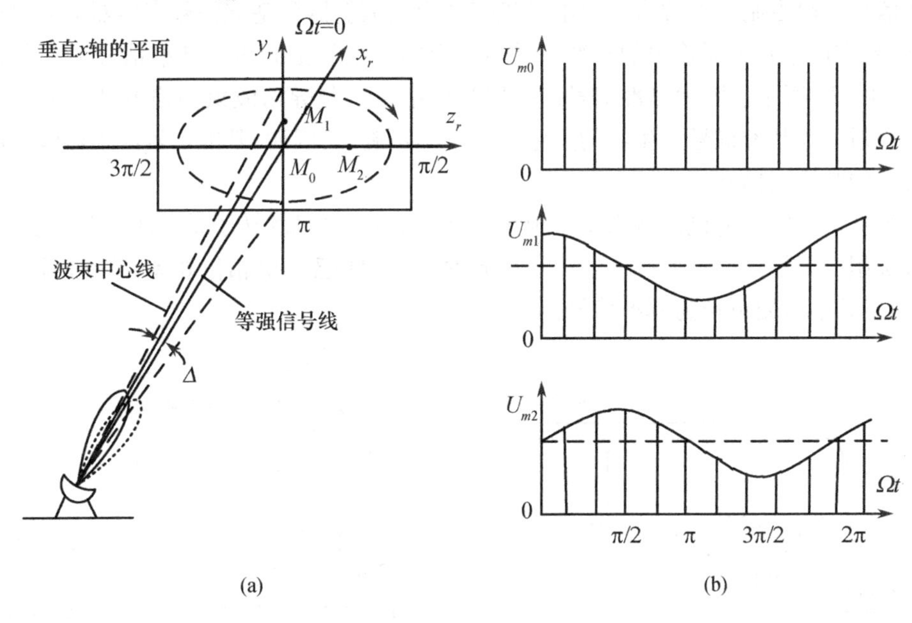

图 4－36 圆锥扫描雷达波束制导时弹上收到的信号

(a)雷达波束的圆锥扫描；(b)弹上接收机输出的调制信号。

由此可见，当导弹偏离波束等强信号线时，弹上接收机的输出信号为调幅脉冲信号，调制信号的频率等于波束的旋转频率，调制的深度和导弹偏离等强信号线的偏差角成正比，调制信号的相位取决于导弹偏离等强信号线的方向。

弹上接收机输出信号的调幅信号脉冲包络可表示为

$$U_m(t)=u_{m\Delta}[1+m\cos(\Omega t-\varphi)] \tag{4-43}$$

式中：$u_{m\Delta}$ 为未调制脉冲的幅度；m 为调制度；φ 为导弹偏离方位角，即导弹与等强信号线的连

线与 y 轴的夹角。

在偏差角不大的情况下,调制度的数值与导弹相对于等强信号线的偏差角 Δ 成正比,如图 4-37 所示,有

$$m=\xi_m\Delta \tag{4-44}$$

式中:ξ_m 为比例系数,称为灵敏度。

因此,弹上接收机输出的低频(脉冲信号的包络)信号就是导弹的偏差信号,低频信号的调制度与导弹飞行角偏差成正比,相位与导弹偏离等强信号线的方位相对应。

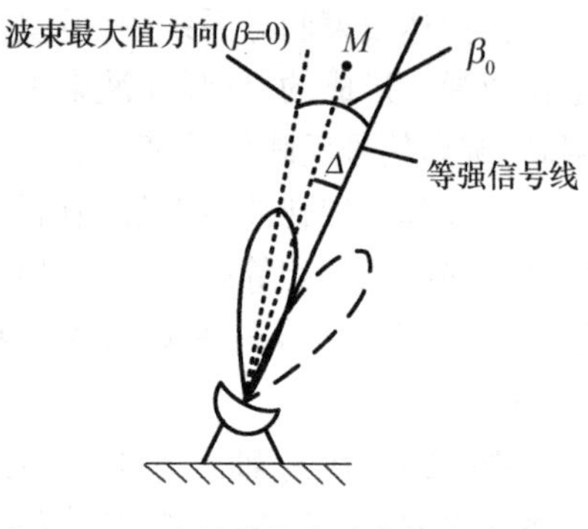

图 4-37 调制度与偏差角的关系图

2. 基准信号及其传递

在雷达波束制导中,要确定导弹偏离等强信号线的方向,就需要测定偏差信号的相位。为了测定偏差信号的相位,需要有一个基准。在导弹上如果没有相位基准信号,就无法确定弹上接收机输出信号的相位,也就无法确定导弹偏离等强信号线的方向。

导弹上的基准信号应该与波束的圆锥扫描完全同步,以便和偏差信号的相位进行比较。根据两个信号的相位关系,才能确定偏差信号的相位,并由此确定出导弹偏离等强信号线的方向。

基准信号一般由制导站波束扫描电动机带动天线辐射器和基准信号产生器的发电机同步旋转,这样基准信号发生器输出的基准信号与波束的圆锥扫描同步。基准信号形成装置的示意图,如图 4-38 所示。图中基准信号产生器是发电机。制导站波束扫描电动机通过减速器带动天线辐射器和基准信号产生器的发电机转子同步旋转,因而,基准信号产生器输出的基准信号与波束的圆锥扫描同步。

产生基准信号的发电机是输出功率很小的微型电机,电机的转子是一块永久磁铁,定子上绕有两对绕组,如图 4-39 所示。当转子旋转时,绕组便感应出相位相差 90°的两个正弦电压,这两个正弦电压便可作为基准信号。

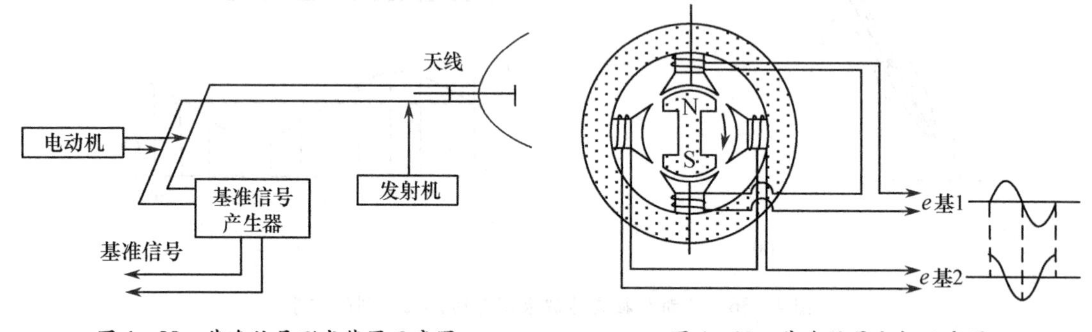

图 4-38 基准信号形成装置示意图　　图 4-39 基准信号电机示意图

向导弹传递基准信号时,通常不用单独的基准信号发射机,而是利用引导波束的雷达发射机,这样既不额外增加制导设备,又能减小受干扰的可能性。利用引导波束雷达传递基准信号有两种基本方法:一种是利用基准信号对雷达脉冲进行频率调制的方法;另一种是利用脉冲编码的方法。

1)利用基准信号对雷达脉冲进行频率调制的方法传递基准信号

利用脉冲频率调制传递基准信号的方框图如图 4-40 所示。

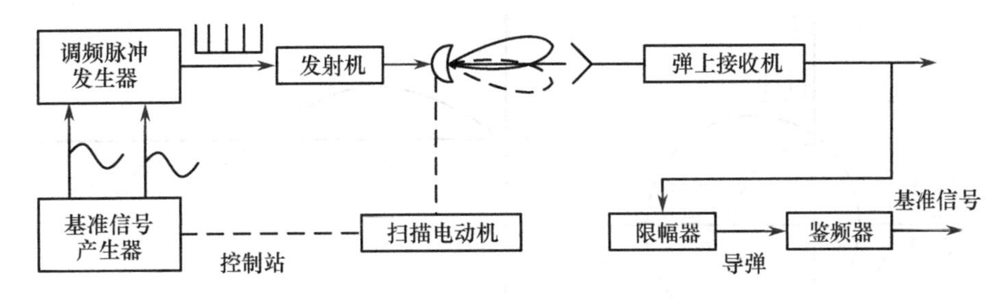

图 4-40　利用脉冲频率调制传递基准信号的方框图

天线辐射器和基准信号产生器由扫描电动机带动,二者同步旋转。基准信号产生器输出的基准电压波形,如图 4-41(a)所示。基准电压控制脉冲发生器的振荡频率,因此,脉冲发生器的输出脉冲是调频脉冲,其波形如图 4-41(b)所示,调频脉冲经发射机由圆锥扫描天线发射出去。

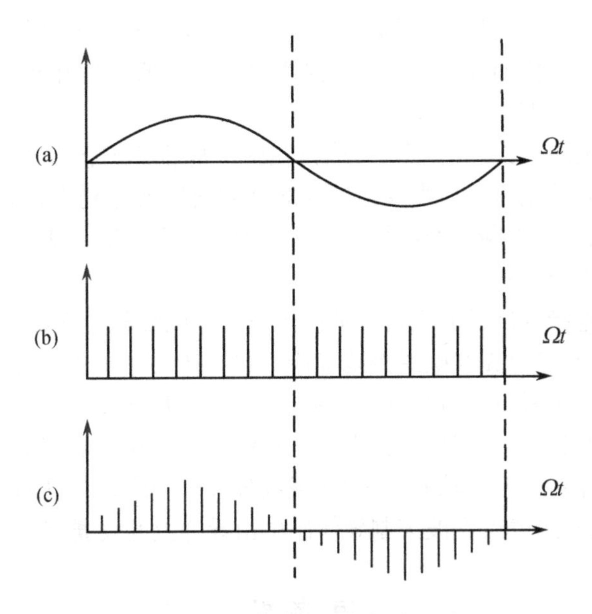

图 4-41　脉冲调频调幅波形图

导弹在等强信号线上飞行时,弹上接收机的输出信号为等幅的调频脉冲信号,如图 4-41(b)所示。当导弹偏离等强信号线时,弹上接收机的输出信号则是既调幅又调频的脉冲信号,如图 4-41(c)所示。输出信号的幅度调制反映导弹偏离等强信号线的情况,输出信号的频率调制代表相位基准。

为了从既调幅又调频的脉冲信号中分出基准信号,弹上装有基准信号选择装置,它是这样工作的:由限幅器对调制的脉冲信号限幅,输出等幅的调频脉冲,加到鉴频器,鉴频器输出的信号就是基准信号。基准信号经过整形电路后,送入控制信号形成装置。

2）利用脉冲编码传递基准信号

利用脉冲编码的方法传递基准信号,是当雷达天线的波瓣中心转到 y_r 轴或 z_r 轴上时,对发射脉冲进行编码,形成基准信号的射频脉冲码,如图 4-42 所示。当波瓣中心在 Oy_rz_r 平面上转到 y_r 轴或 z_r 轴上时,基准信号的相位分别为 $0,\pi/2,\pi,3\pi/2$。因此,弹上接收机输出的脉冲码的相位,与基准信号的四个特殊相位 $0,\pi/2,\pi,3\pi/2$ 相对应,如图 4-43 所示。

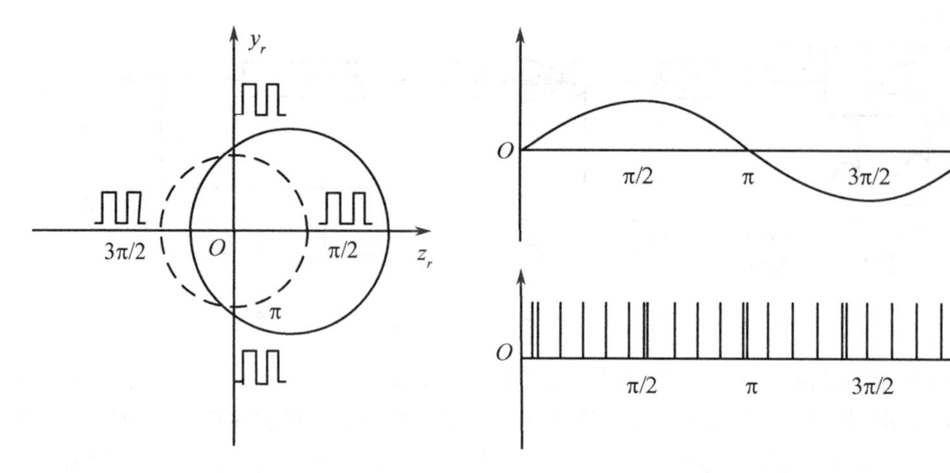

图4-42 发射脉冲码是波瓣的位置

图4-43 脉冲码的基准信号的相位关系

采用这种方法传递基准信号时,不是直接传递正弦波基准信号的全部电压,而是在正弦基准信号的四个特殊相位上传递脉冲码。弹上接收机接收这四个特殊相位点上的脉冲,便可用来作为偏差信号的相位基准或时间基准。

如果只在一个基准点(如0相位点)上或只在两个基准点(0、π/2相位点)上传递脉冲码,弹上接收机也能形成基准电压。但当导弹进入间歇照射区或遇到干扰时,就很容易丢失仅有的一组或二组脉冲码,从而中断基准信号的传递。为了可靠地传递基准信号,通常是在前面提到的四个特殊相位点上传递脉冲码。

波束制导与无线电指令制导的主要区别在于信号形成装置的位置,在无线电指令制导中,制导指令在制导站形成,通过无线电遥控装置传送到导弹上,指令形成装置位于制导闭合回路内。波束制导指令形成装置仅仅执行运动学弹道角坐标的计算,并利用运算结果引导波束,因此,波束制导的指令形成装置在制导回路之外。在波束制导中,误差信号直接在导弹上形成,误差信号描述了导弹相对于波束轴的角偏差(或线偏差)。因此,在无线电指令制导中由指令形成装置完成的回路校正功能,在波束制导体制中由导弹上的仪器完成。

思考题

1. 遥控制导系统主要由哪几部分组成?各部分作用是什么?
2. 有线指令制导有哪些特点?
3. 遥控制导采用的制导方法主要有哪几种?
4. 无线电指令制导系统主要分为哪几类?各有哪些特点?
5. 如何测量导弹和目标的运动参数?
6. 什么是线偏差信号?为什么会产生偏差信号?
7. 在无线电指令制导系统中,试根据导弹和目标的运动参数说明指令形成原理。
8. 无线电制导如何克服各种干扰对制导系统的影响?
9. 相控阵雷达是如何改变波束指向,达到扫描目的的?
10. 如何进行指令的多路传输与加密?
11. 导弹飞行中受到很多因素的影响,导弹控制指令的形成主要考虑哪些因素以控制其在空中的运动?

12. 当理想弹道是直线时，导弹是否产生动态误差？导弹飞行中的动态误差产生的原因是什么？如何减小动态误差？

13. 试说明单雷达波束制导与双雷达波束制导的异同。

14. 雷达波束制导中，导弹的偏差信号是如何测量的？

15. 为什么在形成引导指令时一般不采用角偏差信号，而采用线偏差信号？

16. 距离角误差产生的原因是什么？

第五章　无线电寻的制导

寻的制导依据被利用能量的物理特性不同,可分为无线电寻的制导、红外寻的制导、电视寻的制导、激光寻的制导和音响寻的制导等。无线电寻的制导也叫雷达自动导引或自动瞄准,它是利用装在导弹上的设备接收目标辐射或反射的无线电波,实现对目标的跟踪并形成制导指令,引导导弹飞向目标的一种制导方法。无线电寻的制导可分为主动式、半主动式和被动式寻的制导。和其他制导方法一样,在制导过程中,无线电寻的制导需要不断地观测和跟踪目标,形成控制信号,送入自动驾驶仪,操纵导弹飞向目标。制导站起选择目标、发射导弹的作用,有时也提供照射目标的能源(半主动式)。导弹发射后,观测和跟踪目标、形成控制指令以及操纵导弹飞行,都是由弹上设备完成的。

本章主要介绍无线电寻的制导系统基本工作原理,主动式、半主动式、被动式雷达导引头及其寻的制导系统,毫米波雷达导引头与数字式雷达导引头等内容。

5.1　无线电寻的制导系统基本工作原理

5.1.1　无线电寻的制导系统的类型

无线电寻的制导系统工作时,需要接收目标辐射或反射的无线电波,这种无线电波,可能是由弹上雷达辐射后经目标反射的,也可能是由其他地方用专门的雷达辐射经目标反射的,或者由目标直接辐射的。根据能量来源的位置不同,寻的制导系统可分为主动式无线电寻的制导系统、半主动式无线电寻的制导系统和被动式无线电寻的制导系统三种。

1. 主动式无线电寻的制导系统

主动式无线电寻的制导系统的导弹上装有雷达发射机和雷达接收机。弹上雷达主动向目标发射无线电波,寻的制导系统根据目标反射回来的电波,确定目标的坐标及运动参数,形成控制信号,送给自动驾驶仪,操纵导弹沿理论弹道飞向目标,如图5－1(a)所示。主要优点是导弹在飞行过程中完全不需要弹外设备提供任何能量或控制信息,做到“发射后不管”。主要缺点是弹上设备复杂,设备的重量和尺寸受到限制,因而这种系统的作用距离不可能很大。

2. 半主动式无线电寻的制导系统

半主动式无线电寻的制导系统的雷达发射机装在地面(或飞机、军舰)上,雷达发射机向目标发射无线电波,而装在弹上的接收机接收目标反射的电波,确定目标的坐标及运动参数,形成控制信号,送给自动驾驶仪,操纵导弹沿理论弹道飞向目标,如图5－1(b)所示。主要优点是在导弹以外的制导站设置大功率“照射”能源,因而作用距离较远。弹上设备比较简单,重量和尺寸也比较小。其缺点是导弹在杀伤目标前的整个飞行过程中,制导站必须始终“照射”目标,易受干扰和攻击。

3. 被动式无线电寻的制导系统

被动式无线电寻的制导系统是利用目标辐射的无线电波进行工作的。导弹上装有雷达接收机,用来接收目标辐射的无线电波。在导引过程中,寻的制导系统根据目标辐射的无线电波,确定目标的坐标及运动参数,形成控制信号,送给自动驾驶仪,操纵导弹沿理论弹道飞向目标,如图 5－1(c)所示。被动式无线电寻的制导过程中,导弹本身不辐射能量,也不需要别的照射能源把能量照射到目标上。其主要优点是不易被目标发现,工作隐蔽性好,弹上设备简单。主要缺点是它只能制导导弹攻击正在辐射无线电波的目标,由于受到目标辐射能量的限制,作用距离比较近。

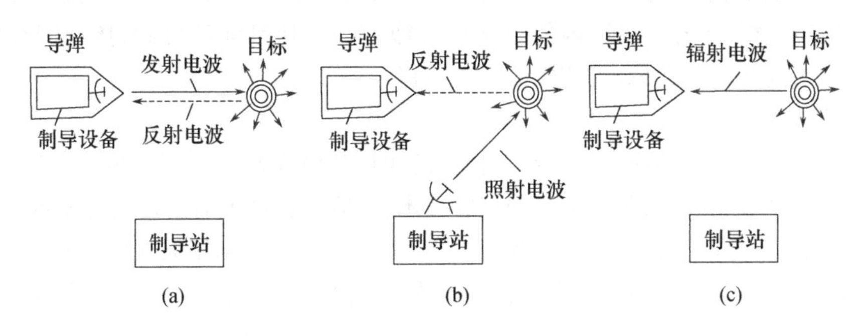

图 5－1　无线电寻的制导系统的类型
(a)主动式;(b)半主动式;(c)被动式。

5.1.2　寻的制导系统的基本工作原理

主动、半主动、被动式无线电寻的制导系统,它们在结构上各不相同,观测目标所需的无线电波的来源也不相同。但它们的实质,都是在寻的制导过程中,利用目标反射或辐射的无线电波确定目标坐标及运动参数,而且从观测目标到形成控制信号和操纵导弹飞行,都是由弹上设备完成的,因此,这三种寻的制导系统的工作原理基本相同。

无线电寻的制导系统一般由雷达导引头、制导规律形成装置、弹上控制系统(自动驾驶仪)及弹体等部分组成,如图 5－2 所示。

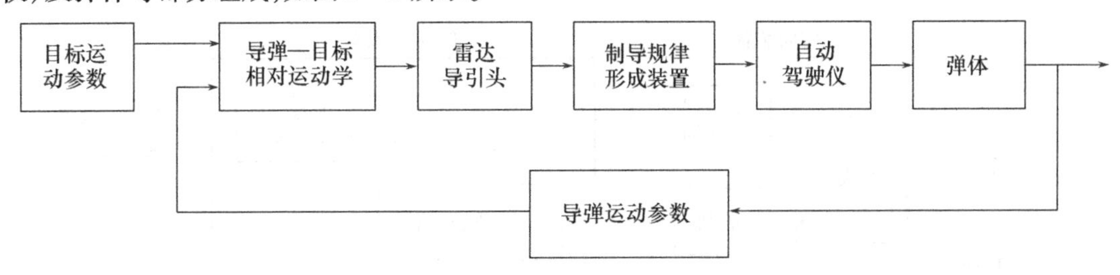

图 5－2　寻的制导系统基本组成

在寻的制导过程中,雷达导引头不断地跟踪目标,测出目标相对于导弹的运动参数,将该参数送入制导规律形成装置,形成制导指令,送入自动驾驶仪。自动驾驶仪根据控制信号的要求,改变导弹飞行姿态。导弹飞行姿态改变之后,雷达导引头又测出目标相对于导弹新的运动参数,形成新的制导指令,控制导弹飞行。这样循环往复,直至命中目标为止。

为了更加清楚地描述无线电寻的制导系统的工作原理和工作过程,下面对其中主要部件雷达导引头的功能、一般组成、测角方法和基本要求进行介绍。

5.1.3 雷达导引头的功能

由前述可知,雷达导引头的主要任务可以归纳为捕捉目标、跟踪目标和形成制导指令三个方面。

1. 捕捉目标

捕捉目标是指在进行自动寻的或者在中制导与末制导交接班之前,导引头按目标运动方向和速度获得指定的目标信号。为此,导引头天线应先使波束在预定空间扫描(一般用于末制导的导引头)或执行制导站给出的方向指令,使天线基本对准目标。之后按目标的接近速度(如按多普勒频移)对天线视场内的目标进行搜索。收到目标信号后,接通天线角跟踪系统。消除导引头的初始方向偏差,使天线对准目标。

2. 跟踪目标

跟踪目标包括对目标的速度跟踪和对目标的角度连续跟踪。对目标的速度跟踪,是利用目标反射信号的多普勒效应,采取适当的接收技术,从频谱特性上对目标信号进行选择和连续跟踪,以排除其他信号的干扰。对目标的角度连续跟踪,一般是利用天线波束扫描(如圆锥扫描等)或多波束技术(如单脉冲技术),取得目标的角偏差信息,实现天线对选定目标的角度连续跟踪,同时得到目标视线的转动角速度$\dot{\varphi}$。此外,对于主动雷达导引头往往还对目标进行距离跟踪,以增强目标的检测和抗干扰能力。

3. 形成制导指令

形成制导指令是指以导引头给出的$\dot{\varphi}$为基础按某一制导规律形成制导指令。

5.1.4 雷达导引头的一般组成

依据雷达导引头工作原理和功能,雷达导引头要完成相应的功能和任务,其组成一般包括定向装置、信号处理器、指令形成装置、逻辑管理器、弹上发射机(仅主动式雷达导引头)、通信接口等装置,如图5-3所示。下面首先对各个组成部分的功能做简要说明,然后介绍不同类型雷达导引头的工作特性。

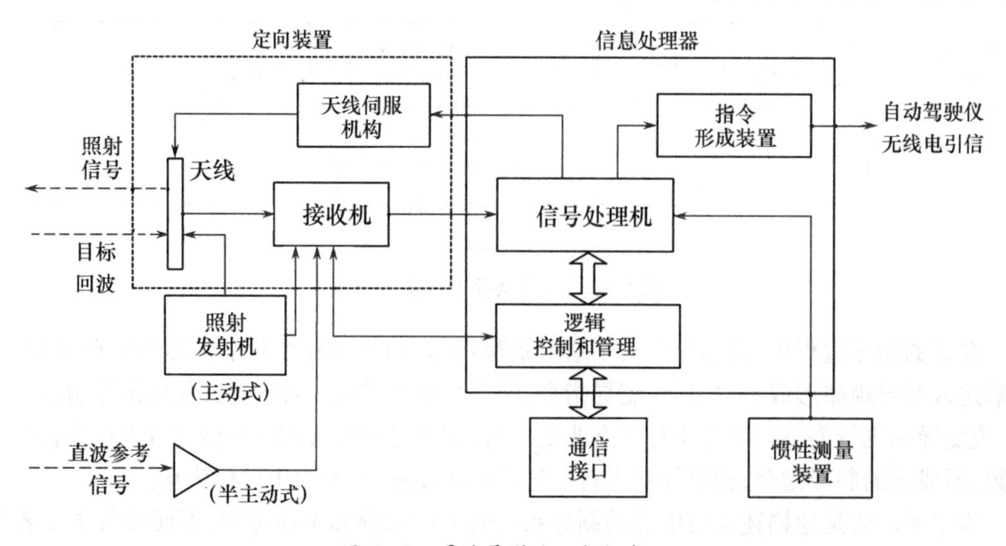

图5-3 雷达导引头一般组成

(1) 定向装置:定向装置由天线和其伺服系统、发射机(对主动式导引头)、接收机等组成。它实现对目标的照射、接收目标反射信号及角度跟踪,输出导引规律所需的弹目相对运动测量信号,产生弹道补偿和其他功能所需要的测量信号。

(2) 信息处理器:信息处理器主要包括信号处理器和逻辑管理控制器两部分。其中信号处理器主要完成目标识别截获、制导信息提取、目标跟踪、指令形成等任务;而逻辑管理控制器主要进行导引头自身和整个导弹的工作状态调整和转换。

(3) 通信接口:通信接口是导弹和火力控制系统交换信息的接口及传递通道。它接受地面火控系统发往导弹的各种预装参数和命令。

(4) 惯性测量装置:惯性测量装置主要是指导引头内的惯性传感器,用于测量导弹自身运动参数。

(5) 指令形成装置:指令形成装置主要根据导引方程对导引头测得的各种参数进行变换和运算形成对导弹的制导指令;实现对导弹控制回路动态参数的校正;按控制管理器的要求变换控制回路的通带、改变有效导航比等。

(6) 发射机:发射机仅在主动式雷达导引头中有,其主要用途是产生照射目标的高频信号,同时作为接收机的相参本振源。

按导引头测量坐标系相对于弹体坐标系的位置可分为固定式和活动式(活动非跟踪式和活动跟踪式)导引头。下面说明固定式和活动式导引头的主要工作特性。

1. 固定式导引头

测量坐标系 $Ox_sy_sz_s$ 和弹体坐标系 $Ox_1y_1z_1$ 相重合的导引头,称为固定式导引头。这种导引头不跟踪目标的位移,只测量目标视线与弹体纵轴间的角偏差 φ_1 大小,如图 5-4 所示。

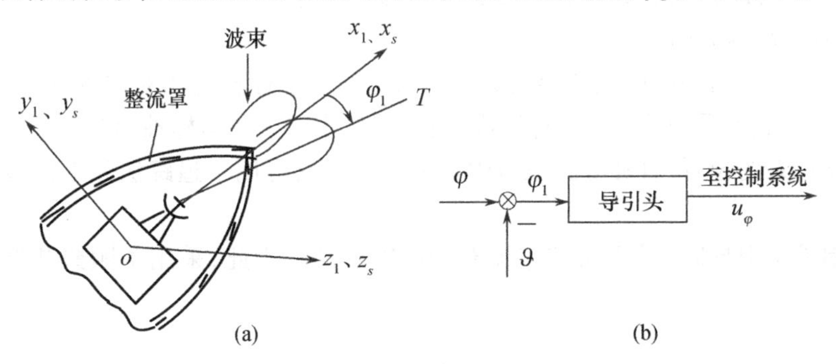

图 5-4　固定式导引头的示意图
(a)固定式导引头;(b)简化方块图。

当测得 φ_1 值后,导引头形成相应的信号电压 $u_\varphi = K_\varphi\varphi_1$,并根据 u_φ 产生 oy_s、oz_s 方向的制导指令

$$\begin{cases} u_{ys} = K_{ys}\varphi_{ys} \\ u_{zs} = K_{zs}\varphi_{zs} \end{cases} \tag{5-1}$$

式中:K_{ys}、K_{zs}为比例系数。

制导指令通过控制系统操纵导弹飞行,使目标位于导弹纵轴方向。它能实现近似的追踪法导引。

为较精确地实现追踪法导引,常在装有固定导引头的弹上增添测速装置,如测量风标器或动力风标器等,如图 5-5 所示。

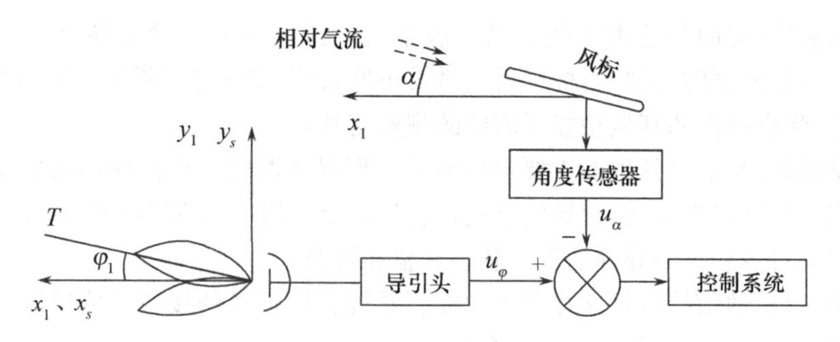

图 5-5 装风标器的固定导引头

由于导弹的速度比干扰风速大得多,因此风标器的指向可认为是导弹速度的方向。它和导弹纵轴的夹角就是导弹的攻角 α,经角度传感器,输出电压 $u_\alpha = K_\alpha \alpha$($K_\alpha$ 为比例系数)。导引头的输出电压 $u_\varphi = K_\varphi \varphi_1$,控制系统输入的电压 u_K 为

$$u_K = u_\varphi - u_\alpha = K(\varphi_1 - \alpha) \tag{5-2}$$

式中:$K = K_\varphi = K_\alpha$。

u_K 通过控制系统变换,操纵舵面偏转从而改变导弹飞行状态,使 $\varphi_1 = \alpha$,则导弹速度方向便和目标视线重合。

由于弹体角振动的原因,导引头测量角偏差的精度较低,因而其制导误差较大。

2. 活动式导引头

导引头坐标系轴位置相对弹体坐标系轴位置能够变化的导引头,称为活动式导引头。它一般分为活动式非跟踪导引头与活动式跟踪导引头两种。

1)活动式非跟踪导引头

活动式非跟踪导引头虽能改变导引头坐标轴与弹体坐标轴的相对位置,但这种改变只在导弹发射前发生,它使导引头坐标 Ox_s 瞄准目标,然后固定这些坐标轴相对导弹速度矢量或地面固连直角坐标系的位置,且在导弹飞行中保持不变。它可用于追踪法和平行接近法引导的导弹。

当实现追踪法引导时,导引头按来流对 Ox_s 轴定向。为此,采用了顺桨装置,如图 5-6 所示。

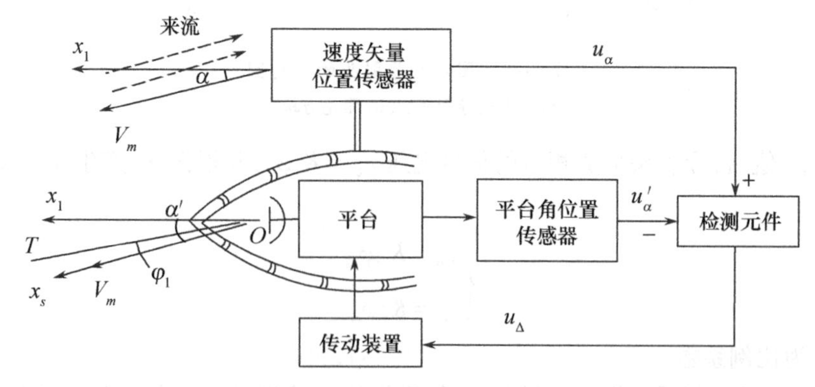

图 5-6 活动式非跟踪导引头简化方块图

顺桨装置是一个跟踪系统,它包括速度矢量位置传感器、传动装置、装有导引头天线的平台、平台角位置传感器和检测元件等。速度矢量位置传感器测出来流对弹体纵轴的角度 α 并

输出正比于 α 的电压 u_α。平台角位置传感器测出平台相对弹体纵轴的角位置 α' 并形成与 α' 成正比的电压 u'_α。u_α、u'_α 加在检测元件上,检测元件则输出与 $\alpha-\alpha'$ 成正比的电压 u_Δ,u_Δ 经变换后输入给传动装置,使平台转动,则 $\alpha-\alpha'$ 趋近于零。因此,使导引头坐标轴 Ox_s 调整到导弹速度矢量 $\boldsymbol{V}_m$ 的方向。

当实现平行接近法引导时,导弹发射前导引头应调整到使 Ox_s 轴与目标视线重合,并用陀螺稳定器锁定这个方向。导弹发射后,一旦导弹偏离理想弹道,Ox_s 轴与目标视线间就会出现角偏差 φ_1。由导引头测出目标视线偏离天线轴方向的角偏差 φ_1,并形成引导指令,操纵导弹使 $\varphi_1=0$。当用"十"字布局的导弹时,则制导指令电压为

$$\begin{cases} u_{ys}=K_{ys}\varphi_{ys} \\ u_{zs}=K_{zs}\varphi_{zs} \end{cases} \tag{5-3}$$

式中:K_{ys}、K_{zs} 为比例系数。

2）活动式跟踪导引头

使坐标轴 Ox_s 连续跟踪目标视线的导引头,称为活动式跟踪导引头。它可用于平行接近法和比例接近法引导的制导系统。活动式跟踪导引头的天线有两种安装方式:一种是安装在稳定平台上;另一种是安装在弹体上。跟踪天线安装在稳定平台上的导引头,如图 5-7 所示。

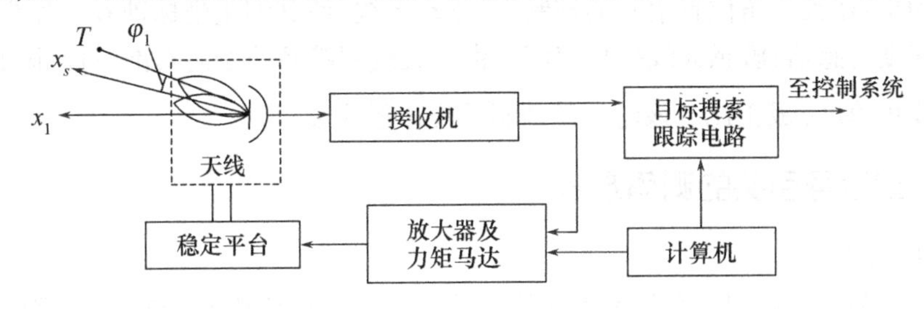

图 5-7　带稳定平台的导引头简化方块图

天线与稳定平台固连,稳定平台作相应的转动,以实现天线对准目标方向。当天线等强信号轴线偏离目标视线时,接收机输出误差信号,该信号大小与偏差角 φ_1 大小成正比,极性由偏差方向决定。误差信号经放大后驱动力矩马达,使陀螺平台转动,直至误差信号为零。因此,导引头跟踪系统保证天线跟踪目标。

导引头利用陀螺稳定平台和陀螺执行机构来测量天线的转动角速度,由于天线始终跟踪目标,因而天线的转动角速度就是目标视线的转动角速度 $\dot{\varphi}$,它可用平行接近法和比例导引法形成制导指令。

形成制导指令时应考虑测得的目标视线角速度,还应考虑重力加速度和导弹的纵向加速度。此外,必须考虑无线电波因天线罩折射引起的系统误差。这样,制导指令的一般表示式为

$$u_\varphi=K(\dot{\varphi}+\Delta\dot{\varphi})G(s) \tag{5-4}$$

式中:K 为系数;$\dot{\varphi}$ 为天线角速度测量值;$\Delta\dot{\varphi}$ 为因重力、导弹纵向加速度和天线罩折射引入的角速度补偿分量;$G(s)$ 为指令形成装置的传递函数。

跟踪天线安装在弹体上的导引头,如图 5-8 所示。

天线由电动机带动,相对弹体转动,以使其对准目标。由于不用平台,结构比较简单。导引头主要组成部分的作用如下:

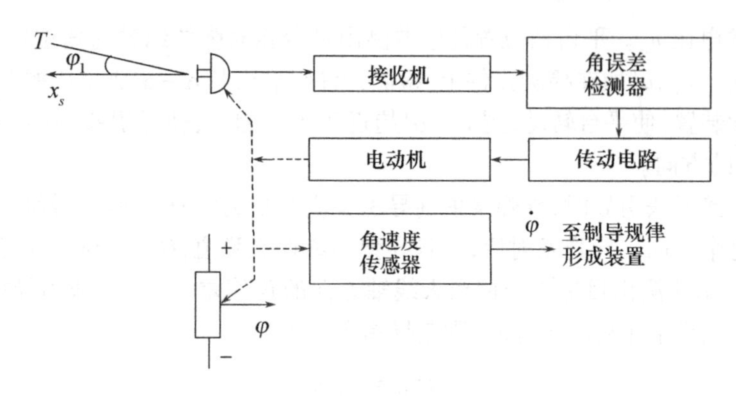

图5-8 没有稳定平台的导引头简化方块图

(1) 接收机:按目标、导弹的接近速度捕捉、跟踪目标,输出表示目标视线与导引头坐标轴 Ox_s 角偏差 φ_1 的误差信号。

(2) 角误差检测器:将角误差信号分解为俯仰、方位误差信号,送到传动电路。

(3) 传动电路:将俯仰、方位误差信号分别放大,并与有关的负反馈信号综合,输出天线角位置信号。

(4) 电动机:在天线角位置信号的控制下,驱动天线,使其测量坐标轴 Ox_s 对准目标。

(5) 角速度传感器:敏感天线的角速度。由于天线跟踪系统始终对准目标,因此其输出电压与目标视线角速度 $\dot{\varphi}$ 成正比。该电压送到制导规律形成装置。

5.1.5 雷达导引头的测角方法

1. 圆锥扫描法

圆锥扫描法测角是利用一个偏离天线机械轴的天线波束绕机械轴旋转,从而在空间形成等信号强度方向,通过目标反射的回波来确定目标方向偏离的情况,实现角度自动跟踪,其原理如图5-9所示。

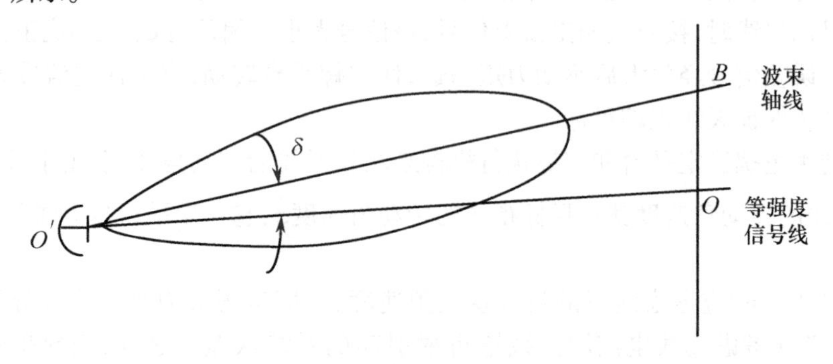

图5-9 圆锥扫描示意图

图5-9表示一针状波束,它的最大辐射方向($O'B$)偏离等信号强度轴($O'O$)一个角度 δ,当波束以一定的角速度绕等信号强度轴旋转时,波束的轴线就在空间画出一个圆锥,故称圆锥扫描。

下面随机选取空间中的点 A 来说明角度自动跟踪原理。取一个垂直于等信号强度轴的平面,则波束截面及其中心的运动轨迹,如图5-10所示。

波束在圆锥扫描的过程中,绕着天线轴线以角速度 ω_t 旋转,B 点是最大辐射方向,φ 是其

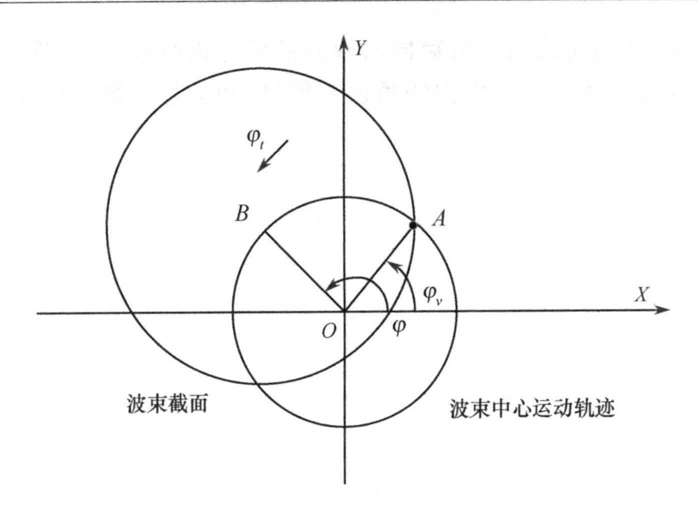

图 5-10 角度自动跟踪示意图

当前相位(以 OX 轴为起点)。因为天线轴线是等信号强度方向,故扫描过程中天线在该方向上的增益保持恒定。当天线对准目标时,接收机输出的是一串等幅脉冲。如果目标(A 点)偏离等信号线方向,则在扫描过程中波束最大值转动至距离 A 点最近的位置时,接收到的目标回波最强;当波束最大值旋转 180°,这时 A 点远离天线的最大辐射方向,这时接收到的回波信号最弱。当波束绕机械轴旋转,接收到的输出信号近似为正弦波调制的脉冲串,其调制频率为天线的圆锥扫描频率 ω_t。调制深度取决于目标偏离等信号线方向的大小,而调制波的起始相位 φ_v 则由目标偏离等信号线的方向确定。目标 A 点输出调制波形如图 5-11 所示。

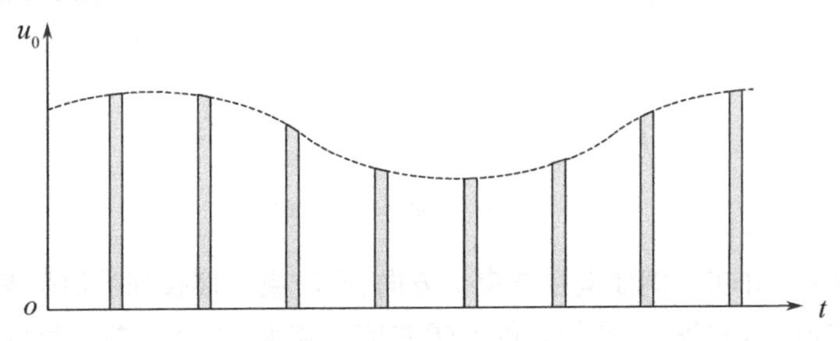

图 5-11 A 点输出调制波形示意图

圆锥扫描法测角方法简单,搜索扫描的空域较大,是早期雷达导引头常采用的测角体制。但是,圆锥扫描法的测角精度依赖于回波信号的幅度值,当存在起伏干扰时,系统精度将严重下降。

2. 振幅和差法

振幅和差法测角是利用固定放置的水平、俯仰四个波束,通过和差两路通道瞬时幅度的比值完成的。在该系统中,同时存在四个天线波束,用以确定目标相对于等强信号线的偏差,如图 5-12 所示。

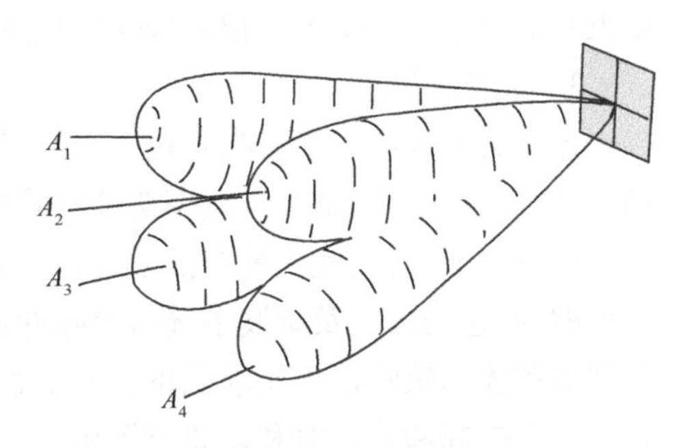

图 5-12 振幅和差法波束示意图

简化讨论,这里用其中的俯仰平面来说明,偏航平面情况与之类似。如图 5-13 所示,导引头天线在一个角平面内有两个部分的重叠波束,如图 5-13(a)所示。振幅和差法定向测角系统取得角误差信号的基本方法是将这两个波束同时收到的信号进行和、差处理,分别得到和信号和差信号,其中差信号即为该角平面内的角误差信号,和信号如图5-13(b)所示,差信号如图5-13(c)所示。

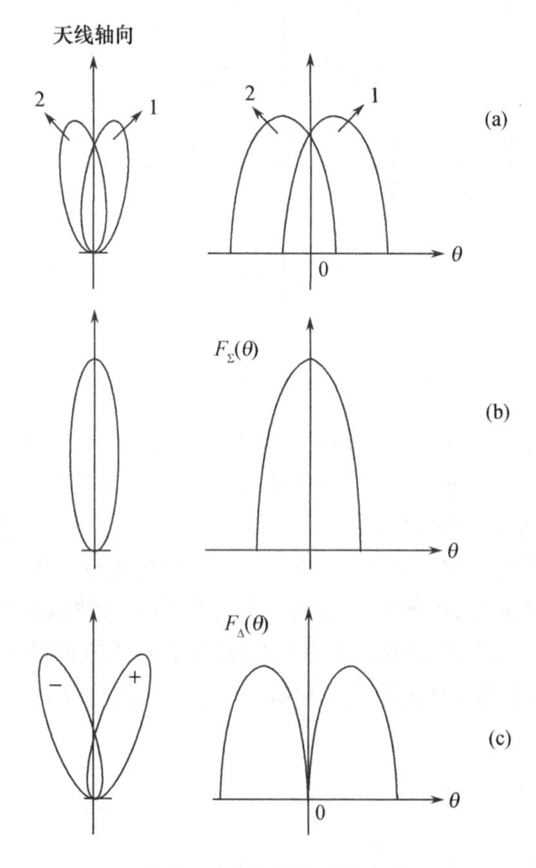

图5-13 振幅和差法测角

当目标偏离天线轴向时,例如偏在波束1方向,则波束1接收到的信号振幅大于波束2接收到的信号,且对应的偏差越大,两信号的振幅差值也越大,也就是差信号的振幅与误差角成比例。如果目标偏离天线轴线的另一侧,则两个波束所接收之信号的差值的符号将改变,即差信号的相位差180°。所以差信号的振幅表示目标误差角的大小,而相位,即与和信号同相或反相,表示目标在该平面内偏离天线轴线的方向。

振幅和差法与圆锥扫描法相比较省去了机械转动部分,亦不需要较长的回波信号积累,但要求和差两通道的幅频和相频特性应尽量保持一致,以保证较高的测角精度。

3. 隐蔽锥扫法

导引头天线波束不作圆锥扫描,使发射出的信号为等幅脉冲串,而接收天线波束作圆锥扫描,接收信号才是圆锥扫描频率调幅的脉冲串。将圆锥扫描频率隐蔽起来,以免敌方侦察到而施放回答式干扰,因此这种扫描方式称为隐蔽锥扫。它的接收机角跟踪系统与圆锥扫描法是一样的,而它的天线及微波系统与单脉冲雷达是一样的。它保留了圆锥扫描法电路结构简单,对馈电系统和接收系统要求低的优点,而抗回答式角度欺骗干扰的能力比圆锥扫描法要强。它不存在振幅和差法对和差通道幅相一致性的严格要求。一般来说,隐蔽锥扫法的性能比圆锥扫描法要强,但比振幅和差法的性能要差。

4. 相位比较法

相位比较法不依赖于信号的幅度，因而具有较强的抗起伏干扰的性能，采用相位比较法的雷达称为比相式单脉冲雷达。下面介绍一种导引头常采用的比相测角系统的工作原理。

若弹上有一对天线对称配置于弹轴两侧，其间距为 d，其中垂线与导弹的纵轴相重合，则如图 5－14(a)所示。

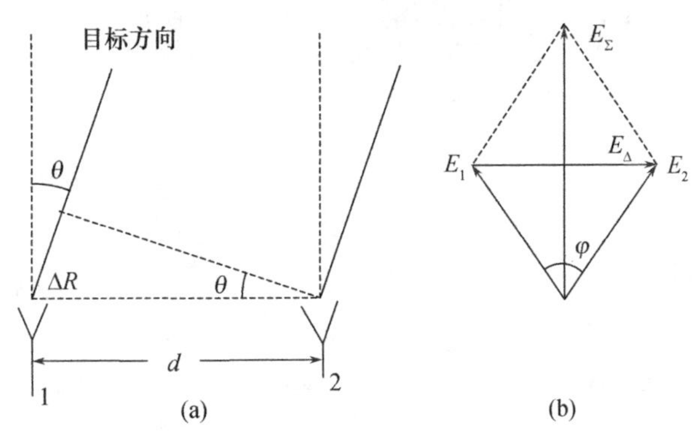

图 5－14　比相法测角原理示意图

假设目标偏离天线轴一个 θ 角时，到达接收天线的目标反射电波近似为平面波。由于两天线间距离为 d，故两天线收到的信号由于波程差 ΔR 而引起的相位差为

$$\varphi=\frac{2\pi}{\lambda}\Delta R=\frac{2\pi}{\lambda}d\sin\theta \tag{5-5}$$

当 θ 很小时

$$\varphi\approx\frac{2\pi}{\lambda}d\theta \tag{5-6}$$

式中：λ 为波长；θ 为目标对天线轴的偏角。

所以两天线收到的回波为相位相差 φ 而幅度相同的信号。利用图 5－14(b)的矢量图可求出差信号：

$$E_\Delta=E_2-E_1=2E_1\sin\frac{\varphi}{2}=2E_1\sin\left(\frac{\pi}{\lambda}d\sin\theta\right) \tag{5-7}$$

当 θ 很小时，有

$$E_\Delta=2E_1\sin\frac{\pi}{\lambda}d\theta \tag{5-8}$$

同理，可求出和信号：

$$E_\Sigma=E_1+E_2=2E_1\cos\frac{\varphi}{2} \tag{5-9}$$

若目标偏在天线 2 这边，各信号相位关系如图 5－14(b)所示。若目标偏在天线 1 这边，则差信号矢量方向与图 5－14(b)相反，差信号相位也相反。所以差信号的相位反映了目标偏离天线轴的方向，而差信号的大小反映了目标偏离天线轴的程度。相位检波器输出的误差电压，驱动相应的相位跟踪器，使天线轴准确瞄准目标。

5.1.6　导引头伺服机构组成及工作原理

1. 伺服机构组成

典型的导引头伺服机构由两个框架组成，如图 5－15 所示。伺服机构包含方位和俯仰两个框架、速率陀螺、直流力矩电机、位置传感器、雷达天线以及伺服管理系统等。

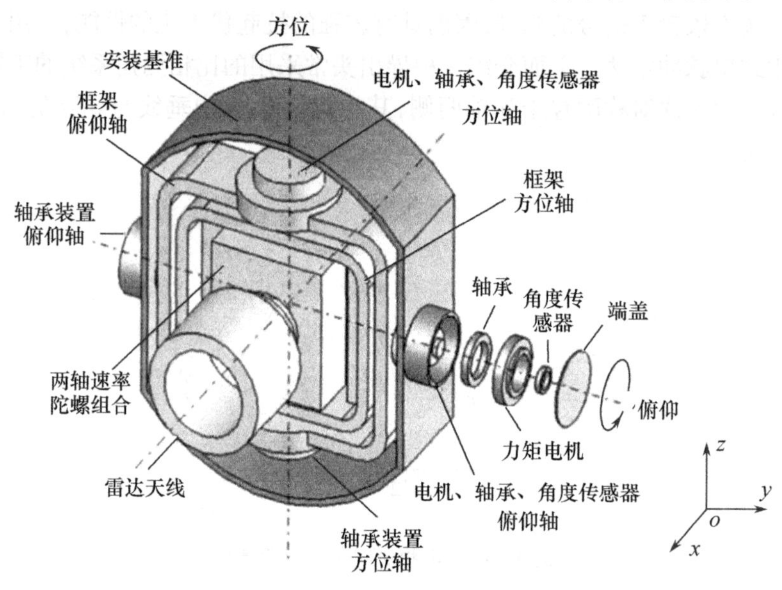

图5-15　伺服机构基本组成

从图中可以看出,方位框架在内,俯仰框架在外,它们通过轴承相连;在每个框架上,都存在角度传感器和力矩电机与其直接相连,这种设计使得伺服系统的框架具有结构紧凑、刚度高和谐振频率高等优点;两轴速率陀螺组合安装在方位框架上,通过速率陀螺敏感俯仰和方位两个方向上平台的角速率来实现伺服机构的稳定并且使雷达接收天线对准目标。

定义导引头系统中常用的角位置关系如图5-16所示。

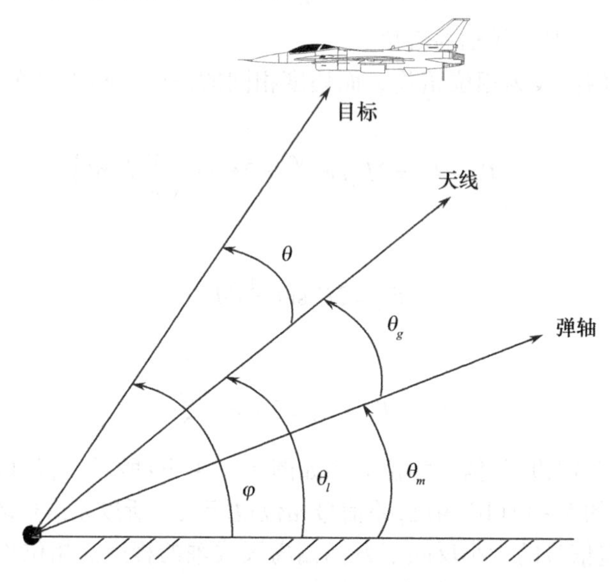

图5-16　导引头系统角位置关系

(1) 弹轴:过导弹的几何中心,以尾部指向头部的方向为正,垂直于导弹横截面。

(2) 天线轴:过雷达平面中心,指向目标区域方向为正,且垂直于雷达平面。

(3) 视线:天线接收机的中心与目标的连线,接收机指向目标为正。

(4) 视线角 φ:视线与基准线的夹角,基准线一般可以为水平线。

(5) 姿态角 θ_m:导弹纵轴与基准线的夹角。

(6) 天线轴姿态角 θ_l:天线轴与基准线的夹角,即天线轴在惯性坐标系下的指向角。

(7) 框架角 θ_g:天线轴与导弹纵轴的夹角。

(8) 失调角 θ:天线轴与视线的夹角。

2. 伺服机构工作原理

导引头系统是一个复杂的机械电系统,其工作原理如图 5－17 所示,当平台天线轴与目标视线存在偏差时,接收机输出偏差信号。偏差信号经过放大等处理后,输出到力矩电机,力矩电机工作使稳定平台偏转直至误差信号为零,从而使稳定平台的天线轴能够始终对准目标。

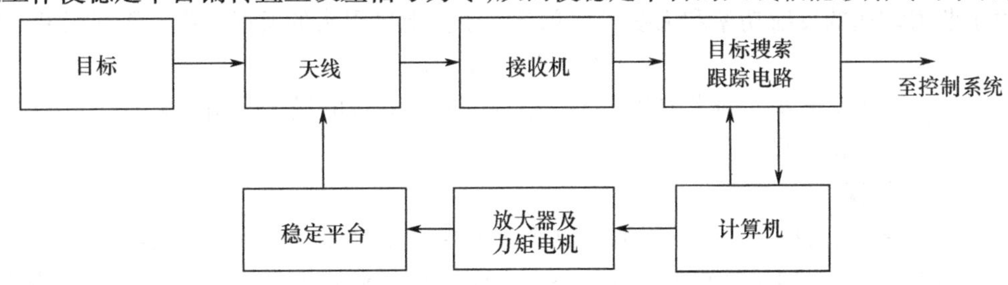

图 5－17　导引头工作原理

雷达导引头伺服系统在其整个工作过程中,可以分为三个模式:

(1) 预置模式,也称电锁模式,通常是指导引头在进入末制导之前的工作模式。在此工作模式下,稳定平台的天线轴始终指向一个与目标位置相关的固定角度,从而提高导引头进入末制导之后发现目标的概率。同时,将稳定平台锁定在一个固定的角度可以避免导弹在发射瞬间可能造成的元器件的损坏。

(2) 搜索模式。导弹进入末制导后,导引头由预置工作模式切换到搜索工作模式,伺服机构中的速率陀螺参与工作。控制系统根据预先给定的搜索指令,使天线轴做匀速扫描运动直至发现目标。

(3) 跟踪模式。当捕获到目标后,导引头迅速由搜索工作模式切换到跟踪工作模式。在此工作模式下,伺服机构继续通过速率陀螺实现平台稳定功能,雷达根据目标位置和自身位置输出角偏差信号到伺服电机控制器,伺服电机向着减小偏差信号的方向调整天线轴的指向,使得天线轴能够持续对准目标,从而实现对目标的跟踪。若丢失目标,则导引头切换到搜索工作模式重新搜索目标。

5.1.7　雷达导引头的基本要求

一般来说,设计一个雷达导引头应重点考虑的性能参数有发现和跟踪目标的最大作用距离、视界角 Ω、中断自动导引的最小距离、导引头平台框架的转动范围、导引头平台角跟踪系统的稳定性与快速性、预定与跟踪精度、距离与速度回路跟踪目标的能力、抗干扰性能、可靠性和维修性等。

1. 发现和跟踪目标的最大作用距离

主动式、半主动式、被动式雷达导引头的最大作用距离分别为

$$R_{主} = [P_{主} G_1 G_2 \lambda^2 \sigma / (4\pi)^3 P_{\min}]^{1/4} \tag{5-10}$$

$$R_{半} = [P_{半} G_1 G_2 \lambda^2 \sigma / (4\pi)^3 P_{\min}]^{1/4} \tag{5-11}$$

$$R_{被} = [P_{被} G_1 \lambda^2 \sigma / (4\pi)^2 P_{\min}]^{1/4} \tag{5-12}$$

式中：$P_{主}$、$P_{半}$、$P_{被}$ 为导引头的发射机发射功率、照射雷达发射功率和目标辐射的功率；G_1 为导引头接收天线的增益系数；G_2 为主动式导引头发射天线的增益系数，半主动式导引头照射雷达天线的增益系数；λ 为工作波长；σ 为目标雷达截面积；$P_{\min}$为导引头接收机灵敏度。

下面比较 $R_{主}$ 和 $R_{半}$。假定主动式用同一天线进行发射和接收，即对主动式 $G_1 = G_2$，在 λ、σ、$P_{\min}$相同的情况下，则

$$\frac{R_{半}}{R_{主}} = \left(\frac{P_{半} G_2}{P_{主} G_1}\right)^{\frac{1}{4}} \tag{5-13}$$

由于照射雷达的发射功率和天线尺寸总是大于弹上导引头的发射功率及天线尺寸，即

$$P_{半} > P_{主}, G_2 > G_1$$

所以 $R_{半}$ 总是大于 $R_{主}$，即半主动式无线电寻的制导系统的最大作用距离总是大于主动式无线电寻的制导系统的最大作用距离。

2. 导引头的视界角

导引头的视界角 Ω 是一个立体角，在这个范围内观测目标。雷达导引头的视界角由其天线的特性(如扫描、多波束等)与工作波长决定。要使导引头的角分辨力高，视界角应尽量小；而要使导引头能跟踪快速目标，又要视界角大。

对于固定式导引头，其视界角 Ω 应不小于系统滞后时间内目标角度的变化量，即

$$\Omega \geqslant \dot{\varphi} t_0 \tag{5-14}$$

式中：t_o 为系统的滞后时间；$\dot{\varphi}$为目标视线的角速度。由于目标角速度最大值发生在导弹、目标距离最小时，此时$\dot{\varphi}_{\max} = 57.3(-V_t \sin\varphi_t + V_m \sin\varphi_m)/r_{\min}$。固定式导引头的视界角一般应为10°或更大一些。

对于活动式跟踪导引头，由于能够对目标自动跟踪，其视界角可以大大减小。但由于信号的起伏、闪烁及系统内部的噪声，会产生跟踪误差。因此，视界角也应符合要求值。

3. 中断自动导引的最小距离

在自动导引中，由于导弹与目标逐渐接近，目标视线角速度$\dot{\varphi}$随之增大，导引头角跟踪系统要求的功率也增大，当 $r = r_{\min}$时便中断自动跟踪。假定角跟踪系统允许的最大角跟踪速度为$\dot{\varphi}_{\max}$，则

$$r_{\min} = \frac{57.3(V_t \sin\varphi_t - V_m \sin\varphi_m)}{\dot{\varphi}_{\max}} \tag{5-15}$$

自动导引中，由于导弹、目标逐渐接近，导引头接收的信号越来越强，当接收机饱和后，便不能测出目标的参数，这称为眩光。眩光距离取决于目标特性和导引头的特性。假定在接收信号的功率为 P_0 时发生眩光，对主动式导引头，眩光距离为

$$r_0 \leqslant [P_{主} G_1 G_2 \lambda^2 \sigma / (4\pi)^3 P_0]^{1/4} \tag{5-16}$$

对半主动式导引头，眩光距离为

$$r_0 \leqslant \frac{1}{r_1} [P_{半} G_1 G_2 \lambda^2 \sigma / (4\pi)^3 P_0]^{1/2} \tag{5-17}$$

式中：r_1 为目标与控制点的距离，其他参数与式(5-10)和式(5-11)相同。

由于跟踪中断或导引头眩光都会使自动导引系统停止工作,造成导弹脱靶。当给定脱靶量并已知目标、导弹特性时,就可以确定自动导引中断时的最小距离允许值。

4. 导引头稳定平台的主要要求

针对导引头的预定、搜索、稳定和跟踪四大工作状态,角跟踪是导引头最常用的工作状态,而角度稳定又是角跟踪的基础,因此稳定平台的性能直接影响到导引头的总体性能。导引头稳定平台常见的性能指标或要求包括以下几个方面。

1) 转动角度范围

导引头平台针对不同攻击目标应该具有一定角度跟踪范围。角度跟踪范围是指在跟踪过程中,位标器测量基准(框架平台)相对跟踪系统纵轴的最大可能偏转角度范围。

很多导引头装在一组框架平台上,它相对弹体的转动自由度受到约束。在寻的制导中若按某一制导规律制导,导弹相对目标视线会自动产生前置角,如目标不机动,导弹便会沿直线飞向遭遇点,如图 5-18 所示。设导弹的攻角为零,则导引头天线转动的角度为 φ_m;若目标、导弹分别以速度 V_t、V_m 等速接近,则由

$$V_m \sin\varphi_m = V_t \sin\varphi_t \tag{5-18}$$

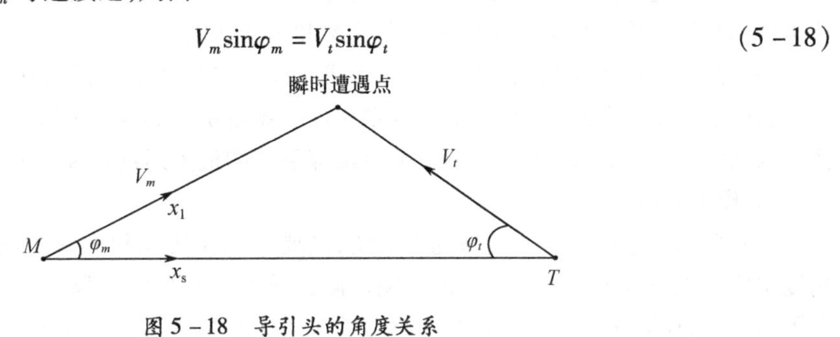

图 5-18 导引头的角度关系

得导引头天线转过角度表示为

$$\sin\varphi_m = \frac{1}{K}\sin\varphi_t \tag{5-19}$$

式中:$K = V_m/V_t$。对给定速度比 K,当 $\varphi_t = 90°$时,导引头天线转角最大。而一般多为迎头攻击或尾追攻击,$\varphi_t < 90°$,再考虑导弹允许的攻角若为 ±15°,则一般要求导引头框架的转动范围在 ±40°以内。

2) 稳定性

导引头平台的稳定性要求包括稳定精度和稳定裕度两个指标。稳定精度是指平台光轴对惯性空间的定向保持能力(静态)或者系统稳定跟踪目标时光轴与目标视线之间的角度误差(动态)。稳定裕度要求是指稳定控制系统在受到外界干扰时应该具有足够的稳定性。

稳定精度主要受到陀螺测量精度、框架伺服系统控制精度和控制带宽等因素限制,其中对于姿态角干扰的稳定能力可以用"隔离度"和"去耦系数"两个指标描述。

隔离度 = 隔离后光轴角度扰动幅值/扰动角度幅值

隔离度是稳定精度的一个相对度量,同一个系统对不同频率的扰动具有不同的隔离度。而且由于非线性因素的影响,同一个系统对同频率不同幅值的扰动也具有不同的隔离度。因此,使用隔离度作为稳定精度指标时,通常会指定相应扰动信号的频率和幅值。从线性系统的角度讲,使用隔离度作为稳定精度指标,相当于指定了系统在某频率处应该具有的最小开环增益,因而比均方根误差更简单、直观。

去耦系数 = 由扰动角速率引起的稳态视线角速率/扰动角速率

去耦系数是一个动态含义,隔离度是一个稳态含义,两者所表征的意义完全相同。稳定系统是一速度控制回路,在动态情况下其去耦能力与弹体姿态角扰动频率有关,一般情况下随着扰动频率的增加去耦能力有所下降。

3)快速性

为了保持导引头天线指向目标,特别是快速通过的目标,其角跟踪系统应具有一定的快速性,即要有足够的带宽。快速性应以消除弹体耦合为目标,若考虑弹体滚动引起的干扰和导引头与弹体间的机械耦合,要保证跟踪精度在天线波束宽度之内,角跟踪系统的带宽应满足要求。通常其带宽在几赫兹以内,一般为1~2Hz。

针对导弹所打击的目标运动特性不同,平台快速性的要求差异较大。近距离格斗空空导弹的弹目视线角速率和角加速度都很大,这时对平台的快速性要求很高,如AIM-9X导弹的极坐标导引头摆动角速度达到800°/s,而滚转角速度达到1600°/s。攻击海面舰船的反舰导弹弹目视线变化较为平缓,因此对平台的快速性要求较低,通常只有10°/s。最常用表征平台快速性的指标为导引头平台跟踪最大角速率和角加速度。

平台跟踪角速率及角加速度是指跟踪机构能够输出的最大的角速率及角加速度,跟踪角速率表征了系统的跟踪能力,角加速度则表征了系统的快速响应能力。这个要求是由系统总体要求确定的,即由所攻击目标相对平台跟踪系统的最大运动角速率及角加速度决定。

4)预定回路

通常角预定系统是一个位置随动系统,其要求能够快速和准确实现角位置控制。角预定精度主要受测量误差和控制误差的影响。测量误差由测角传感器的分辨率、非线性和稳定性等因素确定,控制误差取决于控制回路参数。采用高精度角度传感器和增大回路开环增益等手段有助于提高角度预定精度。预定的目的是使测量基准指向目标可能出现的方向,一般不需要太高的精度。

5)跟踪精度

跟踪精度是指系统稳定跟踪目标时,系统测量基准与目标视线之间的角度误差。系统的跟踪误差包括失调角、随机误差和加工装配误差。由于系统跟踪运动目标时,必然存在一个位置误差,而这个位置误差大小与系统的控制参数有关。随机误差是由仪器外部背景噪声以及内部的干扰噪声造成的,加工装配误差则是由仪器零部件加工及装配误差所造成的。通常对精度要求根据导引头或光学系统使用的场合不同而异。例如,用于高精度跟踪并进行精确测角的红外测量跟踪系统,要求其跟踪精度要在十角秒以下;一般用途的红外搜索跟踪装置跟踪精度可在几角分以内;而导引头的瞬时视场通常可以达到几度且主要利用视线角速率的信息进行制导,因此制导精度可放宽到几十角分以内。

6)漂移速度

由于平台稳定是依靠陀螺的定轴性,因此陀螺的漂移会对平台的稳定性产生影响。对于动力陀螺稳定平台,漂移速度是由位标器不平衡或外力矩产生的测量基准自由运动速度决定;对于速率陀螺稳定平台,则是由测速陀螺漂移和其他干扰造成的平台运动速度所决定。

除此之外,导引头平台的性能指标还有基准精度、机械锁定精度、振动噪声、通道耦合、尺寸重量、抗干扰性能、工作寿命、可靠性和维修性等。另外,导引头的设计还要考虑到影响导弹命中率的一些基本效应,如目标闪烁效应,多路径效应,以及天线罩效应等。这些要求对导引头平台的工程设计都是很重要的。

为了抗干扰,有些导引头还采用光学与无线电双模工作的方式。为了达到一定的作战要求,大都采用多模复合导引头形式的末制导方法。

5.2 主动式无线电寻的制导系统

主动式雷达自动导引可以实现人们对导弹制导技术期望的目标之一,即“发射后不管”的工作方式,也是现代战争对导弹制导技术发展的必然要求。未来空中威胁的特点是多目标、多方位、多层次的饱和攻击,只有“发射后不管”的主动式自动导引技术,才能做到数弹齐发,以密集的火力对多目标进行“饱和式”反攻击。

用雷达做导引头的主动式制导系统,实际是一部完整的雷达系统,既有接收机,又有发射机。可在一定空域内自动完成对目标的搜索、截获、跟踪直到拦截。

美国“不死鸟”空空导弹采用可工作在半主动与主动寻的状态下的复合式雷达导引头。导引头采用相参脉冲多普勒体制,频率为 X 波段。速调管发射机额定功率为 35W,接收机灵敏度 -132dBmW。法国 SAAM 舰载防空系统,采用主动式雷达导引头,工作在 Ku 波段。导弹有效射程为 10km,可拦截飞行速度为 2.5M、机动过载为 15g 的目标。德国的 MFS -90 地空导弹,其主动式雷达导引头工作在 Ku 波段,发射机功率为 500W。采用脉冲多普勒信号体制,作用距离为 10 ~15km。在反舰导弹系列中,法国的“飞鱼”导弹是较早采用主动式雷达导引头的导弹之一,主动式雷达导引头工作在 X 波段,单脉冲体制,搜索距离大于 15km。此外,还有些工作在毫米波段的主动式雷达导引头的实例,不过作用距离较短,一般在 5km 左右。

5.2.1 主动式雷达导引头信号波形

按导引头信号的形式,主动式雷达导引头可分为脉冲式、连续波式及脉冲多普勒式三种,下面分别介绍。

1. 脉冲式

脉冲信号既可以测距,又可以通过时分的方式方便地解决收、发系统的隔离问题,因而是较早采用的信号形式之一。由两点法自动寻的制导规律可知,在引导导弹飞向目标的过程中,距离信息是不影响制导方法的。但是,具有测距功能的导引头却能有效地克服一些杂波及多目标的干扰,利用距离跟踪的办法提高对目标的鉴别能力。

这类导引头没有速度分辨能力,抗固定的杂波及海杂波的能力较差,仅适用于对付大反射截面积、低速度的军舰目标,多用于亚声速飞行的反舰导弹。导引头的天线伺服系统机构通常仅在方位平面内对目标搜索和跟踪,在俯仰平面内导引头天线指向轴保持一个恒定的负仰角。

2. 连续波式

连续波雷达由于波形在时间上连续,不能从时间域分隔。因此,收发隔离一直是连续波雷达最难解决的问题之一。由于受弹上条件的限制,使得主动式连续波雷达导引头的收发隔离变得更难解决。如果接收机灵敏度为 -130dBmW,发射机发射的功率为 50W,则要求收发隔离度为 176dB。这是一个很难达到的指标,美国的“麻雀”Ⅱ导弹曾想制成主动式连续波导引头,受当时技术的限制,该方案未能使用。

在现在的条件下,如果适当分配上述指标,解决收发隔离问题,原则上是可以实现主动式连续波导引头的。

要实现主动式连续波雷达导引头的方案,另一项关键技术是需要高频率稳定度、低调频噪声指数的固态功率放大式发射机。否则,这些杂乱谱线将对多普勒通带内的信号产生遮蔽,影响接收机检测目标的灵敏度,甚至根本无法检测。

工程上较为理想的抗泄漏、抗饱和以及抗噪声与信号交叉调制的接收机是全倒置接收机,该接收机的窄带多普勒滤波器接于接收机前置中放之后,使噪声进入接收机主中放之前被抑制掉40~50dB,所以全倒置接收机是实现主动式连续波雷达导引头的有效措施之一。

总之,连续波主动式雷达导引头在工程实现上是有一定难度的。

3. 脉冲多普勒式

脉冲多普勒雷达是一种新型雷达体制,这种雷达利用时间分隔原理,能够较为方便地解决收发隔离问题。它具有脉冲雷达的距离鉴别能力,具有连续波雷达的速度鉴别能力,又具有很强的杂波抑制能力,可以在较强的杂波背景中检测动目标回波。因此,脉冲多普勒体制作为主动式雷达导引头是在目前技术条件下一种较好的导引头方案,国外绝大多数地空及空空导弹主动式导引头都采用了脉冲多普勒体制,并采用复合制导技术。在制导的初段或中段采用惯导或指令制导,可使导弹的攻击距离增加到80~100km。

脉冲多普勒(PD)雷达的工作原理已为大家所熟悉,这里仅讨论主动式雷达导引头的一些主要问题。

5.2.2 主动雷达导引头方案

主动式雷达自动寻的导引头采用的较典型设计方案是脉冲多普勒主动式雷达导引头,其结构组成与工作原理如图5-19所示。

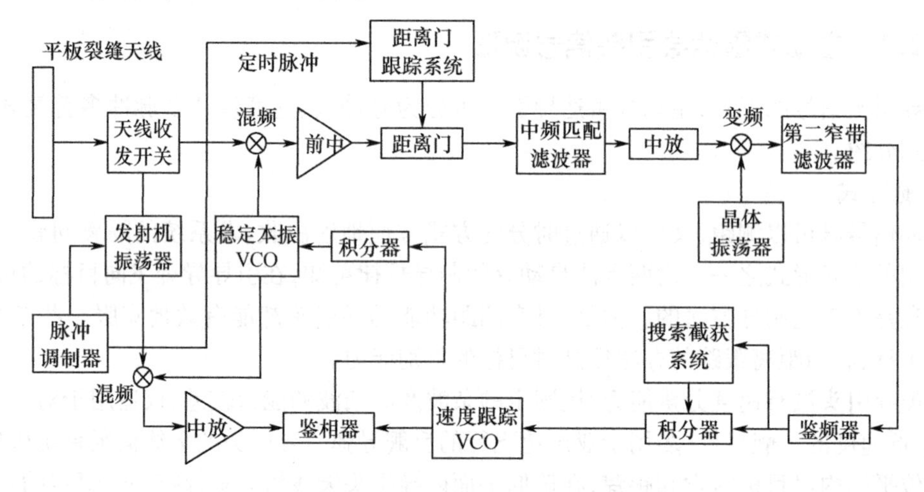

图5-19 脉冲多普勒主动式雷达导引头

从原理上,主动雷达导引头一般由收发系统、导引头控制回路和信号处理系统组成。下面分别介绍主动雷达导引头发射系统、接收系统、导引头控制回路和信号处理系统。

5.2.3 主动雷达导引头发射系统

与其他体制导引头不同,主动式雷达导引头由于需要导引头自身产生频率和功率符合要求的探测信号,经微波馈电系统传输到天线辐射出去,对目标进行照射。因此,发射系统是主动雷达导引头系统的一个重要组成部分。脉冲发射机一般分为单级振荡式和主振功放式两类。

1. 单级振荡式发射机

单级振荡式发射机主要由脉冲调制器、射频振荡器和电源等电路组成，其原理如图 5－20 所示。

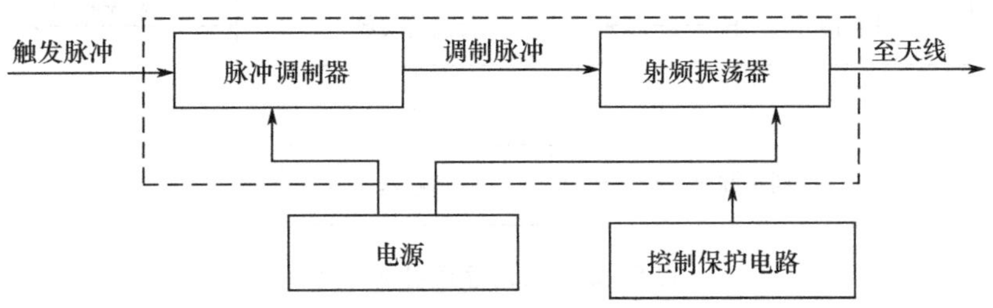

图 5－20　单级振荡式发射机

单级振荡式发射机从结构上看比较简单，工程实现也较为容易，但从发射机所产生信号的频率稳定性等方面来看，还是不能满足主动式雷达导引头的要求。因此，单级振荡式发射机很少采用。

2. 主振功放式发射机

主动式脉冲多普勒雷达导引头一般采用主振功放式发射机，这种发射机频率稳定度高、波形灵活可变、相参性较好，是目前主动雷达导引头采用较多的发射机方案。

主振功放式发射机的组成原理框图如图 5－21 所示，它的特点是由多级电路组成。从各级的功能来看，主要包括用来产生射频信号的射频信号源和用来提高射频信号功率电平的射频放大器链，“主振放大式”的名称也是由其电路形式而得名。

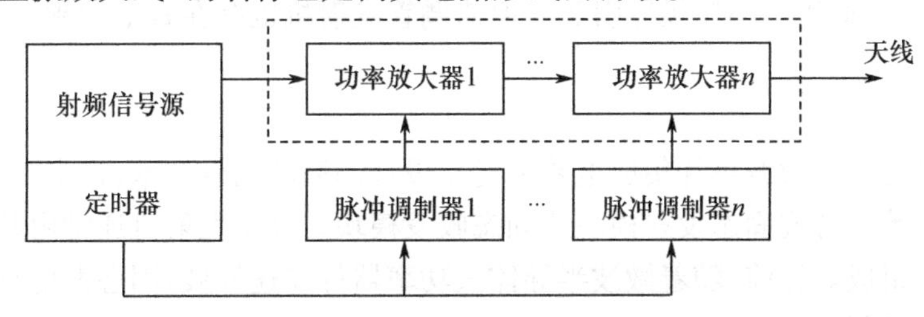

图 5－21　主振功放式发射机

脉冲多普勒雷达导引头主要采用主振功放式发射机。按照其中功放器件的种类，主要有行波管发射机、速调管发射机、固态发射机三种形式。下面分别对这三种发射机的结构和特点进行介绍。

1）行波管发射机

行波管发射机的简化框图，如图 5－22 所示。在这种发射机中，作为功率放大的微波器件是由一级高增益、高占空比的栅控行波管实现的。

行波管发射机具有高增益、低相噪、大带宽、波形适应性好等优点。但在提高效率、缩短预热时间、减小体积和质量等方面还需要不断改进。

2）速调管发射机

速调管发射机的原理框图如图 5－23 所示。

图示的速调管发射机中微波源产生稳定的本振信号，此信号与速度跟踪环路的速度门本振（VCO）信号混频后得到发射信号的载频信号，经滤波和前置功放后加到速调管功率放大

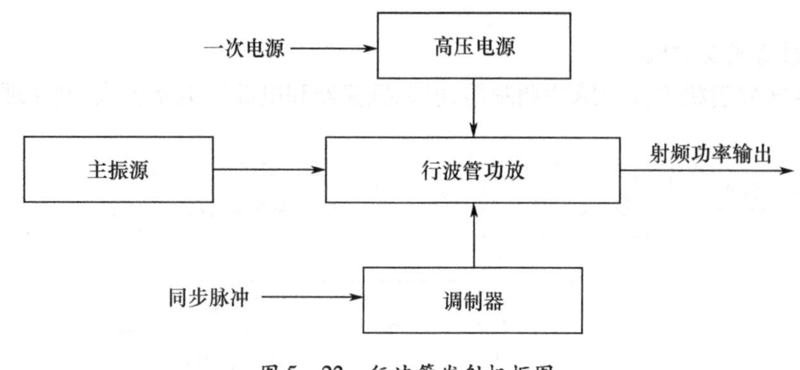

图5-22 行波管发射机框图

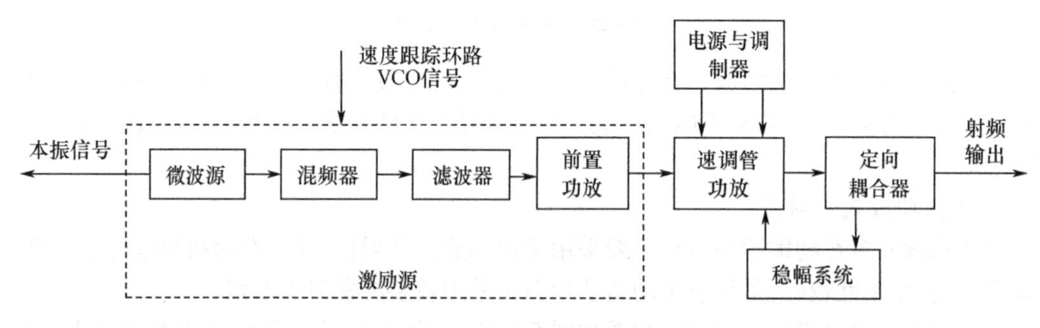

图5-23 速调管发射机

器,速调管功放配有调制与稳幅系统,功放输出相参脉冲信号。这种发射机的特点是效率较高、体积小、质量小,适用于小口径导引头。但速调管发射机也存在着工作频带较窄,相位噪声稍差等缺点。

3)固态发射机

固态发射机是采用微波单片集成电路和优化设计的微波网络技术,将多个微波功率器件、低噪声接收器件等组合成固态发射模块或固态收发模块。固态发射机通常由几十个甚至几千个固态发射模块组成。目前,随着微波半导体大功率器件飞速发展,固态发射机已经渐渐取代了常规的电子管发射机。

5.2.4 主动雷达导引头接收系统

主动雷达导引头接收系统的任务是将天线接收到的微弱的高频回波信号加以放大并变换成视频信号,送到其他设备去。也就是将接收到的信号进行选择、变换和放大。

发射机送到天线发射出去的脉冲能量虽然很强,但由于电磁波在空间传播过程中的扩散作用,从远距离目标反射回来被天线接收的能量却很微弱,通常只有百分之几微微瓦。而对回波信号进行分析处理需要将接收到的微波信号进行转换和放大,这些任务就是由接收系统来完成的。

主动雷达导引头接收系统的组成如图5-24所示。

下面分别介绍接收系统各个组成部分。

1. 射频放大器

射频放大器也称为前置微波组件,其作用是将接收到的回波信号进行直接放大,并尽量减小本身的噪声。射频放大器的作用主要是提高接收机的灵敏度。值得注意的是,在早期研制的导引头接收电路中往往没有射频放大器。

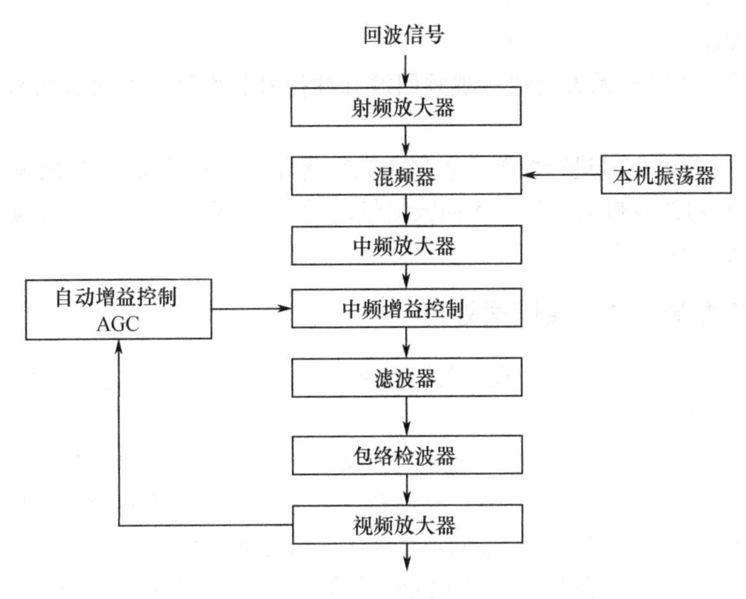

图 5－24　接收系统组成

2. 变频器

变频器主要由混频器和本机振荡器组成，它的作用是将回波信号从高频变换成中频。本机振荡器产生连续的本地振荡信号送到混频器，与由射频放大器送来的射频回波信号进行混频，再通过滤波器进行滤波，选出其中的中频信号。该中频信号的频率等于本振频率和射频回波信号频率的差值。然后将转换后的中频信号送到中频放大器进行充分放大。

由于中频放大器的中心频率和带宽是固定的，因此混频后得到的回波中频信号应在中频放大器的带宽之内，这样才能保证对回波信号进行充分放大。为了保证这一点，对本振振荡频率的稳定性具有较高的要求。

3. 中频放大器

中频放大器主要由中频增益控制器、中频放大器和中频滤波器组成，其作用主要用来放大混频器输出的中频回波信号。为了能够将中频信号进行充分放大，它的级数较多，一般有5～9级。接收机放大回波信号的任务主要由它完成。此外，中频放大器还和自动增益控制电路配合完成接收信号增益的自动调节。

4. 自动增益控制

自动增益控制电路（AGC）的主要作用是调节接收机的动态范围，以保证对回波信号进行有效的放大。当导弹距离目标较远时，此时接收机所接收到的目标回波信号非常弱，此时，需要对回波信号进行放大，所以需要将中频放大器的增益增大；当导弹距离目标较近时，接收机所接收到的目标回波信号变得很强，为了避免接收机饱和，需要减小接收机的增益。因此，接收机中往往用自动增益控制电路来调节中频放大器的增益，用以完成接收机动态范围的调节。

5. 检波器

检波器用来将中频脉冲回波信号变换为视频脉冲信号。通常由采用包络检波器或相位检波器实现这种变换。包络检波器用来将中频脉冲的包络检出，输出的视频回波脉冲只保留了幅度信息；相位检波器输出的视频回波脉冲则不仅保留回波信号的幅度信息，还保留了回波信号的相位信息。

6. 视频放大器

视频放大器主要用来无失真地将视频回波脉冲信号放大到后续设备信号处理所需要的程度。

雷达导引头对回波信号进行检测大多采用数字化处理,因此接收机在视频放大器之后,加入A/D转换电路,对接收机输出的视频回波信号进行A/D变换,将回波信号幅度变换为二进制数据,送到信号处理机中。

5.2.5 主动雷达导引头信号处理

信号处理系统是主动雷达导引头的关键部件之一,它的基本任务是检测目标信号、提取制导信息和形成控制指令。

在主动雷达导引头中,制导信息来源于目标反射电磁波。由于导引头所接收到的信号往往是夹杂了噪声的受干扰信号,因此信息处理系统的首要任务是从复杂受干扰信号中检测目标信号。从检测到的目标信号中,信号处理系统应实时地提取弹目相对位置与相对运动参数,获得制导信息。主要的制导信息有弹目视线转动角速度、弹目相对速度和距离。

下面主要从目标信号检测、制导信息提取和导引指令形成三个方面对导引头信号处理进行介绍。

1. 目标信号检测

主动式雷达导引头所接收到的信号一般是有用信号与干扰信号相混合的信号,目标检测系统的任务就是在检测周期内,对混合信号进行处理,从而判断有无目标。导引头接收的混合信号一般可以表示为以下形式:

$$x(t)=As(t)+n(t) \tag{5-20}$$

式中:A为信号因子,有信号时为1,无信号时为0;$s(t)$为目标回波信号;$n(t)$为接收机噪声与其他干扰噪声之和。

对于导引头来说,其信号检测实质上属于$x(t)$的双择检测,当$A=1$时,有目标;当$A=0$时,没有目标。由于信号起伏和随机干扰的影响,双择检测的判决结果$B=1$或0(记作事件B_1、B_0)不一定与目标信号有无情况$A=1$或0(记作事件A_1、A_0)完全相符,可能会有以下四种情况:

(1) B_1A_1——正确检测;

(2) B_1A_0——虚警;

(3) B_0A_0——无目标;

(4) B_0A_1——漏报。

理论上一般用条件概率来表示检测品质,当存在目标时,引入正确检测概率:

$$D=P(B_1|A_1) \tag{5-21}$$

当不存在目标时,引入虚警概率:

$$F=P(B_1|A_0) \tag{5-22}$$

检测系统的设计就是依据特定的检测准则,在理论上导出最佳检测系统的结构,并寻求工程中可实现的准最佳检测系统。在实际应用中,雷达导引头信号检测通常采用奈曼-皮尔逊准则:在固定虚警概率条件下,使正确检测概率最大。满足这一准则的最佳检测系统由似然比计算器和门限判决器组成,如图5-25所示。

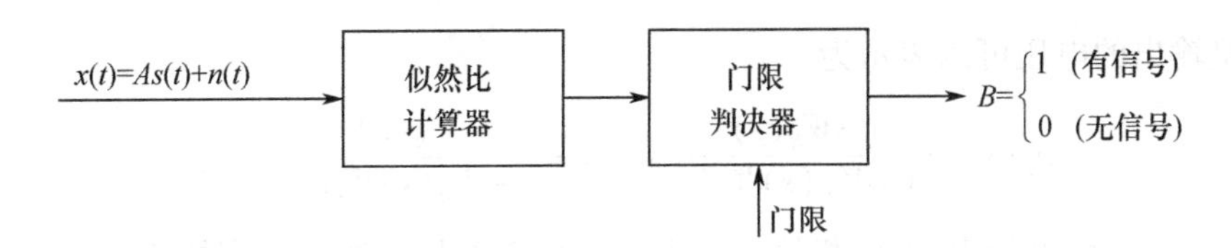

图 5－25　奈曼－皮尔逊准则检测系统

2. 制导信息提取

主动式雷达导引头所需要的制导信息主要有弹目视线转动角速度、弹目相对速度和距离，这些信息包含在导引头接收的回波信号之中。制导信息可由雷达导引头的角跟踪系统、速度跟踪系统和距离跟踪系统提取。角跟踪系统给出弹目视线转动角速度信息，速度跟踪系统给出弹目相对速度信息，距离跟踪系统给出弹目距离信息。

1）视线转动角速度信息提取

视线转动角速度由雷达导引头角跟踪系统提取。当天线跟踪目标时，天线的转动角速度就是弹目视线的转动角速度。值得注意的是，在运动弹体上提取视线转动角速度信息时，必须消除弹体姿态的变化对视线转动角速度测量的影响，通常采用稳定平台来消除弹体扰动干扰，稳定角跟踪系统。借助稳定平台，角跟踪系统使导引头天线波束轴线与弹目视线间的夹角在动态跟踪过程中不断地维持最小，同时给出其变化率的估值——视线转动角速度数据。下面通过和差比相法说明视线转动角速度信息的提取。

和差三通道单脉冲测角系统，由各自独立的信道对和信号、方位信号和俯仰信号进行线性处理，不存在非线性失真与频谱展宽问题，可获得对动目标的最佳处理。在雷达导引头中，只进行单目标跟踪，因此不必采用复杂系统对不同距离分辨元与速度分辨元内的目标提取角信息，只需采用比相器提取特定目标的角信息，如图 5－26 所示。

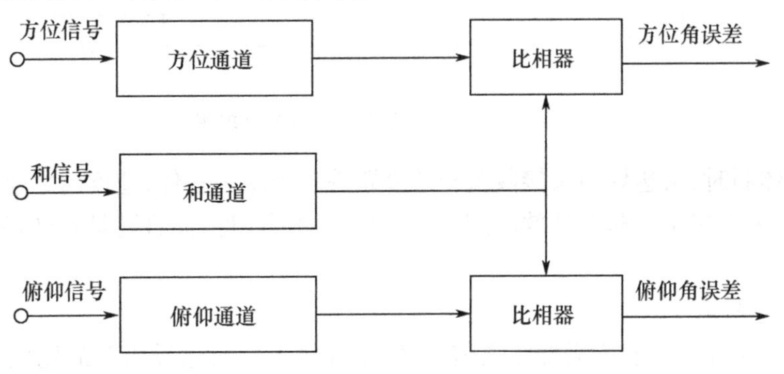

图 5－26　和差三通道单脉冲测角系统

当和差通道具有良好的相位一致性，且差信号强度被和信号归一化时，比相器输出的角误差电压的极性表示目标的偏离方向，误差电压的幅度与目标偏离程度成正比。

前边描述了和差比相法定向误差信号产生的过程，即有一个偏离于等强信号线的误差角，就产生相应的角误差电压。这个误差电压经放大后送往天线的伺服机构，使天线向减小误差角的方向转动。当它达到零时，误差电压亦变为零，天线停止转动。而整个自动角度跟踪系统可以用简化图（图 5－27）表示。

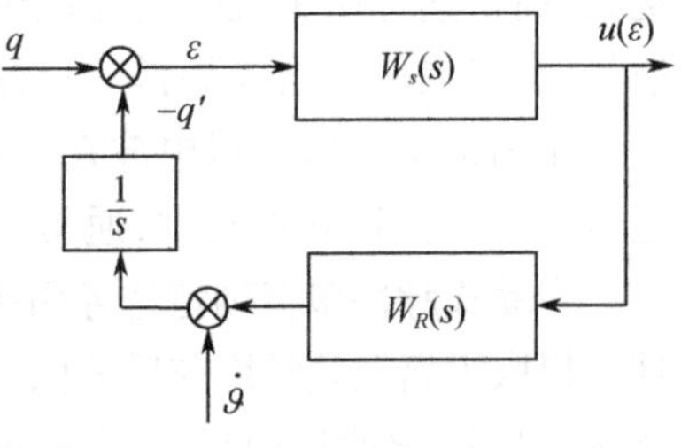

图 5－27　自动角度跟踪系统简化图

接收机输出的电压可以表示为

$$u_{\varepsilon}(s)=\frac{sW_R(s)}{s+W_R(s)W_s(s)}q(s)=\frac{W_R(s)}{s+W_R(s)W_s(s)}\dot{q}(s) \tag{5-23}$$

从式(5-23)可以看出,接收机输出的电压正比于弹目视线角速度的量,正是实现比例导引所需测量的弹目相对运动参数。

2)速度信息提取

在雷达导引头中,通常只对单目标进行实时跟踪,给出连续准确的测量数据。测量单目标的多普勒信息,可由窄带频率跟踪滤波器实现。在脉冲多普勒雷达导引头中,目标的回波信号也是相参脉冲串,具有梳状谱线,每一谱线与发射脉冲的相应谱线具有相同的多普勒频移,为了提取多普勒信息,通常只要用一个窄带滤波器对其中的某一根谱线(一般取中心谱线)实施跟踪。下面通过锁频式速度跟踪环路来说明速度信息的提取过程。

雷达导引头的锁频式速度跟踪环路可分为两大类:一类是与导引头接收机相对独立的速度跟踪环路;另一类是与导引头接收机融为一体的速度跟踪环路。将自动频率控制(AFC)环路直接在微波电路闭合,可得到图5-28所示的速度跟踪滤波器,它将窄带速度门置于信道的最前端,称这种系统为倒置型速度跟踪环路。图5-28是主动式脉冲多普勒雷达导引头速度跟踪环路的简化框图,其基准频率f_0为发射机的主振频率,f_0+f_d是回波信号频率,f_g为鉴频器中心频率,f'_d为预定多普勒频率。

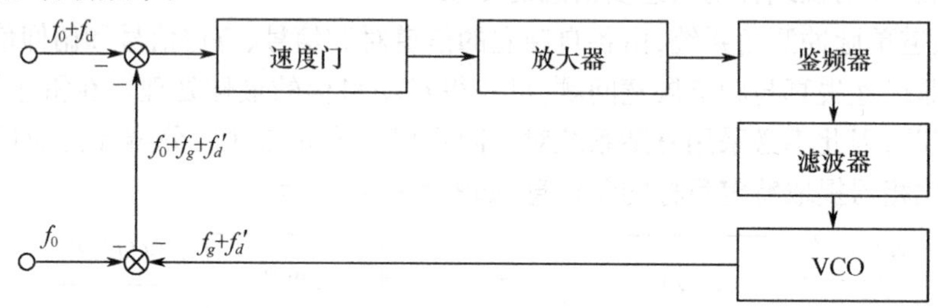

图5-28 锁频式速度跟踪环路原理图

采用倒置体制时,雷达导引头接收机与速度跟踪环路融为一体,速度门之前的混频与放大环节最少,不仅大大减小了非线性效应产生虚假响应的可能性,而且还具有良好的抗杂波和抗干扰功能。

3)距离信息提取

尽管常规比例导引一般不需要距离信息,但是现代先进雷达导引头的比例导引系数应具备距离自适应能力,提取距离信息仍然是必要的。此外,在主动式脉冲多普勒雷达导引头中,增加目标距离选择波门,可以在选择特定目标的同时,有效地抑制距离分辨元之外的杂波与干扰,提高雷达导引头抗杂波与抗干扰能力。在半主动雷达导引头中,为了给引信提供距离解锁信号,也应提取遭遇段导弹-目标之间的距离信息。

距离信息提取是以电波在空间具有固定传播速度为基础的,距离测量就是要精确测定延迟时间。在雷达导引头中,通常采用脉冲法或频率法测距。

主动式脉冲多普勒雷达导引头距离测量,与常规雷达相同,距离测量一般由距离跟踪电路实现。提取距离误差常用前后波门选通法,前后波门选通法提取距离误差的工作原理如图5-29所示。回波脉冲被前后波门分别选通,理想的选通电路相当于一个乘法器,回波脉冲与具有“0”电平或“1”电平的前后选通门相乘,其中“1”电平为选通状态,“0”电平为封闭状态。

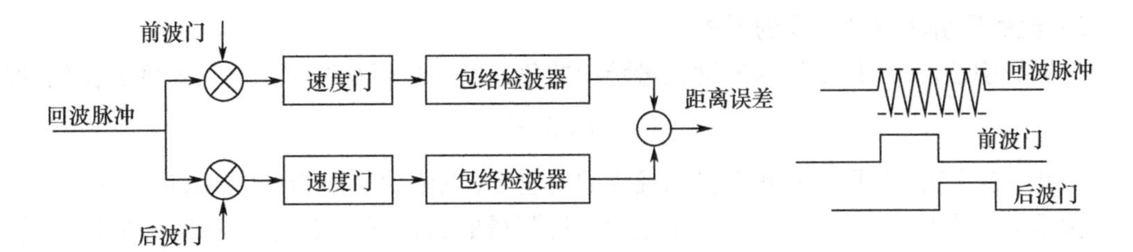

图 5－29　前后波门选通法

选通后的前后回波脉冲经各自速度门提取中心谱线，两路信号的谱幅之差反映了前后选通波门的中心相对于回波脉冲中心的偏差，即距离跟踪误差。这种方法需要两个速度门通道，且具有良好的一致性。

3. 制导指令的形成

代表视线角速度的雷达导引头输出信号，通常还要经过指令形成电路再传输给自动驾驶仪。因为仅与视线角速度成比例的纯比例导引规律不能保证导弹在整个飞行过程中弹道过载为最小，而引入诸如导弹和目标相对速度、弹体纵轴与导引头回波天线轴间夹角等修正项可达此目的。此外，对导引头输出信号进行滤波以及对导弹控制回路频率特性进行校正，都可在指令形成电路中加以实现。

和遥控制导时相似，自动导引的制导指令主要考虑下列因素：

（1）误差分量：理想弹道要求的参数与导引头观测的导弹运动参数的误差。

（2）阻尼分量：误差分量的微分。它使导弹平稳地飞向理想弹道。

（3）补偿分量：动态误差和重力的补偿分量。它使导弹舵机补充偏转相应的角度，导弹便获得补充加速度，以消除动态误差。当动态误差不大时，可略去它的影响。

（4）测量误差补充分量：主要是天线罩折射引起的导引头对目标视线的测量误差。

下面以追踪法和比例导引法为例，讨论自动导引时制导指令形成技术。

1）追踪法制导指令的形成

导弹按追踪法制导时形成的制导指令，是使导弹与目标接近时的速度矢量与目标视线重合。因此，误差参数就是导弹速度矢量方向与目标视线的夹角。下面以俯仰平面为例来讨论，对目标视线角及导弹速度矢量角测量的结果得误差信号 u_y，即 $u_y = K_1\Delta\varphi_y$。K_1 为变换系数。$\Delta\varphi_y$ 包括整流罩引起的测量误差 $\Delta\varphi_{sy}$，为进行补偿，加入补偿信号 u_{sy}，即 $u_{sy} = K_s\Delta\varphi_{sy}$。$K_s$ 仍为变换系数。假定动态误差不大，则俯仰平面内的制导指令 u_{ky} 为

$$u_{ky} = au_y + b\dot{u}_y + u_{sy} + u_G \tag{5-24}$$

式中：a、b 为加权系数；u_G 为重力补偿信号。由式（5－24）得实现追踪法制导指令形成装置的方块图如图 5－30 所示。

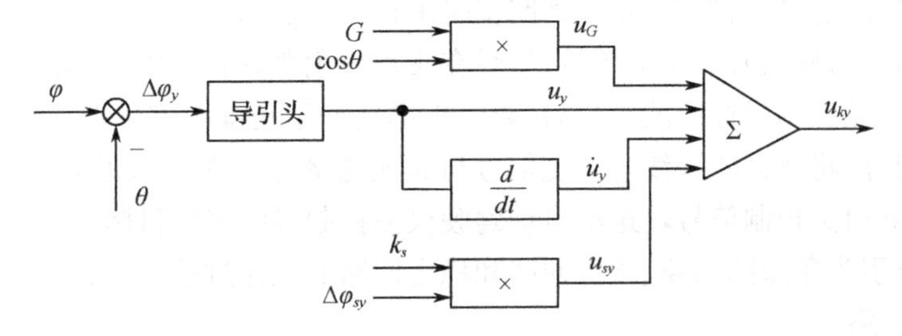

图 5－30　实现追踪法制导时指令形成装置方块图

2）比例导引法制导指令的形成

比例导引法制导时，使导弹速度矢量转动的角速度和目标视线转动的角速度成比例，即

$$\dot{\theta}=K\dot{\varphi} \tag{5-25}$$

为此，导引头跟踪目标并测得目标视线的角速度（以俯仰平面为例）。测量中受到整流罩和导弹重力的影响，使导弹产生某一角速度。将测得的目标视线角速度、补偿分量相加后，得到目标视线角速度信号，将它与正比于$\dot{\theta}/K$的信号相比较便得到制导指令。测量导弹速度矢量转动的角速度$\dot{\theta}$，可用加速度计来实现。这样，比例接近法制导时制导指令形成装置的方块图如图5－31所示。

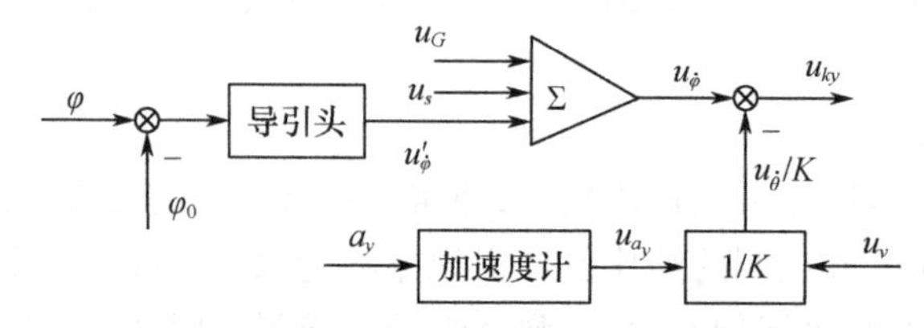

图5－31　实现比例导引时制导指令形成装置的方块图

图中

$$u_{\dot{\varphi}}=u'_{\dot{\varphi}}+u_s+u_G \tag{5-26}$$

$$u_{ky}=u_{\dot{\varphi}}-u_{\dot{\theta}}/K \tag{5-27}$$

式中：$u'_{\dot{\varphi}}$为导引头测量的目标视线角速度信号；u_s、u_G分别为天线罩、重力引起的目标视线角速度误差信号；$u_{\dot{\varphi}}$为目标视线角速度信号；K为导引系数。

有的自动导引系统，K为变系数，其值随导弹、目标的接近速度变化而变化。为此，可由导引头速度跟踪电路中引出目标接近速度信号，以控制K值。

随着导弹弹载计算机技术的不断发展，目前很多型号的导弹，指令形成电路的功能已经完全由弹载计算机实现，但其原理与上述模拟电路原理一致。

5.2.6　主动雷达导引头控制系统

通过前面章节的学习，我们知道雷达导引头是通过角度跟踪来实现弹目视线角速度的精确测量。正是由于雷达导引头能够实现空间视线角速度的测量，故成为采用比例导引规律自动寻的系统所必不可少的设备。

图5－32给出了典型的雷达导引头控制系统的基本组成。

雷达导引头控制系统由预定回路、稳定回路、角跟踪回路和指令形成电路等组成。其一般工作过程是导弹在飞离发射架前，预定回路接受来自跟踪雷达计算机的预定信号，对回波天线进行角度装定对准目标或有一个前置量；导弹在飞离发射架瞬间，预定回路断开，稳定回路接通工作；当导引头截获到目标回波信号后，导引头迅速处于角度跟踪回路工作状态，导引头连续探测并跟踪目标，将测得的视线角速度信号与其他比例导引规律修正项一起送入指令形成电路，综合后的导引头控制信号输送给自动驾驶仪去控制导弹飞向目标。

下面介绍导引头角跟踪回路、预定回路和稳定回路的工作过程。

1. 角跟踪回路

导引头角跟踪回路的功用是使雷达导引头回波天线在角度上自动跟踪目标，使导引头能

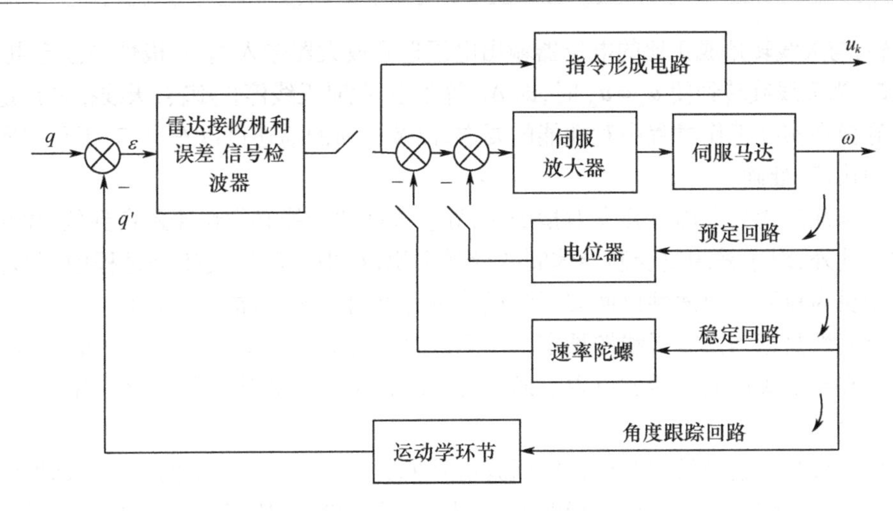

图 5-32　雷达导引头控制系统组成

连续地接收到目标的回波信号，并在自动跟踪过程中送出正比于视线角速度的误差电压，并对弹体扰动具有所要求的去耦能力。

角跟踪回路由天馈系统、接收机和天线稳定回路所组成。导引头天线在全程自动寻的体制中在角预定和稳定回路先后作用下工作；而在复合寻的制导体制中在角预定和惯性导航系统加无线电指令修正作用下，使得回波天线指向在角跟踪闭合前稳定在惯性空间不变，稳定回路隔离了弹体扰动，其本身也有微小的零位飘移。当接收机截获回波，信息处理系统正常工作后，就会输出角误差电压，误差电压幅值正比于角误差大小，相角代表角误差的偏离方向。这误差电压经坐标变换分解成两个正交的俯仰、方位分量送往相应通道的稳定回路，使得天线向减少误差角的方向运动，形成负反馈，实现角度的自动跟踪。

2. 预定回路

导弹发射时或者中末制导交接班的时候，火控系统会给导引头一个指令，让导引头回波天线指向目标或前置一个角度，以便导弹发射后或者在末制导段，使目标回波信号能准确落在导引头回波天线波束范围内，确保导引头可靠地截获目标。故导引头都有一个实现回波天线指向角预先装定的回路，这个回路称为预定回路。它是一个典型的位置控制系统，从结构组成上它是由两个结构基本相同又互相独立的方位和俯仰回路组成。单回路预定回路的组成以液压系统为例（图 5-33）。

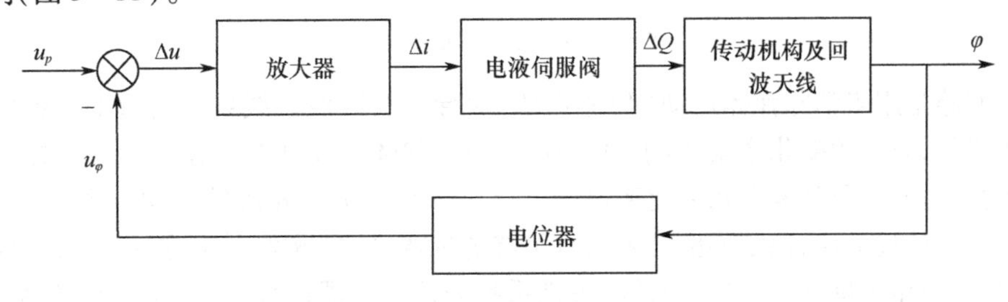

图 5-33　预定回路示意图

天线预定回路由放大器、电液伺服阀、带负载的传动机构和电位器等组成。目标跟踪雷达的计算机算得目标相对导弹坐标系的夹角所对应的预定电压 u_p 加到预定回路输入端，经放大器放大并变换为差动电流 Δi 送给电液伺服阀，电液伺服阀将差动电流变换为流量 ΔQ 输给具有作动筒的传动机构，传动机构就带动回波天线一起旋转，装在传动机构转轴上的电位器电刷跟着一起旋转,与天线转角成正比的电位器输出电压送到放大器输入端,其极性与预定电压相反,形成负反馈,当天线旋转到使 $u_p = u_\varphi$ 时,即 Δu 等于零,此时天线停止旋转,天线指向预定完毕。

结合导弹在实际工作过程中对性能的要求,以及上面的描述可以看出,对于预定回路最基本的要求为快速、准确。

(1) 快速性是指当发出导弹发射指令后,导引头回波天线必须快速预定到位,才允许导弹发射出去。此外,对于采用复合制导体制的导弹来说,在中末制导交接班过程中,预定回路的快速性显得更为重要。快速性以回波天线过渡过程时间表示,通常要求 0.5s 左右。

(2) 准确性是指当回波天线按预定电压到位时的静态误差要尽量小,否则将影响导弹发射后目标不在导引头回波天线波束内。通常要求回波天线预定误差为 0.5°左右。

3. 稳定回路

雷达导引头是通过测量并跟踪目标回波信号来实现对目标角度上的跟踪。即回波天线将接收到的目标信号传递给接收机进行混频、放大和检波,检出跟踪角度误差信号。导引头根据这个角误差信号去控制回波天线旋转,使角误差信号减小,从而实现对目标的角度跟踪。

对全程寻的制导而言,导弹在飞离发射架瞬间,要求导引头应能截获到回波信号,使导引头迅速处于角度跟踪状态。但是,通常导弹在起飞后的 2s 之内,由于严重的地物杂波和直波泄漏影响,回波信杂比极低,致使导引头不能截获住回波信号,这时导引头角度跟踪系统处于开路状态,仅稳定回路工作,将天线稳定在惯性空间。

在理想情况下,回波天线角误差信号仅对应于有用信号,即跟踪视线速率引起的动态误差。除此以外引起的回波天线角误差信号均属干扰误差信号。由于结构上回波天线是通过传动机构与弹体固连在一起,弹体的任何运动均会牵连回波天线运动,从而改变已经对准目标的回波天线指向,使回波天线角误差信号增大,降低导引头测速精度。作为角跟踪系统的内回路,稳定回路原理如图 5-34 所示。

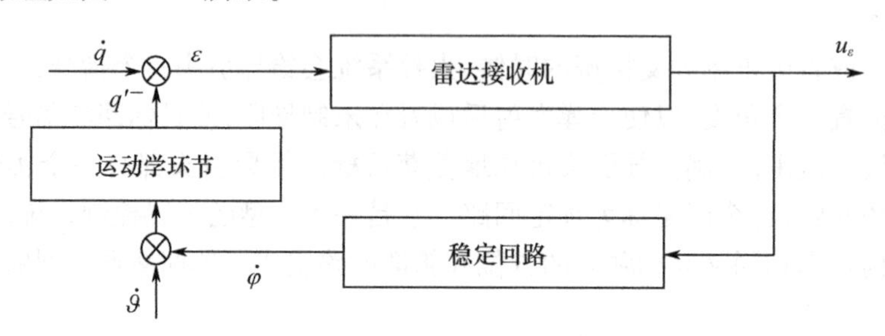

图 5-34 稳定回路示意图

稳定回路是用来消除弹体运动(弹体扰动)对导引头回波天线耦合的影响。弹体按正常飞行路线飞行,姿态角变化率最大约 10(°)/s。但是弹体因发动机工作时的强烈振动和气动力引起的弹体振动,导弹姿态角变化率最大可达 30~50(°)/s,相应的扰动频率约在 2~3Hz。为了隔离类似的扰动谱,稳定回路必须具有足够的带宽,带宽越宽,去耦能力(又称隔离度)越好,衡量稳定回路去耦能力好坏,通常以去耦系数表征。去耦系数是一个小于 1 的数值,数值越小,表示回波天线因弹体扰动使其改变指向的角速度越小。

5.3 半主动式无线电寻的制导系统

主动式雷达导引头多用在射程较远的战术导弹和战略导弹的末制导中。而半主动式雷达导引头，由于其照射源设在制导站，其照射功率可以很大，制导距离便较远。由于导引头上没有发射机，其结构简单、轻便，因此获得了广泛应用。目前已有20多种战术导弹装有半主动式雷达导引头。

早期的半主动式雷达导引头采用非相干的脉冲体制。由于其抗干扰性能和低空抗地物杂波的能力较差，已被逐渐淘汰。以目标的多普勒频率为检测对象的连续波半主动式雷达导引头可以在杂波环境中有效的探测目标，而且设备简单、成本低、导引精度也较高，因此是半主动式自动导引体制采用较多的方式，如美国的“改进霍克”、苏联的“萨姆-6”以及意大利的“阿斯派德”导弹等都采用连续波半主动式导引头。因此，下面主要讨论半主动式连续波雷达导引头的有关技术和几种典型的半主动式连续波雷达导引头。

半主动式自动导引系统工作时的几何关系如图5-35所示。目标被其他载体（如飞机、军舰等）或地面上的雷达照射，导弹接收具有多普勒频移的目标反射信号，并和直接接收的照射信号（尾部接收信号）比较，获得目标信号。目标信号的获得是利用了相干接收技术，在相干接收中，可得到所需的多普勒频移信号，而该信号的频率大致和导弹、目标的接近速度成正比。为了提取目标信号并得到制导信息，接收机中用窄带频率跟踪器连续的跟踪目标回波，以使目标信号从杂波和泄漏中分离出来。其中，杂波来自地物和背景；泄漏也称馈通，是指从导引头天线后波瓣收到的照射功率。

半主动式自动导引中多普勒频谱可参照图5-36求出。

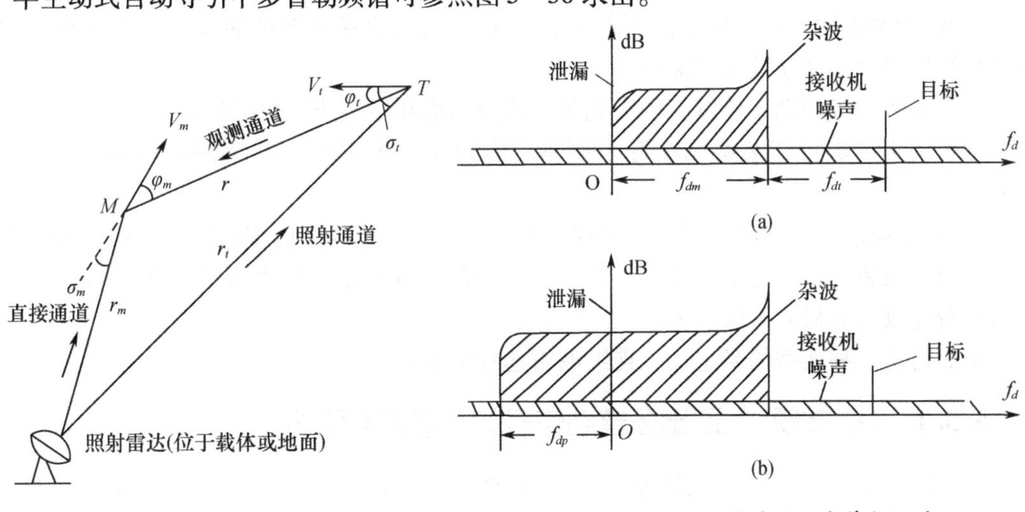

图5-35　半主动式自动导引几何关系

图5-36　半主动式导引头多普勒频谱
(a)地空导弹；(b)空空导弹。

导引头尾部天线收到的信号频率f_b为

$$f_b = f_0 + f_{db} \tag{5-28}$$

式中：f_0为照射雷达发射信号的频率；f_{db}为导弹与照射雷达间相对速度引起的多普勒频率。

$$f_{db} = -\frac{V_m}{\lambda}\cos\sigma_m \tag{5-29}$$

式中：λ为照射信号的波长。

导引头头部天线收到的信号频率f_a为

$$f_a = f_0 + f_{da} \tag{5-30}$$

式中:f_{da}为头部天线收到的目标多普勒频率,它是由照射雷达、目标间的相对速度和目标、导弹间的相对速度引起的多普勒频率之和。即

$$f_{da}=\frac{V_t}{\lambda}\cos\sigma_t+\frac{V_t}{\lambda}\cos\varphi_t+\frac{V_m}{\lambda}\cos\varphi_m \tag{5-31}$$

导引头收到的多普勒频率f_d为

$$f_d=f_{da}-f_{db}=\frac{V_t}{\lambda}\cos\sigma_t+\frac{V_t}{\lambda}\cos\varphi_t+\frac{V_m}{\lambda}\cos\varphi_m+\frac{V_m}{\lambda}\cos\sigma_m \tag{5-32}$$

迎头攻击时,若$\sigma_t=\varphi_t=\varphi_m=\sigma_m=0°$,则

$$f_d=\frac{2(V_m+V_t)}{\lambda} \tag{5-33}$$

式(5-33)表明,导引头接收到的多普勒频率f_d与导弹、目标间的相对速度成正比,与波长成反比。

若考虑杂波和馈通,半主动式导引头收到的信号多普勒频谱如图5-36所示。图中,f_{dm}为导弹速度引起的多普勒频率;f_{dt}为目标速度引起的多普勒频率;f_{dp}为载体速度引起的多普勒频率。

由图5-36的多普勒频谱可见,半主动式导引头必须解决下列技术问题:

杂波、馈通强度一般比目标信号大几个数量级,这就要求本振源的噪声必须很低,否则目标多普勒信号会被馈通及杂波掩盖。

导引头接收机的动态范围必须大到足以防止馈通和杂波掩盖目标信号。

导引头必须防止交叉调制和互相调制。因为这两种调制会产生假目标或使目标信息变差。

此外,还应解决连续波的照射和跟踪问题。跟踪用的连续照射雷达采用双碟形天线,以使收发间充分隔离。若空间不允许(如空空导弹系统),则用脉冲雷达或脉冲多普勒雷达跟踪,由另一台连续发射机对天线注入。

下面讨论几种典型的半主动式连续波雷达导引头。

5.3.1 从“零频”上取出多普勒信号的连续波导引头

从“零频”上取出f_d的连续波导引头是“霍克”导弹采用的方案,它是用头部接收机的目标“回波”与尾部接收机收到的照射雷达的“直波”的中频信号“同频”混频方式提取多普勒信号,馈通信号以“零频”出现。这种导引头的工作原理如图5-37所示。它包括尾部接收机、头部接收机、信号处理器(速度选通门)及控制头部天线(带万向支架)的跟踪回路等。

尾部接收机为头部(目标)信号提供相干基准。尾部信号转换成中频后,使微波本振的AFC(自动频率控制电路)回路闭合,并作为中频相干检波器的基准。头部天线收到目标信号,经混频器1与f_L信号差拍为中频信号,由带宽较宽的前中放放大,在相干检波器(混频器2)中变换为多普勒信号,经视频放大器放大,该放大器的带宽与可能的多普勒频率范围相匹配,再与速度门控本振信号差拍。门控本振在窄的速度门控范围内跟踪所需的信号。上述工作中的频谱关系如下:

头部天线收到的回波信号频率:

$$f_0+f_{da} \tag{5-34}$$

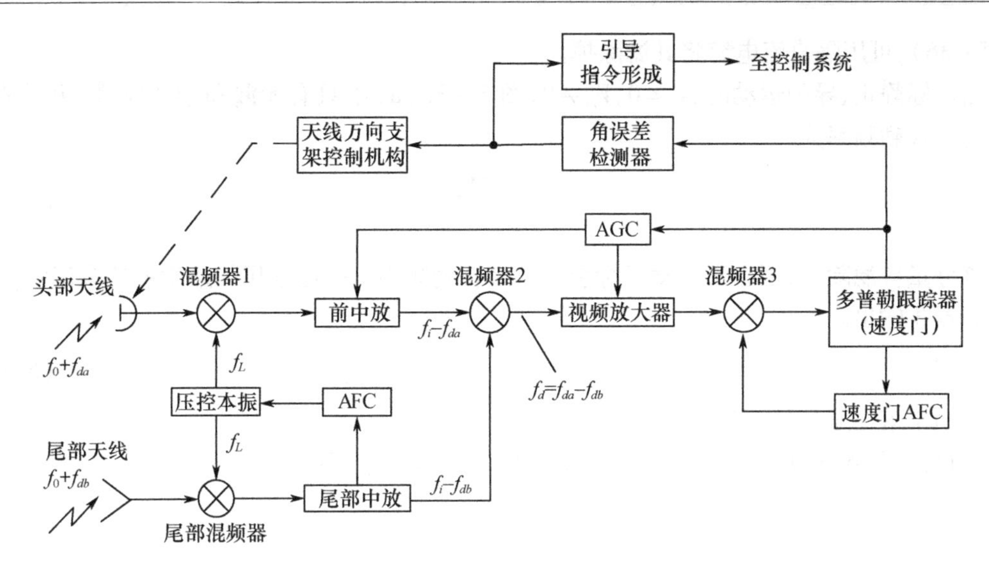

图 5－37　从“零频”上取出多普勒信号的导引头

混频器 1 输出信号的频率：

$$f_L-(f_0+f_{da})=f_L-f_0-f_{da}=f_i-f_{da} \tag{5-35}$$

尾部天线收到的直波信号频率：

$$f_0+f_{db} \tag{5-36}$$

从尾部混频器输出的信号频率：

$$f_L-f_0-f_{db}=f_i-f_{db} \tag{5-37}$$

头、尾中频信号经各自的中频放大器放大后，在混频器 2 差拍取出多普勒频率 f_d，即

$$f_i-f_{db}-(f_i-f_{da})=f_{da}-f_{db}=f_d \tag{5-38}$$

这就是从“零频”上取出的多普勒频率 f_d。

目标的发现和跟踪由速度门控本振频率的扫描和跟踪来实现。多普勒频率的跟踪原理如图 5－38 所示。

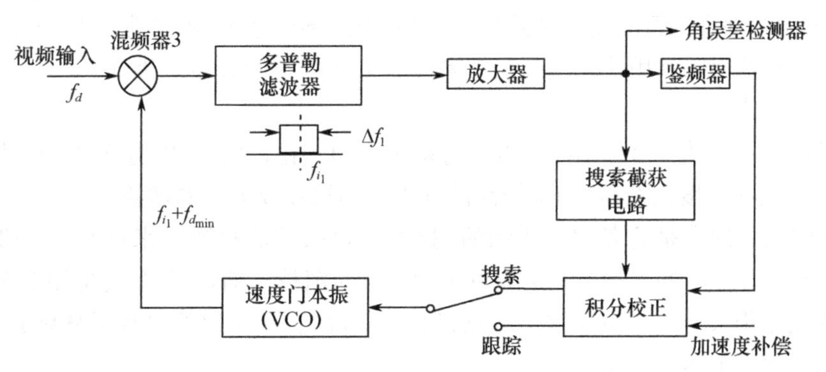

图 5－38　多普勒频谱跟踪器(速度门)的组成

设滤波器的中心频率为 f_{i_1}，通带为 Δf_1，鉴频器的中心频率为 f_{i_1}，带宽 $\Delta f>\Delta f_1$，速度门本振(VCO)的起始振荡频率为 $f_{i_1}+f_{d\min}$。下面分三种情况说明多普勒跟踪器的工作原理。

当目标、导弹均静止时，$V_m=V_t=0$，$f_d=0$，混频器 3 输出为 0，泄漏和杂波出现在“零频”处

(图5-36),可用隔直流电容将其滤除掉。

当目标静止、导弹运动时,$V_t=0$,$V_m\neq0$,图5-36(a)中只有泄漏和杂波频谱,由弹速 V_m 引起的多普勒频率为

$$f_{dm}=\frac{2V_m}{\lambda} \tag{5-39}$$

该分量应滤除掉,因它不是动目标引起的多普勒频率。一般采用加速度补偿来消除,使其从混频器3输出。

$$(f_{i_1}+f_{d\min}+f_{dm})-f_{dm}=f_{i_1}+f_{d\min} \tag{5-40}$$

此频率落在通带外,因而被消除。

当目标、导弹速度均为最小值时,即 $V_t=V_{t\min}$,$V_m=V_{\mathrm{m\,min}}$,则 f_d 为

$$f_d=\frac{2(V_{t\min}+V_{\mathrm{m\,min}})}{\lambda} \tag{5-41}$$

混频器3输出为

$$(f_{i_1}+f_{d\min})-f_{d\min}=f_{i_1} \tag{5-42}$$

此频率正好落在滤波器通带内。滤波器输出经放大分别送入鉴频器和搜索截获电路,使系统由搜索状态转入跟踪状态.而鉴频器输出为零,VCO工作在起始状态,其振荡频率保持为 $f_{i_1}+f_{d\min}$,此时系统已闭合。如目标速度 V_t 增大,f_d 也增大($f_d>f_{d\min}$),混频器3输出信号频率小于 f_{i_1},鉴频器输出负电压,经积分器后,使VCO输出频率增高,保证混频器3输出仍为 f_{i_1} 频率的信号。于是,完成了对目标信号的多普勒跟踪,使预定的动目标信号输出,其他信号被滤掉。

发现目标则是通过速度门本振(VCO)的频率在整个(或部分)多普勒频带内扫描来完成的。实际上是使频谱在速度门滤波器的频带内移动来实现的。当速度滤波器输出信号超过检测门限时,搜索状态立即停止,并确定它是相干目标信号而不是噪声虚警,系统便转入对真实目标信号的跟踪,从中得出制导指令。

当天线接收波束作圆锥扫描时,接收信号的调幅成分在速度门中被恢复,然后分解为俯仰、航向两个相互垂直的万向支架轴的分量,驱动天线伺服系统,使等强信号线保持在目标视线上。天线角跟踪回路利用速率陀螺反馈来实现天线的空间稳定。因而,只有目标视线的角速度才形成误差信号。

为使误差信号在整个目标信号幅度动态范围内归一化,接收机中有AGC(自动增益控制)电路。AGC电压在速度门获得,用来控制前置中放和视频放大器的增益。

这种导引头的缺点是 f_d 信号有零频的"折叠"效应,接收机噪声来自两个边带,使其灵敏度降低了3dB。虽然 f_d 的零频折叠效应可采用镜频对消技术消除,但只能抑制1.5dB左右,仍有1.5dB的能量损失。为了克服这个缺点,到了20世纪60年代便出现了从副载频上取出 f_d 的连续波半主动式雷达导引头。

5.3.2 从副载频上取出多普勒信号的连续波导引头

所谓从副载频上取出 f_d,即采用回波与直波中频信号"异频"混频方式来提取多普勒信号 f_d。这种导引头的组成结构如图5-39所示,这是俄制防空导弹"萨姆-6"的导引头方案。

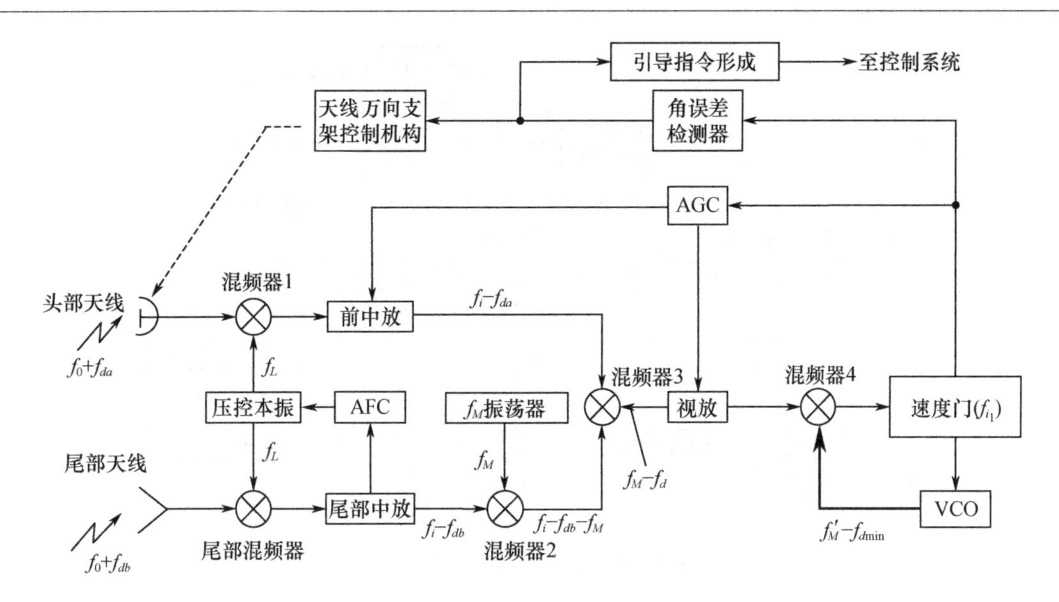

图5-39　从副载频上取出多普勒信号的导引头

其工作原理和从零频上取出 f_d 的导引头不同之处是：泄漏信号和杂波不是出现在零频上，而是出现在副载频 f_M 频率处，此时混频器3输出信号的频率为 f_M-f_d，而泄漏信号的 $f_d=0$，故泄漏出现在 f_M 处。若VCO输出为 $f'_M-f_{d\min}$，混频器4输出信号频率为

$$f_M-(f'_M-f_{d\min})=f_{i_1}+f_{d\min} \tag{5-43}$$

Δf_1 为速度滤波器的通频带，由于 $f_{i_1}+f_{d\min}>f_{i_1}+\dfrac{\Delta f_1}{2}$。所以 $f_{i_1}+f_{d\min}$ 信号落入速度门之外，泄漏和杂波被消除，其余部分和图5-34所示的导引头工作原理相似。

从副载频上取出多普勒频率的导引头，避免了从零频取出时的折叠损耗，提高了系统的性能。但由于把混频器2串进了基准通道，破坏了基准通道和回波通道间的对称性。而这种对称性对保证两通道间的时间延迟一致是必要的。只有两通道延迟时间一致，才能抵消调频噪声。

5.3.3　准倒置连续波导引头

准倒置接收型连续波导引头，不是完全的倒置型导引头。它可以看作是从“副载频”上取出 f_d 的另一种变化形式，只不过其速度门跟踪环是在第二中频上闭合的。使中频的等效带宽与速度门带宽相同，从而在抗泄漏、抗杂波干扰方面优于前面提到的两种导引头。

英制“海标枪”地空导弹导引头就采用了此种方案，其组成原理如图5-40所示，它与图5-39的工作原理很相似。速度门本振在搜索状态时，VCO的频率应能覆盖住多普勒频率范围 Δf_d。

5.3.4　全倒置连续波导引头

倒置接收是一种通带倒向配置的接收技术。普通接收机通带是一个逐渐变小的“漏斗”。即先是宽带中放，然后是一个通带较窄的视频放大器，最后一级为窄带速度选通电路。这样，直到最后一级，目标信号必须和高强度的泄漏杂波和干扰信号相对抗，接收机的每一级增益的归一化和动态范围，都取决于比目标信号大几个数量级的干扰信号。倒置接收机则将普通接

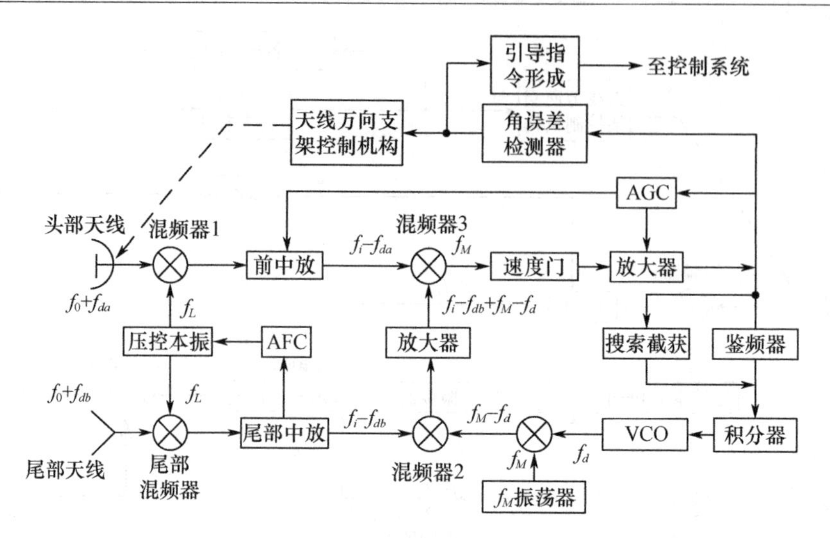

图 5-40　准倒置连续波导引头

收机的频带“漏斗”颠倒过来,即窄带速度门控通带位于中放部分,也就是位于能得到合适噪声系数的前级增益之后,干扰信号在信号通道的最前面便已消除掉,因而降低了对动态范围的要求,也消除了可能的畸变源。倒置接收导引头如图 5-41 所示,这是“改进霍克”的导引头框图。

其多普勒跟踪回路经微波本振而闭合,微波本振必须在要求的多普勒频率范围内调谐。于是调谐本振基本完成了普通接收机中速度门本振的任务。下面只说明图 5-41 中倒置接收机的工作原理。

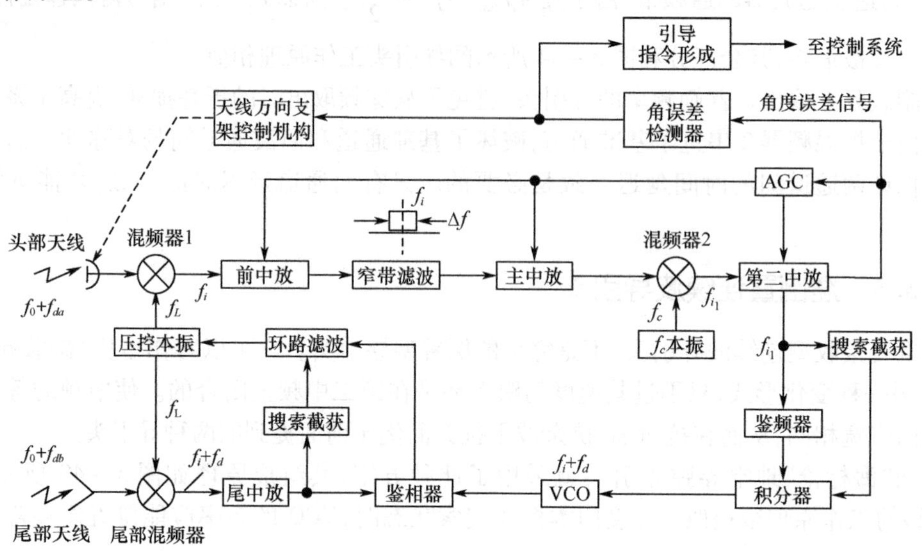

图 5-41　倒置接收导引头

导引头的头部天线收到目标回波频率为 f_0+f_{da},尾部天线收到直波信号的频率为 f_0+f_{db}。设微波本振信号的频率 f_L 为

$$f_L = f_0 + f_i + f_{da} \tag{5-44}$$

微波本振信号与尾部天线收到的信号混频,得到尾部中频信号的频率 f_{ib} 为

$$f_{ib}=f_L-f_0-f_{db}=f_i+f_d \tag{5-45}$$

微波本振信号与头部天线收到的信号混频，得到头部中频信号的频率f_{ia}为

$$f_{ia}=f_L-f_0-f_{da}=f_i \tag{5-46}$$

由式(5-46)可见，由于频率跟踪回路的作用，头部天线收到的信号多普勒频率变化时，微波本振的频率也跟踪变化，保证混频器1差拍出的信号频率正好是前中放中心频率f_i，其频带很窄，则头部天线收到的目标多普勒信号就能通过窄带滤波器(一般为窄带晶体滤波器)。

由式(5-45)可见，目标多普勒频率被调制于尾部中频上，所以尾部中放的带宽必须大于可能的目标多普勒频率的总范围，即$\Delta f_i>(f_{d\max}-f_{d\min})=\Delta f_d$。

这就要求在信号往返时间内的瞬时频率漂移必须比目标多普勒小得多，才能保证接收机频率跟踪回路和尾部基准回路正常截获和跟踪目标多普勒信号。目标的多普勒频率越低，对频率稳定度的要求就越高。

头部中频信号经窄带滤波器和主中放后，为避免在一个频率上放大量过大并为调试方便，将f_i信号与固定频率f_c信号差拍为第二中放频率f_{i_1}经第二中放，再经鉴频、积分后，去控制速度门本振(VCO)的频率。速度门本振信号与尾部中频信号鉴相，输出误差信号去控制微波本振的频率，使混频器1输出的频率保持为f_i。

下面具体说明上述过程。

当$V_m=V_t=0$时，$f_d=0$，则头部和尾部接收的信号频率均为f_0。设微波本振的频率为

$$f_L=f_0+f_i+f_{da\min} \tag{5-47}$$

从混频器1输出信号的频率为

$$f_L-f_0=f_i+f_{da\min} \tag{5-48}$$

由于

$$f_i+f_{da\min}>f_i+\frac{\Delta f}{2} \tag{5-49}$$

故窄带滤波器无输出，系统不工作，泄漏和杂波落在速度门之外。

$V_m=V_{m\min}$，$V_t=V_{t\min}$时，$f_d=f_{d\min}$。头部天线收到的信号频率为

$$f_0+f_{da\min}$$

尾部天线收到的信号频率为

$$f_0+f_{db\min}$$

微波本振的频率为

$$f_L=f_0+f_i+f_{da\min}$$

混频器1输出信号的频率为

$$f_L-(f_0+f_{da\min})=f_i \tag{5-50}$$

此时窄带滤波器有输出，经主中放后与f_c频率信号差拍，从混频器2输出第二中频f_{i_1}信号，鉴频器输出信号为零。速度门本振输出信号频率应为$f_i+f_{d\min}$，它和尾部中放来的$f_i+f_{d\min}$频率信号都送给鉴相器，可能出现两种情况：

两种信号同相，鉴相器输出为零，环路滤波器输出也为零，这就保证了微波本振的频率为$f_L=f_0+f_i+f_{d\min}$，使系统正常工作。

两种信号有相移$\varphi(t)$，则$\mathrm{d}\varphi(t)/\mathrm{d}t\neq0$，即鉴相器的两个输入有频差，但由于锁相环的作

用,使 $\varphi(t)\to\varphi_0$,$d\varphi_0/dt=0$,仍能保证混频器1输出信号的频率为 f_i。

当 $V_T=V_{T1}$,$V=V_1$ 时,$f_d=f_{d_1}$。头部天线收到的信号频率为

$$f_0+f_{da_1}$$

尾部天线收到的信号频率为

$$f_0+f_{db_1}$$

微波本振的频率为

$$f_L=f_0+f_i+f_{damin}$$

混频器1输出信号频率为

$$f_L-(f_0+f_{da_1})=[f_1-(f_{da_1}-f_{damin})]<f_i \tag{5-51}$$

混频器2输出信号的频率为 f'_{i_1},由于 $f'_{i_1}>f_{i_1}$,则鉴频器输出为正,经积分器后,使速度门本振频率增加,微波本振的频率也增加,即从 $f_0+f_i+f_{damin}$ 升至 $f_0+f_i+f_{da_1}$,仍保证混频器输出信号频率为 f_i。

对目标信号的截获,图5-41中有两套搜索、截获电路。首先直波锁相环在一定的频率范围内搜索并截获目标信号。搜索时环路滤波器断开,使微波本振频率在 $f_0+f_i+\Delta f_{da}$ 范围内变化,直至尾部混频器输出频率为 f_i+f_{dmin} 为止。然后锁相环闭合转入跟踪状态。同时,速度门本振频率也搜索,在 $f_i+\Delta f_d$ 范围内变化(积分器断开)。由于鉴相器有输出,经环路滤波器控制本振频率,使其为 $f_L=f_0+f_i+f_{da}$,直至混频器1输出为 $f_0+f_i+f_{da}-f_0-f_{da}=f_i$ 为止。第二中放输出信号频率为 f_{i_1},速度跟踪回路截获,断开搜索电压,接上积分器,便完成了速度闭环跟踪。

采用锁相环路的倒置接收导引头的优点是:倒置接收使导引头大为简化,将通常的连续波接收机和频率跟踪器合并起来,变频次数显著减小,对提高可靠性有利。接收机输入端通带很窄,杂波、干扰在接收通道前端就消除,降低了对接收机动态范围的要求,避免了许多可能的畸变源。

倒置接收导引头的难点是:要求高质量、高稳定度的微波本振源(瞬时频率稳定度达 $10^{-9}\sim10^{-8}$);还要在中频上提供高性能的窄带晶体滤波器;系统的搜索与截获技术也要求较高。

自20世纪60年代后,由于有了高选择性的中频晶体滤波器和低噪声精确调谐固态微波源,因而倒置接收导引头已被广泛地应用,如目前美国的"改进霍克""不死鸟",英国的"天空闪光"和意大利的"阿斯派德"等导弹的导引头中,都采用了倒置接收技术。

5.4 被动式无线电寻的制导系统

随着制导技术的发展,人们迫切需要直接命中目标的精密制导技术。主动、半主动式雷达导引头的一个很大弱点是存在目标的"角闪烁效应",即复杂目标的多反射体散射的合成使得目标视在散射中心产生跳动。当导引头距目标较近时,由目标闪烁给导引头带来的测角误差相当严重,甚至丢失目标,因为角闪烁噪声与弹目相对距离成反比。但是,被动雷达导引头却能较好地克服这一难题,采用被动雷达导引头的导弹称为反辐射导弹,因此,被动雷达导引头也称为反辐射导弹导引头。

5.4.1 反辐射导弹导引头

雷达站是现代战争的眼睛。摧毁敌方的雷达设施是重要的战术手段之一。反辐射导弹

(ARM)正是为攻击雷达设施而专门设计的。它利用雷达辐射的电磁波能量跟踪目标,一直追寻到雷达所在地,摧毁目标。

1. 工作原理

反辐射导弹导引头实际上是一部被动雷达接收机。它的基本工作原理如图5-42所示。

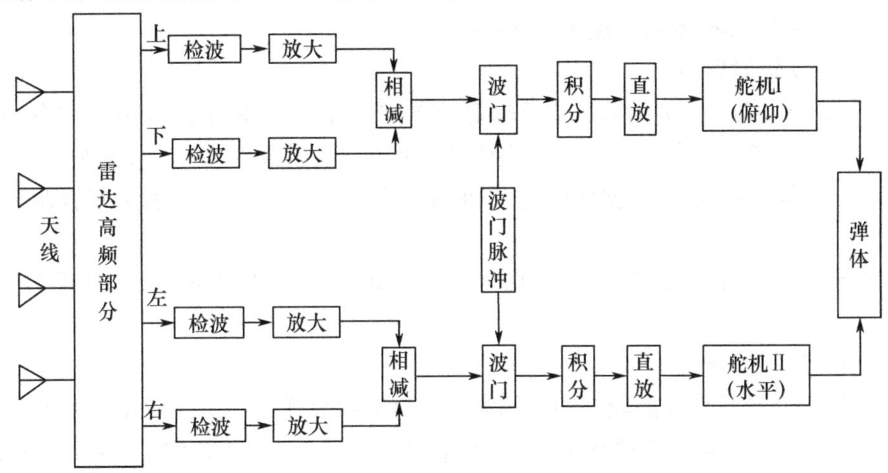

图5-42 反辐射导弹工作原理图

导引头分高频和低频两部分。导引头高频部分将平面四臂螺旋天线所接收的信号加以处理,形成上下、左右两个通道共四个波束信号。若导弹正好对准目标,则这两个通道的四个波束信号强度相等。信号经检波、放大、相减,其误差信号输出均为零,因此,没有误差信号传递至控制系统。

当导弹偏离了目标,则上下两波束信号不等,形成误差信号。误差信号的大小反映了导弹纵轴与目标连线在垂直平面上的夹角。同理,左右两波束形成的误差信号的大小反映了水平方向上导弹纵轴与目标连线在水平面上的夹角。两路误差信号分别进行脉冲放大和变换,通过一个波门电路后进行检波积分,将视频信号变成直流信号,此输出的直流信号正比于误差角的大小。接着再对直流信号进行坐标变换,把垂直平面及水平平面的误差信号变成与俯仰和航向两对舵面相对应的控制信号,经差分放大器送至舵机的电磁线圈,然后控制舵机做相应的动作。

该系统中采用波门控制。其主要目的是抑制和除去地面及多目标信号的干扰,以利于导弹准确地搜索到目标。

2. 反辐射导弹导引头的发展

以美国的三代反辐射导弹导引头发展为例,介绍一下反辐射导弹导引头的发展概况。

1)"百舌鸟"反辐射导弹

"百舌鸟"(AGM-45)是美国第一代反辐射导弹,曾在越南战争、第四次中东战争、美国袭击利比亚等战争中多次使用过。

早期的"百舌鸟"导引头有许多缺点:

(1) 导引头覆盖频率范围窄。每种型号只能对付特定频率的雷达目标。

(2) 采用近似跟踪法,导引精度差。20例战例分析表明,离目标小于20m爆炸的次数仅为7次。

(3) 无记忆功能。越南战争中常采用关闭雷达的手段使"百舌鸟"失去目标,使其命中率降为3%~6%。

经过改进的"百舌鸟"反辐射导弹加装了记忆电路,提高了导弹的飞行速度,同时还提高了导引头接收机的灵敏度。导引头能寻找到雷达发射机的寄生辐射及接上假负载的雷达发射机泄漏信号。当寄生辐射功率为1W及10W时,"百舌鸟"导引头的作用距离为5km和10km,导弹的射程为8~145km,发射高度为1.5~10km。

2) "标准"反辐射导弹

"标准"(AGM-78)是美国第二代反辐射导弹,与"百舌鸟"相比,其导引头的优点如下:

(1) 频率覆盖范围较大。两种型号的导引头可覆盖大多数雷达的工作频率。

(2) 具有目标位置及频率记忆功能。同时采用被动雷达加红外导引头复合制导,抗干扰能力强。

此外该导弹杀伤力较大,对人员杀伤半径为100m。缺点是重量较大,能够装备的机种有限。

3) "哈姆"反辐射导弹

"哈姆"反辐射导弹是性能较好的美国第三代反辐射导弹。采用的新技术如下:

(1) 采用新型无源宽带雷达导引头,其频率覆盖范围为0.8~20GHz。因此,只需一种雷达导引头就能覆盖97%以上的苏联防空雷达的工作频段。导引头灵敏度较高,能从旁瓣甚至后瓣寻找到目标雷达,能对付目标雷达使用的频率捷变、新波形及瞬间发射技术。

(2) 采用捷联惯导基准加被动雷达寻的复合制导。导弹具有目标雷达位置记忆及频率记忆功能,一旦目标雷达关机,导弹就转入惯性制导攻击目标,因而即使关机仍有较高的命中率。

(3) 采用可编程信号处理机。导弹飞行过程中可探测到新的威胁信号,并对其进行识别,选择威胁最大者实施攻击。

(4) 导弹马赫数可达3,射程可达40km。

"哈姆"导弹的造价较高,是"百舌鸟"的9倍,其中导引头的造价占全弹的57%。

5.4.2 毫米波被动雷达导引头

1. 毫米波雷达导引头的特点

微波时代开始以来,人们用了近50年的时间才取得一项重要突破——进入与微波具有同样前景的毫米波频谱区域。毫米波的波长为1mm~1cm,其频率范围为30~300GHz,它介于微波频段与红外频段之间,兼有这两个频段的固有特性,是导弹精确制导武器系统较为理想的频段。毫米波段的雷达导引头具有光学与微波导引头性能折中的优点,引起人们的普遍关注。毫米波雷达导引头具备以下主要特点:

1) 导引精度高

导引精度取决于对目标的空间分辨率。由于毫米波的波束窄,因此毫米波雷达导引头能提供极高的测角精度和角分辨率。分辨率高,跟踪精度就高,而且窄波束还能使导引头"看到"目标更多的细节,有一定的成像能力。

2) 抗干扰能力强

毫米波雷达导引头工作频率高,其通频带比微波大,在单位时间内能发射较多的信息,而接收时敌方不易干扰。由于频谱宽,可使用的频率多,除非预知确切使用频率,否则是很难干扰的。毫米波天线的旁瓣可以做得很小,而且以低功率、窄波束发射,敌方截获困难,抗干扰能力强。

3) 多普勒分辨率高

由于毫米波的波长短,同样速度的目标,毫米波雷达导引头产生的多普勒频率要比微波雷达大得多,因此毫米波雷达导引头的多普勒分辨率高,从背景杂波中区分运动目标的能力强,对目标的速度鉴别性能好。

4) 低仰角跟踪性能好

由于毫米波频段波束较窄,减小了波束对地物的照射面积。地物散射小,可以减少多路径干扰及地物杂波,有利于低仰角跟踪。

5) 有穿透等离子体的能力

导弹弹头再入飞行时,在某一高度、某段时间内,由于气动加热而对空气热电离,使导弹周围形成等离子体,对无线电波会有严重的反射和衰减。而其电子密度取决于冲击层流场中空气温度和密度。所以,只要选用 G 波段以上频率工作的导引头,特别是用远远高于导弹再入时产生的等离子体频率的毫米波,其传输时呈现的反射和衰减很微弱,对制导不会产生明显的影响。

6) 穿透云雾尘埃能力强

与光电导引头相比,毫米波雷达导引头有较好的穿透云雾能力;穿过战场污染物(烟、尘埃、稀疏枝叶)时有较好的能见度;区别金属目标和周围环境的能力强;只是在大雨的影响下工作才受到限制。可以说它基本具有全天候工作的能力。但是,毫米波雷达导引头也有其缺点:由于大气的吸收和衰减,即使在气候条件较好时,其作用距离也只有 10~20km。当有云、雾和雨时,作用距离还要减小,而且大气损耗随频率增高而增大。对某些型号导引头来讲,作用距离短不一定是一个主要问题,因为这一点通常可为更小的尺寸及更高的精度所弥补。对许多机载空空导弹来讲,作用距离短些完全可以满足战术技术指标要求。

7) 体积小重量轻

毫米波天线尺寸小,元器件尺寸也小。20 世纪 80 年代后,使用悬挂带状线、微带等毫米波集成电路取代波导,使毫米波制导系统体积小,重量轻,非常适合于做受弹体尺寸限制的弹上末制导系统。

2. 毫米波被动雷达导引头的工作原理

毫米波被动雷达导引头实际上就是一个测量目标毫米波辐射的毫米波辐射计,毫米波辐射计是基于下列原理工作的:

实验表明,自然界中一切物体都向外部辐射热噪声能量,其噪声能量大小可用温度来描述。金属目标的辐射温度比天空、大地、草木等背景环境辐射温度低,辐射计正是利用这种辐射温差来探测目标的。辐射计天线接收到的噪声温度信号经过热敏电阻、毫米波器件就形成了具有毫米波频率的电信号,该信号与机内由环境噪声产生的具有毫米波频率的电信号相比较。如果探测到目标,上述两种信号不同,相比较后,有输出信号,送入接收设备进行混频、中放、检波处理,输出跟踪信号,辐射计便能锁住跟踪目标。如果没有探测到目标,环境背景噪声信号与机内产生的环境背景噪声信号相同,相比较后,无输出信号,这时辐射计继续搜索目标。

图 5-43(a)给出了攻击地面坦克时毫米波辐射计的工作原理。辐射计接收天线波束按一定规律扫描地面。地面背景的亮度温度为 T_A,$T_A \approx 290\text{K}$,冷目标坦克的亮度温度为反射的天空亮度温度 T_{sky},因此,环境目标对比温度 ΔT_c 为

$$\Delta T_c = T_A - T_{\text{sky}} \tag{5-52}$$

最大的温差发生在毫米波较低的频率上,从这点考虑,导引头的工作频率工作在频率低端有利。但由于天线孔径几乎是一个固定的参数,为了讨论目标检测性能,人们必须考虑在 ΔT_c 上增加一个波束填充系数 BFF。因为在大多数目标截获情况下,天线波束在地面的投影面积大大超过目标的投影面积,因而测量的温度对比度就为波束内背景所冲淡,如图 5-43(b)所示。若采用较高的工作频率,在相同的天线孔径条件下,天线波束变窄,这种冲淡就减小了。所以工作频率的选择需要在二者之间折中考虑。

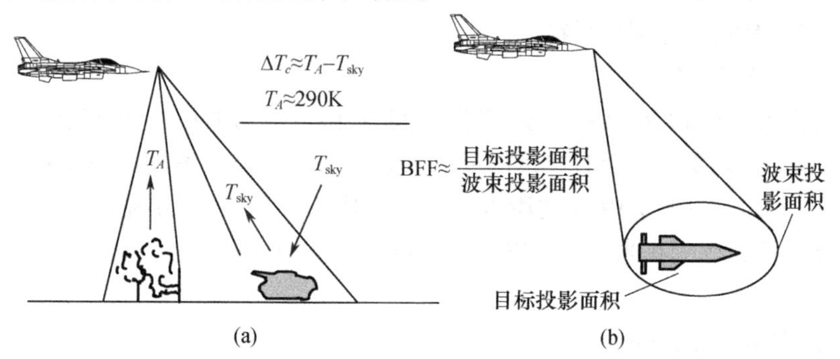

图 5-43 毫米波被动导引头(辐射计)

(a)工作原理;(b)波束充填因子。

3. 狄克式开关接收机

毫米波辐射计对接收机灵敏度要求较高。由于被检测的目标与背景信号的亮度温度差通常为几十开,要求温度分辨率应达到几开,而接收机本身热噪声往往大出几个数量级,使接收的信号完全淹没在接收机噪声中。狄克式接收机可以有效地抑制本机噪声干扰,狄克式开关周期地接到天线和参考噪声源,从而把由天线输入的平稳的连续波信号调制成突变的调幅波。然后,经防止本振信号泄漏到天线的隔离器,与本振信号混频。中频信号放大后,经二次检波取出信号的包络。该信号中含有目标信号及周围背景噪声、本机热噪声。当开关接到周围环境参考噪声源时,经过该通路检出的周围环境噪声与本机噪声信号经同步检波器输出后,进行积分对消,从而消除噪声干扰,提取目标信号,作为导引头跟踪目标的信息。为了把输出电压换算成辐射亮点温度,在天线输入端增加了校正噪声源,不断对输出电压进行温度标定,如图 5-44 所示。

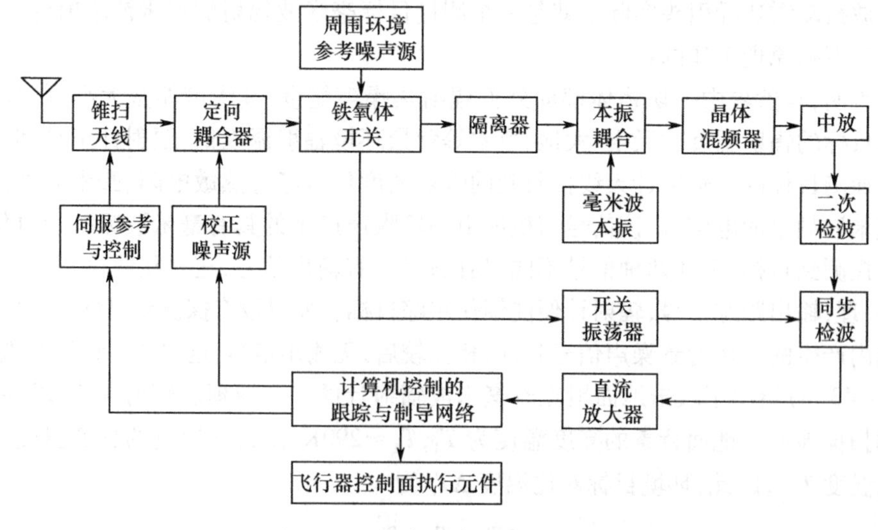

图 5-44 毫米波对比寻的器框图

图 5-45 给出了另一种形式的辐射计导引头的框图。目标的俯仰及方位角分两个通道分别处理,它们由两个低损耗的开关连接到两个低噪声接收机,提供所期望的射频前端灵敏度,然后进行视频处理,提取目标的角度信息。

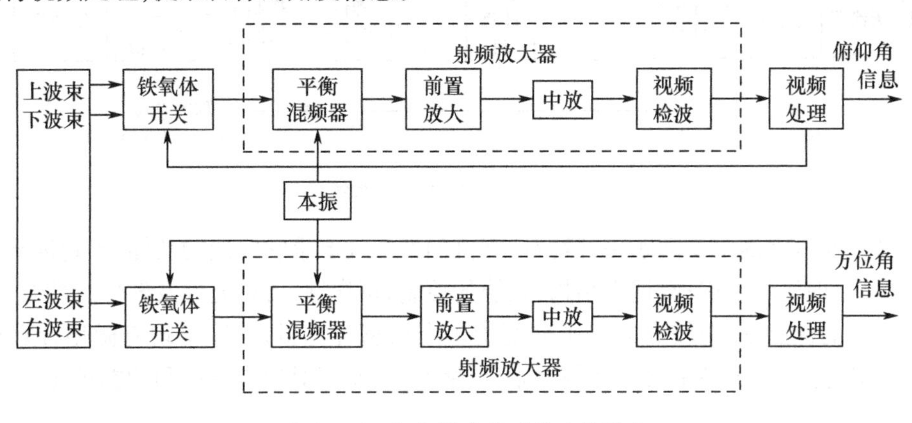

图 5-45　辐射计式被动雷达导引头

5.5　数字式雷达导引头系统

20 世纪 70 年代毫米波雷达导引头中大量采用常规的波导元件,研究重点是基本原理的正确性,目标特征数据的录取。80 年代研制重点是微波集成与单片集成,发射机与接收机一体化,以及高功率发射器件的研制。到 90 年代,开始研究利用砷化钾单片集成电路代替混合微波集成电路功能,进而减小射频组件尺寸、重量,使其更适用于导引头的要求。

随着大规模集成电路和微型计算机的发展,数字技术正被广泛地应用到雷达导引头系统中。雷达导引头系统应用数字技术的优点是:能实现模拟电路难以完成或无法完成的功能,如实时数据处理、最优控制、快速傅里叶变换、数字惯性基准、自适应控制等;弹上制导设备体积小、重量轻、功耗低;制导精度、可靠性、灵活性和抗干扰性能都显著提高。

5.5.1　单机系统和多机系统

数字式雷达导引头系统中的微型计算机,常采用单机和多机系统。

单机系统是指一台高性能的微型计算机完成导弹的全部控制功能,如图 5-46 所示。单机系统由中央计算机按时间划分对导弹各部分功能进行控制。因此,控制复杂,要求计算机的速度要高,否则达不到实时的要求。单机系统占用的硬件少。

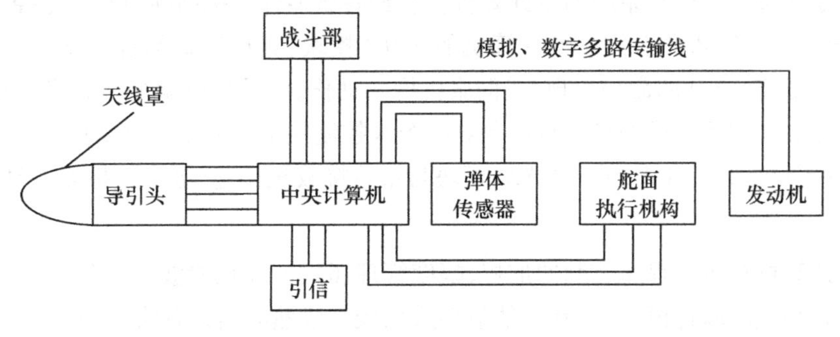

图 5-46　数字式单机系统

所谓多机系统,是指把导弹的全部功能分成若干部分(如导引头、数据处理、引信、控制系统等),每一部分由一台专用微型计算机进行计算处理和控制,如图5-47所示。

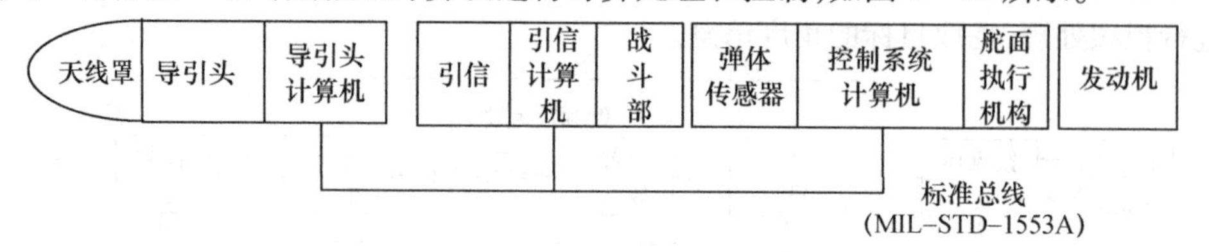

图5-47 数字式多机系统

多机系统要考虑的主要问题是,微型计算机的性能及要求它完成的功能;确定需要的微型计算机数目;处理机的互连;数据库结构;系统的控制;可靠性;可扩充性及软件特性等。

多机系统的优点是,把较高的要求分配给多个微型计算机,解决了现有微型计算机速度低、字长短的缺点。由于各个功能互相独立,灵活性强,易于对导弹改型和功能扩充。

5.5.2 数字式弹上控制系统

下面以半主动式连续波雷达导引头系统为例,说明数字式弹上控制系统的组成和工作原理。根据前面提到的模块,把导引头信号处理、估值和制导由一个微型计算机完成,称为引导指令计算机;导引头的稳定控制由一个微型计算机完成,称为导引头稳定控制计算机;控制系统和惯性基准功能,由一个微型计算机完成;引信由一台微型计算机完成控制。可得半主动式连续波雷达导引头系统的弹上微型计算机系统如图5-48所示(略去引信微型计算机)。其工作过程如下:

引导指令计算机从导引头获得目标参数,经处理机(一般用FFT)处理,得俯仰、航向瞄准误差$\Delta\varphi$、距离(Δr)和速度信号。这些信号一方面送状态估值器,另一方面把瞄准误差信号送导引头稳定控制微型计算机,对速率陀螺仪输入的信号进行补偿,从而把导引头对目标的测量与导弹运动隔离,使平台对弹体运动稳定。可用卡尔曼滤波技术得到最佳估值,再用于制导规律的计算,得控制系统(自动驾驶仪)需要的制导指令。

控制系统(自动驾驶仪)采用自适应控制,根据弹上陀螺仪和加速度计输出的信号,利用控制系统制导规律算法和控制增益算法,计算出导弹的几何参数(马赫数、攻角)和气动力特性。控制系统通过伺服机构控制四个舵面,根据弹体三个轴(俯仰、偏航和滚转)的运动情况,舵面定位指令适当组合,就能提供合理的舵偏角。

1. 引导指令计算机

制导指令微型计算机是系统的主计算机。它经各微型计算机即导引头稳定控制微型计算机、控制系统微型计算机和引信微型计算机的SDIO模块,其程序访问各微型计算机,从而产生控制命令。随着SDIO的命令出现,或伺服机构的动作,引导指令微型计算机通过接收雷达瞄准误差信号和控制系统微型计算机的制导指令来控制导引头稳定控制微型计算机。

该微型计算机通过ADAC和DMAIO模块与雷达接收机相连,输出目标多普勒频率f_d(或其估值$\hat{f}_d$)。

该微型计算机执行的程序有脉冲加权、幅度管理、64点FFT、检波后积分(PDI)、状态估值和制导。并有相应的软件模块,如状态估值多采用较为成熟的估计算法——卡尔曼滤波器,得到最佳估值。比例导引也有相应的软件模块。

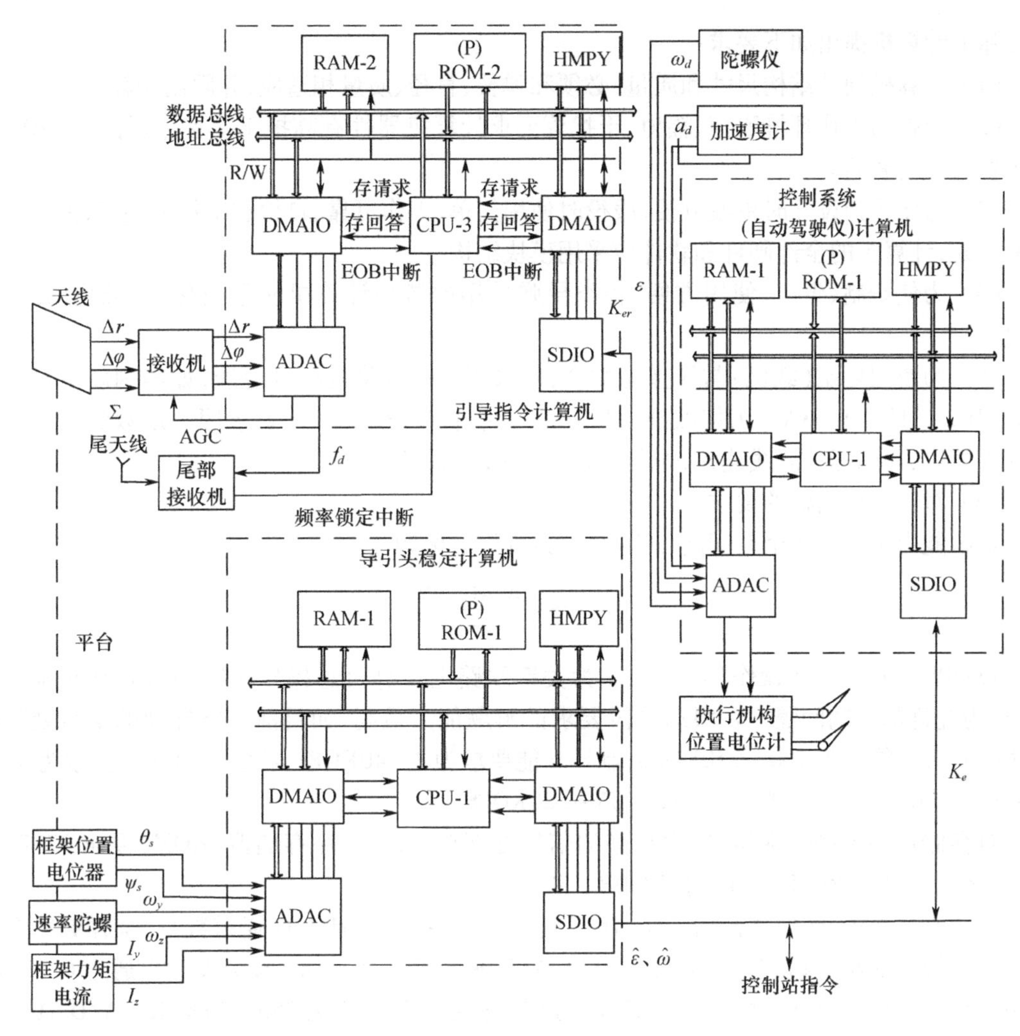

图 5-48 半主动连续波自寻的系统的弹上微机系统

2. 导引头稳定控制计算机

该微型计算机有两个作用:使航向初始对准经 SDIO 来的制导站位置指令;跟踪和稳定,即发射后控制平台的方向角 θ_s、ψ_s 相对弹体稳定。很多自寻的导弹的导引头控制计算机结构相同,只是采用的软件模块不同。

3. 控制系统(自动驾驶仪)计算机

该微型计算机根据由 SDIO 来的制导指令 K_e(数字量)和由 ADAC、DMAIO 模块来的陀螺仪、加速度计输出信息,实现弹体的稳定和控制。其软件可采用自适应控制系统(自动驾驶仪)算法模块和采用气动力系数估值来确定控制增益的算法模块。

在高性能的自寻的导弹中,如"麻雀"空空导弹的微型计算机系统还执行惯性基座功能,使惯性制导数字化,采用确定姿态、速度、位置、迎角、气动参数估值和导弹质量、惯量估值等 6 个软件模块来实现,改善了使用陀螺仪和加速度计系统的动态特性。

5.5.3 弹上计算机的特点

上面讨论了自寻的导弹的弹上计算机系统,为了适应弹上环境和完成预定的数据处理,通

常对弹上计算机提出如下要求:

(1) 计算机硬件结构尺寸和质量,必须和弹长、直径、质量相适应,并限制功耗。

(2) 导弹的工作环境噪声、辐射、干扰等要求计算机器件有高抗干扰性,最好用 CMOS 型或 SOS 型工艺器件。

(3) 为使导弹设计时更改方便,服役时使用简单、工作可靠、自检和维护方便,改型和扩充功能容易,计算机的全部硬件和软件应采用模块结构。

(4) 为使研制、生产、使用方便,各类导弹采用的微型计算机应系列化、标准化,并互相兼容。

(5) 为使制导站(载机)与导弹易配合,应采用统一规格的标准总线,如美国航空军用标准为 MIL-STD-1553A。为使微型计算机系列化、标准化和兼容,要求用一定数量的统一标准硬件模块,并用标准总线连接,如美国采用 S-100 总线。

(6) 对计算机指标的要求。

解题能力是指在某个时间间隔内,最坏条件下的解题能力

$$\mathrm{KOPS}=\frac{N+0.3N}{\tau_c} \tag{5-53}$$

式中:KOPS 为每秒千次操作(指令);N 为关键线路上计算机总操作次数;$0.3N$ 为 30% 的余度;τ_c 为允许的时间间隔。在跟踪阶段要求的解题能力最高,如目前空空导弹的信号处理功能跟踪时解题能力为 100~250KOPS;制导功能要求为 3~40KOPS;状态估值功能要求为 12-60KOPS;导引头稳定控制功能要求为 35~280KOPS。

对存储器要求:如"麻雀"空空导弹的信号处理功能,对程序存储器(ROM)要求 975B,对数据存储器 RAM、ROM 分别要求 2780B、150B。

对转换器要求:转换器包括 A/D、D/A 转换器,其指标包括 I/O 通道数目、采样频率和转换器的字长。如对"麻雀"空空导弹要求为:A/D 输入通道 16~18 个,D/A 输出通道 6~8 个。导引头跟踪时信号处理采样频率为 32Hz;导引头稳定采样频率为 250~5000Hz。A/D、D/A 的最大字长为 10~12bit。

思考题

1. 无线电寻的制导系统分为哪几种类型?请简述这几种类型各自的特点?
2. 简述寻的制导系统的基本工作过程?
3. 简述雷达导引头的功能和工作过程。
4. 雷达导引头由哪几部分组成?
5. 雷达导引头有哪些基本要求?
6. 试述雷达导引头伺服系统的各种工作模式。
7. 简述导引头稳定平台的主要要求及其意义?
8. 按导引头信号的形式,主动式雷达导引头可分为哪几种?有什么特点?
9. 主动雷达导引头接收系统由哪几部分组成?
10. 主动雷达导引头信号处理系统的基本任务?
11. 雷达导引头控制系统由哪几部分组成?
12. 全倒置连续波导引头方案有什么优点?

13. 简述全倒置连续波导引头倒置接收机的工作原理。
14. 简述反辐射导弹导引头工作原理。
15. 毫米波雷达导引头有哪些特点?

第六章　红外寻的制导

红外寻的制导是利用目标辐射的红外线作为信号源的被动式自寻的制导，可分为红外非成像寻的制导和红外成像寻的制导。红外非成像寻的制导也叫红外点源寻的制导。

红外寻的制导虽然受天气影响大，不能全天候工作，但是由于它的分辨率高、命中精度高、弹上制导设备简单、体积小、重量轻、成本低、工作可靠、可实现"发射后不管"，因此，广泛应用于空空、空地、地空等导弹的自寻的制导和多模复合寻的制导中。

红外非成像寻的系统（又称红外点源寻的系统）从目标获得的信息量少，它只有一个点的角位置信号，没有区分多目标的能力，而人为的红外干扰技术有了新的发展，因此，点源系统已不能适应先进制导系统的发展要求，于是开始了红外成像技术用于制导系统的研究。

红外成像寻的制导是一种利用弹上红外探测仪器探测目标的红外辐射，根据获取的红外图像进行目标捕获与跟踪，并将导弹引向目标的制导方法。红外成像又称热成像，红外成像技术就是把物体表面温度的空间分布情况变为按时间顺序排列的电信号，并以可见光的形式显示出来，或将其数字化存储在存储器中，为数字机提供输入，用数字信号处理方法来分析这种图像，从而得到制导信息。它探测的是目标和背景间微小的温差或辐射频率差引起的热辐射分布情况。红外成像制导技术具备在各种复杂战术环境下自主搜索、捕获、识别和跟踪目标的能力，代表了当代红外制导技术的发展趋势。红外成像探测真正实现了对目标的全向攻击，新一代以红外成像制导为核心的寻的制导导弹已成为精确打击的有力武器。

本章主要介绍目标的红外辐射特性、红外点源寻的制导系统组成和工作原理、红外成像寻的制导系统的特点、红外成像导引头的组成及工作原理、红外成像寻的器、红外图像的视频信号处理、红外寻的制导系统性能描述等内容。

6.1　目标的红外辐射特性

6.1.1　红外线的基本性质

红外线是一种热辐射，是物质内分子热振动产生的电磁波，其波长为0.76～1000μm，在整个电磁波谱中位于可见光与无线电波之间，如图6－1所示。它的波谱位于可见光的红光之外，所以被称为红外线。

红外线与可见光一样都是直线传播，速度同光速一样，具有波动性和粒子性双重特性，遵守光学的折射、反射定律。可见光的成像、干涉、衍射、偏振、光化学等理论都适用于红外线，因此可以直接应用这些理论来研制红外仪器。

任何绝对温度在零度以上的物体都能辐射红外线，红外辐射能量随温度的上升而迅速增加，物体辐射能量的波长与其温度成反比。红外线和其他物质一样，在一定条件下可以相互转化。红外辐射可以是由热能、电能等激发而成，在一定条件下红外辐射又可转化为热能、电能等。能量转化原理是光电效应、热电效应等现象的理论基础，我们可以利用光电效应、热电效

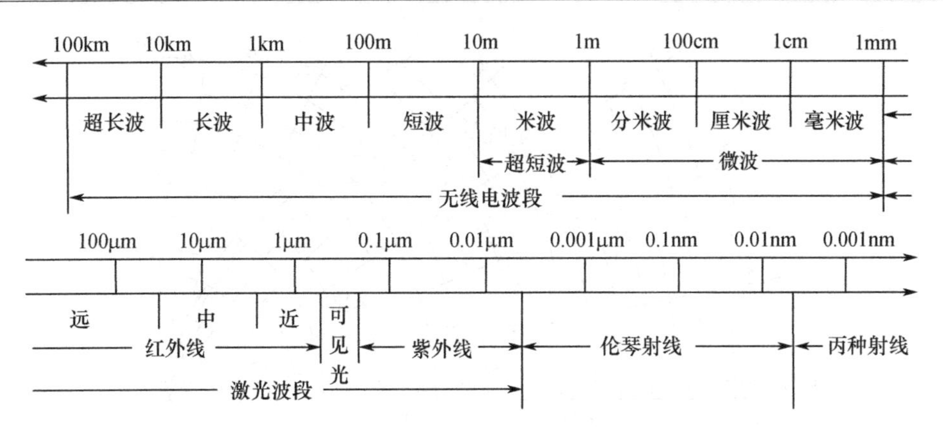

图 6-1 电磁波的频谱分布

应制成各种接收、探测红外线的敏感元件。

6.1.2 目标的红外线辐射特性

所谓目标,就是红外系统对之进行探测、定位、识别的那些物体。通常,目标和背景总是同时出现在探测系统前面的,而目标与背景都在不断进行热辐射。为了准确攻击目标,导弹的红外寻的制导系统必须能把目标从背景中区分开来,最大限度地提取有用信号。因此,为了对目标进行探测和识别,必须了解目标与背景的辐射特性,最重要的是要了解目标与自然背景的不同点,以便于区分和识别。

目标和背景的辐射特性一般是指以下几点:

(1) 辐射强度及其空间分布规律;

(2) 辐射的光谱分布特性;

(3) 辐射面积的大小。

其中前两点与红外系统所接收到的有用能量有关,第三点与目标在红外装置中成像面积大小有关。根据热辐射的理论可知,热辐射的最基本问题是辐射体的温度及辐射能的分布情况。下面介绍几种目标的典型热辐射及其分布。

1. 喷气发动机尾喷管加热部分的辐射

喷气发动机飞机的辐射主要是由尾喷管内腔的加热部分发出的。其辐射强度表示为

$$J=\frac{\varepsilon\sigma T^4 A_d}{\pi} \tag{6-1}$$

式中:$\sigma=5.6697\times10^{-12}(\mathrm{W}\cdot\mathrm{cm}^2\cdot\mathrm{K}^{-4})$,称为斯蒂芬-玻耳兹曼常数。式(6-1)表明,喷口辐射强度与喷口温度 T,喷口面积 A_d 及比辐射率 ε 有关。

图 6-2 是几种喷气式飞机喷口辐射的积分辐射强度,该图是在地面条件下,距飞机 1.5km 测试所得的结果。由图可以看出,在后半球发动机轴两侧 0°~40°范围内辐射比较集中。因此采用红外寻的制导的导弹,对以上几种目标适合于从后半球一定角度范围内进行攻击。计算表明,若喷口内腔温度 $T=500℃$,则喷口辐射会在 3.74μm 的波长附近出现最大值。

2. 废气的辐射

喷气式发动机工作时,尾喷口排出大量的废气。废气是由碳微粒、二氧化碳及水蒸气等组成。废气向喷口以 300~400m/s 的速度排出后迅速扩散,温度也随之降低。图 6-3 所示为美

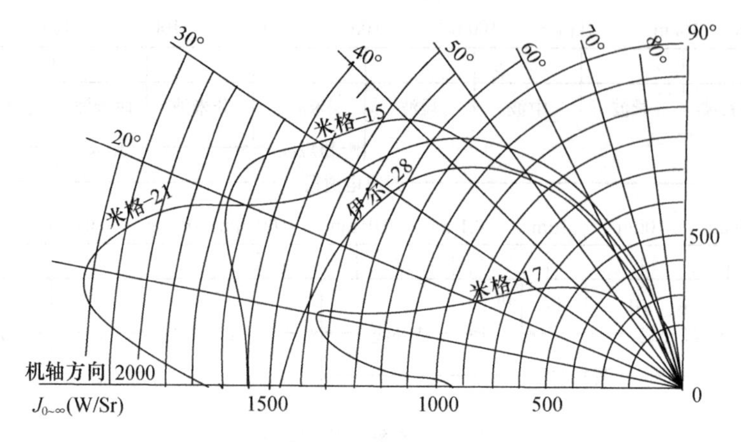

图6-2　四种飞机积分辐射强度的平面分布图

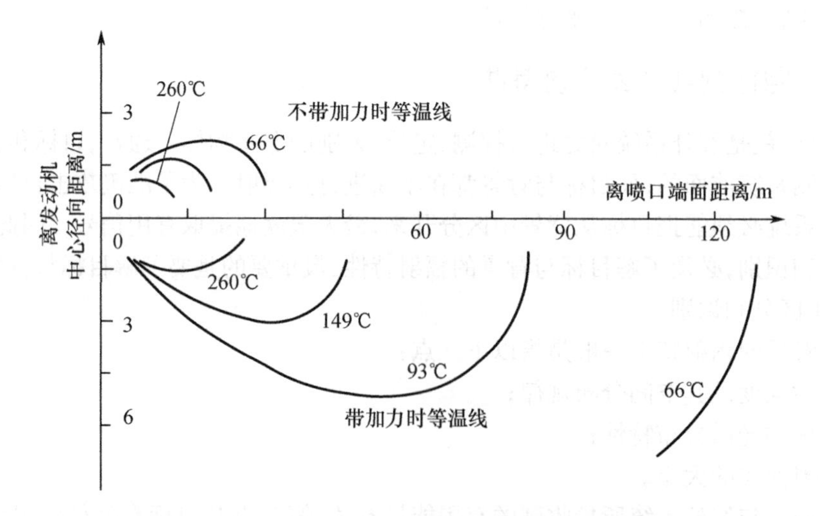

图6-3　喷气发动机在海平面有无加力时气柱的等温线

制波音707喷气发动机喷出气柱的等温线在有无加力时的变化情况。

废气辐射呈分子辐射特性,在与水蒸气及二氧化碳共振频率相应的波长附近呈较强的选择辐射。据测量,光谱分布主要集中在2.7μm、4.4μm和6.5μm附近,如图6-4所示。

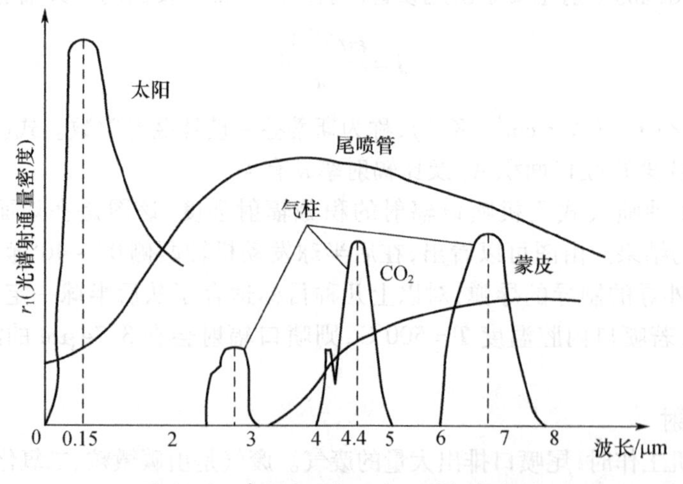

图6-4　喷气式飞机及太阳的辐射波谱

3. 飞机蒙皮因气动加热而产生的辐射

目标马赫数达2~2.5时，由于激波和高速气流流过飞机表面时受到阻滞，飞机蒙皮的温度约升高到150~220℃，辐射出波长为5~9μm的红外线，从而增加了飞机前后和两侧的红外线辐射强度。因此，导弹也可以从高速飞机的两侧进行攻击。

综上，喷气发动机飞机的总辐射由喷管内辐射、废气辐射和蒙皮热辐射三部分组成。在上述三种辐射中，起主要作用的是尾喷管的辐射，因此，喷气式飞机辐射特性主要由尾喷管辐射所决定。

图6-5所示为米格-17飞机在地面条件下实测的辐射波谱分布曲线（米格-15和米格-21与之类似）。喷口内腔温度为500℃，曲线在3.6μm处出现峰值，与计算值3.74μm很接近。曲线表明，主要辐射能量都集中在2~5.4μm范围内。

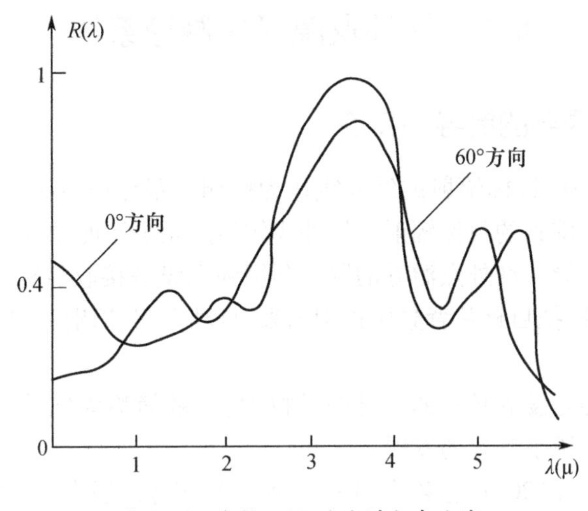

图6-5 米格-17的波谱分布曲线

4. 红外线的传播

从图6-6可以看到，红外线的主要辐射能量不是均匀分布的，而是集中于某些特定长度的波段附近，这是由于地面大气的选择性吸收所造成的结果。有翼导弹都是在大气中飞行的，因而红外制导系统接收的辐射源发出的红外线都要穿过大气。红外线穿过大气时会被吸收和散射，故对红外线在大气中的传输做些分析就十分必要。

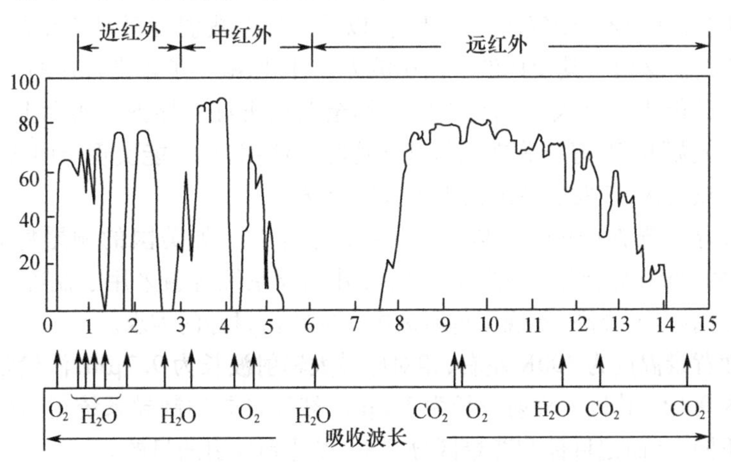

图6-6 大气的透射比

我们知道,组成地球大气的主要气体是氮气和氧气,刚好这两种气体对相当宽的红外辐射没有吸收作用,但大气中的一些次要成分:水汽、二氧化碳等对红外辐射的传播却有重要的影响,他们在红外波段中都分别有相当强的吸收带,大大影响了红外线的顺利传播。

当红外辐射在大气中传输时,要受到上述各种气体的吸收作用而衰减。图6-6给出了1~15μm的红外线辐射通过一海里长度的大气透射比。从图中可以看出,在15μm以下,有三个具有高透射率的区域:2~2.6μm、3~5μm、8~14μm,这些区域称为大气透过窗。其中波长在3.4~4.2μm之间透过红外线能量最强,而喷气式发动机喷口辐射的红外线峰值波长就在这个范围内,这正是红外线自导引系统所利用的。在15μm以上没有明显的大气窗口,因此,红外导引头的工作波长必须选在15μm以下。

6.2 红外点源寻的制导系统

6.2.1 红外点源寻的制导的特点

红外寻的制导是利用目标辐射的红外线作为探测与跟踪信号源的一种被动式自寻的制导。它是把所探测与跟踪到的目标辐射的红外线作为点光源处理,故称为红外点源寻的制导,或者红外非成像寻的制导。红外点源寻的制导利用弹上设备接收目标的红外线辐射能量,通过光电转换和滤波处理,把目标从背景中识别出来,自动探测、识别和跟踪目标,引导导弹飞向目标。

红外点源寻的制导是发展较早的一种制导技术(一般简称为红外寻的制导),始于20世纪40年代中期,已经经历了三代的发展。

第一代红外寻的导弹(20世纪40年代—1955年),工作波段在1~3μm间,采用非制冷硫化铅探测器,作用距离近,而且只能探测飞机的喷气发动机尾喷管辐射的红外线。因此这类导弹的攻击范围只限制在目标后方狭窄的扇形区域内,故其战术使用只能进行尾追攻击。同时这类导弹对红外辐射吸收受背景和气象条件影响较大,所以不能全天候使用。其典型产品是响尾蛇AIM-9B等。

第二代红外寻的导弹(1957年—1966年)工作波段在3~5μm间,探测器采用制冷技术,光敏元件为锑化铟探测器。这类导弹不但可以敏感目标喷气发动机喷管的红外辐射,还可以敏感喷气发动机排出的CO_2废气的红外辐射,以及机体蒙皮温度升高产生的红外辐射,因此可以进行全向攻击。又由于其使用波长向中波方向伸展,减小了阳光辐射的干扰,从而提高了系统抗背景干扰的能力。有人把此类导弹称作全向攻击红外导弹。实际上只有英国的"红头"、法国的"玛特拉"R530等导弹在同机载雷达配合使用时,才能实现全向攻击,而其他型号导弹也只能扩大攻击区,其发射范围仍未超过后半球。

第三代红外寻的导弹(1967年以后)为近距格斗弹。如美国的响尾蛇导弹AIM-9L、AIM-9M,法国的R550导弹等。该类导弹的红外制导系统普遍采用了制冷的锑化铟光敏元件,因此其性能都有全面提高,实现了近距离内全向攻击目标的需求。

人体和地面背景温度为300K左右,相对应最大辐射波长为9.7μm,涡轮喷气发动机热尾管的有效温度为900K,其最大辐射波长为3.2μm,红外自寻的制导系统正是根据目标和背景红外辐射能量不同,从而把目标和背景区分开来,以达到导引的目的。

红外寻的制导系统广泛应用于空空、地空导弹,也应用于某些反舰和空地武器,具备以下优点：

（1）制导精度高，由于红外制导是利用红外探测器捕获和跟踪目标本身所辐射的红外能量来实现寻的制导，其角分辨率高，且不受无线电干扰的影响；

（2）可发射后不管，武器发射系统发射后即可离开，由于采用被动寻的工作方式，导弹本身不辐射用于制导的能量，也不需要其他的照射能源，攻击隐蔽性好；

（3）弹上制导设备简单，体积小，重量轻，成本低，工作可靠。

红外自寻的制导的缺点如下：

（1）受气候影响大，不能全天候作战，雨、雾天气红外辐射被大气吸收和衰减的现象很严重，在烟尘、雾、霾的地面背景中其有效性也大为下降；

（2）容易受到激光、阳光、红外诱饵等干扰和其他热源的诱骗，偏离和丢失目标；

（3）作用距离有限，一般用于近程导弹的制导系统或中远程导弹的末制导系统。

为了解决鉴别假目标和对付红外干扰问题，20 世纪 80 年代初开始发展双色红外探测器，使用两种敏感不同波段的探测器来提高鉴别假目标的能力，如某末制导反坦克炮弹双色红外探测器分别采用硒化铅和硫化铅两种探测器。硒化铅敏感波段为 1 ~ 4μm，阳光火焰等构成的假目标红外辐射在 2μm 波段较强，在 4μm 波段较弱，而地面战车的红外辐射在 4μm 波段较强，2μm 波段较弱。硫化铅敏感波段为 2 ~ 3μm，对 4μm 波段不敏感，它所探测的信号反映了假目标信号，把两种探测器得到的信号在信号处理设备中进行比较，可提取地面战车的信号特征，从而提高鉴别假目标的能力。

正在发展的红外成像制导系统与非成像红外制导系统相比，有更好的对地面目标的探测和识别能力，但成本是红外非成像制导系统的几倍，从今后的发展和效费比来看，非成像红外制导系统作为一种低成本制导手段仍是可取的。

6.2.2　红外点源导引头组成及其工作原理

1. 红外点源寻的制导系统

红外点源寻的制导系统一般由红外导引头、弹上控制系统、弹体及导弹目标相对运动学环节等组成。红外导引头用来接收目标辐射的红外能量，确定目标的位置及角运动特性，形成相应的跟踪和引导指令。

由导弹导引头得到的目标误差信号，只能用来使陀螺进动，使光学系统光轴跟踪目标，而不能直接控制导弹飞行。误差信号需要进一步送到导弹控制系统中去，对其进行放大变换，形成一定形式并有足够大功率的制导信号，才能操纵执行装置，从而控制导弹飞行。红外导弹的控制系统原理图，如图 6－7 所示。

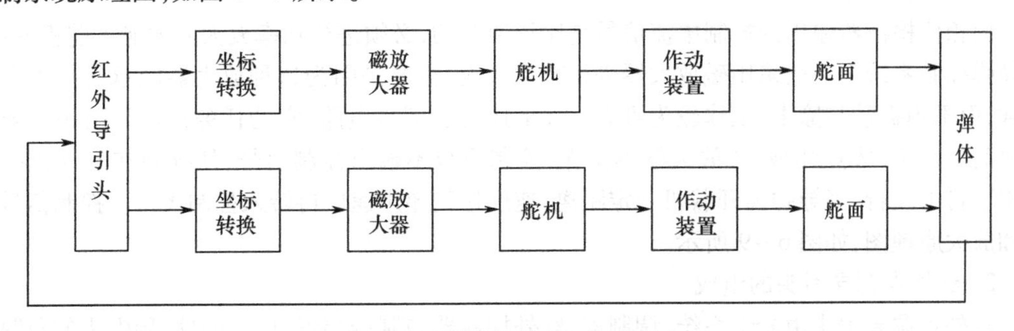

图 6－7　导弹控制系统原理框图

红外寻的制导系统通常采用两对舵面操纵导弹,作两个相互垂直方向的运动,即双通道控制系统。由红外导引头所测得的极坐标形式的误差信号,不能直接用来控制两组舵面使导弹跟踪目标,必须把极坐标信号转换成直角坐标信号,这种转换任务是由控制信号形成电路来完成的。

控制信号形成电路由两个完全相同的相位检波器组成,也称坐标转换器或比相器。把导引头测得的目标误差信号与两组基准电压线圈得到的相位差为90°的72周正弦信号送入相位检波器,形成两个通道的控制信号,经放大后可供舵机使用。

1) 控制信号的形成

误差信号处理电路输出的信号电压可表示为

$$u = k\Delta q\sin(\Omega t - \theta) \tag{6-2}$$

式中:Δq 为目标视线与光轴的夹角,反映目标相对光轴偏离量的大小;θ 为初相角,反映目标偏离光轴的方位;k 为导引系统放大系数。这是一个极坐标形式的交流信号,而弹上的执行装置是按直角坐标控制的,在驱动舵机时,必须把它分解成两个相互垂直的控制通道上的分量。

图6-8为直角坐标系,若 Ox_1 为导弹纵轴,一对舵面位于 x_1Oz_1 平面上,称为 Z 通道,而另一对舵面则位于 x_1Oy_1 平面上,称为 Y 通道。

误差信号转换成直角坐标时,则它在 Z 通道与 Y 通道的分量为

$$Oa = \Delta q\sin\theta \tag{6-3}$$

$$Ob = \Delta q\cos\theta \tag{6-4}$$

即控制系统纠正导弹偏差时,必须给两个舵机以相应的控制信号(即与 Oa、Ob 成正比的直流信号)来控制舵面偏转。

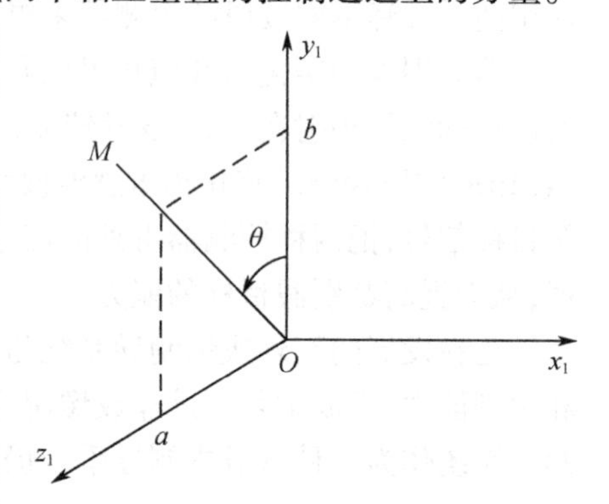

图6-8 目标偏差信号坐标分解

为了把误差信号转换成两个相互垂直通道上的分量,导引头陀螺系统中有两对基准信号线圈,分别与两对舵面的位置相对应,在配置上相差90°。基准信号与误差信号共同输入相位检波器进行相位比较,来形成相互垂直通道上的两组舵机的控制信号。

相位检波器由两个结构相同的桥式电路组成,每个桥式电路上有两个输入,误差信号作为每一电桥的一个输入,基准信号电压作为每一个桥式电路的另一个输入。通过对桥式电路的分析可知,每一电桥输出平均电流的大小正比于输入误差信号的幅值乘以误差信号与基准信号相位差的余弦,因为两个基准信号相位差为90°。

2) 控制信号的放大

由相位检波器输出的控制电流信号是比较微弱的,必须进行功率放大后才能供舵机使用。在导弹控制系统中一般采用磁放大器进行功率放大,主要是因为这种放大器能承受相当大的过载,而不怕振动与撞击,工作较为可靠。弹上还设有归零电路,它的任务是使导引头在导弹离轨后的片刻(零点几秒)磁放大器不工作,控制系统不输出控制信号,使导弹在发动机推力作用下自由飞行,当导弹离开载机一定距离,速度达到超声速后再转入控制飞行。控制信号形成和放大原理图,如图6-9所示。

2. 红外点源导引头的组成

红外点源导引头由光学系统、调制器、红外探测器与制冷装置、信号处理、导引头的角跟踪系统等部分组成,以飞航导弹红外导引头为例,其系统结构组成框图如图6-10所示。

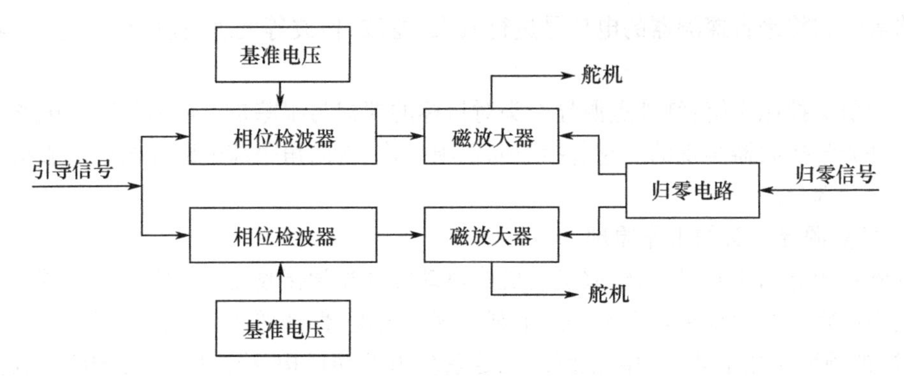

图 6-9　控制信号形成放大原理图

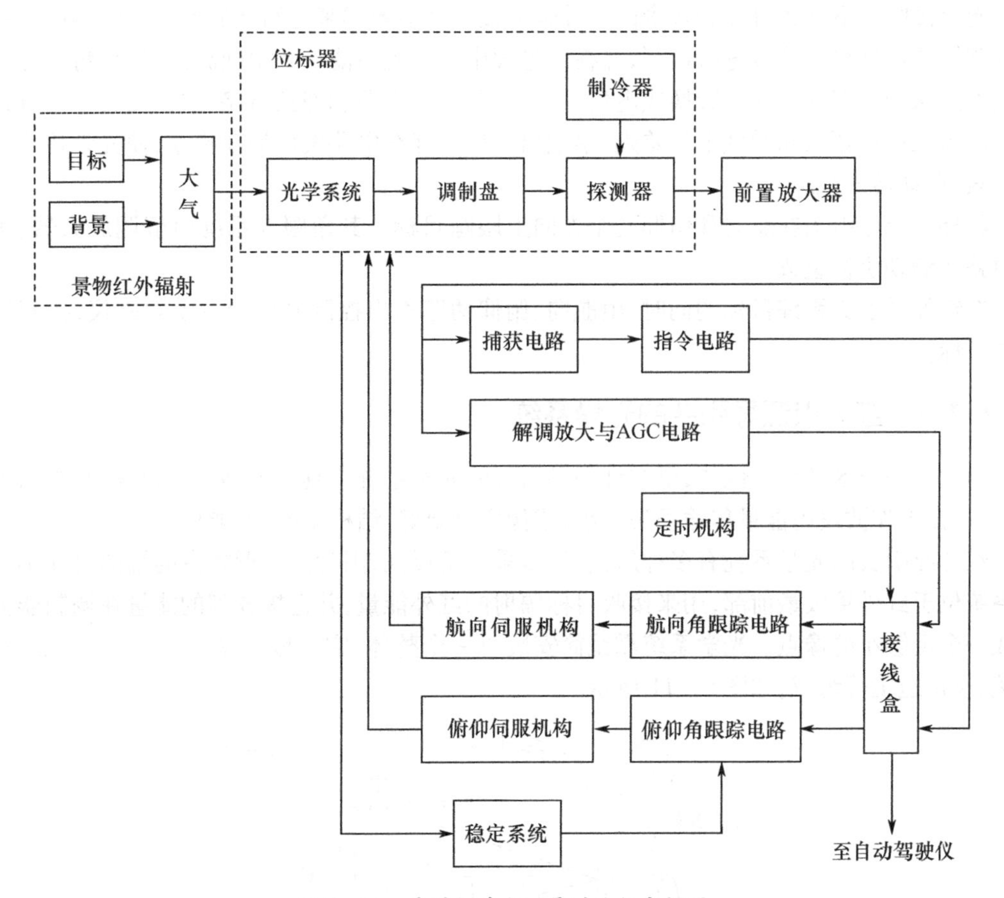

图 6-10　导弹红外点源导引头组成框图

(1) 光学接收器：它类似于雷达天线，它会聚由目标产生的红外辐射，并经光学调制器或光学扫描器传送给红外探测器。

(2) 光学调制器：光学调制器有空间滤波作用，它通过对入射红外辐射进行调制编码实现；另外，红外点源导引头还有光谱滤波作用，通过滤光片实现。

(3) 红外探测器及其制冷装置：红外探测器将经会聚、调制或扫描的红外辐射转变为相应的电信号。一般红外光子探测器都需要制冷，因此，制冷装置也是导引头的组成部分之一。

(4) 信号处理：红外点源导引头的信号处理主要采用模拟电路，一般包括捕获电路和解调放大电路等。它将来自探测器的电信号进行放大、滤波、检波等处理,提取出经过编码的目标信息。

(5) 导引头控制系统:红外点源导引头对目标的搜捕与跟踪是靠搜捕与跟踪电路、伺服机构驱动红外光学接收器实现的。它包括航向伺服机构、航向角跟踪电路和俯仰伺服机构、俯仰角跟踪电路两部分。

3. 红外点源导引头的工作原理

当红外点源导引头开机后,伺服随动机构驱动红外光学接收器在一定角度范围进行搜索。此时稳定系统将光学视场稳定在水平线下某一固定角度,保证弹体在自控段飞行时,俯仰姿态有起伏时,视场覆盖宽于某一距离范围。稳定系统由随动机构、稳定陀螺仪、俯仰稳定电路和脉冲调宽放大器组成。

光学接收器不断将目标和背景的红外辐射接收并会聚起来送给调制器。光学调制器将目标和背景的红外辐射信号进行调制,并在此过程中进行光谱滤波和空间滤波,然后将信号传给探测器。探测器把红外信号转换成电信号,经由前置放大器和捕获电路后,根据目标与背景噪声及内部噪声在频域和时域上的差别,鉴别出目标。捕获电路发出捕获指令,使光学接收器停止搜索,自动转入跟踪。

红外点源导引头在航向和俯仰两个方向上跟踪目标。其角跟踪系统由解调放大器、角跟踪电路和随动机构组成。

在红外导引头跟踪目标的同时,由航向、俯仰两路输出控制电压给自动驾驶仪,控制导弹飞向目标。

6.2.3 红外点源导引头的光学系统

为了提高战术导弹的性能,要求红外导引头的光学系统应具备足够大的视场,在视场内光晕要小,在工作波段内能量传输损失要小,成像质量要好,结构紧凑,性能稳定。

红外导引头的光学系统有多种形式,但多采用折反式,因为这种形式占的轴向尺寸小。光学系统位于红外接收最前部,用来接收目标辐射的红外能量,并把接收到的能量在调制器上聚焦成一个足够小的像点。光学系统靠镜筒安装成一个整体,它一般由整流罩、主反射镜、次反射镜、校正透镜等组成,如图6-11所示。

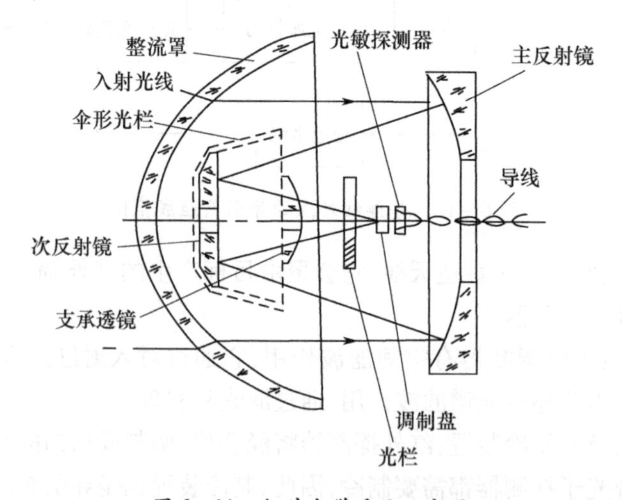

图6-11 红外光学系统示意图

(1) 整流罩:是一个半球形的同心球面透镜,为导弹的头部外壳。应有良好的空气动力特性,并能透射红外线。若整流罩由石英玻璃制成,则对 6μm 以下波长的红外线有较好的透射能力,这与喷气飞机发动机喷口辐射的红外波谱相对应。整流罩的工作条件恶劣,导弹高速飞行时,其外表面与空气摩擦产生高温,内表面因舱内冷却条件好,使罩子内外温差较大,可能使其软化变形甚至破坏。另外,高温罩子将辐射红外线,干扰光电转换器(探测器)的工作。因此,整流罩的结构必须合理,材料必须选择适当,加工要精密。

(2) 主反射镜:用于会聚光能,是光学系统的主镜。它一般为球面镜式抛物面镜。为了减小入射能的损失,其反射系数要大,为此镀有反射层(镀铝或锡),使成像时不产生色差,并对各波段反射作用相同。

(3) 次反射镜:位于反射镜的反射光路中,主反射镜会聚的红外光束,经次反射镜反射回来,大大缩短了光学系统的轴向尺寸。次反射镜是光学系统的次镜,一般为平面或球面镜,镀有反射层。

为了提高光学系统性能,该系统还可增加如下的组件。

(1) 校正透镜:是一个凸透镜。用来校正像差(即用光学系统的成像与理想像间的差),提高像质。可用场镜,提高光学系统的会聚能力,减小探测元件尺寸,增大作用距离。

(2) 滤光片(滤光镜):用来滤除工作波段范围外的光,只使预定光谱范围的辐射光照在探测器上。目前多用吸收滤光镜(利用各种染料、塑料和光学材料的吸收性能制成)和干涉滤光片(利用光的干涉原理制成)。如锗滤光片把波长短于 1.8μm 的红外线吸收滤掉;两面镀有红外透光膜的宝石(Al_2O_3)干涉滤光片,对波长小于 2.2μm 的红外线,透过率为零,对波长大于 2.3μm 的红外线透过率为 90%。

(3) 浸没透镜:使用浸没型光敏电阻(把光敏电阻层粘合到一个半球或超半球的球面透镜的底面),以形成光学接触,会聚光束,提高光敏元件的接收立体角,减少光敏元件的面积,降低噪声。

(4) 伞形光栏:用来防止目标以外的杂散光照射到探测器上。

光学系统的工作原理是:目标的红外辐射透过整流罩照射到主反射镜上,经主反射镜聚焦、反射到次反射镜上,再次反射并经伞形光栏、校正透镜等进一步会聚,成像于光学系统焦平面的调制器上。这样,辐射的分散能量聚焦成能量集中的光点,增强了系统的探测能力。红外像点经调制器调制编码后变成调制信号,再经光电转换器转换成电信号,因目标像点在调制器的位置与目标在空间相对导引头光轴的位置相对应,所以调制信号可确定目标偏离导引头光轴的误差角。

为了讨论方便,用一个等效凸透镜来代表光学系统,二者的焦距相等,目标视线与光轴的夹角用 $\Delta\varphi$ 表示,如图 6-12 所示。

当 $\Delta\varphi=0$,目标像点落在 O 点;当 $\Delta\varphi\neq0$,目标像点 M 偏离 O 点,设距离偏差 $OM=\rho$,由于 $\Delta\varphi$ 很小,则 $\rho=f\tan\Delta\varphi\approx f\Delta\varphi$,即距离 ρ 表示了误差 $\Delta\varphi$ 的大小。f 为光学系统的焦距。图 6-12 中,坐标 yOz 与 $y'O'z'$ 相差 180°,目标 M' 位置与 $O'z'$ 轴的夹角为 θ',像点 M 与 Oz 轴的夹角为 θ(像点方位角),由图可得 $\theta=\theta'$。即像点 M 的方位角反映了目标偏离光轴的方位角 θ'。

可见,光学系统焦平面上的目标像点 M 位置参数 ρ、θ 表示了目标 M' 偏离光轴的误差角 $\Delta\varphi$ 的大小和方位。

从图上还可以看到,导引头所观察的空间范围是受调制盘尺寸限制的。如果放在焦平面上的调制盘的直径为 d,与光轴成 α 角范围内的斜光束均可聚焦到调制盘上,比 α 角更大的斜

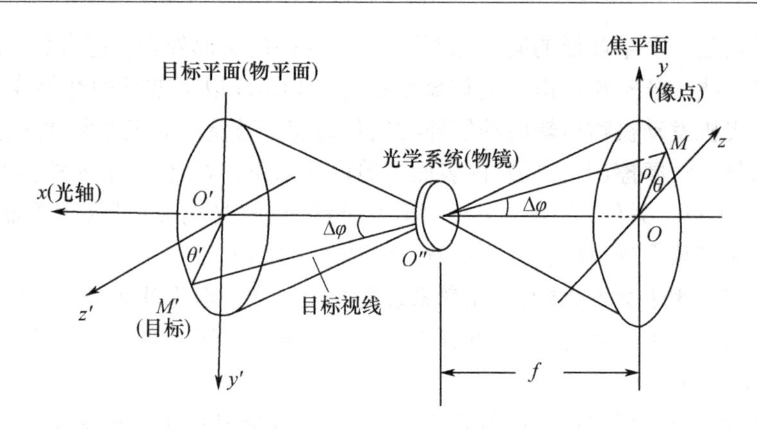

图6-12　目标和像点的位置关系

光就落到调制盘外面去了,如图6-13所示。

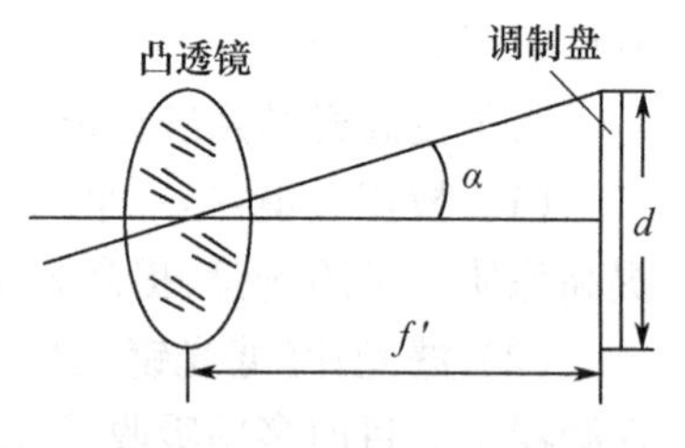

图6-13　视角的示意图

这部分能量不能被系统所接收,因此 α 角就决定了这个系统所能观察到的有效空间范围大小,称 α 为光学系统的视角(也称瞬时视场)。因为调制盘对称于光轴,所以光学系统全部视角为 2α,$2\alpha = 2\arctan(d/2f')$。

显然,视场角大,导引头观察空间范围就大,但视场角大,背景干扰就大,需要导引头的横向尺寸也大。综合考虑,导引头的视场角不能设计太大。

6.2.4　红外调制器及其工作原理

经光学系统聚焦后的目标像点,是强度随时间不变的热能信号,如直接进行光电转换,得到的电信号只能表明导引头视场内有目标存在,无法判定其方位。为此,必须在光电转换前对它进行调制,即把接收的恒定的辐射能变换为随时间变化的辐射能,并使其某些特征(幅度、频率、相位等)随目标在空间的方位而变化,调制后的辐射能,经光电转换为交流电信号,便于放大处理。

调制器是导引头中的关键部件。目前广泛应用的调制器是调制盘。调制盘的式样繁多,图案各异。但基本上都是在一种合适的透明基片上用照相、光刻、腐蚀方法制成特定图案。按调制方式,调制盘可分调幅式、调频式、调相式、调宽式和脉冲编码式。下面以一种常用的调制盘为例来讨论。

1. 用调制盘确定目标位置

调制盘的花纹图案形式繁多,但基本原理是类似的,为了分析问题方便,我们以一种简单而典型的图案(图6-14)来说明。

图中上半圆是调制区,分成12个等分的扇形区,黑白相互交替;下半圆是半透明区,只能使50%的红外辐射能量通过。在上半圆调制区内是黑白相间的辐射状扇形花纹,白条纹区的透过率 $\tau=1$,黑条纹区的透过率 $\tau=0$。这样,对大面积背景来说,上、下半圆的平均透过率都是1/2,产生相同幅度的直流电平,便于滤除。

调制盘放在光学系统的焦平面上,调制盘中心与光轴重合,整个调制盘可以绕光轴匀角速度旋转。在调制盘后配置场镜,把辐射再次聚到探测器上。当导弹与目标的距离大于500m时,目标辐射的红外线可以认为是平行光束射到光学系统上的。光学系统把它聚成很小的像

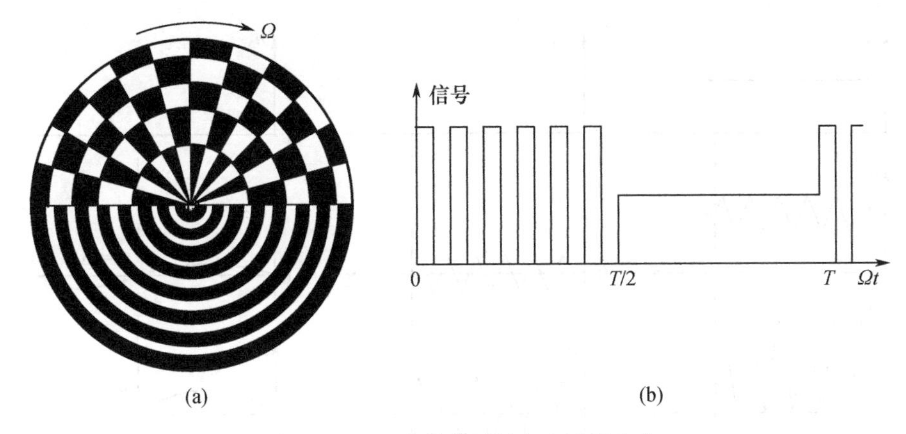

图 6-14 一种简单调制盘及调制脉冲

点，落在调制盘上，当目标在正前方时，落在调制盘中心的像点直径大约 0.25 ~ 0.28mm。当目标偏离导引头光轴时，像点落在调制盘的扇形格子半圆上，由于调制盘的旋转，使目标像点时而透过调制盘，时而不透过调制盘，所以目标像点被调制成断续相同的 6 个脉冲信号。脉冲的形状由像点大小和黑白纹格的宽度之比决定的。若搜索跟踪系统对脉冲形状有要求，可根据像点大小来设计黑白纹格的宽度。假设像点大小比黑白扇形宽度小得多，则产生矩形脉冲。当目标相点落在黑白线条的下半圆上时，目标像点占有的黑、白线条数目几乎相等，此时，目标辐射不被调制，而通过的热辐射通量为落在此半盘上的 50%。这样就形成了图 6-14(b)所示的信号，该信号经光敏元件后便转换为相应的电脉冲信号。

调制盘是用来鉴别目标偏离导弹光轴位置的。由于导弹和目标都是空间运动的物体，因此，目标像点可以出现在调制盘上的任意位置。下面分析像点落在调制盘上不同位置时所产生的脉冲序列的形状，如图 6-15 和图 6-16 所示。

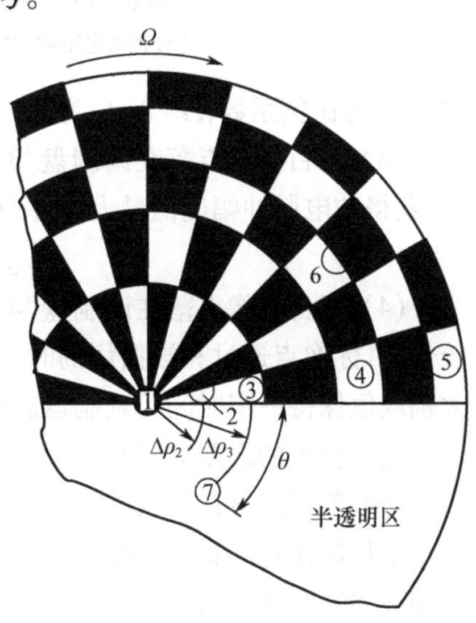

图 6-15 目标偏差不同时的像点位置

(1) 当目标位于光轴上时，失调角 $\Delta q_1=0$，像点落在调制盘中心，如图 6-15 中位置"1"。当调制盘旋转一周后，由于调制盘两半盘的平均透过率相等，光敏电阻输出一个常值电压信号，如图 6-16(a)u_{F1}所示。此信号送入放大器要经过一个电容耦合，由于电容隔直流的作用，故信号输出 u'_{F1}为零，误差信号 $u_{\Delta1}$为零。上述结果是自然的，因为目标在光学系统轴上，输出电压也应该为零。

(2) 目标像点落在调制盘上位置"2"时，失调角为 Δq_2，偏离调制盘中心的距离为 $\Delta\rho_2$，由于此处栅极弧长较小，目标像点大于一个格子，即像点不能全部透过白色格子，也不能全部被黑格子所挡住，当调制盘转动一周后所获得的脉冲信号幅度值较小，如图 6-16(a)u_{F2}所示。此信号经耦合电容滤去直流分量后输出信号为 u'_{F2}，并由电子线路处理放大，检波之后得到误差信号 $u_{\Delta2}$，其幅度值与目标偏差角 Δq_2 成正比。$u_{\Delta2}$是随时间变化的，可用下式表示：

$$u_{\Delta2}=k\Delta q_2\sin2\pi f_b t=U_{m_2}\sin\Omega t \tag{6-5}$$

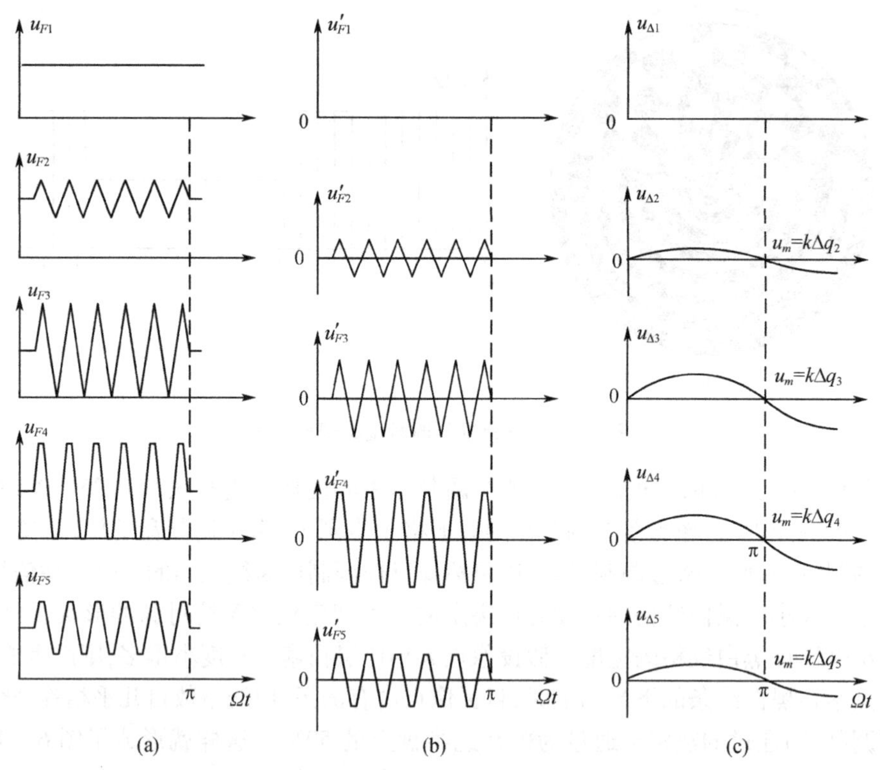

图 6-16 相点在调制盘上不同位置输出电信号的波形

(a)光敏电阻两端电压;(b)电容 C 输出电压;(c)误差信号电压。

式中:k 为比例系数;$\Omega=2\pi f_b$ 为调制盘旋转的角速度。

(3) 若目标像点落在调制盘"3"位置时,像点大小刚好等于一个格子。调制盘旋转一周后,获得的电脉冲幅度值最大,如图 6-16(a)u_{F3} 所示。放大器输出的误差信号电压 $u_{\Delta3}$ 为

$$u_{\Delta3}=k\Delta q_3\sin 2\pi f_b t=U_{m_3}\sin\Omega t \tag{6-6}$$

(4) 当目标像点落在调制盘"4"位置时,此时脉冲信号幅度值也为最大。但是由于弧度较长,目标像点透过和被挡住的时间也比较长,所以电脉冲信号的前后沿变得陡直些,并且最大幅度值保持一定时间。调制盘旋转一周后,光敏电阻上获得的电信号如图 6-16(a)u_{F4} 所示。此时获得的误差电压 $u_{\Delta4}=u_{\Delta3}$。

(5) 若像点落在调制盘上的"5"位置时,此处的特点是格子的弧度更长了,但格子的宽度却小于目标像点的直径,因此,电脉冲的幅度开始减小,而脉冲信号的宽度增加。调制盘旋转一周后,光敏电阻上获得的电信号如图 6-16(a)u_{F5} 所示。此时误差信号的幅值将小于 $u_{\Delta4}$ 的幅值,即 $U_{m5}<U_{m4}$。

(6) 当目标像点落在调制盘上的"6"位置时,则透过的热辐射通量始终为 50%,即与位置"1"的情况相同,光敏电阻输出的直流信号经耦合电容后为零。因目标机动,偏差信号在不断变化,像点不可能始终位于"6"的位置。

从上面的分析可以看出,当像点落在调制盘中心位置及其附近时,光敏电阻的输出电压差不多等于零,在调制盘中心附近的小范围内对热辐射实际上没有进行调制,这一区域称为"盲区"。当目标像点偏离调制盘中心后,光敏电阻输出的电压随着偏差值的增大而增大,当像点全部落在透明区时,调制度为最大,光敏电阻输出电压最大。通过上面分析可做出调制盘的调

制特性曲线。即光敏电阻输出电压与失调角 Δq 的关系曲线,如图 6-17 所示。

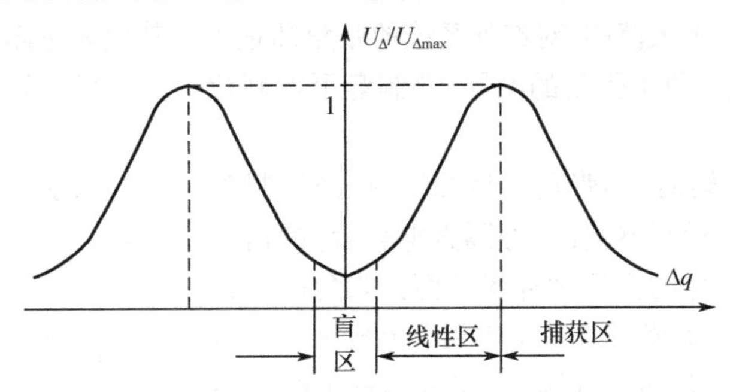

图 6-17　调制盘调制特性曲线

图中调制特性曲线的纵轴表示电脉冲信号的相对幅值,即 $U_\Delta/U_{\Delta max}$,横轴表示目标偏离光轴角度 Δq。当相点在调制盘边缘时,光敏电阻输出电压很小,当失调信号 $\Delta q = \Delta q_{max}$时,像点已经越出调制盘边缘,光敏电阻输出电压为零。所以 $2\Delta q_{max}$称导引头视场角。即导引头能看到目标的角度范围。当目标偏离光学系统轴的角度超过 Δq_{max}时,导引头就“看不到”目标了。

上面分析表明,利用调制盘对目标红外线辐射的调制作用即像点由调制盘中心向外作径向运动时,将出现幅度调制,由它能够确定目标偏离光轴的大小。但是如何确定目标的方位呢？下面就来分析这个问题。

在图 6-16 中,相点处于 1~5 位置时,目标偏离导弹的方位是相同的。当目标像点处于位置“7”时,它到调制盘中心的距离与点“3”位置相同,也是 ρ_3,但是方位角上相差 θ 角。当调制盘旋转时,光敏电阻两端输出的脉冲电信号,通过电子线路处理后输出的误差信号如图 6-18 所示。与点“3”相比,仅仅初始相位滞后 θ 角,而电压幅值未变,即

$$u_{\Delta 7} = k\Delta q_7 \sin(\Omega t - \theta) = k\Delta q_3 \sin(\Omega t - \theta) \tag{6-7}$$

考虑到 $u_{\Delta 3} = k\Delta q_3 \sin\Omega t$。故可看出,误差的相位能反映目标偏离导引头光轴的方位。因此,可以得出以下结论:误差信号电压振幅值的大小可反映目标偏离导引头光轴的角度 Δq 的大小,误差信号的初始相位反映与目标偏离导引头的方位。因此当误差信号的初始相位与水平基准信号相比较,可得方位误差信号,与垂直基准信号相比较就可以得到俯仰误差信号。利用这些误差信号就可以驱动系统,使红外跟踪系统自动对准目标,实现自动跟踪。

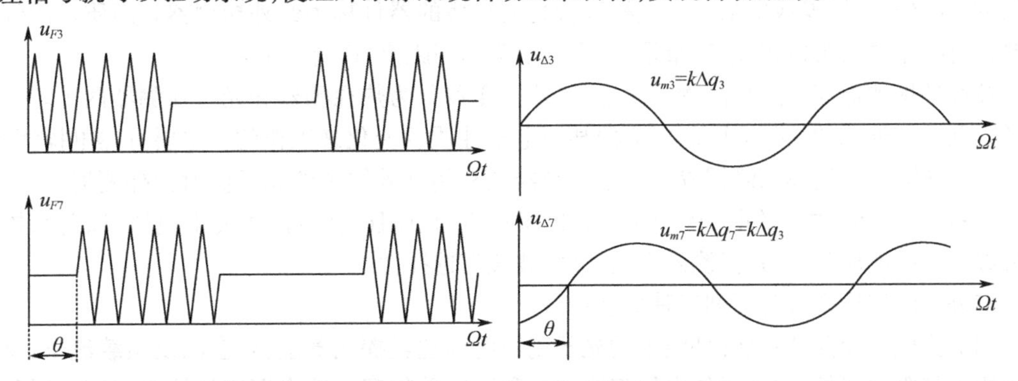

图 6-18　像点在调制盘上不同位置时的输出电信号波形

2. 用调制盘进行空间滤波

考察目标辐射和背景(云彩)的特性就可以发现,在近红外区,背景云彩反射太阳光的辐

射可能比飞机喷管的辐射大好几个数量级,但远处飞机是一个点目标,对红外系统的张角很小,而背景云彩则是一个大范围,对红外系统的张角却很大。其他如海洋中的舰船,陆地上的车辆也属于这类情况。利用张角的不同,调制盘可抑制背景、突出目标。这种滤除背景的作用,称为空间滤波。

当调制盘高速旋转时,小张角的目标辐射,经调制盘栅格交替传输和遮挡,探测器输出(经隔直电容后)的信号如图6-19(a)所示那样的交流脉冲串。而大张角的背景(云彩)的辐射,经光学系统聚焦后在调制盘上成为一个很大的像,覆盖整个或者大部分调制盘,探测器输出幅值不随时间变化,或者只有很小的变化,基本上是一个直流信号,上面仅有少许波纹,如图6-19(b)所示。当目标和背景同时成像于调制盘上时,探测器就同时输出上述的两种信号,经电子线路放大滤波后,只剩下目标交流信号,滤除了背景干扰的直流信号。

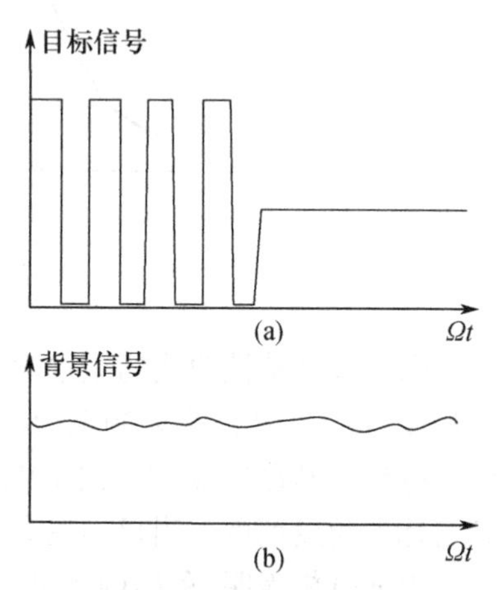

图6-19 调制盘的空间滤波作用

实际上,在上面的例子中,背景信号是很难完全滤除掉的。因为大部分云彩的边缘是不规则的,云彩内部的辐射也不是均匀的,存在梯度,经调制盘旋转调制后就出现了纹波信号。为了克服这一缺点,增强空间滤波能力,设计新的调制盘花纹是很必要的。图6-15所示的棋盘是调制盘,对直线云边的调制作用,具有抑制能力。若直线云边正好与辐射条平行,由于每一黑白环带面积相等,透光率为50%,探测器输出,基本上都是直流。但这种调制盘也有缺点,如目标像点落在点“6”位置时,像点处在两个环带之间,一半辐射被遮住,信号幅度被减小。究竟设计怎样的花纹,应该根据提高总的信噪比来考虑,不能只看到空间滤波这一方面。调制盘种类繁多,若按扫描方式分类,一般可分为旋转调制盘系统,圆锥扫描系统和章动系统三类,而每一类又有调幅、调相、调频、脉冲编码等,也有上述二者调制的组合等调制方式。

6.2.5 红外探测器

为了提供跟踪伺服机构和导弹制导系统需要的信号,须将光学系统接收到的目标辐射的连续的热能信号,转换成电信号。这种进行光电转换的器件称为红外探测器。高质量的红外探测器对缩小导引头体积,减轻重量,增大导引头作用距离,都起着重要作用。

按红外探测器探测过程的物理属性,红外探测器分为热探测器和光子探测器两类。热探测器是利用红外线的热效应引起探测器某一电学性质的变化来工作的。主要有热电探测器、热敏电阻、热电堆、气体探测器等。光子探测器是利用红外线中的光子流射到探测器上,与探测器材料(半导体)内部的电子作用后,引起探测器的电阻改变或产生光电电压,以此来探测红外线。它的响应时间短,探测效率高,响应波长有选择性。

红外探测器通常分为下列三种类型:

(1) 光电导探测器:当红外线中的光子流辐射到这类探测器上,就会激发出载流子,反映在电阻上使阻值降低,或者说使电导率增加。利用这种物理属性来探测红外线的探测器称为光电导探测器。由于光电导探测器的电阻对光线敏感,所以也称它为光敏电阻。属于这类探测器的有硫化铅(PbS)、锑化铟(InSb)、锗掺汞、锗掺金、锗掺铜等光敏电阻。

(2) 光生伏特探测器:当光子流照射到这类探测器上,它会产生光电压(即不均匀的半导体在光子流照射下，于某一部分产生电位差）。利用这种电压就可以探测到辐射来的红外线。这种类型探测器在理论上能达到最大探测率，要比光电导探测器大 40%。较常用的光生伏特探测器有硅、砷化铟、锑化铟、碲镉汞探测器等。工作时不需外加偏压。

（3）光磁电探测器：光磁电探测器是由一薄片本征半导体材料和一块磁铁组成的。当入射光子使本征半导体表面产生电子、空穴对并面向内部扩散时，它们会被磁铁所产生的磁场分开而形成电动势，利用这个电动势就可以测出辐射的红外线。这类探测器的特点是不需要制冷，反应快（10^{-8}s），可响应到 7μm 波长，不需要偏压，内阻低（小于 30Ω），噪声小，但探测率比前两种低。需要外加磁场，且光谱响应不与大气窗口对应，所以目前应用较少。

目前最常用的探测器以下几种：

（1）硫化铅（PbS）探测器：它是目前室温下灵敏度最高、应用最广泛的一种光导型探测器，是发展最早也是最成熟的红外探测器之一。它的探测率高，并能通过制冷、浸没等工艺进一步提高探测率。例如响尾蛇 AIM－9D 等导弹就是采用制冷硫化铅浸没探测器。较常用的方法之一是用低熔点玻璃把浸没透镜和有光敏层的石英基片粘合起来。但这种探测器只能在干冰温度（－78℃）以上使用。更低温时可能出现龟裂。若要求工作在更低温度，提高探测距离和抗背景干扰能力，则可将硫化铅薄膜直接沉淀到浸没透镜平面端，这样减少中间介质的吸收和界面的反射，可靠性得到显著提高。致冷的结果，使响应时间加长，这是缺点。一般要求响应时间在几十至几百微秒之间。

（2）锑化铟（InSb）探测器：InSb 是在 3～5μm 的大气窗口具有很高探测率的探测器。它有光伏型（77K）、光导型（室温与 77K）及光磁电型（室温）三种。光伏型比光导型的探测率高，响应时间约 1μs。光伏型 InSb 已制成大面积的多元阵列。

（3）碲镉汞（HgCdTe）探测器：HgCdTe 探测器是在 8～14μm 大气窗口具有很高探测率的重要探测器，有光伏型（77K）和光导型（77K）两种，调节碲镉汞材料中镉的分量，可以改变响应波长。目前已设计出响应在 0.8～40μm 波长范围内一切所需工作波段的探测器。碲镉汞探测器的噪声小，探测率高，响应快（光伏型 $\tau=1\mu s$、光导型 $\tau\approx1\mu s$），适用于高速、高性能设备及探测阵列使用。碲镉汞探测器的另一发展方向是室温、高性能、快速的 1～3μm 和 3～5μm 这两个波段的探测器。

以上三种是常用器件，因为红外技术在飞跃发展中，目前已经出现和正在研制的有各种各样的探测器。在红外导引头中如何设计和选择探测器，一般考虑下述几点：①探测度 D^* 足够大；②光谱响应的峰值波长在大气窗口内；③时间常数小；④结构简单，体积小。

6.2.6 探测器制冷技术

红外探测器制冷到很低的温度下工作，不仅能够降低内部噪声，增大探测率，而且还会有较长的响应波长和较短的响应时间。为了改善探测器的性能，提高导引头的作用距离，目前各类红外导引头中的探测器都广泛采用了制冷技术。考虑到导弹、飞机、卫星的结构特点，要求冷却探测器的装置必须微型化。下面只简单介绍几种有代表性的制冷装备。

1. 气体节流式制冷器

红外探测器中广泛使用的气体节流式制冷器，是一种微型制冷设备。根据焦耳—汤姆逊效应，当高压气体低于本身的转换温度并通过一个很小的孔节流膨胀变成低压时，节流后的气体温度就有显著的降低。如果再使节流后降温的气体返回来冷却进入的高压气体时，进而使高压气体在越来越低的温度下节流，不断进行这种过程，气体达到临界温度以后，一部分气体开始液化,获得低温。焦耳—汤姆逊液化结构如图6-20所示。探测器的光敏元件装在称为杜瓦瓶(与暖水瓶相似)的双层真空密封容器内,高压气体通过分子筛滤去水汽与二氧化碳等杂质,然后送入装在杜瓦瓶制冷室里的焦耳—汤姆逊微型液化器中(见图6-20(b))。高压气体流经细管并在顶端节流喷出,膨胀降温,制冷气体直接射向光敏元件背面,并沿有散热片的细管外壁排出(经逆流式热交换器)。膨胀后的低温气体与热交换器进行热交换并冷却高压进气,不断进行这个过程,一定时间后,高压进气温度逐渐下降,最终经节流膨胀后达液化温度。

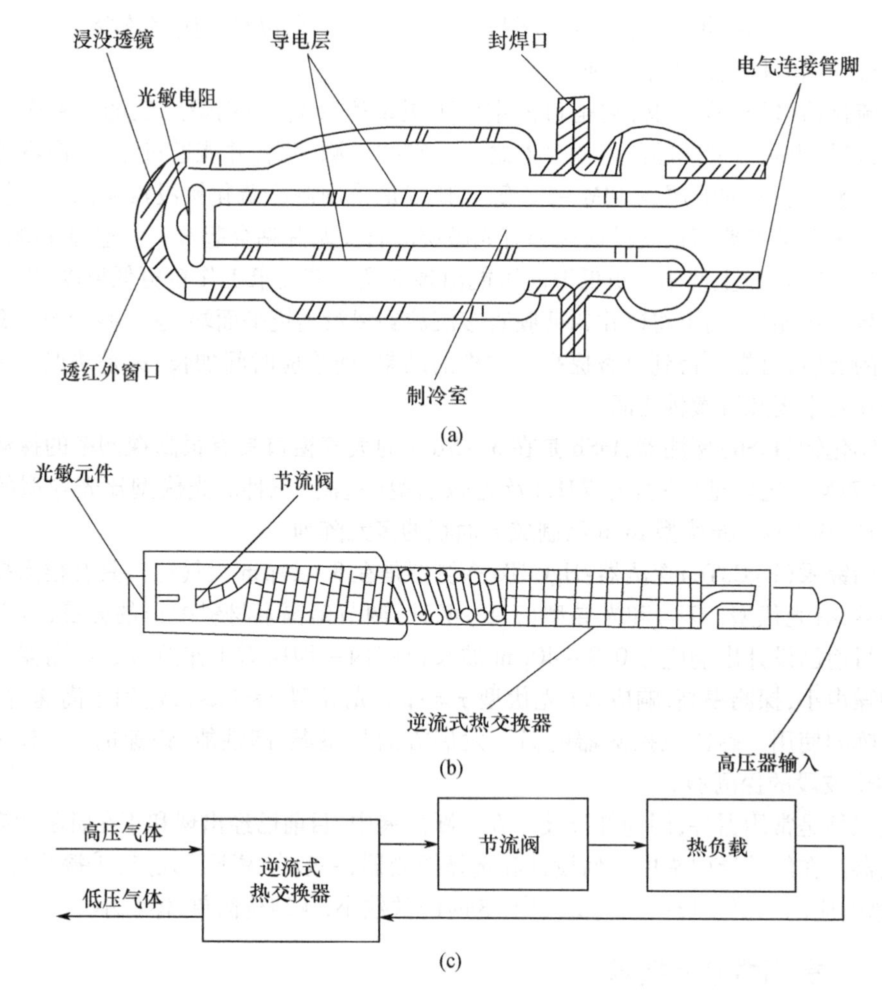

图6-20 气体节流式制冷器

探测器制冷后的工作温度取决于所用制冷剂所能达到的温度。目前红外探测器光敏材料广泛使用硫化铅与锑化铟,它们的理想温度为77K,所以制冷剂适用的气体仅有氮(气化温度77.3K)和氩(气化温度87.3K)。实际制冷探测器,因做不到完全绝热,所以达不到这些制冷剂的气化温度。在实际工作中,也有采用二氧化碳(气化温度为194K)或压缩空气制冷的。

目前红外探测器广泛使用节流制冷,是因为它的结构简单,无运动部分,体积小,重量轻,冷却时间短,噪声小,使用方便。事物都是一分为二的,它的缺点是效率低,工作需要很高的气压(高压气瓶),因为杂质易堵塞节流孔,所以对气体的纯度要求高。美国"响尾蛇"AIM-9D采用节流式制冷探测器,制冷气体的纯度为99.99%的氮气,气瓶压力大于200大气压,工作波段为 2.7～3.8μm。

2. 杜瓦瓶

让杜瓦瓶中盛装液态气体在绝热的情况下不断气化而发生冷却。可以将红外探测器制冷到77K。美国生产的某类型的杜瓦瓶指标为：制冷温度，77K；制冷剂，液态氮；工作时间，8.5h；尺寸，直径 76mm，长度 100mm；总质量，0.344kg；容量，液氮 0.174L。

3. 温差电制冷

1834 年珀尔帖发现，当把两种不同的金属焊在一起通上直流电压，随着电流的方向不同，焊接处的温度会上升（变热）或下降（制冷）。这就是物理学中的珀尔帖效应。一般导体的珀尔帖效应是不显著的。如果用两块 N 型和 P 型半导体作电偶对，就会产生十分显著的珀尔帖效应。这是因为外电场使 N 型半导体中的电子和 P 型半导体中的空穴都向接头处运动，它们在接头处复合，复合前的电子与空穴的动能与势能就变成接头处晶格的热振动能量，于是接头处就有能量释放出来（变热）。若改变电流方向，则电子与空穴就要离开接头，接头处就会产生电子空穴对，电子空穴的能量得自晶格的热能，于是产生吸热效应（制冷）。冷端用来给探测器器制冷，因此，温差电制冷又称半导体制冷。

美国的“响尾蛇”AIM－9E 即采用了温差电制冷，它的探测器光敏元件采用带有浸没透镜的硫化铅。制冷温差约 30～35℃（由常温 20℃左右可下降至－10℃左右）。制冷后的探测器灵敏度比“响尾蛇”AIM－9B 提高 1.4 倍。探测距离由响尾蛇 AIM－9B 的 6.5km 提高到 12km 左右。正常工作时与太阳夹角的限制也由大于 20°减小为 13°～15°。显见，温差电制冷使 AIM－9E 导引性能有显著提高。

温差电制冷的优点是体积小，重量轻，冷却快，寿命长，可靠性高，制冷温度可调。缺点是需要低压大电流供电（AIM－9E 制冷器工作电流 $I=1.1\sim1.4$A，电压 $V=1.6\sim1.7$V）、制冷温度有限。为了得到更低的温度，必须把几个电偶对串联起来运用。

6.2.7 信号处理电路

目标的辐射经过调制盘的调制，照射到探测器上，探测器输出的是一个包含目标方位信息的微弱的电压信号，通常为微伏或毫伏级，这样微弱的信号必须经过信号处理电路进行放大，解调和变换后，通过伺服系统控制导弹跟踪目标。

信号处理电路一般包括输入电路、前置放大器、主放大器、解调器和自动增益控制电路等。一种调幅调制盘系统的误差信号处理电路原理框图如图 6－21 所示。

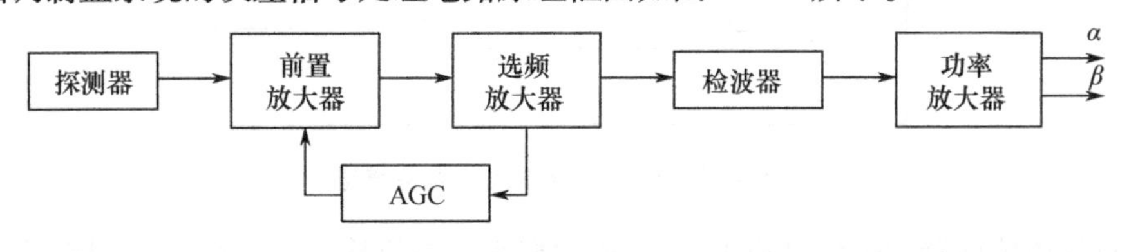

图 6－21 误差信号处理电路原理框图

它们的功用是：对目标误差信号进行电流放大和电压放大，对误差信号进行解调和变换，保证跟踪系统的工作不受弹目相对距离变化的影响，保证导弹在发射前陀螺转子轴与弹轴相重合。

不同型号的红外导弹的信号处理电路的任务是一致的，因而信号处理电路在基本结构上也是大体相同的，只是根据不同的设计要求而各有其特点罢了。

6.2.8 角跟踪系统

角跟踪系统是红外导引头的重要组成部分,具有锁定目标和指示目标二维角坐标位置的作用。角跟踪系统一般由位标器、跟踪电路和伺服机构(即执行机构)所组成。经解调的目标信号,由跟踪电路分解成方位和俯仰两路误差信号,再经功率放大控制伺服机构,并由伺服机构驱动位标器向着减小方位、俯仰误差的方向运动。当目标相对跟踪系统移动并改变其角位置时,则产生新的误差信号,跟踪系统跟着移动使其消除误差,直至当误差信号等于零时,跟踪系统的位标器才停止运动。

位标器运动的角速度或角位置通过传感器形成控制信号,再经自动驾驶仪控制舵机,使导弹按照一定导引规律接近目标。

跟踪目标的精度和快速性,取决于位标器提供的调制信号质量及伺服回路的响应特性。大多数情况下,伺服回路的通带或响应时间影响着系统最大的跟踪速度或加速度。

当导弹与目标的距离很近时,由于位标器接收到的目标能量太强而超出跟踪系统允许的动态范围,或者由于近距离时目标形成的像点太大,使调制盘无法分辨,或者由于近距离时的视线旋转角速度、角加速度太大造成系统跟踪误差太大等原因,导致跟踪系统失去控制,这种状态通常称为失控。失控距离应保持在允许的范围内,才能保证导弹的命中精度。

1. 红外跟踪系统模型

红外点源导引头跟踪伺服机构,一般采用交直流电机或力矩马达。位标器与跟踪电路的时间常数远小于伺服机构的时间常数。伺服机构开环传递函数一般可写为

$$\frac{K_m}{S(T_mS+1)} \tag{6-8}$$

式中:K_m 为伺服机构的放大系数;T_m 为伺服机构时间常数。

式(6-8)中包含一个积分环节,称Ⅰ型系统。图6-22是红外跟踪系统简易模型。一般说来,这样的系统由两个类似的正交系统(如方位、俯仰)组成。该图只表示其中一个,输入信号 σ 是视线(导弹与目标的连线)与任意惯性参考轴之间的夹角,ψ 是光轴与同一参考轴之间的夹角,角误差 ε 等于 $\sigma-\psi$,亦即光轴与视线的夹角。

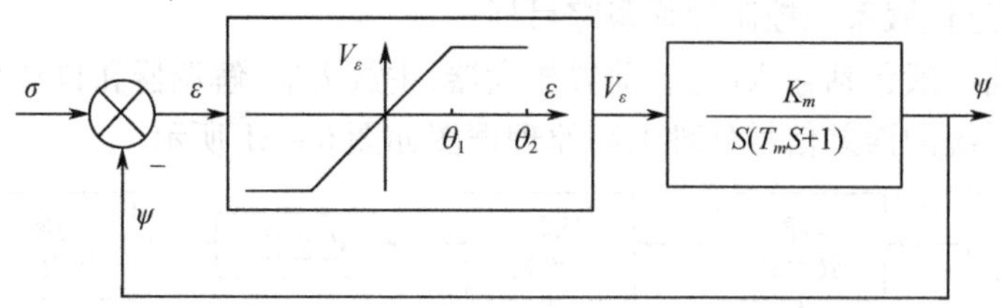

图6-22 红外跟踪系统的简易模型

误差特性由位标器和跟踪电路决定,它表示控制伺服机构的误差信号与跟踪角误差的函数关系。当 $|\varepsilon|<\theta_1$ 时,跟踪系统工作是线性的,斜率为 K_e;当 $\theta_1\leqslant|\varepsilon|\leqslant\theta_2$ 时,跟踪装置工作在饱和区。当 $|\varepsilon|>\theta_2$ 时,丢失目标,跟踪中断。在线性区内系统前向传递函数为

$$G(S)=\frac{K}{S(T_mS+1)} \tag{6-9}$$

式中:$K=K_eK_m$ 为系统的放大系数;K_e 为误差特性斜率;K_m 为伺服机构的放大系数;T_m 为伺服机构时间常数。

所以,从 σ 到 ε 的传递函数为

$$\frac{\varepsilon(s)}{\sigma(s)}=\frac{1}{1+G(S)}=\frac{T_mS^2+S}{T_mS^2+S+K} \tag{6-10}$$

I 型跟踪系统能以零稳态误差跟踪一个恒定输入,能以恒定稳态误差跟踪一个恒定速度输入,跟踪最大速率为 $K\theta_1$(rad/s)。如果输入恒定加速度,误差量增加到 $|\varepsilon|>\theta_1$ 时,不再适用线性模型,$|\varepsilon|>\theta_2$ 时,跟踪中断。该系统稳态位置误差系数 $K_p=\infty$;速度误差系数 $K_v=K$;加速度误差系数 $K_a=0$。

2. 跟踪系统性能

用一典型阶跃输入引起系统的过渡响应的时域特征量可以描述跟踪系统的品质,也可以用频域特征量说明跟踪系统的性能,但从全弹对导引头跟踪分系统的要求出发研究跟踪系统性能更直观。通常,对导引头跟踪系统提出的指标有跟踪角速度、跟踪角加速度、跟踪精度、跟踪视场、跟踪范围以及误差特性等。

1) 跟踪角速度

根据目标运动特性,导弹导引规律经弹道计算,可以提出对导引头跟踪角速度要求。最大跟踪角速度发生在弹道末段。一方面由于目标相对角速度大,一方面由于导引规律不理想,末段弯曲较大,从而要求导引头跟踪速度很大。因为弹体机动性限制,即使导引头跟上目标,导弹也难于消除最后的偏差,最终造成丢失目标。这一时刻导弹与目标间的距离,称为脱靶量。显然,对导引头跟踪速度要求,要考虑弹体机动性和脱靶量,提出一个恰当的数值。导引头跟踪角速度一般从每秒几度至几十度。

2) 跟踪角加速度

只有Ⅱ型及其以上的系统,才能跟踪一个恒定加速度输入。Ⅱ型系统较复杂难于稳定,一般导引头跟踪系统设计成 I 型系统,更主要因为它不会有一个长时间的恒定加速度输入。如果输入一个角加速度,在角加速度没达到系统最大跟踪角速度之前,系统可以跟上,其误差小于 K_{max}/K_v。继续增大加速度则误差逐渐加大,直到目标不在跟踪视场内。角加速度持续时间较长,一般在弹道末段,它是造成脱靶原因之一。另一个角加速度来源是弹体自身波动,它是周期性的,如果振幅大,周期短,其瞬时角加速度值很大,设计系统时,必须予以考虑。通常,总体对导引头跟踪系统不提角加速度要求,而可能提一个正弦波动要求。

3) 跟踪精度

系统跟踪精度指系统跟踪目标时光轴与视线之间的角度误差。它包括系统误差、动态误差和随机误差。若导引头输给自动驾驶仪的信号是视线旋转角速度,如比例导引,则跟踪角误差与脱靶量没关系。若导引头输给自动驾驶仪的信号是目标角位置,则脱靶量随跟踪误差而增加。失控前光轴会在视线上下(或左右)振动,因为弹体相对导引头是一个低通滤波器,它不可能响应导引头高频振荡,其跟踪误差(振幅)不影响命中精度,而起作用的是光轴平均角位置。不同导弹上的导引头,要求跟踪精度不等,可以从几角分到几十角分。

4) 跟踪视场

点源红外导引头跟踪视场,是位标器光学系统的视场,与捕获视场是基本一致的。从捕获目标角度看,为了满足覆盖空间,希望视场大些。为提高跟踪可靠性,也希望视场尽量大些,但视场大背景噪声随之加大,红外导引头灵敏度随之降低。恰当选择视场,也是相互矛盾因素的折中,点源红外导引头视场在 1°~3°之间。

5)跟踪范围

跟踪范围是指跟踪过程中位标器光轴相对弹轴的最大可能偏转范围。由总体要求提出,由系统本身结构进行限制或电气保护。若要求跟踪范围大,会造成结构设计的困难,特别是对于带制冷系统探测器的位标器更困难。

6)误差特性

误差特性是跟踪系统内部参数,总体对其不提要求。由于它对跟踪系统性能影响较大,设计人员必须予以足够重视。图6-23(a)是一个典型的误差幅值特性曲线,分为盲区、线性区和饱和区。误差特性主要取决于调制系统,同心旋转调制盘系统盲区较大,为了克服目标在视场中心载波消失的缺点,需要设计一个反相区,线性区也可以根据需要设计较大。次镜偏心旋转调制系统,盲区很小,在1′以内;线性区亦较小,跟踪电路可以对误差特性进行修正,用开关电路扩大盲区,提高系统稳定性;用二次增益扩大线性区;用限幅整平饱和区以及用跟踪电路增益调整线性段斜率等。

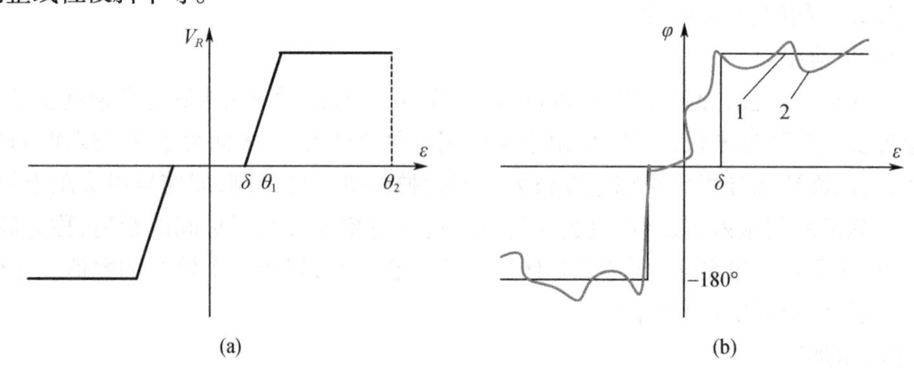

图6-23 误差特性

(a)幅值特性;(b)相位特性。

图6-23(b)曲线1是理想相位特性,曲线2是实际相位特性。比较两条曲线可看出误差特性存在跳相,它引起跟踪系统两个通道相互铰链。跳相小于20°时,影响不大,达到30°~40°则不能忽视,要改进系统设计,由于跳相在跟踪过程中的随机性用电路无法补偿。

6.3 红外成像寻的制导系统

红外成像寻的制导系统的一般工作过程是,在导弹发射之前,由制导站的红外前视装置搜索和捕获目标,根据视场内各种物体热辐射的差别在制导站显示器上显示出图像。目标的位置被确定之后,导引头便跟踪目标。导弹发射后,摄像头摄取目标的红外图像并进行处理,得到数字化的目标图像,经过图像处理和图像识别,区分出目标、背景信号,识别出真假目标并抑制假目标。跟踪装置按预定的跟踪方式跟踪目标,送出摄像头的瞄准指令和制导系统的导引指令,引导导弹飞向预定目标。

6.3.1 红外成像寻的制导系统的特点

红外点源寻的系统从目标获得的信息量少,它只有一个点的角位置信号,没有区分多目标的能力,而人为的红外干扰技术又有了新的发展。因此,点源系统已不能适应先进制导系统的发展要求,于是开始了红外成像技术用于制导系统的研究。

红外成像寻的制导是一种利用弹上红外探测仪器探测目标的红外辐射，根据获取的红外图像进行目标捕获与跟踪，并将导弹引向目标的制导方法。红外成像制导技术具备在各种复杂战术环境下自主搜索、捕获、识别和跟踪目标的能力，代表了当代红外制导技术的发展趋势。红外成像探测真正实现了对目标的全向攻击，新一代以红外成像制导为核心的寻的制导导弹已成为精确打击的有力武器。

红外成像导引头完全抛开了以目标高温部分作为其信息源的点源信息处理方法。它采用的是扩展源信息处理。它探测的是目标和背景之间的微小温度差或自辐射率差引起的热分布图像。背景和目标同样都是作为检测对象考虑的，目标的各种物理现象，如目标形状大小、灰度分布、运动状况和目标速度、航迹等是红外成像导引头的识别基础。试图以模拟目标的图像来干扰红外成像导引头几乎是不可能的。对于不同的目标，红外成像导引头具有不同的探测、识别、跟踪软件。红外成像导引头是一种智能导引头，它能在复杂的背景条件下（例如地面背景，这对红外点源导引头是不可能工作的）自主识别复杂目标（如桥梁、机场、港口等），而且能进行目标易损部位选择，即命中点选择，这是其他红外导引头望尘莫及的。

红外成像制导是一种自主式"智能"导引技术，代表了当代红外导引技术的发展趋势，其突出特点是命中精度高，能使导弹直接命中目标或目标的要害部位。红外成像导引头采用中、远红外实时成像器，以 8 ~ 14μm 波段红外成像器为主，可以提供二维红外图像信息，利用计算机图像信息处理技术和模式识别技术对目标的红外图像进行自动处理，模拟人的识别功能，实现寻的制导系统的智能化。红外成像制导系统主要有以下特点：

（1）抗干扰能力强。红外成像制导系统探测目标和背景间微小的温差或辐射率差引起的热辐射分布图像，制导信号源是热图像，有目标识别能力，可以在复杂干扰背景下探测、识别目标，因此，干扰红外成像制导系统比较困难。

（2）空间分辨率和灵敏度较高。红外成像制导系统一般采用二维扫描，它比一维扫描的分辨率和灵敏度高，很适合探测远程小目标。

（3）探测距离大，具有准全天候功能。与可见光成像相比，红外成像系统工作在 8 ~ 14μm 远红外波段，该波段能穿透雾、烟尘等，其探测距离比电视制导大了 3 ~ 6 倍，克服了电视制导系统难以在夜间和低能见度下工作的缺点，昼夜都可以工作，是一种能在恶劣气候条件下工作的准全天候探测的制导系统。

（4）制导精度高。该类导引头的空间分辨率很高。它把探测器与微机处理结合起来，不仅能进行信号探测，而且能进行复杂的信息处理，如果将其与模式识别装置结合起来，就完全能自动从图像信号中识别目标，具有很强的多目标鉴别能力。

（5）具有很强的适应性。红外成像导引头可以装在各种型号的导弹上使用，只需更换不同的识别跟踪软件，例如，美国的"幼畜"导弹的导引头，就可以用于空地、空舰、空空三型导弹上。

6.3.2　红外成像导引头的组成及工作原理

1. 红外成像导引头的组成及工作原理

红外成像导引头分为实时红外成像器和视频信号处理器两部分，一般由红外摄像头、图像处理、图像识别、跟踪处理器和摄像头跟踪系统等部分组成，如图 6 – 24 所示。

实时红外成像器用来获取和输出目标与背景的红外图像信息；视频信号处理器用来对视频信号进行处理，对背景中可能存在的目标，完成探测、识别和定位，并将目标位置信息输送到

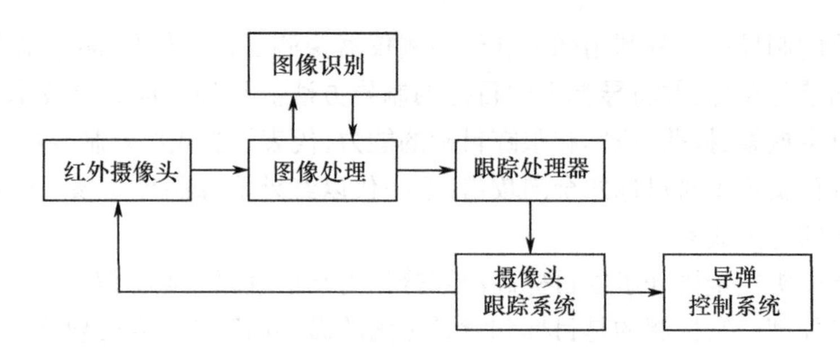

图 6-24　红外成像导引头的基本组成

目标位置处理器,求解出弹体的导航和寻的矢量;视频信号处理器还向红外成像器反馈信息,以控制它的增益(动态范围)和偏置。还可结合放在红外成像器中的速率陀螺组合,完成对红外图像信息的捷联式稳定,达到稳定图像的目的。一种典型的红外成像导引头工作原理如图 6-25所示。

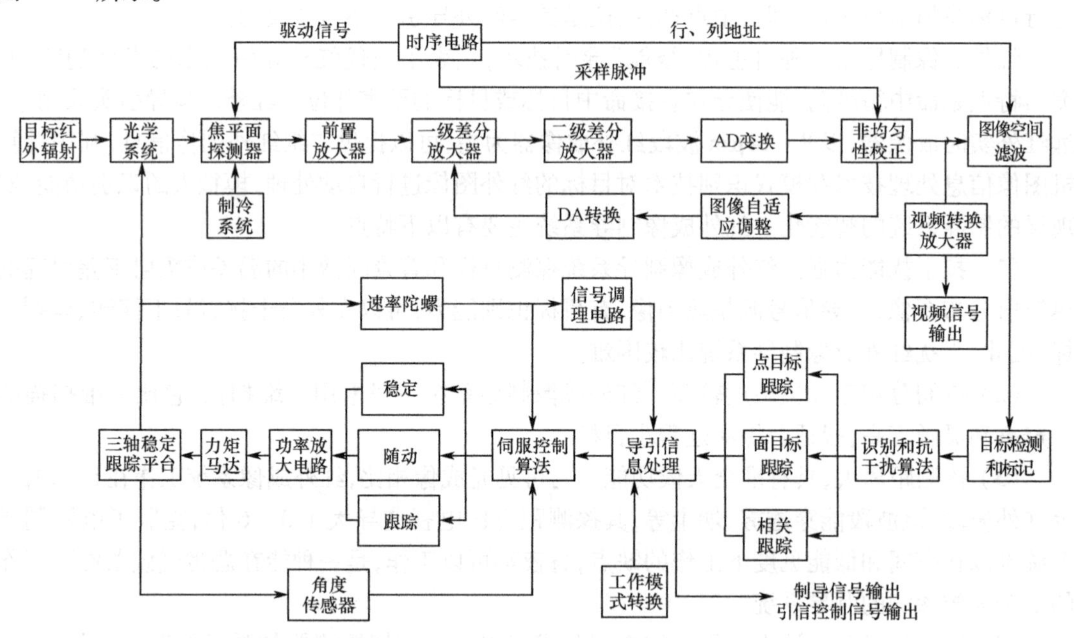

图 6-25　红外成像导引头工作原理图

如图 6-25 所示,来自外部目标和背景的红外辐射,经过大气衰减后,由光学系统汇聚到位于焦平面的探测器上,制冷探测器将接收的辐射能量转换为电信号由杜瓦瓶内焦平面读出电路放大读出。经过前置电路放大、调理、变换后送给成像回路。成像电路完成 A/D 转换,进行系统非均匀性校正、盲元替换,依照预定的时序输出数字探测信号,形成一帧帧的数字灰度图像。图像处理电路接收数字图像,按照软件设计的算法对其进行处理,从背景中检测出目标,自动识别目标和干扰,将目标在视场内的偏差信号提取出来送给伺服控制电路。伺服控制电路综合利用目标偏差信息,通过回路解算,得到控制指令,由功率放大电路放大后驱动执行元件带动三轴框架运动,进而实现光轴对目标的跟踪,并隔离弹体运动耦合的视线扰动。完成目标跟踪的同时,通过制导信息提取算法,信息处理机获取导弹制导必要的信息,进行必要的处理后,送给飞行控制组件。导引头工作过程中,需要飞控组件惯性测量单元提供导弹飞行信息,还需要提供电源和制冷用高压纯氮气。

2. 实时红外成像器

用于导引的红外成像器必须达到实时显示(其取像速率≥15 帧/s),红外成像器在远距离时,必须具有高灵敏度和高空间分辨率,并能给出与电视兼容的视频输出。要求其结构紧凑、坚固,能经得起弹上恶劣工作条件的考验,包括可靠性、可维修性和电磁兼容性的考验。红外成像器原理框图如图 6-26 所示。它包括光学装置、扫描器、稳速装置、探测器、制冷器、信号放大、信号处理、扫描变换器等部分。

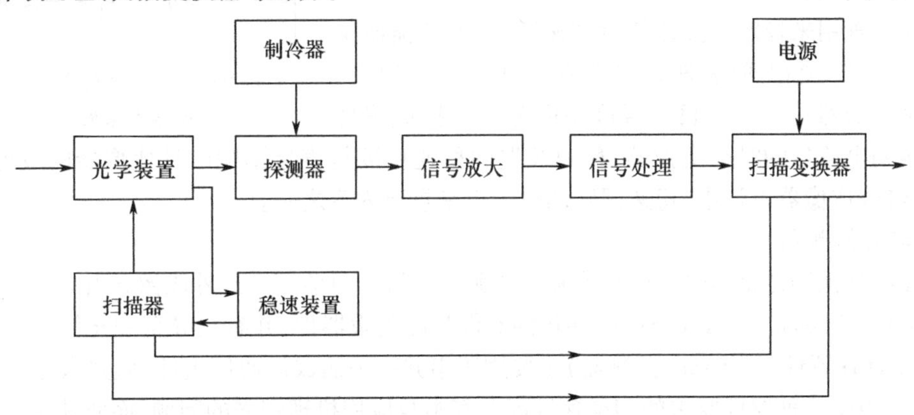

图 6-26　红外成像器原理框图

1) 光学装置

红外成像器的光学装置主要用来收集来自景物、目标和背景的红外辐射。不同用途的红外成像器有着不同的结构形式,但归结起来,不外乎平行光束扫描系统和会聚光束扫描系统两大类型,如图 6-27 和图 6-28 所示。

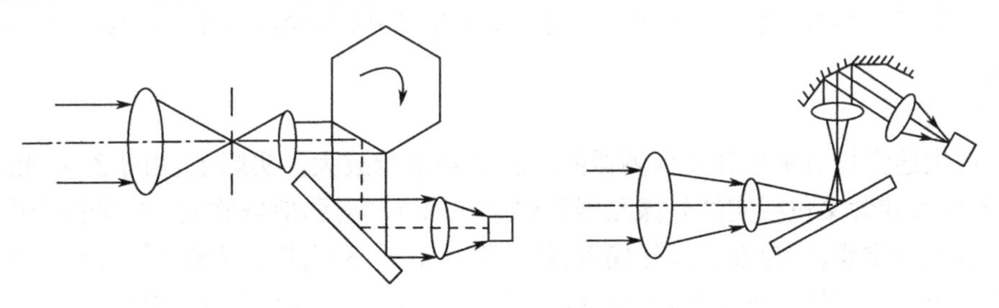

图 6-27　平行光束扫描的光学扫描系统

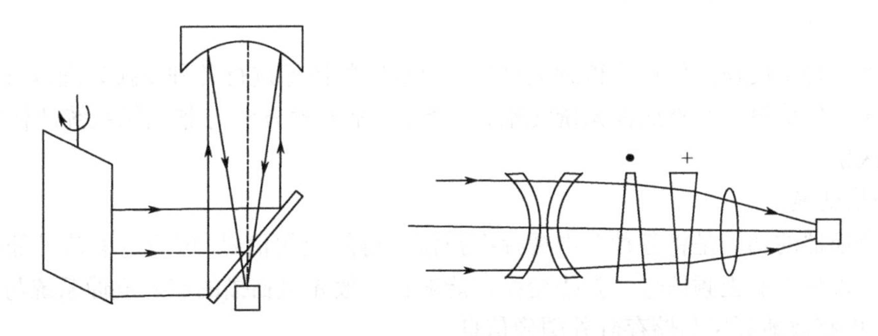

图 6-28　会聚光束扫描的光学扫描系统

2) 扫描器

目前用于导引的红外成像器大多为光学和机械扫描的组合体。光学部分由机械驱动完成两个方向(水平和垂直)的扫描,以实现快速摄取被测目标各部分的信号。这种扫描也可分成物方扫描或像方扫描两大类。它们是由扫描器位于物方还是位于像方而得名的,从图6-29可直观地看出,如果扫描器在图的左方为物方扫描,在图的右方则为像方扫描。

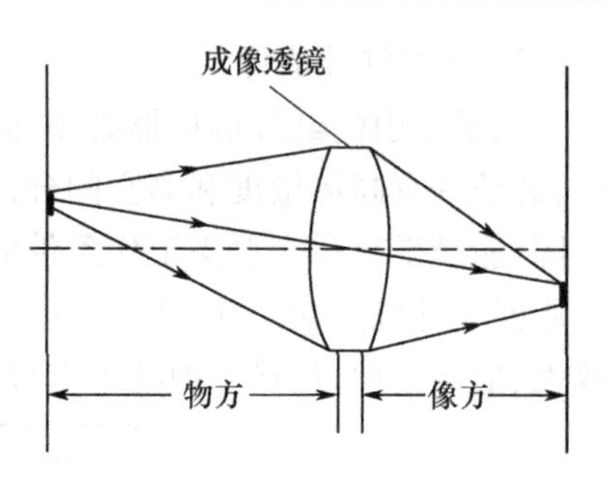

图6-29 红外成像系统的光学成像原理

3)稳速装置

稳速装置用来稳定扫描器的运动速度,它由扫描器位置信号检测器、锁相回路、驱动电路和马达等部分组成。因为整个成像器是一个将目标温度空间分布转换成按规定时间序列电信号的时空变换器,稳速装置的稳速精度将直接影响红外成像器的成像质量。因此,在红外成像器设计中,稳速回路的设计也是重要内容之一。

4)红外探测器

多元红外探测器是实时红外成像器的心脏和关键。目前用于红外成像导引的探测器主要有3~5μm波段和8~14μm波段的锑化铟器件和碲镉汞器件,并有光导型和光伏型之分。英国发展的TED器件(即Sprite探测器)主要用于串并扫描热成像通用组件,但并未见到它用于导弹导引,由于这种器件要求的扫描速度高及其本身应用机理带来的问题,而使其在导弹导引中的应用受到限制。目前,用于红外成像导引的器件主要有扫描线列探测器或扫描和凝视红外焦平面器件。

5)制冷器

红外探测器必须制冷,才能得到所要求的高灵敏度,如锑化铟器件或碲镉汞器件均需要77K的工作温度,在红外导引系统中,一般选用焦耳—汤姆逊效应(J-T)开环制冷器来满足探测器的低温工作要求。实际使用中,一般提供的是红外探测器和制冷器的组合体,即红外探测器组件。

6)信号放大

信号放大通常指对来自红外探测器的微弱信号进行放大。实际上,由于红外探测器的特殊性,信号放大的含义包括使红外探测器得到最佳偏置和对弱信号放大在内的两个内容,往往前者比后者更为重要,因为没有最佳偏置,红外探测器就不可能呈现出最好性能。所以,对红外探测器输出的微弱信号放大有着特殊的要求。在讨论红外成像器组成时,把“信号放大”作为一个独立的部分,它包括前置放大器和主放大器两部分。

7)信号处理

信号处理是指使视频信噪比得到提高和对已获得的图像进行各种变换处理,以达到方便、有效地利用图像信息。红外成像系统无论其内容,还是处理方法与非成像系统的信号处理都有着很大区别。

8)扫描变换器

扫描变换器的功能是将各种非电视标准扫描获得的视频信号,再通过电信号处理方法变换成通用电视标准的视频信号。扫描变换器能够将一般光机扫描的红外成像系统与标准电视兼容,因而更有效地利用和储存红外图像信息。

3. 视频信号处理器的功能与组成

如前所述,视频信号处理器是对来自红外成像器的视频信号进行分析、鉴别,排除混杂在这些信号中的背景噪声和人为干扰,提取真实目标信号,计算目标位置和命中点,控制自动驾驶仪等。实际上,视频信号处理器是一台专用的数字图像处理系统。鉴于导引系统实时性的要求和体积质量的限制,它的设计需要综合利用超大规模集成电路、并行处理技术、图像处理、模式识别技术及人工智能、专家系统技术等。

由于红外成像导引系统复杂程度不同,其视频信号处理器也有差别。对于一种较简单的红外成像导引装置,图6-30给出了它的视频信号处理器功能框图。视频信号处理器应具备的基本功能环节已经概括在该图中,其基本功能环节包括预处理、识别处理、跟踪处理、增强及显示、稳定处理等。

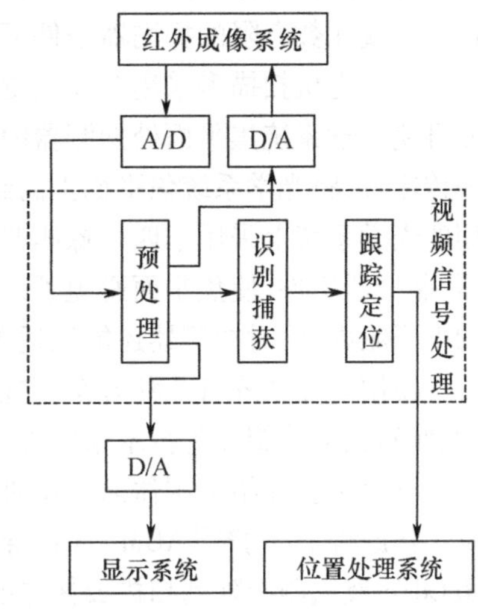

图6-30　视频信号处理器功能框图

(1) 红外成像器将外界的二维红外图像变为一维电子信号。这一信号经过取样、量化变为数字信号,并被存入处理系统的图像存储器,成为一个二维数组,为以后的计算机处理做好准备。

(2) 预处理是一个极其重要的环节,其目的在于初步地将目标与背景进行分离,为对目标的识别及定位跟踪打下基础。

(3) 识别处理是最复杂的一个环节,它有多重意义。首先要确定在成像器视频信号内有没有目标(即目标探测),如果有目标,则给出目标的最初位置,以便使跟踪环节开始工作(即捕获)。在跟踪过程中,有时还要对每一次跟踪处理所跟踪的物体进行监测,也就是对目标的置信度给出定量描述,即对每帧所得到的目标位置给一个可信权重,以供位置处理系统进行多帧外推滤波时使用。随着导弹和目标之间距离的缩短,有时识别环节要更换被识别的内容,以便于在距目标很近时要对其易损部位进行定位。

(4) 跟踪处理首先用一个稍大于目标的窗口将目标套住,以隔离其外背景的干扰,并减少计算量。在窗口之内,按不同模式计算出目标每帧的位置。一方面将它输出给位置处理系统,以获得导航矢量;另一方面也用它来调整窗口在画面中的位置,以紧抓住目标不予丢失。这是一个有别于弹体姿态控制或成像系统视线控制的小回路,它的惯性一般要比前二者小得多。

(5) 增强及显示为有人参与系统的操作人员提供清晰的画面,结合手控装置和跟踪窗口使之可以完成人工识别和捕获。

(6) 最后,稳定处理器依据放在红外成像器内的陀螺组合所提供的成像器姿态变化数据,将存于图像存储器内的被扰乱的图像调整稳定,以便保证图像清晰。

以上所谈到的是弹上视频信号处理器的基本工作。但对于复杂任务,某些功能的实现所需要的基本数据或"信息"并不能全部在弹上实时获得,而需要在地面上预先准备,然后装入计算机。广义上讲,这一部分工作也属于图像信息处理范围。

6.3.3　红外成像寻的器

实现红外成像的途径很多,目前使用的红外成像制导武器主要采用两种方式:一种是以美国"幼畜"空地导弹为代表的多元红外探测器线阵扫描成像制导系统,采用红外光机扫描成像导引头;另一种是以美国"坦克破坏者"反坦克导弹和"地狱之火"空地导弹为代表的多元红外探测器平面阵的非扫描成像制导系统,采用红外凝视成像导引头。这两种方式都是多元阵红外成像系统,与单元探测器扫描式系统相比,它有视场大、响应速度快、探测能力强、作用距离大和全天候能力强等优点。

1. 光机扫描成像寻的器

光机扫描成像寻的器的热图像通过光学系统、扫描机构、红外探测器及其处理电路得到。在单元或元数有限的探测器条件下,由于对应的物空间视场有限,只有通过扫描才能获得较大的视场。光机扫描多采用多元探测器,使用多元探测器无疑会使寻的器变得复杂,成本升高,而且使光学系统焦平面处探测器内的低温制冷更加困难。美国通用动力公司使用红外光纤作为传输线,将光学系统焦平面上的红外能量传输到远距安装和制冷的多元探测器上;在一个共用的光学系统上采用了四个探测器,以增大全视场并形成跟踪误差信号;用光纤组件代替探测器/制冷器组件,使焦平面避免了杂波干扰,探测器及相应的制冷部件可方便地安装在寻的器的电子舱内,同时探测器还能以适当的格式排列做成线型或正方形。

使用多元线阵有几种方案,如往复平移、旋转扫描等。可以用双光楔旋转、平面反射镜振动、倾斜反射镜旋转等技术来实现。

下面主要介绍美国休斯公司研制的"幼畜"AGM-6D 红外成像寻的器的光学系统、结构及工作原理。"幼畜"AGM-6D 导弹是电视寻的制导 AGM-65A 的改进型、采用 4×4 元 HgCdTe 液氮制冷阵列扫描成像寻的器,它的光学系统结构如图 6-31 所示。

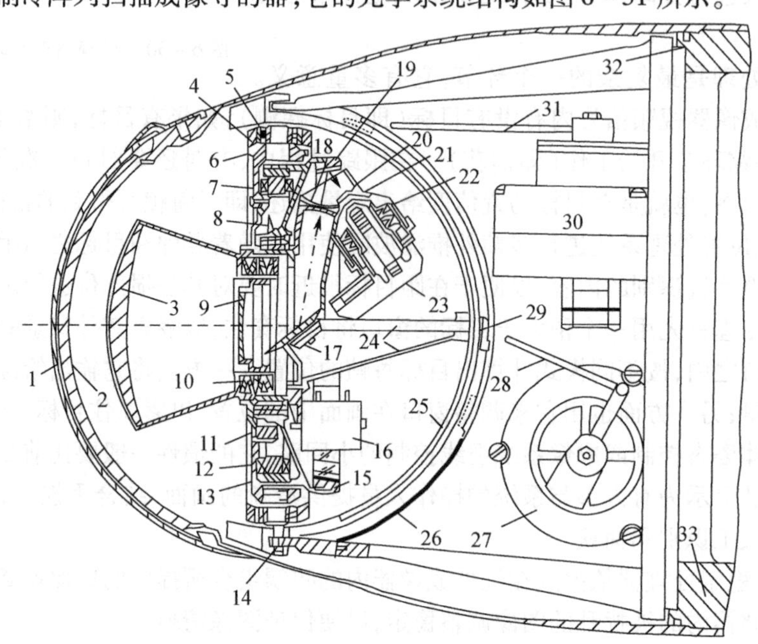

图 6-31 "幼畜"红外成像寻的器结构图

1—护帽;2—头罩;3,9,18—透镜;4—外环;5—轴承;6—薄型电位计;7—内环;8—同步信号调制盘;10—热补偿组件;11—同步信号发生器;12—陀螺定子;13—陀螺转子;14—轴;15—扫描反射镜;16—延迟线组件;17—反射镜组件;19—扫描反射镜架;20—场镜;21—杜瓦瓶窗;22—温度补偿组件;23—探测器/杜瓦瓶/前置放大器组件;24—支杆;25—吊环;26—薄半球结构;27,30—力矩产生器组件;28—内环推杆;29—凸块;31—外环推杆;32—万向支架座;33—底座。

图 6-31 中,寻的器的光学系统除头罩 2 外,还包括透镜 3 和 9,折迭反射镜 17 和透镜 18,这些元件共同组成红外望远镜,将来自目标的红外辐射投向位于陀螺转子 13 内表面的扫描反射镜 15 上,这是 20 个相互有一倾斜角的扫描镜,陀螺转子转一圈就把整个场景扫描一遍。从扫描反射镜 15 反射的能量通过场镜 20 和杜瓦瓶窗 21 进入探测器/杜瓦瓶/前置放大

器组件内的探测器阵列D上。阵列D是一个排列成四行每行四个元件组成的面阵。这16个元件都分别接有前置放大器，经后面的多路延时线后输出4路视频信号送往信号处理器。

由图6-31可见，除了多面反射镜转盘装在陀螺转子上以外，其他光学元件都装在陀螺万向支架的内环7上，以便于保证系统的光学成像质量。在内环的前半部装有透镜3、9和它们之间的镜筒，在两镍制镜筒之间装有双金属做的热补偿组件10，在内环的中部装有带动转子旋转的陀螺定子12，它和陀螺转子13构成鼠笼式三相感应电动机，内环上还装有电光同步信号发生器11，它同转子上的同步信号调制盘8一道完成陀螺转子转动时的相位测量。调制盘有两个圈，里圈可产生一个垂直同步脉冲，外圈可产生525个水平脉冲。内环后部的中间装有反射镜组件17，它在电流计式驱动器作用下可以转动角度，实现隔行扫描。在17反射光路的一边装有场镜20和探测器/杜瓦瓶/前置放大器组件23，在另一边装有延时线组件16。

内环7经轴承5与外环4相连，在外环上与内环轴垂直的方向还有一对轴承通过轴与万向支架座32相连。在钛制的内外环上分别装有薄型电位计6，作为框架角位置的传感器。装在内环上的各个零件要满足质量静平衡的条件。

在内环的后半部还有三个支杆24组成的三脚架与一个吊环25相连，它对内环单独做过静平衡。当内环绕外环轴运动时，吊环25绕轴14与内环一道运动，当外环绕万向支架座32运动时，支杆24头上的凸块29经滚珠轴承在吊环25的槽内滑动，并和薄的半球结构26一道限位，薄半球结构26有一个圆形孔以限定寻的器所希望的锁定角。

在万向支架座32上装有两个力矩产生器27和30，30上的外环推杆31通过铰链与外环相连，27上的内环推杆28通过铰链与半圆吊环25相连，即可以对内环起作用。它们的铰链作用点都与内外环轴线有一定的距离，以便给陀螺以足够的作用力矩。

综上所述，这个红外扫描成像寻的器由一个外框架陀螺仪构成，它的转子与光学系统的扫描反射镜鼓合一，同时达到稳定和扫描的目的。在三个旋转轴上分别装有位置传感器，陀螺的进动力矩由装在座架上的力矩产生器通过推杆分别加到外环和与内环相固定的吊环上。

寻的器的工作原理框图如图6-32所示。来自目标的红外辐射透过红外头罩，进入内环光学系统，经隔行扫描作动器的反射镜反射后到达陀螺转子的扫描反射镜组件，经扫描的辐射回到内环中探测器/杜瓦瓶/前置放大器组件，每行4元共4行的电信号分别经延迟线组件抑制杂音提高信噪比后，由A、B、C、D中四个通道输往视频信号处理机。

转子上的调制盘与内环定子上的同步信号发生器在工作中产生垂直同步信号V_s和水平同步信号H_s，反射镜组件中的隔行作动器受V_s控制的控制器操作，同步信号发生器中调制盘的转速即陀螺转子的转速由内环上三相电机定子之速度控制器控制，而其控制信号则是水平同步信号H_s，因此扫描所得信号在视场内有确定的位置。将视频信号和同步信号加到扫描变换器便可得到所需的电视图像显示信号和目标跟踪信号。

跟踪信号经过力矩放大后分别加到力矩产生器，经推杆加到吊环和外环上使陀螺进动，实现对目标的跟踪。

吊环上的电位计1和外环上的电位计2将给出内外环的角位置，如果需要陀螺搜索则可将此信号与搜索随动信号（指令）进行比较，经过搜索/跟踪转换开关加到力矩产生器上。

为了使寻的器不工作时处于固定位置，对力矩产生器设有制动器，它由外加控制信号控制，在工作时可以松开制动器。

为了使红外成像的体制与电视体制相兼容，选定转子上扫描反射镜的数目是很重要的。因为探测器为4×4面阵，以四行每行4元进行串并扫描，则每面镜子可扫出四条线，20面镜

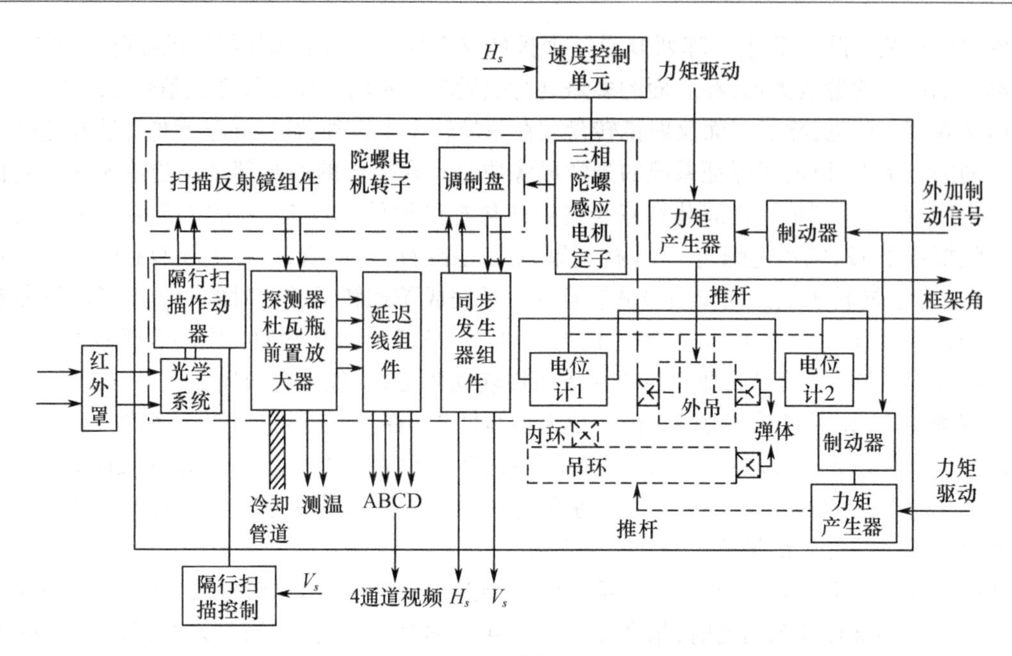

图6-32 "幼畜"红外成像寻的器原理框图

子扫出80条线,又由于采用隔行扫描,每帧图像由两场组成,所以每帧图像为160条线,显然这比电视图像的分辨率低得多。我们假设电视图像的分辨率比红外图像的分辨率高3倍,即每面镜子应扫出$2\times(3\times4)=24$线。电视图像一般采用525线,要达到这个数目需要的扫描反射镜面数应为$525/24=21.875$。取整数和考虑扫描的回程,确定为20面镜子。每面镜子对应的张角为$2\pi/21.875$rad,则余下的$2\pi(21.875-20)/21.875$rad使其与垂直扫描回程的飞越时间一致。

应当指出,在这个寻的器中并没有采用变焦机构,这是因为系统采用了自相关技术。另外电子扫描变换概念的引入和应用,使红外成像系统的视频输出实现与标准电视相兼容。

2. 红外凝视成像寻的器

红外凝视成像寻的器通过面阵探测器来实现对景物的成像。面阵中每个探测元对应物空间的相应单元,整个面阵对应整个被观察的空间。采用采样接收技术,将各探测元接收到的景物信号依次送出,这种用面阵探测器大面积摄像,经采样而对图像进行分割的方法称为固体自扫描系统,也叫凝视系统。例如,采用红外CCD的凝视系统由红外光学系统、IRCCD及其驱动电路组成。红外光学系统将景物的热分布成像在IRCCD面阵上,驱动电路使IRCCD各探测元的信号电荷迅速依次转移,以视频信号输到外部,而后再由图像识别与跟踪电路去处理。

图6-33是美国无线电公司(RCA)为麦克唐纳道格拉斯公司研制的红外肖特基势垒焦面阵反坦克导弹寻的器,它是一个两轴陀螺稳定的万向支架结构,整个探测组件构成万向支架7的负载,它由一组成像透镜2和安装在微型杜瓦瓶5内并靠焦耳-汤姆逊制冷机用液氮制冷的红外肖特基势垒焦平面阵列6组成。两轴万向支架使光学系统的视线可向任意方向偏25°,即扫描角为50°。陀螺动量矩由一个偏置旋转磁铁3组件提供。线圈组件4包含一个绕成环形的进动线圈和四个旋转线圈,磁铁的支撑结构上标有光学编码,可被一个换向检测器8提取,以便为陀螺转子启动和相位锁定提供转换信号。在磁铁外边的一个罩子上还刻有光学图案,通过两束光纤识别图案给出框架角。用一个阻尼环10提供章动阻尼。

这个寻的器没有采用通常的反射光学系统,由于旋转主反射镜的支撑结构与杜瓦瓶之间

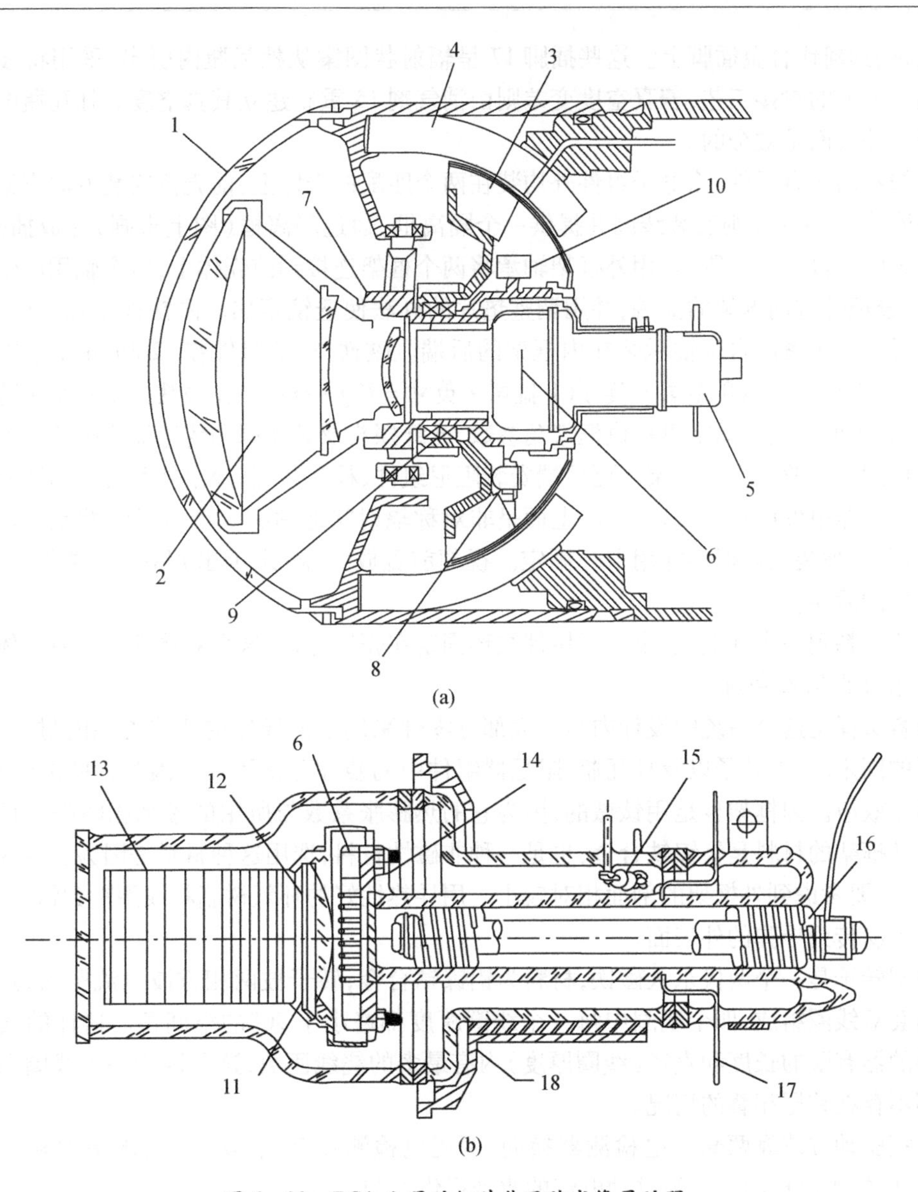

图 6-33　RCA 公司的红外焦面阵成像寻的器

(a)寻的器结构；(b)探测器/制冷机组件。

1—整流罩；2—透镜组件；3—磁铁；4—线圈组件；5—杜瓦瓶；6—焦平面阵列；7—万向支架；8—换向检测器；9—转子轴承；10—阻尼环；11—场镜；12—红外滤光片；13—冷屏；14—冷平板；15—消气剂；16—制冷机；17—插脚；18—安装环。

应有必要的间隙，寻的器中心的遮挡大到了不能接受的程度，所以采用了 175mm、$f/3.0$ 的折射型系统。

寻的器的杜瓦瓶/制冷机组件要将阵列制冷到 85K，并在杜瓦瓶内装入冷屏 13、红外滤光片 12 和场镜 11。冷屏是防止不希望的辐射对阵列器件的照射造成表面环境温度的升高。该冷屏要与 $f/3.0$ 的光学系统相一致，因此其长度和直径要由阵列器件的光路确定。由杜瓦瓶/制冷机组件的结构图可见，阵列器件装在一个冷平板 14 上，该平面靠焦耳－汤姆逊制冷机 16 制冷，保持在 77K。场镜、杜瓦瓶与红外滤光片被一起固定在一个组件里，该组件与冷平板间有良好的热传导。由阵列器件引出的 32 根导线焊到烧结的银导线上，银导线沿杜瓦瓶内壁纵向走线,接到柯伐合金插脚上。这些插脚17呈辐射状图案从杜瓦瓶内引出,采用将玻璃熔化到柯伐合金上的封接工艺,若真空度变差则由消气剂15重新建立其真空度。杜瓦瓶的壳壁和制冷屏的外表面是敷金的。

寻的器的所有元件,除电子组件外均装在两个匹配的壳体上,前壳体安装万向支架系统组件和整流罩1,后壳体则安装线圈并提供一个隔离框,通过隔离框(图上未画)完成插头、导线和制冷管的连接。如图所示,用外框架轴承将两个框架连接到前壳体上,每个轴用的轴承都一样大小,透镜拧进内框架的前端,并用调整垫片的办法使透镜聚焦。磁铁被粘在一个支架上,支架通过一对预紧的自旋轴承装在内框架的后端。磁铁/转子组件在7200r/min上进行动平衡,不平衡力矩小于100盎司·英寸(1盎司·英寸=72g·cm)。在磁铁上贴一个很薄的球面铝罩,在其表面上刻有图案以提供框架角参数,光纤探头及其光源和传感器将框架角的信息从寻的器传到电子舱。在内框架的更后端安装阻尼组件、杜瓦瓶/制冷组件和自旋马达的换向检测器。阻尼器组件由一个钛环构成,上面呈非对称辐射状地粘有6个质量弹性元件。杜瓦瓶的安装环18被装入内框架并用卡环固定。视频前置放大器(未示出)是一个混合式组件,位于杜瓦瓶的后端。

整流罩粘到一个环上,这个环再用螺纹环固定在壳体上,在这个对接面及前后壳体的对接面上都用O形垫圈密封。

材料选择是这个系统的设计内容。大部分零件采用了低导磁的或非磁性的材料。壳体、整流罩的固定环,磁转子以及杜瓦瓶、阻尼器组件中的装配环都用钛。因为钛的电阻率高,避免了涡流效应。内框架也是用钛做的,因为它的热膨胀系数与所用的轴承相匹配并且是非磁性的。外框架的材料是铬镍铁合金,也是一种非磁性材料,选用这种材料是因为它的弹性模量比钛高,主要考虑到外框架的剖面相对较小。用导热性好的环氧树脂将线圈粘到钛环上,以使其热量容易传到导弹的外表面。

陀螺转子是一个两极永久磁铁,材料为铝镍钴合金,转子被两相方波电流驱动,其定子绕组由两套双线圈组成,四个线圈中每一个线圈跨度都略小于90°的空间角。这样的线圈布局能在寻的器有限的长度和直径(线圈厚度)内有最多的绕线匝数,这是因为一个线圈和另一个线圈间不存在首尾相叠的情况。

每相驱动方波靠两套光电检测器换向,两光电检测器互成90°,并与水平轴和垂直轴成45°。同样的光电检测器还为进动电流的驱动提供控制信号。

工作一开始,陀螺马达驱动回路以加速状态运转,使转子在5s内达到7200r/min,在工作转速下,控制信号自动地转接到视频时钟信号同步的锁相回路。这个回路的增益裕度和相位裕度足以使由进动力矩交叉混合和其他干扰引起的瞬时相位误差减到最低值,保证锁相和稳定性。由30(°)/s的峰值进动力矩耦合到转子轴产生的最大相差,据计算不超过1°。在锁相状态和加速状态之间的切换是这样安排的,当有不规则的进动状态使转速降低时,就采取加速方式使转速恢复,达到重新同步。将陀螺转速锁定到与准确的视频时钟信号不超过1°的相差具有几个优点:由磁铁旋转引起的视频噪声与转速是同步的,必要时,可以实施同步消除;精确控制马达转速就能利用刻在陀螺转子球形表面的图案,对比不同时间的花纹信号来测量框架角,并且章动频率是不变的,章动阻尼也比较容易实现。

6.3.4 红外图像的视频信号处理

视频信号处理是指对来自红外成像器的视频信号进行分析、鉴别,排除混杂在信号中的背景噪声和干扰，提取真实目标，计算目标位置和命中点，送出控制自动驾驶仪的信号等。

红外图像视频信号处理的主要特点如下：

(1) 红外图像的灰度分布对应于目标和背景的温度和辐射率的分布。红外成像导引头只能从红外特有的低反差图像中提(抽)取所需的信号；数字图像中可利用的基本信息是以像元强度形式出现的。

(2) 目标的识别过程是在背景噪声环境中进行的。红外图像中最简单的模型是二值图像，即目标比邻近背景暗或亮两种情况，因此常用统计图像识别技术。红外图像的目标特征提取主要考虑目标的各种物理特征，如目标形状、大小、统计分布、运动状态等。

(3) 红外图像摄取的帧速为 25 ~ 30 帧/s，目标表面的辐射分布在两帧之间基本上保持不变。这个性质为逐帧分析目标特征和对目标定位提供了保证。

(4) 红外图像处理方法建立在二维数据处理和随机信号分析的基础上，其特点是信息量大、计算量大、存储量大；弹上图像处理必须实时、可靠。因而大容量、高速信息处理是弹载计算机的关键。

(5) 要求有快速有效的算法，因为它要根据具体目标、实战条件和背景、干扰等条件实时识别、跟踪目标。

红外成像制导系统的视频信号处理过程包括信号预处理、图像分割、特征提取、目标识别及目标跟踪等，其过程如图 6－34 所示。

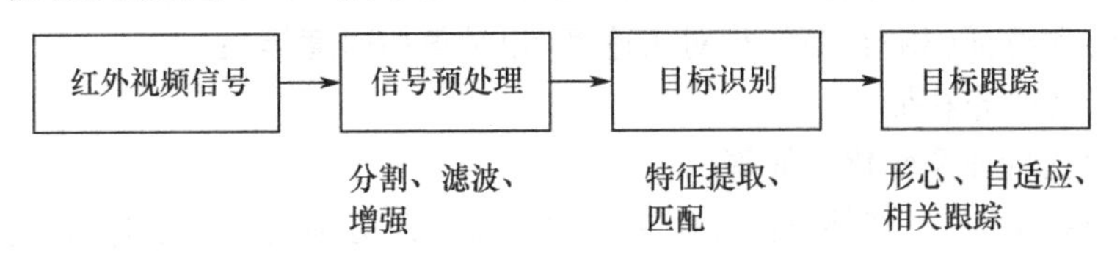

图 6－34　红外视频信号处理过程

1. 信号预处理

预处理是目标识别和跟踪的前期功能模块，包括 A/D 转换、自适应量化、图像滤波、图像分割、瞬时动态范围偏量控制、图像的增强和阈值检测等。其中图像分割是最主要的环节，它是识别、跟踪处理的基础。

1) 滤波

预处理是在进行目标识别之前进行的，此时尚不确知目标究竟在图像中哪一个区域，因此要对全图像进行处理。滤波属于空间滤波，与分割直方图法着眼于灰度、像元数分布不同，它是着眼于灰度的空间分布，是一种结构方法。常用的方法是用 $K \times K$ 的模板对全图像做折积运算。滤波的目的为：①平滑随机空间噪声；②保持、突出某种空间结构。

目前研究突出一些特殊而有效的滤波算法，如保持阶跃结构的 Median 滤波器，保持纹理的 Nagao 滤波器及 Refine 滤波器等。

2) 图像分割

图像分割是对图像信息进行提炼，把图像空间分成一些有意义的区域，初步分离出目标和背景，也就是把图像划分成具有一致特性的像元区域。所谓特性的一致性是指：①图像本身的特性；②图像所反映的景物特性；③图像结构语意方面的一致性。

图像分割的依据是建立在相似性和非连续性两个概念基础上。相似性是指图像的同一区域中的像点是相似的，类似于一个聚合群。根据这一原理，可以把许多点分成若干相似区域，用这种方法确定边界,把图像分割开来。非连续性是指从一个区域变到另一个区域时发生某种量的突变,如灰度突然变化等,从而在区域间找到边界,把图像分割开来。

3) 增强

视频处理器中图像增强的目的是使整个画面清晰,易于判别。一般采用改变高频分量和直流分量比例的办法,提高对比度,使图像的细微结构和它的背景之间的反差增强,从而使模糊不清的画面变得清晰。

图像的增强处理是从时域、频域或空域三方面进行的,无论从哪个域处理都能得到较好的结果。图像增强的实质是对图像进行频谱分析、过滤和综合。事实上,它是根据实际需要突出图像中某些需要的信息,削弱或滤除某些不需要的信息。

2. 目标识别

目标的自动识别对于"发射后不管"导弹的红外成像导引头是一个最为重要,也是一个最为困难的环节。显然该项内容属于模式识别范畴。

要识别目标,首先要找出目标和背景的差异,对目标进行特征提取;其次是比较,选取最佳结果特征,并进行决策分类处理。在目标识别中,目标特征提取是关键。归纳起来,可供提取的目标物理特征主要有:

(1) 目标温差和目标灰度分布特征;

(2) 目标形状特征(外形、面积、周长、长宽比、圆度、大小等);

(3) 目标运动特征(相对位置、相对角速度、相对角加速度等);

(4) 目标统计分布特征;

(5) 图像序列特征及变化特征等。

对导弹导引系统而言,红外成像导引头的识别软件还必须解决点目标段(远距目标)和成像段(近距目标)的衔接问题;必须解决远距离目标很小,提供的像素很少时的识别问题。

1) 大小识别算法

当目标在视场内占据一定大小时,可根据其几何尺寸判别真伪。图像的几何尺寸含有像元数和水平方向、垂直方向各占有的像元数。

在成像器视场大小已知、红外成像导引头与目标间距离已知的情况下,用简单几何关系可以推算出目标的真实大小。至于目标距离数据可以有两种来源:测距雷达给出;利用被动测距技术得出。

在导引头这一特定条件下,利用图像的真实大小进行目标识别确实是一种非常有效又可靠的方法。例如,在天空中发现一个宽为7~8m,长10m左右的物体,又有相当强的灰度(温度),则极可能是飞机目标。同样,在海面上发现一个长为100~200m,高20m左右的物体,很可能就是军舰目标。

这种识别对尺寸数据的精度要求并不高,对距离数据的精度要求也不高。因此是一种简便易行的方法。

2) 外形轮廓识别法

形状有两个含义:一是物体灰度的空间分布;二是其外形轮廓。

灰度空间分布识别有模板法和投影法两种。模板法是一种最原始的模式识别方法,它有较大的容错性,故实际武器系统中仍被应用。投影法是用于成像导引最简单而有效的方法。物体图像(可以是灰度差图,也可以是经分割后的二值图)在x、y方向有两个投影,将两个投影归一化,然后按等灰度积累数或等像元积累数分割,在两个轴上,每个分格内所占全投影长的百分比形成两个链码,用它们来代表该物体(或称为物体的特征)。工程上产生投影链码的专用硬件很容易制作,但是这种表征不是唯一的,有时两个不同的物体会有同样的投影。这种非唯一性,并不影响它在导引识别上的应用。

外形轮廓识别有句法模式识别和轮廓傅里叶展开识别两种方法。不论采用哪种方法,都必须先求出物体的轮廓,这在目标距离远、信噪比较低的情况下,要得到清晰的轮廓是困难的。因此,这种方法多用于工业上,在红外成像导引系统中很少应用。

3）统计检测识别

当目标很远、像点在图像中只占一两个像元甚至小于一个像元时,除了强度信息外,没有形状信息可利用,对这样的目标的识别,只能应用统计检测方法。如使用 t 检验:

$$t = \frac{A - \bar{A}}{\sqrt{\frac{1}{n(n-1)}\sum_{i=1}^{n}(A_i - \bar{A})^2}} \tag{6-11}$$

式中:A 为被检测像元的灰度;A_i 为被检测点的邻域(共有 n 个像元)中第 i 个像元的灰度;$\bar{A}$为被检测点邻域中的平均灰度。

根据 t 值的大小,按统计检测理论,可以确定该被检测像元与其他邻域中点是否来自同一母体。如不是,则该点是目标;若是,则该点是背景。

t 检验是一个能力很强的统计参量检验,但它计算标准方差却很费时间。如果时间允许,可以用多帧图像进行检测,此时可使用序列检测技术。实际应用时,为了节省时间,算法都要进行简化。可行的算法有灰度相关算法和位置相关算法等。

灰度相关(也称幅度相关)是在经第一帧检测确定其点为目标候选点后,在后一帧中检测其灰度值对前一帧的值的偏差(σ),若在 $-\sigma$ 和 $+\sigma$ 的范围之内,则认为是目标;在其外时,则该点为背景。当目标为逐渐接近的武器(如敌方射来的导弹)时,则设定两个偏差:σ 和 σ_1($\sigma < \sigma_1$)。σ、σ_1 的取值,则需对具体问题进行概率计算加以确定。

位置相关是前一帧检测后,后一帧检测只在前一帧挑出的目标候选点附近的一个邻域(窗口)内进行。邻域的大小可根据目标与系统间的可能相对速度而设定。

显然,灰度相关与位置相关检测应结合进行,帧数越多,效果越好,一般三、四帧就可以完成。

4）矩识别法

矩识别法也是依据物体的灰度空间分布提取出一类特征量用于识别。它有矩不变的特点,故一直被人们广泛讨论。

假设灰度分布 $\rho(x,y)$,则中心矩为

$$M_{pq} = \iint (x - \bar{x})^p (y - \bar{y})^q \rho(x,y)\,\mathrm{d}x\mathrm{d}y \tag{6-12}$$

式中:$\bar{x} = \iint x\rho(x,y)\,\mathrm{d}x\mathrm{d}y / \iint \rho(x,y)\,\mathrm{d}x\mathrm{d}y$,$\bar{y} = \iint y\rho(x,y)\,\mathrm{d}x\mathrm{d}y / \iint \rho(x,y)\,\mathrm{d}x\mathrm{d}y$。

图像的矩识别法有下列性质:

(1) 对不同灰度分布图形 $\rho(x,y)$ 取值不同。

(2) 对同一图形在经过平移、旋转及比例变化后,它的取值不变。它们是平移、旋转、变化三种变换的不变量,故被称作矩不变式。

图像的矩被用作特征进行识别,不断得到改进和扩展,出现了各种不变矩的形式,用它对

飞机、舰船等进行识别,至今仍讨论不衰。这种方法的主要缺点是运算量很大。

5)Hough 变换

Hough 变换的原意为 xOy 平面上一条直线,转换到另一平面上为一个点(图 6-35),将这一原理进行推广,如果打算寻求物体 A,可在 A 内任选定一点 a,然后在被识别像面上以物体轮廓上各点为 a 重画 A 轮廓线的全逆像(x,y 轴向双反射像)。显然,如果被识别物体就是 A,则所重画的各轮廓线都会在相应的 a 点位置上相交,该点取值最高。如果物体不是 A,则不会有这样一个集中点出现。

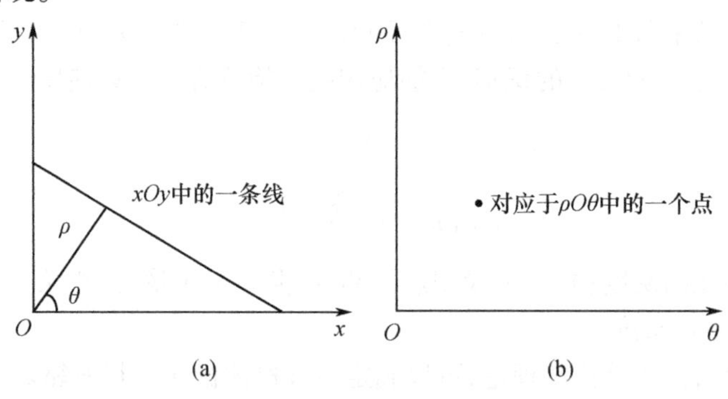

图 6-35 Hough 变换

Hough 变换方法似乎也是轮廓识别法,并且和模板法颇为相像,其实都不一样。它有如下特点:

(1)并不要求轮廓光滑,允许有断点,也可以不是轮廓,有抗噪声能力;

(2)计算次数比模板法少,经简化后更少;

(3)可以进行并行处理,现在有不少人在研究用专用并行处理机快速实现 Hough 变换问题。

6)直方图识别

只依据直方图进行目标识别,这相当于统计中的分布检测,是非参量检测的一类,可以将其中很多方法应用过来,如秩检验,科尔莫格洛夫-斯米尔诺夫检验等。这一方法简单易行,理论上讲,其效果可能不够理想,不过在具体某一场合下,效果还是不错的。

7)透视不变量

不变量作为特征量是最受欢迎的。前面讲的矩不变量是对平移、旋转及变化这三种变换不变的。然而,这三种变换在工业应用中(如机械零件识别)是最为关心的,但在导引系统应用中,最关心的变换为透视变换。对一个物体视点的不同,即视线方向(方位、高低)及远近的不同反映为透视变换。如果一个特征量是透视不变的,则不管对目标进攻方向及远近如何,均可直接使用。

在句法模式识别中,当目标轮廓线是由折线组成的时候,其链码可以是透视不变的。不过轮廓线不是折线或不完整时,就不能再用了。

一种基于平面点集合的透视不变描述方法对于基本上处于平面上的一组点,可以找出一组链码对它进行描述,点数越多,其唯一性越好。在点集中若由于噪声干扰增加或丢失几个点时,依然能保持相当高的识别概率,则这种链码是透视不变的。这种透视不变特征码显然可以用于对处于地面上的大型结构(如飞机场、码头、军港等)的识别。

8)置信度计算

识别问题属于逻辑判断的范畴,因为识别后的捕获是一个是或非的决策工作。但在跟踪过程中,为了使用外推滤波技术,需要使用多帧目标位置信息,在有干扰或有遮挡情况下,不是每一帧信息都同样可靠和有价值,因此,要由识别环节给每帧中被跟踪物体一个“置信度”,就是一个定量描述。这个量不难根据所用的识别方法来给定。不过此时所用的识别方法可以相当简单,甚至可以直接由跟踪算法给出。

3. 目标跟踪

目标跟踪的工作过程大致有下述几步:

(1) 在捕捉目标后,给出目标所在位置(x_0,y_0)及目标的大小信息。

(2) 根据(x_0,y_0)值建立第一个跟踪窗,并在窗内计算下列数值:

目标本帧位置(x_1,y_1);

下帧窗口中心位置(x_{w_2},y_{w_2});

下帧窗口大小值(L_{w_2},H_{w_2})。

(3) 在第 i 帧($i\geqslant 2$)窗口内计算:

目标本帧位置(x_i,y_i);

根据前 k 帧目标位置信息(x_i,y_i)、(x_{i-1},y_{i-1})、…、(x_{i-k-1},y_{i-k-1})及各帧相应的“置信度”η_i、…、η_{i-k},计算下帧窗口中心位置 $x_{w_{i+1}},y_{w_{i+1}}$;

求窗口大小($L_{w_{i+1}},H_{w_{i+1}}$)。

目标跟踪的关键技术是跟踪算法。理论上讲,跟踪算法较多,如热点跟踪、形心跟踪、辐射中心跟踪、自适应窗跟踪、十字跟踪和相关跟踪等。红外成像自动导引系统对目标的跟踪属于自适应跟踪,即随着目标与导弹的相对变比,自适应地改变跟踪参数,以达到不丢失目标的目的。

目前自适应跟踪技术主要有下述几种方法:

1) 自适应门限跟踪

设对比度算符(Contract Operator)为 CO,可取

$$CO[f(x_i,y_i)] = \{A\}_p,\quad p=1,2,\cdots,N \tag{6-13}$$

式中:A 为对比度检测的门限;p 为检测的次数。

所谓自适应就是自动的每次取不同的阈值,改善被跟踪目标的对比度,也称图像的自适应门限检测。

2) 目标形体自适应跟踪

图像转入跟踪后,目标的形体是相关渐变的,相邻帧间的相关程度很大,其相关系数可写为

$$\gamma = \sum_{i=D}^{M-1}\sum_{j=0}^{N-1} f_s^{T-1}(x_i,y_i)\cdot f_s^{T-1}(x_i,y_i) \tag{6-14}$$

式中:T、$T-1$ 表示不同帧的时刻。

当 $\gamma\geqslant 0.7$ 时,可以继续稳定跟踪目标;若 $\gamma<0.7$,则自动转为搜索。这种方法抗干扰性好,可靠性强,是应用最广的方法。其实质是相关匹配方法的一种变形。但这种方法要求每次存储一帧或二帧的图像,要求的计算机存储量大,成本较高。

3) 记忆外推跟踪

该技术是一种应急专用跟踪技术,国外很多型号的武器系统都应用它。当导弹对目标正常跟踪时,突然图像被遮挡而消失,而若干秒后又复出。按正常跟踪处理,则会丢失目标。记

忆外推跟踪技术可以防止被跟踪目标的丢失。常用的记忆外推跟踪技术有微分线性拟合外推方法和卡尔曼滤波。

4)复合跟踪

为了能在复杂背景环境中工作,增强系统的自适应能力,系统可采用多种方式跟踪,即采用对比度跟踪、边缘跟踪、相关跟踪和动目标跟踪同时并行工作,如图6-36所示。

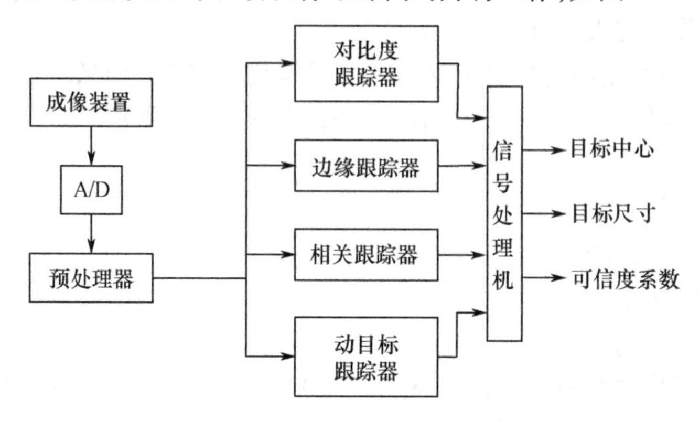

图6-36　多跟踪系统功能方框图

这种系统的缺点是,工作时尚须用切换方式选择能提供目标位置最佳估计的跟踪方式,且硬件设备较复杂,成本高,应用性较差。

5)多特征跟踪

利用提取目标图像多种特征的方法实现跟踪,可以避免跟踪方式的切换,提高跟踪系统的可靠性。它可以利用对比度跟踪、边缘跟踪和相关跟踪三种方式同时并行工作,提取出不同的目标特征,组成并行处理系统。多特征跟踪系统功能框图如图6-37所示。

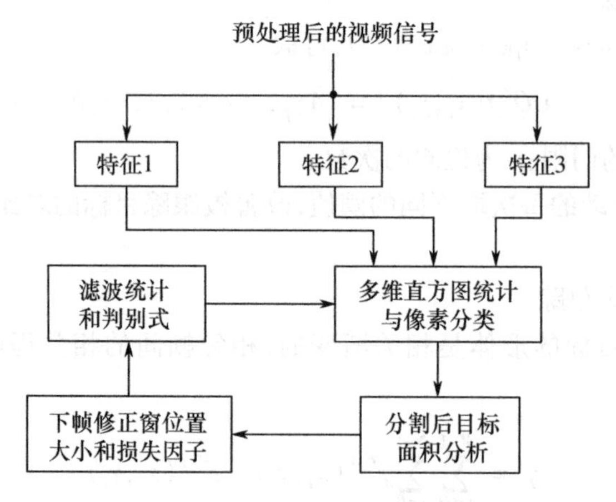

图6-37　多特征跟踪系统功能框图

该系统可以在复杂背景下对目标进行识别与跟踪,有很好实用价值。计算机模拟实验结果表明,这种方法有效地改善了目标图像分割效果。根据该方法设计的工程样机目前正在研制和试验中,将用于精确制导武器中。美国新泽西州先进工艺实验室,经过多年努力,研制出多特征贝叶斯智能跟踪器(MFBIT),在功能上接近人的视觉思维。这种系统能在复杂背景下,特别是在低对比度时,甚至在目标部分被遮挡时可以正常跟踪目标;在目标短时间消失情况下,能重新探测目标。

MFBIT 系统根据多维直方图,自动寻找在图像分类时选取的特征目标,并对多个被跟踪的目标进行优先加权处理,可以从多目标中选择出威胁最大的目标和选择目标瞄准点。它是一种很有应用前景的智能末制导系统。

6.4 红外寻的制导系统性能描述

6.4.1 红外寻的制导系统作用距离

红外成像器能够达到某种给定性能要求的距离,称为作用距离,它是重要的技术指标,尤其对军用系统更为重要。

红外成像器有这样一种特性,即随着被测目标距离的改变,同一个目标可视为不同性质的辐射源。因此,红外成像器在作用过程中的作用距离公式就不一样。一般来说,可用探测距离和成像距离进行描述。

1. 探测距离

探测距离 R_d 通常是对点源系统而言的。由于红外成像器具有对"星点"探测能力,即被测目标尺寸在某一距离上远小于系统瞬时视场的大小时,只要其辐射能量大到足以激发探测器,使其有一定信噪比,系统就能够探测到目标的存在。显然,在这种情况下,对目标来说,成像器还成不了"像"。这时被探测的目标相对测量系统来说,可视为一个点源。对于点源,在距辐射源距离为 R_d 处的辐射照度为

$$H = \frac{J}{R_d^2}\tau_a \tag{6-15}$$

式中:J 为目标的辐射强度;τ_a 为大气透过率。

若不考虑光学系统对辐射能量的损失,在背景辐射可以忽略的条件下,系统获得的信号值为

$$V_s = \Re_\lambda H A_0 \tag{6-16}$$

式中:$\Re_\lambda$ 为探测器的响应度;A_0 为大气透过率光学系统接收面积。

由红外探测器特性可知,响应度 $\Re_\lambda$ 可表示为

$$\Re_\lambda = \frac{V_N D_\lambda^*}{(A_d \Delta f_e)^{1/2}} \tag{6-17}$$

式中:V_N 为探测器噪声的均方根值;D_λ^* 为探测器的探测率;Δf_c 为噪声等效带宽;A_d 为探测器面积。

经整理后可得

$$\frac{V_s}{V_N} = \frac{J A_0 \tau_a D_\lambda^*}{R_d^2 (A_d \Delta f_e)^{1/2}} \tag{6-18}$$

为了利用上式说明点源信号探测的物理意义,可将式(6-18)改写为

$$\frac{V_s}{V_N} = \frac{(J/R_d^2) A_0 \tau_a}{(A_d \Delta f_e)^{1/2}/D_\lambda^*} = \sum_{\text{NEP}}^{P_s} \tag{6-19}$$

式中:P_s 为探测器接收到的目标辐射功率;NEP 为探测器本身的等效噪声功率。

从式(6-19)可知,对点源目标的探测,实质上就是目标投射到探测器上的功率 P_s 与探测器本身的等效噪声功率 NEP 之比,而信噪比 V_s/V_N,就是表征系统探测能力大小的一个尺度。人们总是千方百计地在目标、背景条件给定的情况下提高信噪比值。而降低探测器本身的噪声和处理电路中可能引进的附加噪声,则是提高信噪比的一个重要途径。正是由于这一原因,人们总是全力提高探测器性能和采取先进的信息处理技术。

当光学系统接收孔径的直径为 D_0,有效焦长为 f',光学系统接收面积可表示为

$$A_0 = \frac{1}{4}\pi D_0^2 \tag{6-20}$$

其相对孔径值的倒数通常叫 F 数,即

$$F = f'/D_0$$

$$A_d = \omega f'^2$$

式中:ω 为系统瞬时视场。

最后可得探测距离为

$$R_d = \left[\frac{\pi}{4}\frac{JD^* D_0 \tau_a \overline{\tau_0}}{f'/D_0(\omega \Delta f_e)^{1/2}(V_s/V_N)}\right]^{1/2} \tag{6-21}$$

式中:$\overline{\tau}_0$ 为光学系统透过率;V_s/V_N 为信噪比值,它的取值决定于红外成像器探测概率的要求。

2. 成像距离

成像距离 R_i 是指在这个距离上,系统能获得满足某种分辨性能要求的目标温度分布图像。在这种情况下,红外成像器测得的视频信号或呈现在显示器上的图像只是一个相对变化量,而不是绝对量。如果在某一距离上,被测目标能在红外成像器中成像,那么,这种情况下的目标已不是一个点源,而是一个扩展源。所谓"点源"和"扩展源",也是一个相对的物理概念。同一个目标在不同的距离上,相对于测量系统而言,可以视为点源,也可能被称为扩展源。对于扩展源,有

$$\Delta T_B \mathrm{e}^{-\beta_{atm}R_i} = (\mathrm{MRTD})_s \tag{6-22}$$

式中:β_{atm}为大气消光系数,表示单位距离上的大气衰减;$(\mathrm{MRTD})_s$ 为由系统本身参数计算得到的最小可分辨温差值。$(\mathrm{MRTD})_s$ 的测试是用一个标准测试图来进行测量的。测试图是由长宽比按规定比例的黑白相间的条带组成的一个正方形辐射源。实际目标并非都是正方形,因而引入一个目标形状校正的概念,即将实验室测得的$(\mathrm{MRTD})_0$ 除以$(\varepsilon/7)^{1/2}$,它可表示为

$$(\mathrm{MRTD})_s = (\mathrm{MRTD})_0 \sqrt{\frac{7}{\varepsilon}} \tag{6-23}$$

式中:ε 是表示一个实际目标矩形轮廓中的单个分辨条带的长宽比。当 $\varepsilon = 1$ 时,它就是一个正方形,$\varepsilon > 1$ 时,则是一个矩形。符号 ε 的引入,便于将实际中长宽比不同的目标,都视作正方形进行处理。

为了使红外成像器在整个作用过程中维持符合规定要求的分辨性能,必须设置变焦机构,使其随着距离的变化,光学系统中焦距也相应地变化,以期实现目标图像在允许的范围内变化。假定红外成像器在 X 和 Y 方向有着相同的空间分辨率,一个像元的面积为

$$A_i = \alpha^2 R^2$$

式中：R 为系统作用距离。

在系统作用方向上可能呈现的最小面积 $A_{T\min}$ 的目标可获得的扫描线 n_r 就表示为

$$n_r = \frac{A_{T\min}}{\alpha^2 R^2} \tag{6-24}$$

欲使得到的分辨性能不变，则有

$$\Delta n_r = 0$$

也就是

$$f'\Delta R_i = R_i \Delta f'$$

理论上要求 $\Delta n_r = 0$，实际上，由于采用变焦技术，随着距离的增加，空间分辨率呈现非线性变化，使 $\Delta n_r \neq 0$。为了说明这种变化对红外成像器性能的影响程度，类似于大气对通过它的辐射能的衰减作用，引入一个 β_{sys} 符号，表示在单位距离内空间频率的变化量。应用 Beer 定律，它可表示为

$$(\text{MRTD})_s = (\text{MRTD})_0 \sqrt{\frac{7}{\varepsilon}} e^{\beta_{sys} R_i} \tag{6-25}$$

按照上面的设想，便有

$$\beta_{\text{sys}} R_i = f'_J = \frac{1}{2} R_i \left(\frac{n_r}{A_{T\min}} \right)^{\frac{1}{2}}$$

可得

$$(\text{MRTD})_s = (\text{MRTD})_0 \sqrt{\frac{7}{\varepsilon}} e^{\frac{1}{2}\left(\frac{n_r}{A_{T\min}}\right)^{\frac{1}{2}} R_i} \tag{6-26}$$

因此，红外成像系统的成像作用距离表达式为

$$R_i = \frac{\ln \dfrac{\Delta T_B}{(\text{MRTD})_0 \sqrt{\dfrac{7}{\varepsilon}}}}{\beta_{atm} + \dfrac{1}{2}\left(\dfrac{n_r}{A_{T\min}} \right)^{\frac{1}{2}}} \tag{6-27}$$

$$\text{MRTD} = 0.753 \frac{\text{NETD} \cdot \text{S/N}}{r_s (T_e F_f)^{1/2}} \cdot \frac{f_T}{f_c} \tag{6-28}$$

由上述可知，成像作用距离有两个明显的特点：①成像作用距离与 ΔT_B 有关，同一个系统和背景条件下，温差 ΔT_B 越高，其成像距离就越远；②成像距离 R_i 取决于 n_r 值大小，即与达到某种分辨性能有关。在相同条件下，n_r 值越大，也就是说，分辨性能要求越高，其成像距离就越远。

根据不同分辨性能要求，红外成像系统作用距离可分为探测距离、识别距离和辨认距离。

6.4.2 红外成像性能分析

1. 热灵敏度

红外成像器的热灵敏度（NETD），也叫温度分辨率，NETD 是度量红外成像器热灵敏度的

一种参数,其定义是:假定被测两点是黑体辐射源,这两个黑体目标之间的温度差,使红外成像器产生的信噪比为1。此时的温度差叫等效噪声温差。在红外成像器诸设计参数及景物都确定的条件下,NETD和空间分辨率 α、β 是矛盾的。若要提高热灵敏度NETD,就必须牺牲空间分辨率。

NETD作为比较不同红外成像器热灵敏度的一种参数还是可以的,其物理意义清楚,便于测量,因此国内外至今仍广泛采用,但严格地说,NETD在综合性能测量中并不能全面反映红外成像器的质量,且有较大的局限性。因此目前国际上红外界推荐用最小可分辨温差(MRTD)或最小可探测温差(MDTD)来代替NETD。

2. 调制传递函数

调制传递函数用来描述红外成像器传输信息的能力。如果假设红外成像器各个环节都满足线性和空间不变性,则红外成像器的传递函数可由各个环节的传递函数的连乘积表示。不同的红外成像器,或是同一个红外成像器用于不同目的,环节个数都不相同。对用于导引的红外成像器,系统主要由探测器、光学和信号处理等三个主要部分组成,系统的总传递函数则为各部分传递函数的连乘积,即

$$\begin{aligned}\bar{r}_s &= \bar{r}_d\,\bar{r}_o\,\bar{r}_e \\ &= \left[\frac{\sin\pi f_T/f_c}{\pi f_T/f_c}\right]\left\{\frac{2}{\pi}\left[\arccos(f_T/f_{co}) - (f_T/f_c)\sqrt{(1-(f_T/f_c)^2)}\right]\right\} \\ &\quad\times\frac{1}{\sqrt{1+(f_T/f_c)^2}}\end{aligned} \tag{6-29}$$

式中:f_{co} 为光学系统空间截止频率,$f_{co}=D_0/\lambda$;f_{ce} 为电子电路截止频率,$f_{ce}=1/2\pi RC$;$\bar{r}_0$ 为光学部分传递函数;$\bar{r}_d$ 为探测器传递函数;$\bar{r}_e$ 为信号处理电路传递函数。

传递系数越大,红外成像器可呈现的性能就越高。

3. 最小可分辨温差

最小可分辨温差(MRTD)是一种实用的设计和分析手段,它既能反映出红外成像器本身性能,又能反映出包括测试者在内的对目标的综合分辨能力;既能反映出红外成像器低频热灵敏度,又能表示其高频极限分辨性能。MRTD可以说为不同红外成像器的性能比较提供了一种好的方法,因为它包括噪声、信号、分辨率、时间和空间积分效应以及各种对像质有影响的因素,甚至包括观察者眼睛的工作特性在内。在目标和背景给定的条件下,为了达到某种分辨性能,红外成像器必须具有相应的MRTD值。这样,通过MRTD便可将红外成像器与目标和大气传输等特性联系起来而构成红外成像器的设计方程式。为了直观地判断红外成像器性能的优劣,人们规定与 $1/2f_c$ 对应的MRTD值作为红外成像器MRTD的特征值。同一个红外成像器,或相同参数不同红外成像器,该值越小,红外成像器的性能便越高。

4. 最小可探测温差MDTD

MDTD是一个方形(或圆形)目标和背景之间的极限温差的变量,它是目标尺寸的函数,表示红外成像器阈值探测能力。从图6-38可以看出,MDTD曲线不是一种渐近线,这就是说,对任何一个目标,只要它是够热的,系统就能够探测到,即使目标尺寸远小于系统瞬时视场。这就是红外成像器具有的所谓“星点”探测能力,红外成像器所具有的这种性能,大大扩展了其在实际中的应用范围。

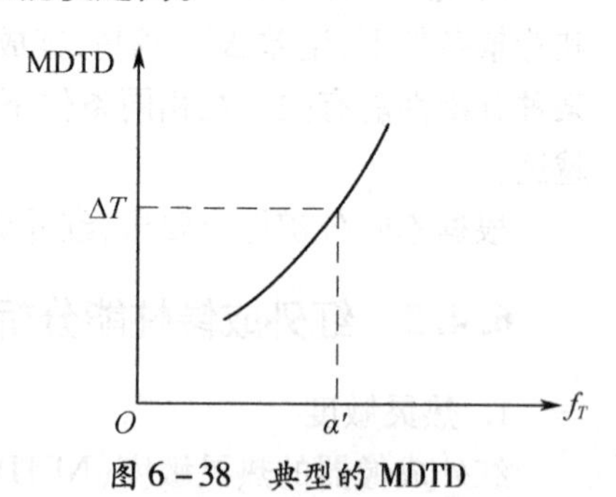

图6-38 典型的MDTD

思考题

1. 目标的红外辐射特性主要包括哪几点？飞机类目标典型红外辐射源可分为哪几种，其光谱分布情况如何？

2. 何谓红外大气透过窗？有哪几个高透射率区域？

3. 试述红外点源寻的制导的特点。

4. 简述红外点源导引头组成及其工作原理。

5. 简述红外点源导引头的光学系统的工作原理。

6. 试述红外调制盘的工作原理，画出像点在下图中几个位置时的输出波形。

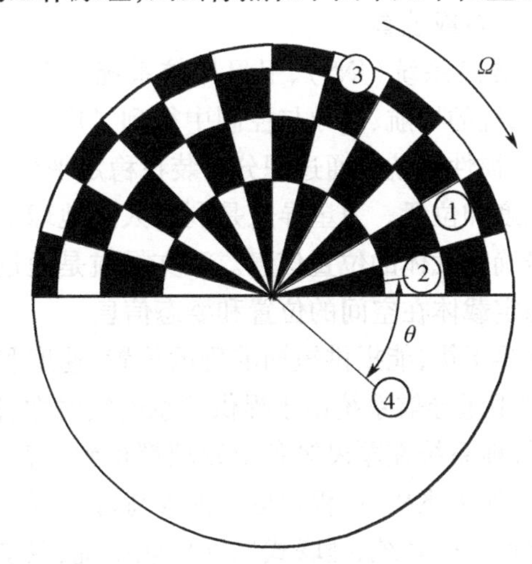

7. 试述红外探测器的功用及三种主要的探测器工作原理。

8. 红外探测器为什么必须制冷，制冷器主要有哪几种？

9. 简述红外导引头信号处理电路的基本组成、功用及工作原理。

10. 红外成像寻的系统有何特点？它与红外点源寻的系统有何区别？

11. 试述红外成像导引头的组成及工作原理。

12. 简述两种主要的红外成像寻的器工作原理。

13. 红外图像视频信号处理有哪些过程？分别有哪些主要方法？

14. 简述红外成像目标识别可供提取的目标物理特征和主要方法。

15. 红外成像器的性能评价包括哪几方面？试分析之。

第七章　惯性导航系统与卫星导航系统

确定载体的位置和姿态,引导载体到达目的地的指示和控制的过程称为导航,能够提供导航参数,实现导航任务的设备或装置称为导航系统。制导是指引导和控制飞行器按预定轨迹和飞行路线准确到达目标的过程,而制导系统是指测量载体和目标的运动信息,又利用这些信息自动控制载体运动的所有设备或装置。

常用的导航系统有惯性导航系统(INS)、卫星导航系统(GNSS)和天文导航系统(CNS)等,这些导航系统已在武器系统的导航、制导与控制中得到了广泛的应用,且具有各自的优缺点,精度和成本也大不相同。惯性导航是通过积分安装在稳定平台(物理的或数学的)上加速度计的输出来确定载体的速度和位置。卫星导航是利用人造地球卫星进行用户点位测量,由导航卫星发送导航定位信号确定载体的位置信息。天文导航是通过对星体的观测,根据星体在天空的固有运动规律来确定载体在空间的位置和姿态信息。

由于惯性导航具有抗外界干扰,能提供短期准确的位置、速度和姿态信息,从而获得了广泛应用。而以GPS为代表的卫星导航系统由于提供信息的实时性、信息精度的长期稳定性以及应用的灵活性,使得卫星导航系统在军民等各个领域都得到了普遍应用。天文导航则能提供高精度的姿态信息,被用于航天飞机、远程弹道导弹等高精度、高可靠性的导航系统中。

本章主要介绍平台式惯性导航系统、捷联式惯性导航系统、卫星导航系统、天文导航系统以及组合导航系统的结构组成、工作原理及工程应用等。

7.1　惯性导航系统概述

惯性导航系统(Inertial Navigation System,INS),简称惯导,是一种不依赖于任何外部信息也不向外部辐射能量的自主导航系统,这就决定了惯性导航具有下述的优异特性。首先,它的工作不受外界电磁干扰的影响,也不受电波传播条件所带来的工作环境限制(可全球运行),这就使它不但具有很好的隐蔽性,而且其工作环境不仅包括空中、地球表面,还可以在水下,这对军事应用来说有很重要的意义。其次,它除了能够提供载体的位置和速度数据外,还能给出载体的姿态数据,因此所提供的导航与制导数据十分全面。此外,惯性导航又具有数据更新率高、短期精度和稳定性好的优点。所有这些,使惯性导航系统在军事以及民用领域中起着越来越大的作用。国外一些国家已在各类飞机(包括预警机、战略轰炸机、运输机、战斗机等)、导弹、水面舰船、航母和潜艇普遍装备有惯导,甚至有些坦克、装甲车以及地面多种车辆也装备了惯导。

惯性导航系统装载在导弹上,通过惯性敏感元件测量导弹运动的位置和速度而形成指令,引导导弹飞行的系统称为惯性制导系统。该系统可用于巡航导弹和弹道式导弹的程序飞行控制,也常用于中远程防空导弹的中制导段。

惯性导航系统的基本原理是应用惯性加速度计,在三个相互垂直的方向上测出导弹质心运动的加速度分量,然后用相应的积分装置将加速度分量积分一次得到速度分量,把速度积分一次得到坐标分量。由于导弹在发射点的坐标和初始速度是已知的,因而可以计算出导弹在每一时刻的速度值和坐标值。把这些值与理论弹道的对应值比较,便能得出偏差量进而修正。这样就保证了导弹沿预先规定的理论弹道按程序飞向目标。

惯性导航系统的组成包括敏感元件、导航坐标系和导航计算机等。敏感元件由三组陀螺仪和加速度计组成,它们的功用是测量载体的角变化量和加速度变化量。导航计算机的功用是进行加速度积分及坐标参数计算。参数计算必须在给定的坐标系—基准坐标系进行,该坐标系主要由三个正交安装的陀螺来测量载体的角速度信息,所提供的信息用来稳定基准坐标系。基准坐标系的功用是用来隔离弹体和加速度计的运动,当弹体机动时,它能够保证加速度计只感知选定坐标系三个方向上的运动分量。稳定的基准坐标系可以是平台式惯导的物理机电平台,也可以是计算机通过计算来构成的数学平台。根据惯性导航系统平台的不同,一般我们把惯性导航分成两大类:一类是平台式惯导;另一类是捷联式惯导。在平台式惯导中,以实体的陀螺稳定平台确定的平台坐标系来精确地模拟某一选定的导航坐标系,从而获得所需的导航数据。在捷联式惯导中则通过计算机实现的数学平台来替代实体平台,由此带来的好处是可靠性高、体积小和价格便宜。

7.2　平台式惯导系统

7.2.1　平台式惯导系统的组成及基本工作原理

惯性导航的工作原理是根据牛顿力学定律来实现的,其基本原理是基于对载体加速度的测量,通过两次积分得到载体的位置坐标。

惯导的平台模拟一个选定的基准坐标系($O'x_ny_nz_n$),若在平台坐标系($O'x_py_pz_p$)安装三个加速度计,就可测得载体加速度的三个分量,再根据基准坐标系与地球坐标系($Ox_ey_ez_e$)的关系便可建立计算导航参数的方程,如图 7-1 所示。

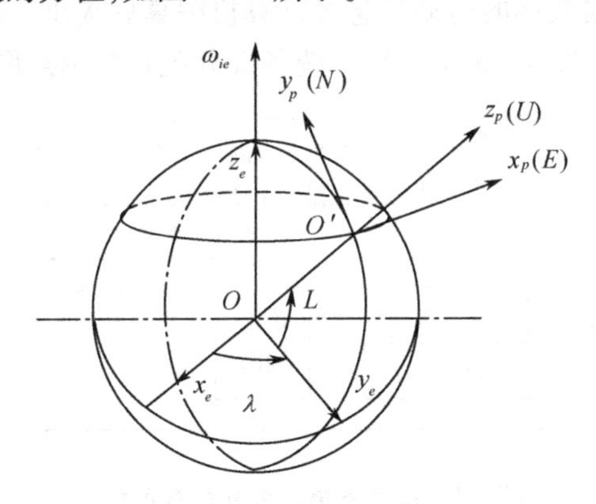

图 7-1　平台坐标系和地球坐标系

载体沿地球表面飞行或航行,假设地球为球体,且暂不考虑地球的自转和公转。平台的两个轴稳定地与地平面保持平行,并使 $O'x_p$ 轴指东,$O'y_p$ 轴指北(即平台所模拟的是东北天地理系)。因沿 $O'x_p$ 轴和 $O'y_p$ 轴装有两个加速度计 A_E 和 A_N,故 A_E 可测出沿东西方向的比力 f_E,A_N 可测出沿南北方向的比力 f_N,而比力方程为 $f=\dot{V}+(2\omega_{ie}+\omega_{en})\times V-g$,从加速度计测量的比力中去掉有害加速度$(2\omega_{ie}+\omega_{en})\times V$,并进行重力补偿,即可得到载体对应方向的实际加速度$\dot{V}_E$(即a_E)和$\dot{V}_N$(即a_N)。

根据惯性制导的积分思想,在制导计算中,如果得到载体的加速度$\boldsymbol{a}$,就能解出载体的运动速度和位置参数。进行积分计算得出载体对应方向的地速分量:

$$V_N = \int a_N \mathrm{d}t + V_{N0} \tag{7-1}$$

$$V_E = \int a_E \mathrm{d}t + V_{E0} \tag{7-2}$$

式中:V_{N0}和V_{E0}为载体北向和东向的初始速度。若将地球看作参考椭球体,根据地球坐标系的定义,由V_E和V_N可求得载体所在的经度λ和纬度L:

$$\lambda = \int \frac{V_E}{(R_N+h)\cos L}\mathrm{d}t + \lambda_0 \tag{7-3}$$

$$L = \int \frac{v_N}{R_M+h}\mathrm{d}t + L_0 \tag{7-4}$$

图7-2给出了惯导的简单工作原理。

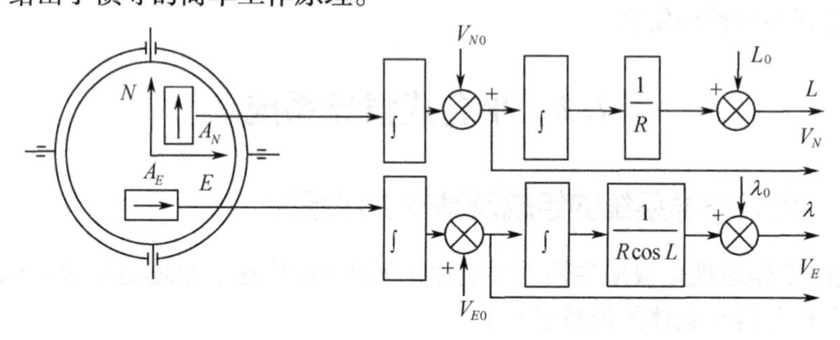

图7-2 惯导工作原理示意图

为了使平台坐标系模拟所选定的基准坐标系,需给陀螺加指令信号,以使平台按指令角速率转动。指令角速率可根据载体的运动信息经计算机解算后提供。使平台按指令角速率转动的回路称平台的修正回路。图7-3是惯导系统各部分关系的示意图。

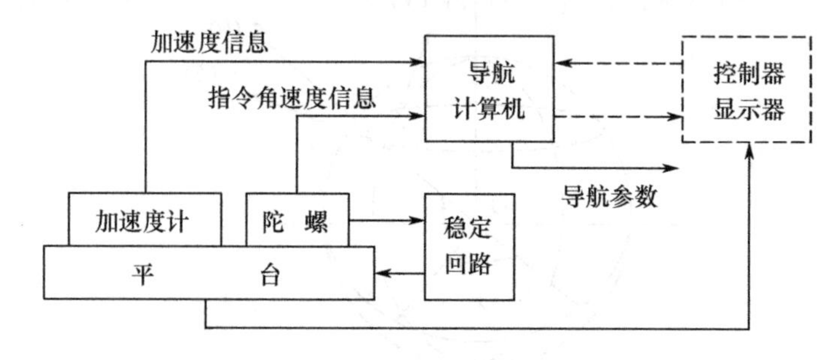

图7-3 惯导系统各部分关系示意图

由此可见,惯导包括以下几部分:

(1)加速度计。用来测量载体运动的加速度。

(2)陀螺稳定平台。由陀螺仪及稳定回路进行稳定,模拟一个导航坐标系,该坐标系是加速度计的安装基准;从平台的各环架还可以获取载体的姿态信息。

(3)导航计算机。完成导弹飞行参数计算,给出控制平台运动的指令角速率信息,输出导航指令。

(4) 控制器。给出初始条件以及系统所需的其他参数。

(5) 参数显示器。用于显示载体运动参数。用于导弹导航时,不采用。

7.2.2 惯导平台及其结构

由于需要三个加速度计才能测得任意方向的加速度,因此,在安装三个互相垂直的加速度计时需要有一个三轴稳定平台,如图 7-4 所示。

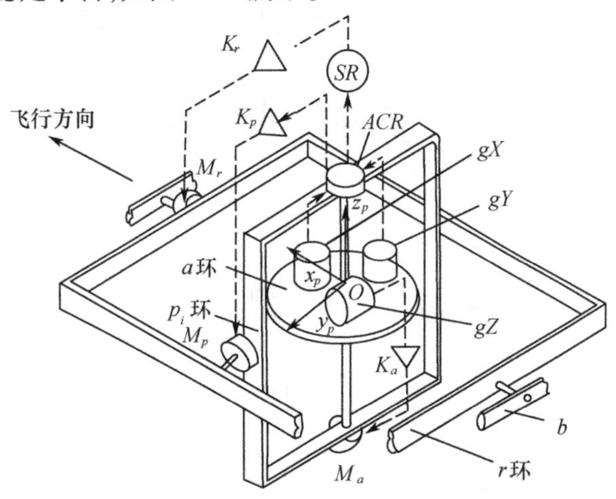

图 7-4　三轴平台的基本结构

图 7-4 中的台体是环架系统的核心,其上装有被稳定对象——加速度计(图中未示出)。平台坐标系 $Ox_py_pz_p$与台体固联,Ox_p轴和 Oy_p轴位于平台的台面上,Oz_p轴垂直于台面。台体上安装了三个单自由度陀螺,其三个输入轴分别平行于台体的 Ox_p轴、Oy_p轴和 Oz_p轴,分别称作 g_X 陀螺、g_Y 陀螺和 g_Z 陀螺。g_X 和 g_Y 又称水平陀螺,g_Z 又称方位陀螺。台体上安装的三个加速度计的敏感轴需分别与台体的三根坐标轴平行。把三个加速度计和陀螺仪由台体组合起来所构成的组合件,一般称作惯性测量组件。

为了隔离基座运动对惯性测量组件的干扰,整个台体由方位环 a(用以隔离沿 Oz_p轴的角运动)、俯仰环 p_i和横滚环 r(两者结合起来隔离沿 Ox_p和 Oy_p轴的角运动)三个环架支撑起来。当运载器水平飞行时,方位环 a 的 Oz_p轴和当地垂线一致,是运载器航向角的测量轴,通常方位环 a 固联着台体,它和台体一起通过轴承安装在俯仰环 p_i上。在运载器水平飞行时俯仰环 p_i的转轴 Ox_{p_i}平行于运载器的横轴,它是运载器俯仰角的测量轴。俯仰环通过轴承安装在横滚环 r 上。横滚环的转轴 Oy_r平行于运载器的纵轴,它是运载器横滚角的测量轴。横滚轴通过轴承安装在整个环架系统的基座 b 上。为了保证台体对干扰的卸荷并能按给定的规律运动,沿方位环轴、俯仰环轴和横滚环轴各装有方位力矩电机 M_a、俯仰力矩电机 M_p和横滚力矩电机 M_r。在平台式惯导系统中,姿态信息可以直接从各相应的环架上获取。为此,沿方位环轴、俯仰环轴和横滚环轴安装有输出运载器航向角、俯仰角和横滚角的角度变换器,这些变换器可以是自整角机发送器,也可以是线性旋转变压器等电磁元件。图 7-4 中的 K_r、K_p和 K_a分别是横滚伺服放大器、俯仰伺服放大器和方位伺服放大器,ACR 为方位坐标分解器,SR 为俯仰正割分解器。

上面所述的是三环三轴平台,它只能工作在运载器俯仰角(可用环架角 θ_p来表示)不大于

60°的情况。当运载器俯仰角接近90°时,就会出现环架锁定现象,因为此时Ox_r、Oy_{p_i}和Oz_a处于同一个平面内而失去稳定性。为此,应采用如图7-5所示的四环三轴平台。

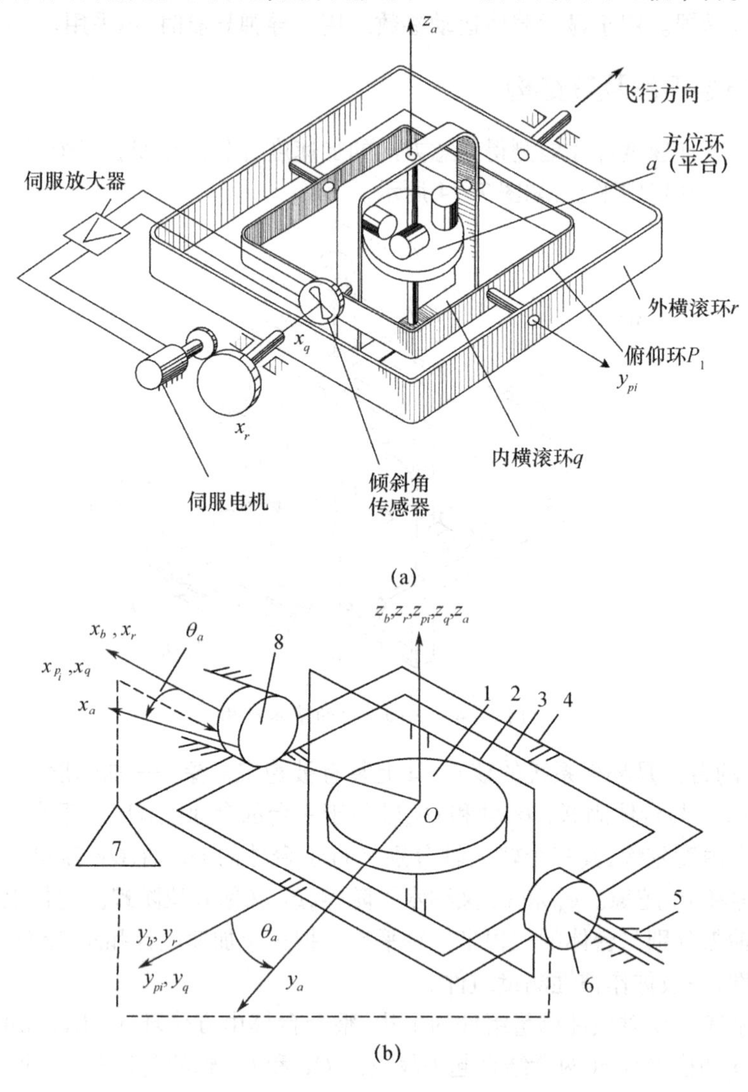

图7-5 四环三轴平台的基本结构

1—台体;2—内横滚环;3—俯仰环;4—外横滚环;5—基座;6—信号器;7—伺服放大器;8—伺服电机。

(a)四环三轴平台结构图;(b)四环三轴平台原理图。

四环三轴平台外横滚环4的支承轴与运载器的纵轴平行。此种结构的信号传递关系与三环三轴平台相同,不同的是两个水平陀螺的输出信号分别控制内横滚力矩电机和俯仰力矩电机。在现今的各类运载器上几乎全部采用能够避免环架锁定的四环三轴平台。

7.2.3 平台式惯导系统的误差和初始对准

平台惯导系统主要有下述误差:

(1) 惯性测量部件的误差:主要指陀螺漂移以及加速度计的零偏和刻度系数误差。

(2) 安装误差:指加速度计和陀螺仪在平台上的安装误差。

(3) 初始条件误差:包括平台开始工作时与所选坐标系之间的初始误差以及计算机在解

算方程时的初始给定误差。

(4) 运动干扰误差:主要指冲击和振动造成的干扰所引入的误差。

(5) 其他误差:如计算机舍入误差、地球曲率半径描述误差、有害加速度补偿等忽略二阶小量造成的误差。

在上述各类误差中,惯性测量部件误差是主要的误差源,其中,陀螺漂移和加速度计零偏尤为重要,惯导系统的误差积累就主要源自它。由分析可知,陀螺漂移引起的系统误差大多呈振荡特性,但对某些运动参数和平台误差角则表现为常值误差。最为严重的是北向陀螺漂移和方位陀螺漂移,它们会造成随时间积累的位置偏差,平台方位对准的精度主要取决于东向陀螺的漂移。因此,三个陀螺的漂移率是决定惯导系统精度的主要因素。而加速度的零偏将引起经纬度及平台姿态角的常值偏差。这样,平台的姿态精度取决于加速度计的零偏。

惯导系统在进入导航工作状态之前,首先要精确地给定初始位置条件和对惯性平台进行初始对准,也就是使平台处于所选坐标系要求的初始状态。

静基座下的初始条件为:初始速度为零,初始位置为当地经纬度;动基座下的初始条件只能由外界提供的速度和位置信息确定。为惯导系统给定初始位置和速度的操作十分简单,只要将这些初始值通过控制器送入计算机即可。

把平台坐标系调整到选定的某一导航坐标系则是初始对准的主要任务,其对准精度也就决定了惯导系统工作时的初始精度。对准时间应尽可能短,但往往与精度要求有矛盾,要根据使用特点全面衡量确定。

平台对准的方法一般有两种:一是引入外部基准,如通过光学式机电方法,把外部参考坐标系引入计算机,使平台系与外部基准坐标系重合;二是依靠惯导系统自身能够敏感重力加速度 g 和地球自转角速度 ω_{ie} 的功能,组成闭环控制回路,达到自动调平和寻北的目的,后者称为自主式对准。有时两种方法综合使用。

对准过程又分为粗对准和精对准:粗对准要求尽快地将平台调整到某一精度范围,这时缩短调整时间是主要的;精对准则是在粗对准的基础上进行,以提高对准精度为目的。一般在对准过程中还要进行陀螺测漂和定标,以便进一步提高对准精度。在精对准过程中,一般先进行水平对准,然后再进行方位对准。在水平对准的过程中方位陀螺不参与对准工作,在水平对准后再进行方位对准。

7.3　捷联式惯导系统

捷联式惯导(Strapdown Inertial Navigation System,SINS)与平台式惯导系统的主要区别在于:捷联式惯导系统没有由环架组成的实体惯性平台,其平台的功能完全由计算机来完成,因而称为“数学平台”;陀螺仪和加速度计所构成的惯性测量部件直接固联于载体上。正是因为惯性器件直接固联于载体上,使它们不具有像平台式惯导系统那样通过环架隔离运动的作用,所以,要求陀螺仪和加速度计具有动态范围大和能在恶劣动态环境下确保其正常工作的能力。目前,可用作捷联惯导系统的陀螺有单自由度液浮陀螺、动力调谐陀螺仪(即挠性陀螺)、静电陀螺、环形激光陀螺以及半球谐振子陀螺等。

7.3.1　数学平台及捷联式惯性导航系统

图 7-6 是捷联式惯导系统的原理框图。由陀螺仪和加速度计所构成的惯性测量组件

(IMU)直接安装于载体上,它们分别敏感出载体(坐标)系相对于惯性系的角速率矢量 ω_{ib}^{b} 和载体系上的比力矢量 f_{ib}^{b}。实际上惯性测量单元从构造形式上讲,它和平台式惯导系统没有什么区别,所不同的主要在于陀螺仪一般只感测载体转动的角速率,没有对平台实现控制的功能;也就是说惯性测量单元完全与载体的动态状况是一样的。正因为这样,为了避免载体急速运动对陀螺仪和加速度计的影响,计算机首先要根据所接收陀螺仪和加速度计的输出信息,按照陀螺仪和加速度计的误差模型对它们的误差进行补偿,才能得到比较精确的载体相对惯性系所具有的比力 f_{ib}^{b} 和角速率 ω_{ib}^{b}。

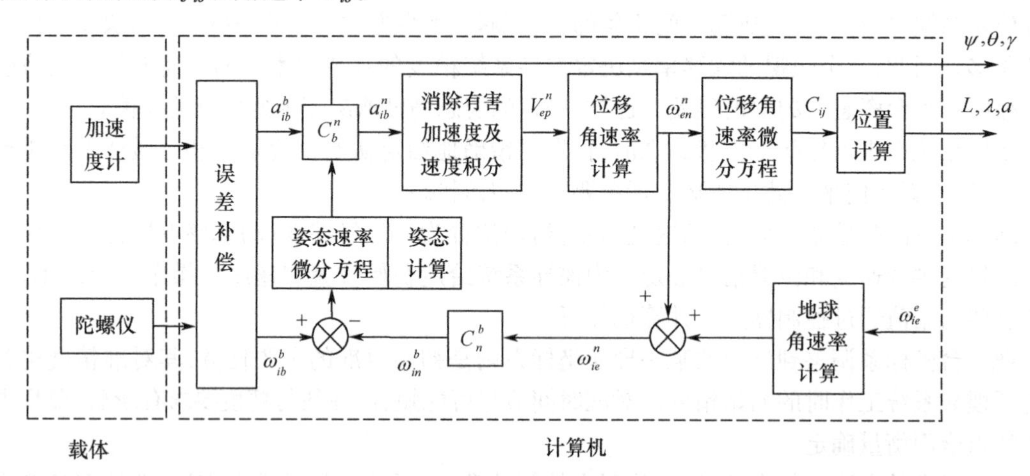

图 7-6 捷联惯导系统原理框图

C_n^b—姿态矩阵;C_b^n-C_n^b—的逆矩阵;a_{ib}^{b}—载体坐标系中的加速度;a_{ib}^{n}—导航坐标系统中的加速度;
ω_{ib}^{b}—载体坐标系相对惯性坐标系的角速率;ω_{in}^{b}—导航坐标系相对惯性坐标系的角速率;ω_{ie}^{n}—地球角速率;
ω_{ie}^{e}—位移角速率;θ—俯仰角;ψ—航向角;γ—横滚角;ω_{en}^{n}—地理坐标系相对地心坐标系的转动速率;
C_{ij}—位置矩阵 C_e^n 的元素;V_{ep}^{n}—地速。

在捷联式惯导系统中由于不存在实际代表水平面的平台,为了实现导航及获得姿态信息,就必须在计算机中要求用数学模型表示出和平台起相同作用的“数学平台”。正因为这样,可以把捷联惯导系统称作无平台惯导系统。既然这样,如图 7-7 所示,首先定义一个导航坐标系 $x_ny_nz_n$,其 x_n 和 y_n 轴在水平面内,并且 x_n 指东,y_n 指北,而 z_n 轴向上为正,与 x_n 和 y_n 正交构成和平台式指北系统中相类似的东北天坐标系。

如果我们把航向角记作 ψ,俯仰角记作 θ,横滚角记作 γ,假定开始时 $Ox_by_bz_b$ 载体坐标系与 $Ox_ny_nz_n$ 导航坐标系完全重合,然后由于载体运动,经过方位、俯仰和横滚三次旋转实现从 n 系到 b 系的变换,就得到由三个转角构成的姿态矩阵 $\boldsymbol{C}_n^b$:

$$\boldsymbol{C}_n^b=\begin{bmatrix}\cos\gamma\cos\psi+\sin\gamma\sin\theta\sin\psi & -\cos\gamma\sin\psi+\sin\gamma\sin\theta\cos\psi & -\sin\gamma\cos\theta\\ \cos\theta\sin\psi & \cos\theta\cos\psi & \sin\theta\\ \sin\gamma\cos\psi-\cos\gamma\sin\theta\sin\psi & -\sin\gamma\sin\psi-\cos\gamma\sin\theta\cos\psi & \cos\gamma\cos\theta\end{bmatrix}$$

可以看出,矩阵 $\boldsymbol{C}_n^b$ 的元素都是 ψ、θ 和 γ 的函数。

我们知道,载体相对地球运动时,实际上也就引起姿态矩阵中各姿态角的变化,从数学上考虑到地球的自转以及载体相对地球的转动,就可以从捷联式惯性测量单元陀螺所感测的角速率信息中计算出姿态角变化的角速度,由姿态角的变化角速度可以准确计算出姿态矩阵和新的姿态角。

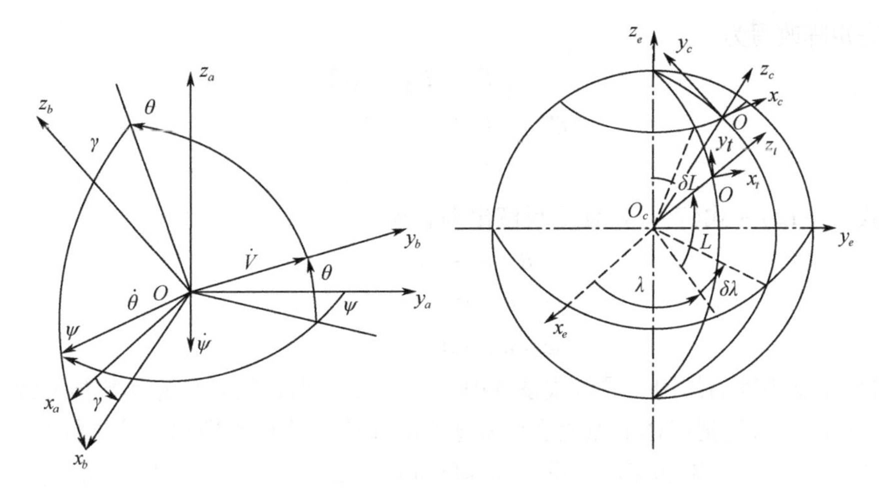

图 7－7　地理坐标系与计算机坐标系

$\dot{\theta}$—俯仰角速率矢量；$\dot{\psi}$—航向角速率矢量；$\dot{\gamma}$—横滚角速率矢量。

而若实时求解 $\boldsymbol{C}_n^b$，则需实时求解以下微分方程，即

$$\dot{\boldsymbol{C}}_b^n = \boldsymbol{\omega}_{nb}^b \boldsymbol{C}_b^n \tag{7-5}$$

式中：$\boldsymbol{\omega}_{nb}^b$为弹体相对于导航坐标系的角速率在弹体坐标系中的分量，该物理量的求解依赖于固连在弹体上的角速率陀螺的输出 $\boldsymbol{\omega}_{ib}^b$。二者之间关系为

$$\boldsymbol{\omega}_{nb}^b = \boldsymbol{\omega}_{ib}^b - \boldsymbol{C}_n^b \boldsymbol{\omega}_{in}^n = \boldsymbol{\omega}_{ib}^b - \boldsymbol{C}_n^b (\boldsymbol{\omega}_{ie}^n + \boldsymbol{\omega}_{en}^n) \tag{7-6}$$

将式(7－5)对应项展开，由 $\boldsymbol{C}_n^b$对应的 9 项可以得 9 个微分方程构成的微分方程组。由转换矩阵的特点可以得 6 个约束条件，即 9 个微分方程的 9 个参数中只有 3 个是独立的，可以求解。但是此方法求解计算量较大。工程上一般考虑以四元数方法解姿态矩阵 $\boldsymbol{C}_n^b$。

从弹/机体系到导航系的坐标转换矩阵用四元数表示为

$$\boldsymbol{C}_b^n = \begin{bmatrix} q_0^2+q_1^2-q_2^2-q_3^2 & 2(q_1q_2-q_0q_3) & 2(q_0q_2+q_1q_3) \\ 2(q_1q_2+q_0q_3) & q_0^2-q_1^2+q_2^2-q_3^2 & 2(q_2q_3-q_0q_1) \\ 2(q_1q_3-q_0q_2) & 2(q_0q_1+q_2q_3) & q_0^2-q_1^2-q_2^2+q_3^2 \end{bmatrix} \tag{7-7}$$

弹/机体转动四元数与陀螺仪测量的转动角速度 ω_b的关系为

$$\dot{\boldsymbol{q}}(t) = \frac{1}{2}\boldsymbol{q}(t)\cdot\boldsymbol{\omega}_b$$

全式写成矩阵形式，得

$$\begin{bmatrix} \dot{q}_0 \\ \dot{q}_1 \\ \dot{q}_2 \\ \dot{q}_3 \end{bmatrix} = \begin{bmatrix} 0 & -\omega_x^b/2 & -\omega_y^b/2 & -\omega_z^b/2 \\ \omega_x^b/2 & 0 & \omega_z^b/2 & -\omega_y^b/2 \\ \omega_y^b/2 & -\omega_z^b/2 & 0 & \omega_x^b/2 \\ \omega_z^b/2 & \omega_y^b/2 & -\omega_x^b/2 & 0 \end{bmatrix} \begin{bmatrix} q_0 \\ q_1 \\ q_2 \\ q_3 \end{bmatrix} \tag{7-9}$$

上式中四元数参数应满足如下约束条件，即

$$q_0^2+q_1^2+q_2^2+q_3^2=1 \tag{7-10}$$

把姿态矩阵改写为

$$C_n^b = \begin{bmatrix} T_{11} & T_{12} & T_{13} \\ T_{21} & T_{22} & T_{23} \\ T_{31} & T_{32} & T_{33} \end{bmatrix} \tag{7-11}$$

按照式(7-12)~式(7-14)便可反解出姿态角:

$$\theta = \arcsin(T_{23}) \tag{7-12}$$

$$\gamma = \arctan(-T_{13}/T_{33}) \tag{7-13}$$

$$\psi = \arctan(T_{21}/T_{22}) \tag{7-14}$$

很明显,姿态矩阵的作用与平台式系统中的平台很相似,因而也就称作数学平台。既然如此,和平台式系统一样,把载体上加速度计所感测的加速度信息变换到导航坐标系中,也就和平台式系统一样了,对有害加速度和重力加速度进行补偿,进而计算相对地球的速度和载体所处的即时位置。

在捷联式惯导系统中,为了计算载体的即时位置,通常也用矩阵形式。如图7-1所示,地球坐标系经过两次旋转便可达到东北天地理系的轴向位置,于是得位置矩阵

$$C_e^n = \begin{bmatrix} -\sin\lambda & \cos\lambda & 0 \\ -\sin L\cos\lambda & -\sin L\sin\lambda & \cos L \\ \cos L\cos\lambda & \cos L\sin\lambda & \sin L \end{bmatrix}$$

位置矩阵 C_e^n 的元素 C_{ij} 是 L 和 λ 的函数。由于载体相对地球运动,使位置随时发生变化,也即得到位置矩阵变化的速度。这样,根据载体围绕地心转动的角速度就可随时计算出新的位置矩阵,可把这个矩阵改写为

$$C_e^n = \begin{bmatrix} C_{11} & C_{12} & C_{13} \\ C_{21} & C_{22} & C_{23} \\ C_{31} & C_{32} & C_{33} \end{bmatrix}$$

于是可以求得经度 λ 和纬度 L,即

$$\lambda = \arccos(C_{12})$$

$$L = \arccos(C_{23})$$

7.3.2 捷联式惯性导航系统的误差和初始对准

在捷联式惯导系统中,由于惯性仪表(陀螺和加速度计)直接安装在载体上,载体的动态环境,特别是它的角运动,将直接影响惯性仪表。而在平台式惯导系统中,惯性仪表是安装在台体上的,由于平台对载体角运动的隔离作用,使载体的角运动对惯性仪表基本上没有影响。因此,捷联式惯导系统的惯性仪表动态误差要比平台式惯导系统大得多,必须予以补偿。如图7-6所示,陀螺和加速度计所输出到计算机的信号首先要按其误差模型进行误差补偿。

1. 捷联式惯性导航系统的误差

捷联式惯性系统的误差源主要包括惯性仪表误差(包括陀螺的漂移和标度因素误差、加速度计的零偏和标度因素误差、测量噪声等)、惯性仪表安装误差、系统的初始条件误差(如平台对准误差,位置、速度初始值的装订误差)、系统计算误差以及各种干扰引起的误差。

1) 平台姿态角误差方程

姿态误差方程指陀螺数学平台建立的导航(平台)标系 p 与理想导航坐标系 n 之间的误

差角。理想情况下 p 系与 n 系重合。然而,由于受到惯性测量元件误差、初始对准误差、算法误差及计算误差等误差源的影响,p 系相对于要求的 n 系之间存在偏差角 ϕ,可以表示为 $\phi = [\phi_x \quad \phi_y \quad \phi_z]^T$,如图 7-8 所示。

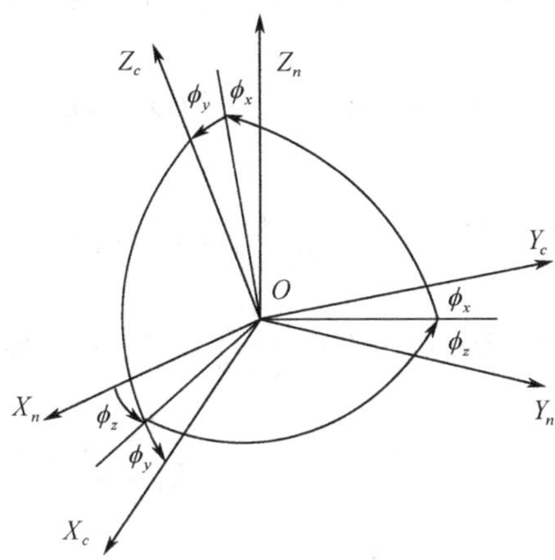

图 7-8 导航坐标系(n 系)与平台坐标系(p 系)之间的关系

通常它是一个小角度,故有

$$\boldsymbol{C}_n^p = \begin{bmatrix} 1 & \phi_z & -\phi_y \\ -\phi_z & 1 & \phi_x \\ \phi_y & -\phi_x & 1 \end{bmatrix} = I - [\phi \times]$$

式中:$[\phi \times]$为由误差角 $\phi = [\phi_x \quad \phi_y \quad \phi_z]^T$的分量构成的反对称矩阵,满足

$$\dot{\phi} = \omega_{ip}^p - \omega_{in}^p = \omega_{ip}^p - C_n^p \omega_{in}^n = \omega_{ip}^p - [I - \phi \times]\omega_{in}^n$$

由于地球是球体,当飞行器在地球表面运动时,当地水平面将发生连续转动;与此同时,地球的自转运动又带动当地水平面相对于惯性空间转动。因此,为了使捷联惯导的数学平台始终模拟当地水平面,需要通过所谓的平台指令角速度 ω_{cmd}^n来实现。对于导航坐标系为东、北、天地理坐标系的捷联惯导系统而言,其数学平台指令角速度 ω_{cmd}^n为 $\omega_{cmd}^n = \omega_{in}^n = \omega_{ie}^n + \omega_{en}^n$。

由于系统导航参数存在误差,从而导致平台的实际指令角速度 ω_{cmd}^n为 $\omega_{cmd}^n = \omega_{in}^n + \delta\omega_{in}$,其中,$\delta\omega_{in}$为平台指令角速度偏离理想值 ω_{in}的偏差。设陀螺仪漂移为 $\boldsymbol{\varepsilon}^p = \boldsymbol{\varepsilon}^n$,则捷联惯导数学平台的实际角速度为

$$\boldsymbol{\omega}_{ip}^p = \boldsymbol{\omega}_{in}^n + \delta\boldsymbol{\omega}_{ie}^p + \delta\boldsymbol{\omega}_{en}^p + \boldsymbol{\varepsilon}^p \tag{7-15}$$

综上可得到平台姿态误差角方程式

$$\dot{\phi} = \delta\boldsymbol{\omega}_{ie}^n + \delta\boldsymbol{\omega}_{en}^n - (\boldsymbol{\omega}_{ie}^n + \boldsymbol{\omega}_{en}^n) \times \phi + \boldsymbol{\varepsilon}^n \tag{7-16}$$

展开得到

$$\begin{cases} \dot{\phi}_x = -\dfrac{\delta v_y}{R_M + h} + \left(\omega_{ie}\sin L + \dfrac{v_x}{R_N + h}\tan L\right)\phi_y - \left(\omega_{ie}\cos L + \dfrac{v_x}{R_N + h}\right)\phi_z - \varepsilon_x \\ \dot{\phi}_y = \dfrac{\delta v_x}{R_N + h} - \left(\omega_{ie}\sin L + \dfrac{v_x}{R_N + h}\tan L\right)\phi_x - \dfrac{v_y}{R_M + h}\phi_z - \delta L\omega_{ie}\sin L + \varepsilon_y \\ \dot{\phi}_z = \dfrac{\delta v_x}{R_N + h}\tan L + \left(\omega_{ie}\cos L + \dfrac{v_x}{R_N + h}\right)\phi_x + \dfrac{v_y}{R_M + h}\phi_y + \left(\omega_{ie}\cos L + \dfrac{v_x}{R_N + h}\sec^2 L\right)\delta L - \varepsilon_z \end{cases} \tag{7-17}$$

2)速度误差方程

由速度方程

$$\dot{\boldsymbol{V}}^n=\boldsymbol{f}^n-(2\boldsymbol{\omega}_{ie}^n+\boldsymbol{\omega}_{en}^n)\times\boldsymbol{V}^n+\boldsymbol{g}^n \tag{7-18}$$

可得

$$\delta\dot{\boldsymbol{v}}^n=\delta\boldsymbol{f}^n-(2\delta\boldsymbol{\omega}_{ie}^n+\delta\boldsymbol{\omega}_{en}^n)\times\boldsymbol{v}^n-(2\boldsymbol{\omega}_{ie}^n+\boldsymbol{\omega}_{en}^n)\times\delta\boldsymbol{v}^n+\delta\boldsymbol{g}^n \tag{7-19}$$

展开得到

$$\begin{cases}\delta\dot{V}_E=\left(\dfrac{V_N\tan L}{R_N+h}-\dfrac{V_U}{R_N+h}\right)\delta V_E+\left(2\omega_{ie}\sin L+\dfrac{V_E}{R_N+h}\tan L\right)\delta V_N-\left(2\omega_{ie}\cos L+\dfrac{V_E}{R_N+h}\right)\delta V_U-f_U\phi_N\\ \qquad +f_N\phi_U+\left(2\omega_{ie}V_U\sin L+2\omega_{ie}V_N\cos L+\dfrac{V_EV_N}{R_N+h}\sec^2L\right)\delta L+\nabla_E\\ \delta\dot{V}_N=-2\left(\dfrac{V_E}{R_N+h}\tan L+\omega_{ie}\sin L\right)\delta V_E-\dfrac{V_U}{R_M+h}\delta V_N-\dfrac{V_N}{R_M+h}\delta V_U+f_U\phi_E\\ \qquad -f_E\phi_U+\left(2\omega_{ie}\cos L+\dfrac{V_E}{R_N+h}\sec^2L\right)V_E\delta L+\nabla_N\\ \delta\dot{V}_U=2\left(\dfrac{V_E}{R_N+h}+\omega_{ie}\cos L\right)\delta V_E+\dfrac{2V_N}{R_M+h}\delta V_N-f_N\phi_E+f_E\phi_N\\ \qquad -2\omega_{ie}\sin LV_E\delta L+2\left(\dfrac{g_0}{R_M}\right)^2\delta h+\nabla_U\end{cases} \tag{7-20}$$

3)位置误差方程

由 $\dot{L}=\dfrac{V_N}{R_M+h}$ 和 $\dot{\lambda}=\dfrac{V_E}{R_N+h}\sec L$ 分别得到

$$\begin{cases}\delta\dot{L}=\dfrac{\delta V_N}{R_M+h}\\ \delta\dot{\lambda}=\dfrac{\sec L}{R_N+h}\delta V_E+\dfrac{V_E}{R_N+h}\delta L\sec L\tan L\end{cases} \tag{7-21}$$

2. 捷联式惯性导航系统的初始对准

捷联式惯导系统在开始导航工作之前,亦必须进行初始对准,也就是确定导航计算的初始条件。捷联式惯导系统初始对准的物理实质与平台式惯导系统进行初始对准是一样的,所不同的是,捷联式系统数学平台的水平基准是计算机根据加速度计所感测重力加速度的水平分量用数学计算方法来确定,惯性测量部件不会像平台式惯导系统中的惯性测量部件那样相对水平面转动。

在完成水平基准的确定以后,根据陀螺仪跟随地球转动所感测的信息,利用与平台式惯导系统相同的关系确定出数学平台所处的方位,也就完成了捷联式惯导系统的初始对准。至于对准的精度,也和平台惯导系统相类似,也就是水平精度主要决定于加速度计的零位偏值,而方位精度则主要取决于东西向陀螺漂移的大小。

7.3.3 捷联式惯导系统与平台式惯导系统的比较

捷联式惯导系统与平台式惯导系统的主要区别在于,它不采用如平台式惯导系统那样由环架、台体和控制回路构成的实体平台,而采用由计算机实现的“数学平台”,通过姿态矩阵的计算将加速度计所处的载体坐标系变换到选定的导航坐标系,从而完成导航解算。另外,平台式惯导系统的姿态信息可以直接从环架角度传感器中获取,而捷联式惯导系统则只能根据姿态矩阵的元素进行反三角函数运算得到姿态信息。捷联式惯导系统的陀螺仪和加速度计是直接固联于载体上的,它们必须能够经受载体大的动态环境的考验。

在实现捷联式惯导系统时,对陀螺和计算机有较高的要求。首先,陀螺必须具有良好的低漂移率特性,且不受载体的大角速率的限制。其次,计算机及有关软件必须能产生由载体坐标系至某一导航坐标系的实时坐标变换,并能进行实时误差补偿和导航计算。

在平台式惯导系统中,惯性平台及其读出系统的体积和重量均占整个系统的一半,而陀螺仪和加速度计只有平台系统重量的1/7,平台系统的制造成本约占整个系统费用的2/5。由此可见,去掉了实体平台可减小惯导系统体积、重量和降低制造成本。

由于在捷联式系统中实体的惯性平台被计算机软件取代,使捷联式惯导系统还具有如下的特点:

(1) 因为去掉了实体平台,减少了机械零部件,加之捷联式惯导系统易于采用多个敏感元件、实现多余度,因此,捷联式惯导系统的可靠性比平台式高。

(2) 捷联式惯导系统的初始对准时间比较短,一般不超过10min;平台式惯导系统则需要20min左右。

(3) 与平台式惯导系统相比,捷联式惯导系统的维护较简便、故障率较低,因而使用和维护费用较低。

(4) 由于动态环境恶劣,对惯性器件的要求比平台式惯导系统的高,也没有平台式惯导系统自动标定惯性器件的方便条件。因此,要求在两次装卸期间惯性器件有良好的参数稳定性。

从目前的技术水平看,捷联式惯导系统的误差比平台式惯导系统要大一些,所以,在要求精度较高的场合很多还是采用平台式惯导系统。

7.4　国外卫星导航系统

卫星导航系统是以人造卫星作为导航台的星基无线电导航系统,能为全球陆、海、空、天的各类军民载体,全天候、24h连续提供高精度的三维位置、速度和精密时间信息的导航系统。当今,倍受世人瞩目的是美国的GPS和俄罗斯的GLONASS,两个系统同时并存又互相竞争。出于军事对抗的需要,美国对GPS采取了降低SPS(标准定位服务)服务精度的人为措施;而俄罗斯则宣布不受限制地为民用用户提供服务,以扩大其影响。为克服GPS采取SA措施带来的精度影响,人们研究并着力发展了差分GPS(DGPS)、局域DGPS增强系统(LAAS)和广域DGPS增强系统(WAAS)技术,并开发自适应调零天线、GPS/GLONASS兼容机,发展GPS/INS组合技术,以获得精度更高、完善性和可靠性更好、抗干扰能力更强的导航定位服务。随着微电子技术、计算机软/硬件技术、通信网络技术和电子数字地图技术的发展,作为用户设备的GPS接收机,正在向微小型化、数字化、硬件软化、多功能组合化方向迅猛发展,各公司正加速在GPS专用芯片(前端MMIC,单片微波集成电路和基带ASIC,专用集成电路)、核心部件(OEM板)、各类接收机和应用系统以及开发工具方面展开激烈的市场竞争,新兴的GPS产业已经形成。GPS在导弹导航、情报搜集、战场指挥、军事测绘、车船(舰)导航、时间同步、陆海空交通管理等方面的应用正方兴未艾,预计在不远的将来,GPS将悄然走向人们的私人生活圈,充分展示它"仅受人们想象力限制"的广阔应用前景。

7.4.1 GPS 卫星导航系统

1. GPS 组成

GPS 是由美国国防部负责研制,主要是满足军事需求,用于地球表面即近地空间用户(载体)的精确定位、测速和作为一种公共时间基准的全天候星基无线电导航定位系统。GPS 包括空间卫星部分、地面监控部分和卫星接收机。

1)空间卫星部分

空间卫星部分包括多颗卫星组成的星座。GPS 组建完成后,可在全天候任何时间为全球任何地方提供4~8颗仰角在15°以上的同时可观测卫星。目前的星座是由在地球表面上空约20230km 的轨道和约12h 的运行时间来保证的。

到1993年7月,星座中已布满了24颗 GPS 卫星供导航使用,这些卫星分布在6条倾角为55°的轨道上。轨道近似于圆形,最大偏心率为0.01,轨道长半径是26560km,卫星的高度为20200km,运行周期约为12h,即每天绕地球运行两周。另外,还有4颗有源备份卫星在轨道上运行。

这些卫星正常运行而且经过军事实践验证后,1995年4月27日美国国防部宣布 GPS 达到了全运行能力。

GPS 卫星为无线电信号收发机、原子钟、计算机及各种辅助装置提供了一个平台。其核心部件是高精度的时钟、导航电文存储器、双频发射和接收机以及微处理机。

GPS 卫星的主要工作有三点:

(1) 接收地面注入站发送的导航电文和其他信号。

(2) 接收地面主控站的命令,修正其在轨运行偏差及启用备件等。

(3) 连续地向用户发送 GPS 导航定位信号,并以电文的形式提供卫星自身即时位置与其他在轨卫星的概略位置,以便用户使用。

可见,GPS 卫星定位是以被动定位原理进行工作的。

2)地面监控部分

GPS 工作卫星的地面监测部分由一个主控站、三个注入站和五个监测站组成。主控站早期设在美国范登堡空军基地,现在已迁到中心位于科罗拉多州的空间联合工作中心(CSOC)。

主控站的作用是收集数据、数据处理、监测与协调和控制卫星。

监控站的位置经过精密测定,每个监控站设有四个通道的用户接收机、环境数据传感器、原子钟、计算机信息处理机等。监控站根据其接收到的卫星扩频信号求出相对于其原子钟的伪距和伪距差,检测出所测卫星的导航定位数据。利用环境传感器测出当地的气象数据,然后将算得的伪距、导航数据、气象数据及卫星状态数据传送给主控站,供主控站使用。

注入站设有3.66m 的抛物面天线,固定 C 波段发射机和能进行转换存储的 HP-21MX 计算机。其主要作用是将主控站发来的导航电文注入到卫星存储器中,供卫星向用户发送。

3)卫星接收机

GPS 卫星接收机即用户设备,任务是能够捕获到按一定卫星高度截止角所选择的待测卫星的信号,并跟踪这些卫星的运行,对所接收到的 GPS 信号进行变换、放大和处理,以便测量出 GPS 信号从卫星到接收机天线的传播时间,解译出 GPS 卫星所发送的导航电文,实时地计算出测站的三维位置,甚至三维速度和时间。

静态定位中,GPS 接收机在捕获和跟踪 GPS 卫星的过程中固定不变,接收机高精度地测量 GPS 信号的传播时间，利用 GPS 卫星在轨的已知位置，解算出接收机天线所在位置的三维坐标。而动态定位则是用 GPS 接收机测定一个运动物体的运行轨迹。下面我们将详细论述。

2. GPS 信号

确定卫星位置和 GPS 时间等的参数都是以卫星信号的形式广播给用户的。GPS 的信号包括载波、测距码和导航电文（表 7－1）。

表 7－1　GPS 信号成分和它们的频率

信号成分	频率/MHz
基准频率	$f_0=10.23$
载波 L1	$154f_0=1575.42(\lambda\approx19.0\text{cm})$
载波 L2	$120f_0=1227.6(\lambda\approx24.4\text{cm})$
P 码（精码）	$f_0=10.23\text{Mbit/s}(\lambda\approx30\text{m})$
C/A 码（粗码）	$f_0/10=1.023\text{Mbit/s}(\lambda\approx300\text{m})$
W 码	$f_0/20=0.5115$
导航电文	$f_0/204600=50\times10^{-6}$

1）载波

卫星上载波的基本频率 $f_0=10.23\text{MHz}$，它由卫星上一台日稳定度为 10^{-13} 的铯原子钟产生。为了校正卫星信号传输过程中电离层折射引入的附加传播时间延迟，系统又对基本载波频率分别作了两种倍频，产生了两个工作在 L 波段的载频信号，它们分别为 L_1 和 L_2 载频信号。它们的频率分别为

$$f_{L_1}=154f_0=1575.42\text{MHz},f_{L_2}=120f_0=1227.6\text{MHz}$$

2）GPS 测距码

在 GPS 卫星上采用的两种测距码 C/A 码和 P 码（或 Y 码）均属于伪随机码（PRN 码），这种码具有良好的自相关性。

虽然 C/A 码的精度较低，但结构是公开的；P 码精度虽然高，但结构保密，只供美军及特许用户使用，后来结构被破译，又发射 Y 码来取代 P 码。在反电子欺骗 A－S 接通时，密钥码 W 主要用来将 P 码加密成 Y 码（W⊕P＝Y），不知道密钥 W，是难以解出 P 码的。

每个卫星分配不同的 C/A 码，也就是说，C/A 码实际上是各个卫星的地址码。解译 C/A 码和 P 码，用户就可以得到导航电文和卫星星历参数。

C/A 码是用于粗测距和捕获 GPS 卫星信号的伪随机码，它由两个 10 级反馈移位寄存器构成的 G 码产生。C/A 码长较短，易于捕获，码元宽度较大，测距精度较低，所以又称为捕获码或粗码。

码长：1023bit；码元宽度：0.97752μs；周期：1ms。

P 码即精密测距码，或称精码。码长：2.35×1414bit；码元宽度：0.097752μs；周期：267d（d 约为 8×1011bit）。

因为 P 码的码长为 2.35×1414bit，所以采用 C/A 码的搜索方式是无法实现的。一般都是先捕获 C/A 码，然后根据导航电文给出的有关信息来实现 P 码的捕获。

3）导航电文

导航电文又称数据码，即 D 码，它包含卫星的星历、卫星工作状态、时间系统、卫星钟运行状态、轨道摄动参数、大气折射改正、由 C/A 捕获 P 码的信息等。

导航电文有三个数据块和一个电文块:

(1)数据块1:主要包括卫星时钟改正和电离层改正的信息;

(2)数据块2:表示GPS卫星的星历,是导航电文的主要部分;

(3)电文块:协调时数据、卫星型号、25~32颗卫星健康情况等信息;

(4)数据块3:1~24颗卫星的历书、健康情况和星期编号等。

4)GPS信号的传播

GPS信号是以不归零二进制编码脉冲的数码形式传送给用户的。数据位的速率为50Hz,每个码位占时20ms。这些码由状态+1或-1的序列构成,它们分别与二进制的0和1对应。

信号被调制在载波上,然后通过不同扩频等信号变换先将数据信息码和伪码(C/A码和P码)通过模2相加调制到伪随机码上进行扩频,再将扩频后的码对载频进行双相移相键控(BPSK)或双相调制,最后由卫星天线通过通信链路发射给用户。载波的双相调制波形如图7-9所示。

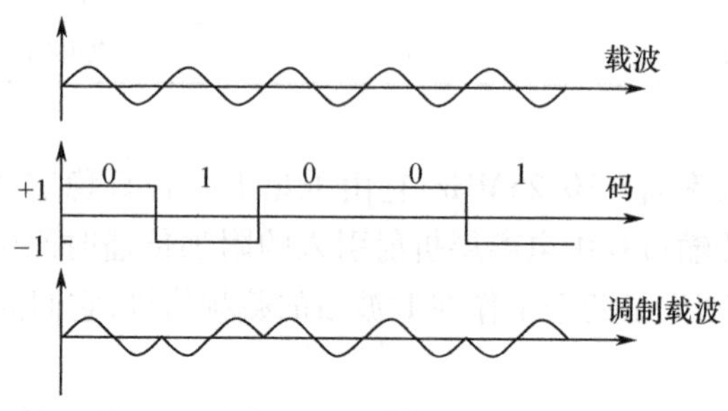

图7-9 载波的双相调制波形

GPS信号在传播过程中要受到电离层折射、对流层折射和多路径效应等许多因素的影响,使其定位产生误差。

3. GPS定位原理

GPS系统的定位过程可以描述如下:围绕地球运转的人造地球卫星连续向地球表面发射经过编码调制的连续无线电波信号,信号中含有卫星信号准确的发射时间,以及不同的时间卫星在空间中的准确位置(由卫星运动的星历参数和历书来描述);用户接收机接收卫星发射的无线电信号,测量信号的到达时间,计算卫星和用户之间的距离,用导航算法(最小二乘法或滤波估计算法)解算得到用户的位置。

依据侧距的原理,其定位原理与方法主要有伪距法定位,载波相位测量定位以及差分GPS定位等。

1)伪距测量

伪距法定位是由GPS接收机在某一时刻测出得到四颗以上GPS卫星的伪距以及已知的卫星位置,采用距离交会的方法求定接收机天线所在点的三维坐标。所测伪距就是由卫星发射的测距码信号到达GPS接收机的传播时间乘以光速所得出的量测距离。

用户接收机与卫星之间的距离为

$$R=\sqrt{(x_1-x)^2+(y_1-y)^2+(z_1-z)^2} \tag{7-22}$$

式中:R为卫星与接收机之间的距离;x_1、y_1、z_1表示卫星的空间三维坐标;x、y、z表示用户(接收机)的三维坐标。其中x_1、y_1、z_1为已知量(主要通过导航电文解算获得);R值可以通过接收机解算获得；x、y、z 为未知量。通过至少观测三颗卫星，便有三个这样的方程，把这三个方程式联立求解，就可定出用户（接收机）的位置。

实际上，用户接收机一般不可能有十分准确的时钟，它们也不与卫星钟同步，因此接收机测得的卫星信号在空间的传播时间是不准确的，计算得到的距离也不是用户接收机到卫星之间的真实距离，这种距离叫伪距。假设用户接收机在接收卫星信号的瞬间，接收机的时钟与卫星导航系统所用时钟的时间差为 Δt，则式（7－22）将改写为

$$R = \sqrt{(x_1 - x)^2 + (y_1 - y)^2 + (z_1 - z)^2} + c \cdot \Delta t \tag{7-23}$$

式中：c 为电磁波传播的速度（光速）；Δt 为未知数。只要接收机接收和解算出距四颗卫星的伪距，便有四个这样的方程，把它们联立起来，即能求出接收机的位置和准确的时间。

2）载波相位测量

利用测距码进行伪距测量是全球定位系统的基本测距方法。然而由于测距码的码元长度较大，对于一些高精度应用来讲其测距精度还显得过低无法满足需要。对 P 码而言量测精度为 30cm，对 C/A 码而言为 3m 左右。而如果把载波作为量测信号，由于载波的波长短，λ_{L_1} = 19cm，λ_{L_2} = 24cm，所以就可达到很高的精度。目前的大地型接收机的载波相位测量精度一般为 1～2mm，有的精度更高。

载波信号是一种周期性的正弦信号。载波相位测距主要利用载波信号在传播路径上的相位变化值，测定信号传播的距离。其定位原理在测量原理和数学形式上与伪码测距有所不同。为了叙述方便，以单程测站到目标信号传播为例，假定测站在 t 时刻发送一个相位为 φ_t 的载波信号，而 k 时刻目标接收到此相位 φ_t，而此时测站发送的载波相位为 φ_k。由 t 时刻到 k 时刻，从测站到目标处，载波相位的变化为 $\varphi_t - \varphi_k$，假如载波的波长为 λ，则载波相位信号传播的距离为

$$R = \frac{\lambda(\varphi_t - \varphi_k)}{2\pi} \tag{7-24}$$

如果载波相位信号是双程传播，测站 t 时刻发送载波相位信号 φ'_t，经目标返回并在 k 时刻测站接受到此载波相位，而此时测站发送的载波相位信号为 φ'_k，则测站到目标的距离为

$$R = \frac{\lambda(\varphi'_t - \varphi'_k)}{4\pi} \tag{7-25}$$

导航卫星发送信号给用户接收时，由于 t 时刻接收机是无法测量发射机的相位信号 φ_k，只能测出接收机接收到的相位信号 φ_t，这样就无法测得相位差 $\varphi_t - \varphi_k$，也就不能得到它们之间的距离关系。如果接收机的振荡器能够产生一个频率，其初相与发射机载波信号是完全相同的基准信号，使某一时刻 t_i 接收机基准信号的相位等于发射机的载波信号相位。此时，只要能测定接收机基准信号的相位，就可以获取发射天线与接收机天线之间的相位变化，即测得它们之间的距离。这就是载波相位的测距原理。

3）差分 GPS

差分 GPS 技术是指在一个测站对两个目标的观测量，两个测站对一个目标的观测量或一个测站对一个目标的两次观测量之间求差值，其目的在于消除公共项，包括公共误差参数。本节讲述的差分 GPS 定位技术是将一台 GPS 接收机安置在基准站上进行观测。

差分 GPS 可分为单基准站差分、具有多个基准站的局部区域差分和广域差分三种类型。

单站差分按基准站发送的信息方式可分为三类，即位置差分、伪距差分和载波相位差分，其工作原理大致相同。

(1) 位置差分。从系统构成和原理上讲,位置差分是一种最简单的差分方式。

安装在参考站上的 GPS 接收机观测 4 颗卫星后便可进行三维定位,解算出参考站的坐标。由于存在着卫星轨道误差、时钟误差、SA 的影响、大气影响等因素,解算出的坐标和实际参考站的坐标是不一样的,其误差为

$$\begin{cases}\Delta x = x' - x_0 \\ \Delta y = y' - y_0 \\ \Delta z = z' - z_0\end{cases} \tag{7-26}$$

式中:x'、y'、z'为 GPS 实测的坐标;x_0、y_0、z_0为采用其他方法求得的参考站的精确坐标;Δx、Δy、Δz 为坐标的修正量。

参考站利用数据链将此修正量发送出去,由用户站接收并对其解算的用户坐标进行修正。考虑到修正量是在 t_0时刻形成的,而用户使用时是在 t_0的下一时刻(t_1时刻),就可能造成修正量的“老化”,为此还必须加入另外的附加修正量:

$$\begin{cases}x(t_1) = x'(t_1) - \Delta x(t_0) + \dfrac{\mathrm{d}}{\mathrm{d}t}\Delta x(t)(t_1 - t_0) \\ y(t_1) = y'(t_1) - \Delta y(t_0) + \dfrac{\mathrm{d}}{\mathrm{d}t}\Delta y(t)(t_1 - t_0) \\ z(t_1) = z'(t_1) - \Delta z(t_0) + \dfrac{\mathrm{d}}{\mathrm{d}t}\Delta z(t)(t_1 - t_0)\end{cases} \tag{7-27}$$

这种差分方式的优点是计算简单,只需在解算的坐标中加修正量即可,能适用于一切 GPS 接收机。缺点是必须严格保持参考站与用户观测同一组卫星,这在近距离可以做到,但距离较长时很难满足。由于观测环境不同,特别是用户处于运动过程时,很难保证。故位置差分,只适用于 100km 以内。

(2) 伪距差分。伪距差分是目前用途最广的一种差分技术方式,几乎所有的商用差分 GPS 接收机均采用这种技术。

在基准参考站上的接收机求得它到可见卫星的距离,并将计算出的距离(精确的距离)与含有误差的测量值比较,利用一个 $\alpha-\beta$ 滤波器将此差值滤波后求出其偏差。然后将所有卫星的测距误差传送给用户,用户利用此测距误差来修正测量的伪距。最后,用户利用修正后的伪距求解出自身的位置。

这种差分方式有如下优点:修正量是直接在 WGS-84 坐标系(该坐标系是美国军用制图署在 1984 年对地球重新测量的基础上定义的坐标系,坐标原点在地球质量中心,它是 GPS 定位测量的基础)上计算的,无须坐标变换,因而可以保证精度;这种方法提供伪距修正量及其变化率,可以精确地考虑时间延迟的影响;它能提供所有卫星的修正量,用户可选用任意的卫星进行定位。

与位置差分相似,伪距差分可将用户和参考站绝大部分公共误差消除,但随用户到参考站的距离增加,系统误差也将增大。

(3) 载波相位差分。载波相位测量技术是建立在实时处理两个测点的载波相位的基础上的。

与伪距差分原理相同,由参考站通过数据链实时将观测量及站坐标一同传送给用户。用户接收 GPS 卫星的载波相位与来自参考站的载波相位,组成相位差分观测值进行实时处理,能实时给出厘米级的定位结果。

单站差分 GPS 系统结构和算法简单，技术上较为成熟。主要用于小范围的差分定位工作。对于较大范围的区域，则应用局部区域差分技术，对于一国或几个国家范围的广大区域，应用广域差分技术。

在局部区域中应用差分 GPS 技术，应该在区域中布设一个差分 GPS 网，该网由若干个差分 GPS 基准站组成，通常还包含一个或数个监控站。位于该局部区域中的用户根据多个基准站所提供的改正信息，经平差后求得自己的改正数。这种差分 GPS 定位系统称为局部区域差分 GPS（LADGPS）。

广域差分 GPS 的基本思想是对 GPS 观测量的误差源加以区分，并单独对每一种误差源分别加以“模型化”，然后将计算出的每一误差源的数值，通过数据链传输给用户，以对用户 GPS 定位的误差加以改正，达到削弱这些误差源，改善用户 GPS 定位精度的目的。

4. GPS 用户设备

1）功用与分类

GPS 用户设备（接收机）的功能是接收 GPS 卫星发送的导航信号，恢复载波信号频率和卫星钟，解调出卫星星历、卫星钟校正参数等数据；通过测量本地时钟与恢复的卫星钟之间的时间延迟来测量接收机天线到卫星的距离（伪距）；通过测量恢复的载波频率变化（多普勒频率）来测量伪距的变化率；根据获得的这些数据，计算出用户所在的地理经度、纬度、高度、速度、准确的时间等导航信息，将这些信息显示在显示屏幕上或通过输出端口输出。

目前，GPS 提供两种定位服务：C/A 码标准定位服务（SPS）和 P 码（Y 码）精密定位服务（PPS）。未选择可用性（SA）时，SPS 服务的水平定位精度达到 20 ~ 40m（2Drms）；垂直定位精度达 45m（2σ）。有选择可用性（SA）时，服务的水平定位精度达到 100m（2Drms）；垂直定位精度达 156m（2σ）。

利用其他技术还可以大大提高其定位精度。利用伪距测距可达米级；利用差分定位可使定位精度达到厘米级；利用载波相位可以精确到毫米级。

GPS 接收机，按其用途可以分为授时型、精密大地测量型和导航型。按携带方式不同可以分为袖珍型、背负型、车载型、舰用型、空载型、弹载型和星载型。按其性能可以分为高动态型（X 型）、中动态型（Y 型）、低动态或静止型（Z 型）接收机。按所使用的信号种类和精度可以分为单频捕获码（C/A 码）接收机和双频精码（P 码）接收机。

2）组成

GPS 标准接收机的种类虽然很多，但其组成大体相同，由天线、低噪声前置放大器、射频信号处理电路、多路相关器、频率标准振荡器、频率综合器、微处理器、显示器与键盘、I/O 接口和电源等部分组成。其组成如图 7 - 10 所示。

在结构上，接收机天线和前置放大器做成一体，高频通道（包括图 7 - 10 中的射频信号处理和频率综合器）做成一片 MMIC 芯片，相关通道做成一片 ASIC 芯片。

GPS 接收机天线的功用是接收来自 GPS 卫星的信号。GPS 接收机天线的种类繁多，常用的有螺旋天线、微带天线、框形天线、缝隙天线、偶极子天线等。在导弹或其他飞行器上，考虑到与弹体或飞行器外表面的共形，常采用微带天线。

低噪声前置放大器用于对接收的微弱的 GPS 信号进行滤波和放大，阻止通带以外的干扰信号进入，同时其输入端要与接收天线阻抗相匹配。

高频通道的功用是把前置放大器输来的信号进行多次滤波、放大、变频和相关处理，把变成的中频信号再作 A/D 转换。频率综合器产生 40MHz 信号作为主时钟信号。高频通道输出

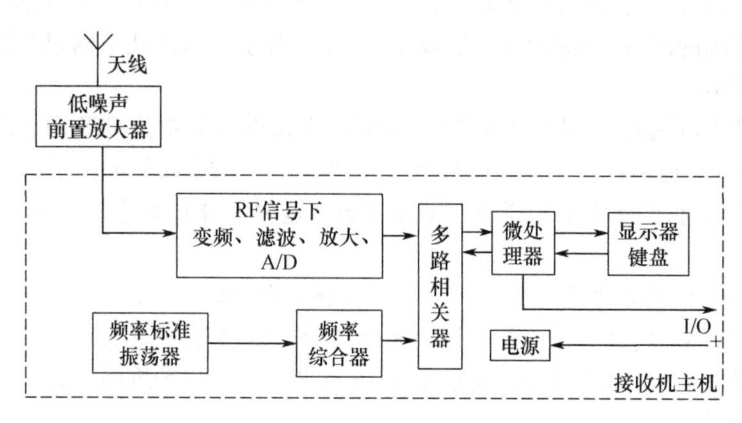

图7-10 标准定位服务GPS接收机组成

1.5MHz的二位数字信号。

1.5MHz的二位数字信号包含有多颗卫星信号,多路相关器把各个卫星的信号分离出来,而拒收不需要的卫星信号。它是采用相关处理来完成这一功能的。一般GPS接收机的相关处理器具有1~12个通道不等,每个通道的电路组成是完全相同的。每个通道主要由一个载波锁定环路和一个C/A码延时锁定环路组成。

标准振荡器主要是一个高精度的石英钟,其日频率稳定度约为10^{-11}。当定位精度要求较高时,可以采用铷原子钟或铯原子钟。它产生一个振荡频率十分稳定的信号,作为接收机频标的基准。

微处理器根据相关器输出的卫星星历、卫星时钟校正参量、修正后的伪距及初始装订数据,采用经典导航算法或卡尔曼滤波定位算法,完成坐标变换,输出导航定位位置、速度和授时等功能。

电源的种类较多,一般采用5V直流电源,有机内电源和机外电源两种。

3) 工作过程

(1) 选择卫星。从可见卫星(4~9颗)中选择几何配置关系最好的4颗卫星。

(2) 搜捕和跟踪被选卫星的信号。信号的搜捕就是检测伪随机码自相关输出的极大值,通常是采用相关试探的方法进行搜捕。一般搜捕C/A码的时间最多为90s,P码的码组较长,搜捕时间会很长。一旦卫星信号被捕获并进入跟踪,即可解出卫星星历、卫星时钟校正参量和大气校正参量等数据。

(3) 测量伪距并进行修正。利用时间标记和子帧计数测量出用户和卫星之间的伪距离,并用f_{L_1}和f_{L_2}测得的伪距差对其进行大气附加延时修正。只用C/A码的接收机无法进行此项大气附加延时的修正。

(4) 定位计算。计算机根据卫星星历、卫星时钟校正参量、修正后的伪距及初始装订数据,采用经典导航算法或卡尔曼滤波定位算法,由4颗卫星的信息计算出用户的位置、速度等导航信息。

4) GPS接收机的主要性能指标

虽然GPS接收机种类繁多,技术差别很大,但是,一般GPS接收机具有下述主要技术指标:

(1) 接收机的跟踪通道数。通常是1~12个跟踪通道。它表示GPS接收机可以同时并行接收 GPS 卫星颗数的能力。

(2) 接收跟踪信号的种类。如仅仅接收 L_1 码和 C/A 码;接收跟踪 L_1 码和 C/A 码和 P 码、L_2 码和 Y 码。

(3) 测量定位精度。如 GPS 标准定位服务的 GPS 接收机的定位精度为:水平位置精度 100m(2Drms);垂直高度精度 156m(Drms)。

(4) 时间同步精度。表示 GPS 接收机通过测量定位后,输出的时间同步秒脉冲信号与 GPS 时或协调时(UTC)的同步精度。如 GPS 标准定位服务的 GPS 接收机的时间同步精度为 340ns(2σ)。

(5) 位置数据更新率。一般每秒 1~10 次,通常高动态 GPS 接收机的更新率高。

(6) 首次定位时间。指 GPS 接收机从开始加电到首次得到满足定位精度要求的定位结果的过程所占时间。分为冷启动时间(指接收机上没有保存正确的星历数据时)、热启动时间(指接收机上保存正确的星历数据时)和信号中断后再捕获时间。它们典型值分别为小于 15min、小于 5min 和小于 2min。

(7) 接收机灵敏度。分为接收机的捕获灵敏度和接收机信号锁定灵敏度。接收机的捕获灵敏度是指当输入 GPS 接收机的卫星信号(L_1 码和 C/A 码)功率在 -130dBm 时,设备应能够捕获卫星信号;接收机信号锁定灵敏度是指当设备捕获到卫星信号后,设备应能连续工作,直到卫星信号功率降到 -133dBm 以下时,设备失锁。

(8) 输入或输出接口。接收机应具有一个或两个串行数据输入输出接口。

另外,还有电源、环境、可靠性和维修性等方面的技术指标要求。

5. GPS 卫星导航技术的新进展

美国的 GPS 导航卫星正在逐步现代化。自 1978 年 2 月 22 日第一颗 GPS 试验卫星发射成功以来,GPS 卫星已发展了两代,目前美国正在进行第三代 GPS 卫星的研发工作。第一代 GPS 卫星为实验卫星,第二代 GPS 卫星为工作卫星和 GPS 现代化改进卫星,第三代卫星是 GPS Ⅲ计划研制的卫星。表 7-2 所列为 GPS 卫星的发展状况。

表 7-2　GPS 卫星的发展状况

发展进程	卫星用途	卫星类型	卫星数量/颗	发射时间/年
第一代	试验	Block Ⅰ	11	1978—1985
第二代	工作	Block Ⅱ	9、15	1989—1996
	现代化改进	Block ⅡR、ⅡR-M、Ⅱ-F	9、12、33	1997—2010
第三代	GPSⅢ	GPSⅢ A、Ⅲ B、Ⅲ C	8、8、16	2013—2020

这些卫星上的设备和性能指标也各不相同,其中有些卫星(特别是早期发射的 Block Ⅰ卫星)已经失效。目前,在轨运行和准备发射的 GPS 卫星是第二代卫星 GPS Ⅱ,主要型号有 Block Ⅱ、Block ⅡA、Block ⅡR、Block ⅡR-M 和 Block ⅡF。

GPS 从 1994 年全面工作以来,改进工作一直在进行中。这是因为民用用户要求 GPS 具有更好的抗干扰和干涉性能、较高的安全性和完整性;军方则要求卫星发射较大的功率和新的同民用信号分离的军用信号;而对采用 GPS 导航的"灵巧"武器,加快信号捕获速度更为重要。

民用 GPS 导航精度迄今的最大改进发生在 2000 年 5 月 2 日,美国停止了故意降低民用信号性能(称为选择可用性,即 SA)的做法。在 SA 工作时,民用用户在 99% 的时间只有 100m 的精度。但当 SA 切断后,导航精度上升,95% 的位置数据可落在半径为 6.3m 的圆内。

GPS卫星发送两种码:粗捕获码(C/A码)和精码(P码)。前者是民用的,后者只限于供美军和其盟军以及美国政府批准的用户使用。这些码以扩频方式调制在两种不同的频率上发射:L_1波段以1575.42MHz发射C/A码和P码;而L_2波段只以1227.6MHz发射P码。

GPS卫星导航能力最重大的改进将从2003年发射洛克希德·马丁首批ⅡR-M(修改的ⅡR)卫星开始。ⅡR-M卫星将发射增强的L_1民用信号,同时发射新的L_2民用信号和军用码(M码)。进一步的改进从发射波音ⅡF批次卫星的2005年开始,ⅡF批次卫星除发射增强的L_1、L_2民用信号和M码外,将在1176.45MHz增加第3个民用信号(L_5)。此后,美军将得到抗干扰能力有所增强的新信号M码。它能发送更大的功率,而不干涉民用接收机。M码还给军方一种新的能力,以干扰敌方对信号的利用,但其细节是保密的。

L_2民用信号即第二个民用信号称为L_2C,使民用用户也能补偿大气传输不定性误差,从而使民用导航精度提高到3~10m。而美军及其盟军因一开始就能接收L_1和L_2中的P码,故一直具有这种能力。

对L_2的设计约束是它必须与新的M码兼容。为避免对军用$L_2P(Y)$接收机的任何损害,新的民用L_2应具有与现有C/A码相同的功率和频谱形状。这里,括号中的Y码是P码的加密型。实际上,民用L_2信号将比现有的L_1 C/A信号低2.3dB。功率较低的问题将由现代的多相关器技术加以克服,以便迅速捕获很微弱的信号。

GPS卫星发射的信号必须现代化,同时又要保持向后兼容性。组合的民用信号与军用信号必须放在现有频带中,而且具有足够的隔离,以防互相干涉。美国决定将C/A码信号放在L_1频带和新的L_2频带的中部,供民用使用,而保留Y码信号。

M码将采用一种裂谱调制法,它把其大部分功率放在靠近分配给它的频带的边缘处。抗干扰能力主要来自不干涉C/A码或Y码接收机的强大的发射功率。

M码信号的保密设计基于下一代密码技术和新的密钥结构。为进一步分离军用和民用码,卫星对于M码将具有单独的射频链路和天线孔径。当卫星能工作时,每颗卫星可能在每个载波频率上发射两个不同的M码信号。即使由同一颗卫星以同一载波频率发射,信号将在载波、扩散码、数据信息等方面不同。

M码的调制将采用二进制偏置载波(BOC)信号,其子载波频率为10.23MHz,扩码率为每秒5.115百万扩散位,故称为BOC(10.23,5.115)调制,简称BOC(10,5)。因为BOC(10,5)调制与Y和C/A码信号相分离,故可以较大的功率发射,而不降低Y或C/A码接收机的性能。BOC(10,5)对于针对C/A码信号的干扰不敏感,而且与用来扩展调制的二进制序列的结构难以分辨。

L_5将位于960~1215MHz频段,而地面测距仪/塔康(DME/TACAN)导航台和军用数据链(Link 16)已大量使用这个频段,但这只会对欧洲中部和美国高空飞行的飞机产生干扰。美国计划对在$L_5 \pm 9$MHz以内的DME频率进行重新分配,以便L_5信号在美国的所有高度都能良好地接收。

美国已经启动了第三代全球卫星定位系统GPS Ⅲ发展计划。GPS Ⅲ计划的目标是,提供能满足当前和未来军、民两用需要的GPS结构方案。从2004年起,美国国防部开始研究GPS Ⅲ的采购和结构概念,以便验证系统要求。据有关报道称,GPS Ⅲ将选择全新的优化设计方案,由32颗运行在3个轨道面的卫星组成。GPS Ⅲ的卫星首次发射预计推迟到2013年,全部卫星在轨运行将在2015—2020年实现。据介绍,与现有GPS相比,GPS Ⅲ的信号发射功率将提高100倍,信号抗干扰能力提高1000倍以上,授时精度将达到1ns,定位精度提高到0.2~

0.5m,这样可以使GPS导航弹药的精度达到1m以内。

通过实施现代化计划,GPS的定位、导航和授时能力将得到进一步提高。

6. GPS测量误差分析

GPS的测量误差来源于噪声和偏差。GPS的误差来自三个方面:与GPS卫星有关的误差,与卫星信号从卫星至接收机的传播过程有关的误差,与接收机有关的误差。在高精度的GPS测量中(如地球动力学研究),还应注意到与地球整体运动有关的地球潮汐、负荷潮及相对论效应等的影响。表7-3给出了GPS测量的误差分类及各项误差对距离测量影响。

表7-3　GPS测量误差差分类及对距离测量的影响

误差来源		对距离测量的影响/m
卫星部分	①星历误差;②钟误差;	1.5~15
信号传播	①电离层;②对流层;③多路径效应	1.5~15
信号接收	①钟的误差;②位置误差;③天线相位中心变化	1.5~5
其他影响	①地球潮汐;②负荷潮	1.0

上述误差,按误差性质可分为系统误差与偶然误差两类。偶然误差主要包括信号的多路径效应,系统误差主要包括卫星的星历误差、卫星钟差、接收机钟差以及大气折射的误差等。其中系统误差无论从误差的大小还是对定位结果的危害性讲都比偶然误差要大得多,它是GPS测量的主要误差源。同时系统误差有一定的规律可循,可采取一定的措施加以消除,因而是本节研究的主要对象。

1) 与卫星有关的误差

与卫星本身有关的误差主要有卫星星历误差和卫星钟误差。

GPS卫星导航电文中的广播星历是一种外推的预报星历。由于卫星在实际运行中受多种摄动力的复杂影响,故预报星历必然有误差,一般估计由星历计算的卫星位置的误差为20~40m。随着摄动力模型和定轨技术的改进,工作卫星的位置精度可能提高到5~10m。解决星历误差的方法主要有:

(1) 建立自己的卫星跟踪网独立定轨。建立GPS卫星跟踪网,进行独立定轨。这不仅可以使我国的用户在非常时期内不受美国政府有意降低调制C/A码的影响,且提高精密星历的精度。这将对提高精密定位的精度起显著作用,也可为实时定位提供预报星历。

(2) 轨道松弛法。在平差模型中把卫星星历给出的卫星轨道作为初始值,视其改正数为未知数。通过平差同时求得测站位置及轨道的改正数,这种方法就称为轨道松弛法。常采用的轨道松弛法有半短弧法和短弧法。但是轨道松弛法也有一定的局限性,因此它不宜作为GPS定位中的一种基本方法,而只能作为无法获得精密星历情况下某些部门采取的补救措施或在特殊情况下采取的措施。

(3) 同步观测值求差。这一方法是利用在两个或多个观测站上,对同一卫星的同步观测值求差,以减弱卫星星历误差的影响。由于同一卫星的位置误差对不同观测站同步观测量的影响具有系统性质,所以通过上述求差的方法,可以把两站共同误差消除,其残余误差一般采用下列公式计算:

$$db = b \cdot \frac{ds}{\rho} \tag{7-28}$$

当取$b=5\mathrm{km}$,$\rho=25000\mathrm{km}$,$ds=50\mathrm{m}$,则$db=1\mathrm{cm}$,可见,采用相对定位可有效地减弱星历误差的影响。

卫星钟的钟差包括由钟差、频偏、频漂等产生的误差,也包含钟的随机误差。在GPS测量中,无论是码相位观测或载波相位观测,均要求卫星钟和接收机钟保持严格同步。尽管GPS卫星均设有高精度的原子钟(铷钟和铯钟),但与理想的GPS时之间仍存在着偏差或漂移。这些偏差的总量均在1ms以内,由此引起的等效距离误差约可达300km。

卫星钟的这种偏差,一般可表示为以下二阶多项式的形式:

$$\Delta t_s = a_0 + a_1(t - t_0) + a_2(t - t_0)^2 \tag{7-29}$$

其中 t_0 为一参考历元,系数 a_0、a_1、a_2 分别表示钟在 t_0 时刻的钟差、钟速及钟速的变率。这些数值由卫星的地面控制系统根据前一段时间的跟踪资料和GPS标准时推算出来,并通过卫星的导航电文提供给用户。

经以上改正后,各卫星钟之间的同步差可保持在20ns以内,由此引起的等效距离偏差不会超过6m,卫星钟差和经改正后的残余误差,则需采用在接收机间求一次差等方法来进一步消除它。

2)与信号传播有关的误差

与信号传播有关的误差有电离层折射误差、对流层折射误差及多路径效应误差。

电离层是高度位于50~1000km之间的大气层。由于太阳的强辐射,电离层中的部分气体分子将被电离而形成大量的自由电子和正离子。当电磁波信号穿过电离层时,传播速度和传播路径都会发生变化,所以信号传播时间乘以真空中的传播速度。就不等于信号的实际传播距离,从而引起测距误差,此误差称为电离层延迟误差。减弱电离层影响的措施主要有以下几种:

(1)利用双频观测。由于电磁波通过电离层所产生的折射改正数与电磁波频率 f 的平方成反比,如果分别用两个频率 f_1 和 f_2 来发射卫星信号,这两个不同频率的信号就将沿着同一路径到达接收机。GPS卫星采用两个载波频率,分别为 $f_1 = 1575.42\text{MHz}$,$f_2 = 1226.60\text{MHz}$,由于用调制在两个载波上的P码测距时,除电离层折射的影响不同外,其余误差影响都是相同的,所以若用户采用双频接收机进行伪距测量,就能利用电离层折射和信号频率有关的特性,从两个伪距观测值中求得电离层折射改正量,最后得到卫星至接收机的真正距离。

(2)利用电离层改正模型加以修正。目前,为进行高精度卫星导航和定位,普遍采用双频技术,可有效地减弱电离层折射的影响,但在电子含量很大,卫星的高度角又较小时求得的电离层延迟改正中的误差有可能达几厘米。为了满足更高精度GPS测量的需要,Fritzk、Brunner等人提出了电离层延迟改正模型。该模型考虑了折射率 n 中的高阶项影响以及地磁场的影响,并且是沿着信号传播路径来进行积分。计算结果表明,无论在何种情况下改进模型的精度均优于2mm。

对于GPS单频接收机,减弱电离层影响,一般采用导航电文提供的电离层模型加以改正。

(3)利用同步观测值求差。用两台接收机在基线的两端进行同步观测并取其观测量之差,可以减弱电离层折射的影响。这是因为当两观测站相距不太远时,由卫星至两观测站电磁波传播路程上的大气状况甚为相似,因此大气状况的系统影响便可通过同步观测量的求差而减弱。

这种方法对于短基线(如小于20km)的效果尤为明显,这时经电离层折射改正后基线长度的残差一般为 $1\times10^{-6}D$。所以在GPS测量中,对于短距离的相对定位,使用单频接收机也可达到相当高的精度。不过,随着基线长度的增加,其精度随之明显降低。

对流层是高度为40km以下的大气层。由于其离地面近,所以大气密度较电离层的密度大,且大气状态随地面的气候变化而变化。当电磁波通过对流层时,传播速度将产生变化,从而引起传播延迟。当天顶方向的对流层延迟约为2.3m,而仰角 E 为100时,传播延迟将增大到约13m。目前采用的对流层延迟的改正模型较多。这里主要介绍广泛采用的霍普菲尔德改正模型。其计算公式为

$$\delta\rho = \frac{K_d}{\sin(E^2+6.25)^{1/2}} + \frac{K_w}{\sin(E^2+2.25)^{1/2}} \tag{7-30}$$

式中

$$\begin{cases} K_d = 155.2\times 10^{-7}\dfrac{P_s}{T_s}(h_d + h_s) \\ K_w = 155.2\times 10^{-7}\dfrac{4810}{T_s^2}e_s(h_w - h_s) \end{cases} \tag{7-31}$$

其中

$$\begin{cases} h_d = 40136 + 148.72(T_s - 273.16) \\ h_w = 11000 \end{cases} \tag{7-32}$$

减弱对流层折射改正残差影响的主要措施有:

(1) 采用上述对流层模型加以改正。其气象参数在测站直接测定。

(2) 引入描述对流层影响的附加待估参数,在数据处理中一并求得。

(3) 利用同步观测量求差。当两观测站相距不太远时(如小于20km),由于信号通过对流层的路径相似,所以对同一卫星的同步观测值求差,可以明显地减弱对流层折射的影响。因此,这一方法在精密相对定位中,广泛被应用。但是,随着同步观测站之间距离增大,求差法的有效性也将随之降低。当距离大于100km时,对流层折射的影响,是制约GPS定位精度提高的重要因素。

在GPS测量中,如果测站周围的反射物所反射的卫星信号(反射波)进入接收机天线,这就将和直接来自卫星的信号(直接波)产生干涉,从而使观测值偏离真值产生所谓的"多路径误差"。这种由于多路径的信号传播所引起的干涉时延效应被称作多路径效应。多路径效应是GPS测量中一种重要的误差源,将严重损害GPS测量的精度,严重时还将引起信号的失锁。多路径效应对伪距测量比载波相位测量的影响要严重得多。实践表明,多路径误差对P码最大可达10m以上。削弱多路径误差的方法主要有:

(1) 选择合适的站址。多路径误差不仅与卫星信号方向有关、与反射系数有关,且与反射物离测站远近有关,至今无法建立改正模型,只有采用以下措施来削弱:①测站应远离大面积平静的水面。灌木丛、草和其他地面植被能较好地吸收微波信号的能量,是较为理想的设站地址。翻耕后的土地和其他粗糙不平的地面的反射能力也较差,也可选站。②测站不宜选择在山坡、山谷和盆地中。以避免反射信号从天线抑径板上方进入天线,产生多路径误差。③测站应离开高层建筑物。观测时,汽车也不要停放得离测站过近。

(2) 对接收机天线的要求:①在天线中设置抑径板;②接收天线对于极化特性不同的反射信号应该有较强的抑制作用。

由于多路径误差 φ 是时间的函数,所以在静态定位中经过较长时间的观测后,多路径误差的影响可大为削弱。

3) 与信号接收有关的误差

与接收机有关的误差主要有接收机钟误差,接收机位置误差、天线相位中心位置误差及几

何图形强度误差等。

GPS 接收机一般采用高精度的石英钟,其稳定度约为 10^{-9}。若接收机钟与卫星钟间的同步差为 1μs,则由此引起的等效距离误差约为 300m。减弱接收机钟差的方法:

(1) 把每个观测时刻的接收机钟差当作一个独立的未知数,在数据处理中与观测站的位置参数一并求解。

(2) 认为各观测时刻的接收机钟差间是相关的,像卫星钟那样,将接收机钟差表示为时间多项式,并在观测量的平差计算中求解多项式的系数。这种方法可以大大减少未知数个数,该方法成功与否的关键在于钟误差模型的有效程度。

(3) 通过在卫星间求一次差来消除接收机的钟差。

接收机天线相位中心相对测站标石中心位置的误差,叫接收机位置误差。这里包括天线的置平和对中误差,量取天线高误差。如当天线高度为 1.6m 时,置平误差为 0.1°时,可能会产生对中误差 3mm。因此,在精密定位时,必须仔细操作,以尽量减少这种误差的影响。在变形监测中,应采用有强制对中装置的观测墩。

在 GPS 测量中,观测值都是以接收机天线的相位中心位置为准的,而天线的相位中心与其几何中心,在理论上应保持一致。可是实际上天线的相位中心随着信号输入的强度和方向不同而有所变化,即观测时相位中心的瞬时位置(一般称相位中心)与理论上的相位中心将有所不同,这种差别叫天线相位中心的位置偏差。这种偏差的影响,可达数毫米至数厘米。而如何减少相位中心的偏移是天线设计中的一个重要问题。

在实际工作中,如果使用同一类型的天线,在相距不远的两个或多个观测站上同步观测了同一组卫星,那么,便可以通过观测值的求差来削弱相位中心偏移的影响。不过,这时各观测站的天线应按天线附有的方位标进行定向,使之根据罗盘指向磁北极。通常定向偏差应保持在 3°以内。

(4) 其他误差

当卫星信号传播到观测站时,而与地球相固联的协议地球坐标系相对卫星的上述瞬时位置已产生了旋转(绕 Z 轴)。若取 ω 为地球的自转速度,则旋转的角度为

$$\Delta\alpha = \omega\Delta\tau_i^j \tag{7-33}$$

式中:$\Delta\tau_i^j$为卫星信号传播到观测站的时间延迟。由此引起坐标系中的坐标变化($\Delta X,\Delta Y,\Delta Z$)为

$$\begin{bmatrix}\Delta X\\ \Delta Y\\ \Delta Z\end{bmatrix} = \begin{pmatrix}0 & \sin\Delta\alpha & 0\\ -\sin\Delta\alpha & 0 & 0\\ 0 & 0 & 0\end{pmatrix}\begin{bmatrix}X^j\\ Y^j\\ Z^j\end{bmatrix} \tag{7-34}$$

式中:(X^j,Y^j,Z^j)为卫星的瞬时坐标。

由于旋转角 $\Delta\alpha < 1.5''$,所以当取至一次微小项时,式(7-34)可简化为

$$\begin{bmatrix}\Delta X\\ \Delta Y\\ \Delta Z\end{bmatrix} = \begin{pmatrix}0 & \Delta\alpha & 0\\ -\Delta\alpha & 0 & 0\\ 0 & 0 & 0\end{pmatrix}\begin{bmatrix}X^j\\ Y^j\\ Z^j\end{bmatrix} \tag{7-35}$$

因为地球并非是一个刚体,所以在太阳和月球的万有引力作用下,固体地球要产生周期性的弹性形变,称为固体潮。此外在日月引力的作用下,地球上的负荷也将发生周期性的变动,使地球产生周期的形变,称为负荷潮汐,如海潮。固体潮和负荷潮引起的测站位移可达 80cm,

使不同时间的测量结果互不一致，在高精度相对定位中应考虑其影响。

当已知测站的形变量 $\delta = [\delta_\lambda, \delta_\varphi, \delta_r]$ 后，即可将其投影到测站至卫星的方向上，从而求出单点定位时观测值中应加的由于地球潮汐所引起的改正数。

最后需要指出，在 GPS 测量中除上述各种误差外，卫星钟和接收机钟振荡器的随机误差、地球潮汐改正大气折射模型和卫星轨道摄动模型的误差等，也都会对 GPS 的观测量产生影响。随着对长距离定位精度要求的不断提高，研究这些误差来源并确定它们的影响规律具有重要的意义。

7. GPS 的应用

1）卫星导航

卫星导航是用导航卫星发送的导航定位信号引导运动载体安全到达目的地的一门新兴科学，它广泛应用于导弹导航、飞机飞行导航和着陆、航海及车辆自动定位系统等许多领域。

新一代防空导弹采用该系统实施中段制导，解决了惯性导航系统存在的远距离飞行时积累误差较大的问题，从而大大减小了圆概率误差（CEP），也为增大射程创造了条件；同时，也克服了光学制导（激光制导，电视制导，红外成像制导等）受天气条件影响、不能全天候使用的缺陷。目前已研制成功和正在研制中的系统，中制导段采用 GPS 与 INS（SINS）组合的复合制导体制，在此基础上末段采用寻的制导（雷达、激光、毫米波、红外成像导引头），实现了“发射后不管”，命中精度（圆概率误差 CEP）可达 3 ~ 6m，并大大降低了生产成本。可以这样说，随着 GPS 系统的应用，使导弹武器发生了全新的变革，实现了精确制导、远程发射，同时也降低了成本。不但是防空导弹，而且空地导弹、反辐射导弹（ARM）、机载巡航导弹、单弹头制导炸弹和子母炸弹（布撒器）等均采用了 GPS 定位系统导航。

GPS 在导航领域的应用，有着比 GPS 静态定位更广阔的前景，两者相比较，GPS 导航具有用户多样、速度多变、定位实时数据和精度多变等特点。因此，应该依据 GPS 动态测量的这些特点，选购适宜的接收机，采用适当的数据处理方法，以便获得所要求的运动载体的七维状态参数和三维姿态参数的测量精度。

目前，美国 Honeywell 公司生产的 H－764G 嵌入式 GPS/INS 组合系统已经装备在空军的 F－15A/B/C/D、海军 F/A－18 以及 C130J 等各类飞机上；美国空军决定采用定位精度为 0.2nmi/h 的 H－423INS 与 GPS 组合系统，用于改装 F－117 隐身战斗机。

美国的 AGM－154 型联合防区外发射武器（JSOW），是 20 世纪 80 年代末制定的空军/海军防区外发射武器计划中三项重点项目之一，其他两项为联合直接攻击弹药（JDAM）和三军防区外攻击导弹（TSSAM）。JSOW 中，第一种型号是 AGM－154A，属无动力滑翔布撒器，质量为 477kg，该布撒器弹体有高置折叠平面翼和 6 个尾翼，内装 154 枚 BLU－97 综合效应子弹药，采用低成本的 INS/GPS 组合导航，1994 年进行了首次实弹试验，射程为 27 ~ 14km，速度为 $Ma = 0.75$，圆概率误差 CEP < 10m，具有发射后不管的能力。第二种是反装甲型的 AGM－154B，制导方式与 AGM－154A 相似，也属无动力滑翔布撒器，它能携带 6 枚 BLU－108/B 型敏感（末敏）引信弹药（SFW），每枚带有 4 个称为“活动靶攻击者”的柱型敏感引信弹头，每个布撒器共带 24 个弹头，大多数把 GPS 用于中段制导，而末段采用红外成像（或毫米波）导引头自动寻的（如 AGM－154C）。以 GPS 为主的全程 GPS 导航，如德国的金牛座/KEPD－350 型滑翔布撒器，其子弹散布范围必然很宽（达 999m × 349m 之大）。

在海湾战争中，作战双方都用了 GPS，伊拉克曾将 GPS 用于“飞毛腿”导弹的移动发射架定位。

导弹和运载火箭的弹道测量和靶场监测是美国军方 GPS 系统设计的功能之一。1980 年以来已进行了多次试验,并已经研制了多种型号的弹载 GPS 接收机,如得克萨斯仪器公司的 MBRS 和 AMR 弹载接收机计划配置在民兵导弹上。GPS 用于巡航导弹可以代替地形匹配系统。

根据用户的应用目的和精度要求的不同,GPS 动态定位方法也随之而改变。从目前的应用看来,主要分为以下几种方法:

(1) 单点动态定位是用安设在一个运动载体上的 GPS 信号接收机,自主地测得该运动载体的实时位置,从而描绘出该运动载体的运行轨迹。所以单点动态定位又称作绝对动态定位。例如,行驶的汽车和火车,常用单点动态定位。

(2) 实时差分动态定位是用安设在一个运动载体上的 GPS 信号接收机,及安设在一个基准站上的另一台 GPS 接收机,联合测得该运动载体的实时位置,从而描绘出该运动载体的运行轨迹,故差分动态定位又称为相对动态定位。例如,飞机着陆和船舰进港,一般要求采用实时差分动态定位,以满足它们所要求的较高定位精度。

(3) 后处理差分动态定位和实时差分动态定位的主要差别在于,在运动载体和基准站之间,不必像实时差分动态定位那样建立实时数据传输,而是在定位观测以后,对两台 GPS 接收机所采集的定位数据进行测后的联合处理,从而计算出接收机所在运动载体在对应时间上的坐标位置。例如,在航空摄影测量时,用 GPS 信号测量每一个摄影瞬间的摄站位置,就可以采用后处理差分动态定位。

2) GPS 用于测速和测姿态

当用户不运动时,由于卫星在运动,在接收到的卫星信号中会有多普勒频移。这个频移的大小和正负可以根据卫星的星历和时间以及用户接收机的本身位置算出来。如果用户本身也在运动,则这个多普勒频移便要发生变化,其大小和正负取决于用户的运动速度与方向。根据这个变化,用户便可以算出自己的三维运动速度。这就是测速的基本原理。另一种求解用户速度的方法是,知道用户在不同时间的准确三维位置,用三维位置的差除以所经过的时间,可以求解出用户的三维运动速度。

GPS 干涉仪包括两个在距离上分离的天线,通过测量多颗卫星在两个天线上的载波相位差,可解得两个天线组成的基线矢量。由三个线性无关的干涉仪便可测得载体的三个姿态角。

GPS 测姿系统由四副天线 A、B、C、D 和一台 24 通道的 GPS 接收机组成。天线安装要构成一个四边形,它们组成三个线性无关的干涉仪,对应于三个基线$\overline{AB}$、$\overline{AC}$、$\overline{AD}$。定义惯性直角坐标系的 X 轴指向正北,Y 轴指向正东,Z 轴垂直向下,原点位于载体质心。定义载体直角坐标系的 X 轴指向载体正前方,Y 轴指向右翼,Z 轴垂直于地板,原点位于载体质心。四副天线 A、B、C、D 在惯性直角坐标系中的位矢分别为 r_A、r_B、r_C、r_D,它们可由三个线性无关的干涉仪测定;在载体直角坐标系中的位矢分别为 r'_A、r'_B、r'_C、r'_D,它们是已知的。记 3×4 矩阵$[r_A$、r_B、r_C、$r_D]$为 $\boldsymbol{R}$,记 3×4 矩阵$[r'_A$、r'_B、r'_C、$r'_D]$为 $\boldsymbol{S}$。

惯性直角坐标系与载体直角坐标系之间存在着一个旋转变换 $\boldsymbol{T}$,它是一个 3×3 的矩阵,由载体的姿态确定。因此有

$$\boldsymbol{R}=\boldsymbol{TS} \tag{7-36}$$

于是有

$$\boldsymbol{T}=\boldsymbol{RS}^{\mathrm{T}}(\boldsymbol{SS}^{\mathrm{T}}) \tag{7-37}$$

定义 $\boldsymbol{T}=T_\alpha T_\beta T_\gamma$ 其中:T_α 为绕载体直角坐标系中 X 轴旋转的转动矩阵,α 即为横滚角;T_β

为绕载体直角坐标系中 Y 轴旋转的转动矩阵，β 即为俯仰角；T_γ 为绕载体直角坐标系中 Z 轴旋转的转动矩阵，γ 为偏航角。

$$\boldsymbol{T}=\begin{bmatrix}\cos\gamma\cos\beta & -\sin\gamma\cos\beta+\cos\gamma\sin\beta\sin\alpha & \sin\alpha\cos\gamma+\cos\gamma\sin\beta\cos\alpha\\ \sin\gamma\cos\beta & \cos\gamma\cos\beta+\sin\gamma\sin\beta\sin\alpha & -\cos\gamma\sin\alpha+\sin\gamma\sin\beta\cos\alpha\\ -\sin\beta & \cos\beta\sin\alpha & \cos\beta\cos\alpha\end{bmatrix}\tag{7-38}$$

故

$$\begin{cases}\beta=\arcsin(-T_{31})\\ \alpha=\arcsin\left(\dfrac{T_{32}}{\cos\beta}\right)\\ \gamma=\arcsin\left(\dfrac{T_{21}}{\cos\beta}\right)\end{cases}\tag{7-39}$$

式中：T_{31} 为 $\boldsymbol{T}$ 矩阵的第三行第一列元素。

利用 GPS 干涉仪测姿系统可提供精度优于 1mrad（约 0.057°）的实时姿态角测量。数据更新率可达 5～10Hz。

3）GPS 和惯性导航的组合导航系统

如果把 GPS 的长期高精度性能和惯导的短期高精度性能有机地结合起来，组合后的导航系统将比单独导航系统在性能上有很大的提高。

GPS 对惯导的辅助，可使惯导在运动中（如在导弹和飞机上）完成初始对准，提高了快速反应能力。当由于机动、干扰和遮蔽使 GPS 信号丢失时，惯导对 GPS 辅助能够帮助接收机快捷地重新捕获 GPS 信号。另外，GPS 还可以在惯导漂移较大时，对惯导的漂移量进行修正。

根据 GPS/INS 组合系统所要达到的性能，GPS 接收机和 INS 设备改动的程度以及两系统之间信息交换的深度，组合系统可以有多种组合方式。图 7－11 到图 7－13 给出了 3 种不同的组合系统功能结构，图 7－11 中，p 表示位置；V 表示速度；t 表示时间；θ 表示姿态信息。

图 7－11 和图 7－12 结构中，GPS 接收机和惯导均为独立的导航系统，GPS 给出位置、速度、时间等导航解，惯导给出位置、速度、姿态信息。图 7－13 的结构则不同，在组合系统中，GPS 接收机和惯导不是独立的导航系统，而仅仅作为传感器使用，它们分别给出伪距及伪距率和加速度及角速度信息。这三种分别称非耦合方式、松组合方式和紧组合方式。

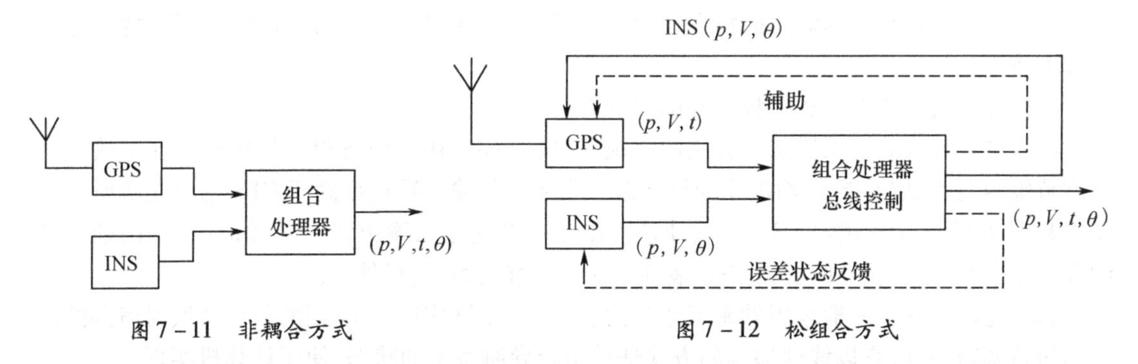

图 7－11　非耦合方式　　　图 7－12　松组合方式

（1）非耦合方式。在这种组合模式中，GPS 系统和惯导系统各自输出相互独立的导航解，两系统独立工作，功能互不耦合，数据单向流动，没有反馈，组合导航解由外部组合处理器产生。外部处理器可以像一个选择开关那样简单，也可以用多工作模式卡尔曼滤波器来实现。一般情况下，在 GPS 停止工作时，惯导数据在原 GPS 输出数据基础上进行推算，即将 GPS 停止

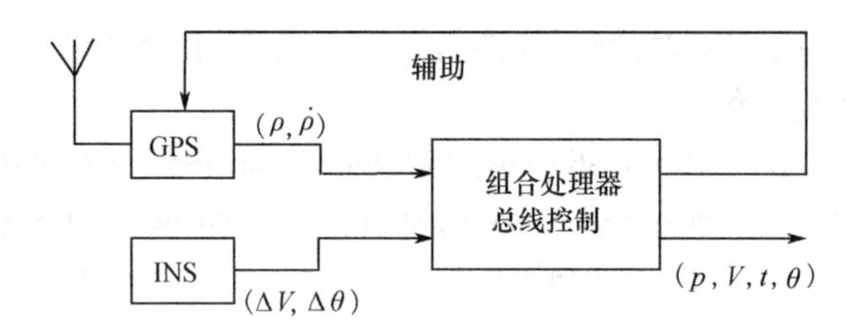

图7-13 紧组合方式

工作瞬时的位置和速度信息作为惯导系统的初始值。这种模式的特点是基于 GPS 与惯导功能的独立性。这种组合方式有以下的主要优点:在惯导和 GPS 均可用时,这是最易实现、最快捷和最经济的组合方式;由于有系统的冗余度,对故障有一定的承受能力;采用简单选择算法实现的处理器,能在航路导航中提供不低于惯导的精度。

(2) 松组合模式。与非耦合方式不同,松组合模式中组合处理器与 GPS 及惯导设备之间存在着多种反馈。

系统导航解至 GPS 设备的反馈:直接将组合系统导航解反馈至 GPS 接收机,可以给出更精确的基准导航解。基于这个反馈,GPS 接收机内的导航滤波器能够用 GPS 测量值来校正系统导航解。

对 GPS 跟踪环路的惯性辅助:这种惯性辅助能够减小用户设备的码环和载波环所跟踪的载体动态,大大提高了 GPS 导航解的可用性。此时,允许码环及载波环的带宽取得较窄,以保证有足够动态特性下的抗干扰能力。

惯导的误差状态反馈:一般情况下,惯性导航系统均可以接受外部输入,用以重调其位置和速度解以及对稳定平台进行对准调整。在捷联式惯导系统中,这种调整利用数学校正方式完成。

(3) 紧组合方式。与松组合不同之处在于,GPS 接收机和惯导不是以独立的导航系统实现,而是仅仅作为一个传感器,它们分别提供伪距和伪距率以及加速度和角速度信息。两种传感器的输出是在由高阶组合滤波器构成的导航处理器内进行组合的。这种组合方式中,只有从导航处理器向 GPS 跟踪环路进行速率辅助这一种反馈。松组合结构中出现的其余的反馈在此并不需要,原因是涉及导航处理的所有计算都已在处理器内部完成。

紧组合方式具有结构紧凑的特点,GPS 和惯导可以共用一个机箱,从结构上看,特别适合于弹上使用。

有选择算法和滤波算法两种基本的组合算法。

(1) 选择算法。在采用选择算法的情况下,只要 GPS 用户设备得出的导航解在可接受的精度范围内,就选取 GPS 的输出作为导航解。当要求的输出数据率高于 GPS 用户设备所能提供的数据率时,可在相继 GPS 两次数据更新之间,以惯导的输出作为其插值,进行内插。在 GPS 信号中断期间,惯导的解自 GPS 最近一次有效解起始,进行外推。

(2) 滤波算法。一般采用的是卡尔曼滤波算法。即利用上一时刻的估计及实时得到的测量值进行实时估计,它以线性递推的方式估计组合导航系统的状态,便于计算机实现。

状态通常不能直接测得,但可以从有关的可测得的量值中推算出来。这些测量值可以在一串离散时间点连续得到,也可以时序得到,滤波器是对测量的统计特性进行综合。最常用的修正算法是线性滤波器,在这种滤波器中,修正的状态是当前的测量值和先前状态值的线性加权和。

位置和速度是滤波器中常选的状态，通常称为全值滤波状态，也可以选择惯导输出的位置和速度误差作为状态(称误差状态)。

一种典型设计的应用于导弹上的INS/GPS组合导航系统原理组成如图7－14所示。导弹导航与控制系统主要由INS/GPS导航装置、指令产生装置、自动驾驶仪及其配套设备组成。

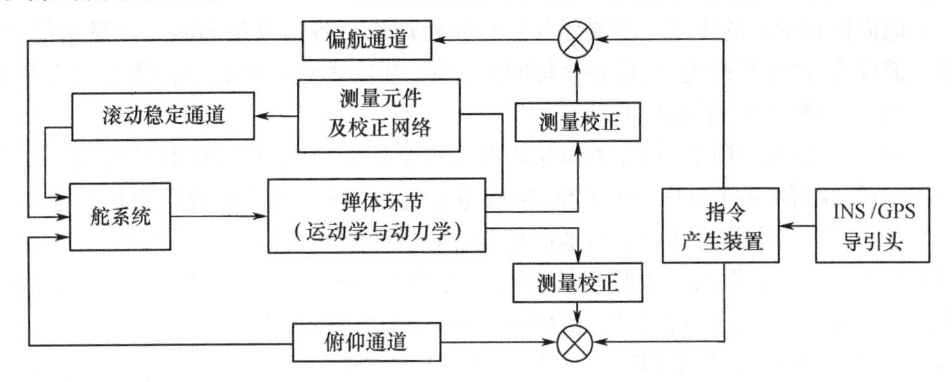

图7－14　应用GPS/INS组合制导的导弹制导控制系统的组成图

导航控制工作过程如下：

(1) 自动驾驶仪的滚动、俯仰和偏航稳定回路工作，稳定导弹的飞行，使控制指令能正确地控制导弹飞行。自由陀螺仪测量出导弹绕纵轴(Ox_1轴)的滚动角，经校正、放大后控制导弹副翼舵反向偏转，消除导弹的滚动角；两个角速度传感器(阻尼陀螺)分别测量出导弹绕横轴(Oy_1、Oz_1轴)的振荡角速度，经校正、放大后，控制俯仰、偏航舵机工作，阻尼其振荡；两个线加速度传感器分别测出导弹沿横轴的横向过程，经校正、放大后分别控制俯仰、偏航舵机工作，使俯偏舵机同向偏转，减小或消除干扰产生的横向过载。

(2) 导航系统给出指令，通过自动驾驶仪控制导弹按理论弹道飞行。INS/GPS导引头根据实测导弹空间位置与理论弹道相比产生线偏差，再经指令形成装置，按一定的导引规律产生控制指令。控制指令分别送到俯仰与偏航通道分别控制俯仰舵与偏航舵同向偏转，改变导弹的飞行姿态，使其沿理论弹道飞行。

7.4.2　GLONASS卫星导航系统

1. GLONASS组成及性能特点

苏联在全面总结其第一代卫星导航系统优缺点的基础上，吸取美国GPS系统的成功经验，从1982年10月开始，逐步建立它的第二代卫星导航系统——GLONASS全球卫星导航系统。1995年12月14日，俄罗斯成功发射了一箭三星，标志着GLONASS星座的在轨卫星已经布满，经过数据加载、调整和检验，1996年1月18日，24颗工作卫星正常发射信号，健康有效地工作，标志着GLONASS正式建成并投入使用。早期发射的GLONASS卫星的设计寿命较短，一般为一年到17个月，1988年以后发射的卫星，由于提高了抗辐射能力，设计寿命提高到三年。

1) GLONASS组成

GLONASS由地面、空间和用户三个部分组成。

在空间部分，GLONASS由(24＋1)颗卫星组成的GLONASS工作卫星星座，其中24颗卫星为工作卫星，1颗为在轨备用卫星，它们均匀地分布在三个轨道平面内，平均高度为

19100km,轨道倾角为64.8°,运行周期为11h15min,并以1.6×10^3MHz和1.2×10^3MHz的射电频率发射信号和传播电文。可见,GLONASS系统与美国的GPS系统极为相似。

在地面部分,GLONASS工作卫星的地面监测部分由1个地面控制中心、4个指令测量站、4个激光测量站和1个监测网组成。

(1)地面控制中心的作用。主要任务是接收处理来自各指令站和激光测量站的数据,完成精密轨道计算,产生导航电文,提供坐标时间保障,并发送对卫星的上行数据注入和遥控指令,实现对整个导航系统的管理和控制。

(2)指令测量站的作用。指令测量站均布设在俄罗斯境内,每站设有C波段无线电测量设备,跟踪测量视野内的GLONASS卫星,接收卫星遥测数据,并将所得数据送往地面控制中心进行处理。同时指令测量站将来自地面控制中心的导航电文和遥控指令发射至卫星。

(3)激光测量站的作用。跟踪测量视野内的GLONASS卫星,并将所得数据送往地面控制中心进行处理,主要用于校正轨道计算模型和提供坐标时间保障。

(4)监测网的作用。该监测网独立工作,主要用于检测系统的工作状态和完好性。

用户部分同GPS一样,是一个具有双重功能的军用/民用系统。

2)卫星信号及定位精度

GLONASS卫星发射的卫星信号由数据序列、方波振荡和伪随机测距码组成。其中伪随机测距码有军用码和民用m序列两种码。上述信号均为二进制序列,被调制到L波段的载波上向用户发射。它有两种载频L_1和L_2。L_1载频工作在1.6GHz,调制军用码和民用m序列码;L_2载频工作在1.2GHz,调制军用码。L_1供民用,L_1和L_2供军用。军用码只供特许用户使用,一般用户使用的是L_1上的信息。

卫星的识别采用频分多址(FDMA)技术,L_1的频道间隔为0.5625MHz,L_2的频道间隔为0.4375MHz。

目前,GLONASS系统单点定位精度水平方向为16m,垂直方向为25m。为进一步提高GLONASS系统的定位能力,开拓广大民用市场,俄政府计划用4年时间将其更新为GLONASS-M系统。内容是改进一些地面测控站设施;延长卫星在轨寿命到8年;实现系统的高定位精度:位置定位精度提高到10~15m,定时精度提高到20~30ns。另外,俄罗斯政府计划将系统载波频率改为GPS频率,并得到美国罗克威尔公司的技术支援。

GLONASS系统和美国的GPS一样,本来都是用于军事目的的,都属于单通道,即其信号都是由卫星发射传送到接收机。这样,当一个用户不能用自身的发射信号来传送其所在位置,并在未和主控站联系的情况下,就无法获得救助。这也就是它的缺点。

2. GLONASS与GPS兼容技术

GPS和GLONASS虽然是两个完整独立的全球卫星定位导航系统,但它们有许多相似之处,对于世界上的许多用户,特别是尚无卫星导航定位国家的用户,对联合使用两种系统进行定位导航有很大的兴趣。采用两种系统,可以有力抵消任何一个国家在技术领域的政治影响和垄断,有效地提高卫星导航的可用性和完善性,进一步提高定位精度。美俄两国也在GPS和GLONASS所用的坐标系上进行了研究,编制了两个系统的时标差,以导航电文的形式广播给用户,为GPS和GLONASS的兼容接收提供了有利的条件。

1)GPS/GLONASS兼容接收机的组成与工作原理

GPS/GLONASS兼容接收机由天线、前置放大器、宽带后置放大器、功率分配器、GPS信号通道、GLONASS信号通道、数字信号处理器(DSP)、中心处理器、频率综合器、I/O接口等部分组成。其组成原理框图如图7－15所示。

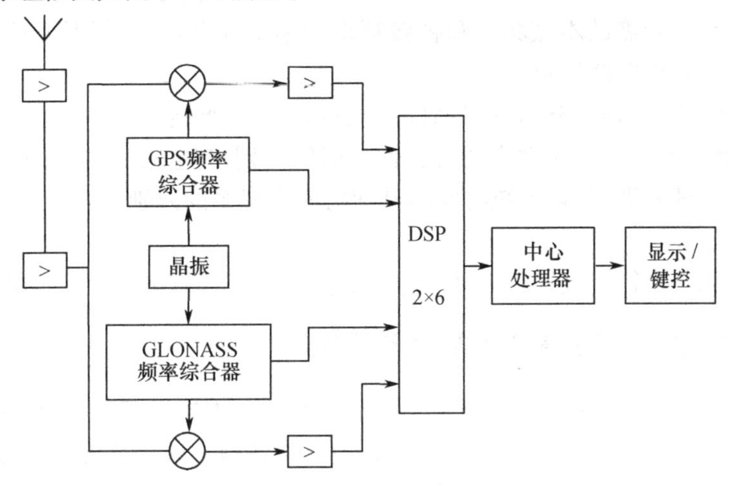

图7－15　GPS和GLONASS兼容机框图

天线接收来自GPS卫星发射的L_1信号（C/A码，L_1信号频率为1575.42MHz）和GLONASS卫星发射的L_1信号（m码，L_1信号频率为$1602+N\times0.5626$MHz，$N=1,2,3,\cdots$），经低噪声宽带前置放大器选频放大后，再进行功率放大，一方面是用来抵消电缆传输损耗，另一方面补偿前置放大器放大的不足。放大后的信号经功率分配器分别进入GPS信号通道和GLONASS信号通道（各通道包含有窄带高频放大器、混频器、选频中放和主中放等），分别与各自本地参考信号混频，产生中频信号，经放大后，进一步由末级限幅中频放大器形成方波送入数字信号处理器中6个2选1开关上。2×6开关的作用是可以把上述两个中频信号中的任何一个在计算机的控制下选送到6个数字信号处理器中的任何一个。每个数字信号处理器（DSP）中含有伪距捕获/跟踪延迟锁定环、载波相位跟踪环、伪码产生器（对GPS产生C/A码，对GLONASS产生m序列码）、滤波器、计数器等部分组成。

若某一GPS信号或GLONASS信号进入DSP后，就分别进入其中的码延迟锁相环和载波相位跟踪环中。本地伪码产生器产生相应的伪码（GPS产生C/A码；对GLONASS产生m序列码），经过不断的相位调整和延迟，当与输入的卫星信号的相位相同时，延迟锁相环即捕获该卫星信号，并即时转入码相位跟踪状态。

进入相位跟踪状态后，经过滤波，载波锁相环开始频率牵引，一旦牵引到载波锁相环的带宽内，载波环转入载波相位跟踪状态。由载波锁相环与延迟锁定环提取卫星导航电文、伪距、伪距变化率、时间等信息，供中心处理器进行定位解算。

中心处理器一方面控制各数字信号处理器中的码产生器产生m序列或不同的C/A码和控制频率综合器产生不同本地基准频率，实现对GLONASS和GPS卫星信号的接收处理，另一方面，接收各个数字信号处理器送来的导航电文、伪距、伪距变化率、时间等信息，进行定位解算。并经输出接口输出位置、速度、时间及其他有关数据。

2）GPS/GLONASS组合技术难点

（1）两种系统使用的坐标系不同。GPS使用的是世界大地坐标系（WGS－84）；而GLONASS使用的PZ－90坐标系，这两个坐标系进行转换所需的7个参数是未知的，只是各国的实验中零散地给出了各个地方的局部偏差值。

（2）虽然两个系统的频段十分接近，但载波和码率均不相同。GPS系统采用的是码分多址(CDMA)信号体制;GLONASS采用的是频分多址(FDMA)信号体制,这必须要设计一个能同时得到这两个系统所需的本振频率和钟频频率的频率综合器,以便形成适用于GLONASS卫星的每个载频的本机振荡信号。

(3) 由于GPS和GLONASS使用的时间标准不同,即GPS的UTC(USNO)和GLONASS的UTC(SU)不同,因此组合式至少要考虑各方面的时间差别,建立统一的时间尺度。即卫星时间与各自系统时间的差别、各自系统时间与其他时间参考系的差别以及UTC(USNO)和UTC(SU)的差别。

这些问题如果不能得到很好的解决,将会使组合设备产生过大的导航定位误差。

7.4.3 欧洲的GALILEO卫星导航系统

欧盟在充分认识到未来拥有自己独立卫星导航系统的重要性基础上,在欧洲内部经过了长时间的协调和争论,终于在2002年3月26日由欧盟各国交通部长正式签署协议开始建设欧洲自己的卫星无线电导航系统——GALILEO系统,这也标志着美国的GPS将结束其在世界独占鳌头的局面。GALILEO系统最大的特点是从系统方案设计开始就由民间组织负责管理和实施,这与GPS系统和GLONASS系统完全由军方控制形成了鲜明的对比,也为该系统未来广阔的应用领域提供了有力的保障。同时,GALILEO系统着眼于克服已有卫星导航系统整体服务能力弱的缺点,试图进一步提高卫星导航系统在未来众多领域的重要地位。未来的GALILEO星座是一个独立的全球导航系统,工作时间20年以上,它将由30颗卫星组网,平均分布在轨道高度为2.4×10^4km、倾角56°、相互间隔120°的3个倾斜轨道面上,每个轨道面部署9颗工作星和1颗在轨备份星。每颗卫星的发射质量约625kg,其中导航载荷为113kg,装有两对铷钟和氢脉冲钟(用于产生时标)和直径1.5m的全球波束天线;搜救载荷为15kg,采用螺旋天线。欧盟将建立两个地面控制中心对卫星进行控制。

虽然GALILEO也采用时间测距原理进行导航定位,但它与美俄的导航卫星系统相比具有较大的优越性。后者均由24 ~27颗卫星组网,分布在轨道高度为2×10^4km的6个轨道面上,每个轨道面部署4颗工作星外加3颗在轨备份星。美国的GPS能为军事用户提供精度为10m、为民事用户提供精度为100m的两种信号,俄罗斯的GLONASS只提供一种精度为10m的军民两用信号。相比之下,GALILEO星座的卫星数量多、轨道高度高、轨道面少。GALILEO不用于军事,可以为地面用户提供免费使用的信号和加密且能满足更高要求的信号。其精度依次提高,最高精度比GPS高10倍左右,即使是免费使用的信号精度预计也达到6m左右。如果说GPS只能找到街道,GALILEO系统则可找到车库门。因此,GALILEO的用户不但可根据需要进行选择,且定位精度优于GPS,卫星商家也能获得较大的收益。另外,GALILEO系统将具有较以前的卫星导航系统更加完善的导航和定位服务。该系统的技术指标将完全符合国际民航组织对导航系统的要求,系统冗余性和完备性将符合民航组织对导航系统完备性的要求,可以保证民用飞行器整个飞行阶段的导航任务。

1. GALILEO组成

1) 全球设施部分

全球设施部分是GALILEO系统基础设施的核心,又可分为空间段和地面段两大部分。

(1) 空间段。它由30颗中轨道地球轨道卫星(MEO)组成。卫星分布在3个倾角为56°、高度为23000km的等间距轨道上。卫星寿命大于12年。每条轨道上均匀分布10颗卫星,其中包括1颗备份星,卫星约14 h 22 min绕地球1周。这样的分布可以满足全球无缝隙导航定位。

信号发生器部分发出导航信息。信息包括4种码,它们首先与导航电文进行模2加,然后调制载波,最后传到发射部分。导航电文中包括关于星历和时钟参考的信息。

(2) 地面段。地面段的两大功能是卫星控制和任务控制。卫星控制使用TT&C上行链路进行监控,来实现对星座的管理。任务控制是指对导航任务的核心功能(如定轨、时钟同步),以及通过MEO卫星发布完好性消息进行全球控制。

2) 区域设施部分

区域设施部分由完好性监测站((IMS)网络、完好性控制中心(ICC)和完好性注入站((IU - LS)组成。区域范围内服务的提供者可独立使用GALILEO提供的完好性上行链路通道发布区域完好性数据,这将确保每个用户能够收到至少由2颗仰角在25°以上的卫星提供的完好性信号。全球最多可设8个区域性地域设施。在欧洲以外地区由专门对该地区GALILEO系统进行完好性监测的地面段组成独立的区域设施,区域服务供应商负责投资、部署和运营。

3) 局域设施部分

GALILEO局域设施部分将根据当地的需要,增强系统的性能,例如在某些地区(如机场、港口、铁路枢纽和城市市区)提供特别的精确性和完好性,以及为室内用户提供导航服务。局域设备须要确保完好性检测、数据的处理和发射。将数据传输至用户接收机既可以通过特制的链路,也可以不通过GALILEO系统,而采用如GSM或UMTS标准的移动通信网、Loran - c海事导航系统等已存在的通信网。

2. GALILEO中应用的新技术

GALILEO卫星上不仅将装备更加稳定的原子钟,还会安装更加标准的有效载荷,如标准的导航信号发生器等。这方面关键技术的开发工作主要由欧空局负责完成,下面介绍几种相关技术。

1) 铷原子频率标准单元

从最初提出开发GALILEO系统开始,欧空局就投入了相当数量的人力和财力致力于应用于导航领域的铷原子频率标准单元的研究和开发,希望以此代替传统卫星导航系统(GPS、GALILEO)的时间基准。实际上应用于陆地范围内的该标准已有上千家单位可以生产,并被应用在诸如同步通信网等领域。第一个应用于空间的工程样机已于2000年5月研制成功,目前相关单位正在致力于对该项技术的进一步完善过程中,该项技术将正式应用于GALILEO卫星上。

2) 被动氢微波激射器

无论怎样,铷原子频率标准单元还是存在一定程度的漂移,为了保证GALILEO系统的精度和稳定性,就需要利用地面监测站中更高精度的时钟信息对其进行修正。当然,主动氢微波激射器具有更高的精度,但其体积非常庞大,而被动氢微波激射器则可以克服其缺点,同时具有相当的精度。为此,欧空局专门组织开发被动氢微波激射器,目前该技术已进入最后攻关阶段,2002年底已完成工程样机的研制工作,经过进一步的改进后,被动氢微波激射器将被直接安装在GALILEO卫星上,更好地保证整个系统时间基准的稳定性。

3) 导航信号发生单元

导航信号发生单元(NSGU)的主要任务是产生由PRN码和导航信息结合而成的导航信号,然后传至无线电频率(RF)子系统进行调制,转换为L波信号。GALILEO卫星上安装的

NSGU 的结构将是模块化的,具有要求的结构可塑性,可以根据要求进行重新配置。该单元的开发过程中,要同时解决的是如何提高欧洲数字技术,以保证在地球中高轨道恶劣的无线电环境中导航信号稳定性。2001 年底该项技术已基本得以解决。

4)天线技术

关于天线的相关技术问题欧盟早在 1999 年就已经开始着手研究和改进,期间对各种可能的方案进行了分析比较,最后确定的主要目标是开发多层平面天线技术。为了进一步减小天线的重量和体积,将波束成形网络单元镶嵌在天线的背面,目前该项技术也已经得到解决。

3. GALILEO 系统的未来应用分析

在 GALILEO 系统定义阶段已经对该系统建成后在各个领域的应用以及相应的市场前景进行了相当充分的论证,专家断言 GALILEO 系统必将与其他新技术(如移动通信,数字地图、智能交通等)结合应用于各种不同的领域,包括车辆管理、精细农业、铁路交通等场合。

这里通过几个例子说明未来 GALILEO 系统的应用。

目前的海上船队管理系统可以与指挥中心建立联系,下载整个船队的相关数据,从而保证船队指挥人员可以及时了解各个船只的位置以及状态,估计某船只到达指定位置的时间。尽管在一定程度上,当前的船队管理系统功能是比较完善的,指挥人员可以据此指挥和控制整个船队。但是未来如果将 GALILEO 系统与船队管理系统相结合,将可以进一步增强数据的可用性,进一步保证系统的服务质量。例如,利用 GALILEO 系统不同的服务项目可以保障整个船队在全球、区域以及地方性的管理要求。

GALILEO 系统在农业方面的应用前景同样是可观的。利用 GALILEO 及其他辅助系统农民可以实时地对农业机械进行监控,与作业区地理数据相结合,基本可以实现农业耕作的无人机械化。很显然,这些功能将对农业生产效率以及作业安全性的提高大有好处。根据 GALILEO 系统各项服务指标的定义,实现以上的自动作业过程并不是一件非常困难的事。在 GALILEO 系统定义阶段,已经对其在车辆导航方面的应用进行了大量的仿真分析,专家认为利用 GALILEO 系统(辅助以其他相关的本地增强子系统)将可以构建更为先进的驾驶员辅助系统,该系统将被直接用于欧洲的高速公路及其他主要交通干线上,为车辆驾驶员提供及时准确的提示信息。以上应用的基础是 GALILEO 系统强大的系统连续可用性,同时,GALILEO 系统建设过程中将克服之前系统信号刷新率过低的问题,以保证更加及时流畅的导航服务功能。

在铁路交通安全方面的应用也将是 GALILEO 系统的主要应用方向,由于 GALILEO 系统整体可利用性的提高,利用 GALILEO 系统将有效地减少铁路交通事故发生率。

在交通监控以及法律执行方面,GALILEO 系统将同样可以发挥重要作用。利用安装在行驶车辆上的 GALILEO 接收装置,可以对车辆的运行情况实施监视(包括运行速度等),保存一系列的行驶信息,为法庭取证和保险公司索赔提供证据。

当突发事件发生时,最大的问题是缩短救援时间,提高各种救援资源的有效使用率。例如,发生森林大火时,最有效的是及早发出警报,同时提供事发地点的准确位置。而 GALILEO 的与生命安全相关的服务将可以为警察和消防人员及时准确地提供上述信息。该项服务对海难、油田事故、旅游遇险等均可提供直接帮助。

总之,GALILEO 的应用将渗透到各个领域,包括公路、铁路、航海以及航空,甚至航天领域,特别是将为民用航空带来一系列的直接和间接效益。很明显,由于当前卫星或整个系统容易出现问题,卫星导航系统只能作为备份系统使用。随着 GALILEO 系统的建成和投入使用,卫星导航系统的可见星数目和总体性能将得到很好的保证,诸如 GALILEO 的卫星导航系统将完全可能成为首选的独立导航手段。

7.5　北斗卫星导航系统

7.5.1　北斗卫星导航系统简介

目前正在运行的GPS和GLONASS以及欧洲在建的GALILEO卫星导航系统，均为无源定位导航系统。它们有两个突出优点：一是用户不发射信号，仅接收卫星信号，这样用户处于隐蔽状态，特别适合于军事用户；二是从理论上讲，可以为无穷多个用户提供导航服务，用户数不受限制。缺点是用户与用户之间，用户与地面系统之间无法进行通信，地面系统不知道系统中的任何用户的位置和状态。

北斗卫星导航系统是利用地球同步卫星对目标实施快速定位，同时兼有报文通信和授时定时功能的一种新型、全天候、高精度、区域性的卫星导航定位系统。

北斗卫星导航系统正按照“三步走”发展战略稳步推进。第一步已实现，2000—2003年，成功发射了3颗北斗导航试验卫星，建立起完善的北斗导航试验系统，成为世界上继美国、俄罗斯之后第三个拥有自主卫星导航系统的国家。第二步于2012年前，北斗卫星导航系统将首先提供覆盖亚太地区的定位、导航、授时和短报文通信服务能力。目前，已成功发射了多颗北斗导航卫星，进入卫星密集发射组网阶段。第三步于2020年左右，建成由5颗静止轨道卫星和30颗非静止轨道卫星组成的覆盖全球的北斗卫星导航系统。

7.5.2　北斗卫星导航试验系统(北斗-1)

1. 北斗卫星导航试验系统概况

北斗卫星导航试验系统(也称“双星定位导航系统”)于我国“九五”时期立项，其工程代号为“北斗一号”，是“三步走”计划中的第1步。它具有快速定位、双向简短报文通信和精密授时三大基本功能。该系统采用双星有源定位体制，由3颗地球同步静止轨道卫星和地面系统组成。3颗静止轨道在赤道上空的分布为140°E、80°E、110.5°E。该系统目前已经建成，可为我国和周边地区的中低动态用户提供定位、短报文通信和授时服务。

2. 北斗-1卫星导航系统的定位原理及通信流程

1) 北斗-1卫星导航系统的定位原理

北斗-1卫星导航系统是一种有源系统，属于双静止卫星定位通信系统，地面中心掌握了全部用户的位置和状态信息，可以通过地面中心实现地面中心与用户，用户与用户之间的双向通信。其定位原理是基于三球相交原理(图7-16)，具体为：分别以地心和1号、2号工作卫星3个点为球心，以用户机至这3个点的距离(R_1,R_2,R_3)为半径，形成3个相交的球面，3个球面的公共交点有两个(P_1,P_2)，排除位于南半球的另一个交点P_2，由已知的3个球心位置和半径可以求解出用户机P_1点唯一的三维位置信息。在实际计算中，用户机至地心的距离R_1，由用户机内高度表测出的用户机至地表的高度H加上用户机对应地面点的高程R替代(即$R_1=H+R$)，用户机至1号、2号工作卫星的距离R_2,R_3可由信号传递时间乘以光速计算获取，两颗工作卫星的位置可由测轨站精确测出。

2) 北斗-1导航系统通信流程

北斗-1导航系统是主动式双向测距询问-应答系统，如图7-17所示。

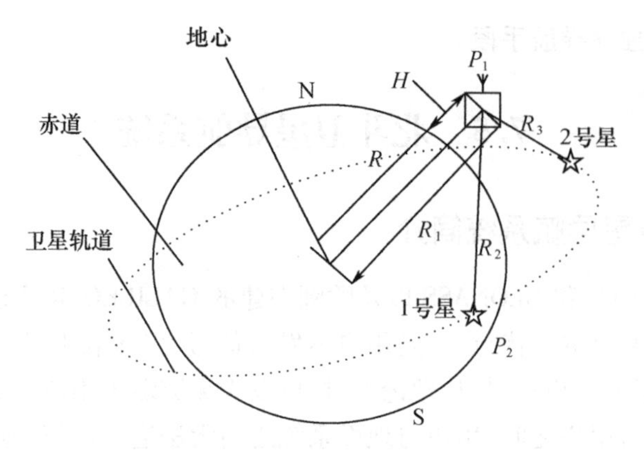

R_1 = 用户至地心的距离

R_2 = 用户机到工作卫星的距离

R_3 = 2 号工作卫星到用户机的距离

R = 用户机到地面点的高程

H = 高度表测出的用户至地表的高度

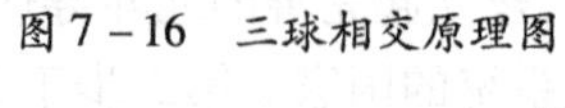

图 7-16　三球相交原理图

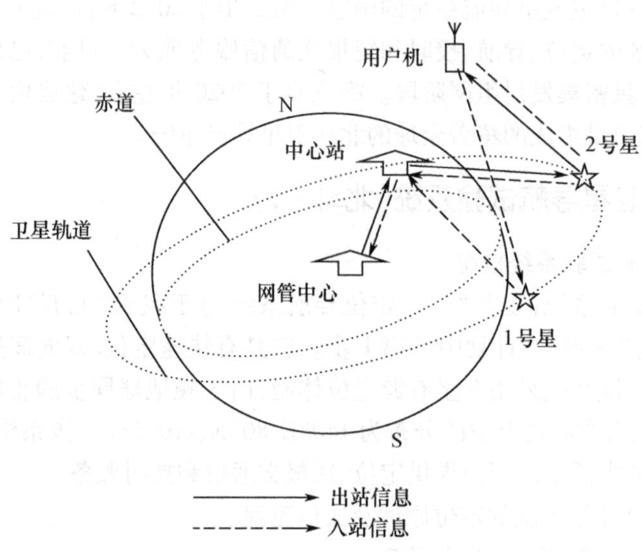

图 7-17　北斗-1卫星导航系统工作流程图

(1) 地面中心站定时向 2 颗工作卫星发送载波,载波上调制有测距信号、电文帧、时间码等询问信号。

(2) 询问信号经其中 1 颗工作卫星转发器变频放大转发到用户机。

(3) 用户机接收询问信号后,立即响应并向 2 颗工作卫星发出应答信号,这个信号中包括了特定的测距码和用户的高程信息。

(4) 2 颗工作卫星将收到的用户机应答信号经变频放大下传到地面中心站。

(5) 地面中心站处理收到的应答信息,将其全部发送到地面网管中心。

(6) 地面网管中心根据用户的申请服务内容进行相应的数据处理。对定位申请,计算出信号经中心控制系统-卫星-用户之间的往返时间,再综合用户机发出的自身高程信息和存储在中心控制系统的用户高程电子地图,根据其定位的几何原理,便可算出用户所在点的三维坐标。

(7) 地面网管中心将处理的信息加密后送地面中心站，再经卫星传到用户端。另外，也可以由中心站主动进行指定用户的定位，定位后不将位置信息发送给用户，而由中心站保存，这样调度指挥和相关单位就可获得用户所在位置。对于通信申请，将通信以同样的方式发给收信用户。

3. 北斗－1卫星导航系统组成及主要技术指标

1) 北斗－1卫星导航系统组成

北斗－1卫星导航系统由空间卫星部分、地面系统部分和用户设备等三部分组成，如图7－18所示。

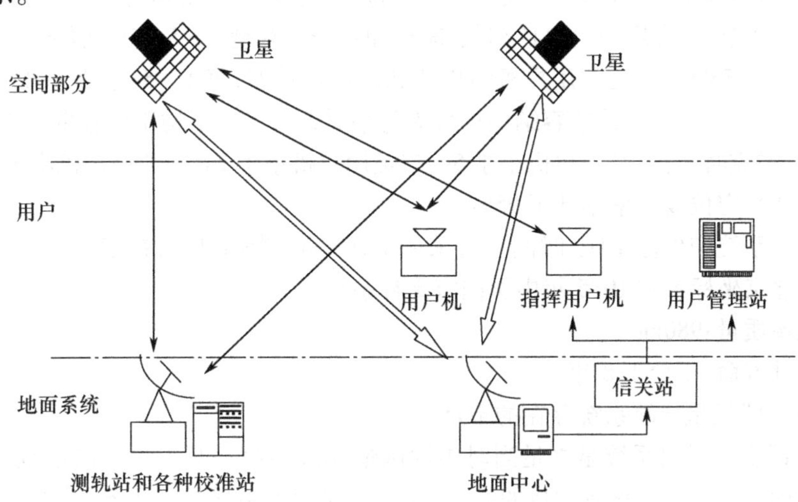

图7－18　北斗有源定位系统的组成

(1) 空间卫星部分。由静止在赤道上空36000km的两颗工作卫星和一颗备用卫星组成，其主要任务是执行地面中心与用户终端之间的双向无线电信号中继业务。每颗卫星上的主要载荷是变频转发器，以及覆盖定位通信区域的全球波束或区域波束。卫星上设置两套转发器，一套构成由地面中心到用户的通信链，另一套构成由用户到地面中心的通信链。

(2) 地面中心控制系统。它是北斗导航系统的中枢，包括一个配有电子高程图的地面中心站、地面网管中心、测轨站、测高站和数十个分布在全国各地的地面参考标校站。主要用于对卫星定位、测轨，调整卫星运行轨道、姿态，控制卫星的工作，测量和收集校正导航定位参量，以形成用户定位修正数据并对用户进行精确定位。

(3) 用户设备。用户设备带有全向收发天线的接收、转发器，可以分为定位通信终端、校时终端、集团用户管理终端等，用于接收卫星发射信号，提取地面中心送给用户的信息，向卫星发射应答信号。根据应用环境和功能的不同，北斗用户机分为普通型、通信型、授时型、指挥型和多模型用户机4种，其中，指挥型用户机又可分为一级、二级、三级3个等级。

用户设备本身无定位解算功能，其位置信息由地面中心解算后，通过卫星发送给用户。

2) 主要技术指标

主要技术指标如下：

(1) 服务区域：70°～145°E，5°～55°N。即，东至日本以东，西至阿富汗的喀布尔，南至中国南沙群岛，北至俄罗斯的贝加尔湖，涵盖了中国全境、西太平洋海域、日本、菲律宾、印度、蒙古、东南亚等周边国家和地区。

(2) 定位精度:平面位置精度一般为100m(1σ),设标校站之后为20m,高程控制精度10m。

(3) 授时精度:单向传递100ns、双向传递20ns

(4) 工作频段:中心站至卫星:C波段,上行6GHZ,下行4GHZ,用户机至卫星:上行为L波段,1610~1626.5MHz,下行为S波段2483.5~2500MHz。

(5) 传输速率:上行16.625kb/s、下行31.25kb/s。

(6) 双向数据通信能力:一般72B/次(即36个汉字/次),经核准的用户利用连续传送方式最多240B/次(即120个汉字/次)。

(7) 用户机对卫星的可工作仰角范围:10°~75°。

(8) 用户类型和用户容量:一类用户机为便携式,每5~10min服务一次,同时的用户容量为10000~20000个;二类用户机包括车载、船载和直升机载型,每5~10s服务一次,同时使用的用户容量900~5500个;三类用户机为机载和高速运动型,每1~5s服务一次,同时使用的用户容量为20~100个。系统能容纳用户数为每小时54万户,平均用户容量为30万户。

(9) 定位响应时间:一类用户机小于5s,二类用户机小于2s,三类用户机小于1s。在无遮挡条件下,一次性定位成功率不低于95%。

(10) 时间系统和坐标系统:时间系统采用UTC(世界协调时),精度≤±1μs。坐标系统采用1954年北京坐标系和1985年中国国家高程系统。

(11) 卫星质量:980kg

(12) 设计寿命:不少于8年。

4. "北斗-1"卫星导航系统存在的不足

"北斗-1"卫星导航系统是立足当时中国国情建成的第一套卫星导航系统,其中历尽曲折,凝聚了中国众多航天工作者大量的心血,开拓了我国卫星导航从无到有的先河,占据了宝贵的地球静止轨道轨位,为后续将要研制北斗全球定位系统建设提供了技术和人才储备。但这种定位技术本身也存在许多问题,其主要问题可以区分为与卫星几何构形相关的问题和与工作流程相关的问题两类。

1) 与卫星几何构形相关的问题

(1) 仅采用地球同步卫星的方式进行定位,所有的工作卫星都位于赤道面上,几何构形不好,第三维即高度坐标还要采用高度表方式获得,系统水平定位精度取决于用户高度信息,如果用户的高度信息精度低,误差则可以达到几百米。

(2) 由于卫星的几何构形,其定位区域上大下小,最宽处在35°N左右,低纬度地区定位精度较低,而极高纬区因不能有效覆盖而无法使用。

(3) 仅用两颗工作卫星,不存在冗余信息,因此不能有效地消除用户机钟差和信号传播误差。

(4) 用于海面定位时,由于瞬时海面总是不断变化,导致地面中心系统存储的海洋大地水准面与实际海平面的高程存在着较大误差,在南海海域,1m量值的瞬时海面高程误差,对定位精度的影响最大可达到10m。如果综合考虑实地海洋潮汐变化和涌浪影响,定位精度误差甚至可达百余米。

2) 与工作流程相关的问题

北斗-1卫星导航系统采取"主动式双向测距的二维导航"的工作流程,与这种工程方式相关的主要问题有:

(1) 时间延迟。在采用双星系统进行定位时,电波需要在中心、卫星、用户间往返传播一周,中心解算出用户位置后再通过卫星传送至用户,电波信号需在地面和卫星间传递6次,再加上中心的处理时间,每次定位约需0.6~1.5s这对于高动态用户而言这将难以满足其实时定位的要求。

(2) 系统安全性不好。北斗-1所有的定位解算都是在地面中心系统完成而不是由用户设备完成,因此,北斗-1对地面中心控制系统的依赖性非常强,一旦地面中心控制系统受损或者受到严重干扰,系统就不能继续工作。

(3) 用户隐蔽性不好。由于必须通过问答来获取位置和时间信息,因此,用户在获取信息的同时也暴露了自己,容易受到恶意干扰,也容易遭到直接打击,这对军用用户来说是非常危险的。

7.5.3 北斗卫星导航系统(北斗-2)

1. 北斗卫星导航系统概况

随着国家经济实力和综合国力水平不断提升,按照“先区域、后全球”的总体思路,我国在第一代的北斗卫星导航试验系统基础上,于2004年正式启动新一代的全球卫星导航系统-北斗卫星导航系统的建设。从2007年开始发射第1颗中远地球轨道卫星,到2012年10月25日已完成6颗地球静止轨道(GEO)卫星、5颗倾斜地球同步轨道(IG-SO)卫星(其中2颗在轨备用)和5颗中远地球轨道(MEO)卫星的发射,除去1颗GEO卫星在轨维护和1颗MEO卫星在轨试验外,其余14颗卫星均为正常工作卫星。至2012年底北斗亚太区域导航正式开通,要完全具有全球服务能力需等到2020年32颗卫星全部发射组网之后才能实现。

北斗-2系统分两个阶段建设:区域导航系统建设阶段,该系统的建设于2004年启动,2011年开始对中国和周边提供测试服务,2012年12月27日起服务范围涵盖亚太大部分地区;全球导航系统建设阶段,该系统将在2015-2020年建成,最终由约35颗卫星组成。截至2012年发射的北斗系统的卫星将会在2020年前完成替换,因为其设计寿命都是8年,到2020年现有的卫星寿命会到期。

2. 北斗-2卫星导航系统组成

“北斗”卫星导航系统由空间星座、地面控制和用户终端三大部分组成。

1) 空间卫星部分

按照规划,北斗-2卫星导航系统需要发射35颗卫星,空间星座部分由5颗地球静止轨道(GEO)卫星和30颗非地球静止轨道卫星组成。GEO卫星分别定点于东经58.75°、80°、110.5°、140°和160°。非地球静止卫星由27颗中远地球轨道(MEO)卫星和3颗倾斜地球同步轨道(IGSO)卫星组成。其中MEO卫星轨道高度21528km,轨道倾角55°,均匀分布在3个轨道面上;IGSO卫星轨道高度35786km,均匀分布在3个倾斜同步轨道面上,轨道倾角55°,3颗IGSO卫星星下点轨迹重合,交叉点经度为东经118°相位差120°。北斗导航系统的空间星座简称为“5GEO+3IGSO+27MEO”星座。

2) 地面控制部分

地面控制部分由若干主控站、数据注入站和监测站组成。主控站主要任务是收集各个监测站的观测数据,进行数据处理,生成卫星导航电文、广域差分信息和完好性信息,完成任务规划与调度,实现系统运行控制与管理等,数据注入站主要任务是在主控站的统一调度下,完成卫星导航电文、广域差分信息和完好性信息注入,有效载荷的控制管理;监测站对导航卫星进行连续跟踪监测,接收导航信号,发送给主控站,为卫星轨道确定和时间同步提供观测数据。

3) 用户设备

用户终端部分由各类“北斗”用户终端,以及与其他卫星导航系统兼容的终端组成,能够满足不同领域和行业的应用需求。

3. 北斗-2卫星导航系统定位原理及特点

1) 定位原理

北斗卫星导航系统在保留北斗卫星导航试验系统的有源定位和短报文通信等服务基础上,提供无源定位功能,定位原理与GPS基本相同,其工作过程是空间段卫星接收地面运控系统上行注入的导航电文及参数,并且连续向地面用户播发卫星导航信号,用户终端接收至少4颗卫星信号后,进行伪距测量和定位解算,最后得到三维定位结果。

中国北斗系统是一个分阶段演进的卫星导航系统,设计为中国军用和民用用户提供定位、集团用户管理和精确授时服务。目前北斗系统处于准运行阶段,中国官方新闻界将该卫星星座称为北斗导航试验系统(Beidou Navigation Test System, BNTS)。BNTS提供无线电测定卫星服务(RDSS),与使用单向TOA测量的GPS、GLONASS和GALILEO系统不同,RDSS需要双向距离测量。也就是说,系统运营中心通过一颗北斗卫星向一个用户群发出一个查询信号。这些用户通过系统中的至少2颗地球静止卫星发送一个响应信号,导航信号从运营中心到卫星,再到用户平台的接收机,最后再返回来,测得整个传输时间。有了这一延时信息、2颗卫星的已知位置和用户海拔高度的估计值,运营中心便可确定用户的位置,运营中心将定位信息计算出后传送给用户。

北斗导航试验系统利用TOA测距来确定用户位置。借助对多颗卫星的TOA测量,可以确定出三维位置。无线电导航系统是一个无源测距系统,其导航原理与测量学圆的交会法十分相似。现以圆定位系统为例加以说明。如图7-19所示,A、B两点为海岛或海岸线上的无线电发射台,假设它们在地球坐标系中的位置可精确确定,即为已知值。待定点P为需要确定的船舶或者飞机的位置。用户装有无线电导航定位接收机,并以无源被动测距的方式,测出P点至A点的距离为r_A,同时亦可测出P点至B点的距离为r_B,在一平面坐标系中,已知圆心A、B,及半径r_A、r_B,则可以确定两个圆。它们的焦点即为待定点P的位置。当然,两圆相交一般存在两个交点,根据待定点的概略位置,通常不难通过判断,确定正确的位置。

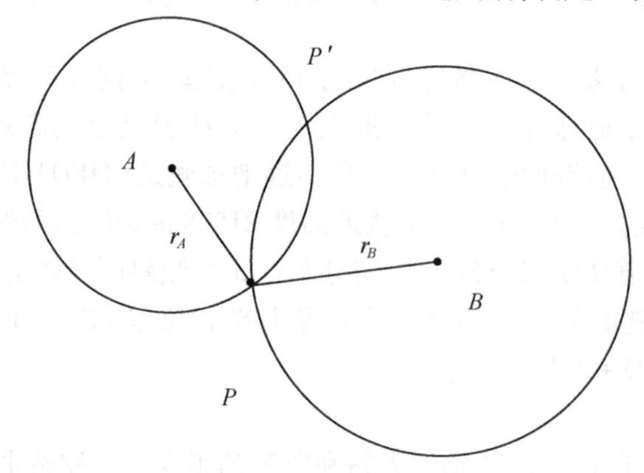

图7-19 圆定位系统

上面讨论的是二维定位情况,即需要确定待定点的平面位置,船舶导航就属于这种情况。对于在天空飞行的运载器而言,需要确定它的三维位置。三维定位的原理和二维定位完全相同,只是因为增加了一个自由度而需要增加一个约束条件。在三维定位中,若已知某点,又能观测到待定点至该点的距离,则此待定的轨迹是一个球面。要唯一确定待定点的位置,所以至少需要测定得到3个已知点的距离,再以这3个已知点为球心,以观测得到的3个距离为半径做出3个定位球。两球面可交汇出一空间曲线,一般3个球面则可交汇于两点,在根据前一时刻运载器的位置,排除其中一点,得到运载器的真实位置,它的坐标即待定点的三维位置,如图7-20所示。

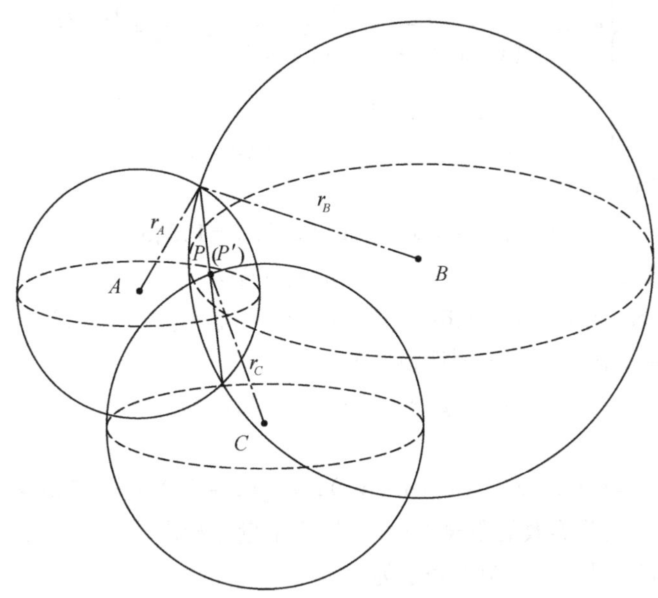

图7-20 三维定位示意图

2)北斗导航试验系统的伪距、伪距率误差模型

由于卫星时钟、接收机时钟的误差以及无线电信号经过电离层和对流层中的延迟,实际测出的距离与卫星到接收机的几何距离之间存在一定的偏差,因此,将测量得到的与真实距离存在偏差的量测距离称为伪距。并将在实际测量时间间隔内,对该伪距微分所得速度量测值称为伪距率。

设运载器的真实位置为(x,y,z),SINS解算出的运载器的位置为(x_I,y_I,z_I),而卫星星历解算出的卫星位置为(x_{si},y_{si},z_{si}),$i=1,2,3,4$。

北斗接收机与第i颗之间的量测伪距为

$$\rho_{Bi}=\rho_i+\delta t_u+v_\rho,i=1,2,3,4 \tag{7-40}$$

式中:

$$\rho_i=\sqrt{(x-x_{si})^2+(y-y_{si})^2+(z-z_{si})^2},i=1,2,3,4 \tag{7-41}$$

δt_u为BNTS时钟误差等效距离;v_ρ为伪距量测噪声,主要由多路径效应、对流层延迟误差、电离层误差等引起。

由运载器到BNTS卫星的伪距可表示为

$$\rho_{Ii}=\sqrt{(x_I-x_{si})^2+(y_I-y_{si})^2+(z_I-z_{si})^2},i=1,2,3,4 \tag{7-42}$$

将式(7-42)在运载器真实位置(x,y,z)处用泰勒级数展开,并略去二阶及以上的高阶项,得到

$$\rho_{Ii}=\rho_i+\frac{\partial\rho_{Ii}}{\partial x}\delta x+\frac{\partial\rho_{Ii}}{\partial y}\delta y+\frac{\partial\rho_{Ii}}{\partial z}\delta z,i=1,2,3,4 \tag{7-43}$$

令 $e_{xi}=\dfrac{\partial\rho_{Ii}}{\partial x}$、$e_{yi}=\dfrac{\partial\rho_{Ii}}{\partial y}$和 $e_{zi}=\dfrac{\partial\rho_{Ii}}{\partial z}$,其中

$$\begin{cases} e_{xi}=\dfrac{x_I-x_{si}}{\sqrt{(x-x_{si})^2+(y-y_{si})^2+(z-z_{si})^2}}=\dfrac{x_I-x_{si}}{\rho_i} \\ e_{yi}=\dfrac{y_I-y_{si}}{\sqrt{(x-x_{si})^2+(y-y_{si})^2+(z-z_{si})^2}}=\dfrac{y_I-y_{si}}{\rho_i} \\ e_{zi}=\dfrac{z_I-z_{si}}{\sqrt{(x-x_{si})^2+(y-y_{si})^2+(z-z_{si})^2}}=\dfrac{z_I-z_{si}}{\rho_i} \end{cases} \tag{7-44}$$

那么,式(7-43)可记作

$$\rho_{Ii}=\rho_i+e_{xi}\delta x+e_{yi}\delta y+e_{zi}\delta z,i=1,2,3,4 \tag{7-45}$$

将式(7-45)与式(7-40)做差,得到伪距误差方程为

$$\delta\rho_i=\rho_{Ii}-\rho_{Bi}=e_{xi}\delta x+e_{yi}\delta y+e_{zi}\delta z-\delta t_u-v_\rho,i=1,2,3,4 \tag{7-46}$$

北斗接收机与第 i 颗之间的量测伪距率为

$$\dot{\rho}_{Bi}=\dot{\rho}_i+\delta t_{ru}+v_{\dot{\rho}},i=1,2,3,4 \tag{7-47}$$

式中:

$$\dot{\rho}_i=e_{xi}(\dot{x}-\dot{x}_{si})+e_{yi}(\dot{y}-\dot{y}_{si})\dot{z}+e_{zi}(\dot{z}-\dot{z}_{si}),i=1,2,3,4 \tag{7-48}$$

δt_{ru}为 BNTS 时钟频率误差等效的距离率;$v_{\dot{\rho}}$为伪距率量测噪声。

由运载器到 BNTS 卫星的伪距率表示为

$$\dot{\rho}_{Ii}=e_{xi}(\dot{x}_I-\dot{x}_{si})+e_{yi}(\dot{y}_I-\dot{y}_{si})\dot{z}+e_{zi}(\dot{z}_I-\dot{z}_{si}),i=1,2,3,4 \tag{7-49}$$

因为

$$\dot{x}_I=\dot{x}+\delta\dot{x},\dot{y}_I=\dot{y}+\delta\dot{y},\dot{z}_I=\dot{z}+\delta\dot{z} \tag{7-50}$$

所以

$$\dot{\rho}_{Ii}=\dot{\rho}_i+e_{xi}\delta\dot{x}+e_{yi}\delta\dot{y}+e_{zi}\delta\dot{z},i=1,2,3,4 \tag{7-51}$$

将式(7-51)与式(7-47)做差,得到伪距率误差方程为

$$\delta\dot{\rho}_i=\dot{\rho}_{Ii}-\dot{\rho}_{Bi}=e_{xi}\delta\dot{x}+e_{yi}\delta\dot{y}+e_{zi}\delta\dot{z},-\delta t_{ru}-v_{\dot{\rho}},i=1,2,3,4 \tag{7-52}$$

3) 系统的特点

(1) 由区域覆盖(亚太地区)逐渐转向全球覆盖。

(2) 采用类似于 GPS、GALILEO 系统的无源定位导航体制,将发射 4 个频点的导航信号。

(3) 系统地球静止轨道(GEO)卫星发射北斗-2、GPS、GALILEO 广域差分信息和完好性信息,差分定位精度可达 lm。

(4) 继承北斗-1 系统的短信报文通信功能,并将扩充通信容量。

7.6 天文导航系统

天文导航系统(Celestial Navigation System,CNS)又称星光导航,是利用对星体的观测,根据星体在天空的固有运动规律提供信息来确定运载器在空间的运动参数。采用 CNS 获得信息引导导弹攻击目标的导航方式成为天文导航系统。CNS 的主要设备有星体跟踪器、空间六分仪等。近年来,随着半导体微电子技术的迅速发展,电荷耦合元件(Charge Coupled Device,CCD)和电荷注入检测器(Charge Injection Device,CID)星体跟踪器使得天文导航技术进入

了一个新的发展阶段，被用于航天飞机、远程弹道导弹等高精度、高可靠性的组合导航系统中。

7.6.1　天文导航系统简介

天文导航是根据导弹、地球、星体三者之间的运动关系，来确定导弹的运动参量，将导弹引向目标的一种自主制导技术。

1. 星体的地理位置和等高圈

星体的地理位置，是星体对地面的垂直照射点。星体位于其地理位置的正上方。假设天空中某星体，如把它与地球中心连一条直线，则这直线一定和地球表面相交于一点 X_e，X_e 便称为该星体在地球上的地理位置，如图 7-21 所示。由于地球的自转，星体的地理位置始终在地面上沿着纬线由东向西移动。

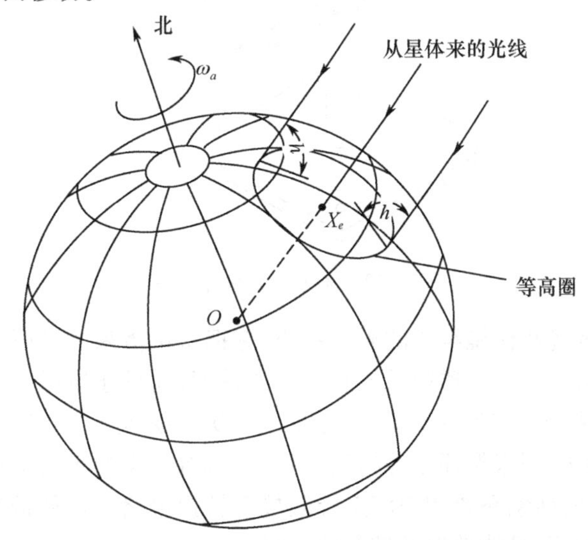

图 7-21　星体的地理位置及等高圈

从星体投射到观测点的光线与当地地平面的夹角 h 称为星体高度，又称星体的平纬。由于星体离地球很远，照射到地球上的光线可视为平行光线。这样，在地球表面上，离星体地理位置等距离的所有点测得的星体高度相同。所以，凡以 X_e 为圆心，以任意距离为半径在地球表面画的圆圈上任一点的高度必然相等，这个圆称为等高圈。应当指出，当取的半径不同时，等高圈对应星体的高度也不同。等高圈半径越小，星体的高度越大。星体的地理位置 X_e 处的星体高度最大（$h_{\max} = 90°$）。

由于恒星在宇宙空间的位置是固定的，而地球从西向东旋转，故使所有的星体都是东升西落，则星体的地理位置也随时间改变。但这种变化规律，天文学上早已掌握。已由格林尼治时间编制成星图表。当对星体观测后，参照星图表，便可找出星体在天空中的位置。

2. 六分仪的组成及工作原理

导弹天文导航的观测装置是六分仪，根据其工作时所依据的物理效应不同分为两种：一种叫光电六分仪；另一种叫无线电六分仪。它们都借助于观测天空中的星体来确定导弹地理位置。下面，将分别介绍这两种六分仪。

1）光电六分仪的组成及工作原理

光电六分仪一般由天文望远镜、稳定平台、传感器、放大器、方位电动机和俯仰电动机等部分组成,如图 7-22 所示。发射导弹前,预先选定一个星体,将光电六分仪的天文望远镜对准选定星体。制导中,光电六分仪不断观测和跟踪选定的星体。

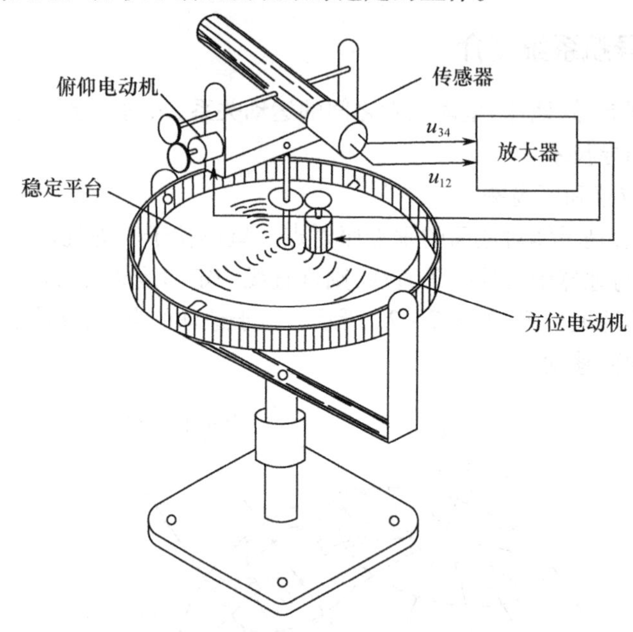

图 7-22　光电六分仪原理图

天文望远镜是由透镜和棱镜组成的光电系统,它把从星体来的平行光聚焦在光敏传感器上,为精确的跟踪星体,不仅要求透镜系统有很高的精度,而且还应尽可能具有较长的焦距和较窄的“视力场”。但视力场过窄星体容易丢失。所以,在六分仪中,最好能有两个天文望远镜,一个有较窄的视力场,用来保证跟踪精度;另一个具有较宽的视力场用于搜索。在搜索到星体后为实现精确跟踪,搜索系统和跟踪系统间接有转换电路。这种带有双重望远镜的系统不但能够保证跟踪精度,而且能够保证较宽的视野。

光电六分仪的稳定平台,通常是双轴陀螺稳定平台。它在修正装置的作用下始终与当地的地平面保持平行。这样,如天文望远镜的轴线对准星体,则望远镜的轴线与稳定平台间夹角就可读出,即可换算出星体的高度 h。

2) 无线电六分仪的组成及工作原理

无线电六分仪主要由无线电望远镜和水平稳定平台组成,其组成框图如图 7-23 所示。

当天线几何轴正好对准星体中心时,星体来的无线电波经调制、混频、中频放大、检波、低频放大输入至相位鉴别器同基准电压比较,无误差信号输出。带动天线转动的伺服系统不动,天线几何轴和水平稳定平台间的夹角 h 即为星体的高度,由传感器输出。

天线的几何轴未对准星体中心时,星体来的无线电信号经调制、混频、中放、检波、低放输入至相位鉴别器与基准电压做比较,输出俯仰角误差信号和方位角误差信号。它们送至伺服系统使天线旋转,直到其几何轴对准星体中心为止。这时天线几何轴和水平稳定平台间便复现新的星体高度 h,并经传感器输出。

7.6.2　天文导航系统的定位原理

CNS 的定位主要是通过星敏感器观测已知准确位置和不可毁灭的天体来确定载体的位置,目前常用的天文导航系统定位方法有单星定位导航、双星定位导航和高度差法。本节主要

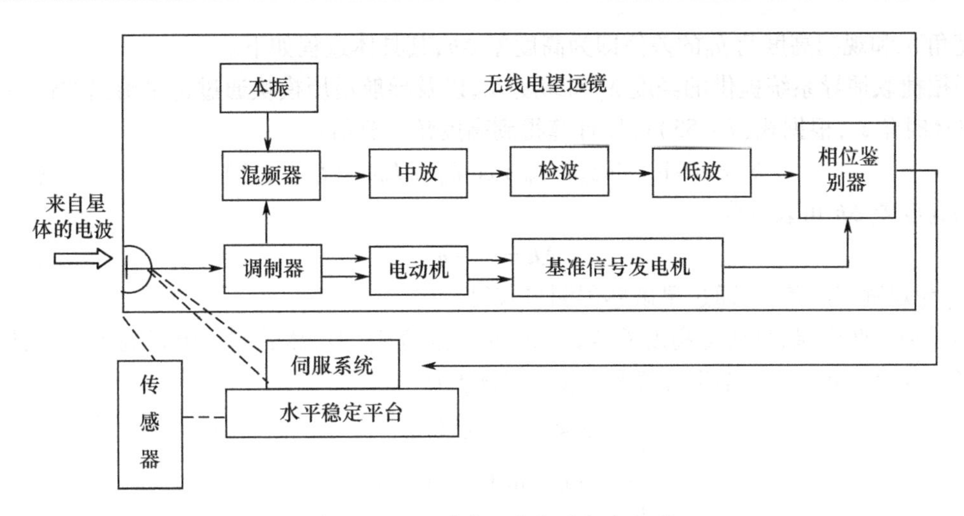

图 7-23　无线电六分仪的组成框图

介绍高度差法的天文定位原理。

图 7-24 中，h 为恒星的高度角，A 为恒星的方位角，λ 表示载体的经度，L 表示载体的纬度，δ_A为恒星的赤纬，t_G为格林时角。由球面的三角公式可得

$$\begin{cases}\sin h=\sin\delta_A\sin L+\cos\delta_A\cos L\cos(t_G+\lambda)\\ \cos A=\dfrac{\cos L\sin\delta_A-\sin L\cos\delta_A\cos(t_G+\lambda)}{\cos h}\end{cases}\tag{7-53}$$

式中：恒星的赤纬 δ_A 和格林时角 t_G 可以根据观测时间从星历表中获得。

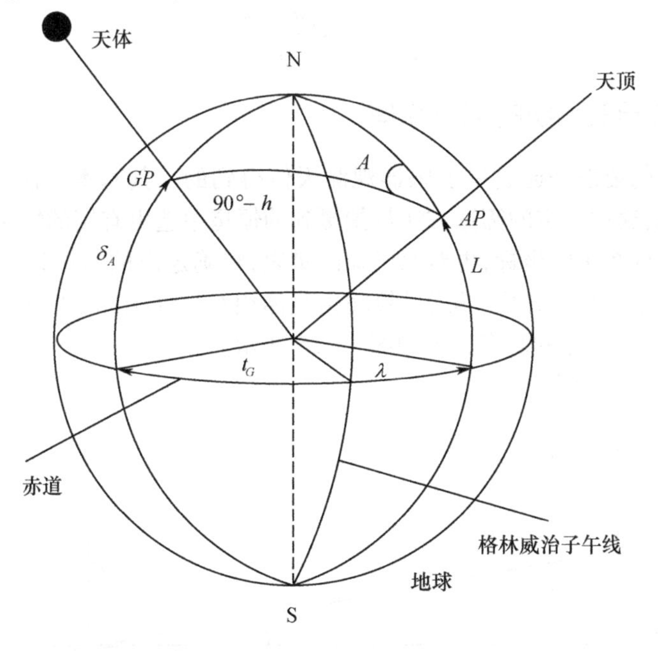

图 7-24　导航三角形构造图

高度差法是法国海军军官 St. Hilaire（圣·希勒尔）提出的，并且在 1875 年公布。其基本思想是通过星敏感器观测恒星，获得恒星的观测高度角 h_0，然后通过天文历书表得到所观测恒星的星下点位置，再根据已知的载体位置初值，计算出该天体的计算高度角 h_c和方位角，计

算高度角 h_c 和观测高度角 h_0 的差值即为高度差 Δh,其具体过程如下。

根据捷联惯导系统提供的经度 λ_0 和纬度 L_0,以及导航星历模块通过选星给出的恒星赤纬 δ_A 和格林时角 t_G,根据式(7-53)可以计算得到高度角计算值:

$$h_c = \arcsin(\sin\delta_A \sin L_0 + \cos\delta_A \cos L_0 \cos(t_G + \lambda_0)) \tag{7-54}$$

则高度差 Δh 可表示为

$$\Delta h = h_c - h_0 \tag{7-55}$$

式中:h_0 为观测高度角,可通过星敏感器测量获得。

同时观测两颗星,可获得高度差 Δh_1、Δh_2 和方位角 A_1、A_2,然后利用解析高度差法计算载体的经度 λ 和纬度 L。记辅助计算量 a、b、c、d、e、f 为

$$\begin{cases} a = \cos^2 A_1 - \cos^2 A_2 \\ b = \sin A_1 \cos A_1 - \sin A_2 \cos A_2 \\ c = \sin^2 A_1 - \sin^2 A_2 \\ d = \Delta h_1 \cos A_1 - \Delta h_2 \cos A_2 \\ e = \Delta h_1 \sin A_1 - \Delta h_2 \sin A_2 \\ f = ac - b^2 \end{cases} \tag{7-56}$$

则定为经、纬度为

$$\begin{cases} \lambda = \lambda_0 + \dfrac{ae - bd}{f\cos L_0} \\ L = L_0 + \dfrac{cd - be}{f} \end{cases} \tag{7-57}$$

7.6.3 天文导航系统的测姿原理

天文导航系统的姿态是通过星敏感器观测天体得到的。其基本方法为:首先,利用 CCD 器件拍摄星空,然后通过一定的筛选方法从拍摄到的恒星中选出有用的恒星,并且计算出这些恒星在星敏感器坐标系中的坐标,再对照已知的星表,将确定出的恒星识别出来,计算出光学坐标系相对于惯性坐标系的方位,然后计算输出载体相对惯性坐标系的姿态信息(航向角、俯仰角和横滚角)。星敏感器的测姿原理如图 7-25 所示。

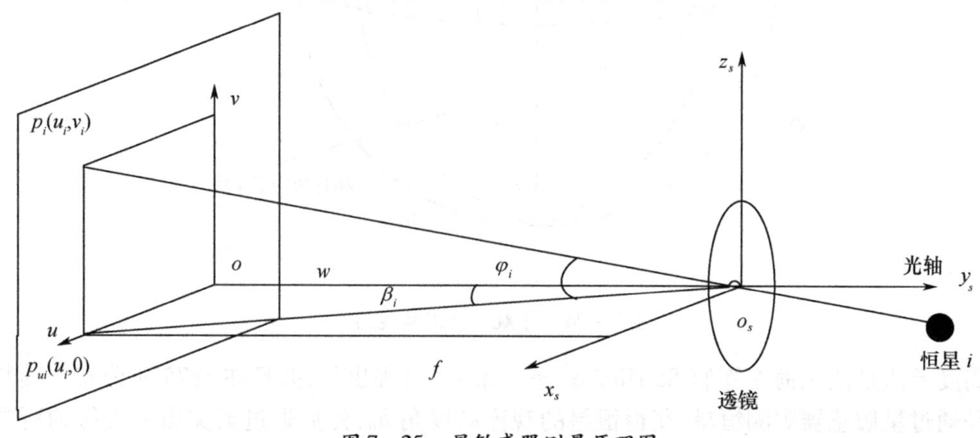

图 7-25 星敏感器测量原理图

图 7-25 中，$O_s x_s y_s z_s$ 坐标系为星敏感器坐标系，$ouwv$ 坐标系为 CCD 成像平面坐标系，f 为光学透镜的焦距，第 i 颗恒星在 CCD 上的成像为一弥散的圆，通过质心提取可得第 i 颗恒星在 CCD 中的像点坐标为 $p_i(u_i, v_i)$，光线 $p_i O_s$ 在 CCD 面阵 uOw 上的投影为 $p_{ui} O_s$。根据图 7-25 中的几何关系可得

$$\begin{cases} \tan\beta_i = \dfrac{u_i}{f} \\ \tan\varphi_i = \dfrac{v_i}{f/\cos\beta_i} \end{cases} \tag{7-58}$$

式中：β_i 为 $p_{ui} O_s$ 与 OO_s 之间的夹角；φ_i 为 $p_{ui} O_s$ 与 $p_i O_s$ 之间的夹角。这两个角可以通过星敏感器的观测直接获得。

恒星的单位矢量在星敏感器坐标系中可以表示为

$$\boldsymbol{U} = \begin{bmatrix} x_{s1} \\ y_{s1} \\ z_{s1} \end{bmatrix} = \begin{bmatrix} -\sin\beta_i \cos\varphi_i \\ \cos\beta_i \cos\varphi_i \\ -\sin\varphi_i \end{bmatrix} + \boldsymbol{V}_s = \frac{1}{\sqrt{u_i^2 + v_i^2 + f^2}} \begin{bmatrix} -u_i \\ f \\ -v_i \end{bmatrix} + \boldsymbol{V}_s \tag{7-59}$$

其中：$\boldsymbol{V}_s$ 为星敏感器的测量误差。

恒星的单位矢量在惯性坐标系中可表示为

$$\boldsymbol{r} = \begin{bmatrix} x_{i1} \\ y_{i1} \\ z_{i1} \end{bmatrix} = \begin{bmatrix} \cos\alpha_i \cos\delta_i \\ \sin\alpha_i \cos\delta_i \\ \sin\delta_i \end{bmatrix} \tag{7-60}$$

式中：α_i 为在拍摄时刻第 i 颗恒星在惯性坐标系下的赤经；δ_i 为在拍摄时刻第 i 颗恒星在惯性坐标系下的赤纬。

设在 t 时刻，星敏感器在成像区域中捕获了 n 颗恒星。这 n 颗恒星在星敏感器坐标系中的坐标为 $(x_{s1}, y_{s1}, z_{s1}), (x_{s2}, y_{s2}, z_{s2}), \cdots, (x_{sn}, y_{sn}, z_{sn})$，在惯性坐标系中的坐标为 $(x_{i1}, y_{i1}, z_{i1}), (x_{i2}, y_{i2}, z_{i2}), \cdots, (x_{in}, y_{in}, z_{in})$。假设星敏感器坐标系到惯性坐标系的转换矩阵为 $\boldsymbol{A}$（即星敏感器的姿态矩阵），则有

$$\begin{bmatrix} x_{s1} & y_{s1} & z_{s1} \\ x_{s2} & y_{s2} & z_{s2} \\ \vdots & \vdots & \vdots \\ x_{sn} & y_{sn} & z_{sn} \end{bmatrix} = \begin{bmatrix} x_{i1} & y_{i1} & z_{i1} \\ x_{i2} & y_{i2} & z_{i2} \\ \vdots & \vdots & \vdots \\ x_{in} & y_{in} & z_{in} \end{bmatrix} \cdot \boldsymbol{A} \tag{7-61}$$

记

$$\boldsymbol{S} = \begin{bmatrix} x_{s1} & y_{s1} & z_{s1} \\ x_{s2} & y_{s2} & z_{s2} \\ \vdots & \vdots & \vdots \\ x_{sn} & y_{sn} & z_{sn} \end{bmatrix}, \boldsymbol{G} = \begin{bmatrix} x_{i1} & y_{i1} & z_{i1} \\ x_{i2} & y_{i2} & z_{i2} \\ \vdots & \vdots & \vdots \\ x_{in} & y_{in} & z_{in} \end{bmatrix} \tag{7-62}$$

则式(7-61)可以简化为

$$\boldsymbol{S} = \boldsymbol{G}\boldsymbol{A} \tag{7-63}$$

当 $n=3$ 时，

$$\boldsymbol{A} = \boldsymbol{G}^{-1}\boldsymbol{S} \tag{7-64}$$

当 $n>3$ 时，根据最小二乘法可以求得转换矩阵：

$$A = (G^{\mathrm{T}}G)^{-1}(G^{\mathrm{T}}S) \tag{7-65}$$

通过式(7-64)和式(7-65)可以求得星敏感器坐标系到惯性坐标系的转换矩阵 $\boldsymbol{A}$。然而,在实际中,载体的坐标系与星敏感器坐标系重合,因此载体坐标系 b 到惯性坐标系 i 的变换矩阵为 $\boldsymbol{C}_b^i=\boldsymbol{C}_s^i=\boldsymbol{A}$。根据 $\boldsymbol{C}_b^n=\boldsymbol{C}_e^n\boldsymbol{C}_i^e\boldsymbol{C}_b^i$ 可求得载体系 b 到导航系 n 的姿态转换矩阵 $\boldsymbol{C}_b^n$,其中 $\boldsymbol{C}_e^n$、$\boldsymbol{C}_i^e$ 矩阵可以通过 SINS 导航系统已知。则载体的姿态矩阵 $\boldsymbol{C}_b^n$ 可以表示为

$$\boldsymbol{C}_b^n=\begin{bmatrix} \cos\psi\cos\gamma+\sin\psi\sin\theta\sin\gamma & \sin\psi\cos\theta & \cos\psi\sin\gamma-\sin\psi\sin\theta\cos\gamma \\ -\sin\psi\cos\gamma+\cos\psi\sin\theta\sin\gamma & \cos\psi\cos\theta & -\sin\gamma\sin\psi-\cos\psi\sin\theta\cos\gamma \\ -\cos\theta\sin\gamma & \sin\theta & \cos\theta\cos\gamma \end{bmatrix} \tag{7-66}$$

根据上式姿态矩阵中的元素,通过计算可得

$$\begin{cases} \psi=\arctan\left(\dfrac{T_{12}}{T_{22}}\right) \\ \theta=\arcsin(T_{32}) \\ \gamma=\arctan\left(-\dfrac{T_{31}}{T_{33}}\right) \end{cases} \tag{7-67}$$

式中:$T_{ij}(i,j=1,2,3)$ 表示矩阵 C_b^n 的第 i 行、第 j 列的元素。

7.6.4 天文导航系统中星敏感器及其误差特性分析

根据不同的任务和飞行区域,天文导航系统中常用的天体敏感器主要有恒星敏感器。太阳敏感器、地球敏感器及其他行星敏感器等。其中,太阳、地球和其他行星敏感器只能给出一个矢量方向,因而不能完全确定出运动载体的姿态;而恒星敏感器可通过敏感多颗恒星,给出多个参考矢量,通过解算来完全确定运动载体的姿态。由于恒星在惯性空间中的位置每年变化很小,只有几角秒,利用其确定载体的姿态可达到很高的精度,且相比惯性陀螺仪、姿态误差不随时间积累,因而它是当前广泛应用的天体敏感器之一,特别对于新一代航天器的高精度定姿要求来说更是不可或缺的核心部件。

一般恒星敏感器包括敏感系统和数据处理系统两部分。敏感系统由遮光罩,光学镜头和敏感阵面组成。主要实现对天空恒星星图数据的获取;数据处理系统是实现对所获取的恒星星图数据的处理和姿态的确定,包括星图预处理、星图匹配识别、星体质心提取和姿态确定四个过程。星敏感器的工作原理如图7-26所示。

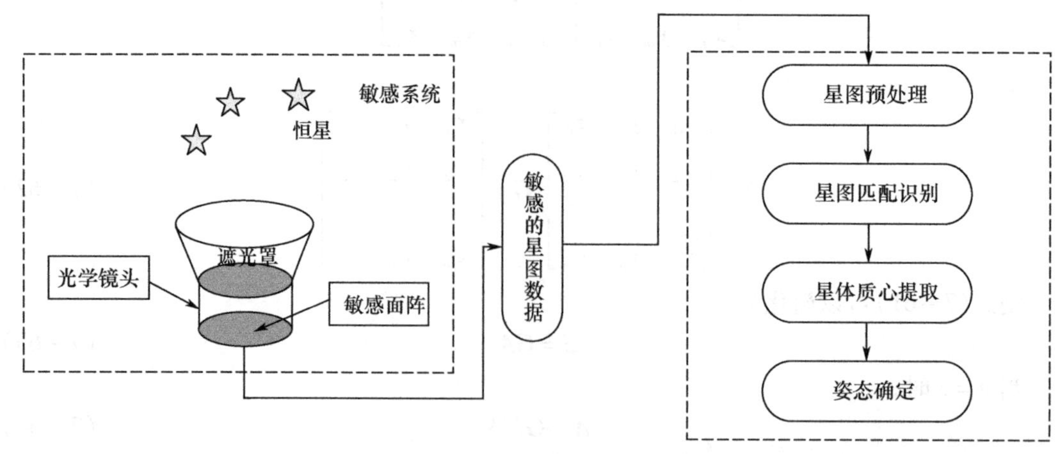

图7-26 星敏感器工作原理

恒星敏感器作为天文导航系统中天体测量的一个核心部件,其所含误差主要有星像位置误差、焦距误差、光轴位置误差、标定误差、电子线路误差以及软件处理误差等。其中,星像位置误差主要是由星像漂移、光学系统设计噪声以及图像处理等因素决定,而焦距f和光轴位置(x_0,y_0)两个参数误差则主要由机械结构设计、加工和安装等引起;这三种误差是影响恒星敏感器姿态测量精度的主要因素。下面针对这三种误差进行简要分析。

1. 星像点的质心位置误差

现代恒星敏感器光学系统普遍采用亚像元技术,若不考虑相差的影响,光学设计满足星像光斑能量正态分布,点扩散函数采用二维高斯函数表示如下:

$$l(x,y)=\frac{I_0}{2\pi\sigma_{PSF}^2}\mathrm{e}\left|-\frac{(x-x_e)^2}{2\sigma_{PSF}^2}\right|\mathrm{e}\left|-\frac{(y-y_e)^2}{2\sigma_{PSF}^2}\right| \tag{7-68}$$

式中:I_0为像素点(x_c,y_c)的能量值;x_c、y_c表示真实的星像中心位置;σ_{PSF}为高斯半径,表示点扩散函数的能量集中度。

根据点扩散函数,设在一个$p\times p$的网格内,生成一个指点位置在网格中心的星体,其能量分布到一个小区域,并且假定恒星敏感器光学系统的光轴已经过标定,指向网格中心;则由该星敏感器敏感到$n\times n$的星图中,包围一个$2m\times 2m$的星像光斑,该光斑的中心与所敏感的图像中心重合,用质心矩法计算得到在星敏感器坐标系下星体质量位置(m,m)的估计值为

$$\bar{x}=\frac{\sum_{i,j}^{2m}x_{ij}I_{ij}}{\sum_{i,j}^{2m}I_{ij}},\bar{y}=\frac{\sum_{i,j}^{2m}y_{ij}I_{ij}}{\sum_{i,j}^{2m}I_{ij}} \tag{7-69}$$

式中:$x_{ij}=i,y_{ij}=j$,为恒星敏感器上采样的像素位置(i,j);I_{ij}为像素点(i,j)的能量值(像素灰度值)。

这时,星体质心位置误差可简化计算为

$$d=\sqrt{\bar{x}^2+\bar{y}^2} \tag{7-70}$$

则由其导致的相应姿态角测量误差可粗略估计出

$$\alpha\leqslant\arctan(d\times\delta/f) \tag{7-71}$$

其中:δ为像素尺寸;f为恒星敏感器光学系统焦距。

2. 焦距f和光轴位置$(\mathrm{x}_0,\mathrm{y}_0)$误差

由于机械加工、系统安装等因素不可避免地造成焦距f和光轴位置(x_0,y_0)的误差。这些误差对天文导航系统的姿态测量精度影响很大,甚至可能导致不能进行正确的定姿。它们只有通过系统的参数校正来补偿。若忽略星像点质心位置误差,得到星对角距为

$$\hat{w}_i^{\mathrm{T}}\hat{w}_j=\frac{N}{D_1D_2}=G_{ij}(\hat{x}_0,\hat{y}_0,\hat{f}) \tag{7-72}$$

其中

$$N=(x_i-\hat{x}_0)(x_j-\hat{x}_0)+(y_i-\hat{y}_0)(y_j-\hat{y}_0)+\hat{f}^2;$$

$$D_1=\sqrt{(x_i-\hat{x}_0)^2+(y_i-\hat{y}_0)^2+\hat{f}^2};$$

$$D_2=\sqrt{(x_j-\hat{x}_0)^2+(y_j-\hat{y}_0)^2+\hat{f}^2}。$$

由于误差很小,故在(x_0,y_0,f)估计值处线性化以上方程得

$$v_i^{\mathrm{T}} v_j = G_{ij}(\hat{x}_0, \hat{y}_0, \hat{f}) - \left| \frac{\partial G_{ij}}{\partial x_0}, \frac{\partial G_{ij}}{\partial y_0}, \frac{\partial G_{ij}}{\partial f} \right| \left| \begin{matrix} \Delta x_0 \\ \Delta y_0 \\ \Delta f \end{matrix} \right| \tag{7-73}$$

$$R_{ij} = v_i^{\mathrm{T}} v_j - G_{ij}(\hat{x}_0, \hat{y}_0, \hat{f}) = -\left| \frac{\partial G_{ij}}{\partial x_0}, \frac{\partial G_{ij}}{\partial y_0}, \frac{\partial G_{ij}}{\partial f} \right| \left| \begin{matrix} \Delta x_0 \\ \Delta y_0 \\ \Delta f \end{matrix} \right| \tag{7-74}$$

这样对于 $i=1,2,\cdots,n-1$,即可得

$$\boldsymbol{R} = \boldsymbol{A}\Delta\boldsymbol{Z} \tag{7-75}$$

其中,

$$\boldsymbol{A} = -\left| \begin{matrix} \frac{\partial G_{12}}{\partial x_0} & \frac{\partial G_{12}}{\partial y_0} & \frac{\partial G_{12}}{\partial f} \\ \frac{\partial G_{13}}{\partial x_0} & \frac{\partial G_{13}}{\partial y_0} & \frac{\partial G_{13}}{\partial f} \\ \vdots & \vdots & \vdots \\ \frac{\partial G_{n-1,n}}{\partial x_0} & \frac{\partial G_{n-1,n}}{\partial y_0} & \frac{\partial G_{n-1,n}}{\partial f} \end{matrix} \right|$$

$$\boldsymbol{R} = [R_{12} R_{13} \cdots R_{23} \cdots R_{n-1,n}]^{\mathrm{T}}$$

$$\Delta\boldsymbol{Z} = [\Delta x_0 \Delta y_0 \Delta f]^{\mathrm{T}}$$

为了方便分析,坐标系原点建立在(x_0,y_0)处,这时可以得到$\frac{\partial G_{ij}}{\partial x_0},\frac{\partial G_{ij}}{\partial y_0},\frac{\partial G_{ij}}{\partial f}$与$(x_i,y_i)$和$(x_j,y_j)$之间的对应关系。根据系统的对称性,将系统映射到二维空间。

根据二维转换,系统微分相应转换为

$$R_{ij} = v_i^{\mathrm{T}} v_j - G_{ij}(\hat{x}_0, \hat{f}) = -\left| \frac{\partial G_{ij}}{\partial x_0}, \frac{\partial G_{ij}}{\partial f} \right| \left| \begin{matrix} \Delta x_0 \\ \Delta f \end{matrix} \right| \tag{7-76}$$

其中,变量的定义域也发生相应的变化,这时可得

$$\begin{cases} N' = x_i x_j + f^2 \\ D_1' = \sqrt{x_i^2 + f^2} \\ D_2' = \sqrt{x_j^2 + f^2} \end{cases} \tag{7-77}$$

当 $x_i = x_j$时,表示星 i 和星 j 在恒星敏感器上的像点是同一点,也就是说星 i 和星 j 是同一颗星,也就没有角度差异,即可得$\frac{\partial G_{ij}}{\partial x_0}=\frac{\partial G_{ij}}{\partial f}=0$,从而证明了上面推导的正确性。

不失一般性,设 $x_i = -x_j$,可得

$$\begin{cases} \frac{\partial G_{ij}}{\partial x_0} = 0 \\ \frac{\partial G_{ij}}{\partial f} = \frac{4x_i^2 f}{(x_i^2 + f^2)^2} \end{cases} \tag{7-78}$$

这说明,当 $x_i = \pm x_j$时,$\frac{\partial G_{ij}}{\partial x_0}=0$;当 $x_i = \pm x_j$时,$\frac{\partial G_{ij}}{\partial f}=\max$。

通常在恒星敏感器光学设计时,焦距 f 比 x_i 要大一个数量级。因此可以得出,焦距 f 的标

定精度是影响恒星敏感器姿态测量精度的一个重要因素。

7.7　组合导航原理

组合导航将导航系统获得的各种导航信息进行融合，从而提供给运载器更加准确的导航信息。导航系统提供的信息主要是速度和位置。因此，组合的形式主要分为两种：一种是惯性－速度组合系统，就是把惯性导航系统的速度信息与另一种导航系统的速度信息组合在一起的导航系统；另一种是惯性－位置组合系统，就是把惯性导航系统的位置信息与另一种导航系统的位置信息组合在一起的导航系统。从组合导航的实施方法上来分析，组合导航的方案主要有两种：一种是利用自动控制原理进行环节校正的方法，即称古典法；另一种是利用卡尔曼滤波技术进行状态估计和校正的最优控制方法。利用卡尔曼滤波技术，采用最优估计的方法，估计出系统的误差，并利用估计值去校正系统，这一方法是现代控制理论的一个重要分支，也称最优估计法。由于组合系统中各个子系统的误差和量测值中得到的信息的误差多数是随机误差，而对于随机量的估计，最优估计法远超过古典法，所以，目前的组合导航系统设计大多采用卡尔曼滤波方法。

7.7.1　组合导航系统构成

组合导航系统将各种导航子系统组合起来，形成一个有机的整体，兼备了各子系统的优点，而弥补了各子系统的缺点，从而使组合导航系统具有单一导航系统所不具备的优越性能，能够满足现代战争及航空、航天的要求。针对不同的运载器与导航要求，可以应用现有的导航资源，构成不同的组合导航系统。组合导航系统结构如图 7－27 所示。

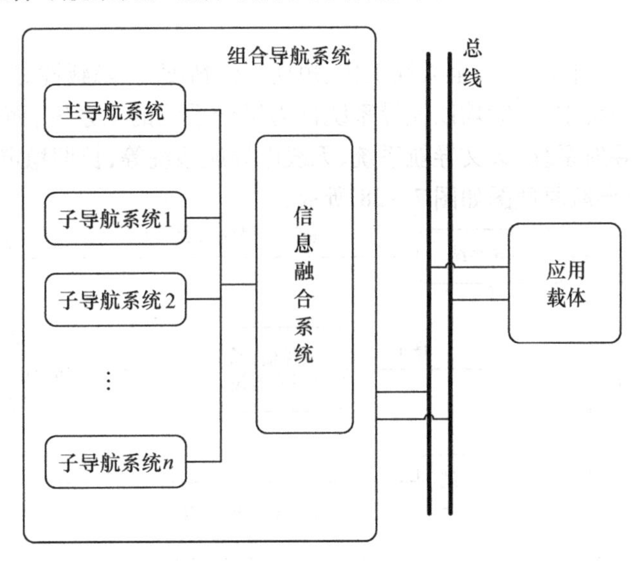

图 7－27　组合导航系统结构图

组合导航系统通常由以下几部分组成。

1. 导航主、子系统

导航主、子系统是组合导航的核心部件，包括惯性导航系统、卫星导航系统、天文导航系统、雷达导航系统等各种导航设备。

2. 控制电路

控制电路包括伺服回路、信号处理和控制电路,其功能主要是对传感器提供的信号进行处理,转换为标准数字信息。

3. A/D 转换电路

A/D 转换电路的功能主要是将处理好的数据转换为计算机能够识别的数字形式。

4. 系统控制/数据处理模块

系统控制/数据处理模块主要进行系统工作流程控制;系统对准和导航参数计算;导航与其他辅助导航计算;提供系统所需的各种频率时钟信号;对惯导系统等子导航系统的输出进行采样计数;对总线进行管理,进行数据交换和信息控制等。

7.7.2 组合导航系统的工作模式

组合导航系统有多种工作模式。设计组合导航的工作模式,实际上是设计一种具有可行性的、能够高效利用子系统的导航信息的工作方法,是在考虑各种因素下对组合导航系统的综合性设计。

最优组合导航的基本原理是利用两种或两种以上的具有互补误差特性的独立信息源或非相似导航系统,对同一导航信息作测量并解算以形成量测量,以其中一个系统作为主系统,利用滤波算法估计该系统的各种误差(称为状态误差),再用状态误差的估值去校正系统状态值,以使组合系统的性能比其中任何一个独立的子系统都更为优越,从而达到综合的目的。典型的互补误差特性通常指信息源分别具有短时间内精度高和长时间内数据稳定的特点。这样,使用一种信息源提供短时间高精度的数据,其余信息源提供长时间高稳定性的数据,利用两类量测信息的差推算前者误差的修正值,实现利用后者数据限制前者数据长时间漂移的目的。

鉴于惯导系统具有自主性好、全天候工作、短期工作精度高、隐蔽性好、信息全面和宽频带等优点,在惯性组合系统中,一般均以惯导系统作为组合系统的主系统,而利用其他导航系统或敏感器,比如卫星导航系统、天文导航系统、无线电导航系统等,长期稳定地输出信息修正惯导的误差。惯性组合导航原理图如图 7-28 所示。

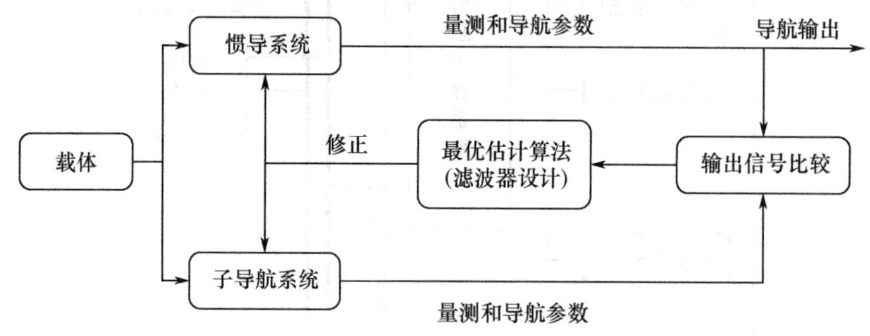

图 7-28 惯性组合导航原理图

7.7.3 组合导航系统状态量的估计方法

导航的基本功能是定位,即为载体提供实时的位置信息。由于系统噪声和量测噪声的影响,任何一种定位方式都难以避免误差的存在,尤其是组合导航系统,各个系统观测得到的信息是有差异的,如何从有噪声的信息中获得真实的导航信息,是导航技术必须解决的问题。

组合导航系统的多源信息结构、融合模型与算法是构造最优组合系统的核心问题，目前一般采用基于滤波理论的状态估计方法。导航参数主要指运动体的位置、速度和姿态等状态量，误差量主要指惯性导航系统的陀螺仪误差系数、加速度计误差系数、卫星导航系统的时间误差等状态量。

1. 直接法

在组合导航系统滤波结构设计中，必须确定描述系统动态特性的系统方程和反映量测与状态量关系的量测方程。如果直接以各导航子系统的导航输出参数作为状态，则称直接滤波。

直接滤波器中，不同导航系统的传感器通过敏感运载体的运动，将得到载体的相关信息传递给对应的导航系统。当组合导航的主系统确定为惯导系统时，通过惯导系统解算得到的导航参数直接送入滤波器中。同时，滤波器也接收其他导航子系统得到的导航参数。经过滤波计算，最终得到导航参数的最优估计值，如图 7－29 所示。

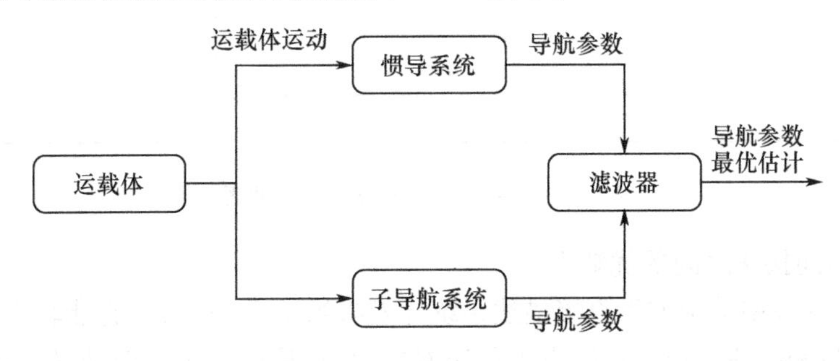

图 7－29　直接滤波结构图

2. 间接法

间接滤波是指以组合导航主系统(惯导系统)和各子导航系统的误差量作为滤波器的输入，从而实现组合导航的滤波处理方法。间接滤波中的状态量都是主导航系统与子导航系统状态量的差值，是误差量，与之对应的系统方程是状态误差量的运动方程。在间接滤波中，从滤波器得到估计值的方法有两种，一种是将估计值作为组合系统导航参数的输出，或作为惯性导航系统导航参数的校正量，这种方法称为开环法或输出校正法，如图 7－30 所示。图中，组合导航主系统得到导航参数后与子导航系统得到的导航参数做差，然后将导航参数的误差值作为滤波器的输入。滤波器解算的结果作为组合导航主系统的导航参数的补偿量，修正惯导系统得到的导航参数，最终获得组合系统的导航参数最优估计值。

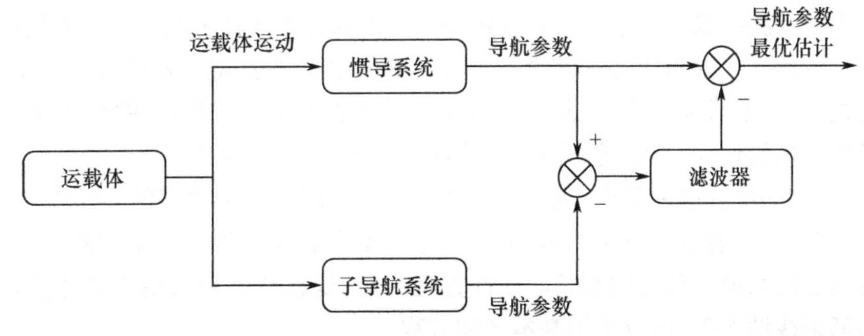

图 7－30　间接滤波结构图

间接法的另一种工作方式是将估计反馈到惯性导航和辅助导航系统中，实现闭环校正。与开环法相类似，组合导航各系统敏感运载体的运动，通过对应导航系统得到导航参数的解算结果,并将得到的导航参数对应相减,送入到滤波器中进行滤波解算。滤波器的解算结果不再作为补偿量,补偿组合导航主系统解算得到的导航参数,而将其直接反馈到组合导航的各系统中,修正导航主系统和各子导航系统的导航解算结果,最终以修正后的组合导航主系统(惯导系统)的导航参数解算值作为整个组合导航系统的最优估计,因此,这种方法也称为闭环法或反馈校正法,如图7-31所示。

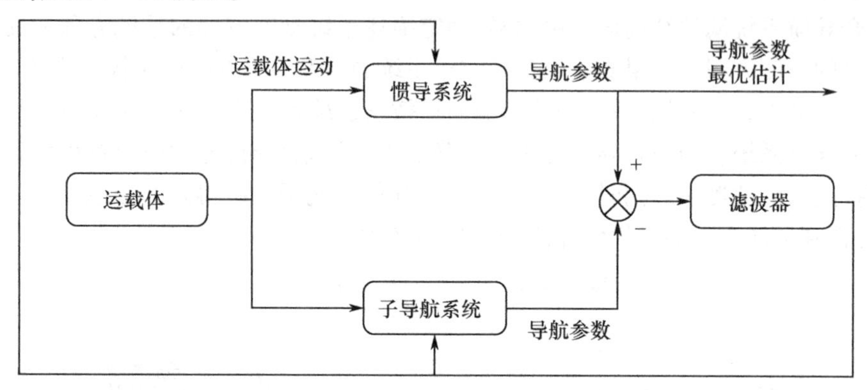

图7-31　带反馈的间接滤波结构图

3. 直接法与间接法之间的优缺点

(1) 直接法的模型系统方程直接描述系统导航参数的动态过程,它能较准确地反映真实状态的演化情况;间接法的模型系统方程是误差方程,它是按一阶近似推导出来的,是对系统的近似描述。

(2) 直接法的模型系统方程一般采用惯导力学编排和某些误差变量方程(如平台倾角)的综合。滤波器既能达到力学编排方程解算导航参数的目的,又能起到滤波估计的作用。滤波器输出的就是导航参数的估计值以及某些误差量的估计值。因此,采用直接法可使惯导系统避免力学编排方程的许多重复计算。但如果组合导航在转换到纯惯导工作方式时,惯导系统不用滤波估计。这时,还需要另外编排一套程序解算力学编排方程,这是不便之处。而间接法却相反,虽然系统需要分别解算力学编排方程和滤波计算方程,但在程序上也便于由组合导航方式向纯惯导方式转换。

(3) 两种方法的系统方程有相同之处。状态中都包括速度(或速度误差)、位置(或位置误差)和平台误差角。但是,它们最大的区别在于直接法的速度状态方程中包括计算坐标系相应轴向的比力量测值以及由于平台有倾角而产生的其他轴向比力的分量。而间接法的速度误差方程中只包括其他轴向比力的分量。比力量测值主要是运载体运动的加速度,它主要受运载体推力的控制,也受运载体姿态和外界环境干扰的影响。因此,它的变化比速度要快得多。为了得到准确的估计,卡尔曼滤波的计算周期必须很短,这对计算机计算速度提出了较高的要求,而间接法却没有这种要求。根据有关文献介绍,间接法量测值的采样周期(一般也是滤波的计算周期)在几秒到一分钟的范围内,基本上不影响滤波器的有效性能。

(4) 直接法的系统方程一般都是非线性方程,卡尔曼滤波必须采用广义滤波。而间接法的系统方程都是线性方程,可以采用基本滤波方程。

(5) 间接法的各个状态都是误差量,相应的数量级是相近的。而直接法的状态,有的是导航参数本身,如速度和位置,有的却是数值很小的误差,如姿态误差角,数值相差很大,这给数值计算带来一定的困难,且影响这些误差估计的准确性。

综上所述,虽然直接法能直接反映出系统的动态过程,但在实际应用中却还存在着不少困难。只有在空间导航的惯性飞行阶段,或在加速度变化缓慢的舰船中,惯导系统的卡尔曼滤波才采用直接法。对没有惯导系统的组合导航系统,如果系统方程中不需要速度方程,也可以采用直接法,而在飞行器的惯导系统中,目前一般都采用间接法的卡尔曼滤波。

思考题

1. 简述惯性导航系统的主要组成和工作原理。

2. 试述三轴平台的基本结构并分析平台稳定的工作原理。

3. 平台式惯导与捷联式惯导的主要区别是什么?

4. 惯导系统在开始导航工作之前必须进行初始对准,静基座和动基座对准的初始条件分别是什么?

5. 惯导系统的主要误差源有哪些?

6. 惯导系统的对准精度决定了惯导系统工作时的初始精度,那么对准过程主要分哪两步?每一步的目的各是什么?

7. 试写出捷联惯性导航的姿态角误差方程、速度误差方程和位置误差方程。

8. 卫星的长期高精度性能和惯导的短期高精度性能有机地结合起来可有效提高单独导航系统的性能,那么卫星和惯性导航系统的组合导航方式主要有哪些?

9. 利用测距码进行伪距测量是全球定位系统的基本测距方法,试简述卫星导航系统的伪距测量原理。

10. 在静态单点定位中,若观测了1h(历元间隔取15s),可构成多少个伪距观测方程?请用文字符号写出其中一个伪距观测方程。

11. 简述北斗-2卫星导航系统的三大组成部分。

12. 简述北斗导航系统与GPS相比的独特之处。

13. 影响天文导航系统中的恒星敏感器姿态测量精度的主要因素有哪些?

14. 简述常用组合导航状态量估计的方法及其优缺点。

15. 论述组合导航的工作原理。

第八章　复合制导

复合制导,就是在导弹的飞行过程中,将几种不同的制导方法组合起来进行使用。采用复合制导的主要目的是为了增大制导系统的作用距离,克服单一制导方法的缺点,发挥各种制导方法的优点,提高抗干扰性能和制导系统的制导准确度。复合制导包括多导引头的复合制导、多制导方式的复合制导、多功能的复合制导和多导引规律的复合制导等。

本章主要介绍复合制导的基本原理,串联复合制导的弹道交接、交接导引律、导引头的目标再截获,多模复合制导的关键技术、双模导引头结构与工作原理、信息融合等内容。

8.1　复合制导基本原理

8.1.1　复合制导的提出

任何一种导弹,在设计阶段都要选择制导体制。在选择制导体制时,须考虑多方面的因素,如目标的性质、导弹的射程、制导准确度、可靠性、最有利的制导方法、制导设备的重量和体积以及制导体制的抗干扰能力等。

对于每一种导弹,可能有数种比较适用的制导体制。对这些制导体制的特性及其优缺点进行分析研究之后,有可能选出一种能够最大限度地满足要求的制导体制。但是,在实际应用中往往存在这种情况,即没有一种制导体制能满足所有的性能要求。例如,如果只选择单一的遥控制导体制,其作用距离虽然较远,但它的制导准确度随着距离的增加而降低;如果只选择寻的制导体制,其制导准确度虽然较高,但它的作用距离较近。怎样才能满足既要制导距离远,又要有较高的制导准确度呢?这就提出了复合制导的问题。如果把遥控制导体制与寻的制导体制有机地结合起来,就可充分利用它们的优点,尽量弥补各自的缺点,从而达到同时提高导弹的制导准确度和增大作用距离的目的。当然,复合制导并不可能用于所有的导弹上,由于其系统设备比较复杂,通常在以下情况下才进行组合:

(1) 所选用的制导体制的作用距离小于导弹的射程;

(2) 所选择的制导体制的制导准确度,在弹道的末端达不到所要求的指标;

(3) 发射段弹道散布较大,所选择的制导体制开始工作时有捕捉不到导弹的危险;

(4) 从战术上要求导弹在不同的飞行段上有不同的弹道,而所选择的制导体制不能保证实现这种弹道;

(5) 所选用的制导体制只能向固定目标制导导弹,而目标通常还作慢速运动或机动。

8.1.2　复合制导的分类

从广义上说,复合制导包括多导引头的复合制导,多制导方式的复合制导,多功能的复合制导,多导引规律的串联、并联及串并联复合制导等。

1. 多导引头的复合制导

多导引头的复合制导，是指在一枚导弹上装有两种或多种不同种类的导引头同时制导，或采用不同的敏感测量器件，共用后面的信号处理器，两种信号分时工作的导引头制导，又称多模复合寻的制导。采用多导引头的复合制导，如美国研制的“地狱之火”空地导弹采用“红外 + 毫米波”双模导引头，既可以吸收红外精度高、抗电磁干扰的优点，又可以兼有毫米波抗烟雾、全天候工作的长处，因此可以在战场上发挥较大的威力。

2. 多制导方式的复合制导

多制导方式的复合制导是指同一种导引头，根据需要可以选择主动式、半主动式或者被动式等不同寻的方式的制导方法。如意大利研制的“斯帕达”地空导弹，它采用连续波半主动式雷达导引头制导跟踪被攻击目标，一旦被跟踪目标施放有源电子干扰，使半主动寻的无法正常工作，该导引头可自动地变换成被动式工作，跟踪信号源，有效地攻击目标。

3. 多功能的复合制导

根据攻击的目标不同，导弹通常被分为地空导弹、空地导弹、空空导弹、地地导弹等。但现代战争常常是海陆空目标交织在一起的立体战争，因此向导弹提出了既能攻击空中目标又能攻击陆地目标、一弹多用的复合制导要求，即所谓的多功能的复合制导。

4. 多导引规律的串联、并联及串并联复合制导

每种制导规律都有自己独特的优点和明显的缺点，如无线电指令制导和无线电波束制导（通常采用三点法导引）的作用距离较远，但制导精度较差，抗干扰能力较低。雷达自动导引（通常采用两点法导引）作用距离近，但命中精度较高。因此，为达到一定的战术要求，常把各种导引规律组合起来应用，这就是多导引规律的复合制导。

下面主要针对导弹制导过程中的串联、并联及串并联复合制导，分别介绍其工作原理。

8.1.3 串联复合制导

导弹的飞行过程可分为初段（包括射入段和引入段）、中段和末段三个阶段。若导弹在飞行过程中，依次由某种制导方式向另一种制导方式过渡，则这样的组合称为串联复合制导。换句话说，串联复合制导就是在导弹飞行过程的不同阶段，分别采用不同的制导方式。

串联复合制导的过程为：在导弹发射后的飞行初段或中段，采用一种制导方式；当导弹进入飞行中段或末段时，因制导精度降低，或前一种制导方式已完成制导任务，则由制导方式转换设备发出指令，使制导方式转换到另一种可以保证导弹制导精度的制导方式上，引导导弹最终飞向目标。串联复合制导中常用的复合方式主要有以下几种：

（1）遥控 + 寻的制导；

（2）自主控制 + 遥控；

（3）自主控制 + 寻的制导；

（4）自主控制 + 遥控 + 寻的制导。

串联复合制导在各类导弹中都有应用，特别是在射程较远的防空导弹和反舰导弹中应用最为广泛。比如“波马克”导弹采用的就是“自主制导 + 指令制导 + 主动雷达寻的制导”串联复合制导系统。这种导弹从固定的阵地垂直发射，主要用于拦击远距离的中、高空目标。又如“海蛇”导弹采用“雷达波束制导 + 末段半主动寻的制导”串联复合制导系统。

以地空导弹的串联复合制导为例，该导弹的制导分为起飞爬升段（即自主控制段）、中段指令制导段和末段雷达寻的制导段三个阶段，如图 8 - 1 所示。

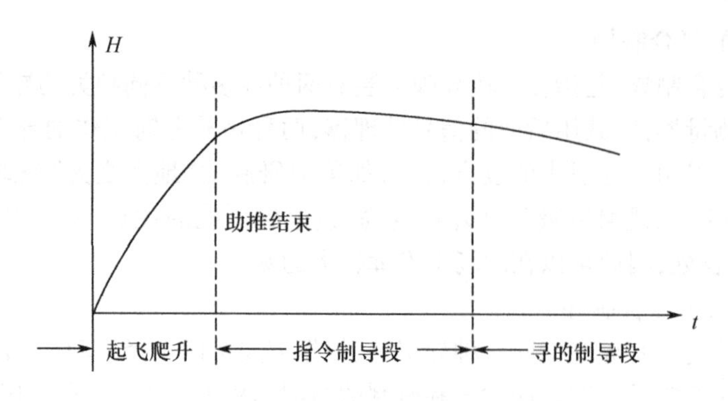

图 8-1 导弹串联复合制导的三个阶段

导弹的制导过程描述如下:导弹倾斜发射后,按预定程序进行爬升,高度由弹上计时器控制;当爬到一定高度后导弹转入平飞,此时高度由静压敏感装置或无线电高度表控制,然后由地面制导站进行中段指令制导,即地面制导站不断对目标和导弹的航线进行计算,计算结果被变换成控制指令,通过指令发射机发射给导弹,以控制导弹飞向目标;当导弹距目标一定距离时,地面制导站发出信号使弹上末制导雷达开始工作,该雷达首先进行锥形扫描搜索目标,当雷达捕获到目标后便转入跟踪目标,同时末制导雷达和自动驾驶仪接通,完成指令制导过渡到主动寻的交接班,使导弹按末制导雷达测得的误差控制信号控制导弹飞向目标,从而提高制导精度。

再例如"雷达波束+半主动寻的"串联复合制导,该串联复合制导的制导设备框图如图8-2所示。导弹飞行的初段和中段采用雷达波束制导,为了提高攻击目标的准确度,导弹飞行的末段转入雷达半主动寻的制导。在地面制导站,波束制导与半主动寻的制导共用一部制导雷达;在弹上有两套接收机,尾部接收机直接接收制导雷达的信号,头部接收机接收制导雷达照射到目标产生的反射信号。当导弹离目标距离较远时,头部天线接收到的目标反射信号很弱,头部接收机的输出信号不能使制导方式转换开关转换,导弹的控制信号依据尾部波束制导接收机的输出信号形成,即导弹受波束制导系统制导;当导弹飞行逐渐接近目标,头部半主动寻的制导接收机输出信号的幅度增大,其值达到某预定值时,制导方式转换开关转换,此后导弹受半主动寻的制导系统控制。

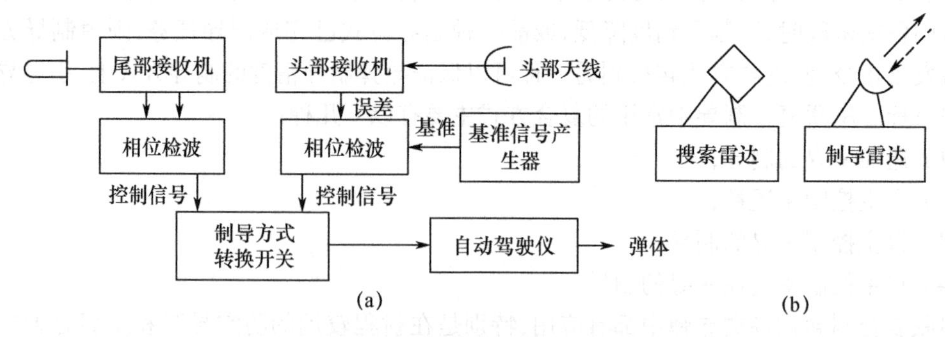

图 8-2 雷达波束制导+半主动寻的制导设备框图

(a)弹上制导设备;(b)地面制导站。

从上述两种复合制导体制可见,采用串联复合制导时,其阶段性很明显。因此,需要关注制导方式转换时所遇到的问题,比如弹道的交接问题。如果导弹的末制导采用寻的制导,还必须考虑导引头的目标再截获问题。

8.1.4　并联复合制导

并联复合制导就是在导弹的整个飞行过程中(或在弹道的某一段上),同时采用几种制导方法。并联复合制导主要有以下四种复合方式:

第一种:将几种制导方法复合在一起,成为一种新的制导体制。如“爱国者”导弹所采用的TVM制导就是指令制导与半主动雷达寻的导引同时存在的并联复合制导;苏联的“萨姆”-10导弹也采用了与“爱国者”导弹的TVM制导相似的制导方法。

第二种:利用不同的制导方法控制导弹的不同运动参数,如弹道导弹的主动段用方案控制系统控制它的俯仰角,用波束制导系统进行横偏校正。

第三种:由一种制导方法起主导作用,其他制导方法起辅助和校正作用。如从潜艇发射攻击陆上战略目标的“战斧”(TLAM-N、BGM-109A)巡航导弹,最大射程为2500km,制导体制采用惯导为主、地形匹配为辅的并联复合制导。

第四种:多个导引头并行工作,如法国的“西北风”地空导弹上装有两个采用不同红外波段的导引头,提高了探测目标的可靠性和抗干扰能力。

采用并联复合制导时,导弹在某一个飞行阶段或整个飞行过程中,同时采用几种制导方式,各种方式相互补充,可以利用多种信息源实施制导,提高了制导的可靠性和制导精度。并联制导可根据作战环境选择合适的制导方式,特别是多模复合寻的制导中不同波段的制导方式的并联运用,可以充分利用已有的探测技术,在解决数据融合与信息并行处理等问题的基础上,有效地提高制导系统的智能化水平和抗干扰能力。但并联复合制导系统的设备比较复杂,体积大,成本比较高。为实现各种制导方式在探测能力和抗干扰功能上的互补,使复合应用的几种制导设备都能同时工作,不同制导信息的合成要由弹载计算机系统完成,其技术关键是算法模块的设计和目标识别数据库的建立。

8.1.5　串并联复合制导

串并联型复合制导是指在导弹的整个制导过程中,既有串联型复合制导,又有并联型复合制导的制导方式。即在导弹不同的飞行阶段采用不同的制导方式,又在同一飞行阶段采用两种或两种以上制导方式的复合制导。

串并联复合制导出现在20世纪80年代,并应用在第二代战术导弹上。它的产生主要是基于无线电、红外、电视、激光等多种制导技术的发展,开始是各种制导方式简单的串联,继而产生了各种制导方式的并联,在80年代形成了串并联复合制导。如美国的爱国者地空导弹在制导初段采用程序自主制导,中段采用无线电指令制导,末段采用TVM制导(无线电指令制导与半主动雷达寻的制导的结合)。这种复合制导技术不仅具有几种制导方式串联运用的特点,还具有将一些制导方式并联运用的特点。串并联复合制导的主要类型有自主制导或遥控制导与被动式制导的结合、自主制导或遥控制导与半主动式制导的结合、自主制导或遥控制导与主动式制导的结合等。

串并联复合制导的优点是实现了导弹的全程制导,增大了制导距离,提高了制导精度。在串并联复合制导中,不同阶段的串联制导可以提高整个制导系统的精度,保证整个制导过程的平稳过渡;同一阶段的并联制导可以提高制导系统的抗干扰能力,使其具有全天候、多方位的可靠制导。但串并联复合制导的系统设备比较复杂,制导设备研制生产成本比单一制导设备的高,同时它对系统的可靠程度要求也比较高,各种制导方式的相互转换、信号的综合合成技术都还有待进一步研究发展。串并联复合制导将是导弹制导方式发展的主流,有着广阔的应用前景。

8.2 串联复合制导

导弹采用串联复合制导时,在其飞行路线的各段上采用不同的制导方法。不同的制导方法往往采用不同的导引律来实现。因此,不同飞行段的弹道各有其独特的情形。当导弹由前一种制导方法转换为后一种制导方法时,导弹的运动状态并不一定能适合后一种制导方法的要求,因而串联复合的不同制导阶段的交接班是一个非常重要的问题。

一般来说,串联复合制导的初制导段通常采用程序制导,中制导段采用遥控制导或惯性制导,末制导段采用寻的制导。程序制导向遥控制导或惯性制导转接比较容易实现,遥控制导或惯性制导向寻的制导转接需要考虑的问题则比较多。所以,串联复合制导的关键主要在于中末制导的交接班。

复合制导中由中制导向末制导过渡的过程称为中末制导交接班。作为复合制导体制中的一个过渡环节,中末制导段交接班方法的选择会对整个制导过程产生影响。为了做到不丢失目标、控制稳定、弹道平滑过渡以及丢失目标后的再截获,必须从设计上解决交接班问题,保证中制导到末制导的可靠交接,使导引头在进入末制导段时能有效地捕获到目标。中末制导交接班需要完成两个方面的工作:导引头交接班和弹道交接班。导引头交接班是在允许的误差条件下,把导弹平稳、快速地导向某空域并使导引头自动截获目标;弹道交接班是保证中制导段与末制导段弹道的平滑过渡。

8.2.1 串联复合制导的弹道交接

复合制导方案由于各制导段的性能要求不同,会采用不同的制导规律,而复合制导存在的最大技术问题是如何保证在导引律交接时弹道的平滑过渡。由于不同导引律的弹道是不同的,一般不具备在交接点平滑过渡的性质,即使满足平滑过渡的点存在,导引律的弹道交接点也是固定的。在实际作战时,导弹在任何时候、任何条件下都有可能要求弹道交接,因此,设计合适的弹道交接律就显得十分重要。即使采用相同的制导律,各制导段形成制导指令信号所采用的设备不同,也要求有不同的接口关系。此外,中制导段所积累的航向误差也会引起加速度和弹道突变,给中末制导交接班带来很大的影响。

因为串联复合制导广泛用于地空导弹的制导中,所以这里以地空导弹制导过程中弹道的交接为例来说明。

1. 初制导与中制导段的弹道交接

复合制导的初段是发射段,它一般与无线电指令制导段,或无线电波束遥控段,或程序控制自主制导段相交接,以期增大导弹的射击距离。由于无线电波束遥控制导段对弹道交接的要求较其他两种方法严格,这里以“发射段 + 无线电波束制导段”的弹道交接为例来进行讨论。

1) 垂直发射的弹道交接

导弹垂直发射时的弹道如图 8 - 3 所示。其中,oa 段为发射段,发射段一般不控制。因为导弹此时处于跨声速阶段,由于声障的干扰,飞行极不稳定,所以一般 a 点的速度,即由发射段转为无线电波束制导段的交接点的导弹速度应高于声速。当对付高空目标时,a 点还应在稠密大气层之上。这样,导弹便可以以最短的距离穿过空气阻力最大的大气层,从而大大节省燃料,增大射程或减少体积。从这点考虑,oa 段一般可选 5 ~ 10km。而对低空目标或舰船目标攻击时,oa 段应酌情降低,且起始速度也不应过快。

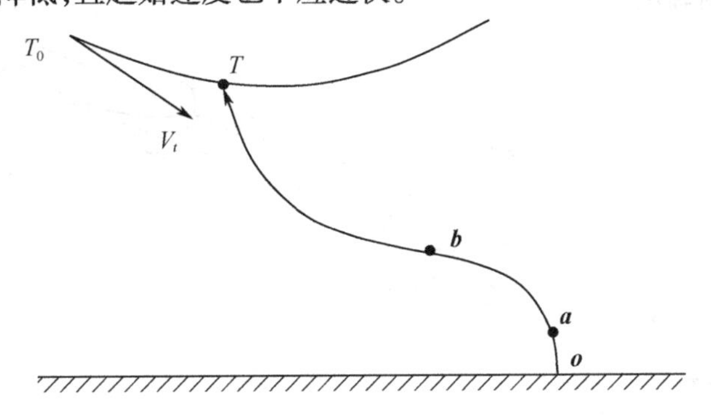

图 8-3 垂直发射

ab 段是发射段向无线电波束制导段的过渡段,ab 的长度应保证导弹能向主要控制段过渡。如从 b 点开始遥控,则导弹应该落于波束之中或易于被导弹跟踪雷达的波束捕获(后者属于指令控制)。ab 段选取应考虑到各种因素,一般地说,应比波束轴线在空间的位置略高,以保证落入主波束之内,千万不可低于主波束,否则这段弹道就无法交接以致失控。

2) 倾斜发射的弹道交接

倾斜发射的导弹弹道如图 8-4 所示。导弹装在倾斜发射架上,发射架的仰角及方位角由目标跟踪雷达和专用计算机控制,这种射击方法能使导弹较平滑地纳入轨道。图中,oa 段不控制,a 点助推器脱落,aT 是主控制段,T 点是目标与导弹的相遇点。

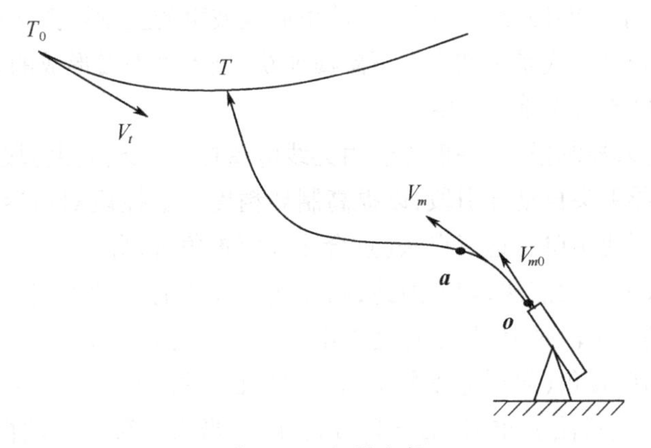

图 8-4 倾斜发射

首先让我们来讨论发射架的方位角与仰角的选定应该考虑哪些因素?对于波束制导:

(1) 应保证导弹能射入预定的主波束空间之中,而不受副瓣的影响。

(2) 应考虑导弹在 oa 段中所受重力的影响,又由于目标是运动的,因此应使 V_{m_0}(导弹初速矢量)对准某一前置点。

(3) 助推器在发射阶段其重量由于燃料的燃烧而减轻,导弹重心前移,至 a 点助推器脱落,重心更往前移,使得弹体有激震;同时,由于脱落前导弹处于跨声速阶段难于控制,再考虑到风的影响,所以导弹在空间的弹道会有一些散布,其示意图如图 8-5 所示。如果用一个圆锥体来表示导弹偏离平均弹道的最大范围,所发射的导弹绝大多数均不超出此范围,因此,发射架方位角与仰角的选取(这是发射控制的主要任务)应使这一范围内的导弹均能被跟踪雷达的主波束所捕获(一般主波束是跟踪目标的),至于导弹弹道的散布规律,一般都是通过实验(试射)由统计数据确定。

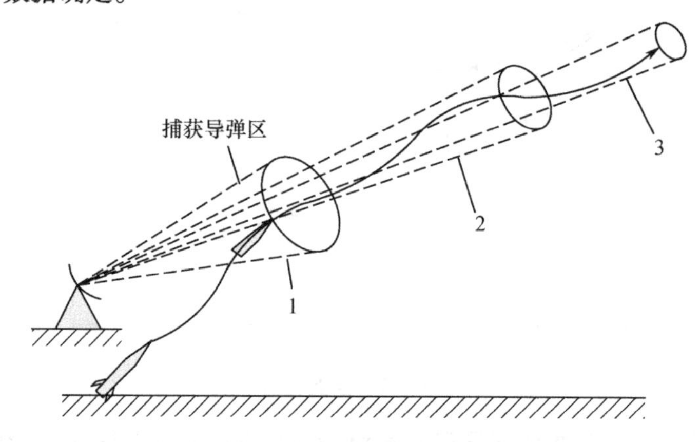

图8-5 波束捕获导弹示意图

1—捕获波(宽、低能);2—制导波(窄,高能);3—追踪波。

这里特别要注意,不要让导弹进入跟踪雷达天线的副瓣,否则导弹会向副瓣的等信号区靠拢,以致丢失。

在斜射时,不受控段 oa 的距离与初速度有关。导弹的离架初速度 v_{m_0} 一般不宜过小,否则会过早坠地。同时 oa 段应通过跨音速区。总的来说,oa 段一般不超过1km,导引过程在3~5s内,其加速度可达10~15g。a 点以后,导弹应进入导引波束。导弹进入波束的投入角应适当选择:投入角过大,很可能使导弹瞬间穿过波束而被波束的上副瓣抓住;投入角过小,可能会使导弹进不了波束而坠地,或是被波束的下副瓣捕获,进入由副瓣形成的等信号区。

2. 中制导与末制导段的弹道交接

导弹由发射段转入控制段后,一般先经由无线电遥控(指令、波束)段导引,以提高导弹的制导距离;然后转入导引头自动导引段,以提高制导精度。遥控段双雷达导引时,可采用两点法导引,但多数情况下使用单雷达三点法(重合法或前置角法)导引。

自动导引段一般采用两点法,如前所述,两点法的弹道有几种不同的形式与规律。因此,由遥控制导段向自动导引段过渡时,必伴随着由一种导引方法向另一种导引方法的过渡。每种导引方法对导弹的前置角(导弹速度矢量与导弹的目标视线夹角 η)的要求是不同的。如追踪法要求 $\eta=0$,平行接近法要求 $\sin\eta_m = V_t\sin\eta_t/V_m$。当由一种导引法向另一种导引法转变时,由于 η 角的突变,必然会引起弹道的剧烈变化。那么,由一种导引方法向另一种导引方法转变时,其弹道平滑过渡的条件是什么呢?分析表明,两种不同的导引方法相交接时,保证弹道平滑过渡的条件是不同的,下面首先讨论几种理想弹道交接的条件,然后再讨论实际可能的两条弹道交接时需要满足的条件。

1)理想弹道的交接——无线电遥控段和自动导引段都采用平行接近法

本节的讨论基于以下假设:导弹飞行的弹道,无论是遥控段还是自动导引段,其弹道都是理想的,即导弹在飞行过程中的瞬时都严格遵循导引方法所规定的弹道。

在整个制导过程中,即遥控段与自动导引段,由于采用同一制导规律(平行接近法),所以导弹的前置角公式不变,即

$$\sin\eta_m = \frac{V_t}{V_m}\sin\eta_t$$

这样,在理想遥控向自动导引的过渡瞬间,前置角恰好等于所需值,前置角误差等于零。

$$\eta_{m_0} = \eta_m, \Delta\eta = 0$$

式中:η_m为遥控导引时的前置角;η_{m_0}为自动导引起始点M_0所需的前置角。

但是,在真实情况下,由于控制的不精确性会有某一前置误差角$\Delta\eta$,因为遥控的精度随着距离的增长而降低,在远距离r_{mmax}时,向自动导引过渡瞬时之误差角$\Delta\eta$会达到很大的数值。

如前所述,自动导引所必需的弹目最小距离r_{min}正比于前置误差角$\Delta\eta$,显然,这里的$\Delta\eta$是向自动导引段过渡瞬时的前置误差角。因此有

$$r_{min} \geqslant (2.5 \sim 3)\rho_0\Delta\eta$$

式中:ρ_0为转自动导引时导弹弹道的曲率半径。

由此可知,遥控的精确度愈低则自动导引系统必需的最小作用距离就会愈大。例如,当$\rho_0 = 5\text{km}$及$\Delta\eta = 10°$时,应该有$r_{min} \geqslant 2.7\text{km}$;当$\rho_0 = 5\text{km}$,而$\Delta\eta = 20°$时,$r_{min} \geqslant 5.4\text{km}$。

2) 理想弹道的交接——遥控段采用三点重合法

遥控段采用三点重合法导引是复合制导常采用的方法之一,三点重合法接平行接近法示意图如图8-6所示。三点重合法的导引方程可表示为

$$\sin\eta_m = \frac{1}{p}\frac{r_m}{r_t}\sin\eta_t \tag{8-1}$$

式中:p为导弹与目标的速度比。

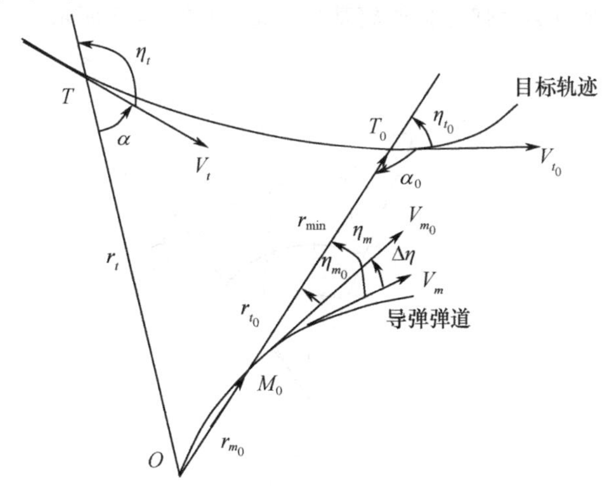

图8-6　三点重合法接平行接近法

在自动导引过渡瞬间

$$\sin\eta_m = \frac{1}{p}\frac{r_m}{r_t}\sin\eta_{t_0} \tag{8-2}$$

但是,自动导引段所必需的前置角由平行接近法的关系式确定:

$$\sin\eta_{m_0} = \frac{1}{p}\sin\eta_{t_0} \tag{8-3}$$

因此,在向自动导引过渡瞬时,前置误差将为

$$\Delta\eta = \eta_{m_0} - \eta_m \tag{8-4}$$

因为一般情况下,$p \geqslant 2$,则 $\sin\eta_{m_0} \leqslant 0.5$ 及 $\sin\eta_m \leqslant 0.5$,正弦函数可用其角度本身近似。因此,在一级近似时可以假定

$$\Delta\eta \approx \sin\eta_{m_0} - \sin\eta_m = \frac{1}{p}\frac{r_{\min}}{r_{t_0}}\sin\eta_{t_0} \tag{8-5}$$

式中 r_{t_0} 为转接时目标与制导站的距离。显然,在上述假定($p \geqslant 2$)下将有

$$\Delta\eta < 30°$$

比值 $r_{\min}/r_{t_0}$ 越小,则前置误差 $\Delta\eta$ 越小。

由于自动导引允许的最小距离 $r_{\min}$ 为

$$r_{\min} \geqslant (2.5 \sim 3)\rho_0\Delta\eta$$

把 $\Delta\eta$ 值带入上式,可得条件

$$r_{t_0} \geqslant (2.5 \sim 3)\frac{1}{p}\rho_0\sin\eta_{t_0} \tag{8-6}$$

因为 $p \geqslant 2$ 及 $\sin\eta_{t_0} \leqslant 1$,稍加裕量可得

$$r_{t_0} \geqslant 1.5\rho_0 \tag{8-7}$$

当式(8-7)不能被满足时,表明在过渡结束之前,导弹已从目标旁边飞过,导弹将不能按照自动导引的平行接近法攻击目标。

3) 实际弹道的交接

在实际情况下,由于制导系统的动态特性不理想和控制误差等原因,导弹实际的前置角与所需的前置角不同,导弹的实际弹道会偏离基准弹道,如图8-7所示。

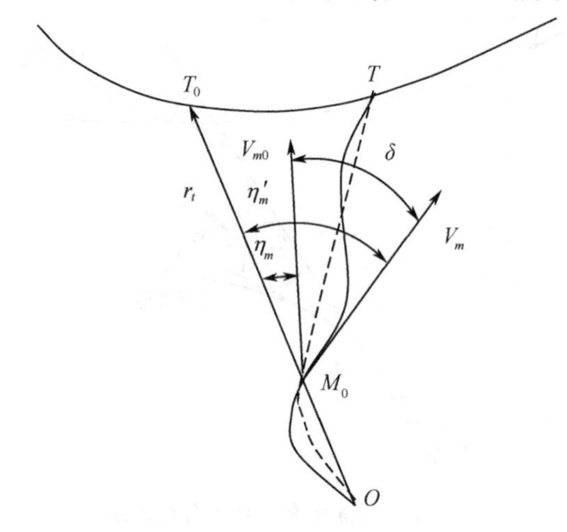

图8-7 真实三点重合法导引弹道交接

图中实线为真实弹道,而虚线为理想弹道。对于理想弹道,前置角 η 取决于式(8-2)。对于真实的弹道,其前置角为

$$\eta_m' = \eta_m + \delta \tag{8-8}$$

式中:δ 为导弹速度矢量和理想弹道在该点切线方向之间的夹角,为简单起见,后面称 δ 为遥控误差角;η_m 为理想三点法曲线的前置角。

因此前置误差

$$\Delta\eta = \eta_{m_0} - \eta_m' = \eta_{m_0} - (\eta_m + \delta) \tag{8-9}$$

遥控误差角 δ 的数值和符号是随机的。所以,在转换制导方法时,如果遥控误差角较大,同时又与前置角 η_m 的符号相反,则前置误差角就很大。但如果我们解决了最坏的情况,即遥控误差角为最大时的制导转换,那么其他一些数值的误差就会解决了。

假如在向自动导引过渡之前,导弹以最小曲率半径 ρ_0 转向与理想弹道相反的一侧,则误差 δ 将是最大的。因此,可以用图 8-9 来估计最坏的情况。理想弹道用半径为 ρ_0 的虚线圆弧表示,而真实轨道以相同半径的实线圆弧代表。

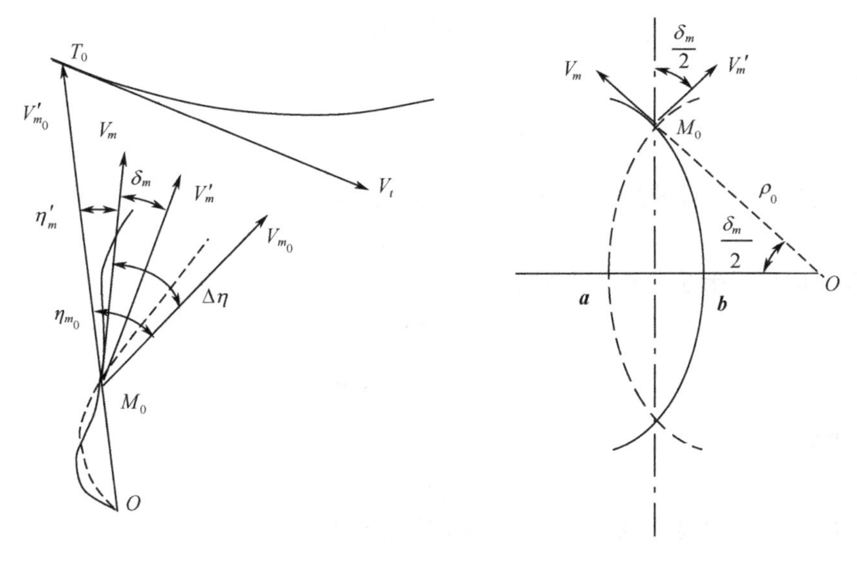

图 8-8　最大可能的前置角　　　　图 8-9　最大误差估计

向自动导引过渡发生在最不利的瞬间,即导弹处于 M_0 点时,在这一瞬间角 δ 等于 δ_m,而两弹道间的最大距离 $h_m=\overline{ab}$ 是遥控的最大线性误差。根据图 8-9 的几何关系,很容易看出 $\angle M_0ob=\frac{\delta_m}{2}$,所以

$$\frac{1}{\left(\dfrac{\rho_0-\dfrac{h_m}{2}}{\rho_0}\right)^2}=\frac{1}{\cos^2\dfrac{\delta_m}{2}} \tag{8-10}$$

由三角恒等式知

$$\frac{1}{\cos^2\dfrac{\delta_m}{2}}=\tan^2\frac{\delta_m}{2}+1 \tag{8-11}$$

所以

$$\tan^2\frac{\delta_m}{2}+1=\frac{1}{\left(\dfrac{\rho_0-\dfrac{h_m}{2}}{\rho_0}\right)^2} \tag{8-12}$$

上式可以变形为

$$\tan\frac{\delta_m}{2}=\sqrt{\frac{1}{\left(1-\dfrac{h_m}{2\rho_0}\right)^2}-1} \tag{8-13}$$

因为$\frac{h_m}{2\rho_0} \ll 1$,及通常$\frac{\delta_m}{2} < 0.5$,则可推导出

$$\delta_m \approx 2\sqrt{\frac{h_m}{\rho_0}} \tag{8-14}$$

应当注意的是式(8-14)所给出的是最大的误差值δ_m,因为在推导时是从许多最不利的条件下出发的。在绝大多数的真实情况下可以认为

$$\delta_m \leqslant 10^\circ \sim 15^\circ \tag{8-15}$$

因此,可得

$$\Delta\eta \approx \frac{1}{p}\frac{r_{\min}}{r_{t_0}}\sin\eta_{t_0} + \delta_m$$

由于自动导引所允许的最小作用距离由下式决定:

$$r_{\min} \geqslant 3\rho_0\Delta\eta$$

可以得到实现向平行接近法弹道过渡的条件为

$$r_{\min} \geqslant \frac{3\rho_0\delta_m}{1 - 3\frac{1}{p}\frac{\rho_0}{r_{t_0}}\sin\eta_{t_0}} \tag{8-16}$$

可以看出,恒有

$$r_{t_0} \geqslant r_{\min} \tag{8-17}$$

因此,由式(8-16)及式(8-17)可以得出附加条件:

$$r_{t_0} \geqslant 3\frac{1}{p}\rho_0\sin\eta_{t_0} + 3\delta_m\rho_0 \tag{8-18}$$

由此可见,在理想的遥控情况下,仅仅对到目标最小距离r_{t_0}提出要求。在真实的遥控情况下,不仅要求到目标有足够远的距离,而且要求自动导引有足够远的距离。在恶劣的情况下,当$\sin\eta_{t_0} = 1$时,自动导引所要求的最小距离可采取下述形式:

$$r_{\min} \geqslant \frac{3\rho_0\delta_m}{1 - 3\frac{1}{p}\frac{\rho_0}{r_{t_0}}} \tag{8-19}$$

$$r_{t_0} \geqslant 3\left(\frac{1}{p} + \delta_m\right)\rho_0 \tag{8-20}$$

例如,当已知

$$\rho_0 = 5\text{km}, p = 2, \delta_m = 10^\circ(0.18\text{rad})$$

可得出条件:

$$r_{t_0} > 10.2\text{km}$$

取$r_{t_0} = 12\text{km}$,则可求得

$$r_{\min} \geqslant 7.2\text{km}$$

当$r_{t_0} = 15\text{km}$时,要求就要松得多,即

$$r_{\min} \geqslant 5.4\text{km}$$

最后当$r_{t_0} = 30\text{km}$时,可得

$$r_{\min} \geqslant 3.6\text{km}$$

由此可见,当到目标的距离愈远时,三点法的遥控和平行接近法的自动导引的结合可以得

出最佳的结果,在 $r_{t_0} \geqslant 10 \sim 15\text{km}$ 时,这种结合将取得比较满意的效果。当对付近距离的目标,复合制导会复杂化,并且成本高昂,因此很难说是有利的。所以,要求目标距离为 10 ~ 15km 并不苛刻。事实上,在地空导弹中采用复合制导就是为了对付远距离的机动目标,当 $r_{t_0} \geqslant 50\text{km}$ 时,采用复合制导就成为必须的了,在这种情况下采用三点重合法的遥控制导和平行接近法的自动导引的组合能得到较好的结果。

8.2.2　交接导引律

中制导段的任务是在允许误差条件下,把导弹平稳、快速地导向某空域并使导引头自动截获目标,同时完成与末制导段弹道的平滑过渡。一般来说,导弹在各制导段采用的制导律是不同的,从而产生不同类型的弹道,这些弹道一般不具备在弹道交接点平滑过渡的性质,即使满足平滑过渡的点存在,制导律的弹道交接点也是固定的;在实际作战时,导弹在任何时候、任何条件下都有可能要求弹道交接,因此,设计合适的弹道交接段的交接制导律就显得十分重要。

弹道过渡可以分为一阶平滑过渡和二阶平滑过渡。一阶平滑过渡是指在交接处保证两弹道的速度方向一致;二阶平滑过渡是指在过渡点保证两弹道的速度矢量与法向加速度方向都一致。因此,需要设计一阶平滑和二阶平滑过渡的条件,形成导弹中末制导交接班的制导律以保证整个中末制导交接班弹道平滑过渡。

1. 零基交接导引律

如前所述,一阶平滑过渡要求在过渡点保证两弹道的速度方向一致,即满足如下关系:

$$\Delta\theta_m = 0 \tag{8-21}$$

二阶平滑过渡要求在过渡点保证两弹道的速度矢量与法向加速度度矢量的方向都一致,即

$$\begin{cases}\Delta\theta_m = 0\\ \Delta\dot{\theta}_m = 0\end{cases} \tag{8-22}$$

对于一阶平滑过渡,设中制导弹道矢量为 $\boldsymbol{r}_i(t)$,其切线矢量为

$$\boldsymbol{V}_i(t) = \frac{\mathrm{d}\boldsymbol{r}_i(t)}{\mathrm{d}t} \tag{8-23}$$

满足一阶平滑过渡的条件就是:当从第 i 条弹道向第 j 条弹道交接过渡,对于任意交接时间 $t_0 \in [0, t_f]$,t_f为交接时间,有

$$\begin{cases}\boldsymbol{r}_i(t_0) = \boldsymbol{r}_j(t_0)\\ \boldsymbol{V}_i(t_0) = \boldsymbol{V}_j(t_0)\end{cases},\ i \neq j \tag{8-24}$$

显然,只有在特定点上,式(8-24)的条件才有可能得到满足,否则不能实现弹道平滑过渡。对于复杂作战环境而言,交接时间是任意的,能满足上述条件的导引律很少,几乎不存在。为了解决这个问题,首先引入交接导引段的概念,然后设计交接段导引算法,以实现弹道的平滑过渡。

导弹从当前弹道向另外一条弹道切换的过程为弹道的交接段,该段的导引律称为交接导引律。设第 i 条和第 j 条导引律条件下的弹道加速度矢量为 $\boldsymbol{a}_i(t)$ 和 $\boldsymbol{a}_j(t)$,则

$$\begin{cases}\boldsymbol{r}_i(t) = \iint \boldsymbol{a}_i(t)\,\mathrm{d}t\\ \boldsymbol{r}_j(t) = \iint \boldsymbol{a}_j(t)\,\mathrm{d}t\end{cases} \tag{8-25}$$

$$\begin{cases} \boldsymbol{V}_i(t) = \int \boldsymbol{a}_i(t)\,\mathrm{d}t \\ \boldsymbol{V}_j(t) = \int \boldsymbol{a}_j(t)\,\mathrm{d}t \end{cases} \tag{8-26}$$

对于任意时刻 t,要实现弹道平滑交接,显然只要使 $\boldsymbol{a}_i(t)$ 变到 $\boldsymbol{a}_j(t)$ 时,加速度矢量保持连续,就可以保证弹道切线矢量 $\boldsymbol{V}_i(t)$ 到 $\boldsymbol{V}_j(t)$ 的平滑过渡。为了达到这一目的可以考虑首先使中制导加速度指令在 T_a 时间内逐渐减小到零,然后再在 T_b 时刻内逐渐增大到末制导所需的加速度指令。从而实现了过渡段加速度指令的连续,保证弹道一阶平滑过渡。在 $t=t_0+T_a$ 时刻弹道加速度为0,同时保证了弹道的二阶平滑过渡,T_a+T_b 时间即为交接班总时间。

导弹从当前弹道转移出的过程称为弹道交接的渐出,渐出过程的导引律称为渐出导引算法;导弹完全渐出当前弹道而进入另一条弹道的过程称为弹道交接的渐入,渐入过程的导引律称为渐入导引算法,渐出段与渐入段的交接点称为弹道交接点。

根据上述定义,弹道从 $\boldsymbol{a}_i(t)$ 平滑切换到 $\boldsymbol{a}_j(t)$ 的过程为制导交接段,该段的导引规律为交接导引律,设从 t_0 开始进行弹道渐出,已知 $\boldsymbol{a}_i(t_0)$ 为交接开始时刻中制导加速度指令,设计渐出导引律:

$$\boldsymbol{a}_{jc}(t) = \boldsymbol{a}_i(t_0)(t_0+T_a-t)/T_a,\ t\in[t_0, t_0+T_a] \tag{8-27}$$

式中:T_a 为渐出时间。显然,当 $t=t_0$ 时,$\boldsymbol{a}_{jc}(t)=\boldsymbol{a}_i(t_0)$;当 $t=t_0+T_a$ 时,$\boldsymbol{a}_{jc}(t)=0$。

从 $t=t_0+T_a$ 时开始,经时间 T_b 进入 $\boldsymbol{a}_j(t_b)$ 弹道,设计渐入制导规律 $\boldsymbol{a}_{jr}(t)$ 为

$$\boldsymbol{a}_{jr}(t) = \boldsymbol{a}_j(t_b)(t-t_0-T_a)/T_b,\ t\in[t_0+T_a, t_0+T_a+T_b] \tag{8-28}$$

式中:T_b 为渐入时间。显然,当 $t=t_0+T_a$ 时,$\boldsymbol{a}_{jc}(t)=0$;当 $t=t_0+T_a+T_b$ 时,$\boldsymbol{a}_{jc}(t)=\boldsymbol{a}_j(t_b)$,弹道实现交接,交接点为 $t=t_0+T_a$ 时刻。

由式(8-27)和式(8-28)确定的制导交接律在交接点 $t=t_0+T_a$ 时刻加速度指令为零,将其称为零基交接导引律。由于引入了弹道交接段,保证了弹道加速度的平滑交接,从而使导引律的弹道交接实现平滑过渡,交接时间 T_a、T_b 是影响交接过渡过程的重要参数。

2. 线性自适应交接规律

零基交接强行要求在交接点弹道加速度为零,虽然它可以保证弹道平滑过渡,但这在交接段存在大的导弹航向误差时会使导弹在导引过渡段瞄准误差进一步增大,不利于导弹命中目标。实际上,在弹道交接点使弹道加速度为零并无必要,其核心思想就是要使加速度矢量连续,这可以理解为使得交接班的加速度:

$$\boldsymbol{a}_{jj}(t) = \frac{\mathrm{d}\boldsymbol{V}(t)}{\mathrm{d}t} \tag{8-29}$$

式中:$\boldsymbol{a}_{jj}(t)$ 为导弹的加速度矢量;$\boldsymbol{V}(t)$ 为导弹的速度矢量,是一个连续函数。

若能够使得 $\boldsymbol{a}_{jj}(t)$ 在交班开始时刻等于中制导完成结束时刻的加速度指令,在交班完成时等于末制导律所需的加速度指令,则完成导弹中末制导交班。此时交班问题就转化为以两常值矢量为始末点的两点边界值问题。在交接段末制导已经开始工作,而中制导段导引律仍然在起作用,可以用这两种制导律为参量构造一个连续函数作为交接班的制导规律,实现弹道的平滑过渡。

基于上述思想,将中末制导交接班看作是从第 i 条弹道到第 j 条弹道的过渡。$\boldsymbol{a}_i(t_0)$、$\boldsymbol{a}_j(t_b)$ 分别为第 i 条弹道和第 j 条弹道的指令加速度。设交接开始时刻为 t_0,交接班时间为 T,定义交接段导引规律为

$$\boldsymbol{a}_{jj}(t) = \boldsymbol{a}_j(t_b) + K(t)[\boldsymbol{a}_i(t_0) - \boldsymbol{a}_j(t_b)] \tag{8-30}$$

式中:$K(t)=(T+t_0-t)/T, t\in[t_0,t_0+T]$。

显然,$t=t_0$时,$\boldsymbol{a}_{jj}(t)=\boldsymbol{a}_i(t_0)$,经过时间 T,在 $t=t_0+T$,$\boldsymbol{a}_{jj}(t)=\boldsymbol{a}_i(t_b)$。实现顺利过渡,这种自适应交接方式,不要求交接点弹道加速度为零,将弹道的渐出和渐入重叠在一个段内,能适应不同导引弹道的平滑过渡,产生的弹道航向误差较小,待定参数只有一个 T,即交接时间。

式(8-30)中的平滑过渡算子 $K(t)$,还可以具有多种形式。因此上式可以表示成更一般的形式:

$$\boldsymbol{a}_{jj}(t)=\boldsymbol{a}_i(t_0)\rho(t)+\boldsymbol{a}_j(t)[1-\rho(t)] \tag{8-31}$$

式中:$\rho(t)$为连续函数,满足 $0\leqslant\rho(t)\leqslant1$,$\rho(t_0)=1$,$\rho(t_0+T)=0$,$t\in[t_0,t_0+T]$。

通过上述分析,给出了自适应交接律的表达形式,现在的问题是如何选择交接段参数 T。为了便于分析,仅考虑导弹某一通道的制导问题,这样制导指令为标量。假设自动驾驶仪及弹体动力学为一阶环节 $G(s)$的简单情况,即

$$a(s)=G(s)a_c(s) \tag{8-32}$$

$$G(s)=\frac{1}{\tau s+1} \tag{8-33}$$

$$a(t)=L^{-1}[a(s)] \tag{8-34}$$

$$a_c(t)=L^{-1}[a_c(s)] \tag{8-35}$$

式中:$a(t)$为导弹加速度输出;$a_c(t)$为导弹加速度指令;τ 为导弹自动驾驶仪及弹体的时间常数。

在交接段,自适应交接算法表达式为

$$a_{jj}(t)=a_j(t_b)+K(t)[a_i(t_0)-a_j(t_b)] \tag{8-36}$$

式中:$K(t)=(T+t_0-t)/T, t\in[t_0+t_0+T]$。

式(8-36)可以进一步写成如下形式

$$a_{jj}(t)=a_j(t_b)+\frac{T+t_0-t}{T}[a_i(t_0)-a_j(t_b)]=a_i(t_0)-\frac{a_i(t_0)-a_j(t_b)}{T}(t-t_0) \tag{8-37}$$

由式(8-37)可知,系统输入由两部分组成:第一部分为 $a_i(t_0)$,它是原始输入;第二部分为 $-\frac{a_i(t_0)-a_j(t_b)}{T}(t-t_0)$,是新增输入部分。根据线性系统的叠加原理,输出也由两部分组成,它为原始输出与新增输出之和。在频域内输出表达式为

$$\begin{aligned}a(s)&=\left(\frac{a_i(t_0)}{s}-\frac{a_i(t_0)-a_j(t_b)}{T}\cdot\frac{1}{s^2}\cdot \mathrm{e}^{-t_0s}\right)\cdot G(s)\\&=\frac{a_i(t_0)}{s(\tau s+1)}-\frac{a_i(t_0)-a_j(t_b)}{T}\cdot\frac{1}{s^2(\tau s+1)}\cdot \mathrm{e}^{-t_0s}\end{aligned} \tag{8-38}$$

$$a(t)=L^{-1}[a(s)]=a_i(t_0)(1-\mathrm{e}^{-\frac{t}{\tau}})-\frac{a_i(t_0)-a_j(t_b)}{T}[(t-t_0)-\tau+\tau\mathrm{e}^{-\frac{t-t_0}{\tau}}] \tag{8-39}$$

当 $t=t_0+T$ 为交接班完成时刻,有

$$a(t_0+T)=a_i(t_0)(1-\mathrm{e}^{-\frac{t_0+T}{\tau}})-\frac{a_i(t_0)-a_j(t_b)}{T}\left(T-\tau+\tau\mathrm{e}^{-\frac{T}{\tau}}\right) \tag{8-40}$$

假设参数 T 满足条件 $T>>\tau$,则有

$$\frac{\tau}{T}\approx0、\mathrm{e}^{-\frac{T}{\tau}}\approx0、a(t_0+T)=a_i(t_0)-[a_i(t_0)-a_j(t_b)]=a_j(t_b)$$

因此,当 $T>>\tau$ 时,所设计的自适应交接规律可以实现弹道的交接。

在引入交接段后,由于弹道的交接会产生一定的航向误差,它是影响末制导精度的重要因素,而引起航向误差的原因又很多,作为对制导律方法本身的研究,这里仅讨论算法本身所引起的航向误差对交接段参数的影响。

导弹弹道角速度 $\dot{\theta}_m$应当满足

$$\dot{\theta}_m = a(t)/V_m \tag{8-41}$$

式中:$a(t)$为导弹加速度;V_m为导弹速度。下面计算自适应交接律的弹道角误差积累 $\Delta\theta_m$。

$a_j(t_b)$为理想的末制导弹道加速度,在频域内可以表示为

$$a_j(s) = \frac{a_j(t_b)}{s} \tag{8-42}$$

由式(8-38)和式(8-42),可得交接段的加速度误差 $\Delta a_j(s)$为

$$\begin{aligned}\Delta a_j(s) &= a_j(s) - a(s)\\ &= \frac{a_j(t_b)}{s} - \frac{a_i(t_0)}{s} + \frac{a_i(t_0) - a_j(t_b)}{T} \cdot \frac{1}{s^2(\tau s+1)} \cdot \mathrm{e}^{-t_0 s}\end{aligned} \tag{8-43}$$

对式(8-43)两端在 $0\sim t$ 上进行积分,可得

$$\frac{\Delta a_j(s)}{s} = \frac{a_j(t_b)}{s^2} - \frac{a_i(t_0)}{s^2} + \frac{a_i(t_0) - a_j(t_b)}{T} \cdot \frac{1}{s^3(\tau s+1)} \cdot \mathrm{e}^{-t_0 s} \tag{8-44}$$

对式(8-44)进行拉氏反变换,可得

$$\begin{aligned}\int_0^t \Delta a_j(t)\,\mathrm{d}t &= L^{-1}\left[\frac{1}{s}\Delta a_j(s)\right]\\ &= L^{-1}\left[\frac{a_j(t_b)}{s^2} - \frac{a_i(t_0)}{s^2} + \frac{a_i(t_0) - a_j(t_b)}{T} \cdot \frac{1}{s^3(\tau s + 1)} \cdot \mathrm{e}^{-t_0 s}\right]\\ &= [a_j(t_b) - a_i(t_0)]t + \frac{1}{2}\frac{a_i(t_0) - a_j(t_b)}{T}[(t - t_0)^2 - 2\tau^2 + \tau^2\mathrm{e}^{-\frac{t-t_0}{\tau}}]\end{aligned} \tag{8-45}$$

$$\begin{aligned}\int_{t_0}^{t_0+T} \Delta a_j(t)\,\mathrm{d}t &= \int_0^{t_0+T}\Delta a_j(t)\,\mathrm{d}t - \int_0^{t_0}\Delta a_j(t)\,\mathrm{d}t\\ &= [a_j(t_b) - a_i(t_0)](T + t_0) + \frac{1}{2}\frac{a_i(t_0) - a_j(t_b)}{T}\left[T^2 - 2\tau^2 + \tau^2\mathrm{e}^{-\frac{T}{\tau}}\right]\\ &\quad - [a_j(t_b) - a_i(t_0)]t_0 - \frac{1}{2}\frac{a_i(t_0) - a_j(t_b)}{T}(-\tau^2)\end{aligned} \tag{8-46}$$

当满足条件 $T \gg t$ 时,

$$\begin{aligned}\int_{t_0}^{t_0+T} \Delta a_j(t)\,\mathrm{d}t &\approx [a_j(t_b) - a_i(t_0)](T + t_0) + \frac{1}{2}[a_i(t_0) - a_j(t_b)]T - [a_j(t_b) - a_i(t_0)]t_0\\ &= \frac{T}{2}[a_j(t_b) - a_i(t_0)]\end{aligned} \tag{8-47}$$

由式(8-41)可得在 $T \gg t$ 条件下,自适应交接方法累积的弹道航向误差为

$$\Delta\theta_m = \left|\int_{t_0}^{t_0+T}\Delta a_j(t)\,\mathrm{d}t \Big/ V_m\right| = \left|\frac{T}{2V_m}[a_j(t_b) - a_i(t_0)]\right| \tag{8-48}$$

在上节中提到了零基交接强行要求在交接点弹道加速度为零,虽然它可以保证弹道平滑

过渡,但在交接段存在大的导弹航向误差时会使导弹在导引过渡段瞄准误差进一步增大,不利于导弹命中目标。

现在采用和上面同样的计算方法计算零基交接方法积累的弹道航向误差。设渐出段误差为 $\Delta\theta_1$,渐入段误差为 $\Delta\theta_2$,根据式(8-41),在 $T_a \gg \tau$、$T_b \gg \tau$ 的条件下,积累的弹道总航向误差为

$$\Delta\theta_{m0} = |\Delta\theta_1| + |\Delta\theta_2| = \frac{1}{2}\left[\left|\frac{a_i(t_0)}{V_m}\right|T_a + \left|\frac{a_i(t_0)}{V_m}\right|T_b\right] \tag{8-49}$$

考虑极端情况下最大航向误差,设导弹最大加速度为 $a_{\max}$,最大容许航向误差为 $\Delta\theta_{\max}$,$\Delta a_{\max}$ 为交接班指令最大误差。

对于自适应交接方法,当选择

$$T \leqslant \frac{2\Delta\theta_{\max}V_m}{\Delta a_{\max}} \tag{8-50}$$

由式(8-48)可得:$\Delta\theta_{\mathrm{m}} \leqslant \left|\frac{2\Delta\theta_{\max}V_m}{\Delta a_{\max}}\right| \cdot \left|\frac{1}{2V_m}[a_j(t_b) - a_i(t_0)]\right| \leqslant \Delta\theta_{\max}$,满足误差要求。

对于零基交接方法,当选择 $T_a \leqslant \frac{\Delta\theta_{\max}V_m}{\Delta a_{\max}}$、$T_b \leqslant \frac{\Delta\theta_{\max}V_m}{\Delta a_{\max}}$ 时,由式(8-41)可得:$\Delta\theta_{m0} \leqslant \frac{\Delta\theta_{\max}}{2}\left[\frac{|a_i(t_0)|}{a_{\max}} + \frac{|a_j(t_b)|}{a_{\max}}\right] \leqslant \Delta\theta_{\max}$,满足误差要求。

比较式(8-48)和式(8-49)可以看出,自适应交接班的方法积累的弹道航向误差明显小于零基交接方法。

3. 三角函数自适应交接规律

自适应交接方法的核心思想是,用中末两段的导引律作为参量,利用一个平滑过渡算子,构造一个连续的函数,作为交接班制导律,将中末制导交接班问题转化为以两常值矢量为始末点的两点边值问题,其表达形式可以有很多。基于该思想,可选择 $\left[0, \frac{\pi}{2}\right]$ 内的三角函数作为交接班算法的平滑过渡算子,来构造自适应交接班制导律。将中末制导交接班看作是从第 i 条弹道到第 j 条弹道的过渡。$a_i(t_0)$ 和 $a_j(t_b)$ 分别为第 i 条和第 j 条弹道的加速度指令。设交接开始时刻为 t_0,交接班时间为 T,定义交接段导引规律为

$$a'_{ij}(t) = a_i(t_0) + \lambda(t)[a_j(t_b) - a_i(t_0)] \tag{8-51}$$

式中:$\lambda(t) = \sin\left[\frac{\pi}{2T}(t-t_0)\right], t \in [t_0, t_0+T]$;或 $\lambda(t) = \cos\left[\frac{\pi}{2T}(t-t_0)\right], t \in [t_0, t_0+T]$。

显然,$t = t_0$ 时,$a'_{ij}(t) = a_i(t_0)$;经过时间 T,在 $t = t_0 + T$ 时刻,$a'_{ij}(t) = a_j(t_b)$。

根据前节中的计算方法,可得弹体时滞参数对参数 T 的影响表达式。当满足 $T \gg t$ 时,有

$$a'(t) \approx a_i(t_0) + [a_j(t_b) - a_i(t_0)] = a_j(t_b) \tag{8-52}$$

因此,该交接律可实现交接班的弹道过渡,与采用一次函数作为交接班算法平滑过渡算子的自适应交接班制导律方法一样,采用 $\left[0, \frac{\pi}{2}\right]$ 内的正弦函数作为交接班算法平滑过渡算子来构造的自适应交接班制导律,同样要求参数 $T \gg t$。

以导弹俯仰通道为例,在 $T \gg t$ 的情况下,该算法的累积航向误差为

$$\Delta\theta_m = \left|[a_j(t_b) - a_i(t_0)]\left(T - \frac{2T}{\pi}\right)/V_m\right| = \left|\frac{T}{V_m}[a_j(t_b) - a_i(t_0)]\left(1 - \frac{2}{\pi}\right)\right|$$

$$\approx 0.36\left|\frac{a_j(t_b) - a_i(t_0)}{V_m}\right|T \tag{8-53}$$

考虑极端情况下最大航向误差,设导弹最大加速度为 $a_{\max}$,最大容许航向误差为 $\Delta\theta_{\max}$,$\Delta a_{\max}$ 为交接班指令最大误差,当选择 $T \leqslant \frac{\Delta\theta_{\max}V_m}{0.36\Delta a_{\max}}$ 时,由式(8-53)可得:$\Delta\theta_m \leqslant \left|\frac{\Delta\theta_{\max}V_m}{0.36\Delta a_{\max}}\right| \cdot \left|\frac{0.36}{V_m}[a_j(t_b) - a_i(t_0)]\right| \leqslant \Delta\theta_{\max}$,满足误差要求。

将上述结果与选择一次函数作为平滑过渡算子的自适应交接班制导律得到的结果进行比较,可以看出采用正弦函数作为平滑过渡算子的自适应交接班制导律的航向积累误差小,对参数 T 的限制小。说明采用正弦函数作为平滑过渡算子的自适应交接班制导律要优于选择一次函数作为平滑过渡算子的自适应交接班制导律。

8.2.3 导引头的目标再截获

导弹由发射段转入控制段,或在控制段中由一种导引方法转换到另一种导引方法时,需要考虑的另一个问题是目标的再截获问题。从发射段转为无线电遥控段的目标再截获问题,前面已经进行了介绍,这里重点介绍弹上导引头(雷达)对目标的再截获问题,即中末制导的导引头交接班。

在飞行过程中,由于中末制导交接班时导弹的导引头需要对目标进行截获,因此,导引头的指向对缩短导引头对目标的搜索定位非常重要。一般来说,中制导并不能保证导引头指向准确的方向,如果存在不可预见的目标大机动或者中制导方式设计缺陷,目标往往会不在导引头视场之中,从而使得导引头截获目标发生困难。因此,在合适的位置、合适的时间、给定导引头合适的初始定位非常重要。

导引头的视场是固定的,在交接班处,导引头的有效作用域能够覆盖目标机动域的范围确定了导引头截获目标的概率,导引头的初始设定角应该处在该范围内。

在中末制导交接班时刻,只有目标处在导引头的搜索范围内,且在导引头锁定目标前目标不逃出导引头的视场,导引头才有可能截获目标。

1. 目标截获条件

根据选定的中制导方式、捷联惯导系统提供的导弹姿态和位置信息,以最大可能的截获概率确定导引头初始设定,从而使得导引头截获目标的概率最大。

为了实现导引头以最大概率截获目标,需要针对不同的目标机动域和发射条件、中制导方式等进行分析,确定在中末制导交接班时导引头视场对目标机动域的覆盖达到最大。

1) 导引头交班要求

中末制导导引头交班包括距离交班、角度交班和速度交班,对交班精度的具体要求如下:

(1) 距离交班:由于受导引头雷达能力所限,中末制导交班不能过早。一般采用被动寻的末制导体制的导弹,交班时导弹-目标距离可以大于25km,而采用主动寻的制导导弹,交班时导弹-目标距离往往小于20km,具体的数值取决于导引头雷达的性能指标。

(2) 角度交班:设导引头天线角度预定误差为 $\Delta\varphi$,即天线指向误差,导引头天线波束宽度为 $\Delta\varphi_s$,要求导引头天线预定的最大误差满足:

$$|\Delta\varphi_{\max}| < \Delta\varphi_s/2 \tag{8-54}$$

（3）速度交班：导引头多普勒频率预定误差 Δf_d 要尽量小，以保证导引头可靠、迅速地捕获日标。设导引头速度搜索波门宽度为 $\pm\Delta f_s$，要求多普勒频率预定误差满足：

$$|\Delta f_{d\max}| < \Delta f_s \tag{8-55}$$

2）目标截获的判据

导引头截获目标的判据是：在满足距离截获的条件下，目标视线位于导引头航向和高度角搜索视场内。当目标视线位于导弹航向视场（偏航角 ± 最大航向视场角）与导弹高低视场（俯仰角 ± 最大高低视场角）所构成的空间锥体内时，同时达到速度截获条件，即可实现目标截获。

在形成允许截获标志之后，控制算法根据中制导段计算的导弹目标运动参数，给出目标相对导弹的三个位置信息：初始斜距 r 以及高低角 q、方位角 σ。导引头根据目标粗略方位角进行搜索，如果截获目标，则转入中末制导交接班过程；反之导弹继续中制导飞行，导引头按照捷联惯性导航算法估算的新的目标粗略方位继续搜索。

3）截获条件判定模型

根据目标预测结果，在规定的交接时间点将导引头瞬时指向预置到预测目标位置。对满足距离截获条件的目标位置进行角度截获判断，即目标预测点的视线角与目标实际位置的视线角之差是否落在导引头的视场内，将其与导引头偏航和俯仰最大视场角比较，给出角截获条件的判定结果。

目标截获事件 X 是距离截获事件 X_a、航向角截获事件 X_b、高低角截获事件 X_c 与相对速度截获事件 X_d 的交集，有

$$X_a = \{r_{Th} \mid r_{Th} < r_{s\max}\}$$
$$X_b = \{\sigma_{Th} \mid \sigma_{Th} < \varphi_{s\max}\}$$
$$X_c = \{q_{Th} \mid q_{Th} < \varphi_{s\max}\}$$
$$X_d = \{V_r \mid V_r \in \boldsymbol{V}\}$$
$$X = X_a \cap X_b \cap X_c \cap X_d$$

式中：r_{Th} 为交接时刻导弹目标相对距离；σ_{Th} 为交接时刻目标预测点的偏航视线角；q_{Th} 为交接时刻目标预测点的俯仰视线角；$\varphi_{s\max}$ 为导引头的最大视场角；V_r 为弹目相对速度。

2. 目标截获概率

1）目标截获事件

目标截获事件是距离截获事件和角度（包括航向和高低角）截获事件的逻辑乘。距离截获概率是经过中制导段后目标与导弹的距离小于导引头截获距离的概率。角度截获概率是指目标的实际视线落入导引头视场的概率。

对于主动雷达导引头，目标的截获含目标的距离截获、角度截获和速度截获。导引头截获目标概率 P_m 为

$$P_m = P_D P_\alpha P_V \tag{8-56}$$

式中：P_α 为角度截获概率；P_D 为为距离截获概率；P_V 为速度截获概率。

导弹截获目标的时间是受误差影响的随机变量，截获概率是时间的函数，用一个概率值并不能充分说明导弹截获目标的情况。这里采用截获目标时间的分布函数进行描述，并采用经验分布函数对其进行估计。

经验分布函数：设 $(X_1, X_2, \cdots, X_n)$ 是来自总体 X 的样本，样本的顺序统计量为 $X_{(1)} \leqslant$

$X_{(2)} \leqslant \cdots \leqslant X_{(n)}$,当给定一组顺序统计量的观察值 $X_{(1)} \leqslant X_{(2)} \leqslant \cdots \leqslant X_{(n)}$ 时,对任意实数,定义总体的经验分布函数为

$$F_n(x) = \begin{cases} 0, & x < x(1) \\ k/n, & x(k) \leqslant x < x(k+1), k = 1, 2, \cdots, n-1 \\ 1, & x \geqslant x(n) \end{cases} \tag{8-57}$$

当实验重复次数足够多时,经验分布函数依概率均匀收敛于实际的分布函数。即当蒙特卡洛仿真实验的重复次数充分大时,则 $F_n(x)$ 可以代表实际的分布函数。

2）截获概率的计算

定义 P_m 为导引头截获目标概率,P_t 为目标落入导引头视场内导引头对目标的检测概率,则交接班成功的概率为

$$P = P_m P_t \tag{8-58}$$

在等概率假设条件下,机动目标在 ±90°范围出现的概率各为 0.5,在两个方向上出现的概率为 1,因此只需要统计一个方向出现的截获概率就可以了。为了计算导引头的截获概率,假定目标的初始运动在 0°~90°范围(前半球 1/2 目标运动范围)内每 9°为一个条件,共分 10 组,即将导引头对目标的截获事件 A 分为 10 个子事件 $B_i (i = 1 \sim 10)$,由于这 10 个事件是不相关的,因此,对于每一个事件,截获事件 A 的条件概率相等,即 $P(A/B_i) = P(A/B_j) = 1/10$。

由蒙特卡罗方法计算每一组发射条件的截获概率 $P(A/B_i)$,$i = 1 \sim 10$,则根据全概率计算公式得到截获事件 A 的概率为

$$\begin{aligned} P(A) &= P(A/B_1)P(B_1) + P(A/B_2)P(B_2) + \cdots + P(A/B_n)P(B_n) \\ &= \sum_{i=1}^{n} P(A/B_i)P(B_i) \end{aligned} \tag{8-59}$$

因此有

$$P(A) = \frac{1}{10}\sum_{i=1}^{n} P(B_i) \tag{8-60}$$

3. 导引头视界角

前面提到导引头对目标的截获条件包括距离截获、角度截获和速度截获。一般来说,导引头对目标的截获问题重点是考虑角度截获。角度截获与导引头天线的波束宽度有关,导引头天线的波束宽度又称为导引头视界角,用 $2\theta_m$ 来表示,如图 8-10 所示。

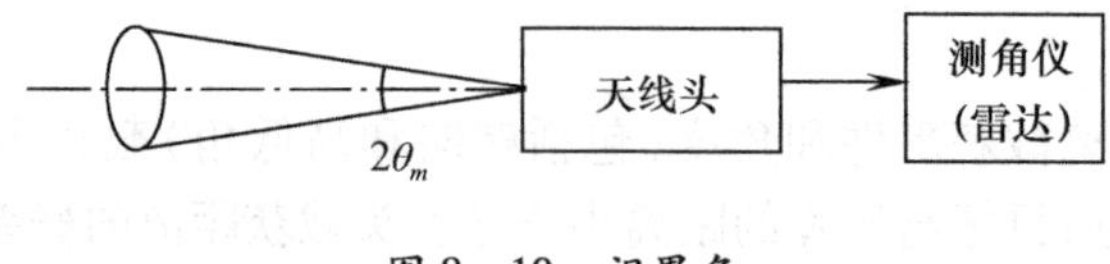

图 8-10 视界角

一般要求测角仪具有较窄的视界角,压缩视界角有下列许多优点:增大作用距离(因为可以应用窄方向图的天线);增大角灵敏度,提高角鉴别力;增强自动导引系统的抗扰度等。

然而,我们不能无限制地压缩视界角,其主要原因如下:

(1) 压缩视界角要求增加天线头的尺寸和缩短测角仪的工作波长。若工作波长小于 2~3cm,那么,作用距离将受气候条件的严重影响。另外,天线头的最大横向尺寸一般不超过 0.3~0.5m,在这种有限尺寸和波长的情况下,一般有

$$2\theta_m \geqslant 10° \sim 20° \tag{8-61}$$

(2) 当视界角过于狭小时,只要目标一机动就会跑出视界角,在自动导引的过程中,当与

目标接近时，这种危险就会愈加严重。

(3) 由于目标具有一定的线性尺寸，不能认为是一个点，若视界角小，则在接近目标时，目标的有限尺寸就会超出此视界角，从而破坏了测角仪的正常工作。

(4) 当视界角小时，把弹上测角仪对准目标有困难，因为不易捕获目标。

根据这些理由，存在着某些最佳的视界角，对于上面所举出的数据，此角的范围一般为

$$2\theta_m \approx 10° \sim 30° \tag{8-62}$$

因此，为了保证由遥控制导到自动寻的的过渡，在过渡瞬时，应使目标落在这有限的视界角范围之内。为了解决这一任务，这里简单地介绍几种常见的方法。

方法一：应用自动跟踪目标的天线，这种天线在导弹尚未发射时就已对准目标。

在导弹发射后，马上开始或几乎马上开始自动导引时，这种方法是可行的，但是在组合制导时不能采用。因为采用组合制导的主要目的在于增大作用距离和提高控制的抗扰度，这样，弹上测角仪就不应该在发射瞬时马上开始接收目标的反射信号，而只能在导弹快要接近目标的时候。

方法二：在发射前把天线头对准目标，并在这一位置把它刚性地固结于导弹壳体之上。

导弹发射前，可以用控制站的雷达来确定目标方向，根据这种方向的数据来装定弹上测角仪的天线头，并把它固定于这一位置使其相对于导弹壳体不动。

显然，只有在这种情况下才能应用这种方法，即能够确信在发射和遥控的过程中目标视线相对于导弹壳体的转角不会超过 θ_m。但是，在大多数情况下，这一条件是难于满足的。

假设导弹在遥控制导时采用三点法，在某一瞬间导弹处于某点 M，速度矢量和目标方向构成前置角 η_m（图 8－11），有关系式

$$\sin\eta_m = \frac{1}{p}\frac{r_m}{r_t}\sin\eta_t$$

其中，$\eta_t = 180° - \theta_t$。

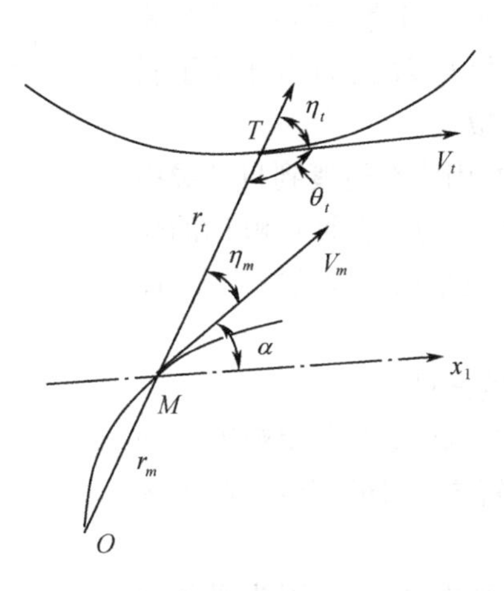

图 8－11　三点重合法导引对目标的截获

导弹纵轴 x_1 与速度矢量 V_m 构成一个角度，此角为攻角 α。显然，目标方向与导弹纵轴之间的夹角等于

$$\delta = \eta_m + \alpha \approx \frac{1}{p}\frac{r_m}{r_t}\sin\eta_t + \alpha \tag{8-63}$$

在遥控开始时，因为 $r_m \ll r_t$，所以

$$\delta=\delta_1\approx\alpha_1 \tag{8-64}$$

而在自动导引过渡的瞬间,因为 $r_m/r_t\approx1$,所以有

$$\delta=\delta_2\approx\frac{1}{p}\sin\eta_t+\alpha_2 \tag{8-65}$$

因而,在遥控制导的过程中,导弹纵轴与目标方向间的夹角可能变化成如下数值:

$$\Delta\delta=\delta_2-\delta_1\approx\frac{1}{p}\sin\eta_t+(\alpha_2-\alpha_1) \tag{8-66}$$

在恶劣情况下

$$\Delta\delta_{\max}\approx\frac{1}{p}+2\alpha_{\max} \tag{8-67}$$

当 $p=2,\alpha_{\max}=10°$ 时,有

$$\Delta\delta_{\max}=50° \tag{8-68}$$

因为视界角的一半 $\theta_m\leqslant5°\sim15°$,显然由上两式所表示的角度 δ 的激烈变化将会导致丢失目标。

方法三:在发射前把天线头对准目标,并用陀螺仪把它稳定在这一位置。

当采用稳定天线头的自动导引时,可以运用这种方法,但也仅仅是在这些情况下可以。即能够确信,在发射过程及遥控过程中,目标视线相对于弹上稳定的陀螺仪坐标系的转角不超过 θ_m。

方法四:交变视界角。

由上面所列举的各种方法可以看出,若视界角很宽,$2\theta'_m\approx80°\sim100°$,则抓住目标是没有什么困难的,但是为了使自动导引有满意的质量,又必须使视界角相当窄,$2\theta_m\approx10°\sim30°$。因此,可以利用交变视界角来实现导引头天线不同的任务,即在遥控过程中,到捕获目标以前用宽的视界角 $2\theta'_m$,而当捕获了目标以后,就把此视界角压缩到 $2\theta_m$。

这种做法也有不利的一面,因为在过渡到自动导引的瞬时以前,到目标的距离最大,为了保证足够远的作用距离、角鉴别力和抗干扰,不应采用较大的视界角,而应该采用较小的视界角。

方法五:用弹上天线自动搜索目标。

运用具有窄视界角 $2\theta_m$ 的天线头来自动观察空间的方法,可以保证搜索到在宽视界角 $2\theta'_m$ 圆锥空间内的目标,如图 8-12 所示。

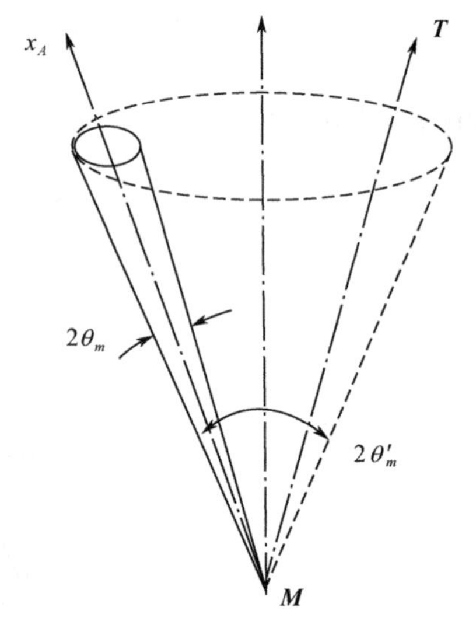

图 8-12 天线圆锥扫描搜索

但是,这种方法也有一系列的缺点:①因为必须察视很宽的视界角,所以会使控制系统的抗扰度变坏;②应该非常迅速地把目标搜索到(在几秒钟之内),否则导弹在搜索期间飞过了很长的距离,这就可能漏掉目标,因而是不利的。

这样,用弹上测角仪足够迅速而又可靠地自动搜索和自动停止搜索就变得非常艰巨,而导弹是一次使用的武器,它又应该简单、便宜和抗扰度高,于是问题就更加复杂化。

方法六:天线的远距离瞄准。

利用装置在控制站的仪器自动地确定出弹上天线轴应该对准哪个方向,而后把所要求的

角坐标值用无线电的方式传送到弹上,弹上设备收到这种信号后,根据它来装定弹上天线。显然,为了保证这种远距离的装定工作,在控制站和在弹上都要有坐标的同步系统。可以用被陀螺仪稳定的弹上坐标系来达到这种坐标的同步。

方法七:采用微波干涉仪式的自动导引头。

微波干涉仪式的自动导引系统的视界角宽,天线不动。没有任何机械扫描装置,在搜索空间内捕获目标的可能性很大。但是它也有许多特殊问题,如视界角宽,能量不能集中,作用距离有限,角鉴别力不好等。若导弹采用冲压式发动机,那么天线安装位置的选择及其安装方式等都是一连串不易解决的难题。

比较上述7种把弹上天线对准目标的方法,可以看出,每种方法都有它的长处,但也都有其严重的缺点。因此,在复合制导中,设计出一种把弹上天线对准目标的简单而又可靠的系统显然是一个非常重要的课题。

8.3　多模复合制导

多模复合寻的制导是指由多种模式的寻的导引头参与制导,共同完成导弹的寻的任务。目前应用较广的是双模寻的制导系统,如被动雷达/红外双模寻的制导系统、毫米波主/被动双模寻的制导系统、被动雷达/红外成像双模寻的制导系统等。

多模复合制导在充分利用现有寻的制导技术的基础上,能够获取目标的多种频谱信息,通过信息融合技术提高寻的装置的智能,弥补单模制导的缺陷,发挥各种传感器的优点,提高武器系统的作战效能。多模复合寻的制导系统可用于空空、地空、空地和反导系统的导弹制导中。在现代战争中,多模复合寻的制导系统具有广泛的应用前景和发展前途,具备以下主要优点:

(1) 可以提高制导系统的抗干扰能力,使导弹能适应各种作战环境的需要;

(2) 可以提高目标的捕捉概率和数据可信度;

(3) 可以提高系统的稳定性和可靠性;

(4) 可以有效地识别目标的伪装和欺骗,成功进行目标识别或目标要害部位的识别;

(5) 可以提高寻的制导的精度。

多模复合制导的核心问题在于如何进行多种探测方式的信息融合。信息融合是研究包括军用和民用很多领域在内的对多源信息进行处理的理论、技术和方法,它是针对一个系统中使用多种传感器(多个或多类)这一特定问题而展开的一种信息处理的新研究方向,因此,信息融合又称作多传感器融合。信息融合比较确切的定义可概括为:利用计算机技术对按时序获得的若干传感器的观测信息在一定准则下加以自动分析、综合以完成所需的决策和估计任务而进行的信息处理过程。所以,多传感器系统是信息融合的硬件基础,多源信息是信息融合的加工对象,协调优化和综合处理是信息融合的核心。

将信息融合的理论与方法引入多模复合探测系统可以在发挥多种探测体制各自特点的基础上,通过对多元传感器的观测数据进行优化处理,从而达到提高整个探测系统目标识别性能、增强抗干扰能力和在复杂与恶劣环境中生存能力的目的。

8.3.1　单一模式寻的性能比较

目前各种单一模式的导引头都有各自的优缺点,其性能见表8-1。

表8-1 单一模式寻的性能比较

模式	探测特点	缺陷与使用局限性
主动雷达寻的	全天候探测;能测距;作用距离远;可全向攻击	易受电子干扰;易受电子欺骗
被动雷达寻的(含辐射计)	全天候探测;作用距离远;隐蔽工作;全向攻击	无距离信息
红外(点源)寻的	角精度高;隐蔽探测;抗电子干扰	无距离信息;不能全天候工作;易受红外诱饵欺骗
电视寻的	角精度高;隐蔽探测;抗电子干扰	无距离信息;不能全天候工作
激光寻的	角精度高;不受电子干扰;主动式可测距	大气衰减大,探测距离近;易受烟雾干扰
毫米波寻的	角精度高;能测距;全天候探测;抗干扰能力强;有目标成像和识别能力	只有四个频率窗口可用;作用距离目前尚较近
红外成像寻的	角精度高;抗各种电子干扰;能目标成像和识别	无距离信息;不能全天候工作;距离较近

由表可见,任何一种模式的寻的装置都有其缺陷与使用局限性。把两种或两种以上模式的寻的制导技术复合起来,取长补短,就可以取得寻的制导系统的综合优势,使精确制导武器的制导系统能适应不断恶化的战场环境和目标的变化,提高精确制导武器的制导精度。例如被动雷达/红外双模复合制导,被动雷达有作用距离远,且采用单通道被动微波相位干涉仪能区分多路径引起的镜像目标;红外制导有视角小、寻的制导精度高的特点。两者复合起来,远区用被动雷达探测,近区自动转换到红外寻的探测,使导弹具有作用距离远、制导精度高和低空性能好的优点。

8.3.2 多模寻的复合原则及其关键技术

1. 多模寻的复合原则

各种模式复合的前提是要考虑作战目标和电子、光电干扰的状态,根据作战对象选择优化模式的复合方案。除模块化寻的装置、可更换器件和弹体结构外,从技术角度出发,优化多模复合方案还应遵循以下复合原则。

(1) 各模式的工作频率,在电磁频谱上相距越远越好。

多模复合是一种多频谱复合探测,使用什么频率、占据多宽频谱,主要依据探测目标的特征信息和抗电子、光电干扰的性能决定。参与复合的寻的模式工作频率在频谱上距离越大,敌方的干扰手段欲占领这么宽的频谱就越困难,同时,探测的目标特征信息越明显。否则,就逼迫敌方的干扰降低干扰电平。当然,在考虑频率分布时,还应考虑它们的电磁兼容性。

合理的复合有微波雷达(主动或被动辐射计)/红外、紫外的复合;毫米波雷达(主动或被动)/红外复合;微波雷达/毫米波雷达的复合等。

(2) 参与复合的模式与制导方式应尽量不同,尤其当探测的能量为一种形式时,更应注意选用不同制导方式进行复合,如主动/被动复合、主动/半主动复合、被动/半主动复合等。

(3) 参与复合模式间的探测器口径应能兼容,便于实现共孔径复合结构。这是从导弹的空间、体积、重量限制角度出发的。目前经研究可实现的有毫米波/红外复合寻的制导系统,这是一种高级的新型导引头,它利用不同波段的目标信息进行综合探测,探测信息经目标特征量提取,应用目标识别算法和判断理论确定逻辑选择条件,实现模式的转换,识别真假目标。

(4) 参与复合的模式在探测功能和抗干扰功能上应互补。这是从多模复合寻的制导提出的根本目的出发的，只有参与复合的寻的模式功能互补，才能产生复合的综合效益，才能提高精确制导武器寻的系统的探测和抗干扰能力，才能达到在恶劣作战环境中提高精确制导武器攻击能力的目的。

(5) 参与复合的各模式的器件、组件、电路应实现固态化、小型化和集成化，满足复合后导弹空间、体积和重量的要求。

目前在精确制导武器上应用的或正在发展的多模复合导引头大多采用双模复合形式，主要有紫外/红外、可见光/红外、激光/红外、微波/红外、毫米波/红外和毫米波/红外成像等，因此，后面将重点介绍双模复合导引头。

2. 多模寻的复合关键技术

多模复合寻的制导的关键技术主要包括多模传感器技术、信号与图像处理技术和多传感器信息融合技术等。

1) 多模传感器技术

多模传感器是多模复合寻的导引头的关键部件，它的结构形式主要有三种：

(1) 第一种是分离式结构，即每个通道采用单独的光学/天线系统和探测器；

(2) 第二种是共孔径结构，即采用一个共用的光学/天线系统和分开设置的探测器；

(3) 第三种是采用单孔径光学系统和夹层结构的双色(或多色)探测器。

这三种结构形式各有优缺点，但综合比较，第二种和第三种结构形式更适合导引头小型化和高性能的要求。

2) 信号与图像处理技术

多模复合寻的导引头从本质上讲是一种新型导引头，它在信号处理方面具有一些与其他导引头不同的特点。例如，这种导引头要对不同波段的传感器提供的大量目标信息进行综合分析并提取目标特征，应用目标识别算法区分真假目标，要建立判决理论，确定逻辑选择条件，以实现模式转换等。

可以看到，这种新型导引头要求在信号处理和图像处理方面具有极高的吞吐率和巨大的计算量，因此发展信号与图像处理技术、提高弹载计算机的性能就成为推动多模复合寻的导引头发展的关键。

3) 多传感器信息融合技术

多模复合寻的制导中的信息合成与处理是多传感器数据融合技术的一个应用特例。为了提高数据合成与处理的效果，对多传感器数据融合有两点要求：

(1)时间和空间校准：在多模复合寻的制导这个多传感器系统中，各个单一模式传感器都是以自己的时间和空间形式进行非同步工作的。因此，在实际处理中，有必要把它们的独立坐标系转换成可以共用的坐标系，进行“时间和空间的校准”，即在时间和空间上的同步。

(2) 容错性：多模复合寻的制导应是容错的，即当某个传感器出现故障时，不会影响整个系统的信息获取和处理。为此，需要在这个多传感器系统中建立一个分布式的子系统。

目前，多传感器数据融合的方法有很多，包括统计模式识别法、贝叶斯估计法、Dempster - Shafe(D - S)推理法、模糊逻辑法和产生式规则法等，但是，开发真正适用于多模复合寻的制导的方法还需要较长时间的探索。

8.3.3 双模导引头的结构及工作原理

双模复合寻的制导，是指采用两种模式的寻的导引头参与制导，共同完成导弹的寻的任务。受复合寻的制导技术发展现状的限制,目前世界上装备使用的复合寻的制导武器大多数都是采用双模复合寻的制导系统。双模寻的装置的复合方式有两种:

(1) 同控式:两种导引头同时控制一个受控对象,完成导弹的自动导引。

(2) 转换式:两种导引头轮换工作,当一种导引头受干扰、出现故障或受局限时,自动转换到另一种导引方式工作。

不论是同控式还是转换式,其双模导引头是双模寻的装置的核心部件,下面主要介绍双模导引头的结构及其工作原理。

1. 双模导引头的结构

双模导引头复合寻的制导的探测器在工程实现上一般分为调整校准法和共用孔径法两类,下面分别进行介绍。

1) 调整校准法

调整校准法是指参与复合的各传感器分别使用各自的孔径,有各自独立的瞄准线(LOS),但要一起进行瞄准,所以也称分孔径复合方式。这种复合系统的特点是把两个传感器的视线(场)分开,瞄准线保持平行。这种结构易于实现,成本低。在信息处理上,这种复合方式是将不同传感器独立获取的信息在数据处理部分进行复合处理。由于安装位置的不同,各传感器无相互影响,但随之而来的缺点是传感器各需要一套扫描机构,从而加大了系统的体积和重量,提高了成本;而且,在探测同一目标时,不同传感器各有一套坐标系,为了使之统一,势必会引入校准误差。由此可见,分孔径复合形式较适用于地面制导站。

2) 共用孔径法

共用孔径法是指参与复合的各传感器的探测孔径合成统一体,形成共用孔径。例如主动式毫米波与被动式红外构成的共用孔径是两者共用一个大反射体,红外线和毫米波各自的辐射聚焦到另一副反射镜上,副反射镜可使毫米波能量通过而对红外线形成有效反射,从而把两传感器的信号分离开,形成两个独立的探测器进行探测。这种复合方式要求两种探测信号的提取和处理必须同时完成(或在规定的时间内处理完成)。因此工程设计难度大,且整流罩的材料选择与外形设计都较困难。但是,这种方案探测器的随动系统易于实现。

共孔径系统的特点是可以共用一套光学系统天线,使捕获目标信号数据简便,并且容易在信号处理机中被分解。反折射式卡塞格林天线/光学组件共孔径结构是一种可取的形式。它用一个较大的主反射镜(兼天线)来会聚红外和毫米波辐射,然后将辐射能量反射到次反射镜上。次反射镜可以反射红外辐射而透过毫米波,然后将二者分开,并为各自的探测器所敏感。也可以采用同时反射红外和毫米波辐射的次反射镜,使两种辐射能量经校正透镜、分束镜后,输出到红外与毫米波探测器或接收系统中,完成目标探测任务。这两种结构如图8-13所示。美国通用动力公司波莫分部的IR/MMW双模复合导引头采用的卡塞格林光学系统,就是由一个非球面的主反射镜和一个倾斜的副反射镜组成的,副反射镜用一个扁平的电机使其旋转,为双模导引头的两个模式建立跟踪误差信号。采用这种结构,主反射镜和次反射镜均可用铝或镀铝的表面制成,对IR和MMW均有较高的反射率,容易实现。

目前应用最广泛的共孔径导引头是红外/毫米波双模复合导引头,共孔径红外/毫米波复合有如下显著的特点:

(1) 扫描系统简单。采用共孔径技术,有利于减少扫描硬件,使天线/光学孔径面积最佳,又方便保持瞄准线的校准。红外/毫米波双模传感器只需要安装在同一支架上,光轴和电轴重合,两分系统的扫描方式便于统一,从而简化了扫描系统。

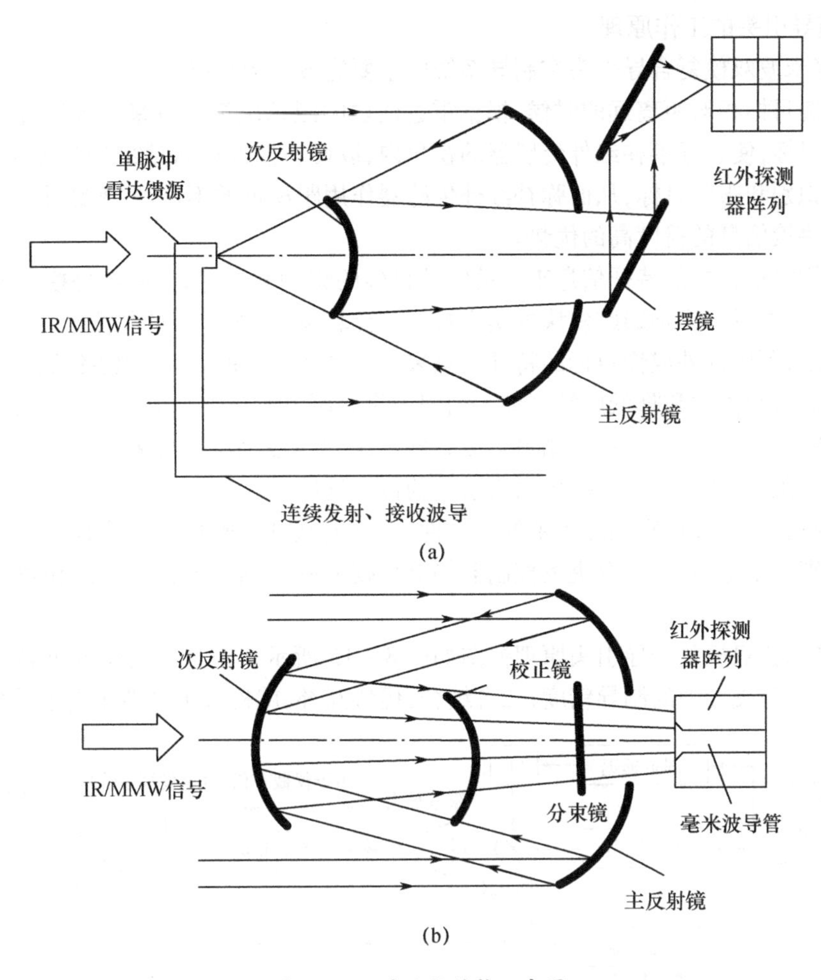

图 8－13　共孔径结构示意图

(a)次镜透 MMW,反射 IR;(b)次镜反射 IR,MMW。

(2)探测精度高。在红外/毫米波双模传感器中,由于光轴和电轴重合,当双模系统探测同一目标时,两分系统坐标系一致,无须校准,避免了校准误差,因而提高了精度。

(3)体积小、重量轻、成本低。

(4)制作难度较大,尤其是头罩要能透过两个特定的波带。

图 8－14 表示了红外/毫米波共孔径复合导引头可供采用的两种基本结构形式。

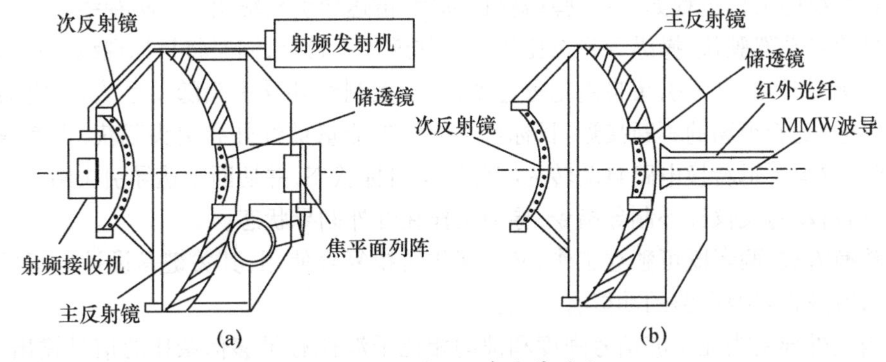

图 8－14　共孔径复合导引头

2. 双模导引头的工作原理

红外/毫米波双模复合导引头在制导系统中主要完成三大功能:

(1) 在离目标相对距离远的时候,根据雷达模块的跟踪决策信息来引导红外传感器的伺服系统跟踪目标,使目标落在红外传感器的视角内,以便当接近目标时红外传感器能通过成像分析来自行识别和跟踪目标,从而弥补红外传感器作用距离近的不足,发挥红外传感器在接近目标时跟踪决策信息的精度高的优势。

(2) 利用雷达目标的特征信息来帮助红外目标的识别和跟踪,提高红外模块的点目标识别能力,简化红外目标识别跟踪模块的实现难度和计算量,从而降低对弹载计算机的速度和存储容量的要求;利用红外成像目标的特征信息来帮助雷达目标的识别和跟踪,从而提高双模寻的系统的目标检测概率和降低虚警概率。当因干扰等原因使其中一个传感器模块失去跟踪目标能力或跟踪目标能力差时,可根据另一传感器模块的跟踪决策信息来矫正该受干扰的传感器模块的目标跟踪,从而提高双模导引头系统的抗干扰性。

(3) 提高整个目标识别跟踪系统的可靠性,一旦因软件或硬件故障使其中某一传感器失去了目标识别和跟踪能力,融合决策控制器仍能根据另一传感器的目标识别和跟踪决策信号正确跟踪目标。

红外/毫米波双模复合导引头原理框图如图8-15所示。雷达导引头解决导弹的制导距离,红外导引头解决导弹的制导精度,二者结合,优势互补,就构成了高性能制导系统。

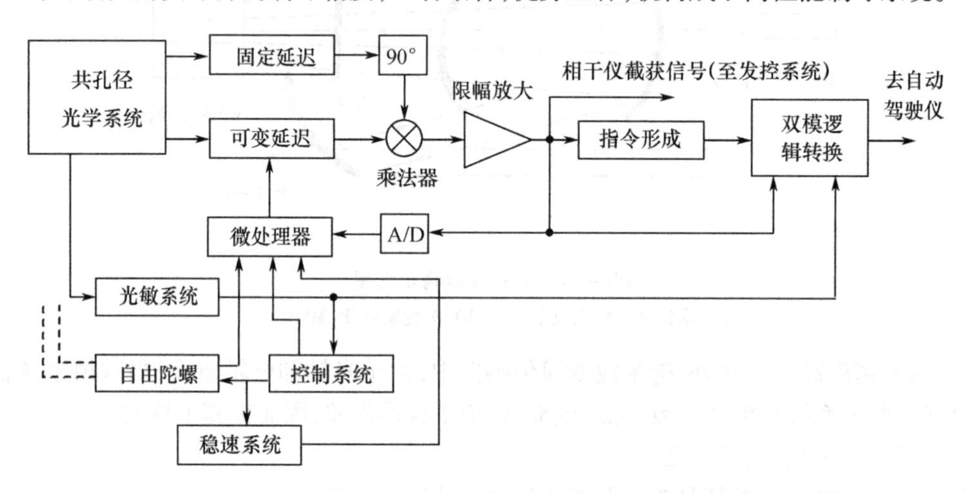

图8-15 红外/毫米波双模复合导引头原理框图

该制导系统的工作过程如下:导弹截获目标后,雷达导引头输出与目标视线角速率成比例的制导信号给自动驾驶仪,操纵导弹按比例导引弹道接近目标,同时将目标视线角位置信号输给红外导引头,作为红外导引头自由陀螺进动信号,控制红外导引头随动系统,使它的光学瞄准轴对准目标;随着距离的不断接近,目标自身的红外能量被红外导引头截获,当其信杂比达到某阈值时,双模逻辑转换电路自动转为红外跟踪目标状态,并切断雷达导引头给出的角度随动信号,给出自动驾驶仪红外制导指令,导弹工作在红外制导状态。

这种转换方式,两者既可独立工作,又可互相转换复合使用,其关键是设计好双模逻辑转换电路。双模逻辑转换电路的功能有三点:

(1) 当红外导引头无足够信号强度和被动相位干涉仪有足够信杂比的信号输出时,用被动相位干涉仪制导导弹接近目标。

(2) 当红外导引头输出信号足够强时,自动转换到红外导引头的制导状态,确保导弹的制导精度。

(3) 控制雷达导引头对红外导引头的角度随动时间,只有当红外导引头输出信杂比低于阈值时,红外导引头才受雷达导引头的随动。

图8-15中,限幅放大器输出的误差信号分四路:第一路经A/D转换后,加至微处理器完成限幅积分运算,保证当目标视线角在±50°范围内变化时是单值幅度输出;输出加至12位A/D转换器,与捷联去耦外环路提供的弹体扰动角进行相减后去控制数字可变延迟线,完成数字微波时延跟踪环路的闭合。环路稳定跟踪后,积分器输出交变信号幅度与目标视线角相对应,这就是角度跟踪作用,用它去随动红外导引头,使它的很窄的视场角在导弹接近目标过程中始终对准目标视线方向。

误差信号的第二路输出,加至指令形成装置,产生与视线角速度成比例的信号给双模逻辑转换电路,其输出给自动驾驶仪形成操纵舵指令,控制导弹截击目标。

误差信号的第三路输出,给双模逻辑转换电路,实现雷达与红外模式的转换。

误差信号的第四路输出,给发控系统提供导引头截获信号,以示可以发射。

该制导系统除上述优点外,还具有很好的低空性能,主要是相位干涉仪具有良好的低空性能。

在导引头运动过程中,为了充分利用各传感器资源使系统性能达到优化,就需要根据各传感器不同制导段的性能特点来有效控制和管理这些传感器,自动生成复合策略。例如,在弹目相对运动过程中,随着弹目距离不断变化,毫米波雷达和红外传感器的性能相差很大,故复合策略将表现为在某些距离段上只有其中一种传感器有效,在某些距离段上两种传感器同时有效,而且在不同的距离段上,对两种传感器的复合加权也不相同。这将直接影响后续的复合性能。同理,环境等因素也将同样对复合策略产生影响。

8.3.4 多模复合制导的信息融合

1. 信息融合的模型结构

信息融合从功能上可以划分为对准、互联/相关、识别和威胁评估及战场态势评估/战略布署等。

(1) 对准:是一个数据排列处理过程,它包括时间、空间和度量单位的处理。因为多传感器信息融合会涉及不同的坐标系统、观察时间和扫描周期,所以需将所有传感器的数据转换到一个公共参考系中。

(2) 互联/相关:是当今信息融合中最有技术挑战力的一个领域,它是决定在不同传感器中哪些测量/跟踪是代表同一个目标的处理过程。数据互联可在三个层次上进行:第一层是测量-测量互联,被用来处理在单个传感器或单个系统的初始跟踪上;第二层是测量-跟踪互联,被用在跟踪维持上;第三层是跟踪-跟踪互联,用于多传感器的数据处理中。

(3) 识别:是对目标属性进行估计的过程,识别问题的第一步是识别外形面貌特征(如形状、大小),识别问题的第二步是对识别目标进行决策分类。

(4) 威胁评估及战场态势评估/战略布署:是一个较为抽象的处理过程,相对前面所提及的各个过程要复杂得多,处理技术要用到大量的数据库,该数据库必须包括不同的目标行为、目标飞行趋势、将来企图的数据和敌方军事力量的智能信息等。

信息融合的处理过程可以分为集中式、分布式和混合式三种。

(1) 集中式:集中式融合系统是将各传感器节点(分站)的数据都送至中央处理器(中心站)进行融合处理。此方法可以实现实时融合处理,其数据处理的精度高,解决方法灵活,但对中心处理器的性能和传输带宽要求高,可靠性低。由于整个系统的成本高,数据量大,所以难于实现。

(2) 分布式:在分布式融合系统中,各传感器利用自己的测量单元单独探测目标并作相应的预处理,之后将估计结果送至中心站,中心站再将分站的估计合成为目标的联合估计。分布式系统对通信带宽要求低,系统计算速度快,可靠性和系统的持续工作性能好,但目标识别的精度没有集中式高。

(3) 混合式:混合式融合系统是在整个系统的各个环节因地制宜地将以上的两种融合方式结合在一起,发挥集中式和分布式的不同特点。由于二者的结合,混合式的性能有了很大提高,但整个系统的结构也变得比较复杂,给设计和实现带来了很大困难。

从目标和身份识别的角度,信息融合的处理模型和结构可以分为数据层融合、特征层融合和决策层融合三种。

(1) 数据层融合

数据层融合是在采集的原始数据层上直接进行的融合,在各种传感器的原始信息未经处理之前就进行数据的综合和分析,并由此进行身份识别判定,如图8-16所示。这是最低层次的融合,如成像传感器中通过对包含若干像素的模糊图像处理和模式识别来确认目标属性的过程就属于数据层融合。这种融合的主要优点是:能保持尽可能多的现场数据,提供其他融合层次所不能提供的细微信息。但局限性也是很明显的:①处理的传感器数据量太大,处理代价太高,处理时间长,实时性差;②这种融合是在信息的最低层次进行的,传感器原始信息的不确定性、不完全性和不稳定性要求在融合时有较高的纠错能力;③数据通信量大,抗干扰能力较差。

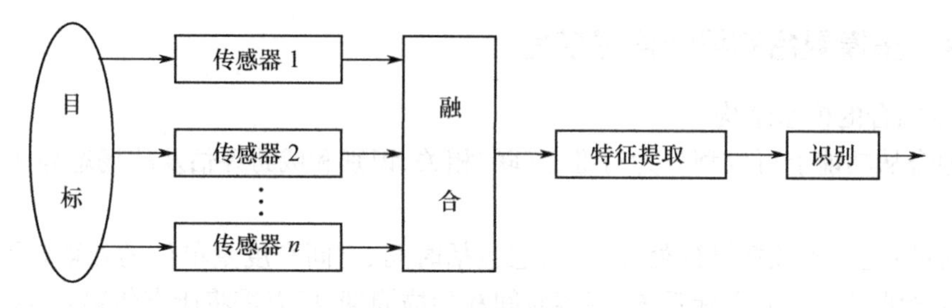

图8-16 数据层融合

数据层融合通常用于:多源图像复合、图像分析和理解;同类(同质)雷达波形的直接合成;多传感器信息融合的卡尔曼滤波等。美国海军20世纪90年代初在SSN-691潜艇上安装了第一套图像融合样机,它可使操作员在最佳位置上直接观察到各传感器输出的全部图像、图表和数据,同时又可提高整个系统的战术性能。

(2) 特征层融合

特征层融合属于中间层次,它先对来自各传感器的原始信息进行特征提取(特征可以是目标的边缘、方向、速度等),然后对特征信息进行综合分析和处理,如图8-17所示。一般来说,提取的特征信息应是数据信息的充分表示量和充分统计量,然后按特征信息对多传感器数据进行分类、汇集和综合。特征层融合的优点在于实现了客观的信息压缩,有利于实时处理,并且由于所提取的特征直接与决策分析有关,因而融合结果能最大限度地给出决策分析所需要的特征信息。目前大多数 C^3I 系统的信息融合研究都是在该层次上展开的。特征层融合可划分为两大类:目标状态融合和目标特性融合。

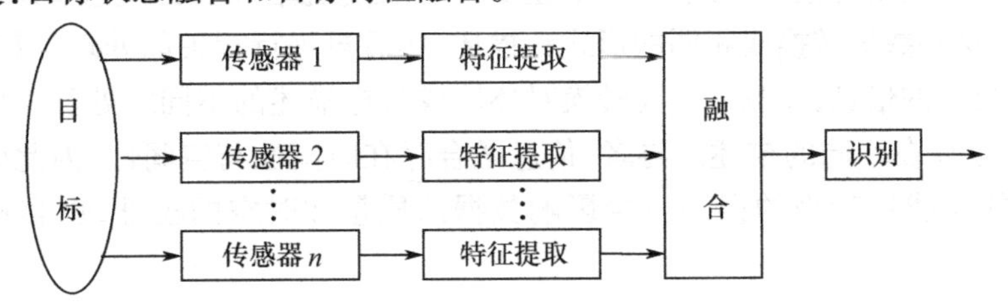

图 8-17　特征层融合

特征层目标状态融合主要用于多传感器目标跟踪领域。融合系统首先对传感器数据进行预处理以完成数据校准,然后实现参数相关和状态矢量估计。

特征层目标特性融合即特征层联合识别,具体的融合方法仍是模式识别的相应技术,只是在融合之前必须先对特征进行相关处理,把特征矢量分成有意义的组合。

(3) 决策层融合

决策层融合是一种高层次的融合,其结果为指挥控制决策提供依据,因此,决策层融合必须从具体决策问题的需求出发,分别利用各传感器所提取的测量对象的各类特征信息,采用适当的融合技术来实现,如图 8-18 所示。

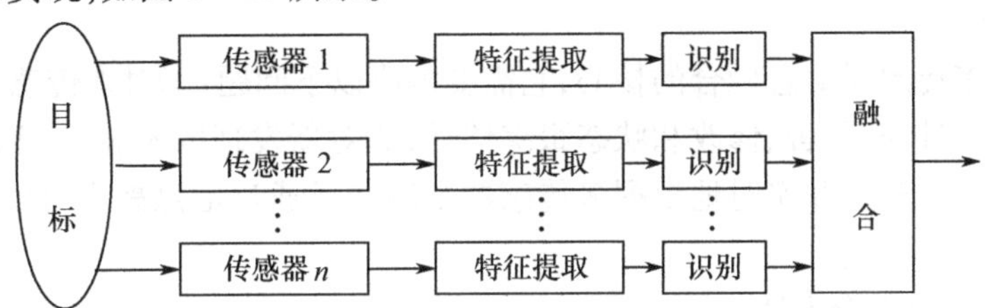

图 8-18　决策层融合

决策层融合是三级融合的最终结果,是直接针对具体决策目标的,融合结果将直接影响决策水平。决策层融合的主要优点是:①具有很高的灵活性;②系统对信息传输带宽要求较低;③能有效地反映环境或目标各个侧面的不同类型的信息;④当一个或几个传感器出现错误时,通过适当的融合,系统还能获得正确的结果,具有容错性;⑤通信量小,抗干扰能力强;⑥对传感器的依赖性小,传感器可以是同质的,也可以是异质的;⑦融合中心处理代价低。但是,决策层融合首先要对原传感器信息进行预处理以获得各自的判定结果,所以预处理代价高。

数据层、特征层和决策层融合都有各自的优缺点,其性能比较见表 8-2。

表 8-2　三种融合层次的性能比较

层次	通信量	信息损失	实时性	容错性	抗干扰	精度	计算量	开放性
数据层	大	小	差	差	差	高	大	差
特征层	中	中	中	中	中	中	中	中
决策层	小	大	优	优	优	低	小	优

2. 信息融合的关键技术

信息融合的关键技术主要有数据转换、数据相关、态势数据库和融合计算等,其中融合计算是多传感器信息融合的核心技术。

1)数据转换

由于多传感器输出的数据形式、环境描述不一样,信息融合中心处理这些来源不同的信息时,首先需要把这些数据转换成相同的形式和描述,然后再进行相关的处理。数据转换时,不仅要转换不同层次的信息,而且还需要转换对环境或目标描述的不同之处和相似之处。即使同一层的信息也存在不同的描述。再者,信息融合存在时间性与空间性,因此要用到坐标变换,坐标变换的非线性带来的误差直接影响数据的质量和时空的校准,也影响融合处理的质量。

2)数据相关技术

信息融合过程中,数据相关的核心问题是克服传感器测量的不精确性和干扰引起的相关性,以便保持数据的一致性。数据相关技术包括控制和降低相关计算的复杂性,开发相关处理、融合处理和系统模拟的算法与模型等。

3)态势数据库

态势数据库分实时数据库和非实时数据库:实时数据库把当前各传感器的观测结果及时提供给融合中心,提供融合计算所需各种数据,同时也存储融合处理的最终态势/决策分析结果和中间结果;非实时数据库存储各传感器的历史数据、有关目标和环境的辅助信息以及融合计算的历史信息。态势数据库要求容量大、搜索快、开放互连性好,且具有良好的用户接口。

4)融合计算

融合计算是多传感器信息融合的核心,它需要解决以下问题:①对多传感器的相关观测结果进行验证、分析、补充、取舍、修改和状态跟踪估计;②对新发现的不相关观测结果进行分析和综合;③生成综合态势,并实时地根据多传感器观测结果通过信息融合计算,对综合态势进行修改;④态势决策分析。

3. 多传感器信息融合方法

多传感器系统的信息具有多样性和复杂性,因此信息融合的方法应具有鲁棒性、并行处理能力、高运算速度和精度,以及与前续预处理和后续信息识别系统的接口性能、与不同技术和方法的协调能力、对信息样本的要求等。信息融合作为一个在军事指挥和控制方面迅速发展的技术领域,实际上是许多传统科学和新兴工程的结合与应用。信息融合的发展依赖于这些学科和领域的高度发展与相互渗透。这样的学科特点也就决定了信息融合方法具有多样性与多元化。

进行信息融合的方法和工具有很多,涉及数学、计算机科学、电子技术、自动控制、信息论、控制论、系统工程等科学领域。主要理论涉及数据库理论、知识表示、推理理论、黑板结构、人工神经网络、贝叶斯规则、Dempster - Shafe(D - S)证据理论、模糊集理论、统计理论、聚类技术、Figure of Merit(FOM)技术、熵理论、估计理论等。

信息融合根据实际应用领域可分为同类多源信息融合和不同类多源信息融合,实现方法又可分为数值处理方法和符号处理方法。同类多源信息融合的应用场合如多站定位、多传感器检测、多传感器目标跟踪等,其特点是所需实现的功能单一、多源信息用途一致、所用方法是以各种算法为主的数值处理方法,其相应的研究为检测融合、估计融合等。不同类多源信息融合的应用场合如目标的多属性识别、威胁估计,其特点是多源信息从不同的侧面描述目标事件,通过推理能获得更深刻完整的环境信息,所用方法以专家系统为主。

目前,比较通用的信息融合方法有以下几种:

1）基于估计理论的信息融合

估计理论主要包括以下方法：极大似然估计、卡尔曼滤波、加权最小二乘法和贝叶斯估计等。这些技术能够得到噪声观测条件下的最佳状态估计值。其中，卡尔曼滤波常用于实时融合动态的低层次冗余数据。该技术用测量模型的统计特性，递推决定统计意义下是最优的信息融合估计。如果系统具有线性的动力学模型，且系统噪声和测量噪声是高斯分布的白噪声模型，那么卡尔曼滤波为融合数据提供唯一统计意义下的最优估计。卡尔曼滤波的递推特性使系统数据处理不需要大量的数据存储和计算。如果数据处理不稳定或系统模型线性程度的假设对融合过程产生影响时，可采用扩展卡尔曼滤波代替常规的卡尔曼滤波。贝叶斯估计是融合静态环境中低层信息的一种常用方法，其信息描述为概率分布。

目前估计理论是应用最广泛的一种方法，现在的大部分融合技术都基于估计理论，这也是在实际中证明是最可行的方法之一。

2）基于推理的信息融合

经典推理方法是计算一个先验假设条件下测量值的概率，从而推理描述这个假设条件下观察到的事件概率。经典推理完全依赖于数学理论，运用它需要先验概率分布知识，因此，该方法实际应用具有局限性。贝叶斯推理技术解决了经典推理方法的某些困难。贝叶斯推理在给定一个预先似然估计和附加证据（观察）条件下，能够更新一个假设的似然函数，并允许使用主观概率。

3）基于 D－S 证据推理理论的信息融合

D－S 证据推理理论是贝叶斯方法的扩展。在贝叶斯方法中，所有没有或缺乏信息的特征都赋予相同的先验概率，当传感器得到额外的信息，并且未知特征的个数大于已知特征的个数时，概率会变得不稳定。而 D－S 证据推理对未知的特征不赋予先验概率，而赋予它们新的度量——“未知度”，等有了肯定的支持信息时，才赋予这些未知特征相应的概率值，逐步减小这种不可知性。该方法根据人的推理模式，采用了概率区间和不确定区间来确定多证据下假设的似然函数，通过 D－S 证据理论构筑鉴别框架。样本的各个特征参数成为该框架中的证据，得到相应的基本概率值，对所有预证命题给定一可信度从而构成一个证据体，利用 D－S 组成规则将各个证据体融合为一个新的证据体。D－S 证据理论需要完备的证据信息群，同时还需要专家知识，得到充足的证据和基本概率值。

4）基于小波变换的多传感器信息融合

小波变换又称为多分辨率分析。小波变换的多尺度和多分辨率特性可在信息融合中起到特征提取的作用，它能将各种交织在一起的不同频率组成的混合信号分解成不同频率的块信号。应用广义的时频概念，小波变换能够有效地应用于如信号分离、编码解码、检测边缘、压缩数据、识别模式、非线性问题线性化、非平稳问题平稳化、信息融合等问题。

5）基于模糊集合理论和神经网络的多传感器信息融合

模糊逻辑是典型的多值逻辑，应用广义的集合理论以确定指定集合所具有的隶属关系。它通过指定一个 0～1 之间的实数表示真实度，允许将信息融合过程中的不确定性直接表示在推理过程中。模糊逻辑可用于对象识别和景象分析中的信息融合。

各信息源所提供的环境信息都具有一定程度的不确定性，对这些不确定性信息的融合过程实际是一个不确定性推理过程。神经网络可根据当前系统接收到的样本的相似性，确定分类标准。这种确定方法主要表现在网络的权值分布上，同时可用神经网络的学习算法来获取知识，得到不确定性推理机制。

由于模糊集理论适应于处理复杂的问题,另外又由于神经网络具有大规模并行处理、分布式信息存储、良好的自适应和自组织性、很强的学习、联想和容错功能等特征,因此,可以应用模糊集理论与神经网络相结合来解决多传感器各个层次中的信息融合问题。神经网络有学习型和自适应型两种主要模式,学习型神经网络模式中应用最广的是BP网络,常见的自适应神经网络有自适应共振理论(ART)网络模型。

6) 基于专家系统的信息融合

专家系统是一组计算机程序,该方法模拟专家对专业问题进行决策和推理的能力。专家系统或知识库系统对于实现较高水平的推理,例如威胁识别、态势估计、武器使用及通常由军事分析员所完成的其他任务,是大有前途的。专家系统的理论基础是产生式规则,产生式规则可用符号形式表示物体特征和相应的传感器信息之间的关系。当涉及的同一对象的两条或多条规则在逻辑推理过程中被合成为同一规则时,即完成了信息的融合。

在信息的组合和推理中,专家系统是一个必不可少的工具。对于复杂的信息融合系统,可以使用分布式专家系统。各专家系统都是某种专业知识的专家,它接受用户、外部系统和其他专家系统的信息,根据自己的专业知识进行判断和综合,得到对环境和姿态的描述,最后利用各种综合与推理的方法,形成一个统一的认识。

7) 基于等价关系的模糊聚类信息融合

聚类是按照一定标准对用一组参数表示的样本群进行分类的过程。一个正确的分类应满足自反性、对称性和传递性。然而实际问题往往伴随着模糊性,从而产生了"模糊聚类"。聚类分析方法有基于模糊等价关系的动态聚类法和基于模糊划分的方法等。

4. 红外成像/毫米波复合制导目标识别的信息融合实现

近年来,红外成像/毫米波(IR/MMW)双模寻的制导技术逐渐受到重视,已成为各国研制的热点。单一的红外成像制导定位精度高,且不易受干扰,但无法在雾天工作,搜索范围有限;而单一的毫米波制导有不受天气干扰,可在大范围内搜索等优点,但较易受假源的干扰。红外成像制导与毫米波制导性能比较见表8-3。

表8-3 红外成像制导与毫米波制导性能比较

红外成像	毫米波
探测物体表面的热辐射	探测物体反射的无线电波
跟踪时具有高角分辨率	以中等扫描速度可搜索较大的范围
在雨和干扰箔条下具有较好的性能	在雾和悬浮粒子天气中也有较好的性能
对火焰、燃油、阳光等具有分辨力	具有距离分辨力和动目标分辨力
不理会雷达角反射器	不理会光及燃油
探测能力与目标大小无关	探测目标受方位角的影响

红外成像/毫米波双模复合制导系统光电互补,克服了各自的不足,综合了光电制导的优点。红外成像/毫米波复合制导的优点主要有:①战场适应性强;②缩短武器系统对目标进行精确定位的时间;③提高制导系统对目标识别、分类的能力;④增强抗干扰反隐身能力。

1) 红外成像制导信息处理

红外成像制导是利用红外探测器探测目标的红外辐射,以捕获目标红外图像的制导技术,其图像质量与电视相近,但却可在电视制导系统难以工作的夜间和低能见度下工作。红外成像制导技术已成为制导技术的一个主要发展方向。

红外成像制导系统的目标识别跟踪包括图像预处理、图像分割、特征提取、目标识别及目标跟踪等,其过程如图 8-19 所示。

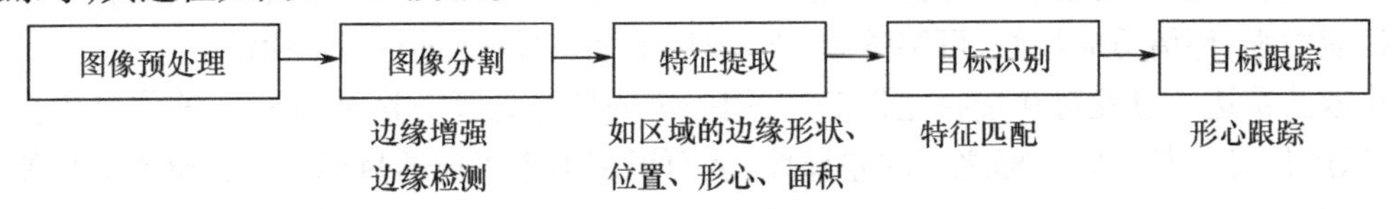

图 8-19　红外成像识别跟踪系统功能框图

(1) 图像预处理与图像分割。红外成像制导的特性与红外图像处理算法息息相关,红外图像的处理决定了红外制导导弹作战使用过程的系统分析和优化。一幅原始的红外成像器形成的图像,一方面不可避免地带有各种噪声,另一方面目标处于不同复杂程度的背景之中,特别当目标信号微弱而背景复杂时,如何提高图像信噪比,突出目标、压制背景以便于后续工作更完满进行,这就需要选择最优的预处理方案。

图像预处理就是对给定的图像进行某些变换,从而得到清晰图像的过程。对于有噪声的图像,要除去噪声、滤去干扰,提高信噪比;对信息微弱的图像要进行灰度变换等增强处理;对已经退化的模糊图像要进行各种复原的处理;对失真的图像进行几何校正等变换。一般来说,图像预处理包括图像编码、图像增强、图像压缩、图像复原、图像分割等内容。除此之外,图像的合成、图像传输等技术也属于图像处理的内容。

图像分割是图像识别与跟踪的基础,只有在分割完成后,才能对分割出来的目标进行识别、分类、定位和测量。当前研究的分割方法主要有阈值分割、边缘检测分割、多尺度分割、统计学分割以及区域边界相结合的分割方法。

(2) 特征提取与目标识别。将图像与背景分割开来以后,系统仍需要对其进行识别运算,以判断提取的目标是否为要跟踪的目标,如是要跟踪的目标,就输出目标的位置、速度等参数;否则,就输出目标的预测参数;如长时间不能发现“真目标”,就要向系统报警,请求再次引导。图像识别是人不在回路的红外成像制导技术的重要环节,也称为自动目标识别(ATR)技术。

图像识别首先要提取图像的特征矢量,如几何参数、统计参数等。如果目标区域内有一块图像是该目标所特有的,系统就可以搜索并记忆这块图像,并以此为模板对后续各帧图像进行匹配识别。

(3) 目标跟踪。成像跟踪是红外成像制导系统的最后一环,预处理和目标识别研究都是为了导弹能够精确地跟踪并最后击中目标。目标跟踪的任务是充分利用传感器所提供的信息,形成目标航迹,得到监视区域内所关心目标的一些信息,如目标的数目、每个目标的状态(包括位移、速度、加速度等信息)以及目标的其他特征信息。在图像目标受遮拦等因素的影响而瞬间丢失时,系统需要输出目标的预测参数,以便跟踪,同时也为再次捕获目标打下坚实的基础。

目标跟踪模式可以分为两大类:波门跟踪模式和图像匹配模式。其中波门跟踪模式包括形心跟踪、质心跟踪、双边缘跟踪、区域平衡跟踪等。通常这些跟踪模式需设置波门套住目标,以消除波门外的无关信息及噪声,并减少计算量。图像匹配模式包括模板匹配、特征匹配等相关跟踪。一般情况下相关跟踪可对较复杂背景下的目标进行可靠跟踪,但计算量相对较大。由于成像跟踪系统所需处理的信息量大,要求的实时性强且体积受限,因此,在现有的成像跟踪器中多采用波门跟踪模式。

2）毫米波制导信息处理

毫米波制导技术是精确制导技术的重要组成部分。毫米波雷达体积小、重量轻、波束窄、抗干扰能力强,环境适应性好,可穿透雨、雾、战场浓烟、尘埃等进行目标探测。

毫米波雷达通过发射和接收宽带信号,用一定的信号处理方法从目标回波信号中提取信息,并以此信息判断不同目标之间的差异性,从而识别出感兴趣的目标来。在毫米波体制下的目标识别途径中,最有效的目标识别方法是利用毫米波雷达的宽带高分辨特性,对目标进行成像。雷达成像有距离维(一维)成像、二维成像和三维成像三种。雷达的二维成像已经成功地应用于合成孔径雷达(SAR)目标识别,但由于多维成像有许多理论和技术难题需要解决,目前条件下,还难以在导引头上获得成功应用。一维高分辨成像由于不受目标到雷达的距离、目标与雷达之间的相对转角等因素的限制,且计算量小,在毫米波雷达精确制导中已经有成功的应用。一维高分辨距离成像,主要是把雷达目标上的强散射点沿视线方向投影,形成反映目标结构的时间(距离)——幅度关系。

实现雷达自动目标识别一般需经历以下流程:检测、鉴别、分类、识别和辨识,如图 8－20所示。其中包含两个基本问题:第一是检测问题,确定传感器接收到的信号内是否有感兴趣的目标存在;第二是识别问题,感兴趣的目标信号是否能从其他目标信号中区分开来并判定其属性或形体部位。识别问题还包括从杂波信号和其他非目标信号中有效地分离出目标信号。

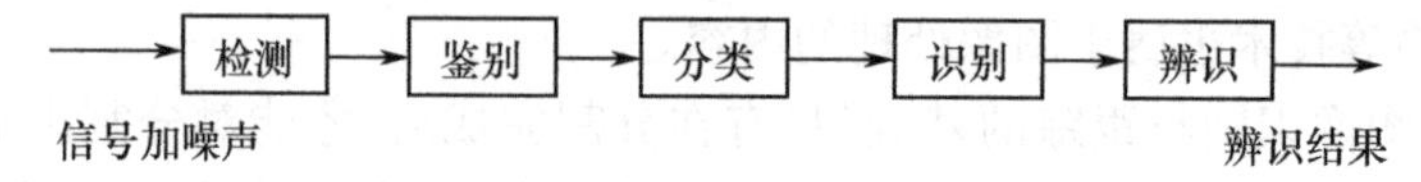

图 8－20 雷达自动目标识别系统功能框图

近年来,以小波变换、分形、模糊集理论、神经网络等为代表的现代信息处理理论与方法蓬勃发展,极大地拓展了信息处理的手段,在目标识别领域也得到了一些成功应用。

3）红外成像/毫米波复合制导信息融合

多传感器信息融合系统中包含多传感器及其信息的协调管理、多传感器信息优化合成等模块,以实现对不同传感器的管理及信息的融合处理。

对于目前绝大多数雷达寻的系统来说,其在数据层的信息可认为是目标的多普勒信号;红外成像传感器在数据层的信息表示为其响应波段内目标的灰度数据序列。所以,雷达与红外成像这两种传感器在数据层所得到的信息不具备互补性和可比性信息融合处理的基本条件,因而不能进行数据层上的融合处理,只在特征层和决策层上满足信息融合处理的互补性和可比性基本条件。其融合模型如图 8－21 所示。

特征层融合的作用是:利用雷达目标的特征信息来帮助红外成像目标的识别和跟踪,提高红外成像模块的点目标识别能力,简化红外目标识别跟踪模块的实现难度和计算量,从而降低对弹载计算机的速度和存储容量的要求,降低对红外成像质量和偏转稳定的要求,确定更佳的攻击点;利用红外成像目标的特征信息来帮助雷达目标的识别和跟踪,从而提高双模寻的系统的目标检测概率和降低虚警概率。

决策层融合的作用是:在距离目标相对较远时,根据雷达模块的跟踪决策信息来引导红外传感器的伺服控制系统跟踪目标,使目标落在红外传感器的视角内,以便当接近目标时红外传感器能通过成像分析来自行识别和跟踪目标,从而弥补红外成像传感器作用距离近的不足,发挥红外成像传感器在接近目标时跟踪决策信息的精度高的优势。当因干扰等原因其中一个传感器模块失去跟踪目标能力或跟踪目标能力差时,可根据另一传感器模块的跟踪决策信息来

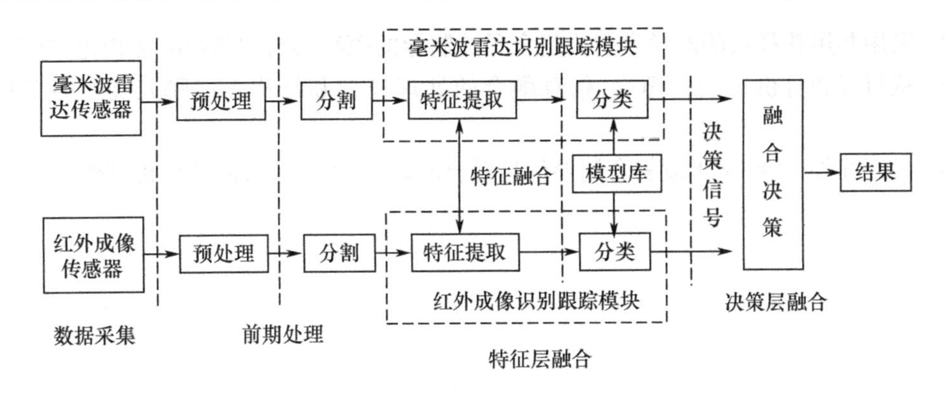

图8－21　红外成像/毫米波复合制导信息融合过程

矫正该受干扰的传感器模块的目标跟踪能力,从而提高双模导引头系统的抗干扰性。同时提高整个目标识别跟踪系统的可靠性,一旦因软件或硬件故障使其中某一传感器失去了目标识别和跟踪能力,融合决策控制器仍能根据另一传感器的目标识别和跟踪决策信号正确跟踪目标。

信息融合作为一种数据综合和处理技术,是许多传统学科和新技术的集成和应用,包括通信、模式识别、决策论、不确定性理论、信号处理、估计理论、最优化技术、计算机科学、人工智能和神经网络等。未来信息融合技术的发展将更加智能化,同时,信息融合技术也将成为智能信息处理和控制系统的关键技术。人工智能－神经网络－模糊推理融合将是信息融合技术的重要发展方向。

未来战争将是作战体系间的综合对抗,很大程度上表现为信息战的形式,如何夺取和利用信息是取得战争胜利的关键。因此,关于多传感器信息融合和状态估计的理论和技术的研究对于我国国防建设具有重要的战略意义。另外,这些理论和技术的研究还可以通过转化,推广到有类似特征的民用信息系统中,例如,大型经济信息系统、决策支持系统、交通管制系统、工业仿真系统、金融形势分析系统等,从而可进一步获得广泛的经济和社会效益。

思考题

1. 通常在哪些情况下需要采用复合制导系统?
2. 复合制导主要有哪些分类?
3. 某型导弹的制导分为三个阶段:起飞爬升段(即自主控制段)、中段指令制导段和末段雷达寻的制导段(图8－1),简要描述整个导弹的制导过程。
4. 中末制导交接班需要完成哪两个方面的工作?为什么?
5. 为保证倾斜发射导弹的初制导与中制导的弹道顺利交接,导弹发射架的方位角与仰角的选定应该考虑哪些因素?
6. 中末制导弹道交接的弹道过渡可以分为哪两类?分别是如何定义的?
7. 中末制导导引头交班包括哪几个方面?对交班精度的具体要求是什么?
8. 一般要求测角仪具有较窄的视界角,然而又不能无限制地压缩视界角,为什么?
9. 多模复合寻的系统与单模寻的系统相比有何特点?
10. 多模复合寻的制导的复合原则有哪些?
11. 简述什么是信息融合。

12. 采用共用孔径法的双模导引头复合寻的制导的探测器与调整校准法相比,有何优点?

13. 从目标和身份识别的角度,信息融合的处理模型和结构可以哪几类?简单描述其概念。

14. 根据红外成像/毫米波复合制导信息融合原理(图8-21),简要分析其融合过程。

第九章　导弹控制系统与控制方法

导弹控制系统是指导弹自动驾驶仪与弹体构成的闭合回路。在控制系统中,自动驾驶仪是控制器,导弹是控制对象。稳定控制系统设计实际上就是自动驾驶仪的设计。自动驾驶仪稳定导弹绕质心的角运动,并根据制导指令正确而快速地操纵导弹的飞行。由于导弹的飞行动力学特性在飞行过程中会发生大范围、快速和事先无法预知的变化,自动驾驶仪设计必须使导弹的静态和动态特性变化不大,既要有足够的稳定性也要有合适的操纵性,使导弹控制系统在各种飞行条件下均具有良好的控制性能,以保证导弹制导系统的精度。

本章主要介绍弹体环节特性、导弹控制系统的功能及组成、稳定控制回路、舵系统、气动力控制、推力矢量控制和直接力控制等内容。

9.1　弹体环节特性

弹体在制导系统中既是导引、控制的对象,也是系统回路中的一个环节,这种两重性决定了弹体在制导系统中的特殊地位。由于它是控制对象,要求它在整个飞行过程中,首先是动态稳定的;其次,为了随着目标的机动而机动飞行,它应当是容易操纵的;又由于它是系统回路中的一个环节,必然通过输入输出关系对整个回路性能发生影响。因此,研究分析导弹制导控制系统,就必须对受控对象的特点有深刻的认识。

9.1.1　弹体环节的特点及研究方法

1. 弹体环节的特点

1) 运动状态的多样性

导弹是一种空间运动体,作为刚体它有六个自由度,实际上,它是一种变质量的弹性体。因此,除了质心运动和绕质心转动六种状态之外,弹体还有弹性振动、带有液体推进剂时的液体晃动、推力矢量控制情况下的发动机喷管摆动等,弹体最终动态性能是这些运动的复合。

2) 各种运动状态的相关性

弹体的运动存在多种耦合关系。主要包括:

(1) 弹体在空间的姿态运动可分为俯仰、偏航、滚转三个通道,它们之间通过惯性、阻尼、气动力或电气环节相互耦合。严格地讲,要描述其动力学状态必须通过三通道系统的研究。不过,在满足一定的条件下,这种耦合影响很微弱,各通道可独立进行研究,从而使问题的处理大大简化。

(2) 气动力与结构变形存在耦合。弹体变形将改变气动力的大小与分布,而气动力的变化又进一步使弹体变形,此即一般所说的气动弹性问题。弹体的最终弹性变形与气动力分布是这种耦合干扰所达到的最后均衡状态。对此问题要得到较为准确的解答,不可避免地要涉及气动弹性理论。

(3) 弹体结构与控制系统的耦合。弹体姿态是通过敏感元件反馈给控制器的。而敏感元件是安装在弹体的特定位置上。无论采用哪种状态测量敏感元件,它所输出的信息都要受安装处弹体局部变形的影响。过大的弹体变形与安装处的局部变形将使敏感元件输出相当大的误差信号。此误差信号会导致控制面或摆动发动机的附加作用输出,从而又激发起更大的弹性变形。

(4) 刚体运动与弹性体运动间的耦合。弹性变形将改变推力方向、气动力分布,从而改变了力的平衡状态,使刚体运动发生变化,而刚体运动改变了弹体的姿态,又反过来影响弹性弹体所受的力。因此这两种运动也是互相耦合的。初步分析时,可忽略这种耦合,分别导出刚体运动部分以及弹性体运动部分的传递函数,然后迭加,得总传递函数。若精确讨论,则应将刚体、弹性体两组动态方程联立求解,导出总传递函数。

3) 弹体结构和气动参数的时变性

代表弹体结构特征的参数是弹体质量、转动惯量、质心位置等,这些量在导弹飞行过程中,随着推进剂的消耗在不断发生变化,与飞行状态有关的空气动力系数等也随时间不断变化。弹体运动方程的系数就是这些参量的函数,它们的时变性使得导弹运动方程成为一组变系数的微分方程。

4) 非线性与多干扰性

非线性系统的基本特征是,系统的性质与其输入量的幅值有关,换句话说,在非线性系统中,迭加原理不成立。弹体正是这样一个非线性环节,因为在弹体运动有关的各因素中,广泛存在着非线性成分,如非定常流场使气动力为非线性,结构变形产生的几何非线性,库伦摩擦导致阻尼非线性,导弹接头产生局部刚度非线性等。从数学上看,弹体运动方程的系数不仅体现了时变特征,也体现了非线性特征。

对弹体运动的干扰有来自操纵机构控制力的干扰,来自大气的气动力干扰,来自操作程式变化的干扰(发射、点火、分离等),还有来自生产装配偏差的干扰(发动机推力偏心,燃烧室压力非正常起伏等)。多干扰性使弹体动态特性变化复杂化。

以上这些特点决定了弹体运动方程的复杂性。耦合交连的现实,使弹体环节严格地讲应在三维空间中讨论,结构基本参量的变化性质决定了运动方程为变系数的,非线性因素的存在决定了方程的非线性特征。所以,弹体环节的运动微分方程一般讲应为非线性、变系数、三维联立微分方程组。

2. 研究方法

以上从定性的角度介绍了弹体环节的特点,从中不难看出这类对象的复杂性。对于这样一个多种矛盾的复合体,为了揭示它的运动本质,从控制系统设计观点出发,并没有必要细致掌握弹体在空间每一瞬时的状态。它主要关心的是操纵机构闭锁情况下,由于外干扰引起的弹体扰动运动的收敛性,以及对于操纵机构的特定输入(如舵偏转),在特殊位置处(敏感元件安装处)产生的输出响应,从而对整个回路的稳定性分析提供有关弹体环节的信息。基于这种要求,工程设计中可引入一系列简化假定,采取特殊的、简单有效的处理方法。

1) 小扰动假设下的线性化方法

一般情况下,干扰量只是在稳定量附近的一种微小的偏离。假定导弹扰动运动参量与同一时间内的未扰动对应参量间的差值为微小量,则扰动弹道很接近未扰动弹道。这样,就有了对导弹运动方程组进行线性化的基础。将运动微分方程用小扰动法写出后,方程中这些微小增量的二次以上高阶项为高阶微量,可以忽略,这样就使以扰动量为基本运动参量的运动微分方程线性化。

2）结构参量与气动参量连续缓慢变化假定下的固化系数法

在我们所研究的范围内，假定转动惯量、质量、重心位置、频率等是时间的连续函数，不存在突变的间断点。这样，在很小的时间区间内，它们的变化必然也是微小的，因此可以视为常量。由此假定，当我们只研究飞行过程中有限数目的特征点（选定的弹道特征瞬时点）附近的弹体动态性能时，就可以将该特征点对应时刻附近的这些参量视为常量，从而使运动方程变为常系数微分方程，此即所谓的固化系数法。

3）理想滚转稳定下的通道分离法

严格说来，导弹姿态运动的三个通道之间是互相耦合的，掌握它的动力学特性，必须将三个通道作为一个统一的整体来研究。但是对于轴对称布局的导弹，其气动力不对称性可以忽略，且在滚转稳定系统工作比较理想的条件下，三个通道间的耦合变得很微弱，每个通道可独立研究（非轴对称，如面对称外形的导弹，其偏航与滚转两通道则不能分开）。

4）扰动运动存在长、短周期条件下的分段研究法

将以速度 v、攻角 α、俯仰角 ϑ 等为变量的全量运动微分方程转变为小扰动运动方程以后，所研究的基本变量为这些量的偏量值（增量）：Δv、$\Delta\alpha$、$\Delta\vartheta$ 等。通过对弹体扰动运动微分方程求解，并分析这些解的变化特点，发现各个扰动变量随时间变化的规律不同。其中攻角 $\Delta\alpha$、俯仰角速度 $\Delta\omega_z$，在扰动开始的很短时间内（几秒数量级）发生激烈的变化，并很快达到稳定值。而速度扰动量 Δv 由于弹体存在惯性，在扰动初期阶段变化不大，直到数十秒后达到它的扰动幅值。这时 $\Delta\alpha$、$\Delta\omega_z$早已衰减达到稳定状态了。

若将扰动运动分为两个时间阶段来研究，一个阶段是研究开始几秒数量级区间内的扰动规律，这时速度扰动量 Δv 可视为零，此阶段的运动即所谓的“短周期运动”。另一阶段为其后的扰动运动，此区间中 $\Delta\alpha$、$\Delta\omega_z$可视为零，称为“长周期运动”。将扰动运动方程分为两个阶段研究，可分别使其中一些变量消失，从而使运动方程得到简化。研究控制系统稳定性与传递特性关心的是短周期运动，因此这里也只限于讨论短周期运动。

9.1.2　弹体环节的传递函数

为了使弹体能作为一个环节进行动态特性分析，需要求出以操纵机构偏转（气动舵面偏转或推力矢量方向改变）为输入，姿态运动参数为输出的传递函数。根据轴对称导弹在理想滚转稳定条件下可进行通道分离，将弹体的三维运动方程分解为三个通道的运动微分方程，由这些方程可分别求出三个通道的传递函数。

1. 弹体侧向运动传递函数

当只研究短周期运动时，有 $\Delta v = 0$，就可以得到如下纵向短周期扰动运动方程组：

$$\begin{cases}\ddot{\vartheta} + a_1\dot{\vartheta} + a_1'\dot{\alpha} + a_2\alpha + a_3\delta_\vartheta = 0 \\ \dot{\theta} + a_4'\theta - a_4\alpha - a_5\delta_\vartheta = 0 \\ \vartheta - \theta - \alpha = 0\end{cases}$$

式中：$a_i(i=1,2,3,4,5)$为弹体动力系数，代表着导弹弹体特性的动力学性能。a_1为空气动力阻尼系数，a_2为静稳定系数，a_3为舵效率系数，a_4表示导弹在空气动力和推力法向分量作用下的转弯速率，a_5为舵偏角引起的升力系数，有

$$a_1 = -\frac{M_{z_1}^{\omega_{z_1}}}{J_{z_1}},\ a_1' = \frac{M_{z_1}^{\dot{\alpha}}}{J_{z_1}},\ a_2 = -\frac{M_z^{\alpha}}{J_{z_1}}, a_3 = -\frac{M_{z_1}^{\delta_\vartheta}}{J_{z_1}},$$

$$a_4=\frac{P+Y^{\alpha}}{mv},\ a_4'=-\frac{g}{v}\sin\theta,\ a_5=\frac{Y^{\delta_\vartheta}}{mv}$$

对微分方程进行拉普拉斯变换,可以得到弹体侧向运动的传递函数,有

$$\begin{cases}G_{\delta_\vartheta}^{\vartheta}(s)=\dfrac{\vartheta(s)}{\delta_\vartheta(s)}=-\dfrac{(a_3-a_1'a_5)s+a_3(a_4+a_4')-a_2a_5}{s^3+c_1s^2+c_2s+c_3}\\ G_{\delta_\vartheta}^{\theta}(s)=\dfrac{\theta(s)}{\delta_\vartheta(s)}=-\dfrac{-a_5s^2-a_5(a_1+a_1')s+a_3a_4-a_2a_5}{s^3+c_1s^2+c_2s+c_3}\\ G_{\delta_\vartheta}^{\alpha}(s)=\dfrac{\alpha(s)}{\delta_\vartheta(s)}=-\dfrac{a_5s^2+(a_3+a_1a_5)s+a_3a_4'}{s^3+c_1s^2+c_2s+c_3}\end{cases}$$

式中:$G_{\delta_\vartheta}^{\vartheta}$、$G_{\delta_\vartheta}^{\theta}$、$G_{\delta_\vartheta}^{\alpha}$分别表示输入为舵偏角、输出为俯仰角的传递函数,输入为舵偏角、输出为弹道倾角的传递函数,输入为舵偏角、输出为攻角的传递函数;c_1、c_2、c_3分别表示为

$$\begin{cases}c_1=a_1+a_3+a_4'+a_1'\\ c_2=a_2+a_1(a_4+a_4')+a_1'a_4'\\ c_3=a_2a_4'\end{cases}$$

对于静稳定的弹体,其扰动运动是稳定的,以导弹俯仰角为例,则有

$$\begin{aligned}G_{\delta_\vartheta}^{\vartheta}(s)&=\frac{K_D(T_{1D}s+1)}{(s-\lambda_1)(T_D^2s^2+2\xi_DT_Ds+1)}\\&=\frac{K_D}{(T_D^2s^2+2\xi_DT_Ds+1)}\cdot\frac{1}{(s-\lambda_1)}\cdot(T_{1D}s+1)\end{aligned}$$

$$K_D=-\frac{a_3(a_4+a_4')-a_2a_5}{\omega_D^2}$$

$$T_{1D}=\frac{a_3-a_1'a_5}{K_D\omega_D^2}$$

式中:K_D为放大系数或传递系数,T_{1D}为时间常数。

因为a_4'绝对值小于等于$-g/v$,在v较大时a_4'与a_4相比为小量,故可忽略。a_1'表示气流下洗延迟对弹体转动的影响,其值远比a_1与a_2小得多,故也可忽略,这时有$c_3=0$。这样可得到更加简化的纵向短周期扰动运动方程组

$$\begin{cases}\ddot{\vartheta}+a_1\dot{\vartheta}+a_2\alpha+a_3\delta_\vartheta=0\\ \dot{\theta}=a_4\alpha+a_5\delta_\vartheta\\ \vartheta=\theta+\alpha\end{cases}$$

对微分方程进行拉普拉斯变换,可求出控制系统动态特性分析时常采用的表达式。

$$G_{\delta_\vartheta}^{\vartheta}(s)=\frac{K_D(T_{1D}s+1)}{s(T_D^2s^2+2\xi_DT_Ds+1)}$$

$$G_{\delta_\vartheta}^{\theta}(s)=\frac{K_D\left[1-T_{1D}\dfrac{a_5}{a_3}s(s+a_1)\right]}{s(T_D^2s^2+2\xi_DT_Ds+1)}$$

$$G_{\delta_\vartheta}^{\alpha}(s)=\frac{K_DT_{1D}\left[1+\dfrac{a_5}{a_3}(s+a_1)\right]}{T_D^2s^2+2\xi_DT_Ds+1}$$

对于有翼导弹，舵面升力相对翼面升力为小量，这时 $a_5 \approx 0$，这样可进一步简化为

$$G_{\delta_\vartheta}^{\theta}(s) = \frac{K_D}{s(T_D^2 s^2 + 2\xi_D T_D s + 1)} \tag{9-1}$$

$$G_{\delta_\vartheta}^{\alpha}(s) = \frac{K_D T_{1D}}{T_D^2 s^2 + 2\xi_D T_D s + 1} \tag{9-2}$$

若令 $a_4^* = a_4 - \dfrac{a_2 a_5}{a_3}$，则式中符号可分别表示为

$$K_D = -\frac{a_3 a_4^* - a_2 a_5}{a_2 + a_1 a_4}\left(\text{当 } a_5 \text{ 为小量时}, K_D = -\frac{a_3 a_4}{a_2 + a_1 a_4}\right)$$

$$T_{1D} = \frac{1}{a_4^*}\left(\text{当 } a_5 \text{ 为小量时}, T_{1D} = \frac{1}{a_4}\right)$$

$$T_D = \frac{1}{\sqrt{a_2 + a_1 a_4}}$$

$$\zeta_D = \frac{1}{2T_D} \cdot \frac{a_1 + a_4}{a_2 + a_1 a_4} = \frac{a_1 + a_4}{2\sqrt{a_2 + a_1 a_4}}$$

同理，可推导得到

$$G_{\delta_\vartheta}^{\dot\theta}(s) = \frac{K_D}{T_D^2 s^2 + 2\zeta_D T_D s + 1} \tag{9-3}$$

$$G_{\delta_\vartheta}^{\dot\vartheta}(s) = \frac{K_D(T_{1D}s + 1)}{T_D^2 s^2 + 2\zeta_D T_D s + 1} \tag{9-4}$$

$$G_{\delta_\vartheta}^{n_y}(s) = \frac{V}{57.3g} \cdot \frac{K_D T_{1D}}{T_D^2 s^2 + 2\zeta_D T_D s + 1} \tag{9-5}$$

式中：n_y 为纵向过载；g 为重力加速度。

2. 弹体滚转运动传递函数

导弹滚动运动的扰动运动方程表示为

$$\frac{d^2\gamma}{dt^2} + c_1\frac{d\gamma}{dt} = -c_3\delta_\gamma - c_2\beta - c_4\delta_\psi$$

式中：c_i 为滚动通道动力系数，有

$$c_1 = -\frac{M_{x_1}^{\omega_{x_1}}}{J_{x_1}}, c_2 = \frac{M_{x_1}^{\beta}}{J_{x_1}}, c_3 = -\frac{M_{x_1}^{\delta_\gamma}}{J_{x_1}}, c_4 = -\frac{M_{x_1}^{\delta_\psi}}{J_{x_1}}$$

在忽略小量 c_2 与 c_4 的条件下，滚转运动的扰动运动传递函数为

$$G_{\delta_\gamma}^{\gamma}(s) = \frac{\gamma(s)}{\delta_\gamma(s)} = \frac{K_{DX}}{s(T_{DX}s + 1)} \tag{9-6}$$

而滚动角速度传递函数为

$$G_{\delta_\gamma}^{\dot\gamma}(s) = \frac{\dot\gamma(s)}{\delta_\gamma(s)} = \frac{k_{DX}}{T_{DX}s + 1} \tag{9-7}$$

$$K_{DX} = -c_3/c_1$$

$$T_{DX}=1/c_1$$

式中:K_{DX}为弹体滚转运动传递系数;T_{DX}为弹体滚转运动时间常数。

9.2 导弹稳定控制系统

9.2.1 导弹稳定控制系统的功能组成与特点

1. 基本概念

导弹的稳定控制系统,即稳定回路,主要是指自动驾驶仪与弹体构成的闭合回路。自动驾驶仪的功能是控制和稳定导弹的飞行。所谓控制是指自动驾驶仪按控制指令的要求操纵舵面偏转或改变推力矢量方向,改变导弹的姿态,使导弹沿基准弹道飞行。这种工作状态,称为自动驾驶仪的控制工作状态。所谓稳定是指自动驾驶仪消除因干扰引起的导弹姿态的变化,使导弹的飞行方向不受扰动的影响。这种工作状态,称为自动驾驶仪的稳定工作状态。

稳定是在导弹受到干扰的条件下保持其姿态不变,而控制是通过改变导弹的姿态,使导弹准确地沿着基准弹道飞行。从保持和改变导弹姿态这一点来说,导弹的稳定和控制是矛盾的;而从保证导弹沿基准弹道飞行这一点来说,它们又是一致的。

下面介绍与自动驾驶仪和稳定回路有关的一些基本概念。

1)导弹的静稳定性

导弹在平衡状态下飞行时,受到外界瞬间干扰作用而偏离原来平衡状态,在外界干扰消失的瞬间,若导弹不经操纵能产生附加气动力矩,使导弹具有恢复到原来平衡状态的趋势,则称导弹是静稳定的;若产生的附加气动力矩使导弹更加偏离原平衡状态,则称导弹是静不稳定的;若附加气动力矩为零,导弹既无恢复到原平衡状态的趋势,也不再继续偏离,则称导弹是静中立稳定的。导弹的静稳定性可以用压心与重心的关系来描述:压心在重心之后的导弹为静稳定的导弹,压心在重心之前的导弹为静不稳定的导弹,压心与重心重合的导弹为静中立稳定的导弹,压心与重心之间的距离则称为静稳定度。

2)导弹的运动稳定性

导弹在运动时,受到外界扰动作用,使之离开原来的飞行状态,若干扰消除后,导弹能恢复到原来的状态,则称导弹的运动是稳定的。如果干扰消除后,导弹不能恢复到原来的飞行状态,甚至偏差越来越大,则称导弹的运动是不稳定的。在研究导弹运动的稳定性时,往往不是笼统说研究它的稳定性,而是针对某一类运动参数或某几个运动参数而言的,如导弹飞行高度的稳定性,攻角、俯仰角、倾斜角的稳定性等。

3)导弹的机动性

导弹的机动性是指导弹改变飞行速度的大小与方向的能力。导弹的机动性可以用法向加速度来表征,通常用法向过载的概念来评定导弹的机动性。所谓过载是指作用在导弹上除重力外的所有外力的合力与导弹重力的比值。通常人们最关心的是导弹的机动性,即法向过载的大小。导弹的机动性和弹体结构、飞行条件和气动特性有关。

4)导弹的操纵性

导弹的操纵性是指操纵机构(舵面或发动机喷管)偏转后,导弹改变其原来飞行状态(如攻角、侧滑角、俯仰角、偏航角、滚转角、弹道倾角等)的能力以及反应快慢的程度。舵面偏转一定角度后,导弹随之改变飞行状态越快,其操纵性越好;反之,操纵性就越差。导弹的操纵性通常根据舵面阶跃偏转迫使导弹作振动运动的过渡过程来评定。

5）导弹的操纵性与机动性的关系

操纵导弹作曲线飞行的过程是偏转舵面产生操纵力矩，改变攻角、侧滑角、滚转角，进而改变法向力，使导弹飞行方向改变的整个过程。导弹的操纵性与机动性有着紧密的关系。机动性表示舵偏角最大时，导弹所能提供的最大法向加速度。操纵性则表示操纵导弹的效率，通常指导弹运动参数的增量和相应舵偏角变化量之比，它是一个相对量，机动性则是一个绝对量，有了好的操纵性必然有助于提高机动性。

6）操纵性和稳定性的关系

稳定性与操纵性是对立统一的关系。所谓对立是因为稳定性力图保持导弹的飞行姿态不变，而操纵性旨在改变导弹的姿态平衡；所谓统一是指弹体的姿态稳定是操纵的基础和前提，而操纵又为弹体走向新的稳定状态开辟道路。导弹正是在稳定—操纵—再稳定—再操纵的过程中实现沿基准弹道飞向目标的。

一般来说，导弹的操纵性好，导弹就容易改变飞行状态；导弹的稳定性好，导弹就不容易改变飞行状态。因此，导弹的操纵性和稳定性又是互相对立的，提高导弹的操纵性，就会削弱导弹的稳定性，提高导弹的稳定性就会削弱导弹的操纵性。而导弹的操纵过程和导弹的稳定过程又是互相联系的，当舵面偏转后，导弹由原来的飞行状态改变到新的飞行状态的过渡过程，相对于新的飞行状态来说，是一个稳定过程，即操纵性问题中有稳定性的问题。稳定性好，过渡过程就短，有助于提高导弹的操纵性。另一方面，在导弹受到扰动后的稳定过程中，由于自动驾驶仪的作用，导弹的执行机构发生相应的偏转，促使导弹恢复原来的飞行状态。所以稳定性问题中也有操纵性问题，操纵性好，导弹恢复原来的飞行状态就快，有助于加速导弹的稳定。

2. 导弹控制系统的组成与分类

1）导弹控制系统的组成

自动驾驶仪一般由惯性器件、控制电路和舵系统组成。它通常通过操纵导弹的空气动力控制面来控制导弹的空间运动。自动驾驶仪与导弹构成的稳定控制系统原理框图如图 9－1 所示。

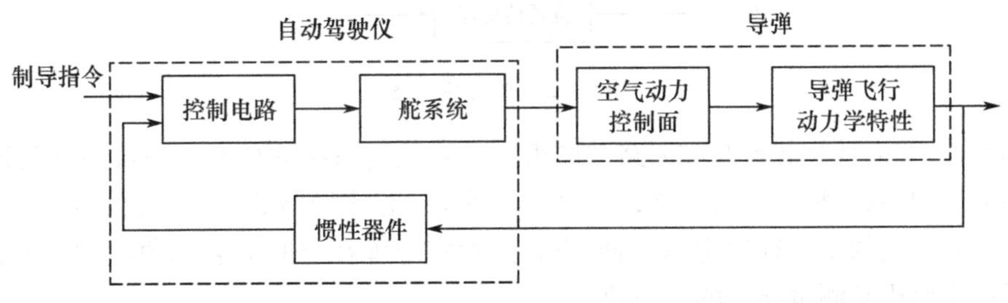

图 9－1　稳定控制系统原理框图

常用的惯性器件有各种自由陀螺、速率陀螺和加速度计，分别用于测量导弹的姿态角、姿态角速度和线加速度。

控制电路由数字电路和（或）各种模拟电路组成，用于实现信号的传递、变换、运算、放大、回路校正和自动驾驶仪工作状态的转换等功能。

舵系统一般由功率放大器、舵机、传动机构和适当的反馈电路构成。有的导弹也使用没有反馈电路的开环舵系统，它们的功能是根据控制信号去控制相应空气动力控制面的运动。

空气动力控制面指导弹的舵和副翼。舵通常有两对，彼此互相垂直，分别产生侧向力矩控制导弹沿两个侧向的运动。通常,每一对舵都由一个舵系统操纵,使其同步向同一方向偏转。副翼用来产生导弹的滚转操纵力矩,控制导弹绕纵轴的滚转运动。副翼可能是一对彼此作反向偏转的专用空气动力控制面,也可能由一对舵面或同时由两对舵面兼起副翼作用,兼起副翼作用的舵称为副翼舵。副翼舵的两个控制面,通常各由一个舵系统根据侧向控制和滚动控制要求进行操纵,这种结构在习惯上称为“电差动”。也有用一个侧向舵系统和一个滚动舵系统共同操纵一对副翼舵的做法,两个舵系统的运动由机械装置综合成为副翼舵的运动,这种结构习惯上称为“机械差动”。

导弹的飞行动力学特性,指空气动力控制面偏转与导弹动态响应之间的关系,可由数学模型描述。在自动驾驶仪的工作过程中,它们需要通过仿真设备的模拟或导弹的实际飞行才能体现出来。

导弹控制系统的任务就是控制导弹飞向目标,并最后击毁目标。导弹控制系统由控制器和被控对象两大部分组成,但不同类型的导弹,控制系统的具体组成有所差别,形成的回路也不一样。由于都是按照自动控制原理组成的导弹控制系统,它们组成的回路也是有共性的。

下面以靠空气动力控制的导弹为例,说明导弹控制系统的回路组成。

导弹控制系统中,敏感元件把测量到的导弹参数变化信号与给定信号进行比较,得出偏差信号,经放大后送至舵机,控制舵面偏转,从而控制导弹的姿态,控制导弹在空中飞行。在多数情况下,为了改善舵机的性能需要引入内反馈,形成随动系统(又称伺服系统或伺服回路),称为舵回路,如图9-2所示。测速发电机测得舵面偏转角速度,反馈给放大器,以增大舵回路的阻尼,改善舵回路的动态性能。位置传感器将舵面角信号反馈到舵回路的输入端,实现一定的控制信号对应一定的舵偏角。舵回路可以用伺服系统理论来分析,其负载是舵面的惯性和作用在舵面上的气动力矩(铰链力矩)。

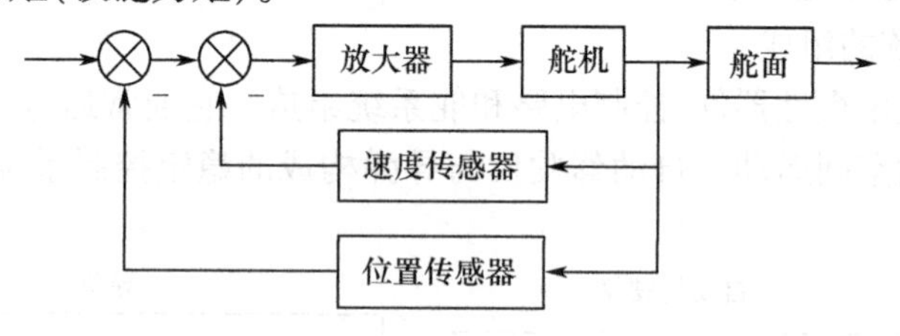

图9-2 舵回路框图

敏感元件、放大计算装置及舵回路共同组成导弹控制系统的核心——自动驾驶仪。它们与导弹组成新的回路,称为稳定回路,如图9-3所示。稳定回路的主要功能如下:

(1) 相对指定的空间轴稳定弹体轴,也就是稳定导弹在空间的姿态角运动(角方位),所以敏感元件主要用来测量导弹的姿态角;

(2) 作为导弹控制系统的一个环节来稳定导弹的动态特性;

(3) 稳定导弹的静态系数。

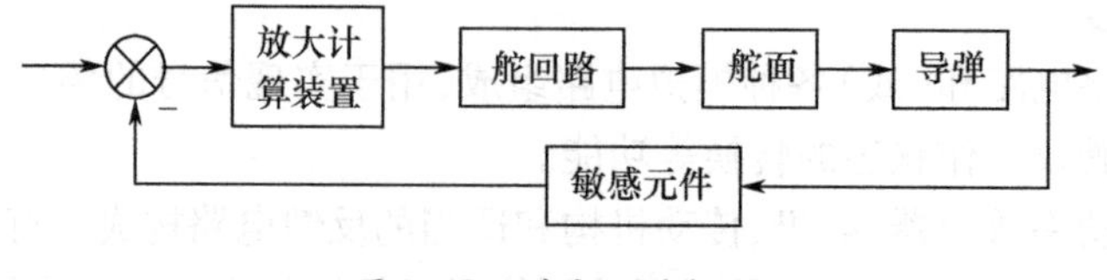

图9-3 稳定回路框图

从图9-3可知,稳定回路不仅比舵回路复杂,而且更重要的是包含弹体这个动态环节。

导弹的动态特性随飞行条件(如高度、速度、姿态等)而变,这使稳定回路的分析要麻烦一些。

在稳定回路的基础上,加上导弹和目标运动学环节与制导装置就组成了一个新的大回路,称为制导回路,如图9-4所示。图中的制导装置是导弹最重要的设备之一,它的用途是鉴别目标,把目标的位置与导弹的位置作比较,形成制导指令,并把指令信号送给自动驾驶仪,控制舵面的偏转,通过舵面的气动力操纵导弹飞向目标。

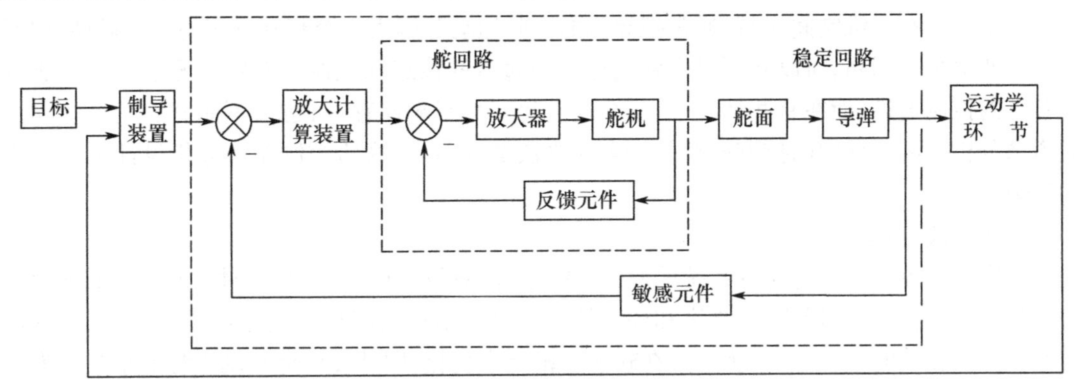

图9-4　制导回路框图

2) 导弹控制系统的分类

由于导弹种类繁多,各自的战术技术性能差异很大,因此,稳定控制系统的分类方法有很多种,可根据用途和系统设计的需要,按功能结构、系统组成环节特点和导弹控制方式等进行分类。

按功能结构分类:

(1) 单通道稳定控制系统:用于自旋导弹的稳定和控制。

(2) 双通道稳定控制系统:包括俯仰、偏航两个通道,滚动通道只需要进行稳定。

(3) 三通道稳定控制系统:包括俯仰、偏航和滚动三个通道,是防空导弹常用的形式。

按系统组成环节特性分类:

(1) 线性稳定控制系统:组成系统的诸环节均具有线性特性。

(2) 非线性稳定控制系统:组成系统的环节中包括一个或一个以上的非线性特性。常用的有继电式系统,该系统如设计为自振方式则称为自振式稳定控制系统。

(3) 数字稳定控制系统:组成系统的装置中含有数字计算机。

(4) 自适应稳定控制系统:组成系统的装置中有隐含或显含辨识对象系数,并按期望性能指标要求调整参数或结构的系统。

按控制导弹转弯方式分类:

(1) 侧滑转弯(STT)稳定控制系统:该种方式滚动角是固定且不可控的,导弹的过载靠攻角和侧滑角产生,并按上述方式进行稳定和控制。

(2) 倾斜转弯(BTT)稳定控制系统:该种方式控制过程无侧滑,滚动通道接收控制指令使导弹绕纵轴滚动,将导弹最大升力面的法向矢量指向导引律所要求的方向,使导弹产生最大可能的机动过载。根据导弹滚动角的范围,BTT控制可分为BTT-45°、BTT-90°和BTT-180°三种。

3. 导弹控制系统的特点

从控制系统的组成元部件及回路分析可以看出,导弹控制系统具有多回路、三通道铰链、非线性、变参数和变结构等特点。

1）多回路系统

从图9－4中可明显地看出，导弹控制系统是一个多回路系统，主要包括舵回路、稳定控制回路和制导回路等。

2）三通道铰链问题

由于导弹在三维空间飞行，通常把导弹的空间运动分解为三个相互垂直的平面运动，即所谓的三通道独立回路，所以必须对导弹进行三个通道的稳定和控制。有些情况下可以分成三个独立的控制通道；而在有些情况下，各个通道间互相影响而存在铰链，不能分成三个独立的通道来分析。因此导弹的控制回路是个多回路铰链的系统，这给控制系统分析设计带来一定的麻烦。

3）变参数问题

造成导弹控制系统为时变系统的原因是描述弹体运动方程的系数是时变的。完成不同战术任务的导弹，由于飞行速度、高度和姿态的变化以及燃料的消耗与质心位置变化等，使得作用在弹体上相关的干扰力、干扰力矩在较大的范围内变化，因此使弹体运动方程的系数成为时变的。

4）非线性问题

在导弹的控制回路里，几乎所有的部件其静态特性都存在饱和限制，有的部件还存在死区。当然有的非线性可以通过小偏差线性化变成线性系统作近似地分析。但也有一些非线性，如存在磁滞特性的继电器等控制器件，则不能线性化。因此在分析设计系统时必须考虑非线性的影响。

5）变结构问题

导弹在飞行过程中，不但系统参数是变化的，而且描述系统的数学模型有许多不确定的因素及不能线性化的非线性特性，因此存在着变结构的问题。

对于这样复杂的导弹控制系统，分析和设计显然是相当麻烦的。通常在初步分析设计时，先要进行合理的简化，对简化后的系统再分析计算，得出一些有益的结论。当需要进一步分析设计和计算时，还必须借助仿真和半实物仿真来解决。

4. 弹上敏感元件

常用的弹上敏感元件有自由陀螺、速率陀螺、线加速度计和高度表等，分别用于测量导弹的姿态角、姿态角速度、线加速度和飞行高度。在对导弹制导控制系统进行分析设计时，应根据稳定控制系统技术指标和要求，合理地选择各类敏感元件，并对其进行分析。选择时必须考虑它们的技术性能(包括陀螺启动时间、漂移、测量范围、灵敏度、线性度、工作环境等)、体积、质量及安装要求等，同时还需注意这些敏感元件的安装位置，例如，线加速度计不应安装在导弹主弯曲振型的波腹上，角速率陀螺不应安置在角速度最大的波节上等。下面对主要敏感元件进行简要介绍。

1）自由陀螺仪

自由陀螺又称为角位置陀螺，是三自由度陀螺仪，用于测量弹体运动的姿态角。其原理结构如图9－5(a)所示。高速旋转的陀螺转子通过转轴支承在内框架上，内框架通过转轴与外框架相连。由内、外框架组成的装置称为万向支架，陀螺仪三个转轴的交点称为陀螺仪的支点。为了分析陀螺仪的动态特性，采用与陀螺的内框架相固联的陀螺坐标系 $OX_GY_GZ_G$ 作为动坐标系。坐标系如图9－5(b)所示，其中 OX_G 轴与转子轴一致，OZ_G 轴与内环轴相重合，

α 和 β 分别表示陀螺仪的转子绕外环轴及绕内环轴转过的角度。

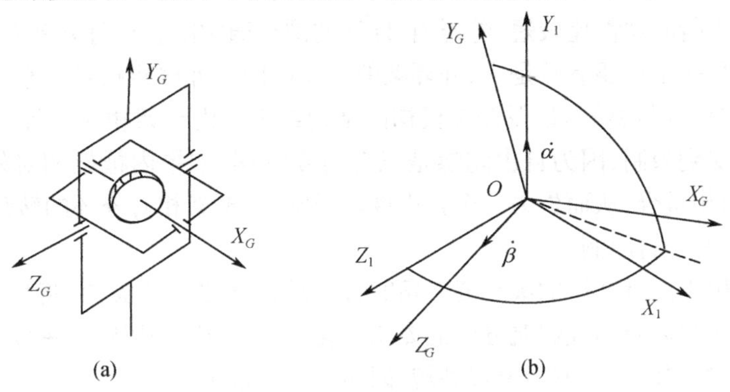

图 9－5　自由陀螺原理图

(a)原理结构；(b)陀螺坐标系。

设陀螺转子对支点的动量矩为 $\boldsymbol{H}$,作用在转子轴上的外力矩为 M,外力矩在动坐标系中的分量为

$$\boldsymbol{M} = [M_x \quad M_y \quad M_z]^{\mathrm{T}}$$

由动量矩定理得到

$$\mathrm{d}\boldsymbol{H}/\mathrm{d}t = \boldsymbol{M}$$

依据苛氏转动定理,陀螺动量矩的变化可以表示成

$$\mathrm{d}\boldsymbol{H}/\mathrm{d}t = \partial \boldsymbol{H}/\partial t + \boldsymbol{\omega} \times \boldsymbol{H}$$

式中:$\boldsymbol{\omega}$ 为动坐标系相对于惯性空间的转动角速度;$\partial \boldsymbol{H}/\partial t$ 为角动量相对于动坐标系的变化率。

陀螺仪的运动包括稳态响应和暂态过程两部分:稳态输出表示的规律称为陀螺的进动,暂态过程对应的运动称为陀螺的章动。章动是伴随进动过程的衰减振荡。

如果陀螺不受外加力矩的作用,即 $M = 0$,则有 $\mathrm{d}H/\mathrm{d}t = 0$。因此,陀螺的动量矩在惯性空间保持不变,其转子轴指向固定的方向,陀螺的这种特性通常称为定轴性。利用自由陀螺仪的定轴性,将一角度传感器的定子同它的外框架相固联,而转子与它的机座相固联,由于陀螺框架相对于机座的转角可通过传感器变换成电压输出,所以该传感器的转子和定子之间的相对运动可以复现导弹的俯仰姿态角变化,亦可测量弹体的滚动姿态角和偏转角。

陀螺框架相对于机座的转角可通过传感器变换成电压输出。设 K_ϑ 为电压对转角的转换系数,则自由陀螺的传递函数可表示成

$$K_\vartheta = \frac{U_\vartheta(s)}{\vartheta(s)}$$

式中:ϑ 为框架相对支座的转角。

由于陀螺的转子与框架的支撑之间存在着摩擦,因而会对陀螺产生干扰力矩,干扰力矩将引起陀螺转子轴的进动,这种现象称为陀螺的漂移。漂移将造成误差,影响陀螺的测量精度。自由陀螺仪的主要性能指标之一就是漂移,漂移是由陀螺结构不平衡、摩擦等干扰力矩产生的。在一定的干扰力矩 M_0 作用下,漂移大小与陀螺的动量矩 H 大小成反比,即

$$\dot{\alpha}_0 = -\frac{M_0}{H}$$

为了减小自由陀螺仪的漂移,工程上常采用如下技术途径:①增加陀螺马达转速;②加大

马达转子质量;③减小运动支撑的摩擦和结构的不平衡等。

防空导弹的飞行时间都比较短,陀螺内、外环的漂移通常限制在每分钟1°~2°以内。

自由陀螺的另一个重要参数是内、外环架的活动范围。外框架相对支座的活动范围,主要受测量元件(如电位计传感器)以及制锁机构的结构约束。内框架相对于外框架的活动范围,在工作原理上就受到限制,因为自由陀螺是三自由度陀螺,如果内框架相对外框架转过90°,则内、外框架平面相重合,从而失去一个自由度。通常,内框架相对外环的转角不超过±60°范围,而且在结构上有挡钉限制。

当自由陀螺用于测量弹体的滚动姿态角时,内、外框架之间的夹角,将反映弹体俯仰或偏航角的变化。因而弹体俯仰或偏航方向的姿态变化受到一定的限制,如果姿态角的变化超过挡钉的限制范围,陀螺的框架就会出现翻转,因而不能正常工作。

2)角速度陀螺仪

角速率陀螺是二自由度陀螺仪,又称阻尼陀螺,其结构如图9-6所示。陀螺马达由框架支撑,在框架轴上通常附加有恢复弹簧、阻尼器以及传感器等器件。

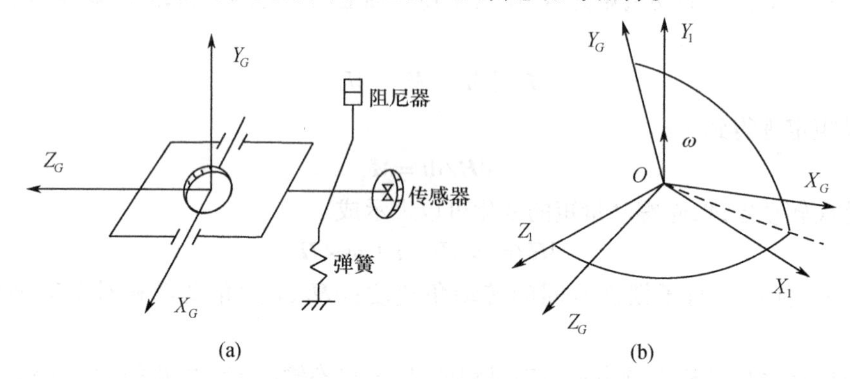

图9-6 速率陀螺原理图
(a)原理结构;(b)坐标系。

与自由陀螺不同,速率陀螺的万向支架只有一个框架。自由陀螺的内、外框架既用于支承陀螺的转子旋转,同时在运动上又起着隔离作用,即弹体在绕支点旋转时不会带动陀螺的转子轴一起运动。因此,陀螺转子轴的方向在惯性空间保持不变。速率陀螺的框架仍然起隔离作用,但是弹体绕OY_1轴的转动将强迫转子一同运动,使转子的方向发生变化,因而产生附加陀螺力矩,引起转子沿框架轴的转动。陀螺力矩是指当物体牵连运动和相对运动都是转动时,由哥氏加速度引起的惯性力矩。

速率陀螺的工作原理是基于陀螺仪的进动特性。当陀螺及其支座绕输入轴以某一角速度旋转时,沿陀螺的输出轴方向将产生与该角速度成比例的陀螺力矩,在陀螺力矩作用下,陀螺的框架将沿输出轴转动,直到与弹簧产生的恢复力矩相平衡。稳态时,陀螺绕框架轴的转角与弹体沿输入轴的角速度成正比。框架转过的角度由传感器转换成电压输出,经推导,可得到角速率陀螺的传递函数:

$$\frac{u_\omega(s)}{\omega(s)}=\frac{K_\omega}{T^2S^2+2\xi TS+1}$$

式中:K_ω为角速率陀螺的传递系数,$K_\omega=H/K$,$H=J_x\Omega$,K为弹簧弹性系数;T为角速率陀螺的时间常数,$T=\sqrt{J_z/K}$;ξ为角速率陀螺的阻尼比,$\xi=C/\sqrt{KJ_z}$,C为阻尼器阻尼系数。

为了提高角速率陀螺的性能稳定性,改善测量精度、线性度、灵敏度及动态性能,还常采用力平衡测速陀螺和浮子式陀螺等。

由于目前防空导弹自动驾驶仪中的速率陀螺大都采用液体悬浮，而阻尼特性又随温度变化，为保持陀螺具有稳定的阻尼特性，设计时需采取相应的措施，如阻尼补偿、阻尼调节等，以使速率陀螺的相对衰减系数保持在0.7～1.0的范围内。

3）加速度计

线加速度计又称作过载传感器，用于测量导弹相对惯性空间且沿规定轴向的线加速度。典型的线加速度表由质量块、恢复弹簧、阻尼器以及输出传感器等部件组成，其原理结构如图9-7所示。质量块一端由弹簧悬挂在壳体上，另一端与阻尼器的活塞相连接，而阻尼筒则与壳体固联在一起。加速度表的壳体安装在弹体上，并随导弹一起运动。在质量块上安装有传感器的活动部件，传感器则固定在壳体上。当质量块相对于壳体运动时，传感器将输出与位移相应的电信号。

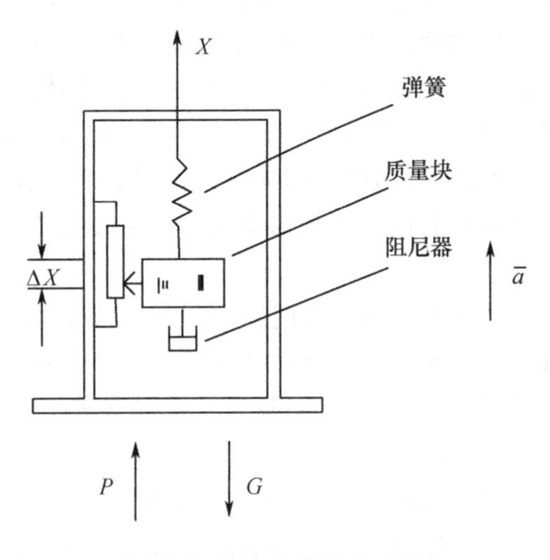

图9-7　线加速度计原理图

为推导加速度计的运动方程，选取地面坐标系作为参考坐标。设加速度计的绝对位移为X_A，质量块的绝对位移为X_m，质量块相对于加速度计壳体的位移为ΔX，则

$$\Delta X = X_A - X_m$$

由于质量块运动时阻尼力和弹簧产生的恢复力与运动的方向相反，因而得到质量块的动力学方程为

$$m\ddot{X}_m = C\Delta\dot{X} + K\Delta X - mg$$

式中：C为阻尼器的阻尼系数；K为弹簧的刚性系数；mg为质量块受到的重力。

对于加速度计，实际运动的加速度为$a = \ddot{X}_A$，因而有

$$\frac{m}{K}\Delta\ddot{X} + \frac{C}{K}\Delta\dot{X} + \Delta X = \frac{m}{K}(a+g)$$

若取$W = a + g$是外力P所产生的加速度，或者是与比力对应的加速度，同时令

$$T = \sqrt{\frac{m}{K}}, \xi = \frac{C}{2\sqrt{mK}}, K_A = \frac{m}{K}$$

则有

$$T^2\Delta\dot{X}+2\xi T\Delta\dot{X}+\Delta X=K_AW$$

传感器输出的电信号与质量块的相对位移成正比,即 $u_a=K_u\Delta X$,设 $K_a=K_uK_A$。对上式进行拉氏变换,并假定其初始条件为零,则线加速度表的传递函数可表示成

$$\frac{u_a(s)}{W(s)}=\frac{K_a}{T^2S^2+2\xi TS+1}$$

可见,线加速度计由一个放大环节和一个二阶振荡环节构成。在工程应用中,根据结构形式不同,测量弹体运动加速度的敏感元件还有摆式加速度计和积分陀螺式加速度计等。

4）高度计

高度计广泛地应用于测量地球表面上空飞行器的高度。根据所采用的测高技术与设备的不同,所测得的高度可以是地球表面水准面(或任意参考面)上空的高度;也可以是地球表面与飞行器之间的高度。高度计主要包括气压高度表和雷达高度表等。

气压高度表是利用大气压力随高度增加而减小的原理(即高度是大气压力的函数)来测定高度的,参考面为平均海面。显然,这种高度表的性能,直接依赖于大气压力、大气压力梯度,以及压力传感器的设计。由于平均海平面上的压力是随季节和地域而变化的,并且压力梯度呈现出非线性和可变性,所以气压高度表的参考面和测量单位不是固定的,测量精度也不会很高。此外,在高高度或外层空间,由于大气稀薄或不存在大气,气压高度表不能工作,通常只在飞机高度上才有效。

雷达高度表是利用测量电磁波传播延迟时间的原理,来确定地球表面上空飞行器的高度。一般分为连续波调制型和脉冲调制型。连续波调制型高度表,发射一个频率随时间变化的信号,接收的回波信号具有与高度相一致的时间延迟。发射与接收信号的差拍频率输出是延迟时间的函数,因而也是高度的函数。脉冲调制型高度表是将电磁波脉冲信号照射地球表面,测量回波信号相对发射脉冲的延迟时间,这样就确定了高度。

雷达高度表可以应用于零高度至卫星高度的范围,测量精度由信号带宽和时间测量系统的精度决定,可以达到10~30cm量级。与气压高度表相比,它的主要缺点是重量大、技术比较复杂。另外,由于地形表面粗糙不平,给高度表的设计与使用带来了一定的困难。

雷达高度表用以测量导弹飞行高度,其工作原理基于电磁波在空气中传播的速度 c 是恒定的。若忽略其时间常数,无线电高度表的输出方程为

$$u_h=K_hh$$

式中:h 为导弹飞行高度;u_h为高度表输出;K_h为高度表传递系数。则其传递函数为

$$\frac{u_h(s)}{h(s)}=K_h$$

9.2.2 稳定控制回路

稳定控制回路是由自动驾驶仪与导弹弹体构成的闭合回路,其主要作用是稳定导弹绕质心的姿态运动,并根据控制指令操纵导弹飞行。

1. 稳定控制回路的功能

1）稳定弹体轴在空间的角位置和角速度

对于非旋转导弹,制导系统一般要求滚转角保持为零或接近于零,如果导弹上没有稳定滚转角的设备,那么在导弹飞行过程中发生滚转时,控制指令坐标系与弹上执行坐标系之间的相对关系会受到破坏,从而使指令执行过程发生错乱,导致控制作用失效。因为导弹弹体的滚转

运动是没有静稳定性的，即使在常态飞行条件下，也必须在导弹上安装滚转稳定设备。

在俯仰和偏航方向，干扰产生的角运动会引起附加过载，使制导偏差增大，因此也须消除这类角运动。

2）改善导弹的稳态和动态特性

由于导弹飞行高度、速度和姿态的变化，其气动参数也在变化，导弹的稳态特性和动态特性会随之发生变化，控制对象的变参数特性使整个控制系统的设计复杂化，为了使制导系统正常工作，要求稳定回路能确保在所有飞行条件下，导弹的静态特性和动态特性保持在一定范围内。

大多数导弹制导回路是条件稳定的，系统开环增益以及其他参数的增大或者减小都会使稳定裕度下降，甚至变得不稳定。这就要求在导弹控制系统设计时将系统开环增益等参数的变化范围限制在一定的范围内，一般在额定值的 ±20%，通常采用加速度计反馈包围弹体等方法来满足这一要求。

3）增大弹体绕质心角运动的阻尼系数，改善制导系统的过渡过程品质

弹体相对阻尼系数是由空气动力阻尼系数、静稳定系数和导弹的运动参数等决定的，对静稳定度较大和飞行高度较高的高性能导弹，弹体阻尼系数一般在 0.1 左右或更小，弹体是欠阻尼的。导弹在执行引导指令或受到内部、外部干扰时，即使勉强保持稳定，也会产生不能接受的动态性能，过渡过程存在严重的振荡，超调量和调节时间很大，使弹体不得不承受大约两倍设计要求的横向加速度，这样会导致攻角过大，增大诱导阻力，使射程减小；同时降低导弹的跟踪精度，在飞行弹道末端的剧烈振荡会直接增大脱靶量，降低制导准确度；波束制导中可能造成导弹脱离波束的控制空域，造成失控等。所以需要改善弹体的阻尼性能，把欠阻尼的自然弹体改造成具有适当阻尼系数的弹体，可以在稳定回路中增加速度反馈包围弹体的方法，来实现这一要求。

4）对静不稳定导弹进行稳定

自动驾驶仪的控制对象 - 弹体，在空气动力的作用下，可能是静稳定的，可能是中立稳定的，也可能是静不稳定的。对于中立稳定或静不稳定的弹体，或者在导弹飞行过程中的某一阶段为中立稳定或静不稳定的弹体，可以由自动驾驶仪来保证飞行过程中的稳定性。

5）执行制导指令，操纵导弹的质心沿基准弹道飞行

稳定回路是制导指令的执行机构。稳定回路接收制导指令，经过适当变换放大，操纵控制面偏转或改变推力矢量方向，使弹体产生需要的法向过载。因此，该系统必须能快速而准确地执行指令，动态延迟小，具有适当的通频带，以减少动态误差和限制指令中的随机干扰信号造成的误差。上述要求需要通过对稳定控制系统的设计来完成。

2. 稳定回路的基本原理

1）提高稳定回路阻尼的原理

由自动控制原理可知，将输出量的速度信息反馈到系统输入端，并与误差信号进行比较，可以增大系统阻尼，使动态过程的超调量下降，调节时间缩短，对噪声有滤波作用。

为增大控制系统的阻尼，可在导弹控制系统中增加测速陀螺仪，测量弹体角速度，并反馈给综合放大器输入端，形成一个闭合回路。图 9 - 8 为含有测速陀螺仪反馈的控制系统俯仰通道阻尼回路简化框图。

由弹体侧向传递函数可知，以舵偏角 δ_z 为输入量，俯仰角速度 $\dot{\vartheta}$ 为输出量的弹体传递函数为

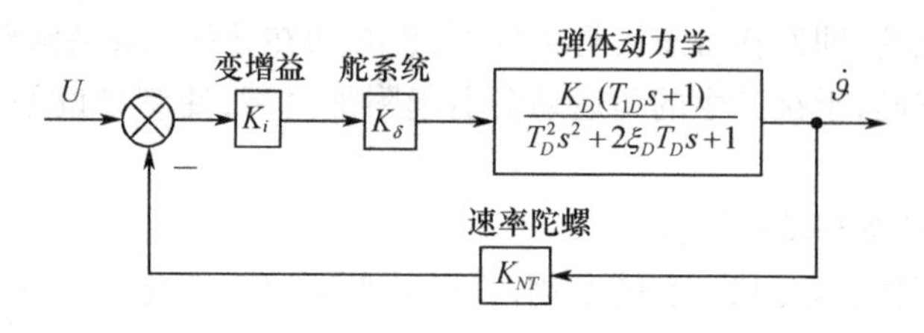

图9-8 俯仰通道阻尼回路简化框图

$$G_{\delta_z}^{\dot{\vartheta}}=\frac{K_D(T_{1D}s+1)}{T_D^2s^2+2\xi_DT_Ds+1} \tag{9-8}$$

作为执行装置的舵系统时间常数比弹体的时间常数小得多,所以这里不计执行装置的惯性,把它看作放大环节,传递系数为 K_δ,K_i为可变传动比机构传递系数,测速陀螺仪是一个二阶系统,但一般情况下,测速陀螺仪的时间常数比弹体的时间常数小很多。为简化讨论,把测速陀螺仪看作传递系数为 K_{NT}的无惯性放大环节。这样阻尼回路的闭环传递函数为

$$\frac{\dot{\vartheta}(s)}{U(s)}=\frac{K_D^*(T_{1D}s+1)}{T_D^{*2}s^2+2\xi_D^*T_D^*s+1} \tag{9-9}$$

$$K_D^*=\frac{K_\delta K_iK_D}{1+K_\delta K_iK_DK_{NT}}$$

$$T_D^*=\frac{T_D}{\sqrt{1+K_DK_iK_\delta K_{NT}}}$$

$$\xi_D^*=\frac{\xi_D+\dfrac{T_{1D}K_\delta K_iK_DK_{NT}}{2T_D}}{\sqrt{1+K_DK_iK_\delta K_{NT}}}$$

式中:K_D^* 为阻尼回路闭环传递系数;T_D^* 为阻尼回路时间常数;ξ_D^* 为阻尼回路闭环阻尼系数。

由此可见,阻尼回路可近似等效成二阶系统。根据以往的控制系统设计经验,测速陀螺反馈可以充分提供导弹飞行所需的阻尼,但阻尼系数过大,会使系统有过阻尼特性,这也是不希望的。一般阻尼系数为0.7左右时比较好,此时过渡过程时间短,超调量也不大,约5%。可以此为根据选择反馈通路的传递系数,使系统有合适的阻尼特性。

2)对静不稳定导弹进行稳定的原理

由前述可知,为了改善弹体的阻尼特性,引入由俯仰角速度构成的负反馈,只要适当地选择由弹体姿态角速度到舵偏角的反馈增益,就可以使导弹的阻尼特性得到改善,同时还能使静不稳定导弹得到稳定。其原理如下:

侧向静稳定性取决于导弹的质心 X_T和压心 X_d之间的相对位置。若质心在压心之前,则导弹是静稳定的,反之则是静不稳定的。静不稳定导弹对外界扰动非常敏感,即导弹受到扰动后不能回复到原来的平衡状态,而是偏离愈来愈大。静不稳定导弹示意图如图9-9所示。

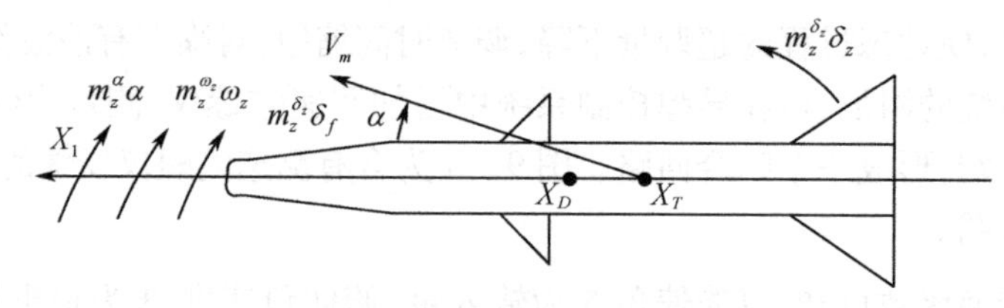

图9-9 静不稳定导弹示意图

由前面简化的短周期扰动运动方程组，可得俯仰力矩平衡方程如下：

$$m_z^{\omega_z}\omega_z + m_z^{\alpha}\alpha + m_z^{\delta_z}\delta_z = 0 \tag{9-10}$$

式中：$m_z^{\omega_z}$、m_z^{α}、$m_z^{\delta_z}$分别为导弹的阻尼力矩系数、静稳定力矩系数与舵操纵力矩系数。

对于静稳定导弹来说，质心在压心之前，当外界出现干扰力矩 $m_z^{\delta_z}\delta_f$时，导弹产生角速度 ω_z与攻角 α。由于攻角 α 引起的力矩 $m_z^{\alpha}\alpha$ 与干扰力矩相反，因此，它起着稳定力矩的作用。

对于静不稳定的导弹来说，其质心在压心之后，当外界出现干扰力矩时，由攻角引起的力矩为 $m_z^{\alpha}\alpha$，由于是静不稳定的导弹 $m_z^{\alpha}\alpha>0$，与干扰力矩相同，且通常弹体的阻尼力矩 $m_z^{\omega_z}\omega_z$很小，所以上述力矩平衡方程无法平衡，弹体将失稳。

若引入自动驾驶仪，增加姿态角速度反馈，这时弹体的俯仰力矩平衡方程为

$$m_z^{\omega_z}\omega_z + m_z^{\alpha}\alpha + m_z^{\delta_z}\delta_f + m_z^{\delta_z}\delta_z = 0 \tag{9-11}$$

δ_z为弹体姿态角速度反馈产生的舵偏角。选择合适的舵偏角，则其产生的力矩可抵消已出现的干扰力矩，而且可以克服新产生的静不稳定力矩，弹体将重新获得平衡，这就是静不稳定导弹自动驾驶仪稳定的原理。

从上述力矩平衡方程可得

$$\delta_z = -\frac{m_z^{\omega_z}\omega_z + m_z^{\alpha}\alpha + m_z^{\delta_z}\delta_f}{m_z^{\delta_z}} \approx -\frac{m_z^{\alpha}\alpha + m_z^{\delta_z}\delta_f}{m_z^{\delta_z}}$$

设 ω_z到舵偏角 δ_z的传递系数为 $K_{\omega_z}^{\delta_z}=\dfrac{\delta_z}{\omega_z}$，则

$$K_{\omega_z}^{\delta_z} = -\frac{m_z^{\delta_z}\delta_f + m_z^{\alpha}\alpha}{m_z^{\delta_z}\omega_z}$$

由此可见，只要适当地选择 $K_{\omega_z}^{\delta_z}(K_{\omega_z}^{\delta_z}\approx K_{\dot\vartheta}^{\delta_z})$，使 $K_{\omega_z}^{\delta_z}\delta_z$足够大，引入自动驾驶仪后，就能实现静不稳定导弹的稳定。

对静不稳定的导弹来说，阻尼回路的功用首先是稳定，在确保稳定的基础上兼顾到改善阻尼特性。从舵偏角 δ_z到俯仰角速度 $\dot\vartheta$ 之间的传递函数为

$$W_{\delta_z}^{\dot\vartheta}(s) = \frac{K_D(T_{1D}s+1)}{T_D^2s^2+2\xi_D T_D s-1} \tag{9-12}$$

其特征方程为

$$T_D^2s^2+2\xi_D T_D s-1=0$$

其特征根为

$$\lambda_{1,2}=(-\xi_D\pm\sqrt{\xi_D^2+1})/T_D$$

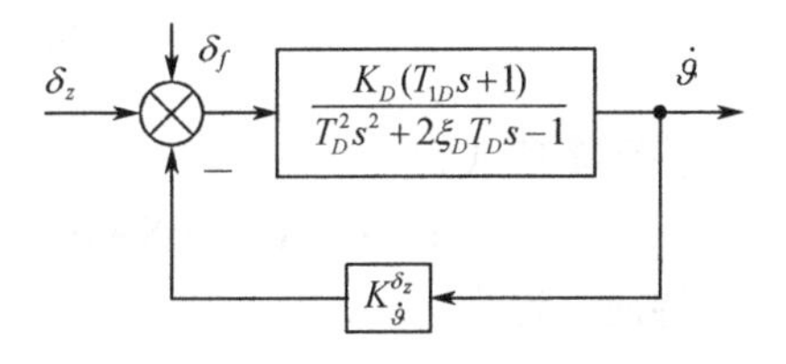

图 9-10　静不稳定导弹稳定原理框图

从上式可以看出，特征方程有一个正实根，体现了弹体侧向运动的静不稳定性。自动驾驶仪的任务是通过引入角速度 $\dot\vartheta$ 反馈，如图 9-10 所示，来消除正实根。引入角速度反馈后，从舵偏角 δ_z到俯仰角速度 $\dot\vartheta$ 之间的传递函数为

$$\overline{W}_{\delta_z}^{\dot\vartheta}(s) = \frac{K_D(T_{1D}s+1)}{T_D^2s^2+(2\xi_D T_D+K_D K_{\dot\vartheta}^{\delta_z}T_{1D})s+(K_D K_{\dot\vartheta}^{\delta_z}-1)}$$

其特征方程为

$$T_D^2s^2+(2\xi_D T_D+K_D K_{\dot\vartheta}^{\delta_z}T_{1D})s+(K_D K_{\dot\vartheta}^{\delta_z}-1)=0$$

从上式可以看出,只要选取足够大的 $K_{\vartheta}^{\delta_z}$,使得 $(K_D K_{\vartheta}^{\delta_z}-1)>0$ 成立,就能使静不稳定弹体成为静稳定的。更确切地说,要使补偿后的弹体稳定,需 $K_{\vartheta}^{\delta_z}>1/K_D$。这表明要使静不稳定导弹在整个飞行过程中都稳定,$K_{\vartheta}^{\delta_z}$要随 K_D而变,或 $K_{\vartheta}^{\delta_z}$选得较大。但实际上 $K_{\vartheta}^{\delta_z}$也不能选得过大,因此光靠增益补偿受到很大的限制,所以通常是选择合适的校正网络加以补偿。

3) 静不稳定导弹俯仰运动稳定性分析

(1) 稳定性分析。

弹体俯仰运动方程为

$$\begin{cases}\ddot{\vartheta}+a_1\dot{\vartheta}+a_2\alpha+a_3\delta=0\\ \dot{\theta}=a_4\alpha+a_5\delta\\ \vartheta=\theta+\alpha\end{cases}\tag{9-13}$$

对式(9-13)进行简单变换后,可写为

$$\begin{cases}\ddot{\vartheta}+a_1\dot{\vartheta}+a_2\alpha+a_3\delta=0\\ \dot{\alpha}=\dot{\vartheta}-a_4\alpha-a_5\delta\end{cases}\tag{9-14}$$

取 $x_1=\dot{\vartheta}, x_2=\alpha$ 为状态变量,则式(9-14)成为

$$\begin{cases}\dot{x}_1=-a_1x_1-a_2x_2-a_3\delta\\ \dot{x}_2=x_1-a_4x_2-a_5\delta\end{cases}\tag{9-15}$$

将式(9-15)写为矩阵形式

$$\begin{bmatrix}\dot{x}_1\\ \dot{x}_2\end{bmatrix}=\begin{bmatrix}-a_1 & -a_2\\ 1 & -a_4\end{bmatrix}\begin{bmatrix}x_1\\ x_2\end{bmatrix}+\begin{bmatrix}-a_3\\ -a_4\end{bmatrix}\delta\tag{9-16}$$

式(9-16)可写为

$$\begin{cases}\dot{\boldsymbol{x}}=\boldsymbol{A}\boldsymbol{x}+\boldsymbol{B}u\\ \boldsymbol{y}=\boldsymbol{C}\boldsymbol{x}\end{cases}\tag{9-17}$$

式中:$\boldsymbol{x}$ 为状态变量,$\boldsymbol{x}=\begin{bmatrix}x_1\\ x_2\end{bmatrix}$;$\boldsymbol{A}$ 为状态阵,$\boldsymbol{A}=\begin{bmatrix}-a_1 & -a_2\\ 1 & -a_4\end{bmatrix}$;$\boldsymbol{B}$ 为控制阵,$\boldsymbol{B}=\begin{bmatrix}-a_3\\ -a_4\end{bmatrix}$;$u$ 为控制量,$u=\delta$;$\boldsymbol{C}$ 为输出阵,$\boldsymbol{C}=[1\ 0]$;$\boldsymbol{y}$ 为输出量。

其特征阵为

$$[S\boldsymbol{I}-\boldsymbol{A}]=\begin{bmatrix}S+a_1 & a_2\\ -1 & S+a_4\end{bmatrix}$$

特征多项式为

$$\det[S\boldsymbol{I}-\boldsymbol{A}]=(S+a_1)(S+a_4)+a_2=S^2+(a_1+a_4)S+a_2+a_1a_4$$

特征方程为

$$S^2+(a_1+a_4)S+a_2+a_1a_4=0\tag{9-18}$$

对于静不稳定导弹,$a_2<0$,a_1、a_4均大于零,且 a_1、a_4乘积的绝对值远小于 a_2的绝对值,即

$$|a_1a_4|<|a_2|$$

则

$$a_2+a_1a_4<0$$

根据稳定判据知,式(9-18)所描述的系统是不稳定的,也就是说导弹的俯仰运动是不稳

定的。

(2) 通过自动驾驶仪引入适当的状态反馈来改善稳定性。

可控性判断:若

$$\det[\boldsymbol{A}\quad \boldsymbol{AB}\quad \cdots \quad \boldsymbol{A}^{n-1}\boldsymbol{B}]\neq 0 \tag{9-19}$$

则系统可控。将 $\boldsymbol{A}$、$\boldsymbol{B}$ 代入式(9-19)得

$$\det\begin{bmatrix} -a_3 & a_1a_3+a_2a_5 \\ -a_5 & -a_3+a_4a_5 \end{bmatrix} = a_3^2 - a_3a_4a_5 + a_1a_3a_5 + a_2a_5^2 \neq 0 \tag{9-20}$$

故系统可控。由现代控制理论可知:对于一个可控系统,反馈全部状态后,系统的极点可以重新任意配置,这当然包括把位于 S 平面右半平面的极点配置到左半平面内,使原为不稳定的系统变为稳定系统。

状态反馈的选择:引入状态反馈,则式(9-17)成为

$$\begin{cases} \dot{\boldsymbol{x}} = (\boldsymbol{A}-\boldsymbol{BK}^{\mathrm{T}})x + Bu \\ \boldsymbol{y} = \boldsymbol{C}x \end{cases} \tag{9-21}$$

式中

$$\boldsymbol{K}^{\mathrm{T}} = [K_1\ K_2]$$

即引入状态反馈后,系统由$(\boldsymbol{A},\boldsymbol{B},\boldsymbol{C})$变为$(\boldsymbol{A}-\boldsymbol{BK}^{\mathrm{T}},\boldsymbol{B},\boldsymbol{C})$,令

$$\hat{\boldsymbol{A}} = \boldsymbol{A}-\boldsymbol{BK}^{\mathrm{T}} = \begin{bmatrix} -a_1+a_3K_1 & -a_2+a_3K_2 \\ 1+a_5K_1 & -a_4+a_5K_2 \end{bmatrix}$$

比较 $\boldsymbol{A}$ 和 $\hat{\boldsymbol{A}}$ 可以看出,由于 $a_3<0$,引入状态反馈后,增大了弹体的阻尼系数,即弹体的阻尼系数由 $-a_1$增大为 $-a_1+a_3K_1$。同时又增加了弹体的静稳定性,即静稳定系数由 $-a_2$增大为 $-a_2+a_3K_2$。也就是说,引入状态反馈后使原弹体的静稳定性得到改善,变成一个"新弹体"。新特征方程为

$$\det[S\boldsymbol{I}-\hat{\boldsymbol{A}}] = S^2 + [(a_1+a_4)-a_3K_1-a_5K_2]S + [(a_2+a_1a_4) + (a_2a_5-a_3a_4)K_1 - (a_3+a_1a_5)K_2] \tag{9-22}$$

稳定条件为

$$\begin{cases} (a_1+a_4)-a_3K_1-a_5K_2>0 \\ (a_2+a_1a_4)+(a_2a_5-a_3a_4)K_1>0 \end{cases} \tag{9-23}$$

从式(9-23)可以看出,若要使该不等式成立,并不需要同时引入 K_1,K_2(即 $\dot{\vartheta}$,α)反馈,通常 α 不便于测量,故令 $K_2=0$,则式(9-19)成为

$$\begin{cases} (a_1+a_4)-a_3K_1>0 \\ (a_2+a_1a_4)+(a_2a_5-a_3a_4)K_1>0 \end{cases} \tag{9-24}$$

在不等式(9-24)中,由于 $a_3<0$,K_1取大于零的任何值,第一式总能成立。则 K_1的取值范围就由第二式来决定,对 K_1求解得

$$K_1 > \frac{-(a_2+a_1a_4)}{a_2a_5-a_3a_4} \tag{9-25}$$

根据以上的分析可以看出,通过状态反馈并选择适当的反馈增益,可以使静不稳定的弹体变成等效静稳定的弹体。但是从式(9-25)中还可看出,K_1是气动系数 a_1,$a_2\cdots$,a_5的函数,也就是说要想在飞行的整个空域内保证导弹为稳定的,K_1必须随之变化,这就给自动

驾驶仪的设计带来一定的困难。若气动参数变化范围不大时,可取一中间值 $\bar{K}_1$ 来近似地代替 $K_1 = f(a_1, a_2, \cdots, a_5)$。

3. 导弹侧向控制回路

导弹的俯仰通道控制回路与偏航通道控制回路都属于侧向控制回路。导弹的侧向控制回路的形式很多,这里主要讨论由测速陀螺仪和线加速度计组成的控制回路。这种侧向控制回路的原理图如图 9-11 所示,在指令制导和寻的制导系统中广泛采用这种控制回路。该侧向控制回路由测速陀螺仪构成的内回路(阻尼回路)和线加速度计组成的外回路(过载控制回路,简称控制回路)两个回路组成。如果导弹是轴对称的,则使用两个相同的自动驾驶仪回路控制弹体的俯仰和偏航运动,我们以俯仰通道为例。

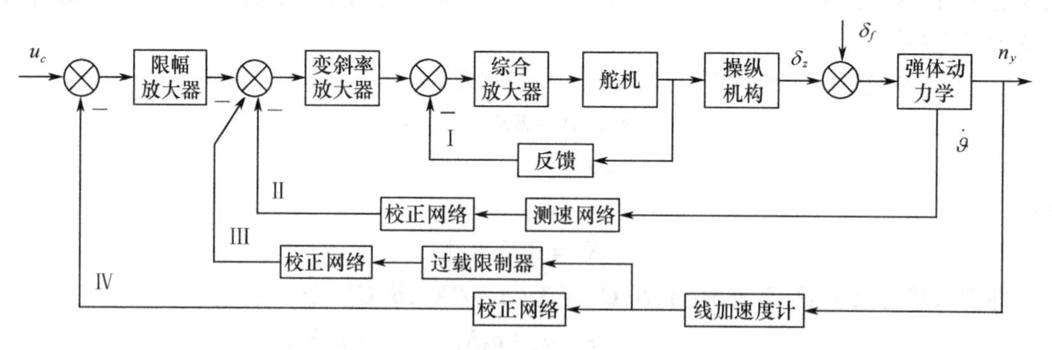

图 9-11　由测速陀螺仪和线加速度计组成的侧向控制回路原理图

1) 阻尼回路

由测速陀螺仪和加速度计组成的侧向稳定回路是一个多回路系统,阻尼回路在稳定回路中是内回路,如图 9-12 所示。

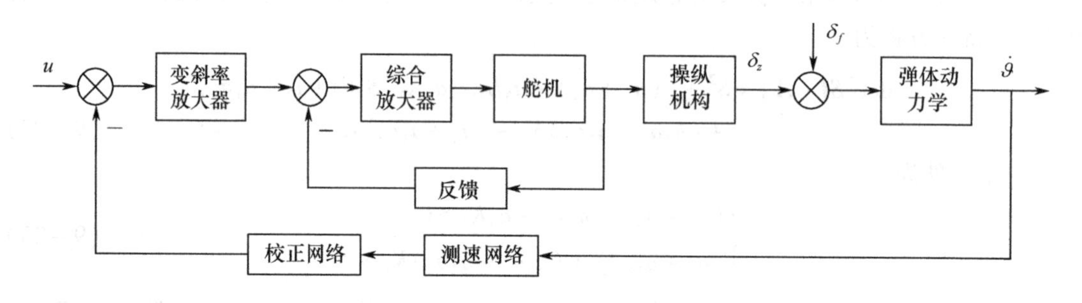

图 9-12　阻尼回路结构图

弹体阻尼系数 ξ_D 几乎与飞行速度无关,但随着飞行高度增加而减小。我们在前面曾介绍过,静稳定度较大和飞行高度较高的高性能导弹,弹体阻尼系数一般在 0.1 左右或更小,弹体是欠阻尼的。这将产生不良的影响,如导致攻角过大、增大诱导阻力、使射程减小,同时降低导弹的跟踪精度等。所以需要改善弹体的阻尼性能,把欠阻尼的自然弹体改造成具有适当阻尼系数的弹体,其方法是在稳定回路中增加速度反馈包围弹体。即利用速率陀螺测量弹体的姿态角速度,输出与角速度成比例的电信号,并反馈到舵机回路的输入端,驱动舵产生附加的舵偏角,使弹体产生与弹体姿态角速度方向相反的力矩。该力矩在性质上与阻尼力矩完全相同,起到阻止弹体摆动的作用,在提高空气的黏度效果上相当。通过速率陀螺反馈,适时地按姿态角速度的大小去调节作用在弹体上的阻尼力矩的大小,人工地增加了弹体的阻尼系数,这就是引入速率陀螺反馈改善弹体阻尼性能的物理本质。

进一步简化后,阻尼回路的结构图如图 9-13 所示。将图中的弹体动力学用传递函数 $W_{\dot{\vartheta}}^{\delta_z}(s)$ 表示,由于舵回路时间常数比弹体时间常数小得多,测速陀螺时间常数通常也比较小,自动驾驶仪可用其传递系数 $K_{\dot{\vartheta}}^{\delta_z}$ 表示,则以传递函数表示的阻尼回路结构图如图 9-14 所示。

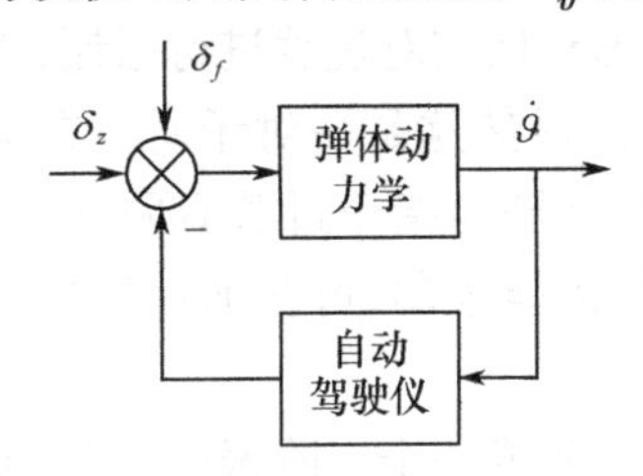

图 9-13　简化后的阻尼回路结构图

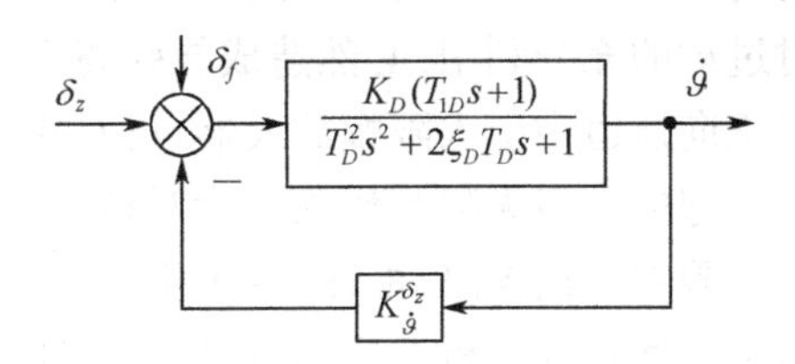

图 9-14　以传递函数表示的简化后的阻尼回路结构图

根据前面提高系统稳定回路阻尼所推导的闭环传递函数为

$$\frac{\dot{\vartheta}(s)}{\delta_z(s)}=\frac{K_D^*(T_{1D}s+1)}{T_D^{*2}s^2+2\xi_D^*T_D^*s+1}$$

式中:$K_D^*=\dfrac{K_D}{1+K_DK_{\dot{\vartheta}}^{\delta_z}}$为阻尼回路闭环传递系数;$T_D^*=\dfrac{T_D}{\sqrt{1+K_DK_{\dot{\vartheta}}^{\delta_z}}}$为阻尼回路时间常数;$\xi_D^*=\dfrac{\xi_D+\dfrac{T_{1D}K_DK_{\dot{\vartheta}}^{\delta_z}}{2T_D}}{\sqrt{1+K_DK_{\dot{\vartheta}}^{\delta_z}}}$为阻尼回路闭环阻尼系数。

可以看出,当 $K_DK_{\dot{\vartheta}}^{\delta_z}\ll 1$ 时,有 $K_D^*\approx K_D$,$T_D^*\approx T_D$,也就是说阻尼回路的引入,对弹体传递系数和时间常数影响不大,其作用主要体现在对阻尼系数的影响上,考虑到 $K_DK_{\dot{\vartheta}}^{\delta_z}\ll 1$,阻尼系数的表达式可写为

$$\xi_D^*=\xi_D+\frac{T_{1D}K_DK_{\dot{\vartheta}}^{\delta_z}}{2T_D}$$

上式说明,引入阻尼回路,使补偿后的弹体俯仰运动的阻尼系数增加,$K_{\dot{\vartheta}}^{\delta_z}$越大,$\xi_D^*$ 增加的幅度也越大,因此阻尼回路的主要作用是用来改善弹体侧向运动的阻尼特性。选择 $K_{\dot{\vartheta}}^{\delta_z}$的原则是:寻求一个适当的 $K_{\dot{\vartheta}}^{\delta_z}$,使阻尼回路闭环传递函数近似为一个振荡环节,且期望阻尼系数在 0.7 左右。

导弹在低空或高空飞行时,若要使导弹弹体保持理想的阻尼特性,自动驾驶仪阻尼回路的开环传递系数 $K_{\dot{\vartheta}}^{\delta_z}$就不能是一个常值,而要随着飞行状态的变化而变化,因此需要在阻尼回路的正向通道中,设置一个随飞行状态的变化而变化的变斜率放大器。

2）加速度控制回路

加速度控制回路是在阻尼回路的基础上,加上由导弹侧向线加速度负反馈组成的指令控制回路。线加速度计用来测量导弹的侧向线加速度 $V_m\dot{\theta}$(实际上是测量过载 $n=V_m\dot{\theta}/57.3g$),是加速度控制回路中的重要部件,它的精度直接决定着从指令 u_c到过载的闭环传递系数的精度。

加速度控制回路中除了线加速度计以外,还有校正网络和限幅放大器。校正网络除了对回路本身起到补偿作用外,还有对指令补偿的作用。校正网络的形式和主要参数,是由系统的设计要求确定的。因为只从自动驾驶仪控制回路来看,有时不需要校正就能满足性能要求,在这种情况下,校正网络完全是为满足制导系统的要求。

限幅放大器接在加速度控制回路的正向通道中,它的功用是对指令进行限制。指令制导的地空导弹在低空飞行中,当指令和干扰同时存在时,导弹的机动过载可能超过结构强度允许的范围。因此将过载限制在一定范围内很有必要,这就是低空过载限制问题。但对过载进行限制的同时还必须考虑到高空对过载的充分利用,如果只考虑到低空对过载进行限制,而忽视了高空对过载的充分利用,必然造成导弹高空飞行过载不足。显然这是一对矛盾。在加速度控制回路正向通道中引入限幅放大器,可对指令起限幅作用,亦即对指令过载有限制作用,但它对干扰引起的过载无限制作用。为对指令过载和干扰过载都能限制,可在加速度控制回路中增加一条限制过载支路,如图 9-8 所示。

根据阻尼回路的分析结果,阻尼回路的闭环传递函数可等效成一个二阶振荡环节,假定线加速度计安装在弹体质心上,可得到控制回路等效原理结构图(图 9-15)。

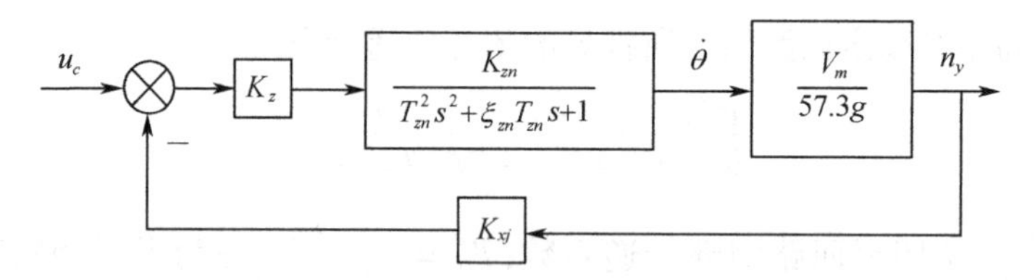

图 9-15 侧向控制回路等效原理结构图

最常见的侧向控制回路有两种基本形式,一种是在线加速度计反馈通路中有大时间常数的惯性环节,如图 9-16 所示,这种稳定回路常用于指令制导系统。

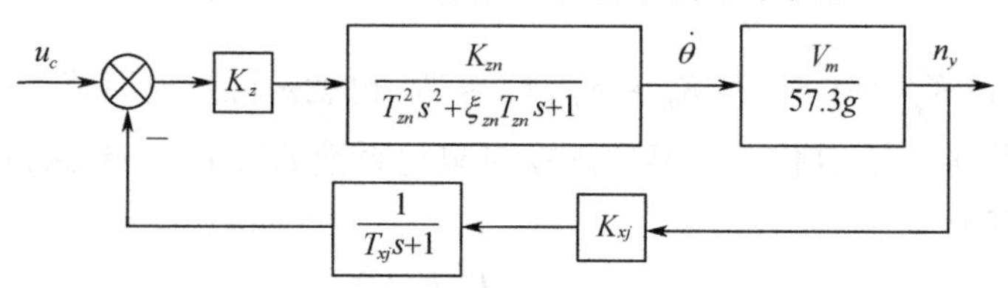

图 9-16 指令制导系统常用的侧向稳定回路

指令制导系统的特点是,目标和导弹运动参数的测量以及控制指令的计算,均由设在地面的制导站完成,该指令经无线电传输到弹上控制导弹飞行。但是,在地面制导站测量和计算中,会存在着较大的噪声,因此,要采用较强的滤波装置来平滑滤波。对指令制导的导弹,常采用线偏差作为控制信号,从线偏差到过载要经过两次微分,无线电传输有延迟,因此,要求稳定回路具有一定的微分型闭环传递函数特性,以部分地补偿制导回路引入的大时间延迟。而在稳定回路中,只要在线加速度反馈回路中,引入惯性环节,就可方便地达到这个目的,这就是指令制导系统中稳定回路的线加速度计反馈通道中,常常要串入一个有较大时间常数的惯性环节的原因。

另一种稳定回路是在主通道中有大时间常数的惯性环节(图 9-17),这种稳定回路常用于寻的制导系统。

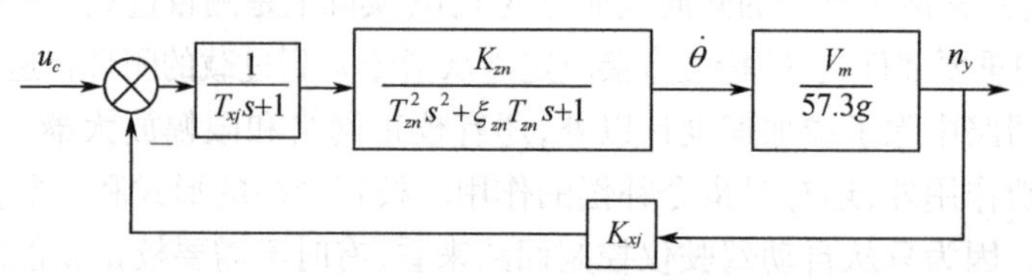

图 9-17 寻的制导系统常用的侧向稳定回路

与指令制导系统不同，在寻的制导系统中，对目标的测量及控制指令的形成，均在弹上完成，其时间延迟较小，而噪声直接进入自动驾驶仪，这样不仅不要求稳定回路具有微分型闭环特性，而相反却要求有较强的滤波作用。同时，寻的制导系统要求尽量减小导弹的摆动，使姿态的变化尽可能小，以免影响导引头的工作。为达到这个目标，在自动驾驶仪的主通道中往往要引入有较大时间常数的惯性环节。

3）测速陀螺仪和加速度计组成的侧向控制回路的特点

由测速陀螺仪和加速度计组成的侧向控制回路具有以下主要特点：

（1）采用以线加速度计测得的过载 n_y 作为主反馈，以此实现了稳定控制指令 u_c 与法向过载 n_y 之间的传递特性。

（2）采用测速陀螺仪反馈构成阻尼回路，增大了导弹的等效阻尼，并有利于提高系统的带宽。

（3）设置了校正、限幅元件，对滤除控制指令中的高频噪声、改善回路动态品质，防止测速陀螺仪反馈回路堵塞，以及保证在较大控制指令作用下系统仍具有良好的阻尼等，都起到很重要的作用。

（4）在稳定回路中，由于测速陀螺仪和线加速度计的作用，引入了与飞行线偏差的一阶和二阶导数成比例的信号，这两种信号能使稳定回路的相位提前，因而能有效地补偿制导系统的滞后，增加稳定回路的稳定裕度，改善制导系统的稳定性。

4. 导弹滚转控制回路

对于飞航式配置的面对称导弹，一般多采用极坐标控制方式的倾斜转弯自动驾驶仪。为得到不同方向的法向控制力，应使导弹产生相应的滚转角和攻角，法向气动力的幅值取决于攻角，其方向取决于滚转角，这时的滚转回路是一个滚转控制系统。

对于轴对称导弹，用改变攻角和侧滑角的方法来获得不同方向和大小的法向控制力，即采用直角坐标控制方式的侧滑转弯自动驾驶仪。为了实现对导弹的正确控制，滚转角必须稳定在一定的范围内，保持测量坐标系与执行坐标系间的相对关系的稳定，以避免俯仰和偏航信号发生混乱，这时的滚转回路是一个滚转角稳定回路。

在旋转弹中，不需要稳定滚转角位置，但滚转角速度不稳定会导致俯仰、偏航通道之间的交叉耦合，为了尽可能减弱交叉耦合，有些旋转弹中设置了滚转角速度稳定回路。

可见，滚转回路的作用主要是稳定导弹的滚转角位置或稳定与阻尼导弹的滚转角速度。

1）导弹滚转角的稳定

（1）滚转角位置稳定的方案。

使用角位置陀螺是一种常用的滚转角稳定方案，但在某种情况下，为了改善角稳定回路动态品质，可引入使用测速陀螺仪的内回路。

滚转回路使用的角位置陀螺仪是一个三自由度陀螺仪，它的壳体与弹体固连，其外环轴与导弹纵轴一致，陀螺仪的三个轴形成一个互相垂直的正交坐标系。

利用三自由度陀螺仪转子轴对惯性空间保持指向不变的定轴性，可在导弹上建立一个惯性参考坐标系，以便确定与弹体坐标系之间的相互位置。用角位置陀螺仪建立起来的惯性参考姿态基准实质上就是发射瞬时的弹体坐标系。弹体相对于惯性参考坐标系的姿态可通过三个欧拉角 ϑ、ψ、γ 来表示，这三个欧拉角就是弹体的姿态角。滚转回路所需的滚转角 γ 就是弹体相对于角位置陀螺仪外环轴的偏转角。

(2) 具有角位置陀螺仪的滚转稳定回路。

滚转稳定回路的基本任务是消除干扰作用引起的滚转角误差。为了稳定导弹的滚转角位置,要求滚转稳定回路不但是稳定的,稳定准确度要满足设计要求,而且其过渡过程应具有良好品质。

由受控对象弹体特性分析结果可知,轴对称导弹滚转运动传递函数为

$$G_{\delta_\gamma}^{\gamma}(s)=\frac{K_{DX}}{s(T_{DX}s+1)}$$

式中:$K_{DX}=-\frac{c_3}{c_1}$为弹体滚转运动传递系数;$T_{DX}=\frac{1}{c_1}$为弹体滚转运动时间常数。

由弹体滚转运动的传递函数可知,在常值扰动舵偏转角 δ_γ 作用下,稳态时将以转速 $K_{DX}\delta_\gamma$ 旋转,而滚转角 γ 将线性增加,所以要保持滚转角位置的稳定,采用开环控制是不行的,只能采用闭环控制。典型的应用角位置陀螺仪和校正网络的滚转角稳定回路如图 9-18 所示。

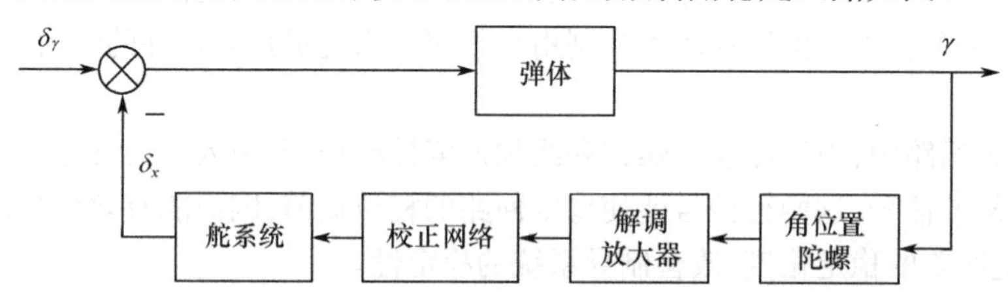

图 9-18 具有角位置反馈的滚转角稳定回路

在不引入校正装置的条件下,滚转稳定回路无法满足各项性能指标要求,为此有必要考虑引入校正装置。为了改善角稳定回路的动态品质,引入角速度陀螺仪回路,由测速陀螺仪组成的反馈回路起阻尼作用,使系统具有良好的阻尼性;自由陀螺仪组成的反馈回路稳定导弹的滚转角,如图 9-19 所示。

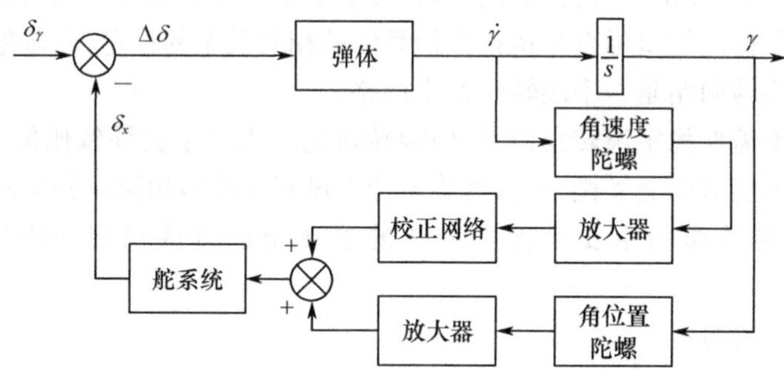

图 9-19 具有位置和速度反馈的滚转角稳定回路

(3) 具有角速度陀螺仪加积分器的滚转稳定回路。

此方案的系统组成原理框图如图 9-20 所示。

自由陀螺仪一般质量大,结构复杂,造价高,耗电多,而且其启动时间长,使导弹的加电准备时间需 1min 左右,这就使得武器系统的反应时间加长,不利于适应现代战争的需要。而角速度陀螺一般启动时间在 10s 左右,若采用高压启动,则只需 3~5s。因此,在导弹实际应用中有时采用角速度陀螺加积分器的滚转回路方案,这种方案与自由陀螺仪和测速陀螺仪组成的滚转回路的作用是一致的。

需要指出的是对采用滚转角速度稳定的系统,由于滚转角速度的存在,会对导引头的工作

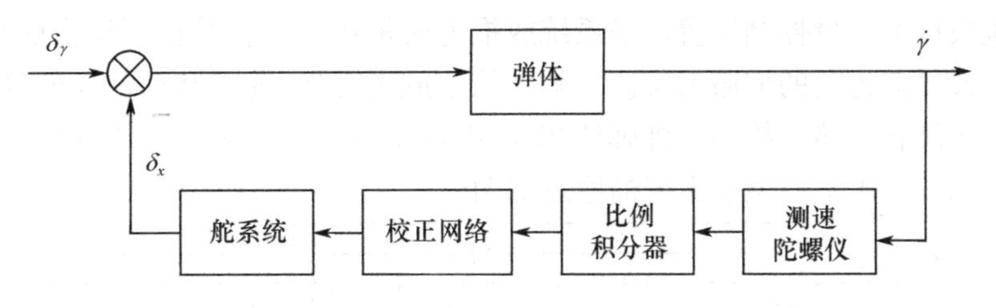

图 9-20　具有角速度陀螺+积分器组成的滚转稳定回路

有影响，同时会造成自动驾驶侧向稳定回路的交叉耦合，使稳定回路的稳定性降低。因此，对滚转回路采用角速度稳定的系统，应注意滚转角速度对稳定回路的影响。

2）导弹滚转角速度的稳定

如果滚转通道不控制，那么，在受阶跃滚转干扰力矩作用时，弹体会发生绕纵轴的转动，在过渡过程消失后，引起一个常值滚转角速度。

为了降低扰动对滚转角速度的影响，需要把滚转角速度限制在一定的范围内，可采用测速陀螺反馈或在弹翼上安装陀螺舵的方式，这两种不同的实现方式，其作用都相当于在弹体滚转通道增加测速反馈。

以采用测速陀螺反馈的稳定系统为例，系统回路由测速陀螺仪、滚转通道执行装置及弹体等构成。假定执行装置为理想的放大环节，放大系数为 K_{dj}，测速陀螺仪用传递系数为 K_{NT} 的放大环节来近似，设反馈回路的总传递系数为 $K_a=K_{NT}K_{dj}$，简化后具有测速陀螺的滚转角速度稳定回路工作原理如图 9-21 所示。

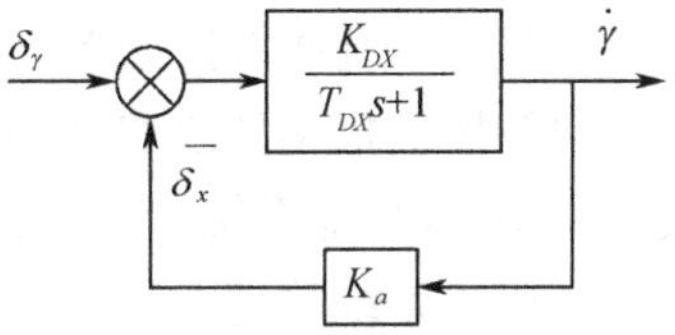

图 9-21　滚转角速度稳定回路工作原理图

图中 δ_γ 为等效扰动舵偏角，则系统的闭环传递函数为

$$\frac{\dot{\gamma}(s)}{\delta_\gamma(s)}=\frac{K_{DX}}{T_{DX}s+(1+K_{DX}K_a)}=\frac{K_{DX}}{1+K_{DX}K_a}\cdot\frac{1}{\dfrac{T_{DX}}{1+K_{DX}K_a}s+1}$$

由上式可以看出，由于引入滚转角速度反馈，使系统的传递系数减小为原来的 $1/(1+K_{DX}K_a)$，相当于增加了弹体阻尼，同时，时间常数减小为原来的 $1/(1+K_{DX}K_a)$，系统过渡过程加快了。引入测速陀螺仪反馈后，在等效扰动舵偏角 δ_γ 的作用下，弹体滚转角速度的稳态响应为

$$\dot{\gamma}=\frac{K_{DX}}{1+K_{DX}K_a}\delta_\gamma \tag{9-26}$$

即为无测速陀螺反馈时稳态角速度的 $1/(1+K_{DX}K_a)$。通过选择合适的陀螺仪参数和执行装置参数，比如增大传递系数，可在一定程度上抑制干扰的作用。

这里为了分析的方便，对回路做了简化，在充分考虑执行装置和陀螺仪的动力学性能后，如果传递系数 K_a 增大到一定程度后系统会不稳定，为了保证系统具有相当的稳定裕度，同时又有满意的稳定响应，可以采用校正网络。

9.2.3　舵系统

1. 舵系统及其分类

1）舵系统工作原理

用来操纵舵面和弹翼或改变发动机推力矢量产生控制力，以便控制和稳定导弹飞行的装置称为舵系统或推力矢量控制装置。舵系统或推力矢量控制装置是控制导弹舵面、弹翼或发动机喷管偏转及射流方向的伺服系统。一般由综合放大元件、舵机和反馈元件等组成一个闭合回路。由于该闭合回路直接与导弹弹体相连,因此将对自动驾驶仪及制导系统性能产生重大影响。图9-22给出了典型舵系统的原理框图。

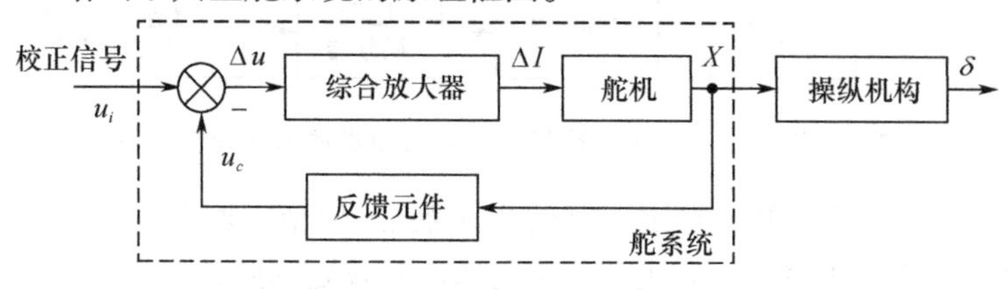

图9-22 导弹舵系统原理框图

由图可见,综合放大器的作用是对输入信号 u_i 和反馈信号 u_c 相比较而产生的误差信号 Δu 进行综合、变换和功率放大,输出驱动舵机的控制信号 ΔI;舵机在 ΔI 信号驱动下产生输出位移 X,输出位移 X 通过连杆机构变成舵面的旋转运动,产生所需要的舵偏角;舵机输出位移 X 由反馈元件测量得到反馈信号 u_c;u_c 与 u_i 综合后产生控制偏差信号 Δu,从而构成闭环伺服系统。从控制原理角度来说,推力矢量控制系统与舵系统基本类似。

2) 舵系统分类

导弹舵系统通常按如下方法进行分类:

(1) 按舵机类型或舵机的能源,舵系统可分为液压舵系统、气压舵系统和电动舵系统三类。其中,气压舵系统又可分为冷气舵系统和燃气舵系统。

液压舵系统的优点是体积小、比功率(单位质量的功率)大、频带宽、快速性好、负载刚度高;缺点是作为执行机构的液压舵机(特别是伺服阀)加工复杂、成本昂贵、对污染敏感、系统维护费用高。液压舵系统多用于中远程防空导弹上。

气压舵系统具有结构简单、造价低廉、消耗弹上能源少、对污染不甚敏感的优点;缺点是负载刚度低、频带窄、快速性差。目前采用提高气源压力、改进关键部件的结构设计和改进密封方法以及改进制造工艺等,可使快速性和负载刚度都有明显提高。气压舵系统多用于中程防空导弹上,也有用于远程的。

燃气舵系统具有质量小、快速性好、体积小和成本低的优点。但燃气舵机的电磁机构在高温和燃气的污染下工作寿命短。因此,这种舵系统只适合于近程小型防空导弹应用。

电动舵系统的执行元件通常为直流伺服电动机。电动舵系统的突出优点是能源单一、结构简单、工艺性好、可靠性高、使用维护方便、成本低廉。特别近十年来电动机的性能有了突飞猛进的发展,在快速性、负载刚度、温升等方面都比以前有明显的改善,因而在战术导弹中又受到广泛的注意。电动舵系统多用于近程小型防空导弹。

(2) 按反馈形式舵系统可分为位置反馈舵系统、速度反馈舵系统、气动铰链力矩反馈舵系统和开环舵系统等。

(3) 按差动方式舵系统可分为机械差动舵系统和电气差动舵系统。

2. 对舵系统的基本要求

1) 一般要求

(1) 应满足控制系统提出的最大舵偏角 δ_{max} 和最大舵偏角速度 $\dot{\delta}_{max}$ 要求。

不同的导弹对舵偏角的要求不同,舵偏角的大小主要根据实现所需要的飞行轨迹及补偿所有干扰力矩来确定。对于现代导弹，其典型值 $\delta_{max}=30°$，但也有某些防空导弹 $\delta_{max}<5°$，一般战术导弹要求 $\delta_{max}=15°\sim30°$。

为了满足控制性能要求，舵面必须有足够的角速度。通常，舵回路对指令跟踪速度越高，则制导系统工作精度越高。但舵面偏转角速度越高，则要求舵机的功率越大，因此，舵偏角速率的典型值为 $\dot{\delta}_{max}=300(°)/s$。通常，弹道式导弹的舵偏角速率约为 30(°)/s；地空导弹可达 150 ~ 200(°)/s。

(2) 应能输出足够大的操纵力矩，以适应外界负载的变化，并在最大气动铰链力矩状态下，应具有一定的舵偏角速率。舵机输出力矩满足

$$M \geqslant M_j + M_f + M_i$$

式中：M_j 为舵面上气动力产生的铰链力矩；M_f 为传动部分摩擦力矩；M_i 为舵面及传动部分的惯量力矩。

(3) 舵回路应具有足够的带宽。一般舵回路的通频带应比弹体稳定回路的通频带大 3 ~ 7倍（铰链力矩反馈式舵回路例外）。其典型值为：在控制频率 $f=10$Hz 下，相位滞后 $\Delta\varphi \leqslant 20°$。

(4) 对舵面反操纵作用，应具有有效的制动（刹车）能力。

(5) 实现给定偏角的精度（失调误差）。

(6) 体积小、质量小、比功率（单位质量的功率）大、成本低、可靠性高并且便于维护。

2) 设计中需要考虑的问题

(1) 如何选择最佳的舵系统类型。

这将主要取决于对舵系统的具体要求、弹上提供的能源类型、执行机构在弹上的布局空间、可供选择的执行元件系列、当前生产及工艺水平、产品的继承性等。

(2) 采用何种反馈形式及从何处反馈。

目前导弹多采用电动舵系统或燃气舵系统，其反馈方式一般为舵偏位置或速率反馈，或气动铰链力矩反馈。从何处引出反馈是十分重要的，实践证明，采用舵机连杆位移 X 为位置反馈，操纵机构不包含在舵系统（图 9 - 22）是比较理想的，因为这样可以很方便地设计出性能满意的快速舵系统。

(3) 如何设计有益自振、排除有害自振。

对于中远程防空导弹来说，通常采用位置反馈的舵系统，为了减少能源消耗，机构磨损等，一般来说不希望舵系统产生自振。采用增加射流放大器喷嘴阻尼是克服气压舵系统自振的有效方法之一；在低空和超低空防空导弹上，通常采用继电式电动舵系统，为了实现对控制指令的线性传输，则人为地把舵系统设计成具有振荡线性化形式的自振，以实现按脉冲调宽原理工作。在这里自振频率和幅度是关键问题。

自振荡线性化脉冲调宽式舵机是一种继电式系统，引入一个线性化振荡信号，改变脉冲宽度，实现脉冲宽度与控制信号大小成比例的原理，变成等效线性系统。脉冲调宽式舵机需要一个脉宽调制信号发生器，产生脉冲调宽信号，送给舵机的作动装置。脉冲调宽型放大器由电压脉冲变换器和功率放大器两部分组成。电压脉冲变换器包括正弦（或三角波）信号发生器及比较器。信号发生器产生正弦（或三角波）信号 u_2，同输入信号 u_1 相加后，输入到比较器，脉冲调宽型放大器的工作原理如图 9 - 23 所示。

当输入信号 $u_1=0$ 时，$u_1+u_2=u_2$，在一个周期 T_1 内，正弦信号正、负极性电压所占的时间相等，因此比较器输出一列幅值不变，正、负宽度相等的脉冲信号，操纵舵面从一个极限位置向

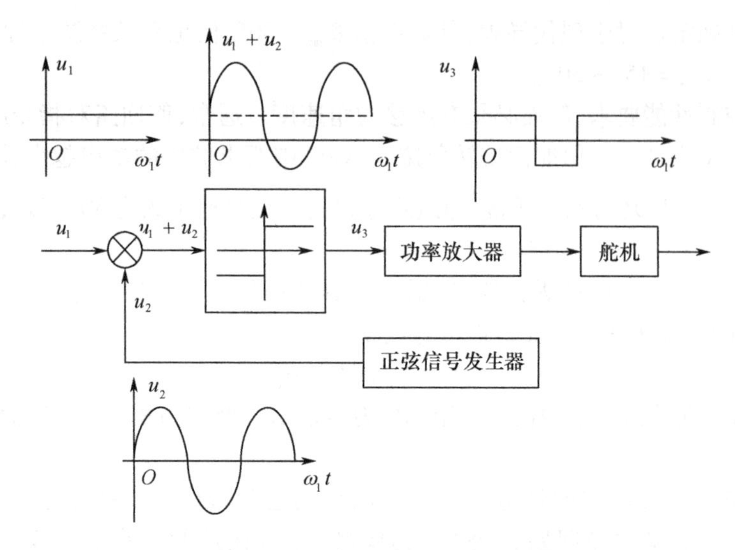

图 9-23　脉冲调宽型放大器的工作原理图

另一个极限位置往复偏转,且在舵面两个极限位置停留时间相等,一个振荡周期内脉冲综合面积为零,平均控制力也为零,弹体响应的控制力是一个周期控制力的平均值,此时导弹进行无控飞行。

当输入信号 $u_1 \neq 0$ 时,正弦波(u_1+u_2)在一个周期 T_1 内,正弦信号正、负极性电压所占的时间比发生变化,因此比较器输出一列幅值不变,正、负宽度不同的脉冲信号,这种脉冲信号在一个周期内脉冲综合面积,与该时刻输入信号 u_1 的大小成比例,其正负随输入信号的极性的不同而变化。此脉冲信号操纵舵面从一个极限位置向另一个极限位置往复偏转,但在舵面两个极限位置停留时间不相等,一个振荡周期内的平均控制力不为零。

图 9-23 是 $u_1>0$ 的情况,则比较器输出脉冲序列中,正脉冲较宽,负脉冲较窄,因而在一个周期内的综合面积大于零。由于输出脉冲幅值恒定,宽度随输入信号的大小和极性的不同而变化,这就是脉冲调宽原理。由于脉冲的综合面积与输入信号的大小成正比,并与其极性相对应,这样就把继电特性线性化了,这一过程也叫振荡线性化。

(4) 如何克服反操纵。

克服控制系统反操纵,使系统具有结构稳定性,同样是舵系统设计中应该注意的问题。

应该指出,上述问题是以能够确定舵系统的静、动态特性为要求,且对所有类型的舵系统都是适用的。

3. 舵系统传递函数

舵机是舵系统前向通道中的执行元件,在导弹飞行中总是在负载状态下工作的。作用在舵机上的负载通常有惯性负载、弹性负载、黏性负载及摩擦负载等。舵机的传动部分包括舵机本身的传动部分(如活塞连杆、电机转子等)和带动舵面的减速机构以及操纵机构。建立舵机传递函数必须把舵机连同传动部分看成一个整体环节。另外,舵机传递函数结构取决于它的形式(电动式、气压式、液压式、电磁式)、结构特点和控制方式。此外,为了得到舵系统传递函数,还需建立反馈装置和综合放大器的传递函数。经推导简化,全负载(惯性负载、黏性负载、弹性负载、摩擦负载共同作用)状态下的舵系统传递函数可表示为

$$W(s)=\frac{K\mathrm{e}^{-\tau s}}{T^2s^2+2\xi Ts+1} \tag{9-27}$$

显然,全负载舵系统的动态特性通常可以用比例环节、纯滞后环节和二阶振荡环节来描述。

9.3　气动力控制

通常作用在导弹上的力 $\boldsymbol{F}$ 可表示为

$$\boldsymbol{F}=\boldsymbol{G}+\boldsymbol{P}+\boldsymbol{R}$$

式中:$\boldsymbol{G}$ 为重力;$\boldsymbol{P}$ 为发动机推力;$\boldsymbol{R}$ 为空气动力。

若要改变导弹的飞行方向,可改变垂直于速度矢量的控制力,而一般控制力可由空气动力 $\boldsymbol{R}$ 或由改变推力 $\boldsymbol{P}$ 的大小和方向来获得。因此,导弹控制方法可以分为气动力控制、推力矢量控制和直接力控制三大类,如图 9－24 所示。

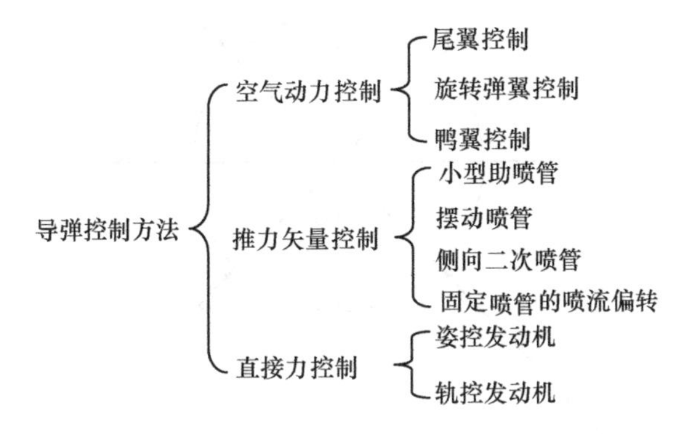

图 9－24　导弹控制方法类别

9.3.1　舵面配置形状

从导弹尾部看,"十"字形舵面配置如图 9－25(a)所示,两对舵装在弹体互相垂直的两个对称轴上。1、3 舵由舵机操作同向偏转,改变导弹航向,因此叫偏航舵;若 1、3 舵反向偏转时,使导弹绕纵轴滚动,则 1、3 舵起副翼作用,所以叫副翼舵。如图 9－25(c)所示,则导弹绕纵轴做顺时针滚动。2、4 舵由舵机操纵同向偏转,称为俯仰(升降)舵,如图 9－25(b)所示,导弹做俯仰运动(舵面配置在导弹尾部)。

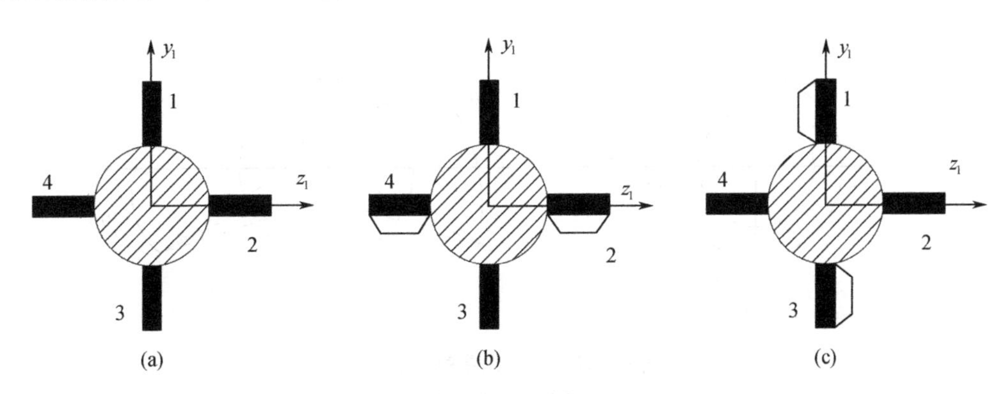

图 9－25　"十"字舵配置控制原理(从尾部看)
(a)舵面未偏转;(b)俯仰舵偏转;(c)副翼偏转。

“X”字舵是由“十”字舵转45°得到的,如图9-26所示。要实现偏航或俯仰运动,两对舵都得偏转。设1、3和2、4舵偏转后,得到舵升力分别为$Y_{\delta_{z1}}$和$Y_{\delta_{y1}}$,则俯仰、偏航方向的舵升力Y_{δ_z}和Y_{δ_y}分别为

$$\begin{bmatrix} Y_{\delta_y} \\ Y_{\delta_z} \end{bmatrix} = \begin{bmatrix} \cos45° & \sin45° \\ -\sin45° & \cos45° \end{bmatrix} \begin{bmatrix} Y_{\delta_{y1}} \\ Y_{\delta_{z1}} \end{bmatrix}$$

$$\begin{bmatrix} Y_{\delta_{y1}} \\ Y_{\delta_{z1}} \end{bmatrix} = \begin{bmatrix} \cos45° & \sin45° \\ -\sin45° & \cos45° \end{bmatrix}^{-1} \begin{bmatrix} Y_{\delta_y} \\ Y_{\delta_z} \end{bmatrix} = \begin{bmatrix} \cos45° & -\sin45° \\ \sin45° & \cos45° \end{bmatrix} \begin{bmatrix} Y_{\delta_y} \\ Y_{\delta_z} \end{bmatrix}$$

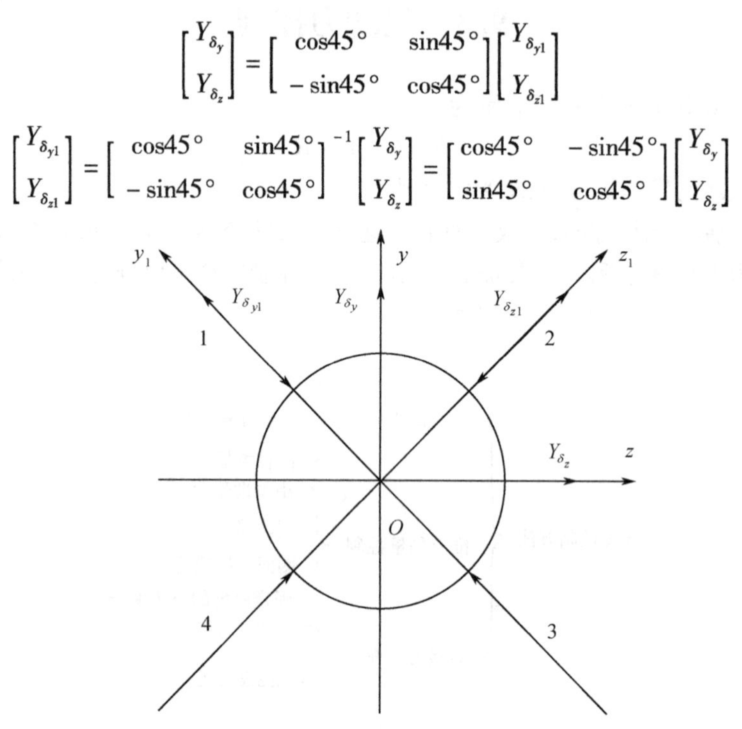

图9-26 “X”字舵配置控制原理

地空、空空和一些空地导弹用“十”“X”字舵配置。采用“X”字舵的导弹便于在发射装置上安放。

飞航式导弹也叫面对称导弹。从导弹尾部看,弹翼为“一”字形,舵有“一”字形、飞机形和星形等配置情况,如图9-27所示。

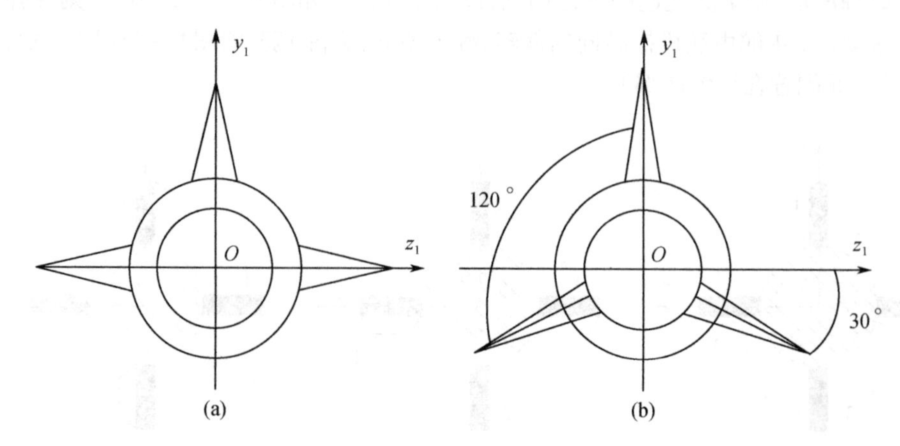

图9-27 飞航式导弹舵配置

(a)飞机形;(b)星形。

为了得到不同方向的横向控制力,应使导弹产生相应的倾斜角γ和攻角α,以改变升力Y

的大小和方向，如图 9－28 所示。若使导弹左转，导引指令控制导弹产生倾斜角 γ，升力 Y 便转过相同角度，Y 的水平分量即导弹的侧向控制力。导弹铅垂平面内产生控制力的情况与“十”字舵导弹相似。飞航式导弹舵的配置多采用极坐标控制方法。舵面采用互成 120°的星形配置的三个舵控制导弹在两个平面内运动，如图 9－27(b)所示。弹体上方的一个舵面转轴与 Oy_1 平行，为方向舵，控制导弹绕 Oy_1 轴的转动。由于方向舵在弹体的上方，舵面偏转产生的力对 Ox_1 轴不对称，因此同时产生绕 Ox_1 轴的控制力矩。另外两个舵面的转轴与 Oz_1 轴的平行线成 30°夹角，称为升降舵，控制导弹绕 Oz_1 转动。

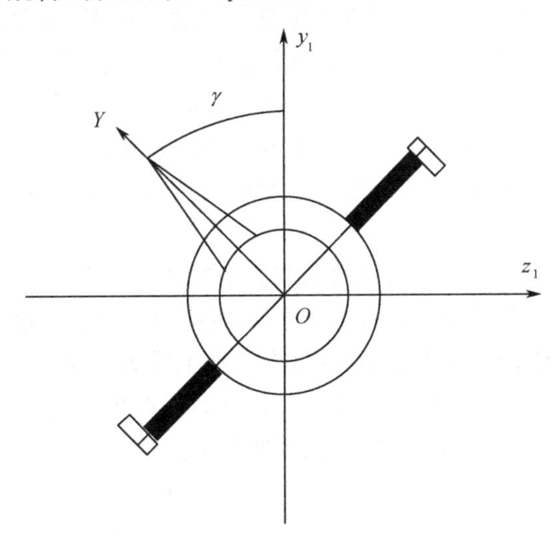

图 9－28　飞航式导弹横向控制力

舵面在弹体上的位置可按其相对弹体重心位置分为尾控制面、前控制面、旋转弹翼三种。

9.3.2　尾控制面

大多数战术导弹都安装了压力中心接近导弹重心的主升力面(通常叫弹翼)和尾部控制面。对于亚声速导弹，采用直接装在弹翼后面的尾翼控制更为有效。因为它控制整个翼面上的环流。对于超声速气流，控制面不能影响它前面的气流，所以为了使导弹具有最大力矩，它装得尽可能靠后。尾部控制面对其他部件的安排往往带来了方便。通常希望将推进系统放在导弹中心，这样可以将由于推进剂的消耗所引起的重心移动减到最小。有时必须把战斗部、引信与包括制导接收机在内的所有电子设备一起放在弹的前面，而将控制系统放在尾部，让发动机的喷管穿过它的中心，这样安排也很方便。如果有四个伺服机构，那么可围绕着喷管设计一个精巧的伺服机构组件。

在研究作用在导弹上的侧向力和力矩时，首先认为由于攻角在弹体、弹翼和控制面上所产生的合成法向力是通过弹体上压力中心(简称压心)这一点的，并且把控制面看作永远是锁定在中心位置。前面介绍过，压心与重心之间的距离称为静稳定度，压心在重心前面的导弹称为静不稳定的导弹；压心和重心重合的导弹称为临界稳定的导弹；而压心在重心之后的导弹则称为静稳定的导弹。在古代箭的尾部装有羽毛，就是为了使其压心往后移。这三种可能的情况分别如图 9－29 ~图 9－31 所示。

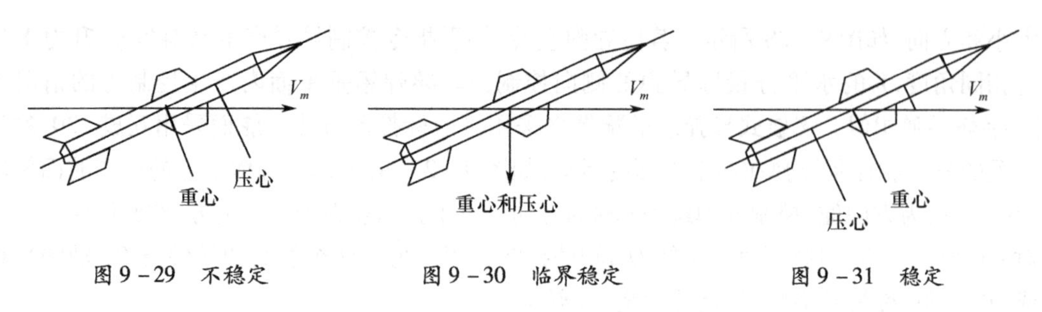

图9-29　不稳定　　图9-30　临界稳定　　图9-31　稳定

图中,导弹有一个小的攻角,表明导弹的纵轴与速度矢量 $\boldsymbol{V}_m$ 不是指向同一方向。在不稳定的情况下,任何使弹体离开速度矢量方向的扰动,都会引起绕重心的力矩,而这力矩将使扰动的影响增大。相反,在稳定的情况下,任何弹体方向的扰动所引起的力矩都是趋向于阻止或减小这个扰动。因为侧向力和用气动力方法形成的侧向机动,是靠作用于弹体上的一个力矩使得导弹产生某个攻角而获得的。如果静稳定度过大,导弹过分稳定,则控制力矩产生相应机动的能力就比较弱。

为了兼顾导弹的稳定性和机动性,只得采取折中的办法。现在考虑一个导弹,它的飞行速度是常数,弹体和弹翼有一个不变的侧滑角 β,控制面从中心位置转动了 δ 角。我们仅考虑导弹在水平面上的运动,并假设导弹不滚动,在这个平面上重力效应为零。图9-32和图9-33表示在弹体、弹翼以及尾部控制面假设处于中心位置时所产生的法向力 N,这个力 N 作用在压心上。由于控制面偏转了角度 δ,因而有一个附加力 N_c。

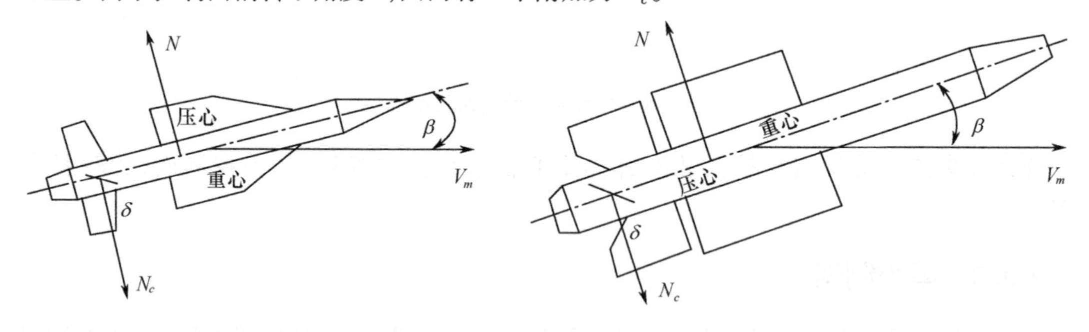

图9-32　超声速的尾部控制面　　图9-33　亚声速的尾部控制面

令该力与重心的距离为 l_c。由于导弹是进行平稳的转动,这时阻尼力矩很小,所以可将它忽略,如果舵的力矩 $N_c l_c$ 在数值上等于 Nx^*,这里 x^* 是静稳定度,那么这个图就表示了动态平衡的情况。如果说 $l_c/x^* = 10$,则 $N = 10N_c$,而总的侧向力等于 $9N_c$。要注意到这个力是与 N_c 的方向相反的。在典型的情况下 x^* 为弹体长度的5%或更小一些,因此不难看出,在静稳定度上作一小的变化就能有效地影响导弹的机动性。所以为使导弹得到较大的侧向力矩,一般是把控制面放在尽可能远离重心的地方,这样可以得到一个较大的力臂;再就是把导弹设计成具有较小的静稳定度。可以证明,当弹翼和弹身的压心在重心上时,那么控制面偏转 δ_0,将使导弹产生同样大小的攻角。如果压心在重心的前面,那么舵转角 δ_0 将使弹体攻角大于 δ_0;如果压心在重心后面,则弹体攻角小于 δ_0。如果导弹没有自动驾驶仪(即没有惯性敏感元件反馈),那么为保证在飞行时的稳定性,需要相当大的静稳定度,比如说为全弹长的5%或更大一些。如果有惯性敏感元件反馈,则静稳定度可以是零甚至是负值,因为这样有利于操纵性。在结束尾部控制讨论之前,必须指出,决不能认为压心在全部飞行过程中都是处在固定的位置上,实际上弹体压心的位置是随着攻角和马赫数的变化而改变的。

9.3.3 前控制面

由于控制面配置的主要目的是把它放在离重心尽可能远的地方,因此把它放在远离重心的前面,也是实际中可能出现的一种合乎逻辑的选择。前控制面通常称为“鸭式”,因为鸭子是通过转动头部来控制自己的。鸭式控制如图9-34所示。

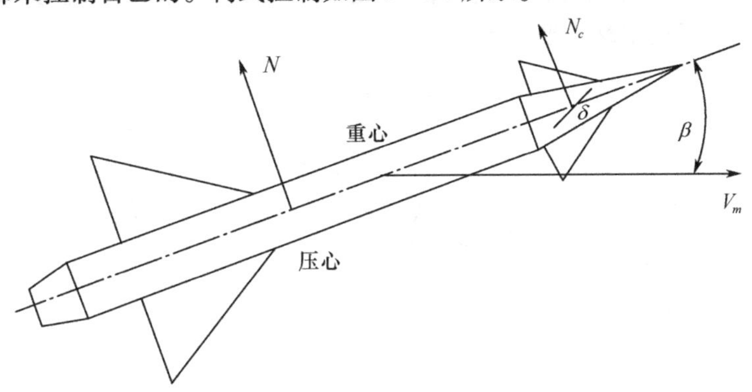

图9-34 鸭式控制

在这种情况下,导弹作为整体来看,它所产生的侧向力与控制面偏转时所产生的力是相加的,因此和前面一样,如果说 $l_c/x^* = 10$,那么总的法向力等于 $11N_c$,而在用尾部控制面时为 $9N_c$。而且总法向力的最终方向与控制力的方向相同,因此在使用侧向控制力时,鸭式控制的效率略有提高。也许有人会认为鸭式控制会使导弹变成不稳定,但是,应注意到鸭式控制的导弹已将主升力面更靠后移,以使全弹的压心位于重心的后面。对于控制面处于中间位置的情况,全弹压心相对于重心的位置正是衡量导弹稳定性的准则。既然鸭式控制比尾部控制好,那么为什么如此多的导弹都还采用尾部控制呢?首先我们看到,控制系统采用惯性敏感元件反馈后,在静稳定度可以为零甚至是负值的时候,还能保持全弹的稳定性,所以总法向力的差别通常是微不足道的;其次是前面提到的安装方便的问题,这点通常对尾部控制是有利的;最后,这也是最主要的原因,在很多布局中,由于鸭翼下洗对主升力面的影响,使控制导弹滚动的办法失效。在这方面,细长的弹体比短粗的弹体要好一些。解决这个问题有两种方法:如果导弹是按极坐标控制的,导弹头部可以通过轴承安装在弹体上,这样便允许弹体自由旋转,从而解除头部与弹翼滚转力矩之间的交叉耦合;另一个方法是把弹翼装在轴环上,从而可以使弹翼围绕弹体比较自由的旋转。

9.3.4 旋转弹翼

采用伺服机构去转动主升力面和小的固定的尾部安定面,这样的布局是不常用的。有时要让伺服机构能放得靠近导弹的重心。例如,如果一枚中程导弹具有两台单独的发动机:一台助推发动机和一台续航发动机,那么前者要占据导弹整个尾部,而后者为了通过两个倾斜喷管向大气排气而可能要占后半弹身的大部分。在这种情况下,尾部就再也没有空间来安装伺服机构了。如果导弹带有自动导引头,那么伺服机构也不能安装在前面。然而采用这种布局的主要原因是要在最小弹体攻角的情况下获得给定的侧向加速度。如果推进系统是冲压式发动机,而弹体攻角很大(如15°或更大些),那么进气口就好像被阻塞一样。另一方面,对于靠无线电高度表来进行高度控制而贴近海面飞行的导弹,也必须限定最大弹体攻角。在图9-35

中表示在给定攻角下弹翼上产生的法向力是弹翼、弹身和安定面联合产生的法向力的一半。这种情况,在有相当大的固定的安定面的情况下是有可能的。如果弹翼的压心在重心的前面,距离是静安定度的两倍,那么稳态的弹体攻角等于弹翼的偏转角,而所给出的全弹总法向力将三倍于弹翼原来的法向力。换句话说,10°的弹翼偏转角产生10°的弹体攻角,结果使得最终的弹翼攻角为20°。但是在用旋转弹翼时,显然也要付出一些代价。随着负载惯性和气动铰链力矩的增大,伺服机构显然也要变大。

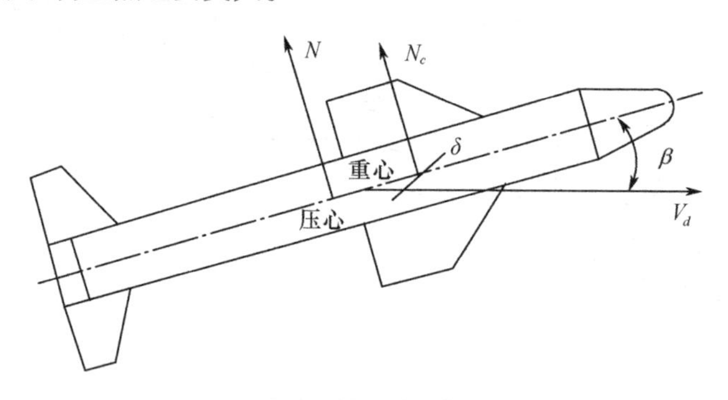

图9-35 旋转弹翼

旋转弹翼是一种低效率的方法,因它是用小的力臂去产生一个大的法向力。由于翼根的全部弯矩必须由轴来承受,所以在翼弦的中部附近要设计得很厚才行,这就不仅增加了结构重量,而且在超声速飞行时将会增大阻力,因为压差阻力是随相对厚度的平方而变化的。弹身中心部分的横截面最好做成方形,使得在弹翼偏转时能除去翼体之间所产生的大的缝隙,因为这条缝隙将显著减少所产生的法向力。最后,由于力臂很小,重心的位置是很关键的,重心位置的很小变化都会使控制力臂发生明显的变化。尽管如此,如果所需的最大过载值很低,且飞行速度是亚声速的(如反舰导弹),那么使用小的旋转弹翼所花的全部代价还是可以承受的。

9.3.5 气动力直角坐标控制与极坐标控制

在用数学方法描述导弹在制导指令作用下所产生的空间运动之前,需要作一些规定。例如,要让导弹进行自由地滚动,还是要控制它的滚动方位?操纵导弹采用转动控制面的方法,还是采用改变推力方向的办法?在实际应用中,控制导弹按要求方向飞行的方法有直角坐标控制和极坐标控制两种方法,直角坐标控制也称STT控制,极坐标控制也称BTT控制。

1. 直角坐标控制

导弹的控制力是由两个互相垂直的分量组成的控制,称为直角坐标控制。在直角坐标控制系统中,制导设备中的导引系统测出沿两个坐标轴的偏差形成两路控制信号,一路是俯仰方向的信号,一路是偏航方向的信号,这两路信号传送给弹上两套独立的执行机构,使俯仰舵和偏航舵产生偏转,控制导弹沿基准弹道飞行。这种控制多用于"十"字和"X"字舵面配置的导弹。下面以空气动力控制的导弹来说明直角坐标控制的原理。设导弹的攻角 α 和侧滑角 β 较小,则认为弹体坐标系与速度坐标系重合,如图9-36所示。

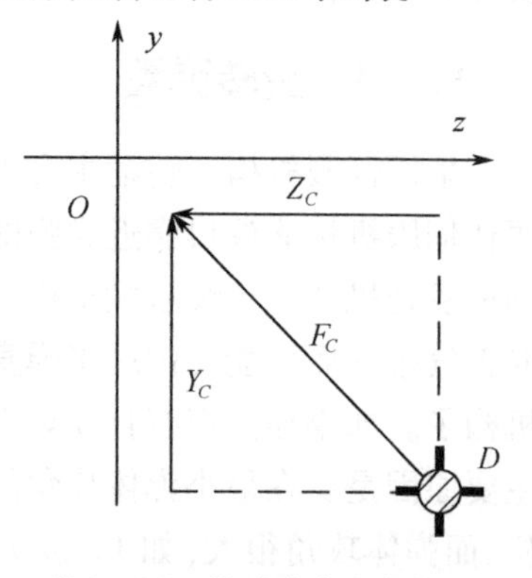

图9-36 导弹直角坐标控制

假若某时刻制导设备“发现”导弹位于理想弹道位置 O 以外的 D 点。取 O 为原点，在垂直导弹速度矢量 V_m 平面内的垂直和水平方向作 Oy、Oz 轴。在 yOz 坐标系内，制导设备立即产生使导弹向左和向上的两个导引指令，两对舵面偏转出现舵升力对导弹重心的力矩（操纵力矩），于是导弹绕 Oz、Oy 转动，产生相应的 α、β 及升力和侧力。该升力和侧力对导弹重心取矩，该力矩与操纵力矩方向相反，当两者平衡时，导弹停止转动。因此，舵偏角一定时，导弹的 α、β 角也一定，导弹产生的升力（控制力）分量 Y_C、Z_C 也一定。而 Y_C、Z_C 产生横向加速度 a_y、a_z 使导弹改变飞行方向，飞向理想弹道。

用直角坐标控制的导弹，在垂直和水平方向有相同的控制性能，且任何方向控制都很迅速。但需要两对升力面和操纵舵面，因导弹不滚转，故需三套操作机构。目前，气动控制的导弹大都采用直角坐标控制。

2. 极坐标控制

在极坐标控制系统中，误差信号是以极坐标的形式送给弹上控制系统，即一个幅值 ρ 信号和一个相位 φ 信号。这时控制系统需采用不同的执行机构来实现控制，通常的方法是把 φ 信号作为滚转指令，使弹体从垂直面起滚动一个 φ 角，然后用导弹的俯仰舵操纵导弹做与 ρ 信号相对应的机动。

如图 9－37 所示，导引指令使导弹产生一个大小为 ρ，方向由与某固定方向（如 Oy 轴）的夹角 φ 确定。ρ 的大小由俯仰舵控制，φ 角由副翼控制。导引指令作用后，副翼使导弹从某一固定方向滚动 φ 角，俯仰舵使导弹产生控制力 ρ，从而改变导弹飞行方向，飞向理想弹道。极坐标控制一般用于有一对升力面和舵面的飞航式导弹或“一”字式导弹。

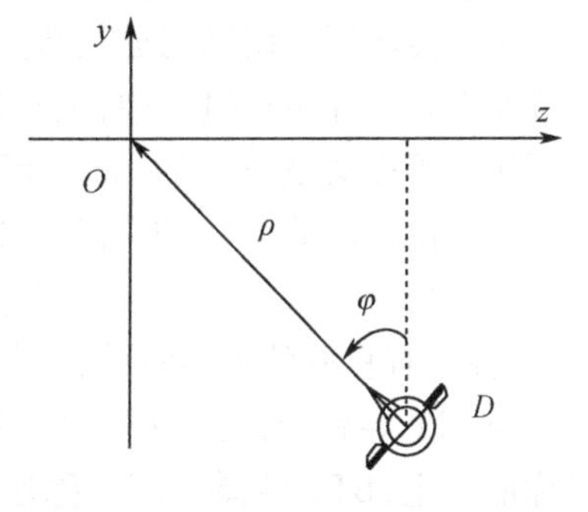

图 9－37　极坐标控制

对大多数的战术导弹，在垂直方向和水平方向上都需要有同样的机动性。这就是为什么通常采用“十”字形布局的原因。它具有两对相等的升力面和两对控制面。在不需要滚动控制时，可将对应的控制面互相连接在一起，这时仅需要两套伺服机构就行了。在需要滚动控制时，至少需要三套伺服机构，实际上，通常用四个相同的伺服机构。采用极坐标法控制的优点是可以只使用一对升力面和一对控制面。这种布局，既减少了重量和阻力，而且对于在舰船的甲板间水平储藏和在飞机的机翼下面发射的情况都是有利的。作为减小阻力的例子，一般的超音速导弹的总的阻力大约有一半来自四个弹翼和四个控制面。所以采用这种方法是有好处的。

尽管如此，操纵不可能像采用直角坐标控制那样有效和迅速。在某些情况下，还有这种可能，即按极坐标法控制的性能，显著地低于按直角坐标控制的性能。假设在一个面对空的系统中，目标几乎迎面而来，导弹只要获得非常小的过载即可，但如果系统里有很多噪声，那么在噪声的干扰下，目标好像时而出现在导弹的上方，时而又出现在下方，于是导弹就很容易在 180°附近作正向或反向滚动。在这样一种情况下，对系统准确性的影响是很难预测的。

“警犬”导弹是很好的极坐标控制的例子。在这种导弹中选择冲压式发动机作为推进发动机。如果在导弹的主体外面有两个冲压式喷气发动机，那么就只有安排一对翼的余地。此时由于有弹体的干扰，进气口仅在小的弹体攻角时才能正常工作，所以采用了旋转弹翼的形式。于是这两片翼同时用作副翼和升降舵，分别由伺服机构控制。有时称这种控制面为“升降副翼”。

3. 极坐标控制与直角坐标控制的性能比较

使用极坐标控制技术导引导弹的特点是:在导弹捕捉目标的过程中,随时控制导弹绕纵轴转动,使其所要求的理想法向过载矢量总是落在导弹的纵向对称面(对飞机形导弹而言)或中间对称面(最大升力面,对轴对称形导弹而言)。国外把这种控制方式称为倾斜转弯(Bank - to - Turn,BTT)。现在,大多数的战术导弹与 BTT 控制不同,导弹在寻的过程中,保持弹体相对纵轴稳定不动,控制导弹在俯仰与偏航两平面上产生相应的法向过载,其合成法向力指向控制规律所要求的方向。为便于与 BTT 加以区别,称这种控制方式为侧滑转弯(Skid - to - Turn,STT)。显然,对于 STT 导弹,所要求的法向过载矢量相对导弹弹体而言,其空间位置是任意的,而 BTT 导弹则由于滚动控制的结果,所要求的法向过载,最终总会落在导弹的有效升力面上。

BTT 技术的出现和发展与改善战术导弹的机动性、准确度、速度、射程等性能指标紧密相关。常规的 STT 导弹的气动效率较低,不能满足对战术导弹日益增强的大机动性、高准确度的要求,而 BTT 控制为弹体有效地提供了使用最佳气动特性的可能,从而可以指望满足机动性与精度的要求。美国研制的 SRAAM 短程空空导弹可允许的导弹法向过载达 $100g$,RIAAT 中远程空空导弹的法向过载可达 $30 \sim 40g$。此外,导弹的高速度、远射程要求与导弹的动力装置有关。美国近年研制的远程地空导弹或区域反导等项目,多半配置了冲压发动机,这种动力装置要求导弹在飞行过程中,侧滑角很小,同时只允许导弹有正攻角或正向升力。这种要求对于 STT 导弹是无法满足的,而对 BTT 导弹来说,是可以实现的。BTT 技术与冲压发动机进气口设计有良好的兼容性,为研制高速度、远射程的导弹提供了有利条件。BTT 导弹的另一优点是升阻比会有显著提高。除此之外,平衡攻角、侧滑角、诱导滚动力矩和控制面的偏转角都较小,导弹具有良好的稳定特性,这些都是 BTT 导弹的优点。

与 STT 导弹相比,BTT 导弹具有不同的结构外形。其差别主要表现在:STT 导弹通常以轴对称形为主,BTT 导弹以面对称形为主。然而,这种差别并非绝对,例如,BTT - 45°导弹的气动外形恰恰是轴对称形,而 STT 飞航式导弹又采用面对称的弹体外形。在对 BTT 导弹性能的论证中,其中任务之一即是探讨 BTT 导弹性能对弹体外形的敏感性,目的是寻求导弹总体结构外形与 BTT 控制方案的最佳结合,使导弹性能得到最大程度的改善。

由于导弹总体结构的不同,例如,导弹气动外形及配置的动力装置的不同,BTT 控制可以是如下三种类型:BTT - 45°、BTT - 90°、BTT - 180°。它们三者的区别是,在制导过程中,控制导弹可能滚动的角范围不同,分别为 45°、90°、180°。其中,BTT - 45°控制型适用于轴对称形(“十”字形弹翼)的导弹。BTT 系统控制导弹滚动,从而使得所要求的法向过载落在它的有效升力面上,由于轴对称导弹具有两个互相垂直的对称面或俯仰平面,所以在制导过程的任一瞬间,只要控制导弹滚动角度小于或等于 45°,即可实现所要求的法向过载与有效升力面重合。这种控制方式又被称为滚转转弯(Roll - During - Turn,RDT)。BTT - 90°和 BTT - 180°两类控制均是用在面对称导弹上,这种导弹只有一个有效升力面,欲使要求的法向过载落在该平面上,所要控制导弹滚动的最大角度范围为 90°或 180°,其中 BTT - 90°导弹具有产生正、负攻角,或正、负升力的能力。BTT - 180°导弹仅能提供正向攻角或正向升力,这一特性与导弹配置了鄂下进气冲压发动机有关。

BTT 与 STT 导弹控制系统比较,其共同点是两者都是由俯仰、偏航、滚动三个回路组成,但对不同的导弹(BTT 或 STT),各回路具有的功用不同。表 9 - 1 列出了 STT 与三种 BTT 导弹控制系统的组成与各个回路的功用。

表9-1　导弹控制系统的组成及功用

类别	俯仰通道	偏航通道	滚动通道	注释
STT	产生法向过载，具有提供正负攻角的能力	产生法向过载，具有提供正负侧滑角的能力	保持倾斜稳定	适用于轴对称或面对称的不同弹体结构
BTT-45°	产生法向过载，具有提供正负攻角的能力	产生法向过载，具有提供正负攻角的能力	控制导弹绕纵轴转动，使导弹的合成法向过载落在最大升力面内	仅适用于轴对称型导弹
BTT-90°	产生法向过载，具有提供正负攻角的能力	欲使侧滑角为零，偏航必须与倾斜协调	控制导弹滚动，使合成法向过载落在弹体对称面上	仅适用于面对称型导弹
BTT-180°	产生单向法向过载，仅具有提供正攻角的能力	欲使侧滑角为零，偏航必须与倾斜协调	控制导弹滚动，使合成法向过载落在弹体对称面上	仅适用于面对称型导弹

采用直角坐标控制，就有可能把目标和导弹的运动分解为两个平面的运动，而认为俯仰和偏航通道是独立的两维问题。这种简化，在极坐标控制情况下是不可能的。由于采用极坐标控制得出的运动方程一般是不易解析分析的，因而只得使用详细的三维仿真。应该记住，直角坐标控制对任何方向的侧向运动都是一个较快的运动过程，而且直角坐标系统的性能分析是比较简单的，这就不难理解为什么在大多数导弹系统中大都采用这种控制方式。对于自动导引导弹，如果因滚动角速度很高而干扰了导引头的工作，则极坐标控制也是行不通的。大多数设计者显然不会只考虑如何节省重量和空间而忽视精度和响应速度的要求。因此，目前只有少数导弹采用极坐标控制。

9.4　推力矢量控制

控制系统是战术导弹中最重要的组成部分之一，因为无论是用多么先进的制导系统，多么巧妙的自动驾驶仪来补偿不利的空气动力特性，若控制系统不能产生使控制指令实现的控制力，那么它们都将是毫无用处的。通常这些控制力是由可动的空气动力翼面产生的。但随着对导弹机动性的要求越来越高，使用攻角越来越大，已促使各种新型控制技术的出现和发展，推力矢量控制技术就是其中之一。

推力矢量控制是一种通过控制主推力相对弹轴的偏移产生改变导弹方向所需力矩的控制技术。显然，这种方法不依靠气动力，即使在低速、高空状态下仍可产生很大的控制力矩。正因为推力矢量控制具有气动力控制不具备的优良特性，所以在现代导弹设计中得到了广泛的应用。

9.4.1　推力矢量控制在战术导弹中的应用

目前推力矢量控制导弹主要在以下场合得到了应用：

（1）进行近距格斗、离轴发射的空空导弹，典型型号为俄罗斯的R-73。

（2）目标横向速度可能很高，初始弹道需要快速修正的地空导弹，典型型号为俄罗斯的C-300。

（3）机动性要求很高的高速导弹，典型型号为美国的HVM。

(4) 气动控制显得过于笨重的低速导弹,特别是手动控制的反坦克导弹,典型型号为美国的“龙”式导弹。

(5) 无需精密发射装置,垂直发射后紧接着就快速转弯的导弹。因为垂直发射的导弹必须在低速下以最短的时间进行方位对准,并在射面里进行转弯控制,此时导弹速度低,操纵效率也低,因此,不能用一般的空气舵进行操纵。为达到快速对准和转弯控制的目的,必须使用推力矢量舵。新一代舰空导弹和一些地空导弹为改善射界、提高快速反应能力都采用了该项技术。典型型号有美国的“标准”3。

(6) 在各种海情下出水,需要弹道修正的潜艇发射导弹,如法国的潜射导弹“飞鱼”。

(7) 发射架和跟踪器相距较远的导弹,独立助推、散布问题比较突出的导弹,如中国的HJ-73。

以上列举的各种应用几乎包含了适用于固体火箭发动机的所有战术导弹。通过控制固体火箭发动机喷流的方向,可使导弹获得足够的机动能力,以满足应用要求。

9.4.2 推力矢量控制的实现方法

对于采用固体火箭发动机的推力矢量控制系统,根据实现方法可以分为三类。

1. 摆动喷管

这一类实现方法包括所有形式的摆动喷管及摆动出口锥的装置。在这类装置中,整个喷流偏转主要有以下两种。

1) 柔性喷管

图9-38给出了柔性喷管的基本结构。它实际上就是通过层压柔性接头装在火箭发动机后封头上的一个喷管层压接头,由许多同心球形截面的弹胶层和薄金属板组成,弯曲形成柔性的夹层结构。这个接头轴向刚度很大,而在侧向却很容易偏转。用它可能实现传统的发动机封头与优化喷管的对接。

2) 球窝喷管

图9-39给出了球窝喷管的基本结构形式。其收敛段和扩散段被支撑在万向环上,该装置可以围绕喷管中心线上的某个中心点转动。延伸管或者后封头上装一套有球窝的筒形夹具,使收敛段和扩散段可在其中活动。球面间装有特制的密封圈,以防高温高压燃气泄漏。舵机通过方向环进行控制,以提供俯仰和偏航力矩。

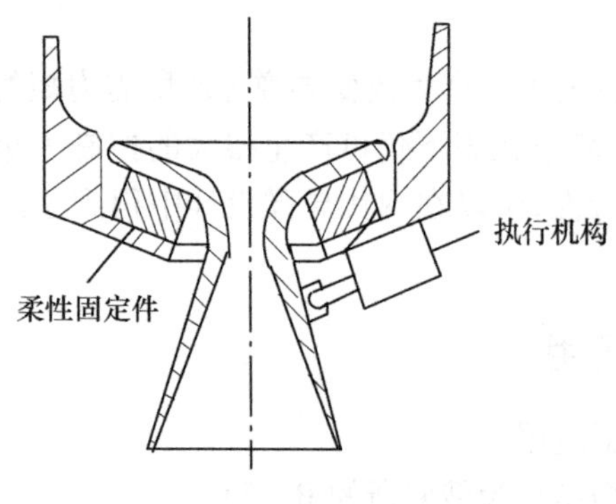

图9-38 柔性喷管的基本结构

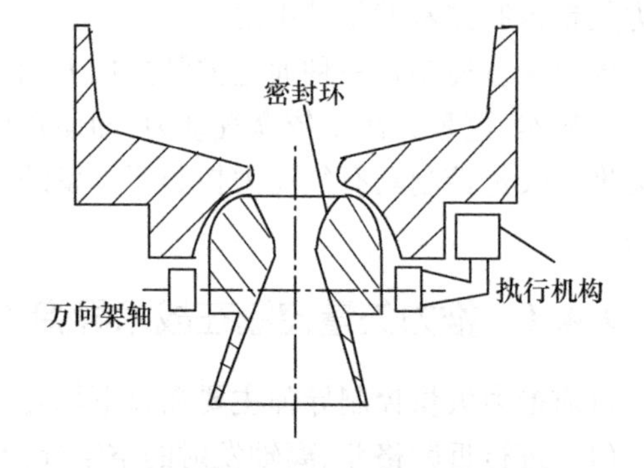

图9-39 球窝喷管的基本结构

2. 流体二次喷射

在这类系统中,流体通过喷管扩散段被注入发动机喷流。注入的流体在超声速的喷管气流中产生一个斜激波，引起压力分布不平衡，从而使气流偏斜。这一类主要有以下两种。

1）液体二次喷射

高压液体喷入火箭发动机的扩散段，产生斜激波，从而引起喷流偏转。惰性液体系统的喷流最大偏转角为4°。液体喷射点周围形成的激波引起推力损失，但是二次喷射液体增加了喷流和质量，使得净力略有增加。与惰性液体相比，采用活性液体能够略微改善侧向比冲性能，但是在喷流偏转角大于4°时，两种系统的效率都急速下降。液体二次喷射推力矢量控制系统的主要吸引力在于其工作时所需的控制系统质量小，结构简单。因而在不需要很大喷流偏转角的场合，液体二次喷射具有很强的竞争力。

2）热燃气二次喷射

在这种推力矢量控制系统中，燃气直接取自发动机燃烧室或者燃气发生器，然后注入扩散段，由装在发动机喷管上的阀门实现控制。图9－40给出了其典型的结构。

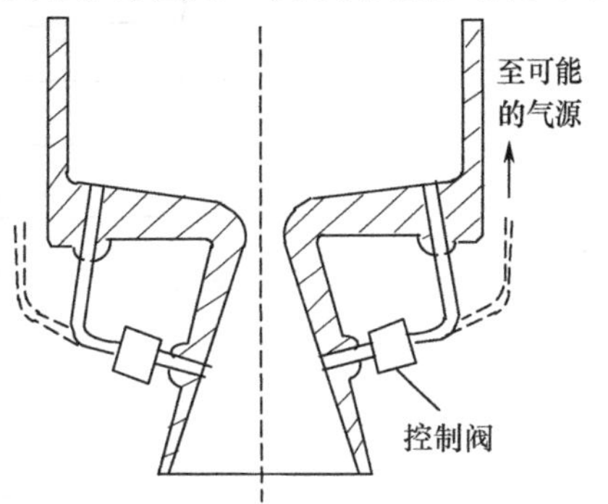

图9－40 热燃气二次喷射的基本结构

3. 喷流偏转

在火箭发动机的喷流中设置阻碍物的系统属于这一类，主要有以下四种。

1）偏流环喷流偏转器

偏流环系统如图9－41所示。它基本上是发动机喷管的管状延长，可绕出口平面附近喷管轴线上的一点转动。偏流环偏转时扰动燃气，引起气流偏转。这个管状延伸件，或称偏流环，通常支撑在一个万向架上。伺服机构提供俯仰和偏航平面内的运动。

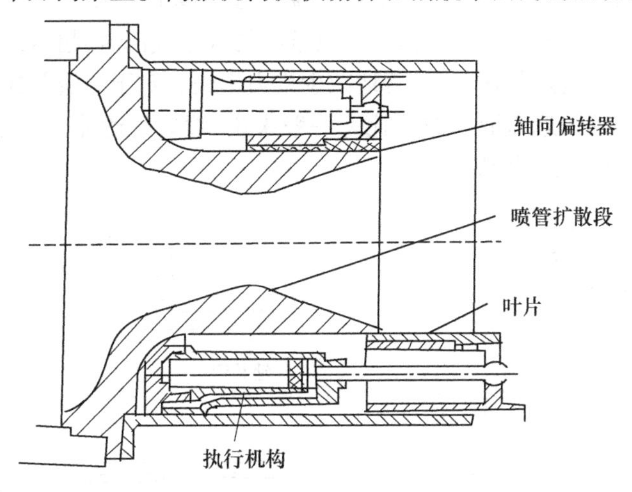

图9－41 偏流环喷流偏转器的结构

2）轴向喷流偏转器

图9－42给出轴向喷流偏转器的基本结构。在欠膨胀喷管的周围安置4个偏流叶片，叶片可沿轴向运动以插入或退出发动机尾喷流，形成激波而使喷流偏转。叶片受线性作动筒控制，靠滚球导轨支持在外套筒上。该方法最大可以获得7°的偏转角。

3）臂式绕流片

图9－43为典型的臂式扰流片系统的基本结构。在火箭发动机喷管出口平面上设置4个

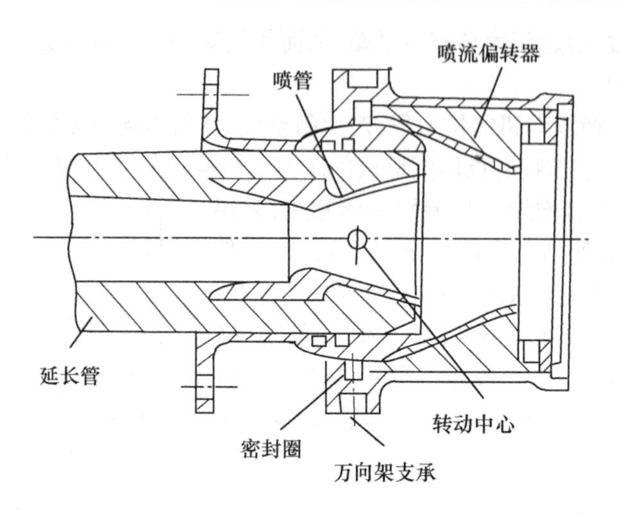

图9-42　轴向喷流偏转器的基本结构

叶片,工作时可阻塞部分出口面积,最大偏转可达20°。该系统可以应用于任何正常的发动机喷管,只有在桨叶插入时才产生推力损失,而且基本上是线性的,喷流每偏转1°,大约损失1%的推力。这种系统体积小,重量轻,因而只需要较小的伺服机构,这对近距战术导弹是很有吸引力的。对于燃烧时间较长的导弹,由于高温高速的尾喷流会对扰流片造成烧蚀,使用这种系统是不合适的。

4)导流罩式致偏器

图9-44所示的导流罩式致偏器基本上就是一个带圆孔的半球性拱帽,圆孔大小与喷管出口直径相等且位于喷管的出口平面上。拱帽可绕喷管轴线上的某一点转动,该点通常位于喉部上游。这种装置的功能和扰流片类似。当致偏器切入燃气流时,超声速气流形成主激波,从而引起喷流偏斜。与扰流片相比,能显著地减少推力损失。对于导流罩式致偏器,喷流偏角和轴向推力损失大体与喷口遮盖面积成正比。一般来说,喷口每遮盖1%,将会产生0.52°的喷流偏转和0.26%的轴向推力损失。

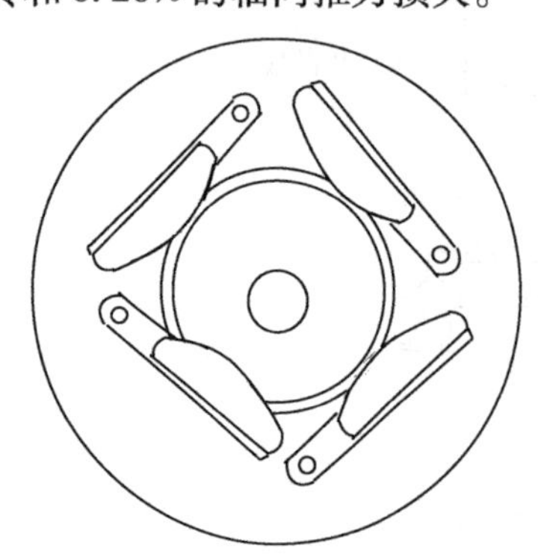

图9-43　臂式扰流片系统的基本结构

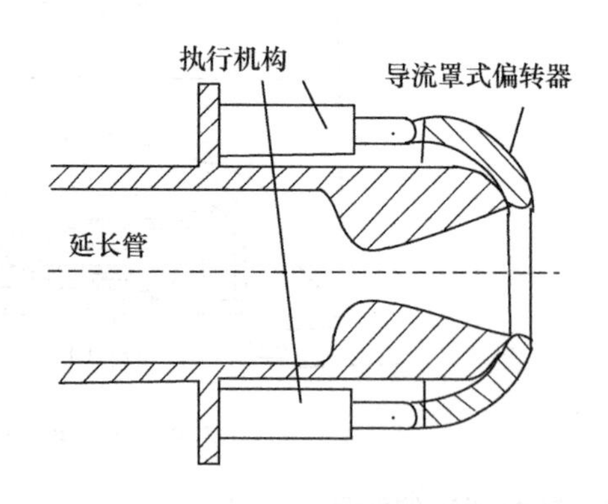

图9-44　导流罩式致偏器的基本结构

9.4.3　推力矢量控制系统的性能描述

推力矢量控制系统的性能大体上可分为4个方面:

(1)喷流偏转角度:即喷流可能偏转的角度。

(2) 侧向力系数：即侧向力与未被扰动时的轴向推力之比。

(3) 轴向推力损失：装置工作时所引起的推力损失。

(4) 驱动力：为达到预期响应须加在这个装置上的总的力。

喷流偏转角和侧向力系数用以描述各种推力矢量控制系统产生侧向力的能力。对于靠形成冲击波进行工作的推力矢量控制系统来说，通常用侧向力系数和等效气流偏转角来描述产生侧向力的能力。

当确定驱动机构尺寸时，驱动力是一个必不可少的参数。另外，当进行系统研究时，用它可以方便地描述整个伺服系统和推力矢量控制装置可能达到的最大闭环带宽。

9.5　直接力控制

导弹对高速、大机动目标的有效拦截依赖于两个基本因素：

(1) 导弹具有足够大的可用过载；

(2) 导弹的动态响应时间足够快。

对采用比例导引律的导弹，其需用过载的估算公式为

$$n_M \geqslant 3n_T$$

式中：n_M为导弹需用过载；n_T为目标机动过载。

导弹的可用过载必须大于对其需用过载要求。

空气舵控制导弹的时间常数一般在150～350ms，在目标大机动条件下保证很高的控制精度是十分困难的。在直接力控制导弹中，直接力控制部件的时间常数一般为5～20ms，因此可以有效提高导弹的制导精度。图9－45给出了直接力控制导弹拦截机动目标示意图。在图形的左半边为导弹使用纯空气舵控制的情形，导弹由于控制系统反应过慢而脱靶；在图形的右边为导弹使用空气舵/直接力复合控制的情形，导弹利用直接力控制快速机动命中目标。

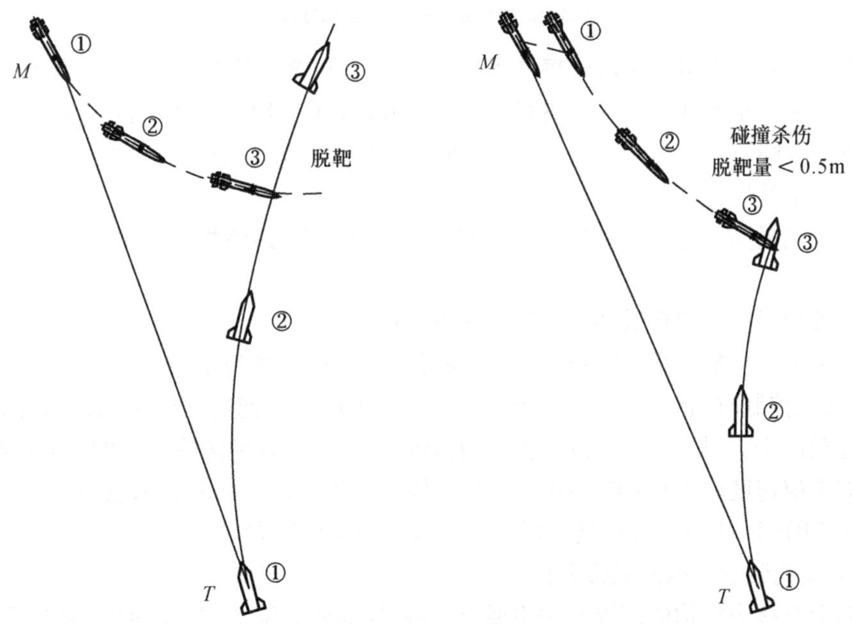

图9－45　直接力控制导弹拦截机动目标示意图

国外大气层内直接力控制导弹的典型型号有美国的“爱国者”防空导弹系统(PAC-3)、欧洲反导武器系统SAAM/Aster15和Aster30型导弹等。

9.5.1 直接力机构配置方法

1. 导弹横向喷流装置的操纵方式

导弹横向喷流装置可以有两种不同的使用方式:力操纵方式和力矩操纵方式。因为它们的操纵方式不同,在导弹上的安装位置不同,提高导弹控制力的动态响应速度的原理也是不同的。

力操纵方式即为直接力操纵方式。要求横向喷流装置不产生力矩或产生的力矩足够小。为了产生要求的直接力控制量,通常要求横向喷流装置具有较大的推力,并希望将其放在重心位置或离重心较近的地方。因为力操纵方式中的控制力由横向喷流装置直接产生,所以控制力的动态滞后被大幅度地减小了(在理想状态下,从150ms减少到20ms以下)。俄罗斯的9M96E/9M96E2和欧洲的新一代防空导弹Aster15/Aster30的第二级采用了力操纵方式,如图9-46所示。

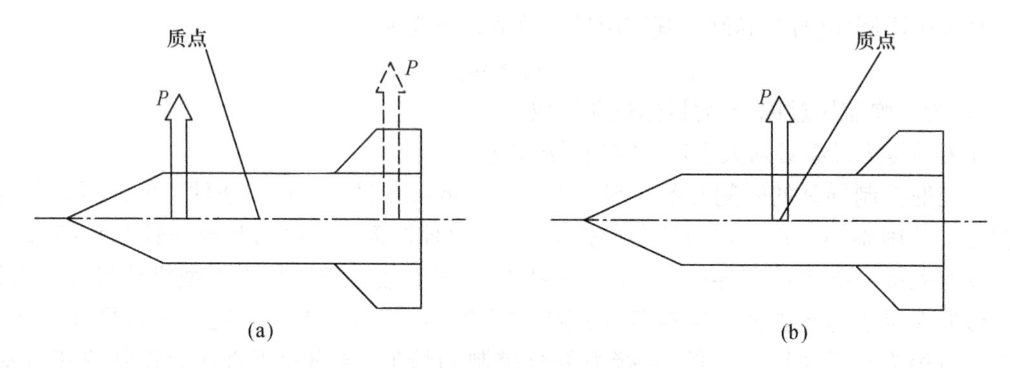

图9-46 横向喷流装置安装位置示意图

(a)力矩操纵方式;(b)力操纵方式。

力矩操纵方式要求横向喷流装置产生控制力矩,不以产生控制力为目的,但仍有一定的控制力作用。控制力矩改变了导弹的飞行攻角,因而改变了作用在弹体上的气动力。这种操纵方式不要求横向喷流装置具有较大的推力,通常希望将其放在远离重心的地方。力矩操纵方式具有两个基本特性:

(1)有效地提高了导弹力矩控制回路的动态响应速度,最终提高了导弹控制力的动态响应速度;

(2)有效地提高导弹在低动压条件下的机动性。

对于正常式布局的导弹,其在与目标遭遇时基本上已是静稳定的了。从法向过载回路上看,使用空气舵控制时,它是一个非最小相位系统。为产生正向的法向过载,首先出现一个负向的反向过载冲击。引入横向喷流装置力矩操纵后,可以有效地消除负向的反向过载冲击,明显提高动态响应速度。图9-47给出了力矩操纵方式提高动态响应的示意图。

美国的ERINT-1垂直发射转弯段采用的就是力矩操纵方式。

2. 横向喷流装置的纵向配置方法

在导弹上直接力机构的配置方法主要有三种:偏离质心配置方式(图9-48)、质心配置方式(图9-49)和前后配置方式(图9-50)。

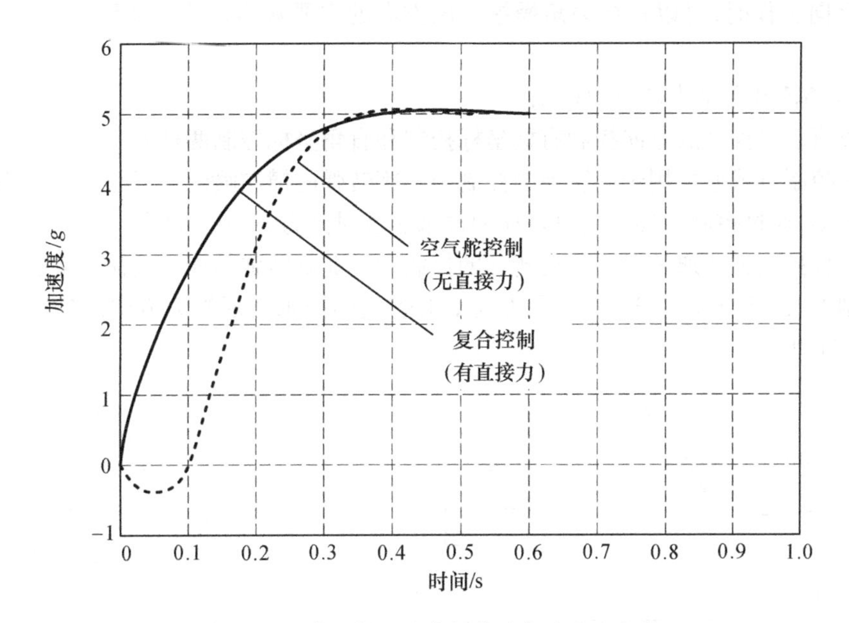

图 9－47　力矩操纵方式提高动态响应示意图

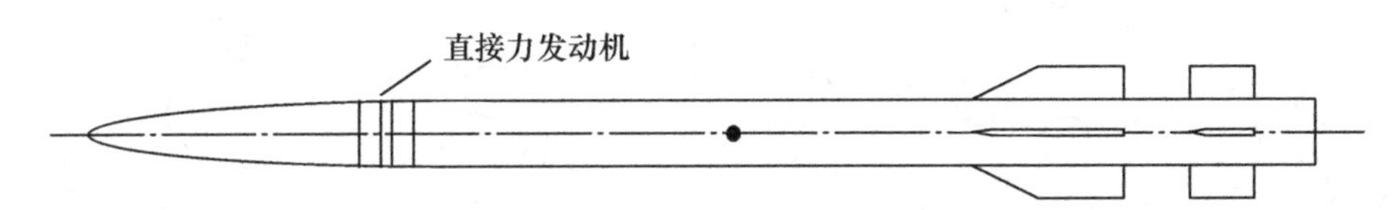

图 9－48　横向喷流装置偏离质心配置方式

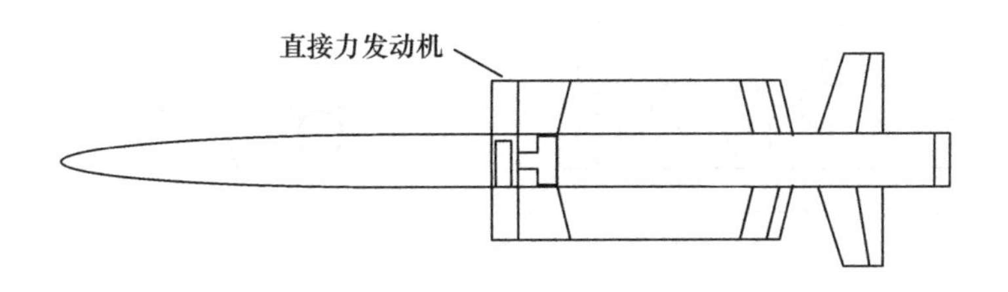

图 9－49　横向喷流装置质心配置方式

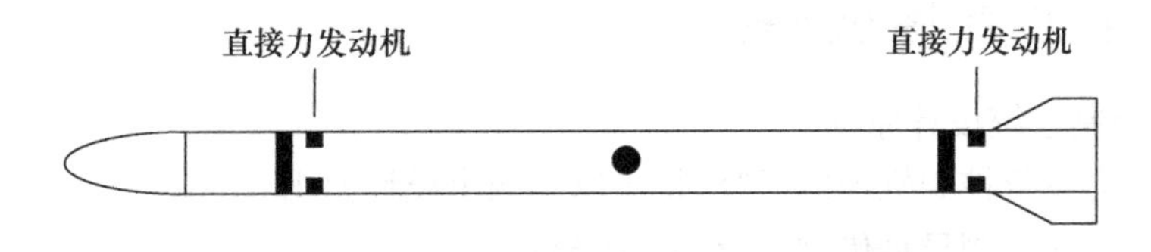

图 9－50　横向喷流装置前后配置方式

(1) 偏离质心配置方式：将一套横向喷流装置安放在偏离导弹质心的地方。它实现了导弹的力矩操纵方式。

(2) 质心配置方式：将一套横向喷流装置安放在导弹的质心或接近质心的地方。它实现了导弹的力操纵方式。

(3) 前后配置方式：将两套横向喷流装置分别安放在导弹的头部和尾部。前后配置方式在工程使用上具有最大的灵活性。当前后喷流装置同向工作时，可以进行直接力操纵；当前后喷流装置反向工作时,可以进行力矩操纵。该方案的主要缺陷是喷流装置复杂,结构重量大一些。

3. 横向喷流装置推力的方向控制

横向喷流装置推力的方向控制有极坐标控制和直角坐标控制两种方式。

极坐标控制方式通常用于旋转弹的控制中。旋转弹的横向喷流装置通常都选用脉冲发动机组控制方案,通过控制脉冲发动机点火相位来实现对推力方向的控制。

直角坐标控制方式通常用于非旋转弹的控制中。非旋转弹的横向喷流装置通常选用燃气发生器控制方案,通过控制安装在不同方向上的燃气阀门来实现推力方向的控制。其工作原理如图9-51所示。

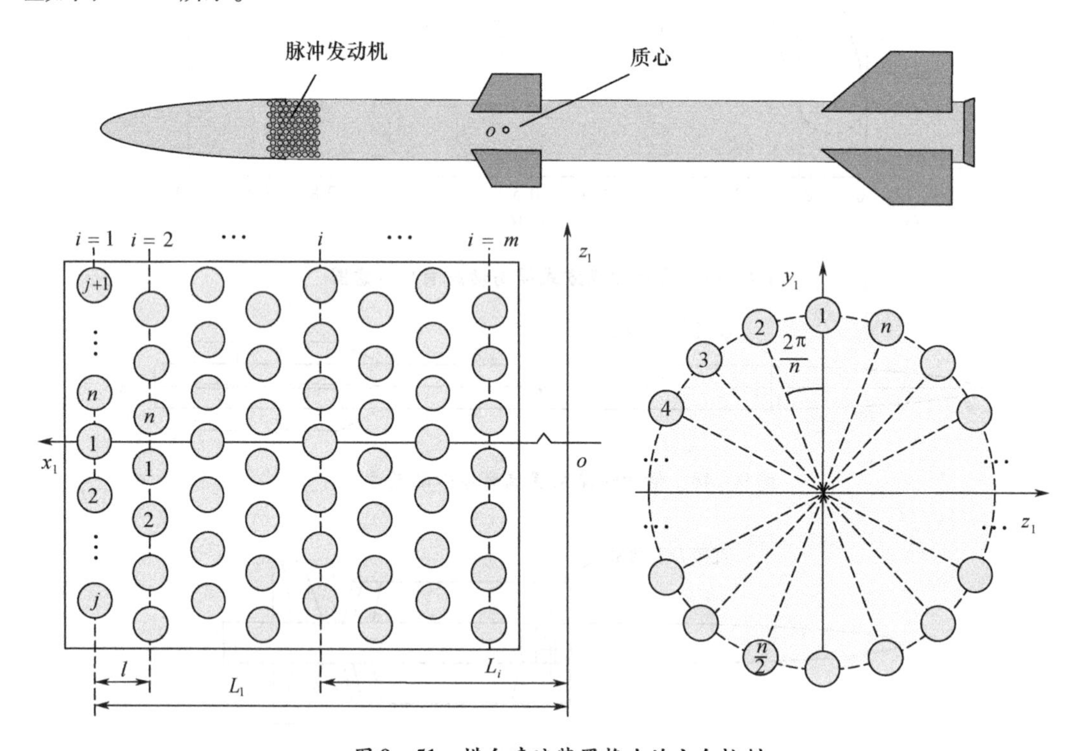

图9-51 横向喷流装置推力的方向控制

9.5.2 直接力控制系统方案

1. 直接力控制系统设计原则

通过对直接力飞行控制机理的研究,得出以下四个设计原则:

(1) 设计应符合末制导最优制导律提出的要求;

(2) 飞控系统动态滞后极小化原则;

(3) 飞控系统可用法向过载极大化原则;

(4) 有、无直接力控制条件下飞行控制系统结构的相容性。

下面提出的控制方案主要基于后三条原则给出。

2. 控制指令误差型控制器

控制指令误差型控制器的设计思路是:在原来的反馈控制器的基础上,利用原来控制器控制指令误差来形成直接力控制信号,控制器结构如图9-52所示。很显然,这是一个双反馈方案。可以说,该方案具有很好的控制性能,但该方案的缺点是与原来的空气舵反馈控制系统不相容。

3. 第Ⅰ类控制指令型控制器

第Ⅰ类控制指令型控制器的设计思路是:在原来的反馈控制器的基础上,利用控制指令来形成直接力控制信号,控制器结构如图9-53所示。很显然,这是一个前馈—反馈方案。该方案的设计有三个明显的优点:

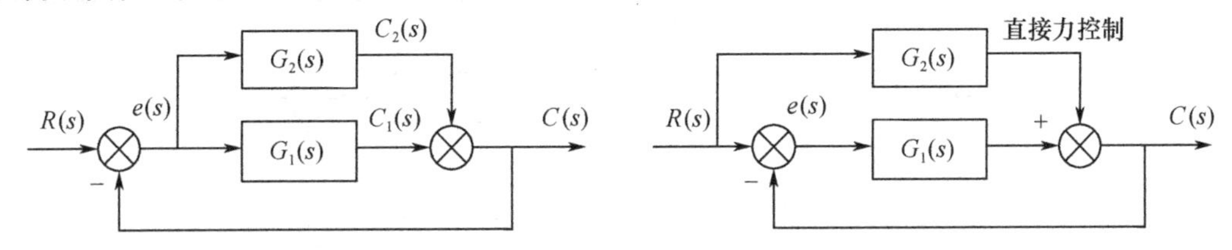

图9-52 控制指令误差型线性复合控制器　　图9-53 第Ⅰ类控制指令型线性复合控制器

(1) 因为是前馈—反馈控制方案,前馈控制不影响系统稳定性,所以原来设计的反馈控制系统不需要重新确定参数,在控制方案上有很好的继承性;

(2) 直接力控制装置控制信号用做前馈信号,当其操纵力矩系数有误差时,并不影响原来反馈控制方案的稳定性,只会改变系统的动态品质,因此特别适合用在大气层内飞行的导弹上;

(3) 在直接力前馈作用下,该控制器具有更快速的响应能力。

4. 第Ⅱ类控制指令型控制器

第Ⅱ类控制指令型控制器的设计思路是:利用气动舵控制构筑攻角反馈飞行控制系统,利用控制指令来形成攻角指令。利用控制指令误差来形成直接力控制信号,控制器结构如图9-54所示。很显然,这也是一个前馈-反馈方案,其中以气动舵面控制为基础的攻角反馈飞行控制系统作为前馈,以直接力控制为基础构造法向过载反馈控制系统。该方案的设计具有两个特点:

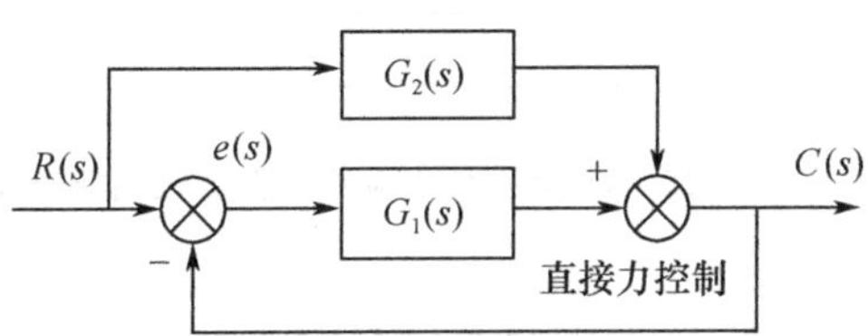

图9-54 第Ⅱ类控制指令型线性复合控制器

(1) 以攻角反馈信号构造空气舵控制系统可以有效地将气动舵面控制与直接力控制效应区分开来,因此可以单独完成攻角反馈控制系统的综合工作。事实上,该控制系统与法向过载控制系统设计过程几乎是完全相同的。因为输入攻角反馈控制系统的指令是法向过载指令,所以需要进行指令形式的转换。这个转换工作在导弹引入捷联惯导系统后是可以解决的,只是由于气动参数误差的影响,存在一定的转换误差。由于将攻角反馈控制系统作为复合控制系统的前馈通路,所以这种转换误差不会带来复合控制系统传递增益误差。

(2) 直接力反馈控制系统必须具有较大的稳定裕度,主要是为了适应喷流装置放大因子随飞行条件的变化。

5. 第Ⅲ类控制指令型复合控制器

提高导弹的最大可用过载是改善导弹制导精度的另外一个技术途径。通过直接叠加导弹直接力和气动力的控制作用,可以有效地提高导弹的可用过载。具体的控制器形式如图9-55所示。在图中,K_0为归一化增益,K_1为气动力控制信号混合比,K_2为直接力控制信号混合比。通过合理优化控制信号混合比,可以得到最佳的控制性能。该方案的问题是如何解决两个独立支路的解耦问题,因为传感器(如法向过载传感器)无法分清这两路输出对总输出的贡献。

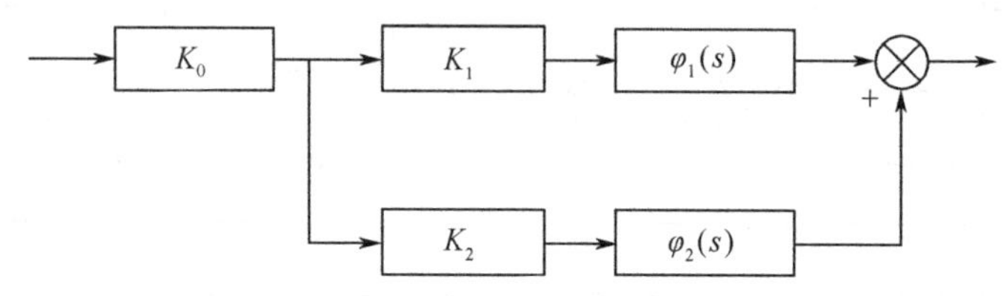

图9-55 第Ⅲ类控制指令型复合控制器

假定直接力控制特性已知,利用法向过载测量信号,通过解算可以间接计算出气动力控制产生的法向过载。当然,这种方法肯定会带来误差,因为在工程上直接力控制特性并不能精确已知。比较特殊的情况是,在高空或稀薄大气条件下,直接力控制特性相对简单,这种方法不会带来多大的技术问题;而在低空或稠密大气条件下,直接力控制特性将十分复杂,需要研究直接力控制特性建模误差对控制系统性能的影响。

为了尽量减少直接力控制特性的不确定性对控制系统稳定性的影响,提出一种前馈-反馈控制方案,其控制器结构类似于第Ⅰ类控制指令型控制器,即采用直接力前馈、空气舵反馈的方案,如图9-56所示。这种方案的优点是:直接力控制特性的不确定性不会影响系统的稳定性,只会影响闭环系统的传递增益。

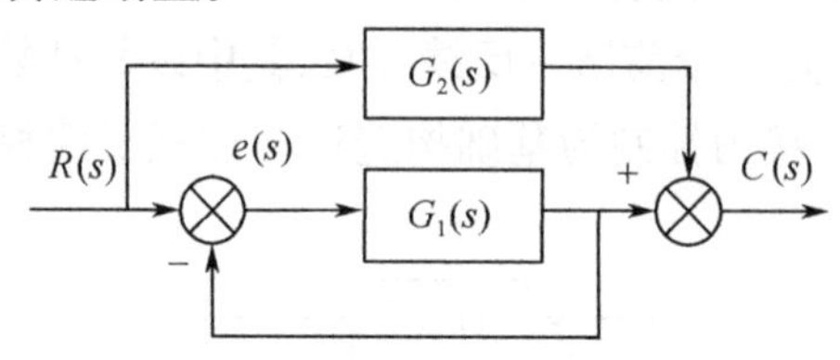

图9-56 基于前馈-反馈控制结构的第Ⅲ类控制指令型控制器

9.6 导弹控制方法

导弹控制系统设计一般是先将飞行器运动分解为三个独立通道,再对每个通道采用相应的控制理论设计控制器。传统的飞行控制系统设计大都是采用固定增益和反馈控制技术相结合的方法,控制算法几乎都是基于经典控制理论的时域法、频率响应法和根轨迹法等。在设计过程中,多是基于简化后线性化的弹体模型,采用系数冻结法,针对几个有代表性的特征气动点进行设计,并进行飞行仿真试验,以验证所设计控制系统的有效性和合理性。由于基于这种思路设计的控制方法能消除控制系统偏差,增加控制系统稳定性,易于工程化,因此至今仍是飞行控制系统设计中普遍采用的方法。比如,对导弹按照预定弹道或方案弹道飞行时,控制系统参数根据预定方案时变,一般能够满足控制品质要求。但是,随着航空航天技术的发展,飞行器的各子系统之间相互关联性的关系越来越复杂,经典控制理论有很大局限性,现代控制理论得到了迅速发展。

9.6.1　经典控制方法面临的挑战

传统控制方法发展到今天,面临着一系列的挑战:

首先,对于飞行过程中存在的不确定性,一般解决问题的思路是,通过对飞行环境预测和测量组件的引入降低模型的不确定性,按照经典方法对确定的线性化模型进行设计,以稳定裕度来考虑不确定问题,这是最为普遍而实用的设计方法。但是这样设计的导弹控制系统,一方面要满足在各个特征点上均具有良好的动态特性,另一方面还要满足抗干扰能力和参数变化的要求。这就造成了在所有的气动点都无法取得最佳的动态特性,只能在设计时进行折中处理,并确保系统具有一定的稳定裕度。

其次,经典设计方法中的稳定裕度设计都是以系统模型不确定性和干扰较小为前提的,当模型不确定性和干扰超过一定的范围,采用经典控制方法设计的控制系统就可能因为鲁棒性较差而难以满足设计指标要求。例如,导弹跟踪机动目标做大机动飞行时,就会导致攻角变大,导弹气动增益与攻角的变化量不再是线性关系,经典设计方法中的线性化假设就难以成立。

更为明显的问题是对象本质非线性,如导弹在大机动、大攻角情况下的运动是大动态范围的,其运动模型是高度非线性的,这种非线性主要来源于导弹六自由度运动的耦合以及气动力和力矩随飞行条件的变化,此时不能再采用线性化模型。对于这类复杂非线性系统的控制问题,不能采用泰勒级数展开,通过线性化的方法化为一般的线性系统问题,必须采用非线性控制方法。因此,就必须寻找能够满足越来越复杂的飞行控制系统要求的现代线性或非线性设计方法。

9.6.2　现代控制方法

现代控制理论的发展,给飞行控制技术的具体实现提供了更多更好的方法,极大地推动了飞行控制技术的高速发展。其中比较具有代表性的有鲁棒控制、最优控制、滑模变结构控制、自适应动态逆控制、自抗扰控制、智能控制、反步控制、预测控制、轨迹线性化控制、反馈线性化控制等设计方法。下面分别对上述控制方法的研究发展概况以及其应用的局限性进行简要说明。

1. 最优控制

现代控制设计方法的一个重要方向是最优控制。最优控制设计方法在飞行器上的应用最早是在 F-8C 主动控制技术验证机上,该机的全部纵向及横侧向控制律设计均采用了模型跟踪最优二次型方法。经过实际试飞验证表明,飞机具有优良的飞行品质。20 世纪 80 年代后半期,美国与德国联合研制了大攻角超机动验证机 X-31,其飞控系统控制律的基本设计方法也是最优控制方法。1984 年,Roddy 等人提出了利用最优控制和滤波理论设计 BTT 导弹控制器的方法;论文将导弹滚转角速度作为系统外部输入,从而将模型解耦成滚转、俯仰/偏航两个子系统,并用线性二次高斯/回路传函恢复方法来确定具有鲁棒性的俯仰和偏航通道增益,控制效果较好;1988 年,G. McConnell 提出了多变量设计方法,并比较了频域特性曲线法和时域线性二次型最优法,其设计的预定增益控制器使导弹的性能得到了改善。我国从 20 世纪 80 年代初开始,与主动控制技术验证及电传系统设计同步,开展了最优控制理论在飞行控制系统设计中的应用研究,并进行了具有一定工程意义的控制律设计,取得了一些经验。此外,与最优控制技术同时发展起来的应用比较成熟的还有极点配置法、特征结构配置法以及定量反馈法等。

但是最优控制技术在应用于飞控系统设计时,还存在很多实际问题,这些问题有的得到了解决,如变状态反馈为输出反馈,使得反馈变量为飞机上常用测量状态变量。但是还存在一些很难解决的困难,如将飞行控制系统的性能要求转换为设计用的性能指标、加权系数的选择原则、鲁棒性等问题,到目前为止还没有得到很好的解决。所以在工程实际设计中,还只是把最优控制设计的结果作为控制律的参考初值来用。

2. 滑模变结构控制

滑模变结构控制的基本原理在于控制器的结构可以在动态过程中根据系统当时的状态(偏差及其各阶导数等),以跃变的形式有目的地变化,从而迫使系统沿着预定滑动模态的状态轨迹运动。滑模变结构控制在飞行控制系统中已经得到广泛的应用。其缺点是控制律设计中需要已知系统不确定性的上界,保守性很大,容易引起控制量的饱和问题。另外,实际系统由于切换装置不可避免地存在惯性,变结构系统在不同的控制逻辑中来回切换容易引起系统的剧烈抖动,从而对实际系统构成较大的危害。目前比较有效的处理方法包括边界层内的准滑动模态法、观测器方法、动态滑模方法、模糊方法、神经网络方法等。不确定性是非匹配的滑模变结构控制另一个重要问题,当不确定性不匹配时,系统性能有较大下降,需要用其他方式来补偿。滑动模态的设计也是其中一个很重要的问题,传统的滑动超平面具有线性形式,但它的缺点在于不能保证系统状态的跟踪误差在有限时间收敛至零。

3. 智能控制

智能控制是自动控制发展的高级阶段,是控制论、系统论、信息论和人工智能等多种学科交叉和综合的产物,为解决那些用传统方法难以解决的复杂系统控制提供了有效的理论和方法。目前最常见的智能控制方式是模糊系统和神经网络两种,下面就这两种控制方式的特点及发展状况进行扼要阐述。

1) 模糊控制

由于模糊系统对未知函数所具有的学习和估计能力,使其在系统识别和控制领域备受关注,这使得模糊控制被广泛应用于飞行器控制系统的设计之中。但对较复杂的不确定系统进行控制时,模糊控制往往存在精度较低、控制规则过分依赖现场操作、调试时间长等缺点。同时模糊控制系统还有许多理论和设计问题亟待解决,这些问题主要有:信息简单的模糊处理将导致系统的控制精度降低和动态品质变差;模糊控制的设计尚缺乏系统性,有时无法定义控制目标。

2) 神经网络控制

人工神经网络具有并行处理、高度容错、非线性运算等诸多优点,能够高度精确地逼近非线性函数,并且其作为一种新兴的控制技术开始进入飞行控制的研究领域,已在飞行器的气动参数辨识、非线性飞行控制和飞行故障诊断方面有了广泛的应用。

将神经网络的自适应性与非线性控制方法结合成为控制领域中一个重要的研究方向。它可以较好地解决精确模型无法获得的缺陷,且自适应律具有一定的鲁棒性和容错性,系统稳定性及误差的收敛通过选取适当的李亚普诺夫函数和相应的自适应律得到了严格的证明。这种方案在战术导弹、无人机、无人直升机中都得到了应用。目前,这种控制方式得到了很多飞行控制系统研究者的高度重视,但在工程应用上,主要需解决的问题是系统解算的计算量和实时性。

4. 反步控制

反步控制根据 Lyapunov 稳定性定理,由前向后递推设计控制律。它的关键是,令某些状态为另一些状态的虚拟控制输入,最终找到一个 Lyapunov 函数,从而推出一个使整个系统闭环稳定的控制律。该控制律不需要完全对消系统的非线性,并且可以经常引入额外的非线性项来改善系统的瞬态性能,比较适合在线控制,能够达到减少在线计算时间的目的。

反步方法应用于飞行控制系统的设计有两个显著优点:首先,在控制器设计过程中可以处理一大类非线性、不确定性的影响,而且稳定性及误差的收敛性已经得到证明;其次,采用该方法设计的控制器收敛速度很快,因此,在损伤或者故障状态下这种方法非常有效。然而,反步方法的鲁棒性及作动器饱和问题仍不容忽视,基于李雅普诺夫函数方法本身的设计灵活性很强,为解决这一问题提供了可能。

5. 预测控制

预测控制是20世纪70年代在工业实践过程中发展起来的一种控制技术。它的主要特征是预测模型、滚动优化和反馈校正,主要思想是根据某个优化指标设计控制系统性能,确定一个控制量的时间序列,使得未来一段时间内被控量与期望轨迹之间的误差最小,到下一个采样时刻重复计算优化控制律,如此类推。

预测控制具有建立预测模型方便、利用模型误差进行反馈校正、采用滚动优化策略、多步预测等优点,在飞行控制系统设计中受到越来越多的关注。尽管非线性预测控制的理论研究近年来有了较大进展,但仍有不少问题有待于进一步研究。首先是算法的稳定性问题;其次是算法的鲁棒性问题;第三是跟踪问题;还有最重要的一点,即算法的实时性问题。这些问题的存在,直接限制了该方法在航空和航天领域的飞行器控制中的应用。

6. 轨迹线性化控制

轨迹线性化控制是20世纪90年代中后期逐步建立并发展起来的一种新颖有效的非线性控制方法。其设计思想是:首先利用开环的被控对象的伪逆,将轨迹跟踪问题转化为一个时变非线性的跟踪误差调节问题,然后设计闭环的状态反馈调节律使得整个系统获得满意的控制性能。

目前,轨迹线性化方法已经被成功运用于导弹、飞行控制仿真平台、移动机器人、非最小相位系统以及空天飞行器等设计中,取得良好的控制效果。同时,作为 NASA 先进制导和控制方法的备选方案之一,为 X-33 设计了飞行控制系统,并在随后的 ITAG&C 多次测试中表现优异。但该方法也存在不足:由于非线性时变反馈调节律难以设计,目前该方法虽然可以获得沿着标称状态的指数稳定,但却是局部的;另一方面,在实际工程中,由于物理机械等原因的限制,闭环系统的带宽不能任意配置。

7. 反馈线性化控制

反馈线性化是非线性控制系统设计常用的一种方法。包括微分几何方法和动态逆方法两个分支。微分几何方法是在线性系统几何方法的基础上,提出了干扰解耦、输入输出解耦、反馈线性化等。它的主要研究对象是仿射非线性系统,微分几何方法在飞行控制系统设计中也得到许多应用。近年来,为了克服微分几何方法要求精确系统模型而遇到的应用困难,发展了多种近似线性化方法,如伪线性化、奇异摄动、扩展线性化、线性化族和近似输入-输出线性化等。微分几何方法在理论上比较容易展开,但是比较抽象,不便在工程上推广应用。

而对于飞行控制系统,动态逆是研究最广泛的反馈线性化方法,该方法适合多变量、非线性、强耦合和时变对象的控制。目前已在导弹、大攻角超机动飞机、先进短距起飞/垂直着陆飞机、直升机以及无人机等飞行控制系统中得到成功应用。但是,动态逆方法对建模误差敏感,且通常情况下精确建模非常困难,一旦建模与实际系统有差别,非线性耦合特性的对消就会受影响,导致控制性能的恶化。

思考题

1. 弹体环节有何特点?研究弹体环节时用到哪些简化方法?
2. 什么是小扰动假设下的线性化方法?
3. 什么是结构参量与气动参量连续缓慢变化假定下的固化系数法?
4. 什么是理想滚转稳定下的通道分离法?
5. 什么是扰动运动长、短周期条件下的分段研究法?
6. 何谓导弹的静稳定性?如何表征导弹的静稳定性?
7. 简述导弹的操纵性与机动性、稳定性之间的关系。
8. 自动驾驶仪由哪几部分组成?各部分功用是什么?
9. 导弹控制系统由哪些回路组成?各回路的功能是什么?
10. 简述导弹稳定控制回路的功能。
11. 简述稳定控制回路对静不稳定导弹进行稳定的原理。
12. 简述导弹侧向控制回路的组成及各部分的功用。
13. 简述由测速陀螺仪和加速度计组成的导弹侧向控制回路的特点。
14. 导弹滚转角速度稳定的基本原理是什么?
15. 常见的舵系统有哪几类?各有什么特色?
16. 简述继电式电动舵系统中自振荡线性化脉冲调宽的原理。
17. 试分析为什么鸭式控制比尾部控制效果好?
18. 简述极坐标控制与直角坐标控制的区别,它们分别用于哪种类型的导弹?
19. 何谓直接力控制与推力矢量控制?直接力控制与推力矢量控制有什么相同点和不同点?
20. 具有代表性的现代飞行控制方法主要有哪些?

参考文献

[1] 雷虎民．导弹制导与控制原理[M]．北京:国防工业出版社,2006.

[2] 李新国,方群．有翼导弹飞行动力学[M]．西安:西北工业大学出版社,2005.

[3] 孟秀云．导弹制导与控制系统原理[M]．北京:北京理工大学出版社,2003.

[4] 史震,赵世军．导弹制导与控制原理[M]．哈尔滨:哈尔滨工业大学出版社,2002.

[5] 黄德庆．防空导弹控制与制导[M]．西安:陕西人民教育出版社,1989.

[6] 刘隆和,王灿林,李相平．无线电制导[M]．北京:国防工业出版社,1995.

[7] 刘永坦．无线电制导技术[M]．长沙:国防科技大学出版社,1989.

[8] 邓仁亮．光学制导技术[M]．北京:国防工业出版社,1992.

[9] 徐南荣,卞南华．红外制导与辐射[M]．北京:国防工业出版社,1997.

[10] 张万清．飞航导弹电视导引头[M]．北京:宇航出版社,1994.

[11] 赵育善,吴斌．导弹引论[M]．西安:西北工业大学出版社,2000.

[12] 程云龙.防空导弹自动驾驶仪设计[M].北京,中国宇航出版社,1993.

[13] 张望根．寻的防空导弹总体设计[M]．北京:宇航出版社,1991.

[14] 蔡林留．飞弹导引控制系统设计、分析与模拟[M]．台北:天工书局,1989.

[15] 刘隆和．多模复合寻的制导技术[M]．北京:国防工业出版社,1998.

[16] 彭冠一．防空导弹武器制导控制系统设计(上册)[M]．北京:宇航出版社,1996.

[17] 袁起．防空导弹武器制导控制系统设计(下册)[M]．北京:宇航出版社,1996.

[18] 赵善友．防空导弹武器寻的制导控制系统设计[M]．北京:宇航出版社,1992.

[19] 方辉煜．防空导弹武器系统仿真[M]．北京:宇航出版社,1995.

[20] 陈士橹,吕学富．导弹飞行力学[M]．航空专业教材编审组,1983.

[21] B. T. 斯维特洛夫,N. C. 戈卢别夫.防空导弹设计[M]．中国宇航出版社,2004.

[22] 杨军,杨晨,段朝阳,等．现代导弹制导控制系统设计[M]．航空工业出版社,2005.

[23] 程国采．战术导弹导引方法[M]．北京:国防工业出版社,1996.

[24] 杨宜禾,岳敏,周维真．红外系统[M]．北京:国防工业出版社,1995.

[25] 缪家鼎,徐文娟,牟同升．光电技术[M]．杭州:浙江大学出版社,1995.

[26] 钟任华．飞航导弹红外导引头[M]．北京:宇航出版社,1995.

[27] 叶尧卿．便携式红外寻的防空导弹设计[M]．北京:宇航出版社,1996.

[28] 唐国富．飞航导弹雷达导引头[M]．北京:宇航出版社,1991.

[29] 陈佳实．导弹制导和控制系统的分析与设计[M]．北京:宇航出版社,1989.

[30] 干国强．导航与定位——现代战争的北斗星[M]．北京:国防工业出版社,2000.

[31] 袁建平,罗建军,岳晓奎,等．卫星导航原理与应用[M]．北京:中国宇航出版社,2003.

[32] 张宗麟．惯性导航与组合导航[M]．北京:航空工业出版社,2000.

[33] Paul Zarchan. Tactical and Strategic Missile Guidance [M]. Sixth Edition, Published by American Institute of Aeronautics and Astronautics, 2012.

[34] Ching – Fang Lin. Modern Navigation, Guidance, and Control Processing [M]. Prentice Hall Press, 1995.

[35] 文传源．现代飞行控制[M]．北京:北京航空航天大学出版社,2004.

[36] 钱杏芳,林端雄,赵亚男．导弹飞行力学[M]．北京:北京理工大学出版社,2000.

[37] 卢晓东,周军,刘光辉,等．导弹制导系统原理[M]．北京:国防工业出版社,2015.

[38] 秦永元．惯性导航[M]．北京:科学出版社,2006.

[39] 秦永元,张洪钺,汪叔华.卡尔曼滤波与组合导航原理[M].2 版.西安:西北工业大学出版社,2012.

[40] 罗建军,马卫华,袁建平,等．组合导航原理与应用[M]．西安:西北工业大学出版社,2012.

[41] 全伟,刘白奇,宫晓琳,等.惯性/天文/卫星组合导航技术[M].北京:国防工业出版社,2011.
[42] 谭述森.卫星导航定位工程[M].北京:国防工业出版社,2010.
[43] 徐绍铨,张华海,杨志强,等.GPS测量原理及应用[M].武汉:武汉测绘科技大学出版社,1998.
[44] 文援兰,廖瑛,梁加红,等.卫星导航系统分析与仿真技术[M].北京:中国宇航出版社,2009.
[45] 刘建业,曾庆化,赵伟,等.导航系统原理与应用[M].西安:西北工业大学出版社,2010.
[46] 赵岩,高社生,杨一.自适应SDV-UPF算法及其在紧组合中的应用[J].中国惯性技术学报,2014,22(1):83-88.
[47] 丁鹭飞,耿富录,陈建春.雷达原理[M].5版.北京,电子工业出版社,2014.
[48] 王雪松,李顿,王伟,等.雷达技术与系统[M].北京:电子工业出版社,2014.
[49] 张明友,汪学刚.雷达系统[M].3版.北京:电子工业出版社,2011.
[50] 王小谟,张光义.雷达与探测:现代战争的火眼金睛[M].北京:国防工业出版社,2000.